Adolfo Zavelani Rossi
Giuseppe Cocchetti

MECCANICA DELLE STRUTTURE

PROGETTO LEONARDO
BOLOGNA

In copertina: V. Tatlin, Monumento alla Terza Internazionale, 1919-20

ISBN 978-88-7488-318-9

Prima edizione: Ottobre 2002
Seconda edizione: Settembre 2006
Ristampa: Giugno 2008
Terza edizione: Luglio 2009

Responsabile produzione: *Alessandro Parenti*
Redazione: *Gabriella Gatti e Giancarla Panigali*
Stampa e confezione: L.E.G.O. SpA - Stabilimento di Lavis (TN)

PROGETTO LEONARDO

40131 Bologna - Via U. Terracini 30 - Tel. 051-63.40.113 - Fax 051-63.41.136
www.editrice-esculapio.it

CAPITOLO 1

CINEMATICA

1.1 - DEFINIZIONI

Si esamina il comportamento cinematico di sistemi di corpi rigidi connessi da vincoli, e in particolare di aste, limitando l'analisi ad un eventuale primo atto di moto, descritto dalle velocità di rotazione e di spostamento. Per semplicità espressiva si parlerà spesso di rotazioni e spostamenti, sottintendendo per questi parametri un'ampiezza infinitesima.

Nello spazio tridimensionale l'atto di moto di un solido rispetto al sistema di riferimento è definito da sei parametri indipendenti, che possono identificarsi con le rotazioni infinitesime intorno a tre assi non coincidenti (ad esempio tre assi cartesiani) e con gli spostamenti infinitesimi secondo tre direzioni non coincidenti (ad esempio le direzioni degli assi cartesiani). Nel piano l'atto di moto di un solido rispetto al sistema di riferimento è definito da tre parametri indipendenti, che possono identificarsi con la rotazione infinitesima nel piano e con gli spostamenti infinitesimi secondo due direzioni non coincidenti (ad esempio le direzioni degli assi del riferimento cartesiano).

Se il singolo corpo risulta connesso con vincoli a un supporto solidale col sistema di riferimento, alcuni di questi atti elementari di moto risultano impediti. Nella rappresentazione grafica la presenza del supporto è caratterizzata da un tratteggio. Con evidente allusione fisica, il supporto viene designato anche come suolo. Fra due corpi risulta possibile un atto di moto relativo definito da sei parametri nello spazio o tre parametri nel piano, come sopra descritto.

Se i due corpi sono connessi da vincoli, qualcuno degli atti di moto indipendenti risulta impedito. I parametri liberi associati agli atti di moto elementari vengono chiamati gradi di libertà del sistema.

1.2 - ASTA SINGOLA

Si consideri uno spazio piano nel quale è definito il sistema di riferimento x,y (fig.ura **1.1**). L'asta rigida AB è libera in questo spazio: la sua posizione nel riferimento x,y è definita da tre parametri indipendenti. Questi parametri possono essere ad esempio le coordinate x_A, y_A del punto A e l'angolo che la direzione AB forma con l'asse x.

Nello spazio piano l'asta AB gode di tre gradi di libertà, nel senso che essa può

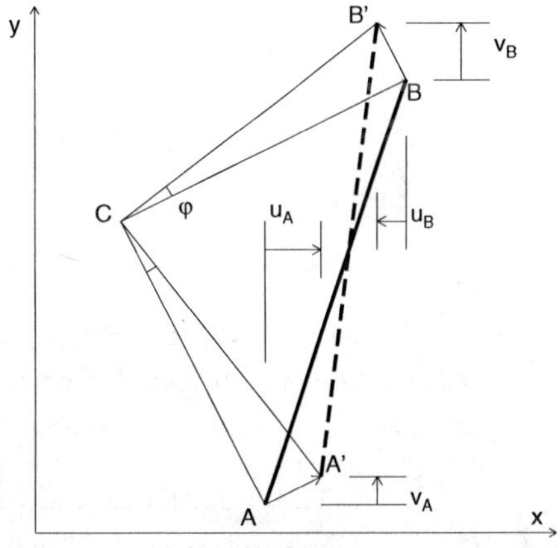

Figura 1.1

compiere tre atti di moto (spostamenti o rotazioni infinitesime) indipendenti. Qualunque atto di moto dell'asta *AB* può essere descritto come combinazione lineare degli atti di moto indipendenti. A fronte dei parametri prima assunti per definire la posizione di *AB*, si possono individuare i tre gradi di libertà negli spostamenti infinitesimi u,v nelle direzioni x,y e in una rotazione infinitesima ϕ. Immaginando che, sia pure in un mondo fisico a due dimensioni, le strutture siano ancorate al suolo, è spontaneo assumere che il sistema di riferimento x,y, e con esso l'osservatore, coincidano col suolo.

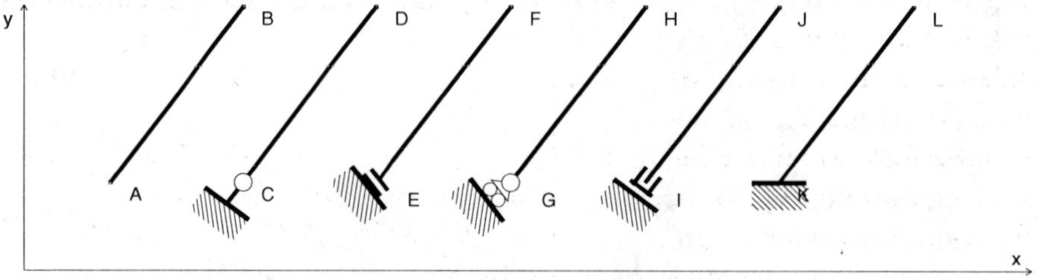

Figura 1.2

Avendo indicato con u,v gli spostamenti dei punti nelle direzioni x,y, e con ϕ le rotazioni, sia $y_C = y_A - y_C$ e $x_{CA} = x_A - x_C$. Se l'asta ruota di un angolo infinitesimo ϕ intorno a un polo arbitrario *C* di coordinate x_C, y_C, gli spostamenti infinitesimi di *A* saranno dati da:

$$u_A = - y_{CA}\,\phi$$
$$v_A = x_{CA}\,\phi.$$

Se u_A, v_A, ϕ sono assunti come parametri indipendenti di spostamento, lo spostamento infinitesimo di *B* sarà dato da:

$$u_B = u_A - y_{AB}\,\phi$$
$$v_B = v_A + x_{AB}\,\phi.$$

Gli spostamenti di altri punti solidali con l'asta saranno parimenti definiti come combinazione lineare di u_A, v_A, ϕ, essendo questi i parametri indipendenti di spostamento. Assegnati i parametri di spostamento u_A, v_A e ϕ, le coordinate del polo *C*, immaginato solidale con *AB*, rispecchiano la condizione:

$$u_C = u_A - y_{AC}\,\phi = u_A - (y_C - y_A)\,\phi = 0$$
$$v_C = v_A + x_{AC}\,\phi = v_A + (x_C - x_A)\,\phi = 0$$

da cui si ricava la posizione x_C, y_C del centro di istantanea rotazione *C*.

1.3 - VINCOLI

Si possono imporre limitazioni alle possibilità di movimento dell'asta attraverso i vincoli, strumenti che per definizione annullano una o più delle componenti libere di spostamento precedentemente associate all'asta (fig. 1.2). Attraverso la cerniera in *C*, l'asta *CD* è impedita di traslare parallelamente a se stessa nelle direzioni x,y, mentre può ruotare intorno a *C*. Il vincolo cerniera ha soppresso due gradi di libertà.

L'asta *EF* può unicamente traslare nella direzione definita dal piano di scorrimento del vincolo pattino, che ugualmente sopprime due gradi di libertà. Si può osservare che questo scorrimento corrisponde ad una rotazione intorno al punto improprio della retta normale al piano, e che pertanto cerniera e pattino sono vincoli analoghi, che consentono unicamente la rotazione.

Premesso che i vincoli devono intendersi bilateri, privi di dimensione ed associati ad un punto del sistema, si può pensare di collocare a distanza infinitesima, cioè nello stesso punto, i due vincoli pattino e cerniera, definendo così le caratteristiche del vincolo carrello dell'asta *GH* di fig.1.2. Si adotti per quest'ultima un riferimento locale *x,y* con asse *y* coincidente con il piano di scorrimento (fig.1.3). L'asta può ruotare intorno ad *A* e intorno al punto improprio in direzione *x*, consentendo la traslazione dell'asta parallelamente a se stessa in direzione *y*. Si constata che la combinazione dei due atti di moto elementari dà luogo ad un atto di moto risultante, definito da una rotazione infinitesima intorno ad un punto qualunque della retta normale al piano di scorrimento.

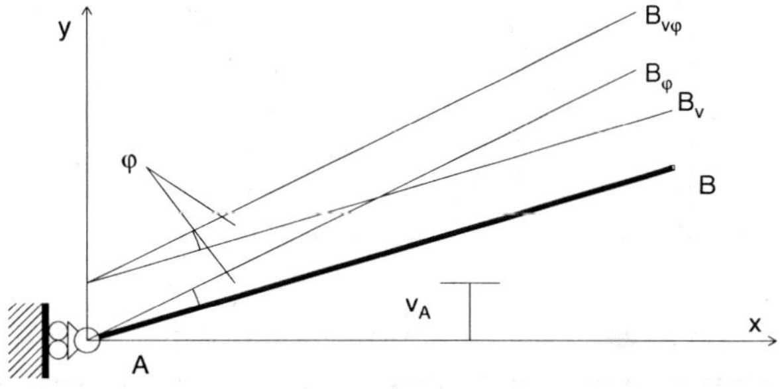

Figura 1.3

Si vogliano verificare queste condizioni, essendo *u,v* gli spostamenti in direzione *x,y*. Assegnati gli spostamenti indipendenti v_A e ϕ, lo spostamento di un punto generico, ad esempio *B*, sarà:

$$u_B = 0 - y_B\,\phi$$
$$v_B = v_A + x_B\,\phi.$$

Il polo *P* di rotazione complessiva dovrà rispettare la condizione:

$$u = 0 - y_P\,\phi = 0$$
$$v = v_A + x_P\,\phi = 0$$

da cui, per ϕ diverso da *0*, si ha:

$$y_P = 0$$
$$x_P = -\,v_A/\phi$$

che conferma l'appartenenza di *P* all'asse *x*.

L'asta *KL* di fig.1.2 è vincolata in *K* da un incastro, cioè un vincolo che sopprimendo tutti i gradi di libertà disponibili rende l'asta completamente solidale con il sistema di riferimento e con il suolo.

Per completezza della rassegna deve essere menzionata la combinazione di due vincoli pattino che, disposti con piani di scorrimento non paralleli, consentono uno spostamento qualsivoglia mentre impediscono la rotazione, e corrispondono a due cerniere non coincidenti appartenenti alla retta impropria, come nel caso dell'asta *IJ*. Inoltre va ricordato che in sede di rappresentazione il pattino assume anche la fisionomia del *manicotto* o *cannocchiale*, conservando le sue caratteristiche di funzionamento.

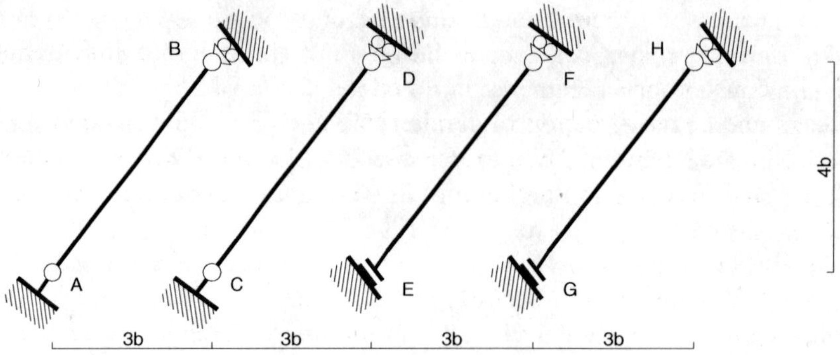

Figura 1.4

Riassumendo la rassegna, si possono elencare:

- incastro: vincolo triplo.
- cerniera o pattino/manicotto: vincolo doppio.
- carrello o pattino/manicotto composto: vincolo semplice.

Per conseguire l'effetto di rendere l'asta solidale con il suolo, occorre introdurre tanti gradi di vincolo aggiuntivi quanti sono i gradi di libertà disponibili, con l'avvertenza di verificarne l'efficacia. Si considerino i casi di fig.1.4, dove la normale al piano di scorrimento dei vincoli abbia pendenza *3/4* in *B,E,G,H*, e pendenza *4/3* in *D,F*. Un carrello opportunamente applicato all'estremo libero dell'asta incernierata di fig.1.2 consegue il risultato voluto. Si consideri l'asta *AB* di fig.1.4. Soppresso il vincolo in *B*, si ha che la rotazione ϕ concessa dalla cerniera *A* dà luogo agli spostamenti del punto *B*, inteso come appartenente all'asta *AB*:

$$u_B = - y_{AB}\, \phi = - 4b\, \phi$$

$$v_B = x_{AB}\, \phi = 3b\, \phi.$$

La proiezione di questo spostamento sulla direzione normale al piano di scorrimento del carrello, direzione caratterizzata dai coseni direttori $n_x=4/5$, $n_y=3/5$, sarà:

$$s_B = u_B\, n_x + v_B\, n_y = - 4b\, \phi\, 4/5 + 3b\, \phi\, 3/5 = - 7/5\, b\, \phi.$$

La presenza del carrello impone che lo spostamento *s* del nodo *B* inteso come luogo del vincolo, nella direzione normale al piano di scorrimento, sia nulla, da cui:

$$s_B = - 7/5\, b\, \phi = 0.$$

Questa risulta soddisfatta solo per $\phi=0$, ciò che assicura che nessun atto di moto è possibile. La struttura è ben vincolata.

Nel caso dell'asta *CD* si hanno coseni direttori della normale al piano di scorrimento del carrello $n_x=3/5$, $n_y=4/5$. La componente di spostamento del punto *D* dell'asta *AD* nella direzione normale al piano di scorrimento del carrello, e in assenza del carrello, per una rotazione infinitesima ϕ, sarebbe:

$$\delta_D = u_D\, n_x + v_D\, n_y = - 4b\, \phi\, 3/5 + 3b\, \phi\, 4/5 = 0\, \phi.$$

Il ripristino del carrello impone $s_D = 0$, cioè:

$$s_D = 0$$
$$\phi = 0$$

che risulta soddisfatta per qualunque valore di ϕ (pur sempre infinitesimo). La struttura è sede di un possibile atto di moto ed è definita labile.

La relazione che ha permesso di caratterizzare le due situazioni è una relazione di compatibilità fra i parametri che definiscono l'atto di moto in assenza del vincolo (la rotazione ϕ) e le corrispondenti componenti di spostamento dei gradi di vincolo soppressi (s_B, s_D).

Un sistema viene detto *ipostatico, isostatico* o *iperstatico* a seconda che il numero dei gradi di vincolo sia *inferiore, uguale* o *superiore* al numero dei gradi di libertà. Una scelta impropria dei vincoli può rendere il sistema ipostatico rispetto a taluni parametri di spostamento e iperstatico rispetto ad altri.

Un sistema ipostatico consente spostamenti di ampiezza finita, mentre un sistema isostatico o iperstatico con vincoli efficacemente disposti è in grado di prevenire ogni atto di moto. Un sistema isostatico o iperstatico può ancora essere sede di un atto di moto se la disposizione dei vincoli lo rende labile, come sopra visto. Un sistema non labile dotato di vincoli in numero pari ai gradi di libertà si dice *cinematicamente determinato*.

L'asta *EF* di fig.1.2 può essere resa cinematicamente determinata, mediante l'introduzione in *F* di un carrello avente piano di scorrimento non parallelo a quello del pattino in *E*.

Il sistema *GH* diventa cinematicamente determinato con una cerniera in *H*, avendo il carrello in *G* un piano di scorrimento non perpendicolare a *GH*. Alternativamente può essere introdotto in *H* un pattino con piano di scorrimento non parallelo a quello del carrello *G*. L'asta *IJ* diventa cinematicamente determinata con una cerniera in *J*. In fig.1.4 sono cinematicamente determinate le aste *AB, EF*, sono labili le aste *CD, GH*.

1.4 - SISTEMI DI DUE ASTE

Un insieme di *a* aste libere nello spazio piano gode di complessivi *3a* gradi di libertà, nel senso che occorrono *3a* parametri indipendenti per individuarne univocamente la posizione. L'introduzione di vincoli fra asta e asta o tra asta e suolo riduce il numero complessivo dei gradi di libertà. Nel caso più semplice si ha una gerarchia di situazioni nelle quali è immediato riconoscere l'adeguatezza del sistema di vincolo. In fig.1.5 si riconosce che l'asta *ABC* appare ben vincolata al suolo, e che a sua volta l'asta *BDE* appare cor-

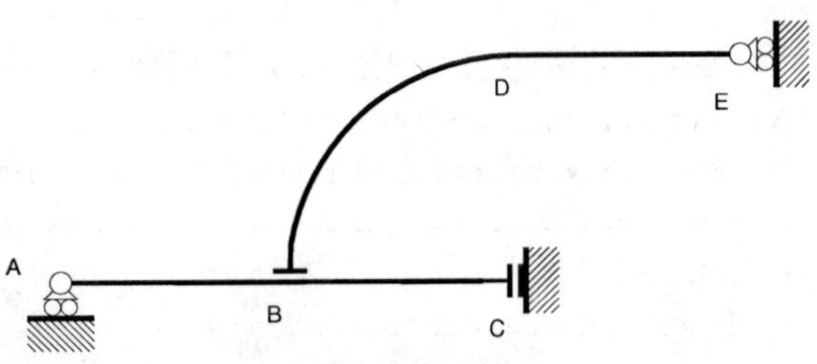

Figura 1.5

rettamente vincolata al suolo in *E* e ad un sistema *ABC* che non consente possibilità di movimento.

Si esamini ora il sistema di fig.1.6, ove le aste non vincolate avrebbero sei gradi di libertà complessivi, quattro dei quali soppressi dalle due cerniere. Assumendo come atti di moto elementari le rotazioni α e β, si può calcolare lo spostamento di un punto solidale con *BDE*, per esempio *E*. Si ha:

$$u_E = - y_E\alpha - y_E\beta$$
$$v_E = x_E\alpha + (x_E - x_A)\beta.$$

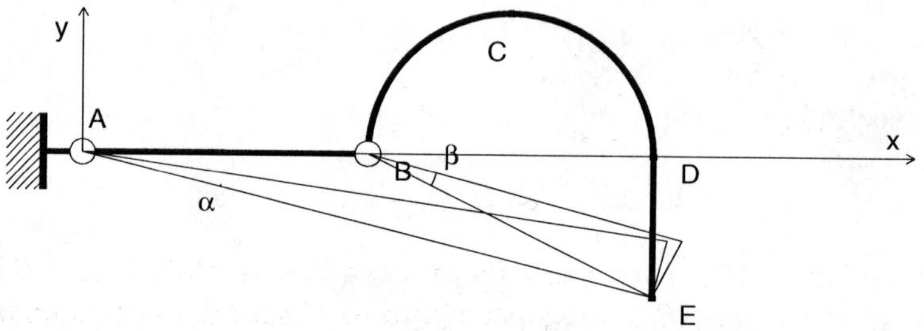

Figura 1.6

Come si è visto in un precedente paragrafo, l'asta *BDE* compie un atto di moto identificato come rotazione a un polo *P* tale per cui, anche per α e β diversi da 0, si abbia:

$$u_P = - y_P\alpha - y_P\beta = 0$$
$$v_P = x_P\alpha + (x_P - x_A)\beta = 0$$

ovvero:

$$\begin{bmatrix} -y_P & -y_P \\ x_P & (x_P - x_A) \end{bmatrix} \begin{bmatrix} \alpha \\ \beta \end{bmatrix} = \begin{bmatrix} 0 \\ 0 \end{bmatrix}$$

La soluzione non banale del sistema omogeneo comporta l'annullarsi del determinante, ossia:

$$y_P\, x_P - y_P\,(x_P - x_A) = y_P\,(x_P - x_P + x_A) = y_P\, x_A = 0.$$

Essendo $x_A>0$, si ottiene $y_P=0$, che afferma che il sistema di vincolo *DA*, detto biella, consente all'asta connessa *DBE* un atto di moto identificato dalla rotazione intorno a un punto qualsiasi della retta congiungente i due centri di istantanea rotazione *D* e *A*.

Avendo identificato nel pattino un particolare tipo di cerniera, avente centro di rotazione all'infinito in direzione nota, si definisce più in generale biella un'asta accoppiata al sistema con due vincoli doppi.

1.5 - ARCO A TRE CERNIERE

Il sistema *GHI* di fig.1.7 ha complessivamente quattro gradi di libertà, poiché una volta individuata la posizione dell'asta *GH* attraverso tre parametri indipendenti, è sufficiente fissare l'angolo che le due aste formano tra loro per identificare compiutamente la geometria del sistema. I sistemi *ABC* e *DEF* godono invece di soli due gradi di libertà ciascuno. È facile osservare che i gradi di libertà residui sono dati da $l=3a-v$, dove sono a le aste e v i gradi di libertà soppressi.

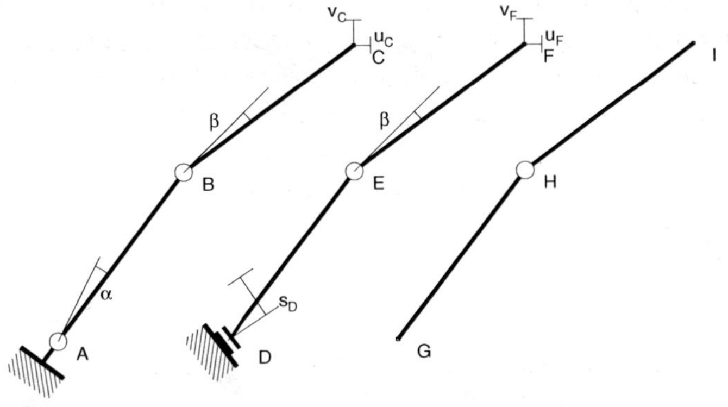

Figura 1.7

Se nello schema *ABC* α rappresenta la rotazione assoluta in *A* e β la rotazione relativa fra le aste *AB BC*, lo spostamento di *C* sarà dato dalla combinazione lineare:

$$u_C = -y_{AC}\,\alpha - y_{BC}\,\beta$$
$$v_C = x_{AC}\,\alpha + x_{BC}\,\beta$$

o anche:

$$\begin{bmatrix} u_C \\ v_C \end{bmatrix} = \begin{bmatrix} -y_{AC} & -y_{BC} \\ x_{AC} & x_{BC} \end{bmatrix} \begin{bmatrix} \alpha \\ \beta \end{bmatrix}$$

Introducendo $\mathbf{x}^t=[u_C, v_C]$ e $\boldsymbol{\phi}^t=[\alpha, \beta]$, questa relazione si legge:

$$\mathbf{x} = \mathbf{C}\,\boldsymbol{\phi}.$$

Come sopra visto, si osserva che complessivamente l'asta *AB* può compiere solo la rotazione intorno ad *A*, mentre l'asta *BC* può compiere una rotazione infinitesima intorno ad un polo qualunque appartenente alla retta passante per i centri delle cerniere *A* e *B*.

Il comportamento del sistema *DEF* è del tutto analogo, se si tiene presente che il pattino corrisponde ad una cerniera con centro di rotazione all'infinito. Sia β la rotazione relativa tra le aste *DE EF*. Siano *4/5* e *3/5* i coseni direttori della normale al piano di scorrimento. Se v è la componente verticale dello spostamento s_D in *D* e $u= -3/4v$ la corrispondente componente orizzontale, lo spostamento di *F* sarà dato da:

$$u_F = -3/4v - y_{EF}\beta$$
$$v_F = v + x_{EF}\beta$$

o anche:

$$\begin{bmatrix} u_F \\ v_F \end{bmatrix} = \begin{bmatrix} -3/4 & -y_{EF} \\ 1 & x_{EF} \end{bmatrix} \begin{bmatrix} v \\ \beta \end{bmatrix}$$

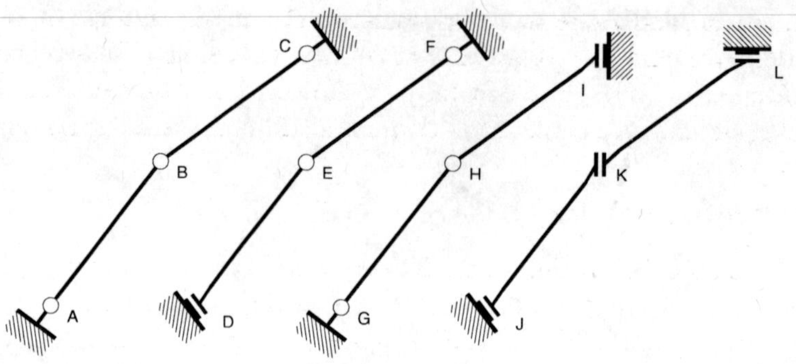

Figura 1.8

Introducendo $\mathbf{x}^t=[u_F, v_F]$ e $\boldsymbol{\phi}^t=[v, \beta]$, questa diventa:

$$\mathbf{x} = \mathbf{C}\,\boldsymbol{\phi}.$$

Poichè i sistemi *ABC* e *DEF* godono entrambi di due gradi di libertà, l'introduzione di una cerniera che connette gli estremi liberi *C* e *F* col suolo consegue il pareggio tra gradi di libertà e gradi di vincolo. Dal punto di vista analitico l'introduzione della cerniera si esprime per il sistema *ABC* come $u_C=v_C=0$, ossia:

$$\begin{bmatrix} -y_{AC} & -y_{BC} \\ x_{AC} & x_{BC} \end{bmatrix} \begin{bmatrix} \alpha \\ \beta \end{bmatrix} = \begin{bmatrix} 0 \\ 0 \end{bmatrix}$$

o anche:

$$\mathbf{0} = \mathbf{C}\,\boldsymbol{\phi}$$

e per il sistema *DEF* si esprime come $u_F=v_F=0$, ossia:

$$\begin{bmatrix} -3/4 & -y_{EF} \\ 1 & x_{EF} \end{bmatrix} \begin{bmatrix} v \\ \beta \end{bmatrix} = \begin{bmatrix} 0 \\ 0 \end{bmatrix}$$

e in forma compatta:

$$\mathbf{0} = \mathbf{C}\,\boldsymbol{\phi}.$$

Per escludere qualsiasi atto di moto occorre che i parametri indipendenti $\phi^t=[\alpha,\beta]$ in *ABC* e $\phi^t=[v,\beta]$ in *DEF* siano sempre nulli. Questa condizione si verifica quando il determinante del sistema omogeneo risulta non nullo.

In *ABC* si avrà labilità quando $det\mathbf{C}=0$, ovvero:

$$y_{AC}/x_{AC} = y_{BC}/x_{BC},$$

ossia quando le rette *AB* e *BC* sono parallele, portando all'allineamento delle tre cerniere. In *DEF* si avrà determinante nullo e labilità se:

$$y_{EF} = 3/4\; x_{EF},$$

ossia quando la retta *EF* risulta normale al piano di scorrimento del pattino, portando all'allineamento delle cerniere *D,E* con la cerniera impropria che si trova all'infinito sulla normale al pattino. La matrice ***C*** esprime la *compatibilità* tra i parametri che caratterizzano l'atto di moto in assenza del vincolo e le corrispondenti componenti di spostamento del vincolo soppresso.

Tenendo presente che il pattino è una cerniera con centro di rotazione all'infinito, i sistemi di due aste ora considerati sono spesso designati come archi a tre cerniere. La relativa condizione di determinatezza cinematica è assicurata dal disallineamento delle tre cerniere, siano esse al finito o all'infinito. Si osserva facilmente che un arco che abbia tre pattini in luogo delle cerniere (schema *JKL* di fig.1.8) è sempre labile, poichè i tre centri sono comunque allineati sulla retta impropria.

1.6 - SISTEMI DI ASTE

La struttura *ABCDE* di fig.ura **1.9** è composta da tre aste, per complessivi nove gradi di libertà, ed è vincolata da quattro vincoli doppi e un vincolo semplice, per complessivi nove gradi di vincolo. Si sopprimano vincoli in numero sufficiente a determinare uno schema ad *albero*, cioè privo di anelli chiusi (tenendo presente che tramite il suolo l'anello *ABDE* risulta chiuso). Si eliminino ad esempio i vincoli *C* ed *E*.

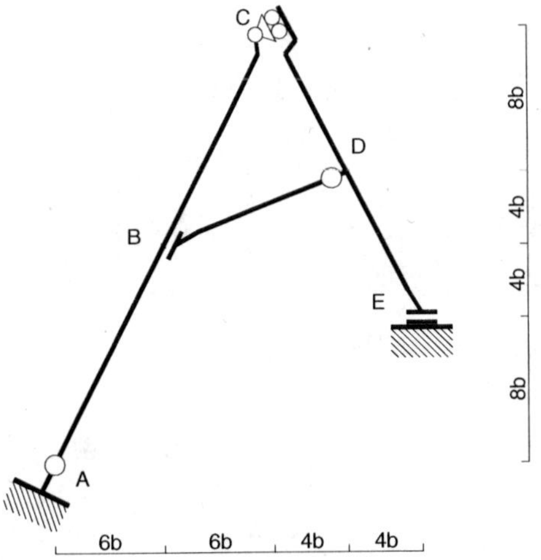

Figura 1.9

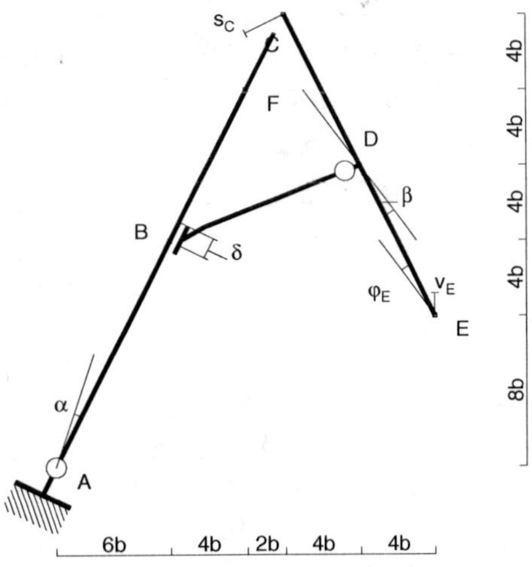

Figura 1.10

I possibili atti di moto indipendenti messi in evidenza sono la rotazione α intorno ad *A* di tutto il sistema, la rotazione β intorno a *D* dell'asta *CE* e lo scorrimento δ del sistema *BCDE* nella direzione *AC*. Gli spostamenti corrispondenti ai vincoli soppressi sono la rotazione ϕ_E e lo spostamento verticale v_E di *E* e lo spostamento relativo s_c in *C* nella direzione normale a *CD*. In funzione dei parametri indipendenti di spostamento α, β, δ, gli spostamenti associati ai vincoli soppressi sono rispettivamente:

$$v_E = x_{AE}\alpha + x_{DE}\beta + 2/\sqrt{5}\ \delta = 20b\alpha + 4b\beta + 2/\sqrt{5}\ \delta$$
$$\phi_E = \alpha + \beta$$
$$s_C = -\ d_{CD}\beta + 4/5\ \delta = -\ 4\sqrt{5}b\beta + 4/5\ \delta$$

essendo:

- $d_{CD}=4\sqrt{5}\ b$ la lunghezza dell'asta *CD*.
- $4/5\ \delta$ la proiezione dello spostamento δ sulla direzione normale a *CD*.
- $2/\sqrt{5}\ \delta$ la proiezione dello spostamento δ sulla direzione verticale.

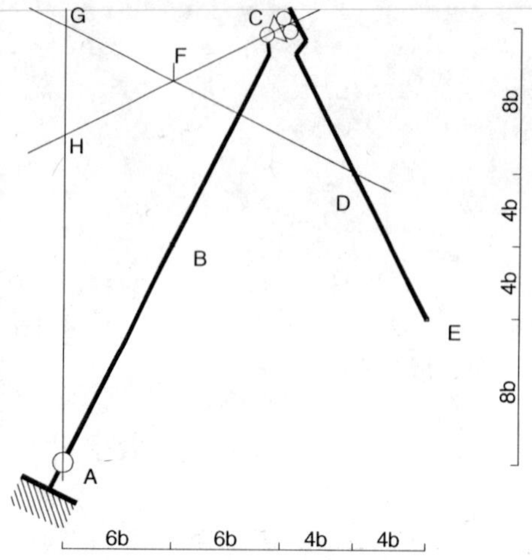

Figura 1.11

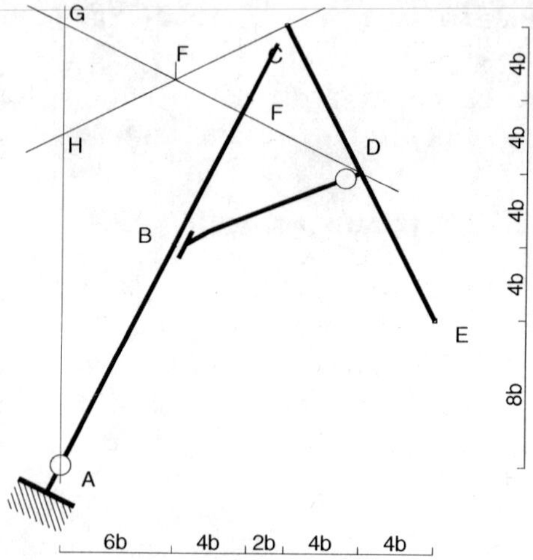

Figura 1.12

L'annullarsi di v_E, ϕ_E, s_C è condizione sufficiente di corretto vincolamento del sistema, purché la condizione sia raggiunta solo in presenza di valori nulli di α, β, δ. Occorre perciò che risulti non nullo il determinante dei coefficienti del sistema:

$$\begin{bmatrix} v_E \\ \phi_E \\ s_C \end{bmatrix} = \begin{bmatrix} 20b & 4b & 2/\sqrt{5} \\ 1 & 1 & 0 \\ 0 & -4\sqrt{5} & 4/5 \end{bmatrix} \begin{bmatrix} \alpha \\ \beta \\ \delta \end{bmatrix}$$

dove **C** è ancora la matrice che esprime la *compatibilità* tra le componenti di spostamento messe in evidenza dalla soppressione dei vincoli e i parametri elementari del moto derivanti dalla soppressione dei vincoli. Il determinante $D = 24/5\ b > 0$ assicura che il sistema è ben vincolato.

Si esamini ora il sistema dal punto di vista geometrico. In presenza del solo carrello in C (fig.1.10), l'asta CE ruoterebbe rispetto ad AC intorno ad un punto qualsiasi della retta in C normale a CE. In presenza del solo sistema di vincolo costituito dall'asta BD (fig.1.12), l'asta CE ruoterebbe rispetto ad AC intorno ad un punto qualsiasi della retta in D normale a AC (l'asta BD è una biella). In presenza di entrambi i sistemi di vincolo l'asta CE può compiere una rotazione infinitesima rispetto ad AC intorno all'unico polo compatibile con essi, cioè il punto F intersezione delle due rette che individuano i centri di istantanea rotazione.

Rispetto al primo atto di moto l'asta CE è pertanto connessa all'asta AC con un sistema di vincolo il cui effetto è una rotazione infinitesima intorno a F, cioè un sistema affine ad una cerniera. Se ora consideriamo le due aste e i relativi vincoli a terra constatiamo che la labilità è esclusa purché la cerniera immaginaria F non si trovi allineata sulla verticale per A (congiungente i centri delle cerniere A al finito ed E all'infinito).

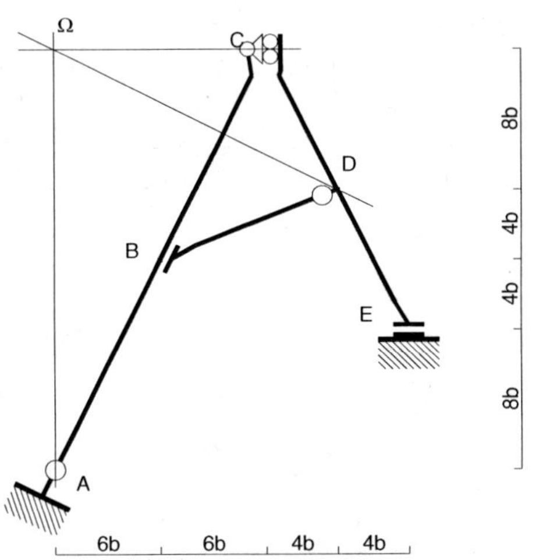

Figura 1.13

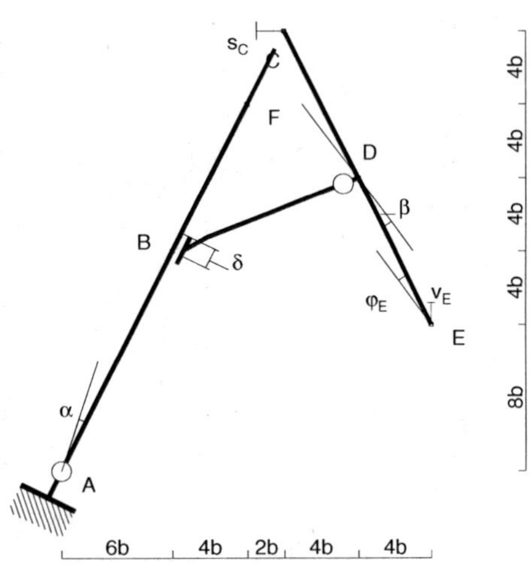

Figura 1.14

Se ora si esamina la struttura successiva di fig.1.13, e si eliminano i vincoli in C e in E, dallo schema di fig.1.14 si ricavano le seguenti relazioni, dove si è indicato con s_C lo spostamento relativo orizzontale in C:

$v_E = x_{AE}\alpha + x_{DE}\beta + 2/\sqrt{5}\ \delta = 20b\alpha + 4b\beta + 2/\sqrt{5}\ \delta$

$\phi_e = \alpha + \beta$

$s_C = - y_{CD}\beta + 1/\sqrt{5}\ \delta = - 8b\beta + 1/\sqrt{5}\ \delta$

essendo:

- $1/\sqrt{5}\ \delta$ la proiezione dello spostamento δ sulla direzione orizzontale.
- $2/\sqrt{5}\ \delta$ la proiezione dello spostamento δ sulla direzione verticale.

La matrice di compatibilità diventa:

$$\begin{bmatrix} v_E \\ \phi_E \\ s_C \end{bmatrix} = \begin{bmatrix} 20b & 4b & 2/\sqrt{5} \\ 1 & 1 & 0 \\ 0 & -8b & 1/\sqrt{5} \end{bmatrix} \begin{bmatrix} \alpha \\ \beta \\ \delta \end{bmatrix}$$

e il determinante $D = (20/\sqrt{5}\ b - 16/\sqrt{5}\ b - 4/\sqrt{5}\ b) = 0$ denota la labilità della struttura. Infatti, poiché la matrice dei coefficienti è singolare, è possibile individuare un vettore non nullo $[\alpha\ \beta\ \delta]$ che caratterizza un atto di moto consentito dai vincoli.

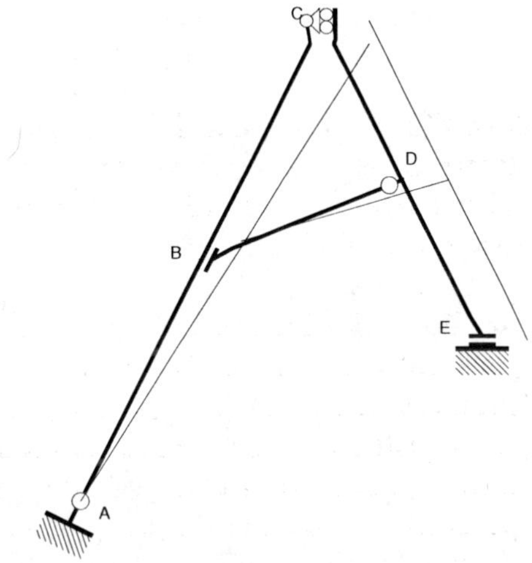

Figura 1.15

Essendo $u_{BD}=\delta/\sqrt{5}$ la componente orizzontale di δ la relazione diventa:

$$\begin{bmatrix} 20 & 4 & 2 \\ 1 & 1 & 0 \\ 0 & -8 & 1 \end{bmatrix} \begin{bmatrix} \alpha \\ \beta \\ u_{BD}/b \end{bmatrix} = \begin{bmatrix} 0 \\ 0 \\ 0 \end{bmatrix}$$

Dopo riduzione di Gauss il sistema diventa:

$$\begin{bmatrix} 1 & 1/5 & 1/10 \\ 0 & 1 & -1/8 \\ 0 & 0 & 0 \end{bmatrix} \begin{bmatrix} \alpha \\ \beta \\ u_{BD}/b \end{bmatrix} = \begin{bmatrix} 0 \\ 0 \\ 0 \end{bmatrix}$$

Posto arbitrariamente $u_{BD}=b$, si ottiene $\alpha = -1/8$, $\beta = 1/8$, $\delta = b\sqrt{5}/2$. Questi valori devono essere ridotti in scala ad ampiezze infinitesime e quindi applicati allo schema ad albero di fig.1.14, per ottenere il meccanismo di fig.1.15.

Con costruzioni grafiche analoghe a quelle di fig.1.11 e di fig.1.12, si identifica nel polo Ω di fig.1.13 il centro di rotazione associato al primo atto di moto delle aste *ABC* e *CDE*.

1.7 - SCHEMA DI PROCEDIMENTO

Il procedimento delineato in questi esempi per la verifica della determinatezza cinematica di una struttura isostatica ha carattere generale e può essere così riassunto:

1) Verificare che sussista il pareggio tra gradi di libertà e gradi di vincolo.
2) Sopprimere vincoli nel minor numero possibile con l'obbiettivo di ottenere uno schema aperto ad *albero*.
3) Individuare i parametri elementari del moto (spostamenti e rotazioni) messi in evidenza dalla precedente operazione, parametri che risulteranno pari ai vincoli soppressi.
4) Esprimere spostamenti e rotazioni dei punti corrispondenti ai vincoli soppressi (spostamenti relativi nel caso di vincoli interni) in funzione dei parametri indipendenti del moto.
5) Le espressioni lineari così ottenute danno luogo ad un sistema lineare omogeneo di rango pari al numero di vincoli soppressi. La matrice dei coefficienti esprime la *compatibilità* tra i parametri che caratterizzano l'atto di moto e le componenti di spostamento associate ai vincoli soppressi.
6) Calcolare il determinante del sistema, che dovrà risultare non nullo se la struttura è non labile.

Quando il sistema non è vincolato al suolo, l'analisi cinematica è intesa ad evidenziare eventuali atti di moto interni al sistema. L'analisi segue la procedura sopra delineata, con la sola avvertenza che una delle aste viene ritenuta solidale con l'osservatore, assumendo la funzione di suolo.

1.8 - SISTEMI RETICOLARI

Si chiama biella un'asta connessa alle sue estremità da cerniere. Viene definito *reticolare* un sistema di aste che risulta costituito unicamente da bielle e che, pur non costituendo una categoria diversa, presenta qualche semplificazione nell'analisi cinematica.

Si assumono come soggetti dell'analisi cinematica i centri o, per così dire, i *p* perni delle cerniere, che risultano dotati di due soli gradi di libertà. Le aste svolgono il ruolo di vincoli unidirezionali, atti ad impedire lo spostamento relativo dei perni di estremità secondo la retta congiungente le cerniere. Un complesso di aste così collegate risulterà cinematicamente determinato solo se i *2p* gradi di libertà, depurati dei tre gradi di libertà del corpo rigido, eguaglieranno gli *a* vincoli costituiti dalle aste, cioè:

$$2p = a + 3$$

Questa circostanza è condizione necessaria ma non sufficiente di determinatezza cinematica. L'analisi si semplifica alquanto se ciascun perno è collegato ad altri due in modo da costituire una maglia triangolare di nodi non allineati (cioè se il triangolo non è degenere). Ciascuna maglia rappresenta infatti un sistema ben vincolato al suo interno, e attraverso una sequenza di maglie si realizza un sistema efficacemente connesso (fig.1.16). È facile constatare che per il pareggio tra gradi di libertà e gradi di vincolo tale sequenza dovrà risultare aperta, al netto dei vincoli a terra, e che un eventuale maglia di chiusura costituirebbe un vincolo iperstatico.

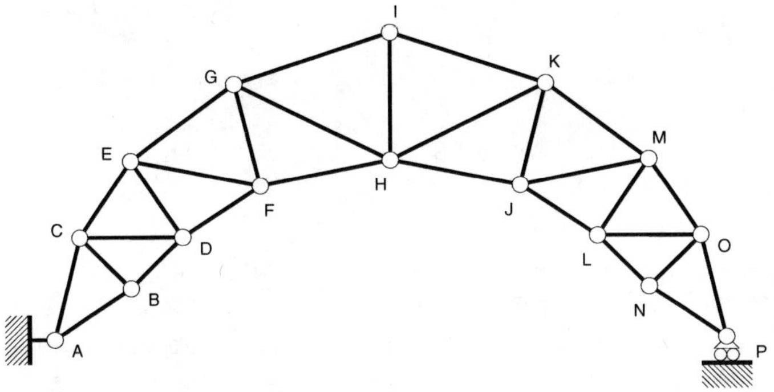

Figura 1.16

1.9 - ESEMPI PARTICOLARI

L'esagono di Voeppl di fig.1.17, 1.18, 1.19 risulta labile per il solo fatto di avere i nodi disposti su una conica, in questo caso un'ellisse.

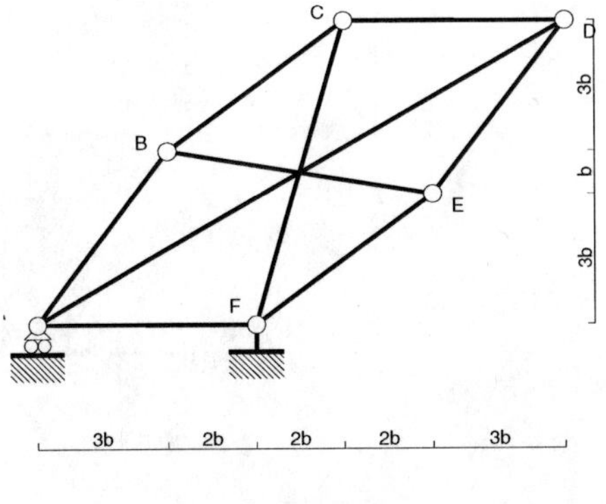

Figura 1.17

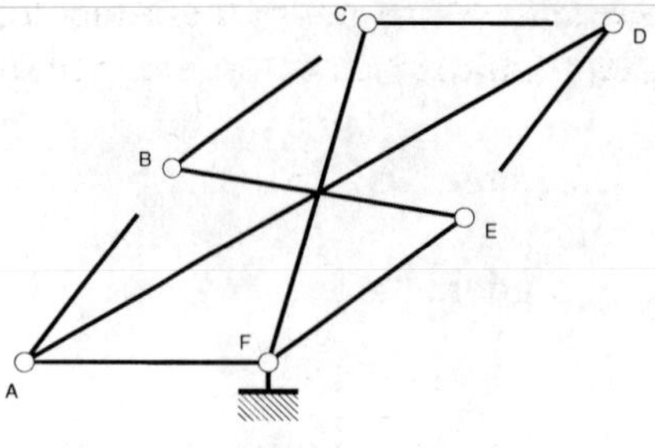

Figura 1.18

Aperta la struttura ad albero mediante la soppressione di nove gradi di vincolo, come in fig.1.18, emergono nove gradi di libertà, dai quali si ricava una matrice di compatibilità sostanzialmente semplice.

$$\begin{bmatrix} v_{BA} \\ v_A \\ u_{CB} \\ u_{DC} \\ v_{ED} \end{bmatrix} = \begin{bmatrix} 0 & -5 & 0 & 0 & 0 \\ 5 & -5 & 0 & 0 & 27/4 \\ -11/2 & 0 & 11/2 & 0 & -11/2 \\ 0 & 7 & -7 & 7 & 0 \\ -7/4 & 7/4 & 0 & 27/4 & 0 \end{bmatrix} \begin{bmatrix} b\varphi_{FE} \\ b\varphi_{FA} \\ b\varphi_{FC} \\ b\varphi_{AD} \\ b\varphi_{EB} \end{bmatrix} = \begin{bmatrix} 0 \\ 0 \\ 0 \\ 0 \\ 0 \end{bmatrix}$$

Dopo riduzione di Gauss, avendo posto $b\varphi_{EB}=1$, si ottiene il vettore soluzione di destra, dal quale si ricava il meccanismo di fig.1.19.

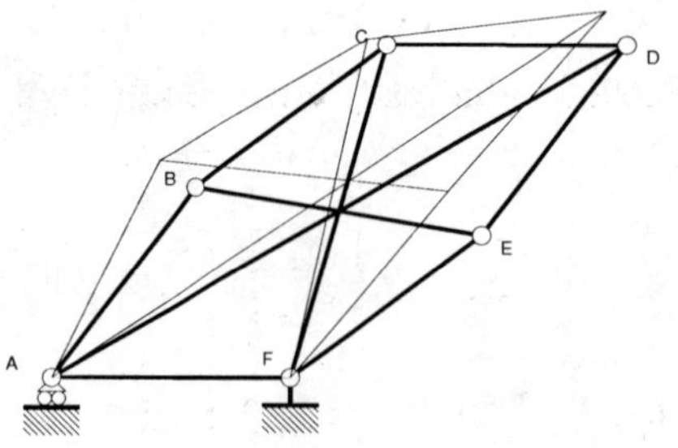

Figura 1.19

$$\begin{bmatrix} v_{BA} \\ v_A \\ u_{CB} \\ u_{DC} \\ v_{ED} \end{bmatrix} = \begin{bmatrix} 1 & -1 & 0 & 0 & 27/20 \\ 0 & 1 & 0 & 0 & 0 \\ 0 & 0 & 1 & 0 & 7/20 \\ 0 & 0 & 0 & 1 & 7/20 \\ 0 & 0 & 0 & 0 & \end{bmatrix} \begin{bmatrix} b\varphi_{FE} \\ b\varphi_{FA} \\ b\varphi_{FC} \\ b\varphi_{AD} \\ b\varphi_{EB} \end{bmatrix} = \begin{bmatrix} 0 \\ 0 \\ 0 \\ 0 \\ 0 \end{bmatrix}$$

$$\begin{bmatrix} b\varphi_{FE} \\ b\varphi_{FA} \\ b\varphi_{FC} \\ b\varphi_{AD} \\ b\varphi_{EB} \end{bmatrix} = \begin{bmatrix} -27/20 \\ 0 \\ -7/20 \\ -7/20 \\ 1 \end{bmatrix}$$

L'esempio di fig.1.20 viene proposto al fine di mostrare come la individuazione del meccanismo labile rifletta in misura limitata l'apparente complessità geometrica del sistema.

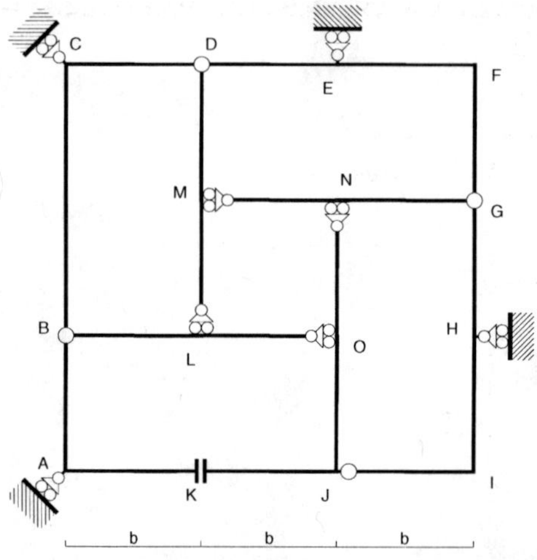

Figura 1.20

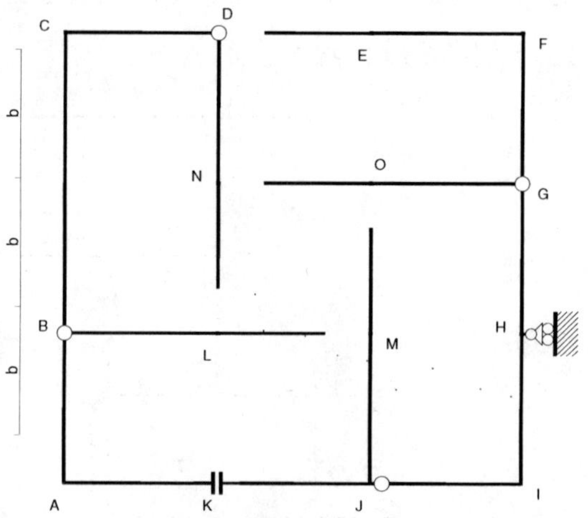

Figura 1.21

Aperta la struttura ad albero mediante la soppressione di nove gradi di vincolo, come in fig.1.21, emergono nove gradi di libertà, dai quali si ricava una matrice di compatibilità sostanzialmente semplice.

$$
\begin{bmatrix} u_A \\ v_C \\ v_E \\ u_{DE} \\ v_{DE} \\ v_{LN} \\ u_{NO} \\ v_{OM} \\ u_{ML} \end{bmatrix}
=
\begin{bmatrix}
1 & -2 & 0 & -2 & 0 & 1 & 0 & 0 & 0 \\
1 & -1 & 0 & 1 & 0 & 1 & 2 & 0 & 0 \\
1 & -1 & -1 & 0 & 0 & 0 & 0 & 0 & 0 \\
0 & 0 & -1 & -3 & 0 & 0 & 2 & 0 & 0 \\
0 & 0 & -2 & 1 & 0 & -1 & -1 & 0 & 0 \\
0 & 0 & 0 & 0 & 0 & 0 & 0 & 0 & 0 \\
0 & 0 & 0 & 0 & 0 & 0 & 1 & -1 & 0 \\
0 & 0 & 0 & 2 & 0 & 0 & 1 & 0 & -1 \\
0 & 0 & 1 & 0 & 1 & 0 & 0 & 0 & 0
\end{bmatrix}
\begin{bmatrix} v_H \\ b\varphi_H \\ b\varphi_{GH} \\ b\varphi_{JI} \\ v_{KA} \\ b\varphi_{BC} \\ b\varphi_{BL} \\ b\varphi_{GO} \\ b\varphi_{DN} \end{bmatrix}
=
\begin{bmatrix} 0 \\ 0 \\ 0 \\ 0 \\ 0 \\ 0 \\ 0 \\ 0 \\ 0 \end{bmatrix}
$$

Dopo la riduzione di Gauss si perviene alla matrice dalla quale emerge una riga nulla, segnale di singolarità. Posto $b\varphi_{DN}=1$, si ha il vettore soluzione di destra.

$$
\begin{bmatrix} u_A \\ v_C \\ v_E \\ u_{DE} \\ v_{DE} \\ v_{LN} \\ u_{NO} \\ v_{OM} \\ u_{ML} \end{bmatrix}
=
\begin{bmatrix}
1 & -2 & 0 & -2 & 1 & 0 & 0 & 0 & 0 \\
0 & 1 & 0 & 3 & 0 & 2 & 0 & 0 & 0 \\
0 & 0 & 1 & 1 & 1 & 2 & 0 & 0 & 0 \\
0 & 0 & 0 & 1 & 1/4 & 1 & 0 & 0 & 0 \\
0 & 0 & 0 & 0 & 1 & 0 & 0 & 0 & 0 \\
0 & 0 & 0 & 0 & 0 & 1 & -1 & 0 & 0 \\
0 & 0 & 0 & 0 & 0 & 0 & 1 & 0 & 1 \\
0 & 0 & 0 & 0 & 0 & 0 & 0 & 1 & 1 \\
0 & 0 & 0 & 0 & 0 & 0 & 0 & 0 & 0
\end{bmatrix}
\begin{bmatrix} v_H \\ b\varphi_H \\ b\varphi_{GH} \\ b\varphi_{JI} \\ v_{KA} \\ b\varphi_{BC} \\ b\varphi_{BL} \\ b\varphi_{GO} \\ b\varphi_{DN} \end{bmatrix}
=
\begin{bmatrix} 0 \\ 0 \\ 0 \\ 0 \\ 0 \\ 0 \\ 0 \\ 0 \\ 0 \end{bmatrix}
\qquad
\begin{bmatrix} v_H \\ b\varphi_H \\ b\varphi_{GH} \\ b\varphi_{JI} \\ v_{KA} \\ b\varphi_{BC} \\ b\varphi_{BL} \\ b\varphi_{GO} \\ b\varphi_{DN} \end{bmatrix}
=
\begin{bmatrix} 0 \\ -1 \\ 1 \\ 1 \\ 0 \\ -1 \\ -1 \\ -1 \\ 1 \end{bmatrix}
$$

Applicando allo schema di fig.1.21 i valori di spostamenti e rotazioni così ottenuti, opportunamente riportati a una scala di ampiezza consona alle approssimazioni adottate, si ottiene il meccanismo di fig.1.22.

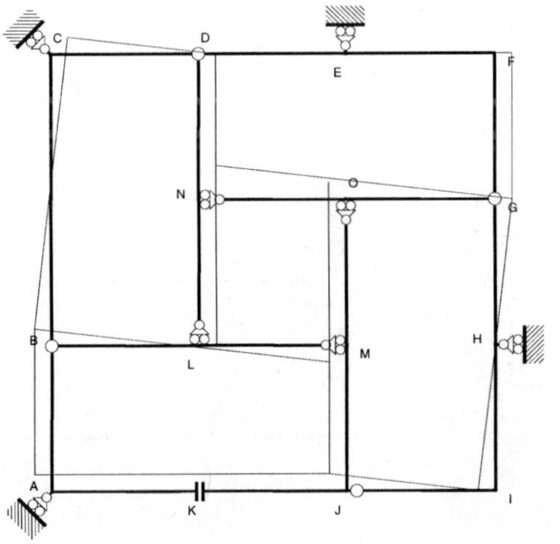

Figura 1.22

CAPITOLO 2

STATICA DEI SISTEMI RIGIDI

2.1 - RICHIAMI

Si considera un corpo rigido soggetto all'applicazione di forze e momenti. Sono forze propriamente dette, e rappresentate come vettori, quelle che promuovono lo spostamento del corpo nella direzione e col verso positivo del vettore. Sono momenti le azioni che promuovono un moto piano di rotazione dei punti del corpo, moto individuato da un versore normale al piano e con verso convenzionalmente scelto. Nei sistemi piani si ha un solo tipo di momento, che per semplicità di rappresentazione è individuato da un simbolo atto a caratterizzare il verso secondo cui interpretare il segno del modulo. Spesso si parlerà di forze includendo in questa definizione forze propriamente dette e momenti.

Per caratterizzare graficamente l'effetto di una forza basta la posizione della sua retta d'azione e il verso della forza, essendo ininfluente la posizione della forza lungo la sua retta d'azione. L'effetto del momento non è legato ad alcuna posizione dei punti nello spazio di riferimento, ma solo a un versore atto a identificare un piano nel quale si realizza il moto di un punto, quale promosso dal momento.

Due sistemi di forze (e momenti) si dicono equivalenti quando promuovono con pari efficacia lo spostamento e la rotazione del corpo al quale sono applicati. Nello spazio tridimensionale l'effetto viene misurato attraverso la sommatoria delle proiezioni delle forze su tre assi non coincidenti e attraverso la sommatoria delle azioni (forze e momenti) che promuovono la rotazione intorno a tre assi non coincidenti e appartenenti al finito. Nello spazio piano l'effetto viene misurato attraverso la sommatoria delle proiezioni delle forze su due assi non coincidenti e attraverso la sommatoria delle azioni (forze e momenti) che promuovono la rotazione intorno a un punto al finito. Quando uno dei due sistemi è costituito da una sola forza (o da un solo momento), questa assume la fisionomia di forza risultante (o momento risultante) dell'altro sistema.

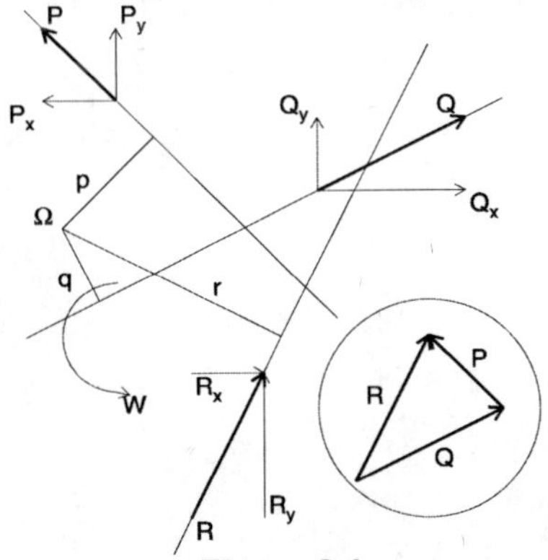

Figura 2.1

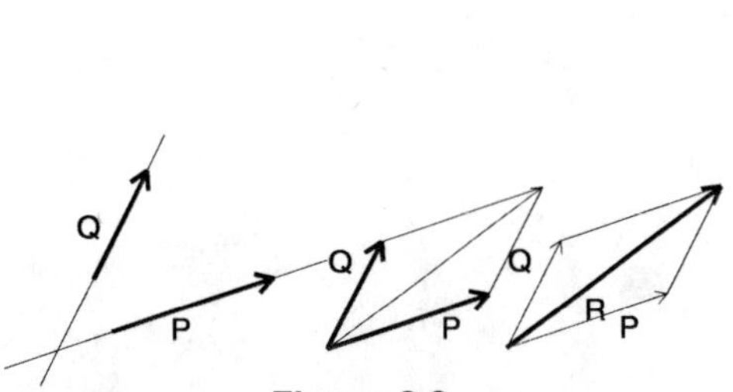

Figura 2.2

Se il sistema è costituito da sole forze $\boldsymbol{R}_i$ (esclusi i momenti), allora l'effetto complessivo è equivalente a una sola forza risultante:

$$\mathbf{R} = \sum_i \mathbf{R}_i.$$

Se il sistema è costituito da soli momenti $\boldsymbol{W}_i$ allora l'effetto complessivo è equivalente a un solo momento risultante:

$$\mathbf{W} = \sum_i \mathbf{W}_i.$$

In fig.2.1 si ha un primo sistema costituito dalle forze ***P***, ***Q*** (o dalle loro componenti cartesiane P_x, P_y, Q_x, Q_y) e dal momento W, e un secondo sistema costituito dalla sola forza ***R*** (o dalle sue componenti cartesiane R_x, R_y). Se si verificano le seguenti condizioni, basate su una scelta arbitraria dei versi positivi (qui i versi degli assi x,y e i momenti antiorari intorno a Ω):

- traslazione orizzontale: $Rx = Qx - Px$.
- traslazione verticale: $Ry = Qy + Py$.
- rotazione intorno a Ω: $R\,r = Q\,q + P\,p + W$.

allora si può definire ***R*** come risultante del sitema ***P***, ***Q***, ***W***.

Se un sistema è costituito da due sole forze, come in fig.2.3, allora è ben nota la costruzione grafica che individua il vettore risultante come la diagonale orientata del parallelogramma ottenuto traslando i due vettori dati lungo la rispettiva retta d'azione, fino a far coincidere il loro punto d'inizio.

Un sistema di forze è equilibrato quando sono nulli la risultante e il momento risultante. Nello spazio tridimensionale questa condizione è verificata quando risultano nulle le sommatorie delle proiezioni delle forze su tre assi non coincidenti e le sommatorie delle azioni (dovuti a forze e momenti) che promuovono la rotazione rispetto a tre assi non coincidenti. Nello spazio piano la stessa condizione si realizza quando risultano nulle le sommatorie delle componenti scalari delle forze, e la sommatoria delle azioni (forze e momenti) che promuovono la rotazione intorno ad un punto al finito. La condizione è ugualmente verificata quando risulta nullo il momento (dovuto a forze e momenti) intorno a tre punti non allineati del piano.

La nozione di equilibrio sottintende per il corpo uno stato di quiete o di moto uniforme: per tutte le applicazioni che interessano questa trattazione ci si riferisce ad uno stato di quiete.

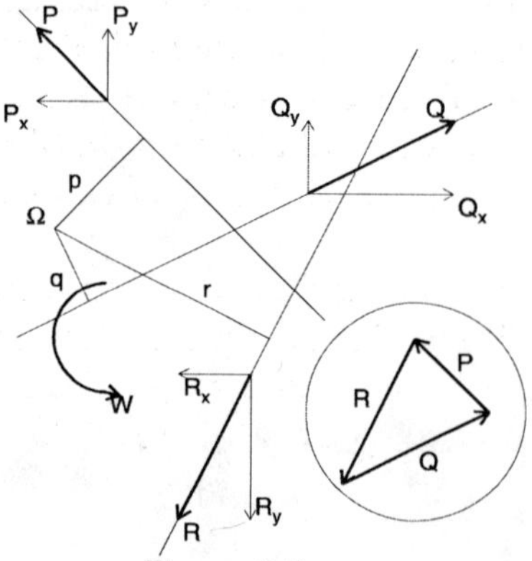

Figura 2.3

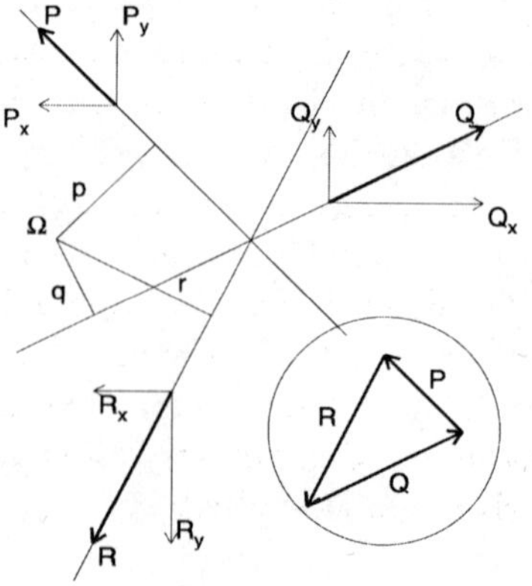

Figura 2.4

In fig.2.3 si ha un sistema costituito dalle forze ***P***, ***Q***, ***R*** (o dalle loro componenti cartesiane P_x, P_y, Q_x, Q_y, R_x, R_y) e dal momento W. Se si verificano le seguenti condizioni:

- traslazione orizzontale: $Qx - Px - Rx = 0$.
- traslazione verticale: $Qy + Py - Ry = 0$.
- rotazione intorno a Ω: $Q\,q - P\,p - R\,r + W = 0$.

allora il sistema risulta equilibrato.

In sistemi costituiti da tre sole forze discendono da queste definizioni conseguenze che consentono una facile visualizzazione grafica dell'equilibrio. Le tre forze, rappresentate in sequenza grafica come in fig.2.4 in basso a destra, costituiscono un *poligono delle forze* chiuso, dovendo essere nulla la sommatoria delle componenti cartesiane. Le tre forze devono concorrere in un punto, dovendo essere nulla la sommatoria dei momenti rispetto a un punto qualunque, compreso il punto intersezione di due di esse (questa condizione corrisponde in maniera semplificata alla più generale condizione di chiusura del *poligono funicolare* della statica grafica).

Un sistema di forze non risulta modificato se ad esso viene aggiunto o sottratto un sistema a risultante nulla.

Si consideri il sistema di fig. 2.5a, costituito dalla forza F e dal momento antiorario W. Si sommi ad esso un sistema equilibrato costituito da un momento orario W e da una coppia antioraria di forze di intensità F e braccio $d = W/F$, come in fig. 2.5b, avendo cura di scegliere per la coppia una posizione nello spazio (peraltro arbitraria) tale da allineare una delle due forze costituenti la coppia con la preesistente F e ad essa opposta. Si sottraggano al sistema così ottenuto in fig. 2.5b le due forze uguali e contrarie F e i due momenti uguali e contrari W. Rimane in fig. 2.5c una sola forza F che rappresenta ovviamente la risultante del sistema originario. Un sistema costituito da una forza e una coppia corrisponde quindi ad una sola forza traslata parallelamente a se stessa di una distanza W/F, tale da promuovere, rispetto ai punti della originaria retta d'azione, un effetto equivalente a quello dell'originario momento W.

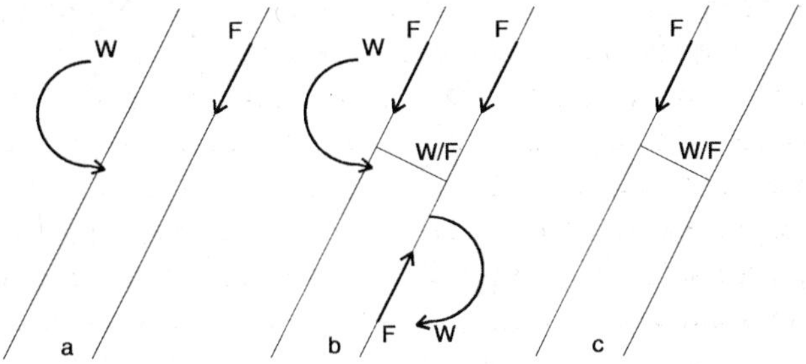

Figura 2.5

L'impiego di semplici operazioni grafiche consente concettualmente di trovare la forza risultante del sistema di sole forze, applicando in via sequenziale la costruzione del parallelogramma. Essendo la risultante dei momenti la semplice somma dei momenti, diventa possibile applicare l'operazione sopra delineata per individuare la risultante complessiva.

2.2 - VINCOLI

Un corpo vincolato al suolo può essere soggetto a sistemi di forze esterne che non soddisfano di per sé le condizioni di equilibrio, senza che lo stato di quiete del corpo ne risulti alterato. Se si associa ai vincoli la capacità di trasmettere forze, si può attribuire lo stato di quiete alla presenza di un sistema complessivamente equilibrato di forze, ivi comprendendo sia le forze esterne assegnate, sia le forze trasmesse dai vincoli, dette *reazioni*. Le aste considerate nel capitolo precedente possono intendersi come singoli corpi rigidi. Sistemi non articolati di aste sono egualmente dei corpi rigidi, che obbediscono alle regole sopra viste. Il riscontro dell'esistenza di uno stato di quiete del sistema porta alla constatazione che ogni singola parte del sistema e ogni singola asta siano in equilibrio.

Le reazioni associate ai vincoli di connessione con il terreno si intendono fornite dal suolo al sistema: non riveste interesse in questa sede il comportamento del suolo. Le reazioni associate a vincoli interni si intendono scambiate fra le due parti con pari direzione e modulo, ma con verso opposto.

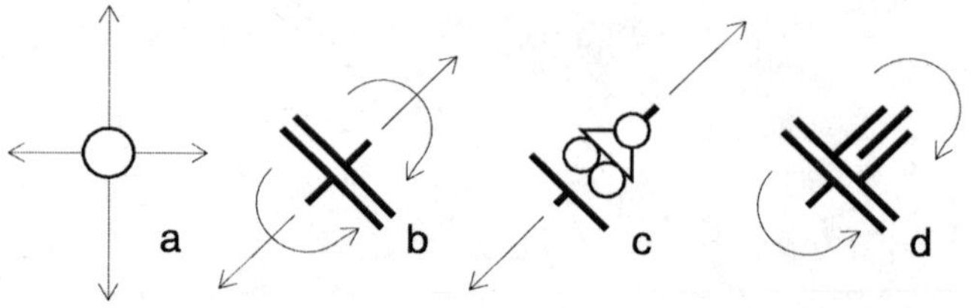

Figura 2.6

- All'incastro si attribuisce la caratteristica di trasmettere un momento e una forza comunque diretta, rappresentabile mediante due componenti (tre parametri di reazione complessivi).
- Alla cerniera (fig.2.6 a) si attribuisce la caratteristica di trasmettere una forza comunque diretta, rappresentabile mediante due componenti (due parametri di reazione).
- Al pattino (fig.2.6b) si attribuisce la caratteristica di trasmettere un momento e una forza diretta normalmente al piano di scorrimento (due parametri di reazione).
- Al carrello (fig.2.6c) si attribuisce la caratteristica di trasmettere una forza diretta normalmente al piano di scorrimento (un parametro di reazione).
- Al pattino composto (fig.2.6d) si attribuisce la caratteristica di trasmettere un momento (un parametro di reazione).

In sintesi si assume che i vincoli possano trasmettere componenti di reazione corrispondenti ai parametri di spostamento impediti. Un sistema di a aste gode di $3a$ gradi di libertà. Perchè il sistema sia cinematicamente determinato occorrono $3a$ gradi di vincolo. Tali gradi di vincolo denotano la presenza di $3a$ reazioni che possono essere determinate dalle $3a$ equazioni cardinali della statica associate alle singole aste. Se ne deduce che un sistema cinematicamente determinato può risultare in equilibrio sotto un sistema di forze esterne qualsiasi, dovendosi determinare le relative reazioni vincolari mediante un sistema lineare di equazioni della statica. L'esistenza della soluzione è subordinata alla presenza di una matrice non singolare dei coefficienti del sistema.

La rappresentazione vettoriale delle forze e delle reazioni comporta la definizione della direzione e del verso positivo, essendo attribuita alla lunghezza del vettore la indicazione grafica dell'intensità. Nel caso di forze incognite per verso e modulo, si ricorre alla rappresentazione vettoriale, attribuendo al verso indicato il significato di un'efficacia di previsione e associando alla rappresentazione grafica un modulo da determinarsi in campo positivo o negativo.

Può essere utile, ancorché non necessario, riferire componenti di forza incognite alle direzioni e al verso degli assi cartesiani assunti per caratterizzare la geometria, mentre questa convenzione non risulta di particolare vantaggio per le forze assegnate, che sono note in direzione, verso e intensità.

2.3 - ASTE SINGOLE

Per l'asta di fig.2.7, soggetta ad un sistema di forze assegnate, le equazioni cardinali della statica possono scriversi:

- equilibrio in direzione x: $F + 7F - 8F = 0$.
- equilibrio in direzione y: $6F - 6F = 0$.
- equilibrio alla rotazione intorno ad A: $64Fb - 36Fb - 28Fb = 0$.

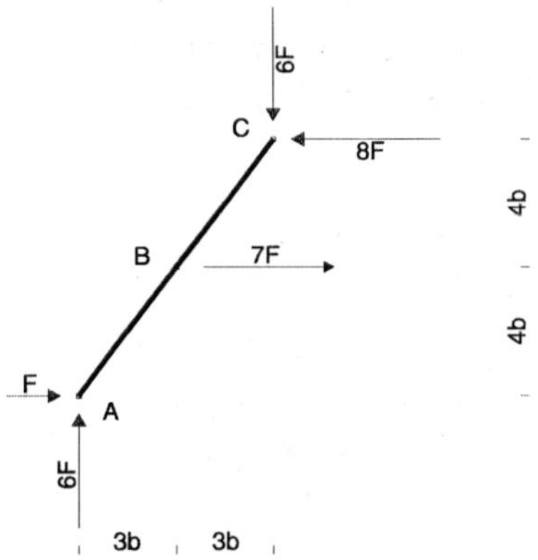

Figura 2.7

Per l'asta di fig.2.8 l'equilibrio può essere verificato in presenza di due componenti di reazione in A (ad esempio secondo le direzioni coordinate) e di una reazione R_C in C diretta normalmente al piano di scorrimento del carrello. Nota la direzione di questo, con inclinazione della normale pari a $3/4$, le componenti di R_C saranno $V_C = 3/5\ R_C$ e $H_C = 4/5\ R_C$, con direzioni associate al sistema di riferimento esterno, e verso arbitrario di R_C.

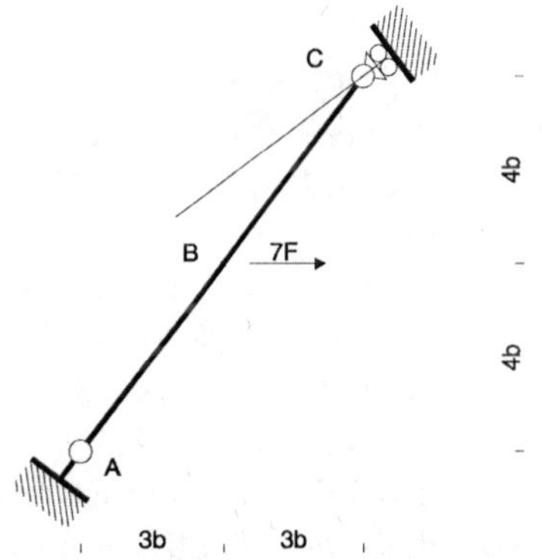

Figura 2.8

Sopprimendo il carrello l'asta acquisterebbe la possibilità di ruotare intorno ad A (fig.2.9). Dette V_C e H_C le reazioni che competono al vincolo soppresso, il permanere dello stato di quiete è assicurato unicamente dal fatto che le forze presenti sono tali da non promuovere questa rotazione. In altre parole, non si ha rotazione se il momento complessivo delle forze intorno ad A è nullo, cioè:

$$V_C\, x_{AC} - H_C\, y_{AC} = 3/5\ R_C\ 6b - 4/5\ R_C\ 8b - 7F\ 4b = 0.$$

Per assicurare l'equilibrio la reazione del carrello deve valere:

$$R_C = -\ 10F$$

da cui $V_C = -\ 6F$ e $H_C = -\ 8F$.

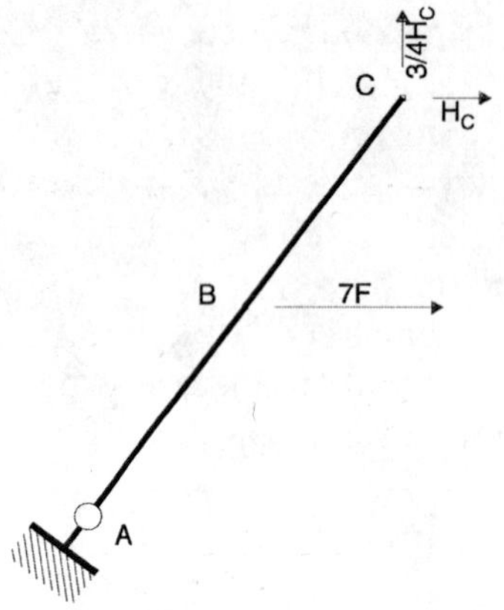

Figura 2.9

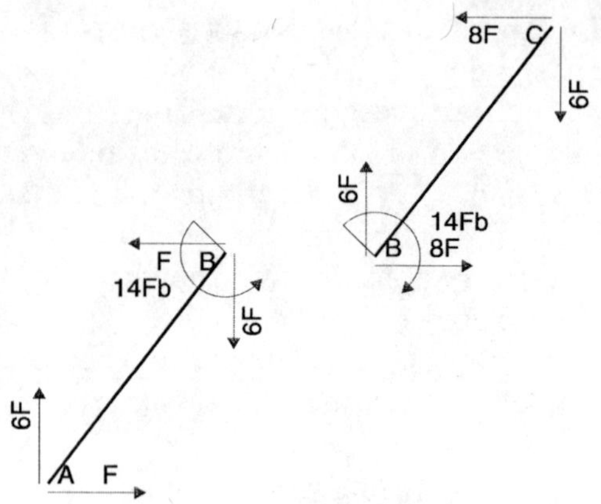

Figura 2.10

Se viene successivamente eliminata la cerniera A, ed evidenziate le reazioni H_A e V_A, le equazioni cardinali della statica assicurano che per l'equilibrio alla traslazione orizzontale deve essere:

$$7F + H_A + H_c = 7F + H_A - 8F = 0$$

e per l'equilibrio alla traslazione verticale:

$$V_A + V_C = V_A - 6F = 0$$

da cui $H_A = F$ e $V_A = 6F$.

Si separino successivamente le parti AB e BC, attribuendo l'applicazione della forza esterna $7F$ al nodo B dell'asta BC (fig.2.10). Dette H_{BC}, V_{BC}, W_{BC} e H_{BA}, V_{BA}, W_{BA} le reazioni che competono al mutuo vincolo di incastro in B alle due aste, si ha la possibilità di scrivere sei equazioni di equilibrio, ciascuna contenente una sola incognita, come segue.

Nell'asta AB:

$H_{BA} = -H_{AB} = - F$ (traslazione orizzontale).
$V_{BA} = -V_{AB} = - 6F$ (traslazione verticale).
$W_{BA} = V_{AB}\, x_{AB} - H_{AB}\, y_{AB} = 14Fb$ (rotazione intorno a B).

Nell'asta BC:

$H_{BC} = - 7F - H_{CB} = F$ (traslazione orizzontale).
$V_{BC} = - V_{CB} = 6F$ (traslazione verticale).
$W_{BC} = V_{CB}\, x_{CB} - H_{CB}\, y_{CB} = - 14Fb$ (rotazione intorno a B).

A completamento di questo esame si osserva che il caso considerato si riferisce ad una situazione cinematicamente determinata e che la possibilità di soluzione del problema non dipende da una particolare scelta dei carichi. Una struttura di questo tipo è detta anche *staticamente determinata*.

La struttura di fig.2.11 risulta essere iperstatica una volta. Se ora la si considera dal punto di vista statico, si osserva che, soppressa la cerniera C, è possibile scrivere una sola equazione di equilibrio alla rotazione intorno ad A, avendo come reazioni incognite H_C e V_C, ossia:

$$V_C\, 6b - H_C\, 8b - F4b = 0.$$

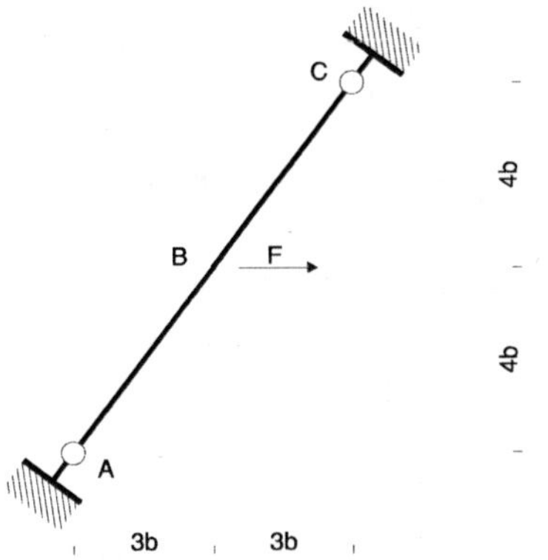

Figura 2.11

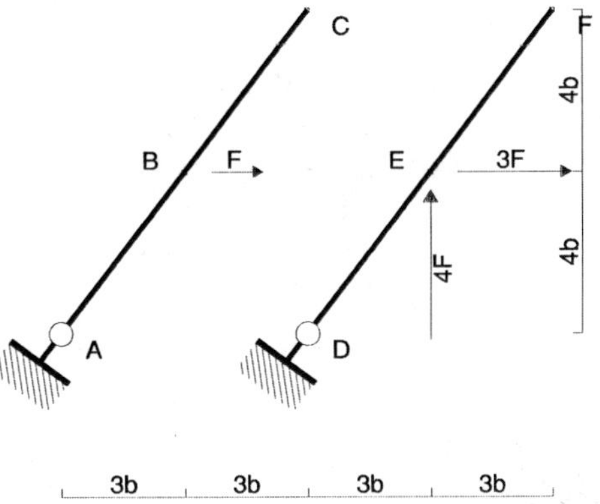

Figura 2.12

Il problema risulta indeterminato, nel senso che esistono infinite combinazioni di reazioni H_C, V_C che soddisfano l'unica condizione di equilibrio. Se si suppone che il problema fisico non possa ammettere infinite risposte, si deve concludere semplicemente che le condizioni di equilibrio non sono sufficienti a identificare la soluzione, mentre lo erano nel precedente caso di struttura isostatica.

L'analisi statica cui ci si riferisce in questa parte introduttiva si applica unicamente a strutture che non siano iperstatiche.

Si esaminino d'altra parte le strutture di fig.2.12, che risultano invece ipostatiche. Esse non richiedono alcuna soppressione di vincoli, perchè sia evidenziato il possibile atto di moto definito dalla rotazione intorno ad A. Nei due casi si hanno le equazioni di equilibrio alla rotazione intorno ad A e a D:

$$- 4Fb = 0$$

$$4 F 3b - 3 F 4b = 0.$$

La prima è soddisfatta solo per $F = 0$. La seconda lo è per qualunque valore di F, fintanto che le due forze applicate rispettano il rapporto indicato in figura. Si riconosce così che l'equilibrio del sistema è soddisfatto solo per una particolare scelta di carichi, tale da non promuovere lo sfruttamento dell'unico grado di libertà del sistema. Le reazioni della struttura di destra risultano infatti:

$$H_D = -3 F$$

$$V_D = -4 F.$$

La struttura di fig.2.7 rappresenta il caso più generale di questa categoria di strutture ipostatiche equilibrate. Le strutture ipostatiche rientrano quindi nell'ambito dei casi per i quali è possibile la determinazione delle reazioni vincolari per via puramente statica, sotto la condizione che i carichi non siano assegnati arbitrariamente, ma rispondano a dei prerequisiti di equilibrio.

Richiamando la struttura di fig.2.8 si osserva che se la normale al carrello in C avesse direzione definita da coseni direttori $3/5$, $4/5$, come la congiungente i centri delle cerniere, detta R_C la reazione del carrello, si avrebbe (fig.2.14 e fig.2.15):

$$H_C = 3/5\ R_C \text{ e } V_C = 4/5\ R_C.$$

Eliminato il carrello, l'equazione di equilibrio alla rotazione intorno al punto A per il caso di fig.2.14 avrebbe quindi l'espressione:

$$V_C\, x_{AC} - H_C\, y_{AC} - F\, y_{AB} = 0$$

da cui:

$$4/5\, R_C\, 6b - 3/5\, R_C\, 8b - F4b = - 4Fb = 0.$$

Poichè b è non nullo, l'equilibrio risulta possibile solo se la forza orizzontale in B è nulla.

In alternativa si applichi in E un sistema di forze avente risultante diretta come DF, come nel caso DEF di fig.2.13. Dallo schema di fig.2.15, detta R_C la reazione del carrello, l'equazione di equilibrio alla rotazione intorno al punto A ha l'espressione:

$$V_C\, x_{AC} - H_C\, y_{AC} - 3/5\, F\, y_{AB} + 4/5\, F\, x_{AB} = 0$$

e quindi:

$$4/5\, R_C\, 6b - 3/5\, R_C\, 8b - 3F\, 4b + 4F\, 3b = 0$$

che fornisce:

$$0\, R_C = 0.$$

Detta R_A la proiezione delle reazioni in A sulla direzione AB, per l'equilibrio alla traslazione nella direzione AB si ha:

$$R_A + 5F + R_C = 0.$$

Infinite coppie di valori R_A, R_C soddisfano questa seconda condizione. Il problema dell'equilibrio risulta perciò per un verso indeterminato, come nel caso iperstatico, e per un altro verso condizionato, come nel caso ipostatico.

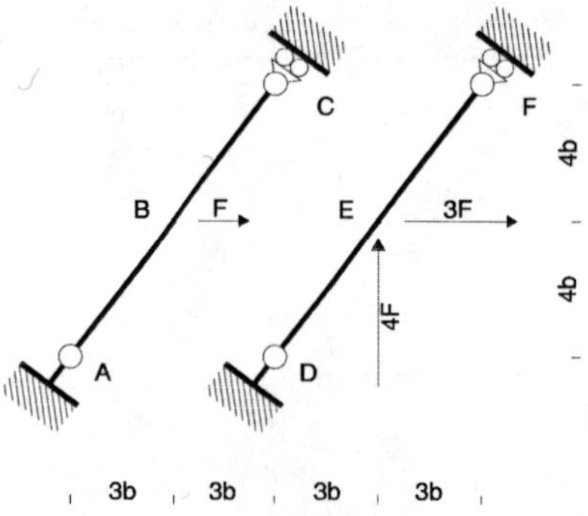

Figura 2.13

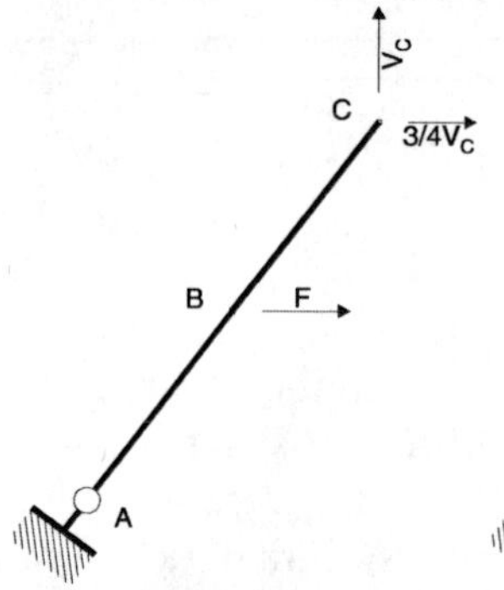

Figura 2.14

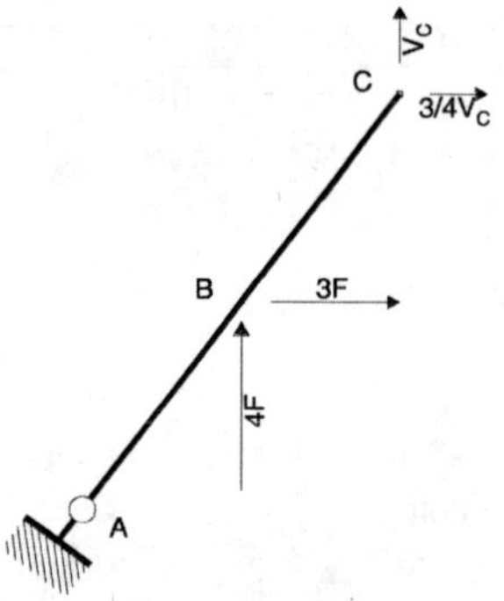

Figura 2.15

Nel precedente capitolo una struttura identica è stata riconosciuta come cinematicamente labile. Ora si constata che una struttura dotata di vincoli in numero pari ai gradi di libertà, ma labile, non è staticamente determinata perchè contemporaneamente iperstatica e ipostatica, e per quest'ultima condizione esula dalla presente trattazione.

2.4 - ARCO A TRE CERNIERE

L'arco a tre cerniere di fig.2.16 con forze applicate $Q = 2F$ e $R = - 3F$, può essere ridotto ad *albero* mediante soppressione della cerniera in C, mettendo così in evidenza le reazioni vincolari H_C, V_C di fig.2.17. I gradi di libertà elementari acquisiti dalla struttura si identificano con le rotazioni intorno a B dell'asta BC e intorno ad A di tutto il sistema. Concorrono a promuovere la prima rotazione le reazioni H_C, V_C e la forza esterna in *E*. Promuovono la rotazione complessiva intorno ad *A* tutte le forze rappresentate in fig.2.17. Le relative equazioni di equilibrio diventano:

- rotazione intorno ad *A*: $- HC\, yAC + VC\, xAC + R\, xAE - Q\, yAD = 0.$
- rotazione intorno a *B*: $- HC\, yBC + VC\, xBC + R\, xBE = 0.$
- In forma matriciale la relazione diventa:

$$\begin{bmatrix} Qy_{AD} - Rx_{AE} \\ -Rx_{BE} \end{bmatrix} = \begin{bmatrix} -y_{AC} & x_{AC} \\ -y_{BC} & x_{BC} \end{bmatrix} \begin{bmatrix} H_C \\ V_C \end{bmatrix}$$

Posto:

$$\mathbf{S}^t = [Qy_{AD} - Rx_{AE}, - R\, x_{BE}]\mathbf{x}^t = [H_C, V_C],$$

questa relazione diventa: $\mathbf{S} = \mathbf{B}\,\mathbf{x}$.

La determinazione del vettore incognito $\boldsymbol{x}$ si ottiene dalla relazione: $\mathbf{x} = \mathbf{B}^{-1}\,\mathbf{S}$. che presuppone che la matrice $\boldsymbol{B}$ sia invertibile (e quindi non singolare).

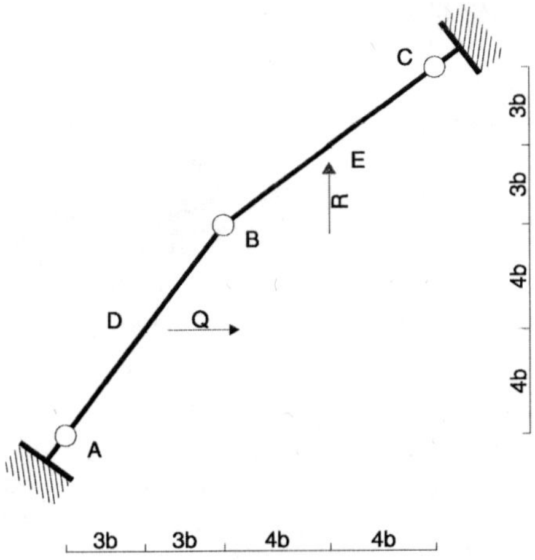

Figura 2.16

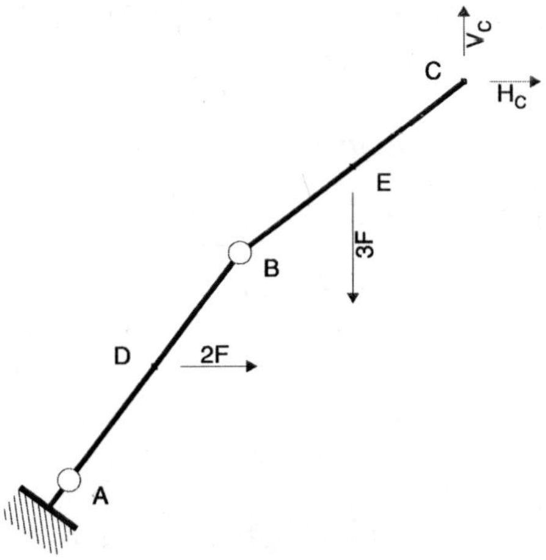

Figura 2.17

L'invertibilità di $\boldsymbol{B}$ garantisce che la struttura è cinematicamente e staticamente determinata. In pratica si osserva che in generale il procedimento di soluzione numerica (come ad esempio la riduzione di Gauss) è idoneo contemporaneamente ad evidenziare la eventuale labilità o a determinare il vettore soluzione $\boldsymbol{R}$.

Per la struttura di fig.2.17 si ha:

$$\begin{bmatrix} 4Qb - 10Rb \\ -4Rb \end{bmatrix} = \begin{bmatrix} -14b & 14b \\ -6b & 8b \end{bmatrix} \begin{bmatrix} H_C \\ V_C \end{bmatrix}$$

con determinante pari a $28b^2$.

Con i valori adottati la soluzione del sistema fornisce:

$$H_C = - 34/7\ Fb$$
$$V_C = - 15/7\ Fb.$$

Isolando in successione le porzioni di trave *CE, EB, BD e DA* e scrivendo per ciascuna di esse le tre equazioni cardinali della statica, si ottengono le reazioni di fig.2.18.

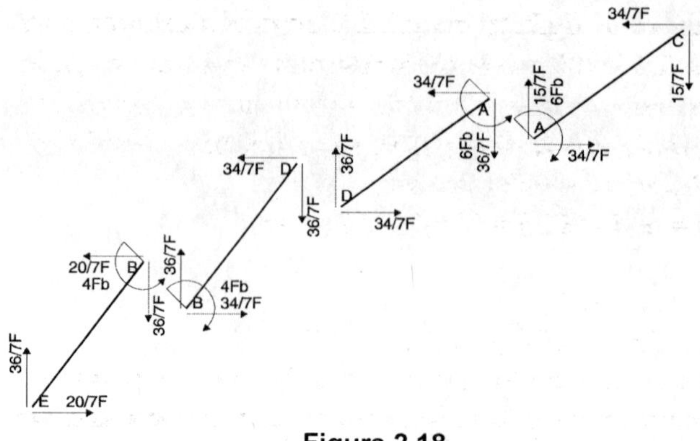

Figura 2.18

Nel precedente capitolo si è esaminata la stessa struttura sotto il profilo cinematico, si è costruita la relativa *matrice di compatibiltà* e si è constatato che la non singolarità di questa caratterizza la condizione di *determinatezza cinematica*. Si constata che quella *matrice di compatibilità* è la trasposta della presente *matrice di equilibrio* ***B***, ossia: $\mathbf{B} = \mathbf{C}^t$.

Si è qui osservato che la *determinatezza statica* è individuata dalla invertibilità della matrice di equilibrio ***B***. Si può ora affermare che le due definizioni di *determinatezza* coincidono, riferendosi alla stessa matrice.

2.5 - IL PRINCIPIO DEI LAVORI VIRTUALI

Con riferimento a corpi rigidi, o a sistemi composti da corpi rigidi, il Principio dei Lavori Virtuali afferma che, associando un insieme di forze equilibrate con un sistema di spostamenti virtuali, cioè infinitesimi e compatibili con i vincoli, si ottiene un lavoro complessivo nullo. Si definisce lavoro il prodotto delle forze per le proiezioni degli spostamenti sulla direzione delle forze. Si tratta di un lavoro virtuale, che non viene effettivamente svolto. In particolare non si richiede che forze e spostamenti si riferiscano alla medesima situazione, ma è sufficiente che il supporto fisico dei parametri, e le relative convenzioni geometriche, siano identici.

Se un sistema di forze compie lavoro nullo per ogni possibile sistema di spostamenti virtuali, si può affermare che tale sistema di forze è equilibrato.

Se ogni possibile sistema di forze equilibrate compie lavoro nullo per un sistema di spostamenti infinitesimi, si può affermare che tale sistema di spostamenti è congruente.

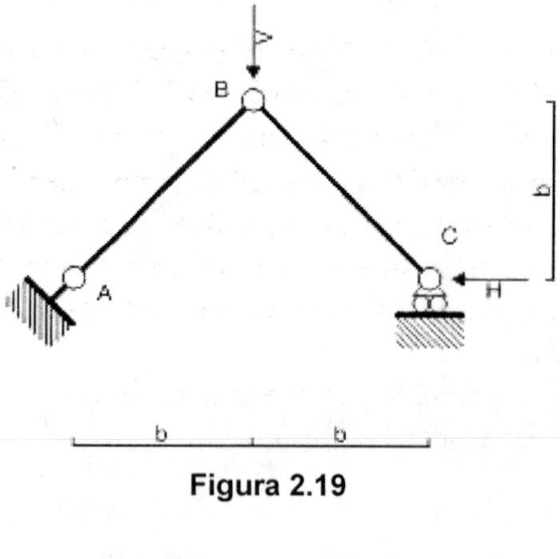

Figura 2.19

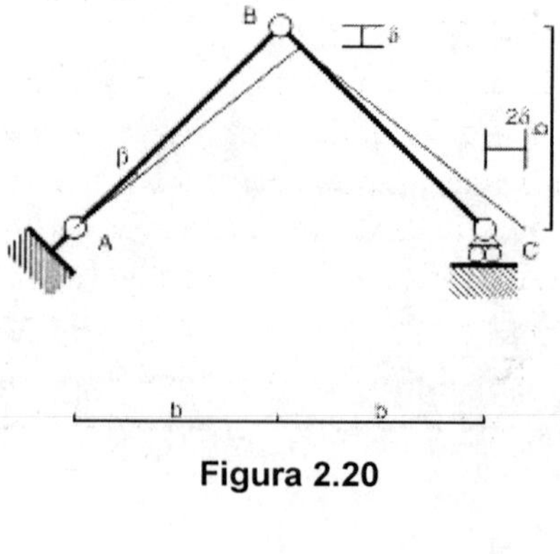

Figura 2.20

Si considerino gli schemi identici di fig.2.19 e fig.2.21, entrambi caratterizzati dalla presenza di un grado di libertà, identificabile nella rotazione infinitesima β. In conseguenza della rotazione β si hanno gli spostamenti infinitesimi e congruenti $v_B = \delta = b\beta$ e $u_C = 2\delta = 2b\beta$. Le forze V e H di fig.2.19, se associate a quegli spostamenti virtuali, danno luogo all'espressione del lavoro:

$$L = V\, v_B - H\, u_C = V\, \delta - H\, 2\delta = V\, b\beta - H\, 2b\beta = 0$$

ed eliminando β:

$$V\, b - H\, 2b = 0,$$

in cui si riconosce verificata la condizione di equilibrio $H = V/2$.

Dal momento che l'atto di moto considerato realizza, da solo, il più generale sistema di spostamenti virtuali, l'annullarsi del lavoro costituisce infatti condizione sufficiente per affermare l'equilibrio delle forze H, V.

Arco a tre cerniere

Riprendendo il caso dell'arco a tre cerniere di fig.2.16 del paragrafo precedente, si consideri la situazione di fig.2.17, ponendo $\boldsymbol{\phi}^t = [\alpha, \beta]$. Nel capitolo 1 si è visto che nell'ambito degli spostamenti infinitesimi vale la relazione di congruenza $\boldsymbol{x} = \boldsymbol{C}\, \boldsymbol{\phi}$, nella forma:

$$\begin{bmatrix} u_C \\ v_C \end{bmatrix} = \begin{bmatrix} -y_{AC} & -y_{BC} \\ x_{AC} & x_{BC} \end{bmatrix} \begin{bmatrix} \alpha \\ \beta \end{bmatrix}$$

Analogamente, ordinando nel vettore $\boldsymbol{s}^t = [v_E, u_D]$ gli spostamenti associati alle forze R, Q in E e D, si ha la relazione geometrica che ne esprime la dipendenza dai parametri liberi del moto $\boldsymbol{\phi}^t = [\alpha, \beta]$:

$$\begin{bmatrix} u_D \\ v_E \end{bmatrix} = \begin{bmatrix} -y_{AD} & 0 \\ x_{AE} & x_{BE} \end{bmatrix} \begin{bmatrix} \alpha \\ \beta \end{bmatrix}$$

e in forma compatta $\boldsymbol{s} = \boldsymbol{G}\, \boldsymbol{\phi}$, dove $\boldsymbol{G}$ è ancora una matrice di congruenza.

Il Principio dei Lavori Virtuali ci assicura che condizione necessaria e sufficiente per l'equilibrio di un sistema materiale composto da parti rigide e soggetto all'azione di forze qualsiasi è l'annullarsi del lavoro di tali forze per qualsiasi spostamento virtuale del sistema.

Gli spostamenti v_E, u_D, u_C, v_C rispondono ai requisiti degli spostamenti virtuali perchè di ampiezza infinitesima e rispettosi dei vincoli geometrici del sistema (rigidezza delle aste e presenza delle cerniere). Poiché il sistema ha due gradi di libertà, identificati dai parametri liberi α e β, il più generale insieme di spostamenti virtuali potrà essere espresso come combinazione lineare degli spostamenti associati ai due meccanismi elementari. In particolare se il lavoro virtuale di un sistema di forze risulta nullo in corrispondenza dei due meccanismi elementari, esso risulterà nullo anche per ogni loro combinazione lineare.

Nell'esempio considerato in fig.2.17 le forze sono rappresentate dalle reazioni H_C, V_C e dalle forze Q, R attive in D e in E. Il lavoro virtuale diventa:

$L = Q\, u_D + R\, v_E + H_C\, u_C + V_C\, v_C$.

Ponendo:

$$\mathbf{F}^t = [Q, R]$$
$$\mathbf{x}^t = [H_C, V_C]$$

si ottiene:

$$L = \mathbf{F}^t\,\mathbf{s} + \mathbf{x}^t\,\mathbf{x} = 0.$$

Introducendo le espressioni degli spostamenti precedentemente ricavate per $\boldsymbol{s}$ e $\boldsymbol{x}$ si ottiene :

$$L = \mathbf{F}^t\,\mathbf{G}\,\phi + \mathbf{x}^t\,\mathbf{C}\,\phi = 0$$

e anche:

$$L = (\,\mathbf{F}^t\,\mathbf{G} + \mathbf{x}^t\,\mathbf{C}\,)\,\phi = 0.$$

Questa condizione rappresenta il prodotto del vettore $\boldsymbol{G}^t\,\boldsymbol{F} + \boldsymbol{C}^t\,\boldsymbol{x}$ per il vettore $\boldsymbol{\phi}$, prodotto che deve risultare nullo per ogni vettore $\boldsymbol{\phi}$ non nullo che descrive un atto di moto congruente. Il requisito viene soddisfatto solo se $\boldsymbol{G}^t\,\boldsymbol{F} + \boldsymbol{C}^t\,\boldsymbol{x} = 0$, ossia con la condizione:

$$-\,\mathbf{G}^t\,\mathbf{F} = \mathbf{C}^t\,\mathbf{x}.$$

Il prodotto:

$$-\,\mathbf{G}^t\,\mathbf{F}$$

fornisce il vettore:

$$\mathbf{s}^t = [\;Q\,y_{AD} - R\,x_{AE}, R\,x_{BE}\;]$$

e in forma compatta:

$$\begin{bmatrix} Qy_{AD} - Rx_{AE} \\ -Rx_{BE} \end{bmatrix} = \begin{bmatrix} -y_{AC} & x_{AC} \\ -y_{BC} & x_{BC} \end{bmatrix} \begin{bmatrix} H_C \\ V_C \end{bmatrix}$$

ossia: $\mathbf{s} = \mathbf{C}\,\mathbf{x}$.

Per il Principio dei Lavori Virtuali questa espressione risulta condizione necessaria e sufficiente perchè le reazioni H_C, V_C siano in equilibrio con le forze attive Q, R. Si constata che questa relazione coincide con la relazione di equilibrio vista nel paragrafo precedente, trasposta della matrice di compatibilità.

2.6 - SISTEMI DI ASTE

Si consideri la struttura di fig.2.21, già analizzata nel capitolo precedente sotto il profilo cinematico. Si riduca la struttura ad *albero* eliminando il pattino in E e il carrello in C, come in fig.2.22. In corrispondenza dei vincoli soppressi si mettano in evidenza la forza V_C e il momento W_C all'estremo E dell'asta DE, e le reazioni uguali e contrarie R_C sugli estremi C delle aste BC e CD. Poichè la reazione R_C ha direzione normale al piano di scorrimento del carrello, essa ha componente verticale pari alla metà della componente orizzontale, con i versi di fig.2.22.

Il sistema ha acquisito la possibilità di ruotare rigidamente intorno ad A, di subire uno scorrimento del sottosistema $BCDE$ nella direzione del pattino in B e infine di subire una rotazione intorno a D del sottosistema CDE.

La condizione di equilibrio alla rotazione intorno ad A vede il concorso di tutte le forze attive e di tutte le reazioni. Introducendo le reazioni uguali e contrarie in C, si ha l'equazione:

$$V_E x_{AE} + W_E - H_{CB} y_{AC} + H_{CB} y_{AC} - V_{CB} x_{AC} + V_{CB} x_{AC} - 6F y_{AD} = 0$$

da cui:

$$V_E x_{AE} + W_E = 6F y_{AD}.$$

La condizione di equilibrio alla traslazione secondo la direzione del pattino in *B* vede il concorso della forza attiva *6F* e delle reazioni all'estremo *C* di *CD* e all'estremo *E* di *DE*. L'equazione di equilibrio corrisponde alla sommatoria delle proiezioni delle forze in gioco sulla direzione *AC*, definita dal versore $[1/\sqrt{5},\ 2/\sqrt{5}]$:

$$2V_E/\sqrt{5} - 2V_{CB}/\sqrt{5} - H_{CB}/\sqrt{5} + 6F/\sqrt{5} = 0.$$

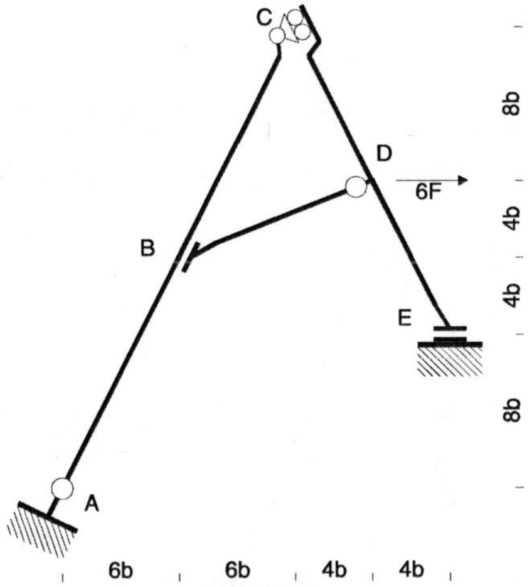

Figura 2.21

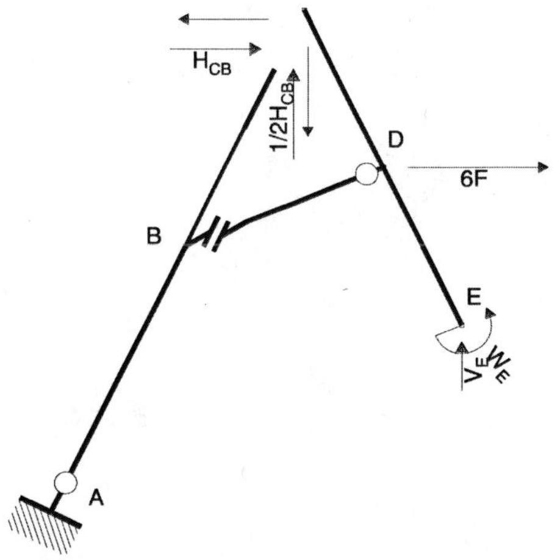

Figura 2.22

Ricordando che $V_{CB} = H_{CB}/2$ e moltiplicando l'espressione per $\sqrt{5}$, questa diventa:

$$2V_E - 2H_{CB} = -6F.$$

Per l'equilibrio alla rotazione dell'asta *CDE* intorno a *D*, si può infine scrivere l'equazione:

$$V_E x_{DE} + W_E + V_{CB} x_{CD} + H_{CB} y_{DC} = V_E x_{DE} + W_E + H_{CB}(1/2\ x_{CD} + y_{DC}) = 0.$$

In forma matriciale si ottiene:

$$\begin{bmatrix} 6F y_{AD} \\ -6F \\ 0 \end{bmatrix} = \begin{bmatrix} x_{AE} & 1 & 0 \\ 2 & 0 & -2 \\ x_{DE} & 1 & (x_{CD}/2 + y_{DC}) \end{bmatrix} \begin{bmatrix} V_E \\ W_E \\ H_{CB} \end{bmatrix}$$

Sostituendo i valori delle distanze geometriche si ottiene:

$$\begin{bmatrix} 96Fb \\ -6F \\ 0 \end{bmatrix} = \begin{bmatrix} 20b & 1 & 0 \\ 2 & 0 & -2 \\ 4 & 1 & 10b \end{bmatrix} \begin{bmatrix} V_E \\ W_E \\ H_{CB} \end{bmatrix}$$

in cui il determinante è non nullo. La soluzione del sistema fornisce:

$V_E = 21F$ $\quad W_E = -324Fb$ $\quad H_{CB} = 24F$

da cui:

$$V_{CB} = H_{CB}/2 = 12F$$

Si procede quindi ad isolare le singole aste, cominciando dai rami periferici. Dell'asta *DE* si possono individuare le reazioni all'estremo *D*:

- traslazione orizzontale: $H_{DE} = 0$.
- traslazione verticale: $V_{DE} = - V_E = - 21F$.
- rotazione intorno a D: $W_{DE} = - W_E - V_E x_{DE} = 324F\ 8b - 84F\ 4b = 240Fb$.

Le equazioni cardinali della statica applicata all'asta CD forniscono:

- traslazione orizzontale: $H_{DC} = H_{CB} = 24F$.
- traslazione verticale: $V_{DC} = V_{CB} = 12F$.
- rotazione intorno a D: $W_{DC} = -H_{CB}y_{DC} - V_{CB}x_{CD} = -24F\ 8b -12F\ 4b = -240Fb$.

All'estremo *D* dell'asta *BC* risulteranno applicate forze uguali ed opposte a quelle relative agli estremi *D* delle aste *DC* e *DE,* insieme con la forza esterna *6F*, ossia:

- $H_{DB} = - H_{DE} - H_{DC} + 6F = - 24F + 6F = - 18F$
- $V_{DB} = - V_{DE} - V_{DC} = 21F - 12F = 9F$
- $W_{DB} = - W_{DE} - W_{DC} = - 240Fb + 240Fb = 0$.

L'ultima condizione risulta pleonastica dal momento che l'estremo *D* di *RD* risulta vincolato con cerniera.

Le equazioni cardinali della statica applicata all'asta *BD* forniscono:

- traslazione orizzontale: $H_{BD} = - H_{DB} = 18F$.
- traslazione verticale: $V_{BD} = - V_{DB} = - 9F$.
- rotazione intorno a B: $W_{BD} = H_{DB}y_{BD} - V_{DB}x_{BD} = - 18F\ 4b - 9F\ 10b = - 162Fb$.

Le equazioni cardinali della statica applicata all'asta *CB* forniscono:

- traslazione orizzontale: $H_{BC} = - H_{CB} = - 24F$.
- traslazione verticale: $V_{BC} = - V_{CB} = - 12F$.
- rotazione intorno a B: $W_{BC} = H_{DB}y_{DB} - V_{DB}x_{BD} = - 18F\ 4b - 9F\ 10b = 216Fb$.

All'estremo *B* di *AB* risulteranno applicate, con verso opposto, le reazioni corrispondenti agli estremi *B* di *BC* e *BD*, ossia:

- $H_{BA} = - H_{BC} - H_{BD} = 24F - 18F = 6F$
- $V_{BA} = - V_{BC} - V_{BD} = 12F - 9F = 21F$
- $W_{BA} = - W_{BC} - W_{BD} = - 216Fb + 162Fb = - 54Fb$.

Le equazioni cardinali della statica applicato all'asta *AB* forniscono infine:

- traslazione orizzontale: $H_{AB} = - H_{BA} = - 6F$.
- traslazione verticale: $V_{AB} = - V_{BA} = - 21F$.
- rotazione intorno ad A: $W_{AB}= -W_{BA}+H_{BA}y_{AB}-V_{BA}x_{AB}=54Fb+6F\ 12b -21F\ 6b=0$.

Si può osservare che, nota la soluzione del sistema lineare iniziale, le reazioni in *A* sarebbero direttamente identificate dalle equazioni cardinali della statica relative all'intera struttura, come segue:

- traslazione orizzontale: $H_{AB} = - 6F$.
- traslazione verticale: $V_{AB} = - V_E = -21F$.
- rotazione intorno ad A: $W_{AB}= -V_E x_{AE}-W_E+6Fy_{AD}= -21F\ 20b+324Fb+6F\ 16b=0$.

2.7 - SCHEMA DI PROCEDIMENTO

Il procedimento delineato in questi esempi per la determinazione delle reazioni vincolari di una struttura isostatica ha carattere generale e può essere così riassunto:

1) Verificare che sussista il pareggio tra gradi di libertà e gradi di vincolo.
2) Sopprimere vincoli interni o al contorno nel minor numero possibile con l'obiettivo di ottenere uno schema aperto ad *albero*.
3) Mettere in evidenza le reazioni corrispondenti ai vincoli soppressi secondo un verso di previsione arbitrario, ricordando che in corrispondenza dei vincoli interni si hanno reazioni appaiate di egual modulo ma di verso opposto sulle due parti separate.
4) Identificare le relazioni di equilibrio corrispondenti ai gradi di libertà elementari messi in evidenza dalla soppressione dei vincoli.
5) L'insieme delle relazioni di cui al punto 4) costituisce un sistema di equazioni lineari nelle incognite reazioni, avente come termine noto i contributi delle forze attive.
6) La matrice dei coefficienti è la matrice di equilibrio del sistema, trasposta della matrice di congruenza, è quadrata ed ha rango pari al numero delle incognite.
7) L'invertibilità della matrice di equilibrio è indice di determinatezza statica e cinematica della struttura.
8) Operando la riduzione numerica del sistema (ad esempio la riduzione di Gauss), si ottiene la conferma della invertibilità di cui al punto 7) e si ha contemporaneamente il vettore soluzione, cioè l'insieme dei valori delle reazioni.
9) Quando si siano individuati i valori delle reazioni messe in evidenza con la riduzione ad *albero* della struttura, si può procedere al successivo smembramento delle singole aste, a iniziare dai rami periferici, identificando le reazioni attraverso le equazioni cardinali della statica.

Il calcolo delle reazioni vincolari è possibile anche per strutture non cinematicamente determinate, purchè il vettore delle forze assegnate risponda a condizioni preliminari. Se la struttura è ipostatica, la matrice di equilibrio risulterà rettangolare verticale. Se la matrice di equilibrio ha una sottomatrice invertibile, esiste soluzione rispetto alle incognite corrispondenti a questa sottomatrice, a condizione che siano nulle le rimanenti righe di coefficienti e termini noti.

2.8 - CARICHI DISTRIBUITI

Due sistemi di forze sono equivalenti se hanno uguale risultante e momento risultante. Fra le condizioni di carico che l'esperienza suggerisce di introdurre nell'analisi statica vi sono i carichi distribuiti. La nozione di carico distribuito è del tutto intuitiva e può essere intesa come la situazione limite che si ottiene da un sistema di forze, generalmente parallele, allorché tendono a zero il modulo e la distanza relativa delle forze.

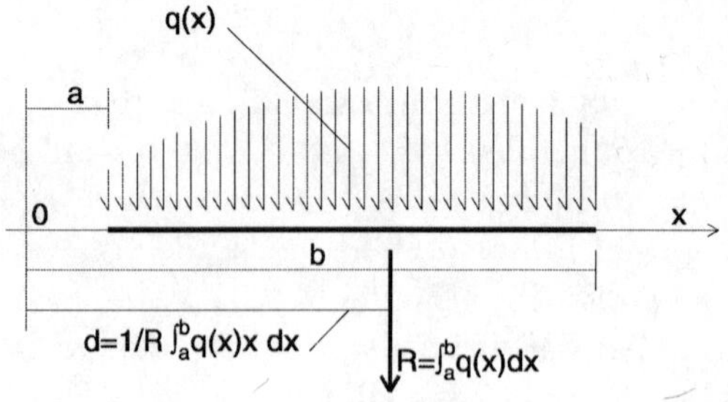

Figura 2.23

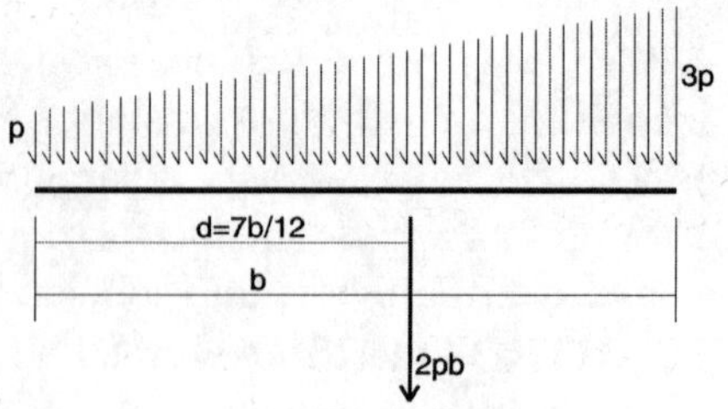

Figura 2.24

Ai fini dell'equilibrio del singolo corpo rigido è sovente utile sostituire al sistema di carichi effettivamente agenti la loro risultante (fig.2.23). Questa è individuata facendo ricorso alla definizione di equivalenza statica. Se le azioni agiscono secondo un'unica direzione, cioè sono parallele, la forza risultante avrà questa stessa direzione, con intensità pari alla sommatoria dei singoli contributi elementari, ovvero:

$$R = \int_a^b q(x)\,dx$$

essendosi indicate con *x* la variabile atta a individuare univocamente la funzione che esprime l'intensità del carico *q*, e con *a,b* gli estremi del campo di applicazione.

La posizione di *R* sarà tale da indurre, rispetto a un punto qualsiasi del piano, lo stesso momento indotto dalla distribuzione di carichi effettivamente presenti. Essendo *x* la distanza del contributo infinitesimo *q(x)dx* dal polo prescelto, si ha:

$$Rd = \int_a^b q(x)\,x\,dx$$

avendo indicato con *d* la distanza di *R* dallo stesso polo.

Tenendo presente che le espressioni di *R* e *Rd* rappresentano i momenti di ordine 0 e 1 della distribuzione *q(x)* rispetto al polo, si può dire che la risultante si colloca nel baricentro della figura geometrica definita dalla funzione *q(x)*.

Se le azioni distribuite non sono parallele il loro effetto può sempre scomporsi nelle direzioni *x* e *y*, ottenendo le risultanti parziali R_x, R_y. La composizione di queste fornisce *R* come risultante delle risultanti, con la relativa posizione.

Fra i carichi distribuiti può immaginarsi anche una funzione di momenti *m(x)*, il cui effetto complessivo eguaglia l'integrale della funzione, non essendo significativa la posizione di applicazione del momento risultante.

Deve essere ricordato che la risultante di un sistema di forze e/o di un sistema di carichi distribuiti può essere utilizzata unicamente ai fini della determinazione dell'equilibrio complessivo della parte di sistema strutturale interessata. Se il sistema è articolato o viene smembrato, la formulazione delle condizioni di equilibrio relative alle sottoparti del sistema può riferirsi solo alle risultanti dei corrispondenti sottosistemi di carichi.

Per il sistema di carichi di fig.2.24, che impegna l'asta fra $x = 0$ e $x = b$ con valore iniziale *p* e valore finale *3p*, si ha, assumendo l'origine del sistema di riferimento in *A*:

$$q(x) = p\,(1 + 2x/b)$$

$$R = \int_0^b q(x)\,dx = \int_0^b p\,(1 + 2x/b\,)\,dx = 2pb$$

$$Rd = \int_0^b q(x)\,x\,dx = \int_0^b p\,(1 + 2x/b\,)x\,dx = 7/6\,pb^2$$

da cui si ha $d = 7/12\ b$.

2.9 - STRUTTURE RETICOLARI

Nel precedente capitolo si sono definite le strutture reticolari come sistemi costituiti unicamente da bielle, cioè aste (spesso rettilinee) connesse agli estremi mediante cerniere. Si è anche visto come l'analisi cinematica potesse essere in qualche misura semplificata da queste circostanze. Ai fini dell'equilibrio si potrebbe modificare significativamente l'approccio sinora adottato osservando che le reazioni scambiate fra le aste e i *perni* delle cerniere hanno modulo da determinarsi, ma direzione nota, in quanto coincidente con l'asse dell'asta (o, meglio, con la congiungente i centri delle cerniere poste agli estremi dell'asta). Si hanno così *a* azioni assiali incognite.

Nel paragrafo introduttivo di questo capitolo si è osservato che un sistema di *a* aste è in equilibrio se per ciascuna di esse sono verificate le tre equazioni cardinali della statica, per un totale di *3a* equazioni nelle reazioni incognite, che risultano essere *3a* nei sistemi isostatici. Nel caso presente, assumendo come soggetti della verifica di equilibrio non più le aste (dotate di tre gradi di libertà) ma i *p perni* delle cerniere (dotati di due soli gradi di libertà) l'equilibrio del sistema è caratterizzato da *2p* equazioni di equilibrio nelle direzioni degli assi.

Per il sistema inizialmente collegato a terra con *t* gradi di vincolo, e quindi disassemblato, si avranno $t + a$ incognite e *2p* equazioni di equilibrio alla traslazione orizzontale e verticale dei *perni*. Nel caso esposto nel capitolo precedente si ha:

$$t + a - 2p = 3 + 29 - 2\times 16 = 0.$$

Questo approccio sistematico ha valenza generale, ma è facile constatare che il problema può essere risolto con un criterio operativo assai più semplice. Nell'esempio citato è possibile determinare inizialmente la reazione in *P* e quindi procedere all'imposizione sequenziale dell'equilibrio dei nodi *P, N, O, L, M*, ..., incontrando ad ogni passaggio un sistema di due sole equazioni (equilibrio del nodo) in due incognite (azioni assiali della aste *successive*).

2.10 - ESEMPIO 1

Si consideri la struttura di fig.2.25. Eliminati i vincoli in *A* e in *D*, la struttura acquisisce tre gradi di libertà, identificati dalla rotazione globale intorno a *F*, dallo scorrimento verticale delle aste *ABCD*, dalla rotazione intorno a *B* delle stesse aste *ABCD*. Le reazioni corrispondenti ai vincoli soppressi sono $V_A = -H_A$, W_A e $V_{DC} = -H_{DC}$. La matrice di equilibrio diventa (fig.2.26):

$$\begin{matrix} \varphi_F \\ v_{BE} \\ \varphi_{BE} \end{matrix} \begin{bmatrix} -1 & 1 & 0 \\ 1 & 0 & 1 \\ -1 & 1 & 2 \end{bmatrix} \begin{bmatrix} V_A b \\ W_A \\ V_{DC} b \end{bmatrix} = \begin{bmatrix} 3Fb + 2W - qb^2/2 \\ qb^2 \\ qb^2/2 \end{bmatrix}$$

La matrice non è singolare, avendo determinante non nullo. Si può quindi calcolare il vettore soluzione:

$$V_A b = 3Fb/2 + W + qb^2/2$$
$$W_A = 9/2\ Fb + 3W$$
$$V_{DC} b = -\ 3Fb/2 - W + qb^2/2$$

Assumendo $W = Fb$ e $q = F/b$, le reazioni diventano:

$$V_A = 3F$$
$$W_A = 15/2 Fb$$
$$V_{DC} = -2F$$

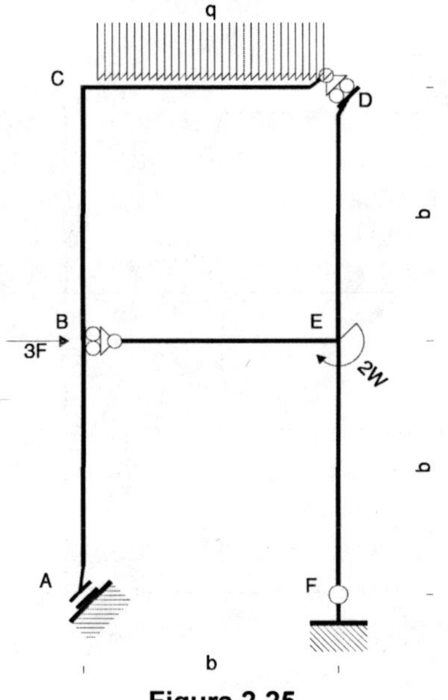

Figura 2.25

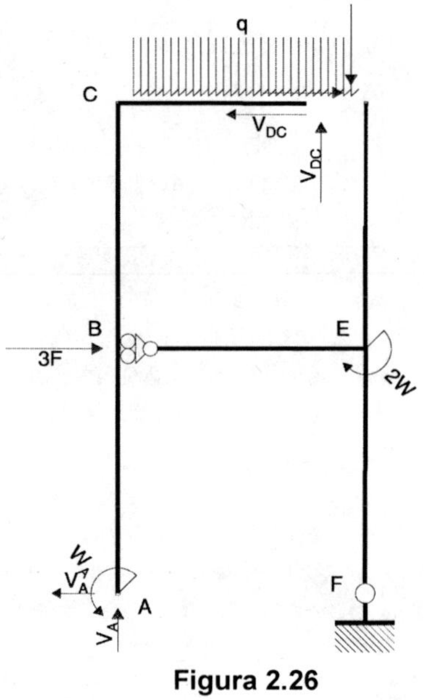

Figura 2.26

Le azioni applicate agli estremi delle aste sono:

$H_{AB} = -\ 3/2\ F - W/b - 1/2\ qb = -\ 3\ F$
$V_{AB} = 3/2\ F + W/b + 1/2\ qb = 3\ F$
$W_{AB} = 9/2\ Fb + 3W = 15/2\ Fb$

$H_{BA} = 3/2\ F + W/b + 1/2\ qb = 3\ F$
$V_{BA} = -3/2\ F - W/b - 1/2\ qb = -\ 3\ F$
$W_{BA} = -\ 3\ Fb - 2W + 1/2\ qb^2 = -\ 9/2\ Fb$

$H_{BC} = -\ 3/2\ F - W/b + 1/2\ qb = -\ 2\ F$
$V_{BC} = 3/2\ F + W/b + 1/2\ qb = 3\ F$
$W_{BC} = 3\ Fb + 2W - 1/2\ qb^2 = 9/2\ Fb$

$H_{CB} = 3/2\ F + W/b - 1/2\ qb = 2\ F$
$V_{CB} = -\ 3/2\ F - W/b - 1/2\ qb = -\ 3\ F$
$W_{CB} = -\ 3/2\ Fb - W = -\ 5/2\ Fb$

$H_{CD} = -\ 3/2\ F - W/b + 1/2\ qb = -\ 2\ F$
$V_{CD} = 3/2\ F + W/b + 1/2\ qb = 3\ F$
$W_{CD} = 3/2\ Fb + W = 5/2\ Fb$

$H_{DC} = 3/2\ F + W/b - 1/2\ qb = 2\ F$
$V_{DC} = -\ 3/2\ F - W/b + 1/2\ qb = -\ 2\ F$
$W_{DC} = 0$

$H_{DE} = -\,3/2\ F - W/b + 1/2\ qb = -\,2\ F$
$V_{DE} = 3/2\ F + W/b - 1/2\ qb = 2\ F$
$W_{DE} = 0$

$H_{EF} = 3/2\ F - W/b - 1/2\ qb = 0$
$V_{EF} = 3/2\ F + W/b - 1/2\ qb = 2\ F$
$W_{EF} = 3/2\ Fb - W - 1/2\ qb^2 = 0$

$H_{BE} = 3\ F - qb = 2\ F$
$V_{BE} = 0$
$W_{BE} = 0$

$H_{ED} = 3/2\ F + W/b - 1/2\ qb = 2\ F$
$V_{ED} = -\,3/2\ F - W/b + 1/2\ qb = -\,2\ F$
$W_{ED} = -\,3/2\ Fb - W + 1/2\ qb^2 = -\,2\ Fb$

$H_{FE} = -\,3/2\ F + W/b + 1/2\ qb = 0$
$V_{FE} = -\,3/2\ F - W/b + 1/2\ qb = -\,2\ F$
$W_{FE} = 0$

$H_{EB} = -\,3\ F + qb = -\,2\ F$
$V_{EB} = 0$
$W_{EB} = 0$

2.11 - ESEMPIO 2

Si consideri la struttura di fig.2.27. Eliminati i vincoli in *A*, in *D*, in *F*, in *I*, in *J*, in *M*, si evidenziano le reazioni incognite $H_A = V_A$, V_D, H_H, H_{FG}, H_{JI}, V_{IF}, H_{MJ}, V_{MJ}. La struttura acquisisce otto gradi di libertà.

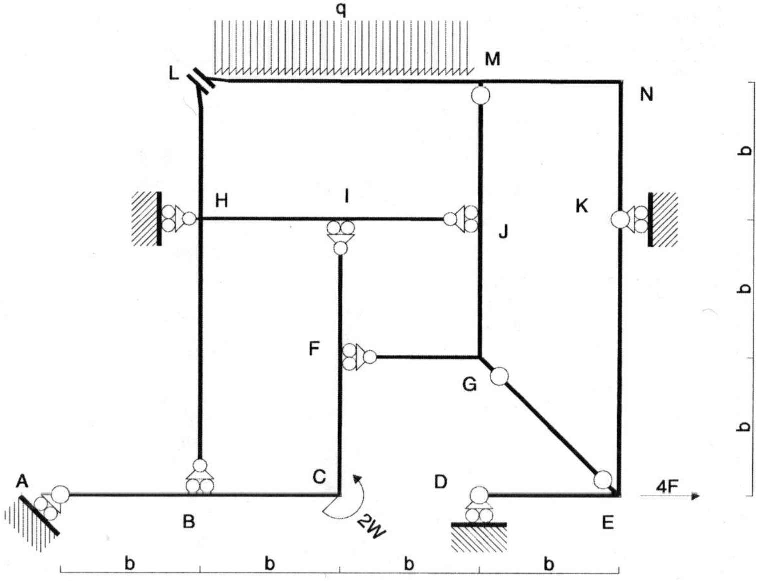

Figura 2.27

Traslazione verticale globale: $H_A + V_D = 2qb$
Rotazione globale intorno a *K*: $-2H_Ab - V_Db = -\,8Fb - 2W - 4qb^2$
Rotazione intorno a *K*, aste *KE ED EG GF GJ JM*: $-V_Db + H_{FG}b - H_{MJ}b - V_{MJ}b = -8Fb$
Rotazione intorno a *E*, aste *EG GF GJ JM*: $-H_{FG}b + 2H_{JI}b - 3H_{MJ}b - V_{MJ}b = 0$
Rotazione intorno a *G*, aste *GF GJ JM*: $H_{JI}b - 2H_{MJ}b = 0$
Traslazione verticale, aste *LH HB HI BA BC IJ CF FI*: $-H_H + H_{FG} - H_{JI} = 0$
Traslazione orizzontale, aste *BA BC CF FI*: $H_A - H_{FG} = 0$
Rotazione intorno a *B*, aste *BA BC CF FI*: $-H_Ab + H_{FG}b + V_{IF}b = -\,2W$

La matrice di equilibrio diventa (fig.2.28):

$$
\begin{matrix} v_K \\ \varphi_K \\ \varphi_{KE} \\ \varphi_{EG} \\ \varphi_{GE} \\ v_{LH} \\ u_{BH} \\ \varphi_{BH} \end{matrix}
\begin{bmatrix}
1 & 1 & 0 & 0 & 0 & 0 & 0 & 0 \\
-2 & -1 & 0 & 0 & 0 & 0 & 0 & 0 \\
0 & -1 & 0 & 1 & 0 & 0 & -1 & -1 \\
0 & 0 & 0 & -1 & 2 & 0 & -3 & -1 \\
0 & 0 & 0 & 0 & 1 & 0 & -2 & 0 \\
0 & 0 & -1 & 1 & -1 & 0 & 0 & 0 \\
1 & 0 & 0 & -1 & 0 & 0 & 0 & 0 \\
-1 & 0 & 0 & 1 & 0 & 1 & 0 & 0
\end{bmatrix}
\begin{bmatrix} H_A b \\ V_D b \\ H_H b \\ H_{FG} b \\ H_{JI} b \\ V_{IF} b \\ H_{MJ} b \\ V_{MJ} b \end{bmatrix}
=
\begin{bmatrix} 2qb^2 \\ -8Fb-2W-4qb^2 \\ -8Fb \\ 0 \\ 0 \\ 0 \\ 0 \\ -2W \end{bmatrix}
$$

La soluzione del sistema fornisce:

$H_A b = 8Fb + 2W + 2qb^2$

$H_{FG} b = 8Fb + 2W + 2qb^2$

$V_{MJ} b = 8Fb + W$

$H_H b = -24Fb - 4W - 2qb^2$

$V_D b = -8Fb - 2W$

$H_{JI} b = 32Fb + 6W + 4qb^2$

$H_{MJ} b = 16Fb + 3W + 2qb^2$

$V_{IF} b = -2W$

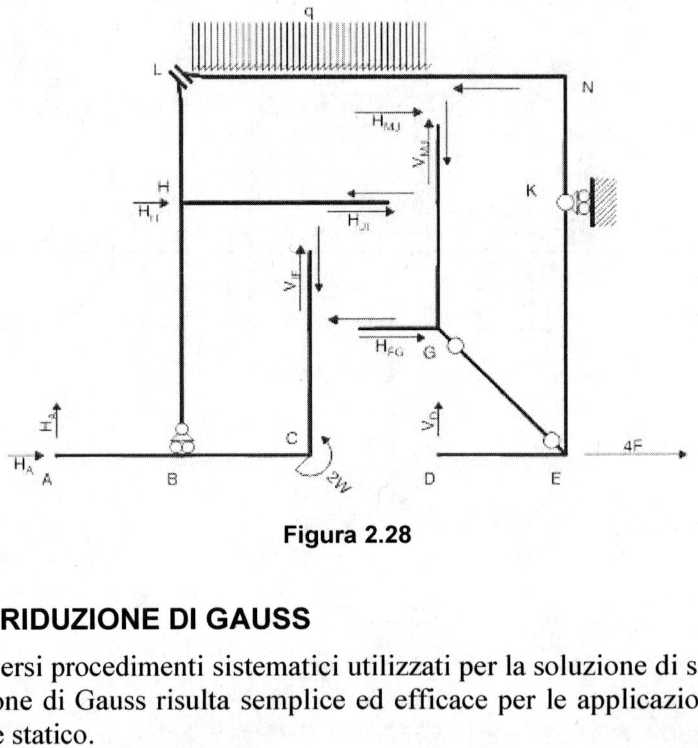

Figura 2.28

2. 12 – LA RIDUZIONE DI GAUSS

Fra i diversi procedimenti sistematici utilizzati per la soluzione di sistemi lineari, la riduzione di Gauss risulta semplice ed efficace per le applicazioni in campo cinematico e statico.

Sia data la relazione nella forma:

$$
\begin{bmatrix}
a_{11} & a_{12} & a_{13} & \dots & a_{1N} \\
a_{21} & a_{22} & a_{23} & \dots & a_{2N} \\
a_{31} & a_{32} & a_{33} & \dots & a_{3N} \\
\dots & \dots & \dots & \dots & \dots \\
a_{N1} & a_{N2} & a_{N3} & \dots & a_{NN}
\end{bmatrix}
\begin{bmatrix} X_1 \\ \dots \\ \dots \\ \dots \\ X_N \end{bmatrix}
=
\begin{bmatrix} a_{10} \\ a_{20} \\ a_{30} \\ \dots \\ a_{N0} \end{bmatrix}
$$

Si pone $k=1$ e si divide la riga k per a_{kk}. Ogni successiva riga $i>k$ viene sostituita dalla combinazione lineare della riga k con la riga i. Il *j-esimo* elemento a_{ij} della riga i viene sostituito da $b_{ij}=a_{ij}\ a_{kj}-a_{ik}\ a_{kk}$. La colonna k diventa nulla.

$$\begin{bmatrix} 1 & b_{12} & b_{13} & \dots & b_{1N} \\ a_{21} & a_{22} & a_{23} & \dots & a_{2N} \\ a_{31} & a_{32} & a_{33} & \dots & a_{3N} \\ \dots & \dots & \dots & \dots & \dots \\ a_{N1} & a_{N2} & a_{N3} & \dots & a_{NN} \end{bmatrix} \begin{bmatrix} X_1 \\ \dots \\ \dots \\ \dots \\ X_N \end{bmatrix} = \begin{bmatrix} b_{10} \\ a_{20} \\ a_{30} \\ \dots \\ a_{N0} \end{bmatrix} \qquad \begin{bmatrix} 1 & b_{12} & b_{13} & \dots & b_{1N} \\ 0 & b_{22} & b_{23} & \dots & b_{2N} \\ 0 & b_{32} & b_{33} & \dots & b_{3N} \\ \dots & \dots & \dots & \dots & \dots \\ 0 & b_{N2} & b_{N3} & \dots & b_{NN} \end{bmatrix} \begin{bmatrix} X_1 \\ \dots \\ \dots \\ \dots \\ X_N \end{bmatrix} = \begin{bmatrix} b_{10} \\ b_{20} \\ b_{30} \\ \dots \\ b_{N0} \end{bmatrix}$$

Denominati $c_{ik}=b_{ik}$ gli elementi per $i<k$, si pone $k=2$ e si divide la riga k per b_{kk}. Ripetendo l'operazione precedente per $i>k$, si ha:

$$\begin{bmatrix} 1 & c_{12} & c_{13} & \dots & c_{1N} \\ 0 & 1 & c_{23} & \dots & c_{2N} \\ 0 & b_{32} & b_{33} & \dots & b_{3N} \\ \dots & \dots & \dots & \dots & \dots \\ 0 & b_{N2} & b_{N3} & \dots & b_{NN} \end{bmatrix} \begin{bmatrix} X_1 \\ \dots \\ \dots \\ \dots \\ X_N \end{bmatrix} = \begin{bmatrix} c_{10} \\ c_{20} \\ b_{30} \\ \dots \\ b_{N0} \end{bmatrix} \qquad \begin{bmatrix} 1 & c_{12} & c_{13} & \dots & c_{1N} \\ 0 & 1 & c_{23} & \dots & c_{2N} \\ 0 & 0 & 1 & \dots & c_{3N} \\ \dots & \dots & \dots & \dots & \dots \\ 0 & 0 & c_{N3} & \dots & c_{NN} \end{bmatrix} \begin{bmatrix} X_1 \\ \dots \\ \dots \\ \dots \\ X_N \end{bmatrix} = \begin{bmatrix} c_{10} \\ c_{20} \\ c_{30} \\ \dots \\ c_{N0} \end{bmatrix}$$

Quando la relazione ha raggiunto la forma:

$$\begin{bmatrix} 1 & d_{12} & d_{13} & \dots & d_{1N} \\ 0 & 1 & d_{23} & \dots & d_{2N} \\ 0 & 0 & 1 & \dots & d_{3N} \\ \dots & \dots & \dots & \dots & \dots \\ 0 & 0 & 0 & \dots & 1 \end{bmatrix} \begin{bmatrix} X_1 \\ \dots \\ \dots \\ \dots \\ X_N \end{bmatrix} = \begin{bmatrix} d_{10} \\ d_{20} \\ d_{30} \\ \dots \\ d_{N0} \end{bmatrix}$$

si ottiene direttamente $X_N=d_{N0}$, e in sequenza i valori X_n per n da N a 1 come:

$$X_n = d_n - \Sigma_{m=n+1,N}\, X_m\, d_{nm}$$

Il procedimento trova un ostacolo quando l'elemento diagonale a_{kk} risulta nullo, rendendo impossibile la divisione. Se $k<N$ si inverte la posizione della colonna k con la posizione di un colonna j caratterizzata da a_{kj} non nullo, insieme con la posizione delle corrispondenti incognite X_k e X_j. Analogamente, se l'intera riga è nulla, può essere invertita in posizione con una successiva riga non nulla. Se al termine del procedimento si riscontra la presenza di una o più righe finali nulle, si ha l'indicazione della singolarità della matrice.

Dopo riduzione di Gauss il determinate risulta unitario, indipendentemente dal suo valore originario. Va rilevato in proposito che ai fini dell'analisi cinematica e statica non è necessario il computo assai oneroso del determinante, ma basta assicurarsi che il determinante non sia nullo.

CAPITOLO 3

AZIONI INTERNE

3.1 - LE COMPONENTI DELL'AZIONE INTERNA

Nel precedente capitolo si sono esaminati sistemi costituiti da una o più aste e interessati dall'applicazione di azioni diverse: forze, momenti, carichi distribuiti. Con una successione di tagli si è dapprima aperta ad albero la struttura complessiva e si sono quindi isolate le singole membrature. Facendo corrispondere a ciascuno di questi interventi l'imposizione e/o la verifica delle condizioni di equilibrio, si è giunti ad evidenziare tanti sistemi elementari equilibrati quante sono le aste.

Quali parti del sistema siano identificabili come aste distinte non è stato precisato, dal momento che è sempre possibile sezionare una singola asta ottenendone due distinte, da intendersi come mutuamente incastrate nella situazione iniziale.

Rivedendo sistematicamente le separazioni introdotte negli esempi del capitolo precedente si può convenzionalmente individuare un'asta come una porzione del sistema rispondente alle seguenti caratteristiche:

1) La geometria dell'asta è individuata da una linea, retta o curva, i cui punti sono univocamente identificati da una sola funzione, continua e derivabile, in un opportuno sistema di riferimento locale.
2) L'asta corrisponde ad una porzione di questa linea compresa fra punti singolari, identificati dalla presenza di un vincolo o di un momento o di una forza concentrata.
3) Ciascuna componente di carico distribuito è espressa da un'unica funzione, continua lungo tutto lo sviluppo dell'asta.
4) L'asta è la schematizzazione monodimensionale di un solido ottenuto per traslazione lungo la linea di riferimento di una generatrice contenuta nel piano normale alla tangente alla linea. La generatrice rappresenta il contorno della sezione, che risulta così intesa come sezione normale. Se la linea di riferimento è retta, il solido risulta essere un prisma.
5) La linea di riferimento dell'asta è il luogo dei baricentri delle sezioni rette.

Sull'asta così definita si consideri un punto identificato dalla variabile indipendente x. La tangente identifica una direzione coordinata locale che risulta normale alla sezione retta e che viene qui indicata con n. L'intersezione del piano contenente la sezione con il piano di rappresentazione dello schema strutturale definisce un secondo asse del sistema di riferimento locale, asse che viene indicato con t e che risulta ortogonale al precedente.

Se l'asta considerata risulta in equilibrio sotto un sistema di forze di estremità e di eventuali carichi distribuiti, è possibile sezionarla in corrispondenza dell'ascissa x con un piano contenente la sezione retta, e imporre il rispetto dell'equilibrio alle due semiaste ottenute in conseguenza del taglio (fig.3.1, fig.3.2) Per le ipotesi fatte, la sezione di taglio può considerarsi una zona di mutuo incastro tra le due semiaste, cui competeranno tre componenti di reazione, uguali e contrarie sulle due sezioni rette messe in evidenza dal taglio. Si adotti il criterio di rappresentare le tre componenti di reazione nel sistema di riferimento sopra individuato, adottando versi convenzionali per i due assi del sistema di riferimento.

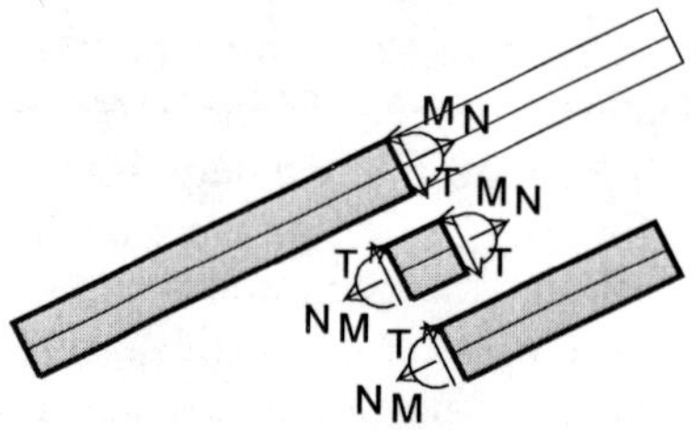

Figura 3.1

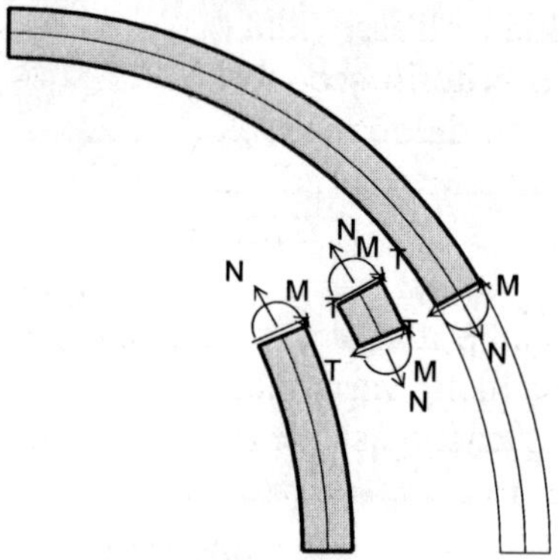

Figura 3.2

Si chiamerà *N(x)* la forza diretta come l'asse *n*, che si assume come positivo se uscente dal piano di sezione. Sarà *T(x)* la componente ortogonale e *M(x)* il momento (con scelta indipendente dal sistema di riferimento esterno). Le tre componenti risultano essere funzione del posto e prendono rispettivamente i nomi di azione assiale *N*, azione tagliante *T* e azione flettente *M*.

Avendo separato in corrispondenza di una generica sezione di incastro un corpo già in equilibrio, è sufficiente imporre le equazioni cardinali della statica per individuare il valore di queste reazioni, riferite ad una delle due semiparti ottenute. È facile osservare che se le equazioni di equilibrio vengono riferite agli assi locali sopra definiti e si utilizza come polo per il calcolo dei momenti il baricentro della sezione di taglio, si ottengono tre equazioni indipendenti, ciascuna delle quali fornisce il valore di una componente di reazione.

3.2 - IL SEGNO DELLE AZIONI INTERNE

Le azioni interne rivestono interesse in ordine al comportamento meccanico del sistema, poiché rappresentano in forma omogenea e confrontabile l'effetto locale delle azioni presenti sulla struttura.

Si effettui un secondo taglio a distanza *dx* dal primo (fig.3.1, fig.3.2), e si mettano nuovamente in evidenza le reazioni *N(x+dx), T(x+dx), M(x+dx)* tali che per *dx* tendente a zero queste risultino uguali e contrarie alle prime. Si ottiene così facendo una rappresentazione dello stato di cimento del tronchetto infinitesimo secondo uno schema di interpretazione avente carattere generale, cioè non legato alle specifiche condizioni geometriche del sistema.

La scelta adottata per il sistema di riferimento si riflette sulla descrizione degli effetti fisici delle azioni interne.

L'azione assiale tende ad imprimere allungamento o accorciamento del tronchetto *dx*.

L'azione tagliante tende ad imprimere al tronchetto *dx* una rotazione oraria o antioraria.

L'azione flettente tende ad imprimere allungamento o accorciamento delle fibre parallele all'asse (alla tangente all'asse) e poste da bande opposte di questo.

Il criterio secondo il quale misurare la positività o negatività di questi effetti dipende da apposite convenzioni arbitrariamente adottate. A titolo di illustrazione si citano i criteri adottati negli esempi che seguono.

Per un'asta rettilinea si assumerà la variabile indipendente x, che misura la distanza lungo l'asse, mentre per un'asta circolare si assumerà la variabile angolare θ, entrambe atte a individuare la posizione dei punti dell'asta secondo il verso crescente della variabile.

L'azione assiale è considerata positiva se di trazione, cioè se l'asse n è positivo uscente dalla sezione terminale. L'azione tagliante è considerata positiva se l'asse t risulta ruotato di 90 gradi in senso orario rispetto a n, e quindi tende a imprimere rotazione oraria al tronchetto *dx*. Nelle aste rettilinee esaminate nel seguito l'azione flettente è considerata positiva quando tende ad allungare le fibre che si trovano sulla destra percorrendo l'asta in verso positivo (cioè se il momento è antiorario sulla faccia di normale n diretta come la variabile crescente), mentre nelle aste curve l'azione flettente è considerata positiva se tende le fibre sul lato concavo.

3.3 - I DIAGRAMMI DELLE AZIONI INTERNE

Si intuisce facilmente che lo stato di cimento locale del materiale dipende dalla intensità delle singole azioni interne o da una loro combinazione. Supponendo che le aste abbiano sezione costante, diventa utile evidenziare graficamente l'andamento delle azioni interne, rendendo possibile la percezione immediata del loro effetto.

Per facilitare la lettura è consuetudine utilizzare come linea a supporto del diagramma la linea di riferimento dell'asta, disponendo in ordinata, cioè nella direzione normale alla tangente, il valore dell'azione interna in opportuna scala. Si avranno così ordinate positive da una banda della linea di riferimento (negli esempi sulla banda tratteggiata che identifica l'effetto di allungamento per flessione positiva) e ordinate negative sulla banda opposta.

È consuetudine scegliere come banda di rappresentazione delle azioni flettenti quella associata all'allungamento delle fibre: si ha così l'immediata percezione degli effetti fisici dell'azione presente, indipendentemente dal segno puramente convenzionale attribuitole.

3.4 - ASTE RETTILINEE E CIRCOLARI

Si riportano le relazioni che conducono alla individuazione delle componenti di azione interna per due situazioni che, pur rappresentando casi particolari, coprono un ragguardevole campo di applicazione.

Asta rettilinea

Il caso di maggior interesse applicativo è quello dell'asta rettilinea. In fig.3.3 si è rappresentata un'asta in equilibrio e una sua generica porzione, soggetta a forze di estremità e a carichi linearmente distribuiti agenti secondo le direzioni coordinate del sistema di riferimento esterno.

Assunto un sistema di riferimento locale ξ avente asse coincidente con quello dell'asta e con origine nel suo estremo iniziale, ed evidenziate le azioni $N(\xi)$, $T(\xi)$, $M(\xi)$ all'estremo finale di ascissa ξ, si possono scrivere le equazioni di equilibrio alla traslazione nelle direzioni locali n e t e alla rotazione intorno all'estremo terminale.

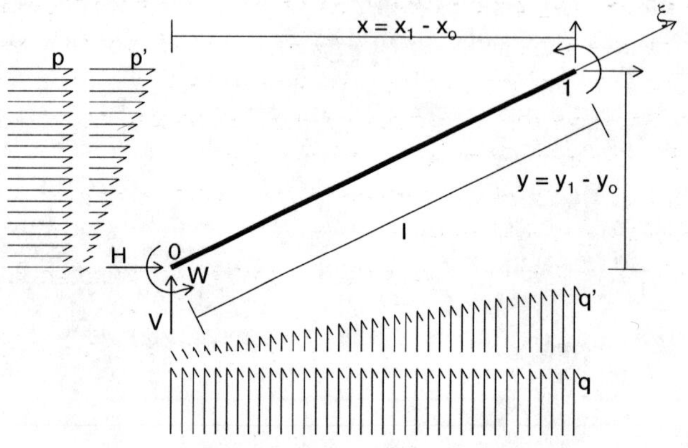

Figura 3.3

Essendo $0,1$ i nodi iniziale e finale dell'asta, si definiscano $x = x_1 - x_o$, $y = y_1 - y_o$, dove x_i, y_i sono lette nel riferimento esterno, e inoltre $c = |x|$ e $s = |y|$. Per l'equilibrio alla traslazione nella direzione dell'asta si ha:

$$N(\xi) = - Hx/l - Vy/l - psx\xi/l^2 - p'sx\xi^2/2l^3 - qcy\xi/l^2 - q'cy\xi^2/2l^3.$$

Per l'equilibrio alla traslazione nella direzione normale all'asta si ha:

$$T(\xi) = - Hy/l + Vx/l - psy\xi/l^2 - p'sy\xi^2/2l^3 + qcx\xi/l^2 + q'cx\xi^2/2l^3.$$

Per l'equilibrio alla rotazione intorno al punto di ascissa locale ξ, si ha:

$$M(\xi) = - Hy\xi/l + Vx\xi/l - W - psy\xi^2/2l^2 - p'sy\xi^3/3l^3 + qdx\xi^2/2l^2 + q'dx\xi^3/3l^3.$$

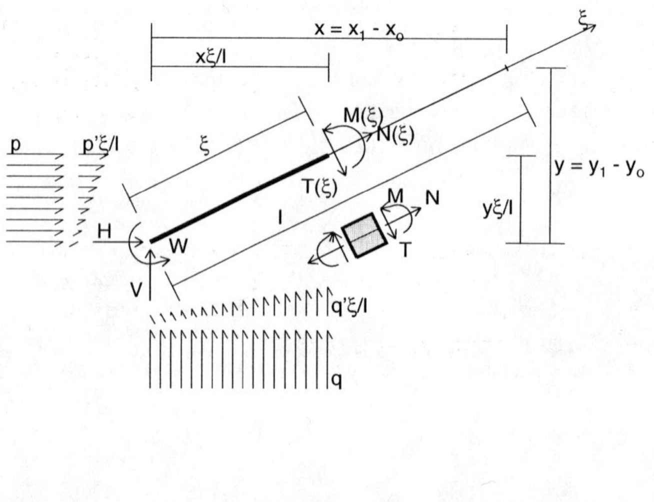

Figura 3.4

Una descrizione alternativa dei carichi distribuiti applicati a un'asta rettilinea può essere effettuata appoggiandosi a due componenti locali di carico agenti secondo l'asse e normalmente ad esso. Più in generale si può dire che ogni tipo di carico può essere opportunamente rappresentato in relazione alle caratteristiche proprie e dell'asta sulla quale agisce.

Asta circolare

Per il caso dell'asta di forma circolare, di sviluppo pari ad un quarto di circonferenza, ci si riferisce ad una situazione per la quale l'estremo iniziale dell'asta si collochi sulla verticale del centro, cioè al *polo*. Si indichi con r il raggio della circonferenza, e con θ l'angolo descritto dal raggio. Si indichino con $x = x_e\text{-}x_p$ e $y = y_p\text{-}y_e$ le differenze fra le coordinate dell'*equatore* (nodo finale) e le coordinate del *polo* (nodo iniziale). Nell'esempio di fig.3.4 e fig.3.5 si ha $x = r$ e $y = -r$.

L'equazione di equilibrio nella direzione di N fornisce:

$$N(\theta) = - xH/r \cos\theta - yV/r \sin\theta - xp \cos\theta (1 - \cos\theta) - yq \sin\theta^2.$$

L'equazione di equilibrio nella direzione di T fornisce:

$$T(\theta) = - yH/r \sin\theta + xV/r \cos\theta - yp \sin\theta(1 - \cos\theta) + xq \cos\theta \sin\theta.$$

L'equilibrio alla rotazione intorno al punto di coordinata θ fornisce:

$$M(\theta) = xH (1 - \cos\theta) - yV \sin\theta + xyW/r^2 + xp^2 (1 - \cos\theta)^2/2 - yq^2 \sin\theta^2/2.$$

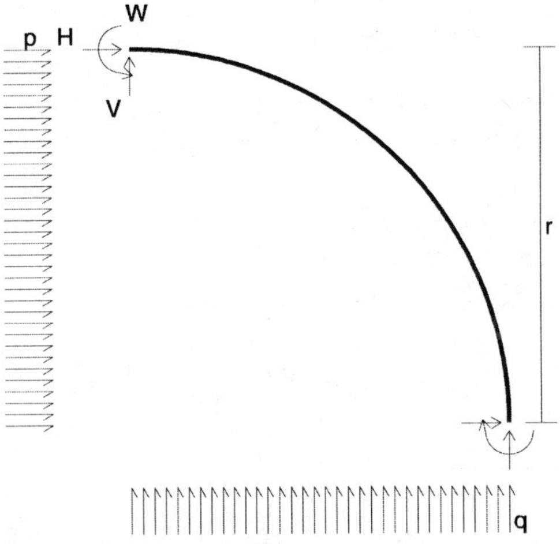

Figura 3.5

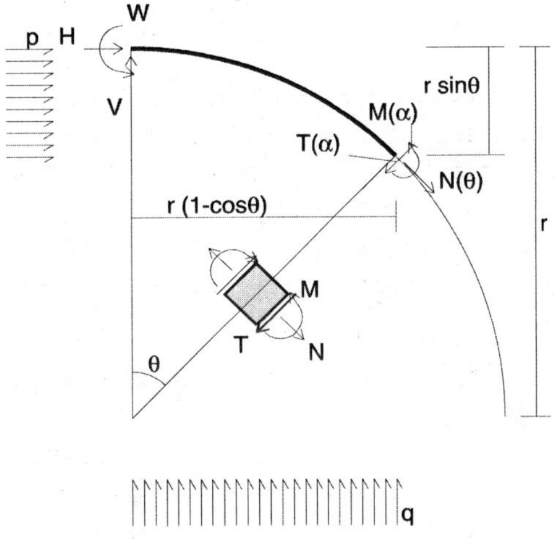

Figura 3.6

3.5 - ESEMPIO 1

Si consideri la struttura di fig.3.7, con carrello ruotato di $\pi/4$. Eliminato quest'ultimo come in fig.3.8, si ha un'unica condizione di equilibrio, la rotazione intorno ad A:

$$30b\, V_D = 10b\, 3F$$

da cui: $V_D = F$.

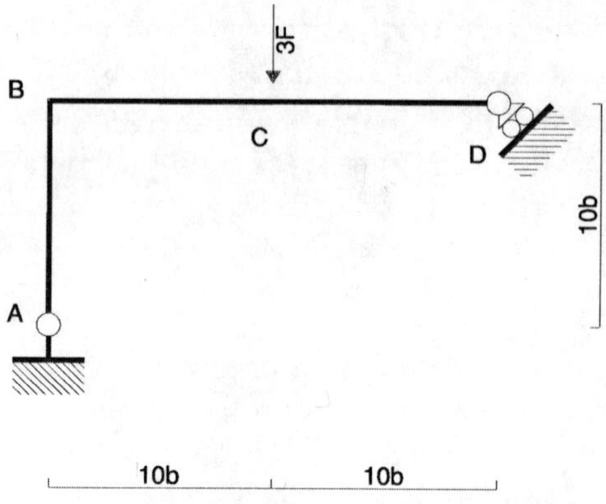

Figura 3.7

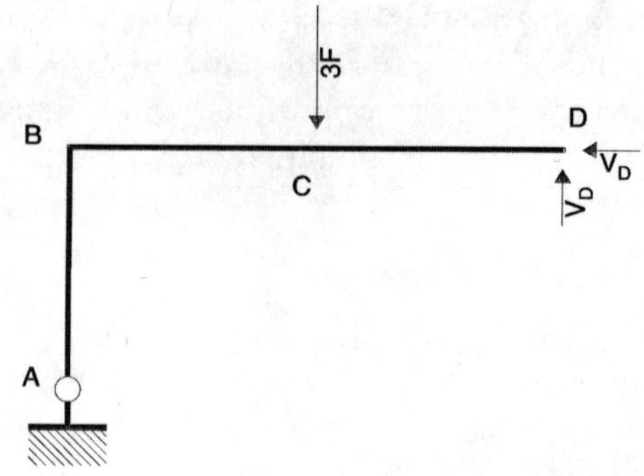

Figura 3.8

Separando in successione le aste *DC, CB e BA*, come visto nel precedente capitolo, e imponendo le equazioni cardinali della statica nell'ordine, si hanno le reazioni all'estremità di ogni asta di fig.3.9. Le funzioni di azione interna possono essere espresse in funzione di queste, come visto nel precedente paragrafo, adottando per ogni asta un sistema di riferimento locale con origine in uno degli estremi:

- asta AB: N(x) = - 2FT(x) = - FM(x) = - Fx.
- asta BC: N(x) = - FT(x) = 2FM(x) = 2Fx - 10Fb.
- asta CD: N(x) = - FT(x) = - FM(x) = 30Fb - Fx.

Alternativamente, il problema può essere visto nel modo seguente.

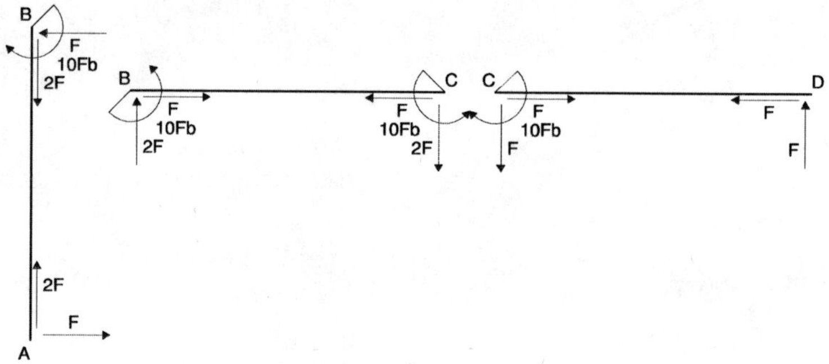

Figura 3.9

Lo schema di fig.3.7 comporta la presenza di sole tre forze corrispondenti al carico assegnato *3F*, alla reazione *R* comunque diretta e passante per *A*, e alla reazione *S* agente in *D* con inclinazione nota $\pi/4$. Come già osservato, l'equilibrio di un sistema di tre forze richiede la concorrenza delle rispettive rette d'azione in un unico punto, che è necessariamente il punto Ω di fig.3.10, per il quale passano le forze *3F* e *S*. La direzione di *R* è quindi identificata. Il poligono delle forze di fig.3.10 permette di ricostruire graficamente i moduli $S = F\sqrt{2}$ e $R = F\sqrt{5}$.

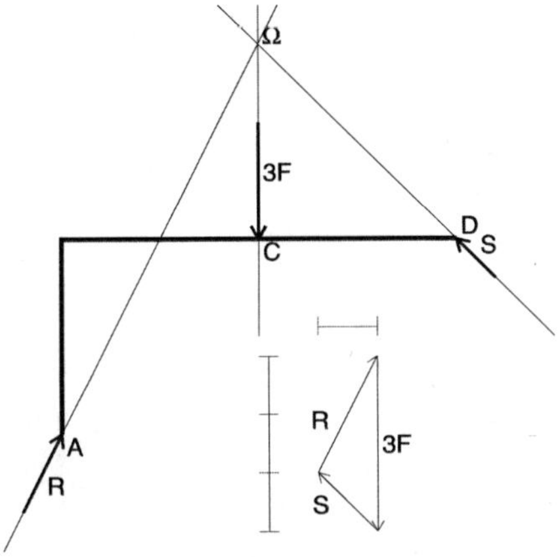

Figura 3.10

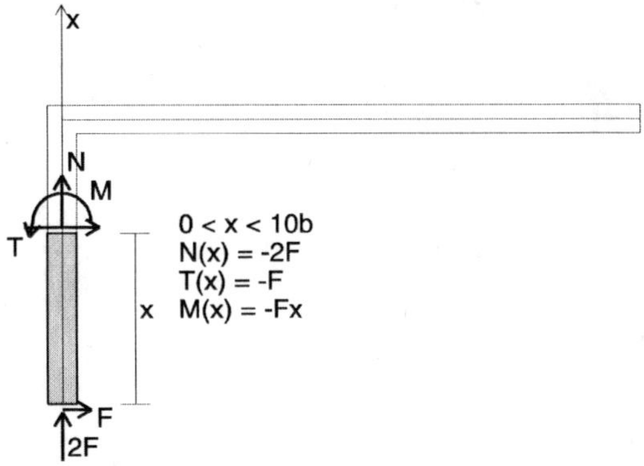

Figura 3.11

Partendo dall'estremo libero *A*, si adotti un sistema di riferimento locale da *A* a *B*, come in fig.3.11, e si isoli una porzione di prisma di lunghezza *x*. Avendo messo in evidenza le reazioni di mutuo incastro *N,T,M* con la rimanente parte di struttura, si hanno tre equazioni di equilibrio del corpo rigido, che identificano l'andamento dell'azione interna sopra calcolato.

Per l'asta orizzontale si adotta un unico sistema di riferimento *x* da *B* a *D*, avendo cura di esprimere separatamente le azioni interne per il tratto compreso tra *0* e *10b* (fig.3.12) e per il tratto compreso tra *10b* e *20b* (fig.3.13). La presenza di un'azione concentrata in *C* comporta infatti una discontinuità delle funzioni di azione tagliante e flettente. Per l'asta *CD* le espressioni riportate in fig.3.13 non coincidono con quelle sopra viste, essendo diverso il sistema di riferimento adottato.

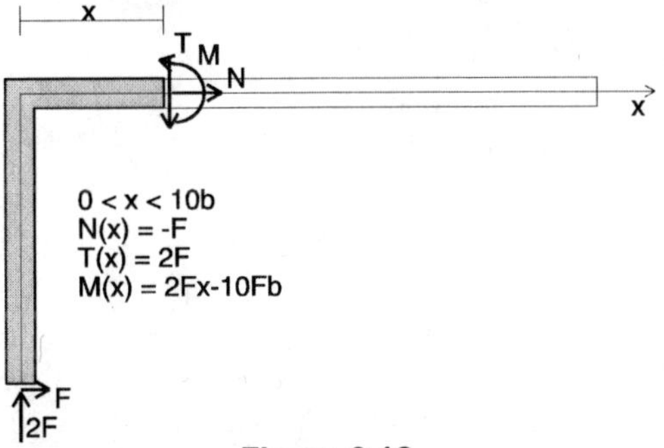

Figura 3.12

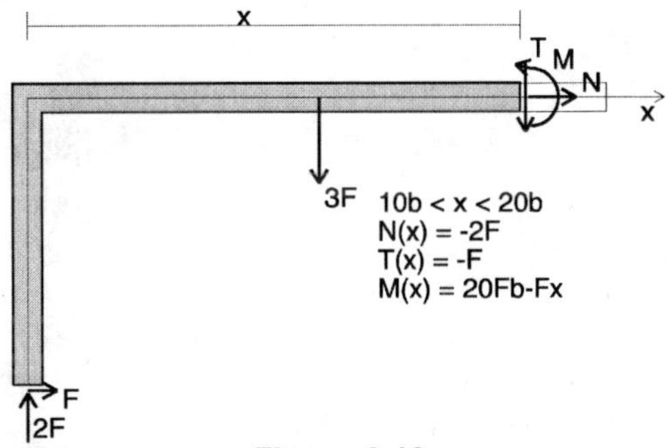

Figura 3.13

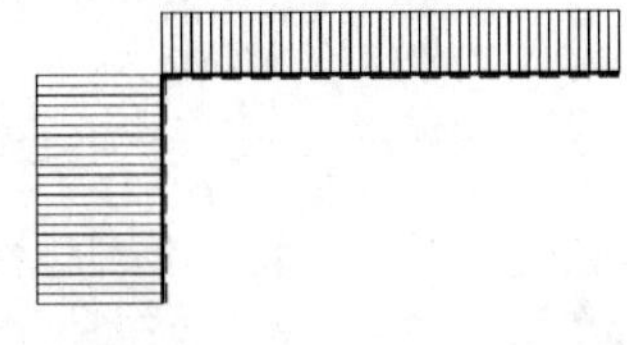

Figura 3.14

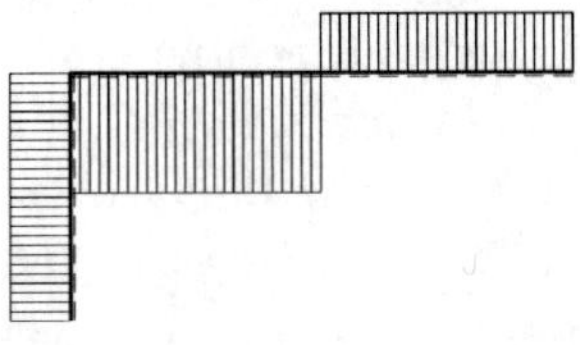

Figura 3.15

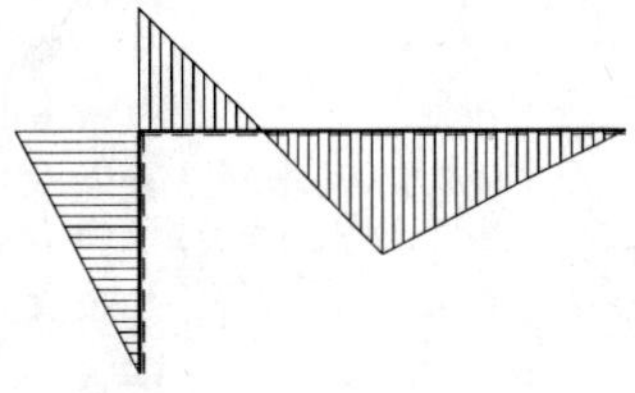

Figura 3.16

Le azioni interne sono descritte dai diagrammi di fig.3.14 per l'azione assiale, di fig.3.15 per l'azione tagliante e di fig.3.16 per l'azione flettente.

3.6 - RELAZIONI DIFFERENZIALI

Si considerino aste rettilinee interessate da un carico normale comunque distribuito, avente una legge nota $q(x)$ (fig.3.17). Considerato un tronchetto di asta di lunghezza dx, si mettono in evidenza le azioni interne $T(x)$ e $M(x)$ sulla faccia di ascissa x e le azioni $T(x+dx) = T + dT$ e $M(x+dx) = M + dM$ sulla faccia di ascissa $x+dx$. *Per* dx tendente a zero il carico tende a configurarsi come uniforme, di intensità complessiva $q(x)\, dx$ e con risultante applicata nel centro del tronchetto.

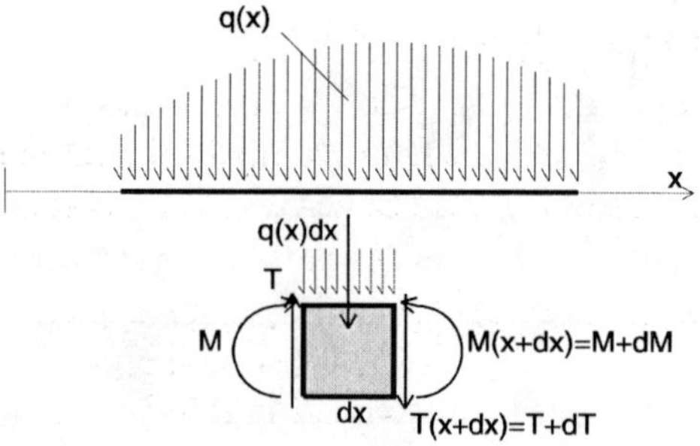

Figura 3.17

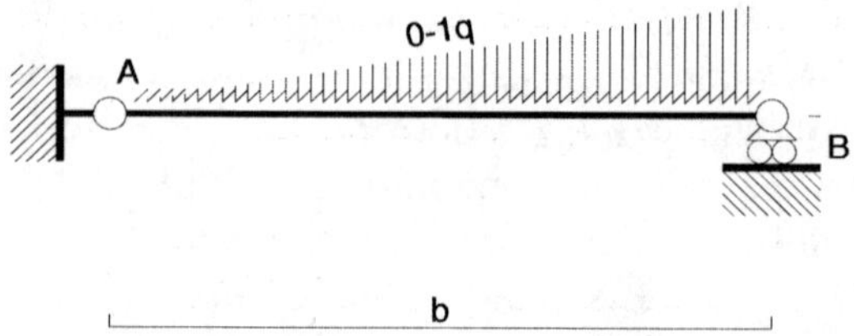

Figura 3.18

Per l'equilibrio alla rotazione intorno al centro del tronchetto si ha:

$$- M(x) - T(x)\, dx/2 - \big(T(x) + dT(x) \big)\, dx/2 + M(x) + dM(x) = 0.$$

Trascurando i termini $dT(x)\, dx/2$, perchè infinitesimi di ordine superiore agli altri, si ottiene:

$$T(x) = dM(x)/dx.$$

Per l'equilibrio alla traslazione verticale del tronchetto si ha:

$$- T(x) + q dx + T(x) + dT(x) = 0$$

da cui:

$$q(x) = - dT(x)/dx$$

e quindi:

$$q(x) = - dT(x)/dx = - d^2M(x)/dx^2.$$

Si constata che per travi ad asse rettilineo esiste un legame differenziale, derivante dal rispetto puntuale dell'equilibrio, tra le funzioni $q(x)$, $T(x)$ e $M(x)$. Il segno che caratterizza questo legame è individuato dal verso dell'asse x e dalle convenzioni adottate per rappresentare l'azione interna, e pertanto può cambiare al mutare di questa. L'esistenza di questo legame permette di caratterizzare le azioni interne $T(x)$ e $M(x)$ una volta assegnata la funzione $q(x)$, e ciò indipendentemente dalla conoscenza delle reazioni presenti agli estremi dell'asta.

Il legame differenziale fra il carico $q(x)$ e le azioni interne $T(x)$, $M(x)$ consente di definire queste ultime mediante successive integrazioni della funzione carico. Per individuare le costanti di integrazione occorre introdurre condizioni note al contorno di ciascun campo di integrazione.

Si consideri la struttura di fig.3.18, con massima intensità del carico q_o. Assumendo l'asse orizzontale x diretto verso destra con origine in A, si ha $q(x) = q_o x/b$, e quindi:

$$q(x) = (qx)/b = - dT(x)/dx$$

da cui:

$$dT(x) = - q_o x/b \, dx.$$

Integrando si ha:

$$T(x) = \int - q_o x/b \, dx + C = - q_o x^2/2b + C = dM(x)/dx$$

da cui:

$$dM(x) = \left(- q_o x^2/2b + C \right) dx.$$

Integrando si ha:

$$M(x) = \int \left(- q_o x^2/2b + C \right) dx + D = - q_o x^3/6b + Cx + D.$$

Le caratteristiche delle due azioni, in presenza di un carico lineare, sono quelle di una parabola e di una cubica, come era da attendersi per la natura differenziale del legame. Tuttavia tali funzioni sono note a meno di due costanti C e D, conseguenti alla doppia integrazione.

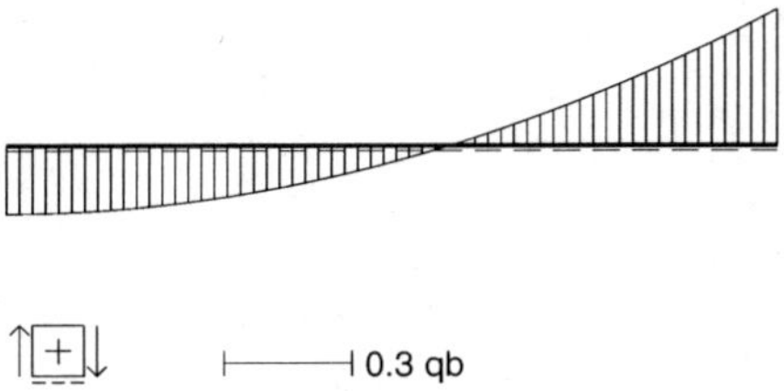

Figura 3.19

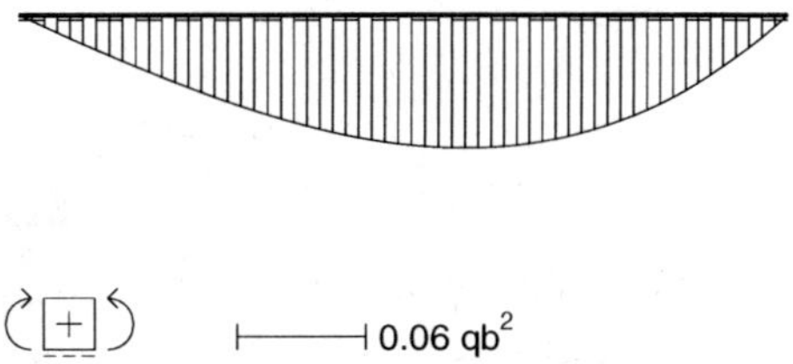

Figura 3.20

Le costanti possono essere individuate osservando che i vincoli posti al contorno del campo, cioè agli estremi dell'asta, non consentono la trasmissione di momenti. In corrispondenza di questi punti, cioè per $x = 0$ e per $x = b$, l'azione flettente dovrà risultare nulla. Si avrà quindi:

$M(0) = 0$	da cui	$D = 0$
$M(b) = -q_o b^2/6 + Cb = 0$	da cui	$C = q_o b/6.$

Le funzioni diventano:

$$T(x) = - q_o x^2/2b + q_o b/6$$
$$M(x) = - q_o x^3/6b + q_o bx/6.$$

Poiché la funzione carico si annulla in A, risulta prevedibile la corrispondente stazionarietà della funzione taglio.

L'azione flettente risulta stazionaria, con un massimo analitico, per:

$$T_{AB} = dM(x)/dx = - q_o x^2/2b + q_o b/6 = 0$$

da cui si ha:

$$x_o = b/\sqrt{3}.$$

Il corrispondente valore dell'azione flettente è:

$$M(b/\sqrt{3}) = q_o b^2/9\sqrt{3}.$$

3.7 - ESEMPIO 2

Per l'esempio di fig.3.21 con carico da $2q_o$ a $3q_o$ si ha, assumendo un asse locale x con origine in A:

$$q(x) = 2q_o + q_o x/b$$

L'azione tagliante soddisfa la relazione:

$$dT(x) = - q(x)dx$$

e quindi:

$$T(x) = - \int q(x)dx + C = - \int (2q_o + xq_o/b)\, dx + C = - 2xq_o - x^2q_o/2b + C.$$

L'azione flettente soddisfa la relazione:

$$dM(x) = T(x)dx$$

e quindi:

$$M(x) = \int T(x)dx + D = \int (- 2x - x^2q_o/2b + C)\, dx + D = - x^2q_o - x^3q_o/6b + Cx + D.$$

In presenza di un carico lineare si ha ancora azione tagliante parabolica e azione flettente cubica. Rimangono incognite le costanti di integrazione C,D, che possono essere individuate osservando che i vincoli posti al contorno del campo, cioè agli estremi dell'asta, non consentono la trasmissione di momenti. In corrispondenza di questi punti, cioè per $x = 0$ e per $x = b$, l'azione flettente dovrà risultare nulla.

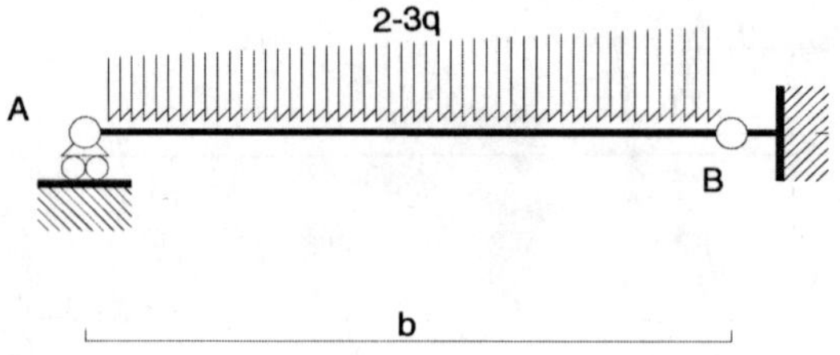

Figura 3.21

Si avrà quindi:

$$M(0) = D = 0 \qquad M(b) = - b^2q_o - b^2q_o/6 + C\, b + D = 0.$$

Essendo $D = 0$, quest'ultima fornisce:

$$C = 7q_ob/6$$

Le due azioni interne saranno pertanto:

$$T(x) = - 2xq_o - x^2q_o/2b + 7q_ob/6 \qquad M(x) = - x^2q_o - x^3q_o/6b + 7q_obx/6$$

In fig.3.22 e fig.3.23 sono riportati i diagrammi delle azioni tagliante e flettente. L'azione tagliante si annulla per $x = b\sqrt{(19/3)} - b$, in corrispondenza del massimo analitico di $M(x)$.

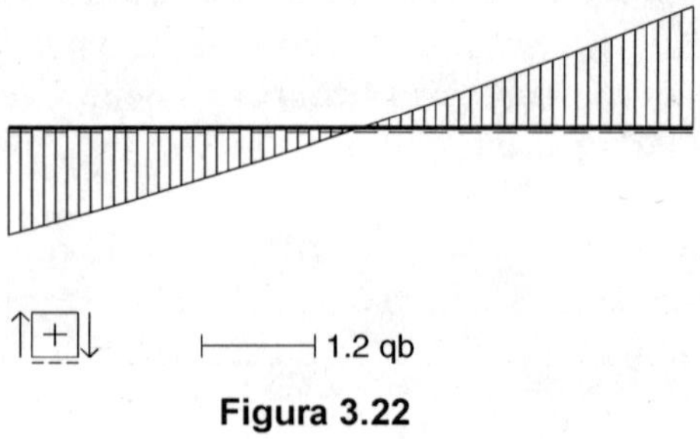

Figura 3.22

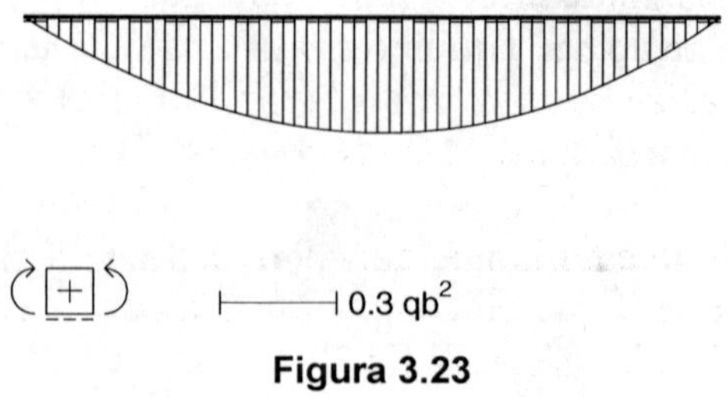

Figura 3.23

3.8 - ESEMPIO 3

Nell'esempio di fig.3.24 si hanno, sulla scorta dei criteri introduttivi di questo capitolo, due aste che vanno tenute distinte, per la presenza della discontinuità introdotta dalla forza verticale concentrata. Si avrà quindi, per $0 < x_{AB} < 3b$:

$$q_{AB} = q \qquad T_{AB} = -qx + P \qquad M_{AB} = -qx^2/2 + Px + Q$$

e per $0 < x_{BC} < 2b$:

$$q_{BC} = q \qquad T_{BC} = -qx + R \qquad M_{BC} = -qx^2/2 + Rx + S$$

dove compaiono le costanti di integrazione P, Q, R, S.

Le condizioni di vincolo agli estremi $x_{AB} = 0$ e $x_{BC} = 2b$ garantiscono rispettivamente l'annullarsi dell'azione flettente in corrispondenza della cerniera e l'annullarsi dell'azione tagliante in corrispondenza del pattino normale all'asta. Si ha così:

$$M_{AB}(0) = Q = 0 \qquad T_{BC}(2b) = -2qb + R = 0$$

da cui si ottiene $R = 2qb$ e $Q = 0$.

Il punto B è un punto di contorno per entrambi i campi di integrazione. Per l'equilibrio alla traslazione verticale e alla rotazione del nodo B si avranno le seguenti condizioni, ricavate tenendo presenti i versi convenzionalmente scelti per le azioni interne:

$$T_{AB}(3b) + 2F - T_{BC}(0) = 0 \qquad M_{AB}(3b) + M_{BC}(0) = 0$$

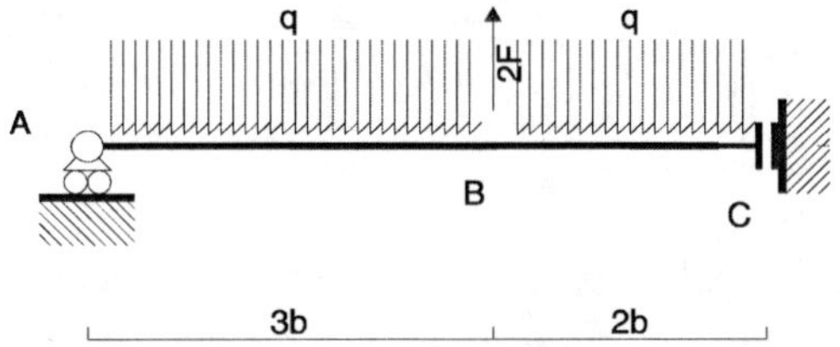

Figura 3.24

Si assuma $F = qb$. Sostituendo i valori di R e Q e ponendo $x_{AB} = 3b$, $x_{BC} = 0$ si ottiene dalla prima:

$$-3qb + P + 2qb - 2qb = 0 \qquad \text{da cui} \qquad P = 3qb,$$

e dalla seconda:

$$9qb^2/2 - 3Ab + S = 0 \qquad \text{da cui} \qquad S = 9/2qb^2.$$

Il quadro complessivo delle funzioni di azione interna risulta così definito:

$$T_{AB} = -qx + 3qb \qquad T_{BC} = -qx + 2qb$$

$$M_{AB} = -qx^2/2 + 3qbx \qquad M_{BC} = -qx^2/2 + 2qbx + 9/2qb^2$$

Riassumendo, si può ricordare che le azioni interne rappresentano le equilibranti del sistema ottenuto sezionando un'asta in un generico punto di ascissa x. La relazione differenziale fra le funzioni $q(x)$, $T(x)$ e $M(x)$ garantisce implicitamente il rispetto dell'equilibrio in sede indefinita. Le condizioni al contorno esprimono l'imposizione esplicita dell'equilibrio rispetto a taluni parametri di reazione noti a priori e indipendenti dalla funzione carico.

Risolto il problema di individuare gli integrali che rappresentano le azioni interne equilibrate, quando si impone il rispetto delle condizioni statiche al contorno si ha il quadro completo dell'assetto statico della struttura. Sempre con riferimento alla situazione di fig.3.24 si osserva che la reazione verticale in A, intesa come positiva se diretta verso l'alto, coincide con $T_{BC}(0) = 3qb$, e che il momento di reazione in *C*, inteso con positivo se antiorario, coincide con $M_{BC}(2b) = 13/2\ qb^2$.

In fig.3.25 e fig.3.26 sono riportati i relativi diagrammi delle azioni tagliante e flettente. Si ha stazionarietà dell'azione flettente per $T(x) = 0$, corrispondente a $x = 3b$ e $x = 5b$.

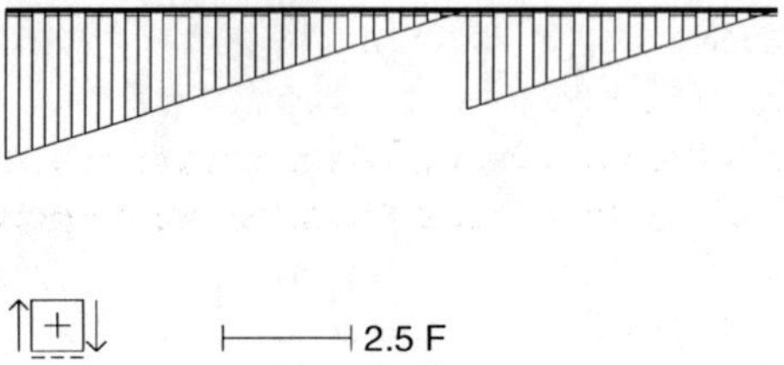

Figura 3.25

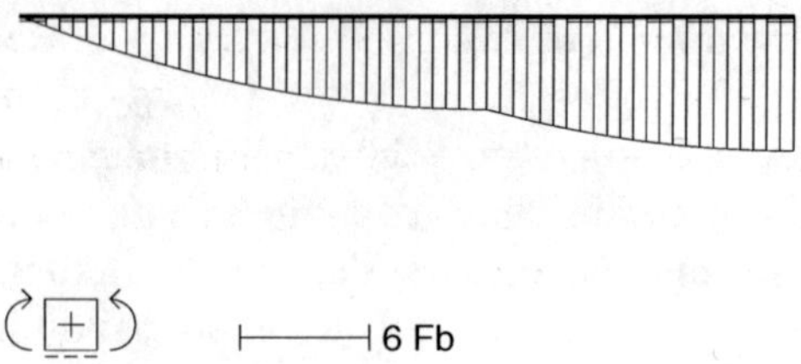

Figura 3.26

3.9 - ESEMPIO 4

La struttura di fig.3.27, di lunghezza *b*, è soggetta al carico sinusoidale $q(x)=q_o \sin \pi x/b$. Con le convenzioni di fig.3.17, l'azione tagliante diventa:

$$T(x) = - \int q(x)dx + C = - \int q_o \sin \pi x/b\ dx + C = q_o b/\pi \cos \pi x/b + C.$$

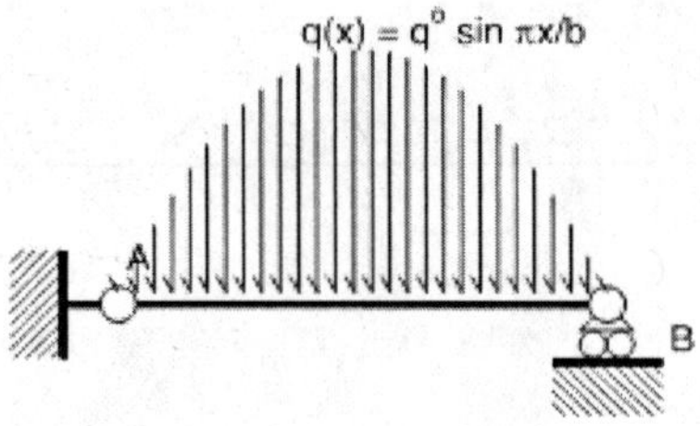

Figura 3.27

L'azione flettente diventa:

$$M(x) = \int T(x)dx + D = \int (q_o b/\pi \cos \pi x/b + C)\ dx + D = q_o b^2/\pi^2 \sin \pi x/b + C\ x + D.$$

Ponendo $M(0)=0$ e $M(b)=0$, per le condizioni di vincolo, si ha rispettivamente:

$$D = 0 \qquad\qquad C = 0$$

ottenendo:

$$T(x) = q_o b/\pi \cos \pi x/b \qquad\qquad M(x) = q_o b^2/\pi^2 \sin \pi x/b.$$

I relativi diagrammi sono riportati in fig.3.28 per l'azione tagliante e in fig.3.29 per l'azione flettente.

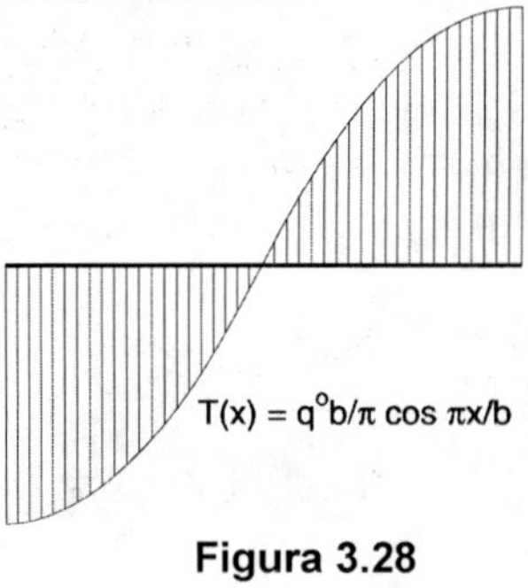

Figura 3.28

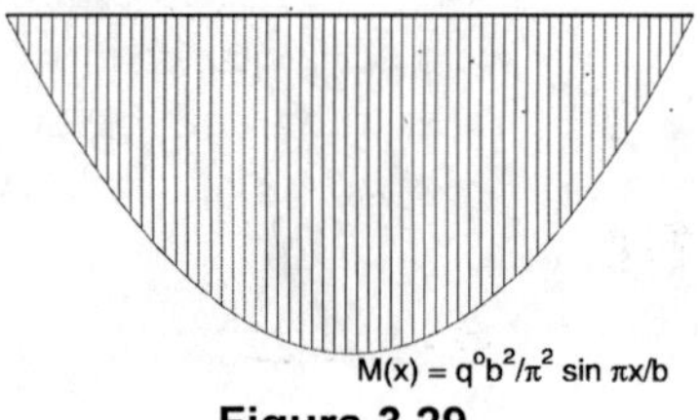

Figura 3.29

3.10 - ESEMPIO 5

Si consideri la struttura di fig.3.30. Si sono indicate le fibre interne come fibre di riferimento nella rappresentazione delle ordinate positive o negative. Ne consegue che in corrispondenza del nodo centrale la continuità delle funzioni assiale e tagliante dà luogo all'inversione delle ordinate, mentre rimane significativa la discontinuità del diagramma di azione flettente. Si hanno le reazioni:

$$V_A = - H_A = - V_G = H_G = F.$$

Assumendo come variabile indipendente un angolo θ orario, misurato a partire da *F* per le aste *GFED* (fig.3.6) e a partire da *B* per le aste *ABCD*, si ha per entrambi i sottosistemi:

$$N(\theta) = F \cos\theta + F \sin\theta$$
$$T(\theta) = - F \sin\theta + F \cos\theta$$
$$M(\theta) = Fr (\cos\theta - 1) + Fr \sin\theta.$$

In fig.3.31, fig.3.32 fig.3.33 sono riportati i relativi diagrammi delle azioni interne.

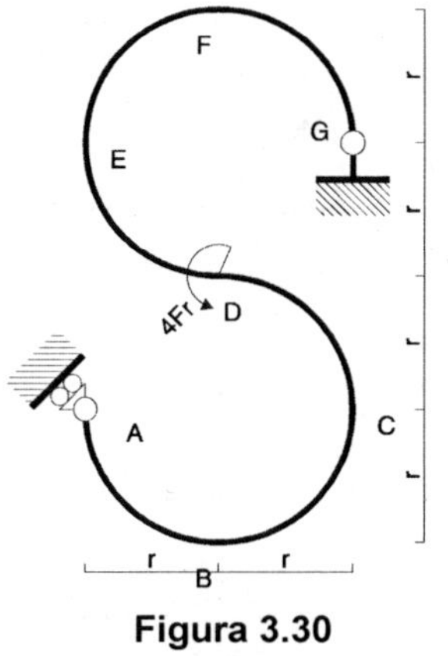

Figura 3.30

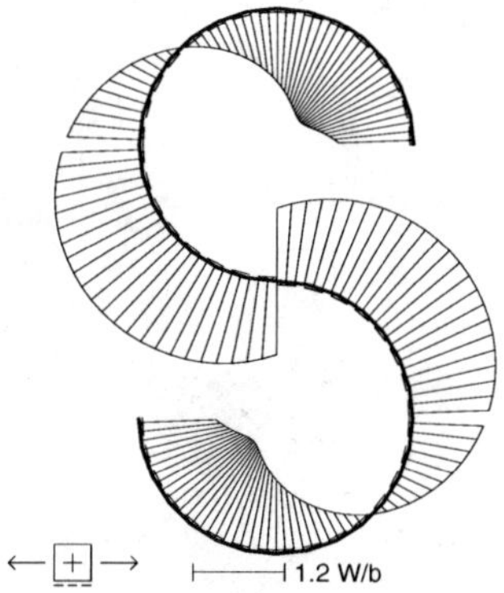

Figura 3.31

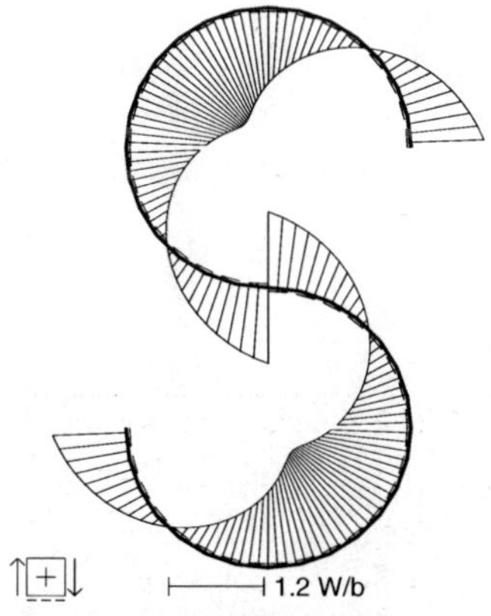

Figura 3.32

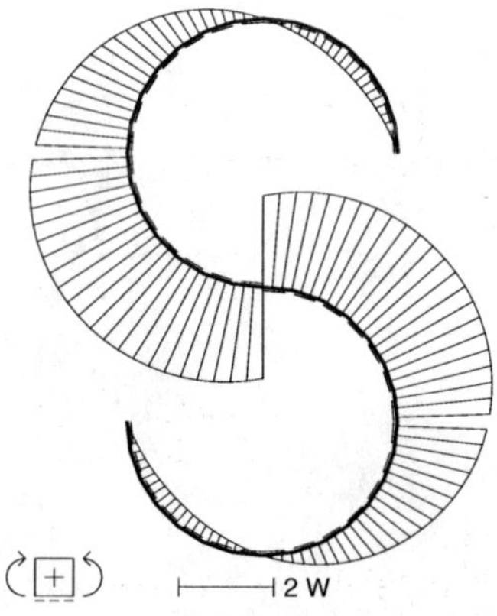

Figura 3.33

3.11 - ESEMPIO 6

Si consideri la struttura di fig.3.34. Eliminato il pattino in A e la cerniera in C, si applicano alla struttura, ridotta ad albero, le reazioni incognite H_A, $V_A = H_A/2$, W_A, H_{CB}, V_{CB} (fig.3.35). Le equazioni di equilibrio esprimono le condizioni relative alla rotazione complessiva intorno ad H, alla rotazione delle aste $ABCDFG$ intorno a G, allo scorrimento dell'asta CE secondo il piano del pattino in E, alla rotazione delle aste $ABCD$ intorno a D.

La relazione matriciale che interpreta le quattro condizioni di equilibrio diventa:

$$\begin{matrix} \varphi_H \\ \varphi_{GF} \\ v_{EC} \\ \varphi_{DB} \end{matrix} \begin{bmatrix} -5/2 & 1 & 0 & 0 \\ -2 & 1 & 1 & -2 \\ 0 & 0 & 1 & -1 \\ 0 & 1 & 2 & 0 \end{bmatrix} \begin{bmatrix} bH_A \\ W_A \\ bH_{CB} \\ bV_{CB} \end{bmatrix} = \begin{bmatrix} -3W - 20qb^2/3 \\ -8qb^2/3 \\ 0 \\ -2Fb \end{bmatrix}$$

Si ha la seguente soluzione, dove si è posto $W = Fb$ e $q = F/b$:

$H_A b = -4\,Fb/7 + 18\,W/7 + 88\,qb2/21 = 130/21\,Fb$
$W_A = -10\,Fb/7 + 24\,W/7 + 80\,qb^2/21 = 122/21\,Fb$
$H_{CB} b = -2\,Fb/7 - 12\,W/7 - 40\,qb^2/21 = -82/21\,Fb$
$V_{CB} b = -2\,Fb/7 - 12\,W/7 - 40\,qb^2/21 = -82/21\,Fb$

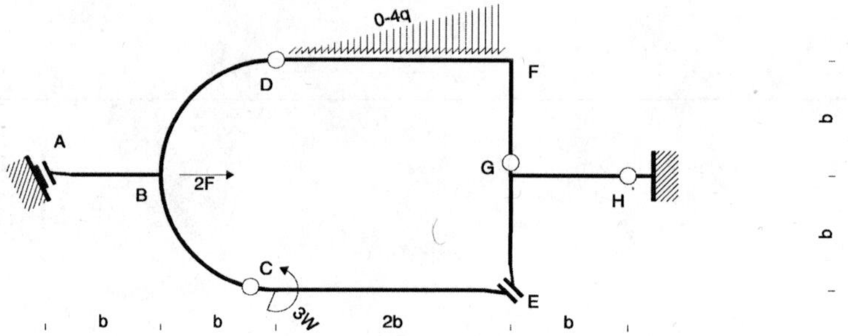

Figura 3.34

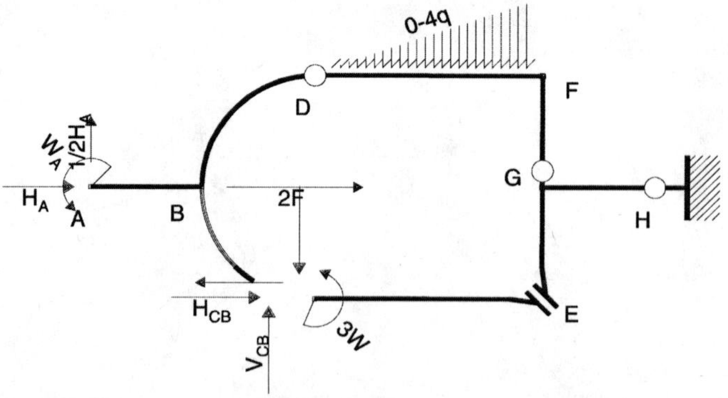

Figura 3.35

Separando le aste con procedura sequenziale, a partire dagli estremi aperti, si ottengono le reazioni agli estremi di ciascuna:

$H_{AB}= -4/7\ F+18/7\ W/b+88/21\ qb=130/21\ F$
$V_{AB}= -2/7\ F+9/7\ W/b+44/21\ qb=65/21\ F$
$W_{AB}= -10/7\ Fb+24/7\ W+80/21\ qb^2=122/21\ Fb$

$H_{CB}= -2/7\ F-12/7\ W/b-40/21\ qb= -82/21\ F$
$V_{CB}= -2/7\ F-12/7\ W/b-40/21\ qb= -82/21\ F$
$W_{CB}=0$

$H_{DB}= -8/7\ F-6/7\ W/b-16/7\ qb= -30/7\ F$
$V_{DB}=4/7\ F+3/7\ W/b-4/21\ qb=17/21\ F$
$W_{DB}=0$

$H_{CE}=2/7\ F+12/7\ W/b+40/21\ qb=82/21\ F$
$V_{CE}=2/7\ F+12/7\ W/b+40/21\ qb=82/21\ F$
$W_{CE}=3\ W=3\ Fb$

$H_{DF}=8/7\ F+6/7\ W/b+16/7\ qb=30/7\ F$
$V_{DF}= -4/7\ F-3/7\ W/b+4/21\ qb= -17/21\ F$
$W_{DF}=0$

$H_{EG}=2/7\ F+12/7\ W/b+40/21\ qb=82/21\ F$
$V_{EG}=2/7\ F+12/7\ W/b+40/21\ qb=82/21\ F$
$W_{EG}= -4/7\ Fb-3/7\ W-80/21\ qb^2= -101/21\ Fb$

$H_{BA}=4/7\ F-18/7\ W/b-88/21\ qb= -130/21\ F$
$V_{BA}=2/7\ F-9/7\ W/b-44/21\ qb= -65/21\ F$
$W_{BA}=8/7\ Fb-15/7\ W-12/7\ qb^2= -19/7\ Fb$

$H_{BC}=2/7\ F+12/7\ W/b+40/21\ qb=82/21\ F$
$V_{BC}=2/7\ F+12/7\ W/b+40/21\ qb=82/21\ F$
$W_{BC}=4/7\ Fb+24/7\ W+80/21\ qb^2=164/21\ Fb$

$H_{BD}=8/7\ F+6/7\ W/b+16/7\ qb=30/7\ F$
$V_{BD}= -4/7\ F-3/7\ W/b+4/21\ qb= -17/21\ F$
$W_{BD}= -12/7\ Fb-9/7\ W-44/21\ qb^2= -107/21\ Fb$

$H_{EC}= -2/7\ F-12/7\ W/b-40/21\ qb= -82/21\ F$
$V_{EC}= -2/7\ F-12/7\ W/b-40/21\ qb= -82/21\ F$
$W_{EC}=4/7\ Fb+3/7\ W+80/21\ qb^2=101/21\ Fb$

$H_{FD}= -8/7\ F-6/7\ W/b-16/7\ qb= -30/7\ F$
$V_{FD}=4/7\ F+3/7\ W/b+80/21\ qb=101/21\ F$
$W_{FD}= -8/7\ Fb-6/7\ W-16/7\ qb^2= -30/7\ Fb$

$H_{GE}= -2/7\ F-12/7\ W/b-40/21\ qb= -82/21\ F$
$V_{GE}= -2/7\ F-12/7\ W/b-40/21\ qb= -82/21\ F$
$W_{GE}=2/7\ Fb-9/7\ W+40/21\ qb^2=19/21\ Fb$

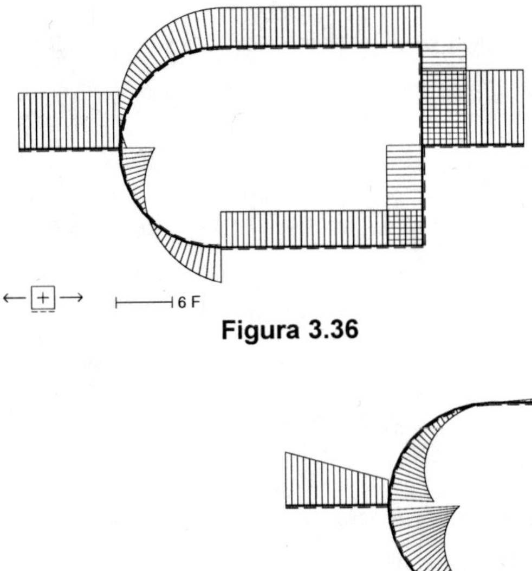

Figura 3.36

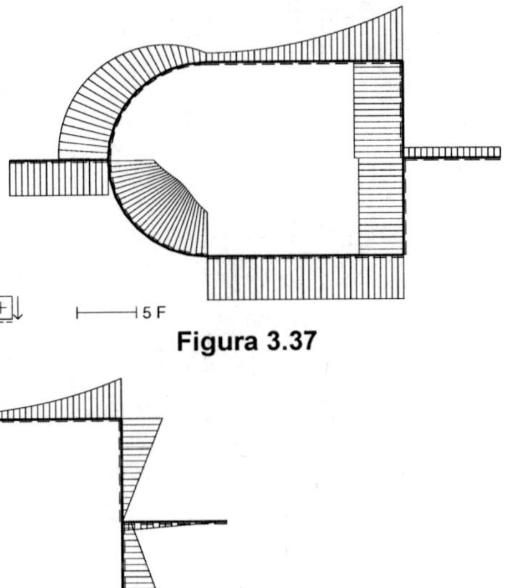

Figura 3.37

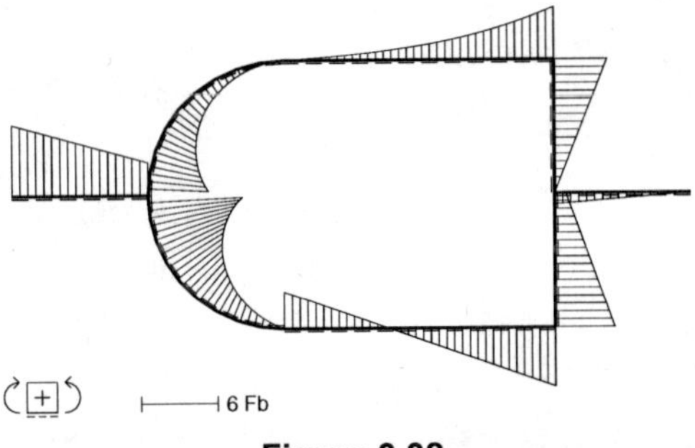

Figura 3.38

$H_{FG}=8/7\ F+6/7\ W/b+16/7\ qb=30/7\ F$
$V_{FG}= -4/7\ F-3/7\ W/b-80/21\ qb= -101/21\ F$
$W_{FG}=8/7\ Fb+6/7\ W+16/7\ qb^2=30/7\ Fb$

$H_{GH}=10/7\ F+18/7\ W/b+88/21\ qb=172/21\ F$
$V_{GH}= -2/7\ F+9/7\ W/b-40/21\ qb= -19/21\ F$
$W_{GH}= -2/7\ Fb+9/7\ W-40/21\ qb^2= -19/21\ Fb$

$H_{GF}= -8/7\ F-6/7\ W/b-16/7\ qb= -30/7\ F$
$V_{GF}=4/7\ F+3/7\ W/b+80/21\ qb=101/21\ F$
$W_{GF}=0$

$H_{HG}= -10/7\ F-18/7\ W/b-88/21\ qb= -172/21\ F$
$V_{HG}=2/7\ F-9/7\ W/b+40/21\ qb=19/21\ F$
$W_{HG}=0$

Le funzioni di azione interna, espresse con le convenzioni di fig.3.4 e fig.3.6 avendo assunto come nodo iniziale quello corrispondente al primo indice, diventano:

N_{DB}= -30/7 Fcosθ+17/21 Fsinθ
T_{DB}= -30/7 Fsinθ-17/21 Fcosθ
M_{DB}= -30/7 Fb(cosθ-1)+17/21 Fbsinθ

N_{CB}= -82/21 Fcosθ+82/21 Fsinθ
T_{CB}=82/21 Fsinθ+82/21 Fcosθ
M_{CB}= -82/21 Fb(cosθ-1)+82/21 Fbsinθ

N_{AB}= -130/21 F
T_{AB}=65/21 F
M_{AB}= -122/21 Fb+65/21 Fx

N_{CE}= -82/21 F
T_{CE}=82/21 F
M_{CE}= -3 Fb+82/21 Fx

N_{DF}= -30/7 F
T_{DF}= -17/21 F-qx^2/b
M_{DF}= -17/21 Fx-1/3qx^3/b

N_{EG}= -82/21 F
T_{EG}= -82/21 F
M_{EG}=101/21 Fb-82/21 Fx

N_{FG}= -101/21 F
T_{FG}=30/7 F
M_{FG}= -30/7 Fb+30/7 Fx

N_{GH}= -172/21 F
T_{GH}= -19/21 F
M_{GH}=19/21 Fb-19/21 Fx

I relativi diagrammi sono rappresentati in fig.3.36, fig.3.37, fig.3.38.

3.12 - ESEMPIO 7

Si consideri la struttura di fig.3.39. Eliminate le cerniere in *A* ed *E*, si applicano alla struttura, ridotta ad albero, le reazioni incognite H_A, V_A, H_{EB}, V_{EB} (fig.3.40). Le equazioni di equilibrio esprimono le condizioni relative alla traslazione orizzontale complessiva, alla rotazione delle aste *EGF* intorno a *F*, alla rotazione dell'asta *ABE* intorno a *B*, alla rotazione delle aste *ABDE* intorno a *D*. La matrice di equilibrio diventa:

$$\begin{matrix} u_C \\ \varphi_{FD} \\ \varphi_{BD} \\ \varphi_{DB} \end{matrix} \begin{bmatrix} 1 & 0 & 0 & 0 \\ 0 & 0 & 0 & 2 \\ 1 & 0 & -1 & 0 \\ 1 & -2 & -1 & -2 \end{bmatrix} \begin{bmatrix} bH_A \\ bV_A \\ bH_{EB} \\ bV_{EB} \end{bmatrix} = \begin{bmatrix} -qb^2 \\ -Fb+qb^2/2 \\ 0 \\ 0 \end{bmatrix}$$

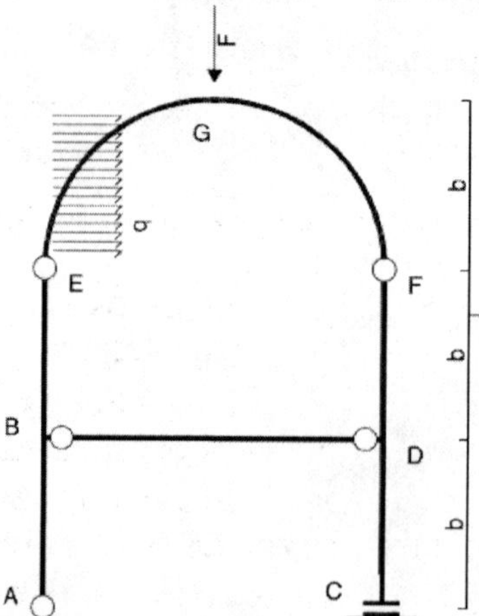

Figura 3.39

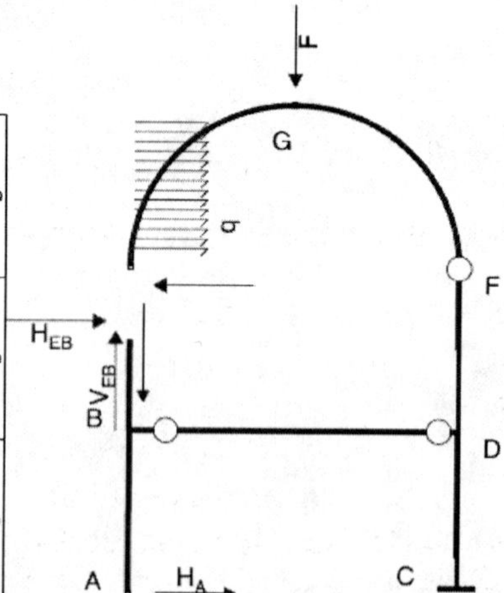

Figura 3.40

Avendo posto $q = F/b$, la soluzione del sistema fornisce le reazioni a terra e agli estremi delle aste:

$H_A = -qb = -F$
$W_C = 2qb^2 = 2Fb$

$V_A = 1/2F - 1/4qb = 1/4F$
$N_{BD} = 2qb = 2F$

$V_C = 1/2F + 1/4qb = 3/4F$

$H_{AB} = -qb = -F$
$V_{AB} = 1/2F - 1/4qb = 1/4F$
$W_{AB} = 0$
$H_{BA} = qb = F$
$V_{BA} = -1/2F + 1/4qb = -1/4F$
$W_{BA} = qb^2 = Fb$

$H_{CD} = 0$
$V_{CD} = 1/2F + 1/4qb = 3/4F$
$W_{CD} = 2qb^2 = 2Fb$
$H_{DC} = 0$
$V_{DC} = -1/2F - 1/4qb = -3/4F$
$W_{DC} = -2qb^2 = -2Fb$

$H_{BE} = qb = F$
$V_{BE} = 1/2F - 1/4qb = 1/4F$
$W_{BE} = -qb^2 = -Fb$
$H_{EB} = -qb = -F$
$V_{EB} = -1/2F + 1/4qb = -1/4F$
$W_{EB} = 0$

$H_{DF} = -2qb = -2F$
$V_{DF} = 1/2F + 1/4qb = 3/4F$
$W_{DF} = 2qb^2 = 2Fb$

$H_{GE} = -2qb = -2F$
$V_{GE} = -1/2F + 1/4qb = -1/4F$
$W_{GE} = 1/2Fb - 7/4qb^2 = -5/4Fb$

$H_{GF} = 2qb = 2F$
$V_{GF} = -1/2F - 1/4qb = -3/4F$
$W_{GF} = -1/2Fb + 7/4qb^2 = 5/4Fb$

$H_{FD} = 2qb = 2F$
$V_{FD} = -1/2F - 1/4qb = -3/4F$
$W_{FD} = 0$

$H_{EG} = qb = F$
$V_{EG} = 1/2F - 1/4qb = 1/4F$
$W_{EG} = 0$

$H_{FG} = -2qb = -2F$
$V_{FG} = 1/2F + 1/4qb = 3/4F$
$W_{FG} = 0$

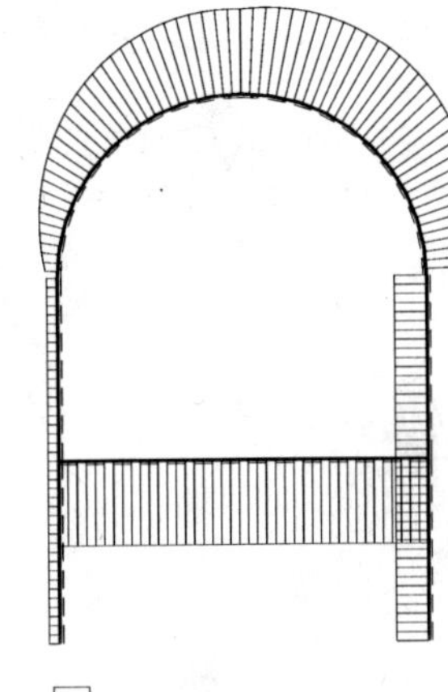

Figura 3.41

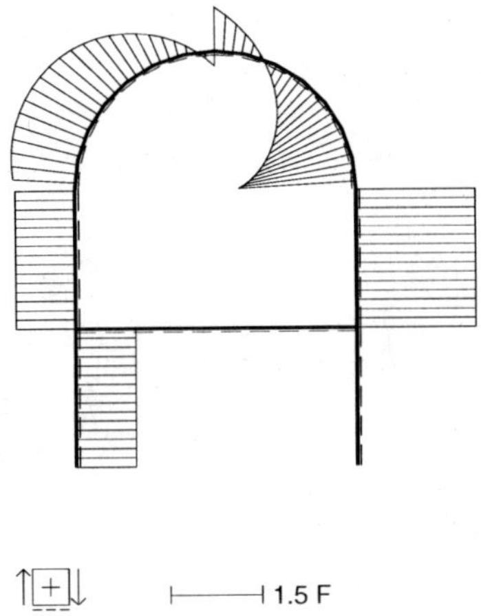

Figura 3.42

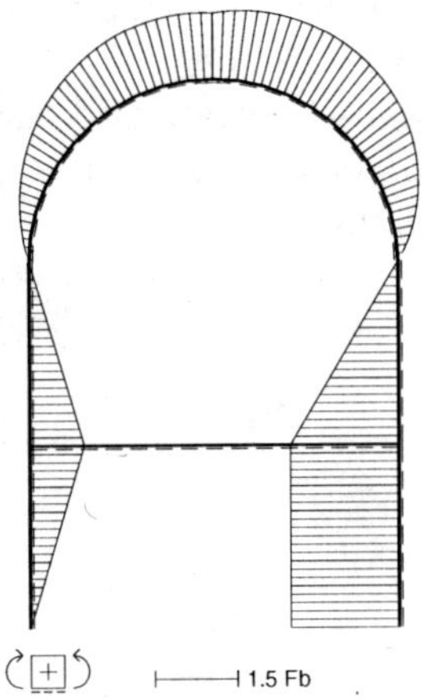

Figura 3.43

Le funzioni di azione interna, espresse con le convenzioni di fig.3.4 e fig.3,6, diventano:

$N_{AB} = -1/4F$ $\quad T_{AB} = F$ $\quad M_{AB} = Fx$
$N_{CD} = -3/4F$ $\quad T_{CD} = 0$ $\quad M_{CD} = -2Fb$
$N_{BE} = -1/4F$ $\quad T_{BE} = -F$ $\quad M_{BE} = Fb - Fx$
$N_{DF} = -3/4F$ $\quad T_{DF} = 2F$ $\quad M_{DF} = -2Fb + 2Fx$
$N_{BD} = 2F$ $\quad T_{BD} = 0$ $\quad M_{BD} = 0$
$N_{GE} = -2F\cos\theta - 1/4F\sin\theta - qb\cos\theta(\cos\theta - 1)$ $\quad N_{GF} = -2F\cos\theta - 3/4F\sin\theta$
$T_{GE} = -2F\sin\theta + 1/4F\cos\theta - qb\sin\theta(\cos\theta - 1)$ $\quad T_{GF} = 2F\sin\theta - 3/4F\cos\theta$
$M_{GE} = -2Fb(\cos\theta - 1) - 1/4Fb\sin\theta - 1/2qb^2(\cos\theta - 1)^2 - 5/4Fb$
$M_{GF} = -2Fb(\cos\theta - 1) - 3/4Fb\sin\theta - 5/4Fb$

I relativi diagrammi sono rappresentati in fig.3.41, fig.3.42, fig.3.43.

CAPITOLO 4
SFORZI

4.0 - CONVENZIONI

Nel sistema di riferimento cartesiano, si indicano con *i, j, k* le componenti dei vettori relative agli assi x_i, x_j, x_k. Le espressioni contenenti gli indici del sistema di riferimento si intendono valide per rotazione degli indici da 1 a 3, esclusi quelli soggetti a sommatoria. Con la notazione $f(x,y,z)_{/x}$ si indica la derivazione parziale di $f(x,y,z)$ rispetto all'asse x: $\partial f(x,y,z)/\partial x$, e con $f(x_1,x_2,x_3)_{/i}$ la derivazione parziale di $f(x_1,x_2,x_3)$ rispetto all'asse x_i: $\partial f(x_1,x_2,x_3)/\partial x_i$.

4.1 - STATO DI SFORZO NEL PUNTO MATERIALE

Un solido tridimensionale di volume V e di superficie esterna Ω, libero nel suo spazio (fig.4.1), è in equilibrio per effetto di forze di volume $\boldsymbol{F}$ (dimensionalmente forze rapportate al volume) e di forze di superficie $\boldsymbol{f}$ (dimensionalmente forze rapportate alla superficie). Per l'equilibrio rispetto alle tre direzioni coordinate sarà:
$\int_V \mathbf{F}\, dV + \int_\Omega \mathbf{f}\, d\Omega = 0$.

Si tagli il solido con un piano, ottenendo due porzioni ciascuna delle quali delimitata, in corrispondenza della sezione, da una faccia piana di superficie Σ e di normali uscenti $\boldsymbol{n}$ (fig.4.2) e $-\boldsymbol{n}$. Agendo su questa porzione del solido, le residue forze di volume $\boldsymbol{F}$ e di superficie $\boldsymbol{f}$ non garantiranno da sole l'equilibrio. Occorre perciò ipotizzare che sulla faccia Σ sia presente un'azione statica che ammette una risultante $\boldsymbol{R}$ e un momento risultante $\boldsymbol{M}$, affinché sia garantito l'equilibrio. Le azioni $\boldsymbol{R}$ ed $\boldsymbol{M}$ hanno il significato consueto di reazioni mutuamente scambiate fra le due parti del solido.

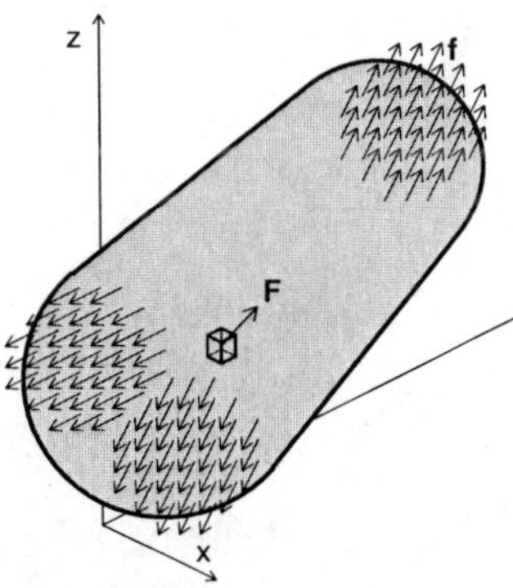

Figura 4.1

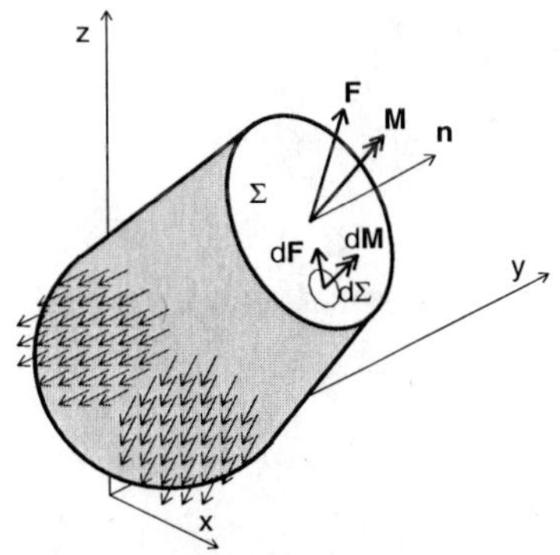

Figura 4.2

L'azione delle risultanti $\boldsymbol{R}$ ed $\boldsymbol{M}$ relative al piano Σ rappresenta l'effetto complessivo di azioni $d\boldsymbol{R}$ e $d\boldsymbol{M}$ agenti sulle areole infinitesime $d\Sigma$. Si fa l'ipotesi che:

$$\lim_{d\Sigma \to o} d\mathbf{M}/d\Sigma = 0$$

cioè che l'effetto di coppia svanisca sull'areola infinitesima.

Si definisce poi col vettore:

$$\sigma_n = \lim_{d\Sigma \to o} d\mathbf{R}/d\Sigma$$

la tensione agente sull'areola $d\Sigma$ nell'intorno del punto considerato, relativamente alla faccia di normale $\boldsymbol{n}$ uscente.

Nell'intorno del punto che definisce la posizione dell'areola $d\Sigma$ si possono mettere in evidenza infiniti piani di normale $\boldsymbol{n}$, a ciascuno dei quali è associato un vettore σ_n, che si suppone risulti essere funzione regolare del posto e della direzione $\boldsymbol{n}$. Nell'intorno del punto, le tensioni sulle tre facce ottenute sezionando secondo piani coordinati (fig.4.3, fig.4.4, fig.4.5) sono individuate dai vettori σ_x, σ_y, σ_z.

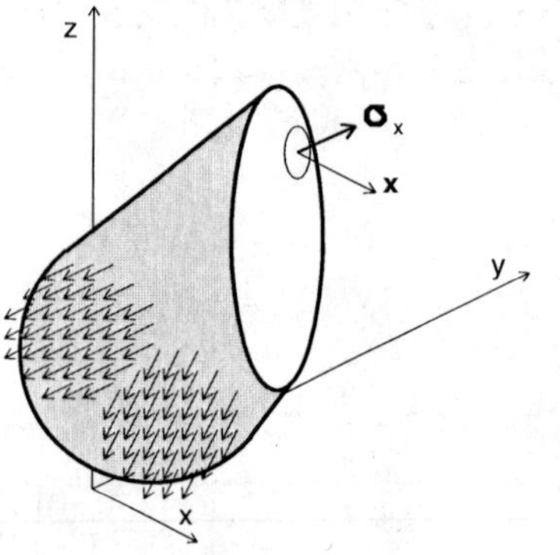

Figura 4.3

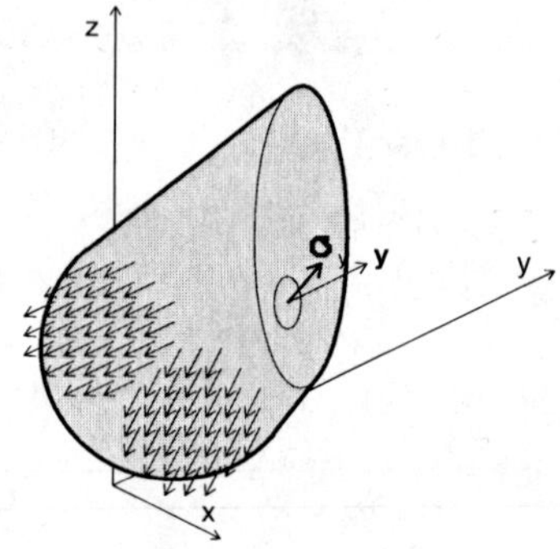

Figura 4.4

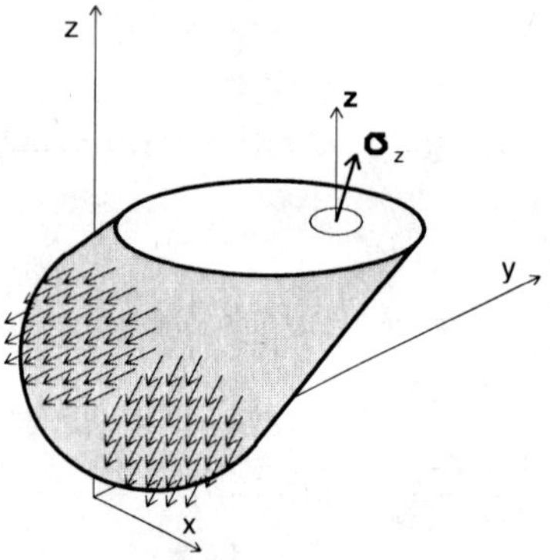

Figura 4.5

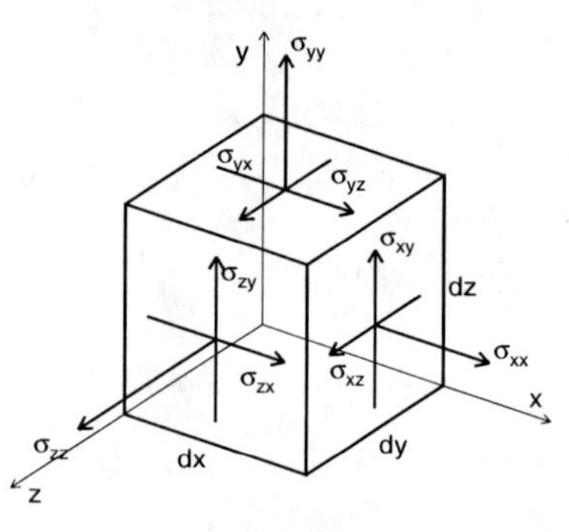

Figura 4.6

Le componenti dei tre vettori σ_x, σ_y, σ_z saranno rispettivamente:

$$\begin{bmatrix} \sigma_{xx} & \sigma_{yx} & \sigma_{zx} \\ \sigma_{xy} & \sigma_{yy} & \sigma_{zy} \\ \sigma_{xz} & \sigma_{yz} & \sigma_{zz} \end{bmatrix}$$

Le componenti a indici uguali risultano perpendicolari alle facce e sono designate come componenti normali di tensione o *sforzi normali*. Le componenti a indici misti giacciono nel piano della faccia e prendono il nome di componenti tangenziali di tensione o *sforzi tangenziali*. Nelle applicazioni si usa spesso anche la simbologia:

$$\begin{bmatrix} \sigma_x & \tau_{yx} & \tau_{zx} \\ \tau_{xy} & \sigma_y & \tau_{zy} \\ \tau_{xz} & \tau_{yz} & \sigma_z \end{bmatrix}$$

per distinguere la diversa caratterizzazione fisica delle componenti di tensione.

Lo stato di sforzo nel solido è quindi identificato dalle nove componenti di sollecitazione, funzioni del posto, $\sigma_{ik} = \sigma_{ik}(x_1,x_2,x_3)$ per $i = 1,3$ e $k = 1,3$.

Alle facce di normale uscente coincidente con l'asse corrispondono gli sforzi σ_i indicati come positivi (con proiezione positiva sull'asse). Alle facce di normale uscente di verso opposto all'asse corrispondono gli sforzi $-\sigma_i$ (con proiezione negativa sull'asse) in equilibrio con i precedenti.

4.2 - SFORZI TANGENZIALI

Nel passaggio dalla sezione di ascissa x_i alla sezione di ascissa x_i+dx_i le componenti σ_i,τ_{ik} subiranno incrementi $d\sigma_i$, $d\tau_{ik}$.

Con riferimento alla fig.4.7, si imponga l'equilibrio alla rotazione intorno all'asse z passante per il baricentro. Non vi contribuiscono le componenti τ_{xz}, τ_{yz} perché parallele a z. Non vi contribuiscono le componenti F_x, F_y, F_z, perché applicate in corrispondenza dell'asse z baricentrico (in fig.4.7 alcuni di questi contributi non sono rappresentati).

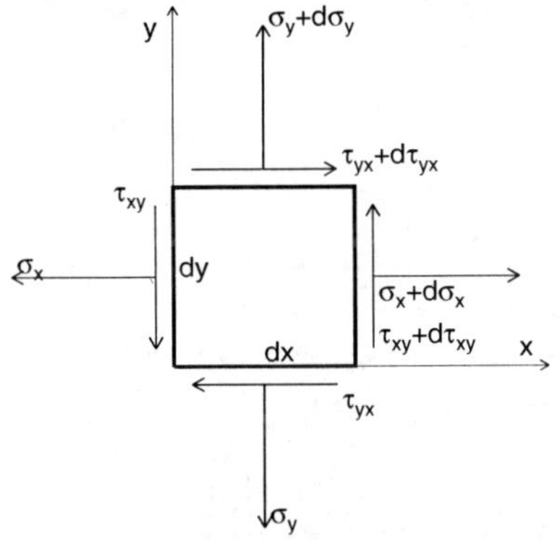

Figura 4.7

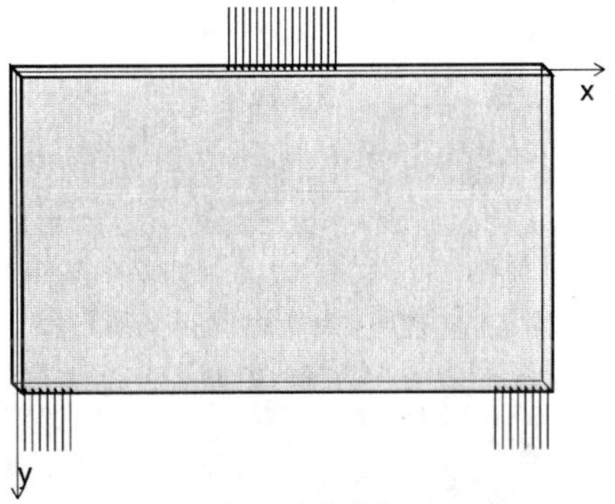

Figura 4.8

La condizione di equilibrio alla rotazione intorno a z baricentrico indica:
$(\tau_{xy} + \tau_{xy} + d\tau_{xy})\, dy\, dz\, dx/2 = (\tau_{yx} + \tau_{yx} + d\tau_{yx})\, dx\, dz\, dy/2$

Dividendo tutti i termini per $dx\ dy\ dz$, e trascurando gli infinitesimi rispetto ai contributi finiti, si ottiene:

$$\tau_{xy} = \tau_{yx}$$

e, per rotazione di indici:

$$\tau_{yz} = \tau_{zy} \qquad\qquad \tau_{zx} = \tau_{xz}.$$

Queste relazioni consentono di rappresentare l'insieme degli sforzi come una matrice simmetrica, e mostrano che la descrizione dello stato di sforzo di un continuo dipende non da nove, ma da sole sei funzioni distinte di x_1, x_2, x_3:

$$\begin{bmatrix} \sigma_x & \tau_{yx} = \tau_{xy} & \tau_{zx} = \tau_{xz} \\ \tau_{xy} = \tau_{yx} & \sigma_y & \tau_{zy} = \tau_{yz} \\ \tau_{xz} = \tau_{zx} & \tau_{yz} = \tau_{zy} & \sigma_z \end{bmatrix}$$

4.3 - STATI PIANI DI SFORZO

Si definisce stato piano di sforzo una situazione nella quale si abbia, nel cubetto che rappresenta l'intorno del punto materiale (fig.4.6), una faccia priva di sforzi, ad esempio la faccia di normale z (fig.4.9). Una situazione di questo tipo può essere evidenziata, per il singolo punto materiale, adottando un opportuno sistema di riferimento locale, anche non coincidente col sistema di riferimento generale. Situazioni per certi aspetti simili si hanno quando su una delle facce, ad esempio quella di normale z, agisca unicamente una sollecitazione normale σ_{zz} (fig.4.10).

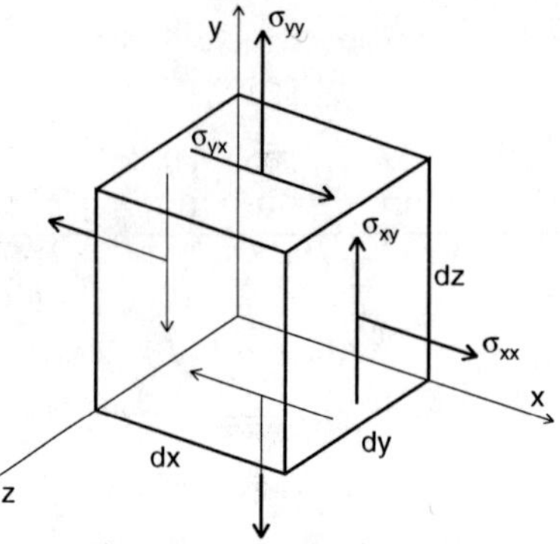

Figura 4.9

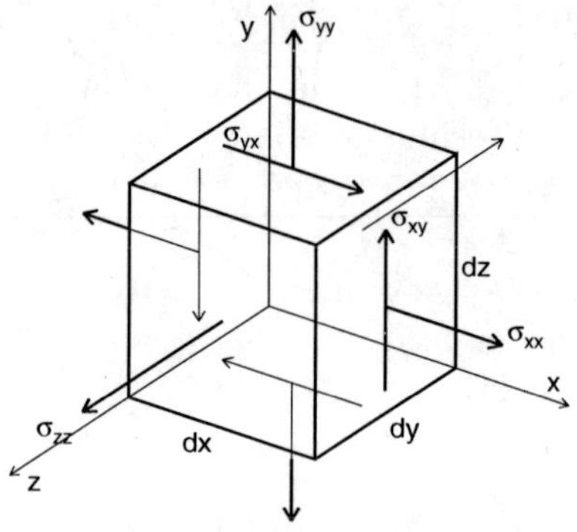

Figura 4.10

In talune situazioni strutturali si può ipotizzare a priori la presenza di uno stato piano di sforzo, caratterizzato da un'unica giacitura z valida per tutto il solido. Tale è il caso della lastra piana sottile di spessore uniforme (fig.4.8), interessata da forze di volume e/o di contorno agenti entro il piano x,y di riferimento. In queste condizioni si assume che lo stato di sforzo sia indipendente da z. Conseguentemente, su ogni cubetto interno allo spessore si ha uno stato di sforzo nel quale si annullano tutte le componenti con indice z, per analogia con quanto accade sull'elemento di superficie.

4.4 - CERCHIO DI MOHR

Si considera uno stato di sforzo nel quale si annullano le componenti di tensione tangenziale sulla faccia di normale z del cubetto. Un caso particolare di questo tipo è lo stato piano di sforzo. Si seziona un prisma triangolare di asse z (fig.11), con una faccia di area dA formante un angolo α positivo orario con l'asse y, e con due facce di normale *x, y*, e di area rispettivamente $dA\ cos\alpha$ e $dA\ sin\alpha$. Sulle facce coordinate si hanno componenti di sforzo σ_x, σ_y e $\tau_{xy}=\tau_{yx}=\tau$. Sulla faccia inclinata si ha σ_α positiva uscente e τ_α che si assume arbitrariamente positiva se promuove rotazione oraria.

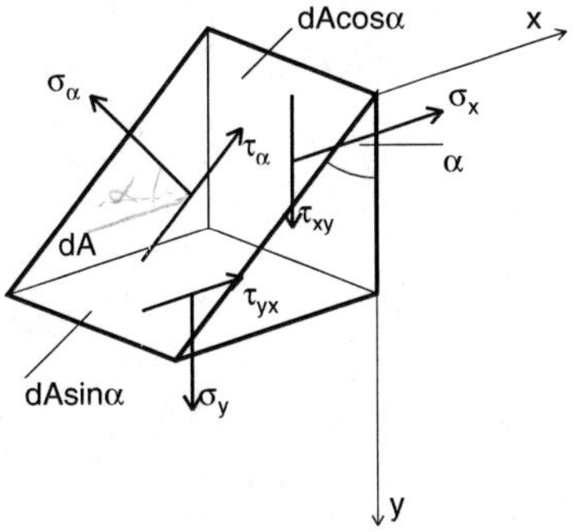

Figura 4.11

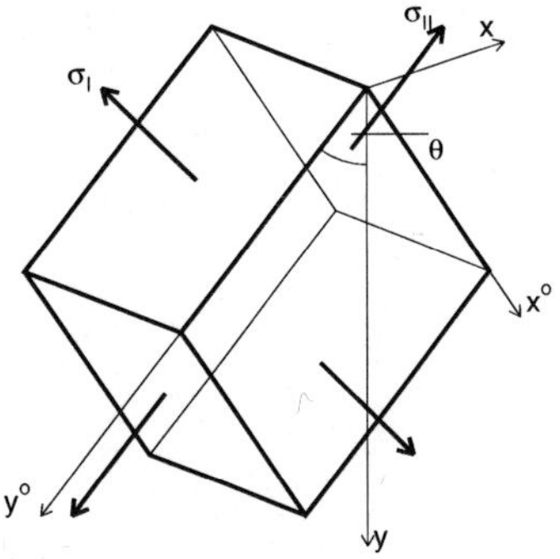

Figura 4.12

Si esaminano le condizioni che governano l'equilibrio nel piano *x,y*, condizioni che non risentono della eventuale presenza di σ_z. Tutte le componenti con indici *x* o *y* contribuiscono all'equilibrio nel piano *x,y*. Il loro contributo in termini di forze viene esplicitato moltiplicandole per le rispettive aree *dA*, $dA\ cos\alpha$, $dA\ sin\alpha$. Si scrivono le due equazioni di equilibrio alla traslazione secondo le direzioni di σ_α e τ_α. Proiettando su queste direzioni i contributi relativi alle facce coordinate, si ha rispettivamente:

$$\sigma_\alpha\, dA = (\sigma_x dA \cos\alpha) \cos\alpha + (\sigma_y dA \sin\alpha) \sin\alpha + (\tau\, dA\cos\alpha) \sin\alpha + (\tau\, dA \sin\alpha) \cos\alpha$$

$$\tau_\alpha\, dA = -(\sigma_x\, dA \cos\alpha)\sin\alpha + (\sigma_y\, dA \sin\alpha) \cos\alpha + (\tau\, dA \cos\alpha)\cos\alpha - (\tau\, dA \sin\alpha) \sin\alpha$$

Semplificando per *dA* si ottiene:

$$\sigma_\alpha = \sigma_x \cos^2\alpha + \sigma_y \sin^2\alpha + 2\tau \cos\alpha \sin\alpha$$

$$\tau_\alpha = -\sigma_x \cos\alpha \sin\alpha + \sigma_y \cos\alpha \sin\alpha + \tau (\cos^2\alpha - \sin^2\alpha)$$

Ricordando che:

$$2 \cos\alpha \sin\alpha = \sin 2\alpha \qquad 2 \cos^2\alpha = (1 + \cos 2\alpha) \qquad 2 \sin^2\alpha = (1 - \cos 2\alpha)$$

si ha:

$$\sigma_\alpha = (\sigma_x + \sigma_y)/2 + \cos 2\alpha\, (\sigma_x - \sigma_y)/2 + \tau \sin 2\alpha$$

$$\tau_\alpha = -\sin 2\alpha\, (\sigma_x - \sigma_y)/2 + \tau \cos 2\alpha$$

La variazione di σ_α al variare di α è data dalla derivata:

$$d\sigma_\alpha/d\alpha = -\sin 2\alpha\, (\sigma_x - \sigma_y) + 2\tau \cos 2\alpha$$

Per annullare contemporaneamente la tensione tangenziale τ_α e la derivata $d\sigma_\alpha/d\alpha$ basta porre:

$$-\sin 2\alpha\, (\sigma_x - \sigma_y) + 2\tau\cos 2\alpha = 0$$

da cui:

$$\sin 2\alpha/\cos 2\alpha = tg 2\alpha = 2\tau/(\sigma_y - \sigma_x).$$

La condizione viene soddisfatta per:

$$\alpha = 1/2\ artg(\ 2\tau/(\sigma_y - \sigma_x)\ )$$

con due soluzioni α_I, α_{II}, che differiscono di $\pi/2$. Si hanno così due direzioni mutuamente ortogonali sulle quali si esercitano unicamente sollecitazioni normali σ_I e σ_{II}, che risultano essere la massima e la minima fra tutte quelle che si evidenziano ruotando le facce intorno a z. Si dicono direzioni principali le direzioni così individuate, con tensioni tangenziali nulle. Si dicono tensioni principali le corrispondenti tensioni normali. Si osserva che la direzione z e la tensione σ_z (nulla come in fig.4.9, o non nulla come in fig.4.10) individuano una terza direzione principale e una terza tensione principale, che si aggiungono alle precedenti.

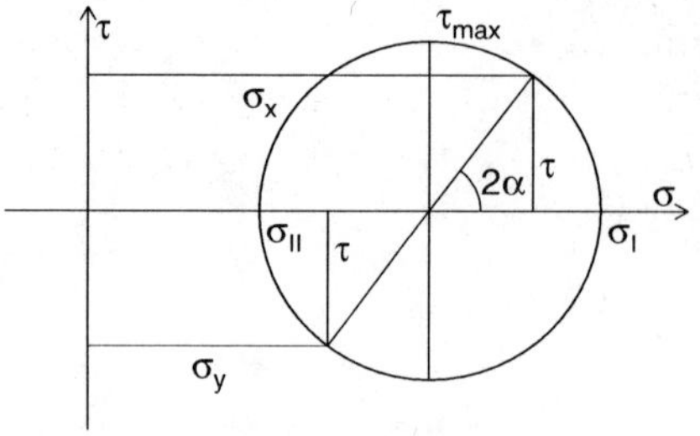

Figura 4.13

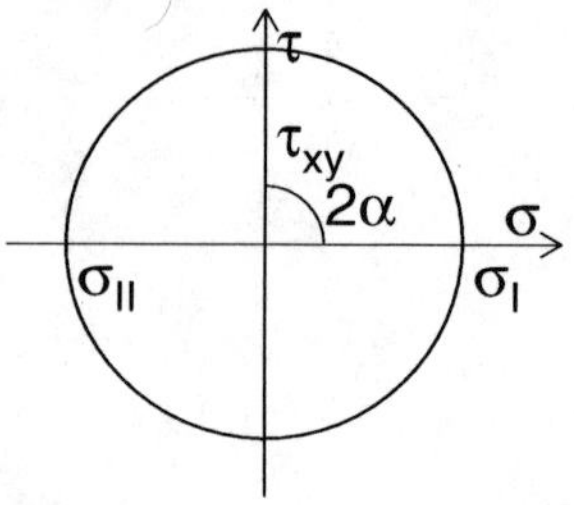

Figura 4.14

Assumendo le direzioni associate a σ_I e σ_{II} come assi x' e y', ruotati di un angolo $\theta = \alpha_I$ o $\theta = \alpha_{II}$ rispetto al riferimento iniziale (fig.4.12), si ha $\tau^{o}_{xy} = 0$. Se si esprimono le componenti di sforzo al variare dell'angolo α rispetto a questi nuovi assi, di ottengono dalle precedenti le nuove relazioni:

$$\sigma_\alpha = (\sigma_I + \sigma_{II})/2 + \cos 2\alpha\,(\sigma_I - \sigma_{II})/2$$

$$\tau_\alpha = -\sin 2\alpha\,(\sigma_I - \sigma_{II})/2$$

che descrivono il cerchio di fig.4.13, detto cerchio di Mohr, con centro di ascissa:

$$1/2\,(\sigma_I + \sigma_{II})$$

e raggio:

$$1/2\,|\sigma_I - \sigma_{II}|.$$

Le tensioni sull'elemento ruotato di α, con facce ruotate di α e $\alpha + \pi/2$, sono individuate nel cerchio (fig.4.13) da un diametro ruotato di 2α, i cui estremi corrispondono a raggi ruotati di 2α e $2\alpha + \pi$. Le τ sulle due facce ortogonali hanno segno opposto in omaggio alla convenzione adottata, che le vede positive se promuovono rotazione oraria.

Dalla fig.4.13 si ha anche che, note le componenti di tensione σ_x, σ_y, τ_{xy} relative al riferimento x,y iniziale, il relativo cerchio di Mohr ha centro di ascissa:

$$(\sigma_x + \sigma_y)/2$$

e raggio:

$$\sqrt{\left(\tau^2 + (\sigma_x - \sigma_y)^2/4 \right)}$$

Le tensioni principali sono quindi:

$$\sigma_I = (\sigma_x + \sigma_y)/2 + \sqrt{\left(\tau^2 + (\sigma_x - \sigma_y)^2/4 \right)}$$

$$\sigma_{II} = (\sigma_x + \sigma_y)/2 - \sqrt{\left(\tau^2 + (\sigma_x - \sigma_y)^2/4 \right)}.$$

La massima tensione tangenziale si riscontra su un elementino ritagliato a $\pi/4$ rispetto alle direzioni principali, corrispondente al diametro ruotato di $\pi/2$ sull'asse σ.

In fig.4.14 si ha una situazione particolare, che presenta tensioni principali $\sigma_{II} = - \sigma_I$. Ruotando l'elemento di $\alpha = \pi/4$, si ha sul cerchio di Mohr un diametro verticale, ruotato di $2\alpha = \pi/2$, che definisce sulle due facce ortogonali del cubetto uno stato di sforzo con sole componenti tangenziali $\tau = |\sigma_I|$.

4.5 - RELAZIONI DI CAUCHY

Si consideri un volume elementare delimitato da tre facce coordinate con versore negativo, e una faccia generica di versore $\boldsymbol{n}^t = [n_x, n_y, n_z]$ (fig.4.15, fig.4.16). Se quest'ultima ha superficie $d\Sigma$, le tre facce coordinate avranno superficie $n_x\, d\Sigma$, $n_y\, d\Sigma$, $n_z\, d\Sigma$.

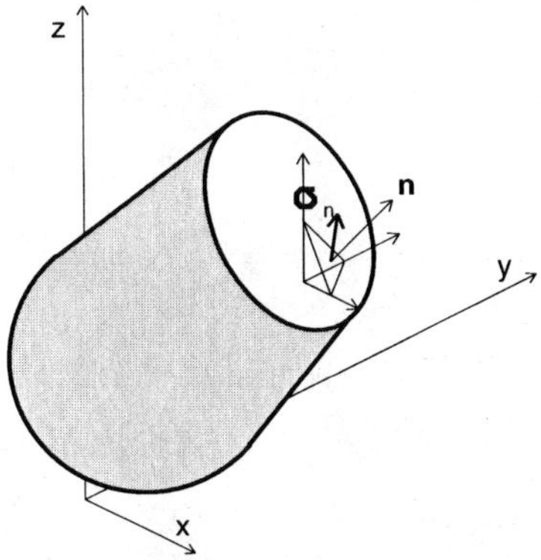

Figura 4.15

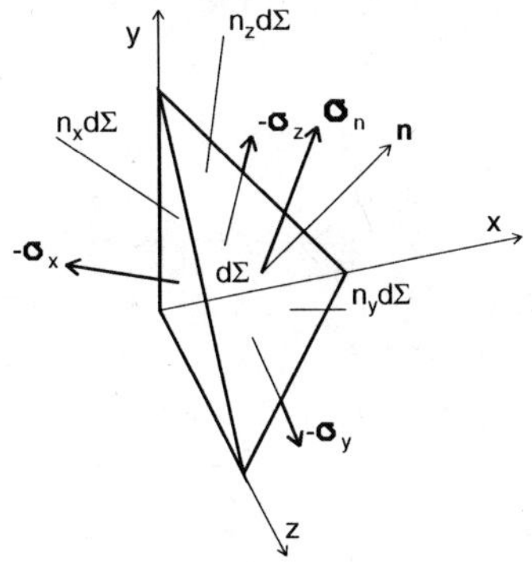

Figura 4.16

L'equilibrio del tetraedro rispetto alle tre direzioni coordinate impone che si annulli la sommatoria delle forze applicate, ricordando che azioni agenti su facce coordinate di normale negativa forniscono un contributo negativo. Tenendo presente che la forza risultante su ciascuna faccia si ottiene moltiplicando la tensione per l'area della faccia, si ha:

$\boldsymbol{\sigma}_n\, d\Sigma - \boldsymbol{\sigma}_x\, n_x\, d\Sigma - \boldsymbol{\sigma}_y\, n_y\, d\Sigma - \boldsymbol{\sigma}_z\, n_z\, d\Sigma = 0$

avendo trascurato l'effetto della forza di volume e l'incremento delle tensioni tra una faccia e l'altra perché infinitesimi di ordine superiore. Semplificando per $d\Sigma$ si ha la relazione nota come relazione di Cauchy:

$\boldsymbol{\sigma}_n = \sum_i \boldsymbol{\sigma}_i\, n_i$

In forma scalare si ha:

$$\begin{bmatrix} \sigma_{nx} \\ \sigma_{ny} \\ \sigma_{nz} \end{bmatrix} = \begin{bmatrix} \sigma_{xx} & \sigma_{yx} & \sigma_{zx} \\ \sigma_{xy} & \sigma_{yy} & \sigma_{zy} \\ \sigma_{xz} & \sigma_{yz} & \sigma_{zz} \end{bmatrix}^{T} \begin{bmatrix} n_x \\ n_y \\ n_z \end{bmatrix}$$

La relazione di Cauchy permette di affermare che:

1) date le componenti di sforzo relative a tre giaciture distinte, per esempio coordinate, il vettore sforzo misurato su qualsiasi altra giacitura è univocamente definito.
2) la regola di trasformazione evidenziata nel riferimento cartesiano ortogonale caratterizza la natura tensoriale della compagine di nove componenti scalari riferite alle facce coordinate.
3) lo stato di sforzo nell'intorno di un punto è caratterizzato da un tensore doppio σ_{ik} che risulterà in generale funzione del posto, cioè delle coordinate *x, y, z*.

4.6 - DIREZIONI PRINCIPALI

Si ipotizzi nell'intorno di un punto l'esistenza di una giacitura di normale ***n***, sulla quale il vettore rappresentativo dello sforzo identifichi unicamente un effetto fisico di sforzo normale, essendo le tensioni tangenziali nulle. Detto σ_I il modulo della tensione normale incognita, il vettore che rappresenta lo sforzo sulla faccia coinciderà, a meno del modulo, col versore ***n***:

$$\sigma_{nx} = \sigma_I\, n_x \qquad \sigma_{ny} = \sigma_I\, n_y \qquad \sigma_{nz} = \sigma_I\, n_z$$

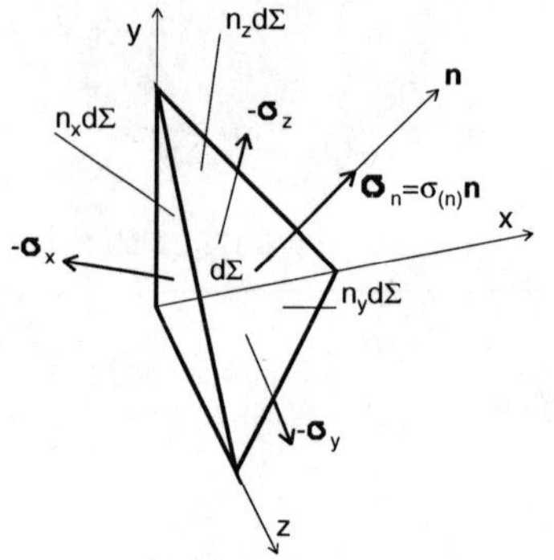

Figura 4.17

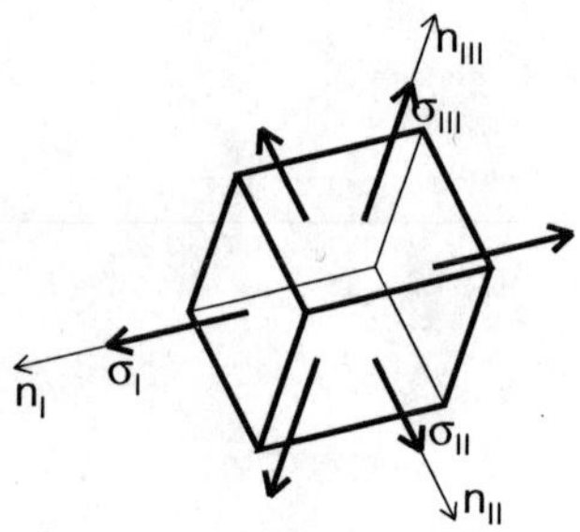

Figura 4.18

Le relazioni di Cauchy forniscono:

$$\begin{bmatrix} \sigma_I n_x \\ \sigma_I n_y \\ \sigma_I n_z \end{bmatrix} = \begin{bmatrix} \sigma_{xx} & \sigma_{yx} & \sigma_{zx} \\ \sigma_{xy} & \sigma_{yy} & \sigma_{zy} \\ \sigma_{xz} & \sigma_{yz} & \sigma_{zz} \end{bmatrix} \begin{bmatrix} n_x \\ n_y \\ n_z \end{bmatrix}$$

ovvero:

$$\begin{bmatrix} \sigma_{xx} - \sigma_I & \sigma_{yx} & \sigma_{zx} \\ \sigma_{xy} & \sigma_{yy} - \sigma_I & \sigma_{zy} \\ \sigma_{xz} & \sigma_{yz} & \sigma_{zz} - \sigma_I \end{bmatrix} \begin{bmatrix} n_x \\ n_y \\ n_z \end{bmatrix} = \begin{bmatrix} 0 \\ 0 \\ 0 \end{bmatrix}$$

La situazione ipotizzata e definita da ***n*** = $[n_x\ n_y\ n_z]$ esiste se, e solo se, questo sistema lineare omogeneo ha soluzione. Si esclude la soluzione banale nulla, poiché il modulo di ***n*** è unitario, ossia:

$$n_x^2 + n_y^2 + n_z^2 = 1.$$

Si avrà soluzione solo se il determinante del sistema è nullo. L'espressione del determinante della matrice simmetrica dei coefficienti:

$$(\sigma_{xx} - \sigma_I)(\sigma_{yy} - \sigma_I)(\sigma_{zz} - \sigma_I) + \sigma_{yx}\sigma_{zy}\sigma_{xz} + \sigma_{zx}\sigma_{xy}\sigma_{yz} - (\sigma_{xx} - \sigma_I)\sigma_{zy}\sigma_{yz} - (\sigma_{zz} - \sigma_I)\sigma_{yx}\sigma_{xy} - (\sigma_{yy} - \sigma_I)\sigma_{zx}\sigma_{xz} = 0$$

rappresenta un'equazione di terzo grado nell'incognita σ_I ed è caratterizzata da tre radici, che risultano reali per la particolare struttura simmetrica della matrice.

Le tre soluzioni σ_I, σ_{II}, σ_{III} rappresentano gli autovalori del sistema. Ciascun autovalore dà luogo ad una matrice di coefficienti cui corrisponde un vettore soluzione, o autovettore. I tre autovettori $\mathbf{n}_I$, $\mathbf{n}_{II}$, $\mathbf{n}_{III}$ vengono normalizzati imponendo che sia:

$$n_x^2 + n_y^2 + n_z^2 = 1,$$

essendo gli autovettori definiti a meno di un fattore di scala.

Le tre soluzioni della cubica, σ_I, σ_{II}, σ_{III}, sono le tensioni principali, mentre i tre versori $\mathbf{n}_I$, $\mathbf{n}_{II}$, $\mathbf{n}_{III}$ individuano le direzioni principali, caratterizzate appunto dalla presenza di tensioni tangenziali nulle (fig.4.17, fig.4.18). Le tre direzioni sono mutuamente ortogonali; infatti, se si considera il caso in cui σ_I e σ_{II} sono distinte, valgono le seguenti identità:

$$\sigma_I \mathbf{n}_I = [\sigma_{ij}] \mathbf{n}_I \qquad\qquad \sigma_{II} \mathbf{n}_{II} = [\sigma_{ij}] \mathbf{n}_{II}$$

Pre-moltiplicando scalarmente ciascuna delle due relazioni rispettivamente per $\mathbf{n}_{II}$ e $\mathbf{n}_I$, si ricava:

$$\sigma_I (\mathbf{n}_{II})^T \mathbf{n}_I = (\mathbf{n}_{II})^T [\sigma_{ij}] \mathbf{n}_I \qquad\qquad \sigma_{II} (\mathbf{n}_I)^T \mathbf{n}_{II} = (\mathbf{n}_I)^T [\sigma_{ij}] \mathbf{n}_{II}$$

La simmetria del tensore degli sforzi permette di osservare che:

$$(\mathbf{n}_{II})^T [\sigma_{ij}] \mathbf{n}_I = ((\mathbf{n}_{II})^T [\sigma_{ij}] \mathbf{n}_I)^T = (\mathbf{n}_I)^T [\sigma_{ij}]^T \mathbf{n}_{II} = (\mathbf{n}_I)^T [\sigma_{ij}] \mathbf{n}_{II}$$

per cui, sottraendo membro a membro le due relazioni e sfruttando la commutatività del prodotto scalare, si ottiene:

$$\sigma_I (\mathbf{n}_{II})^T \mathbf{n}_I - \sigma_{II} (\mathbf{n}_I)^T \mathbf{n}_{II} = (\sigma_I - \sigma_{II}) (\mathbf{n}_{II})^T \mathbf{n}_I = 0$$

ovvero, essendo per ipotesi $\sigma_I \neq \sigma_{II}$, i versori $\mathbf{n}_I$ *e* $\mathbf{n}_{II}$ devono essere perpendicolari tra loro.

Le considerazioni precedenti possono essere ripetute per le altre coppie di sforzi e direzioni principali, per cui si può affermare che per direzioni principali distinte le corrispondenti direzioni principali risultano mutuamente ortogonali.

In ultimo, dalla simmetria del tensore degli sforzi consegue che nel caso di sforzi principali coincidenti, i corrispondenti autovettori non sono univocamente definiti ma risultano linearmente indipendenti e possono sempre essere scelti in modo da risultare ancora mutuamente ortogonali. Dunque, è lecito affermare che per ogni stato di sforzo si possono definire tre tensioni principali a cui possono essere sempre associate tre direzioni principali mutuamente ortogonali.

Le relazioni di Cauchy consentono quindi di individuare le direzioni principali associate ad uno stato di sforzo noto. Definite queste, diventa possibile costruire un diverso cerchio di Mohr per ciascuna coppia di direzioni principali (corrispondente alla rotazione dell'elementino intorno alla terza direzione principale). I tre cerchi così ottenuti risultano tangenti tra loro, avendo in comune i valori delle componenti principali, che vengono lette agli estremi dei tre diametri orizzontali (fig.4.19).

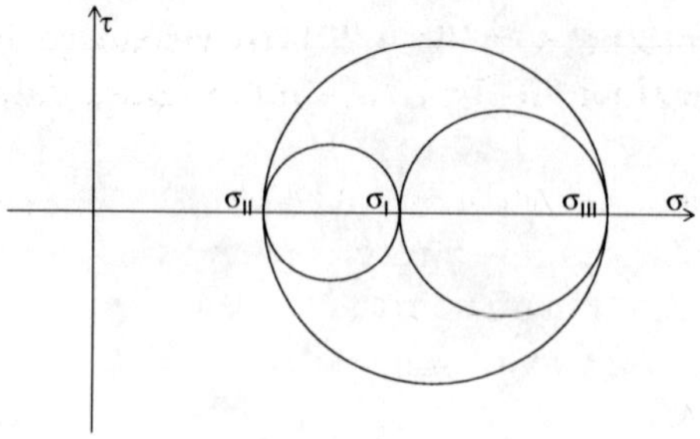

Figura 4.19

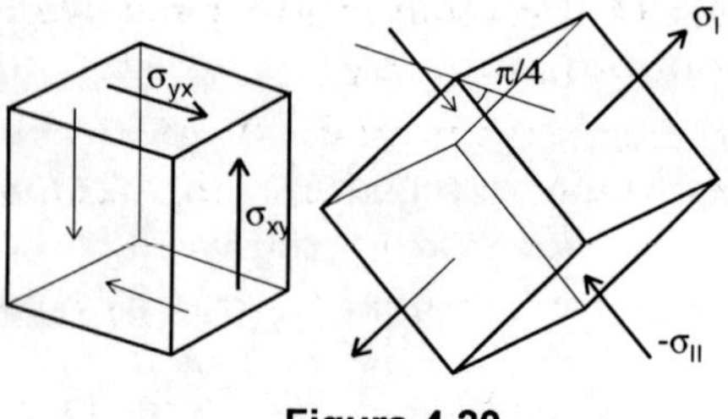

Figura 4.20

Un esempio particolare

Come esempio, si consideri un particolare stato di sforzo, con tutte le componenti nulle, ad eccezione di $\sigma_{xy} = \sigma_{yx} = \sigma$ (fig.4.20). Si è così definito uno stato piano di sforzo, caratterizzato dall'annullarsi delle componenti di tensione che contengono l'indice z. Dette σ_I, σ_{II}, σ_{III} le tensioni principali, le relazioni di Cauchy forniscono:

$$\begin{bmatrix} -\sigma_I & \sigma & 0 \\ \sigma & -\sigma_I & 0 \\ 0 & 0 & -\sigma_I \end{bmatrix} \begin{bmatrix} n_x \\ n_y \\ n_z \end{bmatrix} = \begin{bmatrix} 0 \\ 0 \\ 0 \end{bmatrix}$$

Essendo il determinante $D = -\sigma_I^3 + \sigma_I \sigma^2 = 0$, le tensioni principali risultano essere $\sigma_I = \sigma$, $\sigma_{II} = -\sigma$, $\sigma_{III} = 0$. I sistemi lineari diventano rispettivamente, per σ_I, σ_{II}, σ_{III}:

$$\begin{bmatrix} -\sigma & \sigma & 0 \\ \sigma & -\sigma & 0 \\ 0 & 0 & -\sigma \end{bmatrix} \begin{bmatrix} n_x^I \\ n_y^I \\ n_z^I \end{bmatrix} = \begin{bmatrix} 0 \\ 0 \\ 0 \end{bmatrix} \qquad \begin{bmatrix} \sigma & \sigma & 0 \\ \sigma & \sigma & 0 \\ 0 & 0 & \sigma \end{bmatrix} \begin{bmatrix} n_x^{II} \\ n_y^{II} \\ n_z^{II} \end{bmatrix} = \begin{bmatrix} 0 \\ 0 \\ 0 \end{bmatrix} \qquad \begin{bmatrix} 0 & \sigma & 0 \\ \sigma & 0 & 0 \\ 0 & 0 & 0 \end{bmatrix} \begin{bmatrix} n_x^{III} \\ n_y^{III} \\ n_z^{III} \end{bmatrix} = \begin{bmatrix} 0 \\ 0 \\ 0 \end{bmatrix}$$

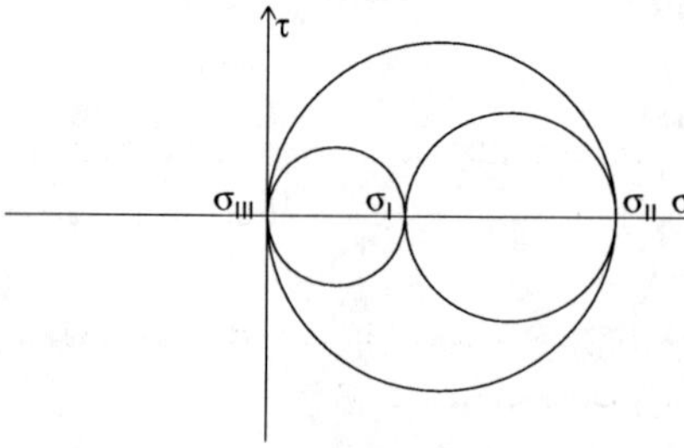

Figura 4.21

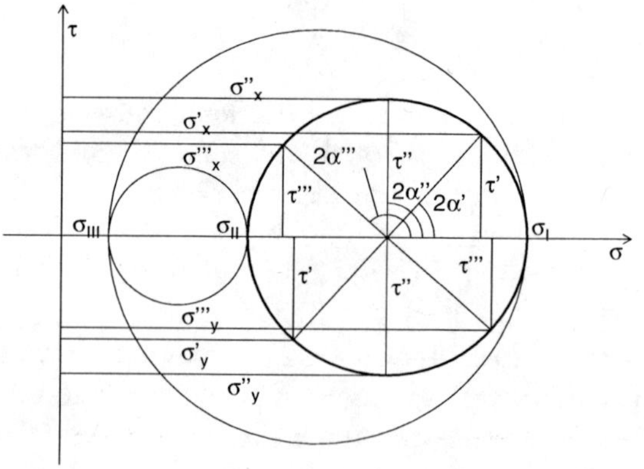

Figura 4.22

Se ne ottengono le soluzioni normalizzate:

$\mathbf{n}_I = [\sqrt{2}/2 , \sqrt{2}/2 , 0]$ $\qquad \mathbf{n}_{II} = [- \surd\sqrt{2}/2 , \sqrt{2}/2 , 0]$ $\qquad \mathbf{n}_{III} = [0 , 0 , 1]$.

La direzione principale $\boldsymbol{n}_{III}$ coincide con z , come era da attendersi, essendo la tensione tangenziale nulla sulla faccia corrispondente. Le direzioni principali $\boldsymbol{n}_I$, $\boldsymbol{n}_{II}$

sono ruotate rispetto a x,y di $\pi/4$ e $3\pi/4$ intorno a z (fig.4.20). Si riconosce in fig.4.14 il cerchio di Mohr relativo alla situazione di fig.4.20, caratterizzata dalla presenza delle sole τ_{xy}.

Negli stati piani di sforzo, essendo $\sigma_z = \sigma_{III} = 0$, due dei tre cerchi di Mohr saranno tangenti all'origine (fig.4.21).

4.7 - LETTURA DEL CERCHIO DI MOHR

Conviene qui ricordare che la rappresentazione di Mohr interpreta lo stato di sforzo di un singolo punto materiale, di coordinate note. Poiché lo stato di sforzo è funzione del posto x,y,z, si avranno direzioni principali, tensioni principali e cerchi di Mohr che sono anch'essi funzione del posto.

Ciascuno dei tre cerchi relativi a un singolo punto materiale (fig.4.22) costituisce la rappresentazione grafica dei valori assunti dalle componenti di sforzo che agiscono su due facce ortogonali del cubetto infinitesimo, quando si faccia ruotare il cubetto intorno alla direzione della tensione principale ad esso associata (in fig.4.23 intorno alla direzione di σ_{III}). Gli estremi del diametro orizzontale individuano, in ascissa e nella scala grafica adottata, le altre due tensioni principali. All'angolo di rotazione α del cubetto fa riscontro un angolo di rotazione 2α del diametro del cerchio. Gli estremi del diametro rappresentano, con le loro coordinate nello spazio σ, τ di Mohr, le componenti di sforzo agenti in piani fra loro normali, e normali alla direzione principale di riferimento, ossia quella direzione intorno alla quale ruota l'elementino.

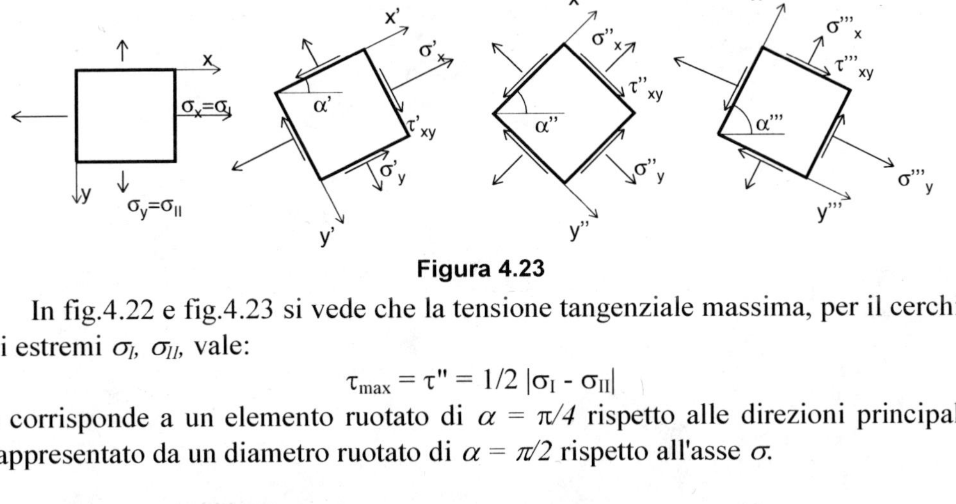

Figura 4.23

In fig.4.22 e fig.4.23 si vede che la tensione tangenziale massima, per il cerchio di estremi σ_I, σ_{II}, vale:

$$\tau_{max} = \tau'' = 1/2\, |\sigma_I - \sigma_{II}|$$

e corrisponde a un elemento ruotato di $\alpha = \pi/4$ rispetto alle direzioni principali, rappresentato da un diametro ruotato di $\alpha = \pi/2$ rispetto all'asse σ.

4.8 - EQUAZIONI INDEFINITE DI EQUILIBRIO

Se si considera un elemento parallelepipedo infinitesimo di lati dx, dy, dz, (fig.4.24), e si indicano con $-\boldsymbol{\sigma}_x$, $-\boldsymbol{\sigma}_y$, $-\boldsymbol{\sigma}_z$ i vettori di sforzo relativi alle tre facce di versore negativo, si avranno sulle facce di versore positivo, poste a distanza dx, dy, dz, gli sforzi incrementati:

$$\sigma_x + \sigma_{x/x}\,dx \qquad\qquad \sigma_y + \sigma_{y/y}\,dy \qquad\qquad \sigma_z + \sigma_{z/z}\,dz$$

avendo indicato con $_{/x}$, $_{/y}$, $_{/z}$ la derivata parziale della funzione rispetto a *x, y, z*.

La forza risultante sulla faccia di lati coordinati infinitesimi si ottiene moltiplicando la tensione per il prodotto dei lati. Per l'equilibrio alla traslazione nello spazio tridimensionale si ha:

$$\begin{gathered} -\boldsymbol{\sigma}_x\,dy\,dz + (\boldsymbol{\sigma}_x + \boldsymbol{\sigma}_{x/x}\,dx)\,dy\,dz + \\ -\boldsymbol{\sigma}_y\,dz\,dx + (\boldsymbol{\sigma}_y + \boldsymbol{\sigma}_{y/y}\,dy)\,dz\,dx + \\ -\boldsymbol{\sigma}_z\,dx\,dy + (\boldsymbol{\sigma}_z + \boldsymbol{\sigma}_{z/z}\,dz)\,dx\,dy + \mathbf{F}\,dx\,dy\,dz = 0 \end{gathered}$$

Eliminati i termini uguali e contrari, l'espressione risulta omogenea in $dV = dx\,dy\,dz$, che può essere eliminato ottenendo:

$$\boldsymbol{\sigma}_{x/x} + \boldsymbol{\sigma}_{y/y} + \boldsymbol{\sigma}_{z/z} + \mathbf{F} = 0$$

e, in forma scalare:

$$\begin{gathered} \sigma_{xx/x} + \sigma_{yx/y} + \sigma_{zx/z} + F_x = 0 \\ \sigma_{xy/x} + \sigma_{yy/y} + \sigma_{zy/z} + F_y = 0 \\ \sigma_{xz/x} + \sigma_{yz/y} + \sigma_{zz/z} + F_z = 0 \end{gathered}$$

oppure:

$$\frac{\partial \sigma_{xx}}{\partial x} + \frac{\partial \sigma_{yx}}{\partial y} + \frac{\partial \sigma_{zx}}{\partial z} + F_x = 0$$

$$\frac{\partial \sigma_{xy}}{\partial x} + \frac{\partial \sigma_{yy}}{\partial y} + \frac{\partial \sigma_{zy}}{\partial z} + F_y = 0$$

$$\frac{\partial \sigma_{xz}}{\partial x} + \frac{\partial \sigma_{yz}}{\partial y} + \frac{\partial \sigma_{zz}}{\partial z} + F_z = 0$$

Con gli indici *i* che variano da 1 a 3 si ha:

$$\textstyle\sum_i \boldsymbol{\sigma}_{i/i} + \mathbf{F} = 0$$

e, in forma scalare:

$$\textstyle\sum_i \sigma_{ik/i} + F_k = 0 \qquad\qquad (k = 1,3).$$

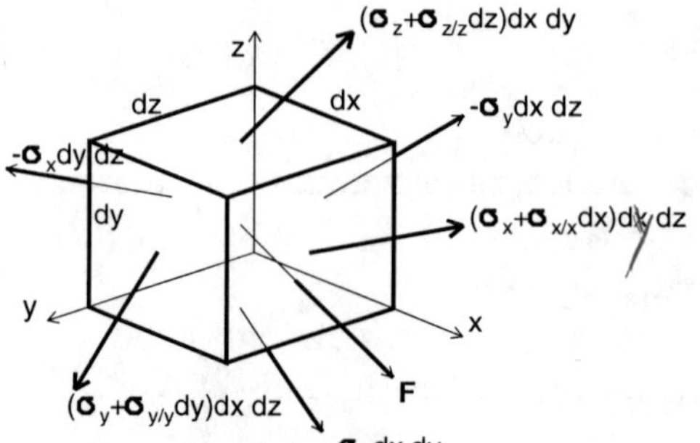

Figura 4.24

Queste relazioni differenziali prendono il nome di equazioni indefinite equilibrio, stando ad indicare che un tensore doppio simmetrico $\sigma_{ik}(x_1,x_2,x_3)$ che soddisfi tali relazioni su tutto il campo assicura il rispetto dell'equilibrio in ogni punto all'interno del solido.

CAPITOLO 5

DEFORMAZIONI

5.0 - CONCETTI INTRODUTTIVI

Un solido cambia forma per cause diverse, fra le quali l'applicazione di azioni statiche. In queste note si caratterizza il cambiamento di forma, cioè la deformazione, quale si registra indipendentemente dalle cause che l'hanno promossa.

La modalità più semplice per identificare la modificazione geometrica è costituita dalla conoscenza dello spostamento dei punti, spostamento *s(x)* nel monodimensionale ***s****(x,y)* nel bidimensionale e ***s****(x,y,z)* nel tridimensionale.

Nell'ambito degli sviluppi esaminati in questa sede si assume generalmente, e salvo contrario avviso, che gli spostamenti risultino infinitesimi, o comunque così piccoli rispetto alle dimensioni complessive del sistema, da giustificare semplificazioni analitiche proprie degli spostamenti infinitesimi. Si assume che nel continuo non avvengano lacerazioni o compenetrazioni di materia, cioè che due punti infinitamente prossimi nella geometria iniziale si ritrovino infinitamente prossimi anche nella situazione finale. Analogamente si suppone che un segmento infinitesimo inizialmente rettilineo non presenti punti angolosi a deformazione avvenuta. A tal fine si assume che le funzioni spostamento siano continue e derivabili. Questa regola prende il nome di *congruenza interna*.

5.1 - ELEMENTI MONODIMENSIONALI

Applicando una forza N di trazione (fig.5.1) ad un'asta circolare di lunghezza l e di raggio r, si registra un incremento di lunghezza δ e una riduzione del raggio η. Assumendo un sistema di riferimento con asse z coincidente con l'asse del prisma ed origine in A, la variazione di lunghezza δ risulta misurata dallo spostamento dell'estremo destro da B a B'. Viene detta elongazione specifica ε_i il rapporto tra la variazione della dimensione considerata e il suo valore iniziale, assumendo che questa misura sia positiva quando comporta allungamento. Per il caso di fig.5.1 si ha:

$$\varepsilon_z = \delta/l \qquad\qquad \varepsilon_x = \varepsilon_y = -\,\eta/r$$

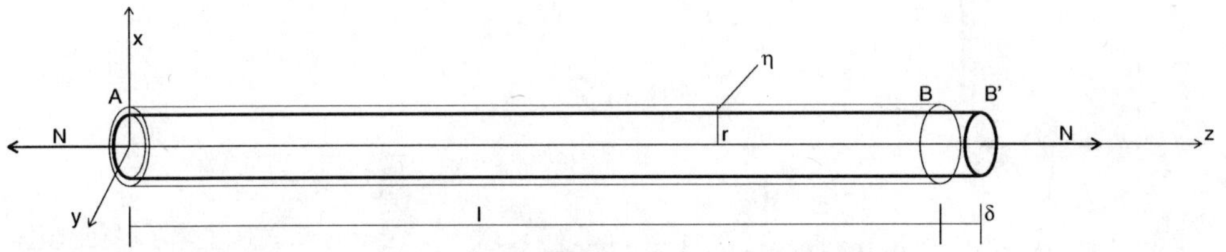

Figura 5.1

Questa definizione riesce ad interpretare in modo adeguato il cambiamento avvenuto, se si assume che le variazioni specifiche siano molto piccole:

$$\varepsilon_i << 1,$$

ovvero che le variazioni delle dimensioni siano molto inferiori alle dimensioni iniziali.

5.2 - SISTEMI BIDIMENSIONALI PIANI

La struttura di fig.5.2 rappresenta schematicamente una lastra di spessore costante, impegnata da azioni uniformi nello spessore, con risultanti agenti nel piano medio *x,y*. Questo tipo di situazione è stata classificata come stato piano di sforzo.

In questa sede si considera un cambiamento geometrico quale potrebbe essere causato dai carichi o da altre cause deformanti. Tale cambiamento sarà compiutamente caratterizzato dalle componenti dello spostamento avvenuto secondo *x* e secondo *y* (fig.5.3).

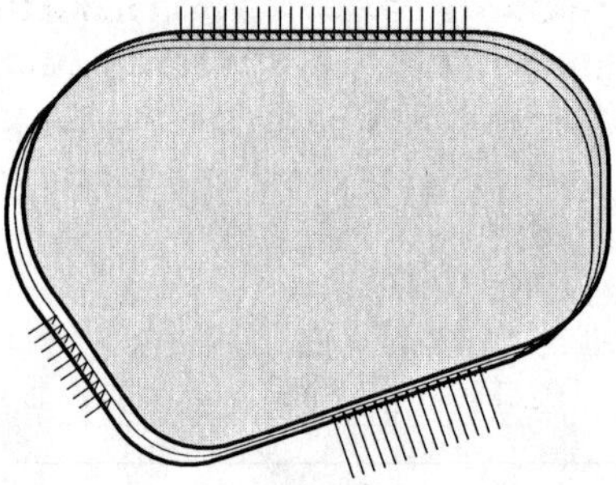

Figura 5.2

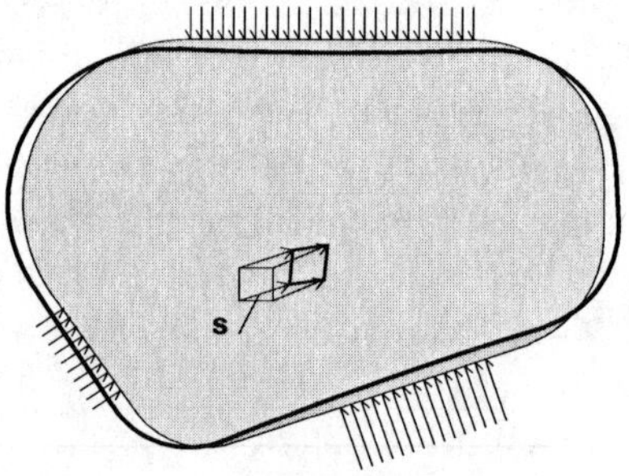

Figura 5.3

Dato un punto *O* di coordinate *x,y,z* (fig.5.4), si indichi con $\boldsymbol{s} = \boldsymbol{s}(x,y)$ il suo spostamento, essendo $\boldsymbol{s}$ una funzione regolare del posto. I punti di coordinate $(x+dx,\ y)$, $(x,\ y+dy)$ avranno rispettivamente spostamenti:

$$\mathbf{s} + \mathbf{s}_{/x}dx \qquad\qquad \mathbf{s} + \mathbf{s}_{/y}dy$$

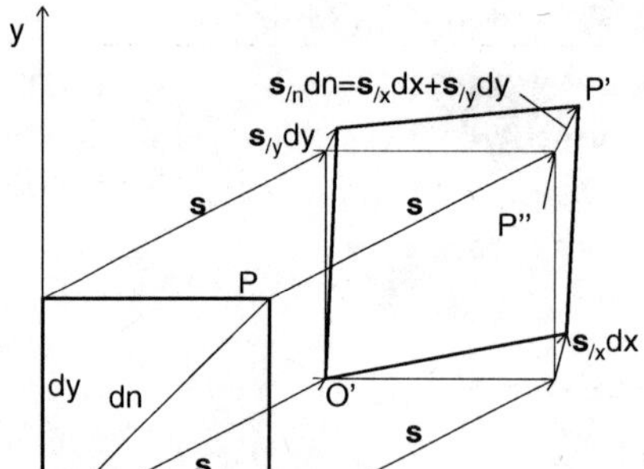

Figura 5.4

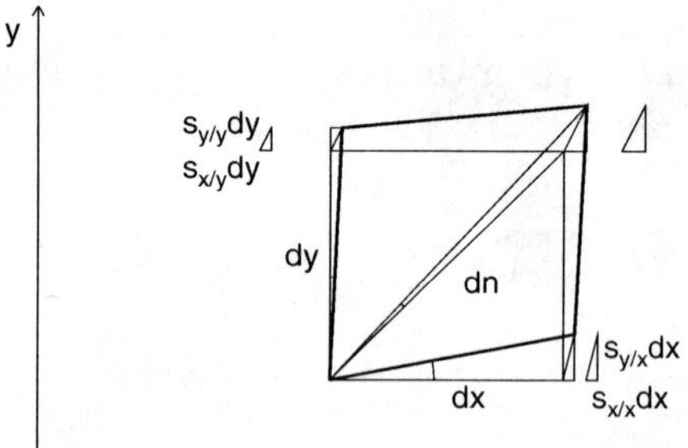

Figura 5.5

L'insieme delle derivate fornisce il quadro:

$$\begin{bmatrix} s_{x/x} & s_{x/y} \\ s_{y/x} & s_{y/y} \end{bmatrix}$$

Si osserva (fig.5.5) che:

$s_{x/x}\,dx$ rappresenta la variazione di lunghezza, positiva in allungamento, del segmento dx.

$s_{y/x}\,dx$ rappresenta lo spostamento relativo in direzione y fra l'estremo di ascissa $x+dx$ e l'estremo di ascissa x dello stesso segmento.

$s_{y/y}\,dy$ rappresenta la variazione di lunghezza, positiva in allungamento, del segmento dy.

$s_{x/y}\,dy$ rappresenta lo spostamento relativo in direzione x fra l'estremo di ascissa $y+dy$ e l'estremo di ascissa y dello stesso segmento.

L'allungamento specifico dei lati dx,dy sarà dato dal rapporto tra la variazione di lunghezza sopra espressa e la lunghezza iniziale:

$$(s_{x/x}\,dx)/dx = s_{x/x}$$
$$(s_{y/y}\,dy)/dy = s_{y/y}$$

Assumendo che ai fini di quest'analisi i segmenti dx,dy si mantengano rettilinei, la loro rotazione nel piano x,y, sarà data dal rapporto tra lo spostamento normale al lato, positivo se diretta come l'altro asse, e la lunghezza del lato stesso. Per conseguenza sarà positiva quando dx ruota verso y e quando dy ruota verso x. La misura è:

$$(s_{y/x}\,dx)/dx = s_{y/x}$$
$$(s_{x/y}\,dy)/dy = s_{x/y}$$

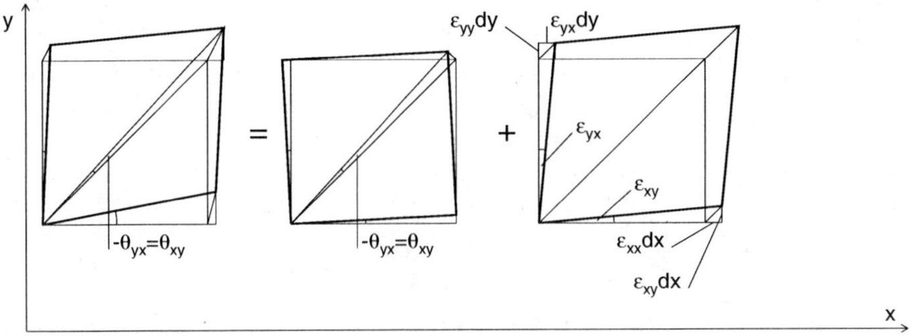

Figura 5.6

Queste definizioni sono accettabili solo nell'ipotesi di piccole deformazioni, avendo definito:

1) l'allungamento specifico come rapporto tra variazione di lunghezza e lunghezza iniziale,
2) la variazione angolare misurata dalla sua tangente.

Ponendo:

$$\theta_{xx} = \theta_{yy} = 0 \qquad \theta_{xy} = 1/2\,(s_{y/x} - s_{x/y}) \qquad \theta_{yx} = 1/2\,(s_{x/y} - s_{y/x})$$

e:

$$\varepsilon_{xx} = s_{x/x} \qquad \varepsilon_{yy} = s_{y/y} \qquad \varepsilon_{xy} = 1/2\,(s_{y/x} + s_{x/y}) \qquad \varepsilon_{yx} = 1/2\,(s_{x/y} + s_{y/x})$$

si viene a scomporre in due parti l'insieme delle derivate del vettore spostamento, essendo la loro somma:

$$s_{x/x} = \theta_{xx} + \varepsilon_{xx} \qquad s_{x/y} = \theta_{yx} + \varepsilon_{yx} \qquad s_{y/x} = \theta_{xy} + \varepsilon_{xy} \qquad s_{y/y} = \theta_{yy} + \varepsilon_{yy}$$

La matrice:

$$\begin{bmatrix} \theta_{xx} & \theta_{yx} \\ \theta_{xy} & \theta_{yy} \end{bmatrix}$$

risulta essere emisimmetrica, avendo componenti diagonali nulle:

$$\theta_{xx} = \theta_{yy} = 0$$

e componenti a indici scambiati che risultano uguali e di segno opposto:

$$\theta_{yx} = - \theta_{xy}$$

Queste ultime definiscono la rotazione rigida dell'elemento piano infinitesimo come si legge in fig.5.6. Si osserva infatti che due lati ortogonali *dx,dy* hanno rotazioni uguali ed equiverse $\theta_{yx} = - \theta_{xy}$, essendo positiva la rotazione di *dx* da *x* a *y* e la rotazione *dy* da *y* a *x,* per cui gli spigoli dell'elemento rimangono ortogonali.

La matrice simmetrica:

$$\begin{bmatrix} \varepsilon_{xx} & \varepsilon_{yx} \\ \varepsilon_{xy} & \varepsilon_{yy} \end{bmatrix}$$

ha componenti diagonali:

$$\varepsilon_{xx} = s_{x/x} \qquad\qquad \varepsilon_{yy} = s_{y/y}$$

che rappresentano gli allungamenti specifici dei lati *dx,dy*, come visto. Le componenti a indici misti $\varepsilon_{xy} = \varepsilon_{yx}$ esprimono ciascuna la metà della rotazione relativa fra i segmenti *dx,dy*, che risulta positiva quando comporta riduzione dell'angolo iniziale.

L'insieme delle:

$$\begin{bmatrix} \varepsilon_{xx} & \varepsilon_{yx} \\ \varepsilon_{xy} & \varepsilon_{yy} \end{bmatrix}$$

rappresenta compiutamente la modificazione geometrica che identifica la deformazione locale subita dall'elemento nel piano *x,y,* attraverso gli allungamenti dei lati, e lo scorrimento angolare.

Con notazione tecnica le deformazioni sono indicate come:

$$\begin{bmatrix} \varepsilon_x & \varepsilon_{yx} = \gamma_{yx}/2 \\ \varepsilon_{xy} = \gamma_{xy}/2 & \varepsilon_y \end{bmatrix}$$

Estendendo queste considerazioni all'elemento parallelepipedo infinitesimo, collocato in un contesto tridimensionale con spostamenti ***s****(x,y,z)*, si ottiene un quadro delle deformazioni nell'intorno del punto rappresentato dal tensore doppio simmetrico:

$$\begin{bmatrix} \varepsilon_{xx} & \varepsilon_{yx} & \varepsilon_{zx} \\ \varepsilon_{xy} & \varepsilon_{yy} & \varepsilon_{zy} \\ \varepsilon_{xz} & \varepsilon_{yz} & \varepsilon_{zz} \end{bmatrix}$$

e con notazione tecnica:

$$\begin{bmatrix} \varepsilon_x & \varepsilon_{yx} = \gamma_{yx}/2 & \varepsilon_{zx} = \gamma_{zx}/2 \\ \varepsilon_{xy} = \gamma_{xy}/2 & \varepsilon_y & \varepsilon_{zy} = \gamma_{zy}/2 \\ \varepsilon_{xz} = \gamma_{xz}/2 & \varepsilon_{yz} = \gamma_{yz}/2 & \varepsilon_z \end{bmatrix}$$

5.3 - STATI DI DEFORMAZIONE TRIDIMENSIONALI

Dato un punto *O* di coordinate *x,y,z,* sia $\boldsymbol{s} = \boldsymbol{s}(x,y,z)$ il suo spostamento, essendo $\boldsymbol{s}$ una funzione regolare del posto (fig.5.7). I punti di coordinate $(x+dx, y, z)$, $(x, y+dy, z)$, $(x, y, z+dz)$ avranno spostamenti:

$$\mathbf{s}(x+dx, y, z) = \mathbf{s} + \mathbf{s}_{/x}dx$$
$$\mathbf{s}(x, y+dy, z) = \mathbf{s} + \mathbf{s}_{/y}dy$$
$$\mathbf{s}(x, y, z+dz) = \mathbf{s} + \mathbf{s}_{/z}dz$$

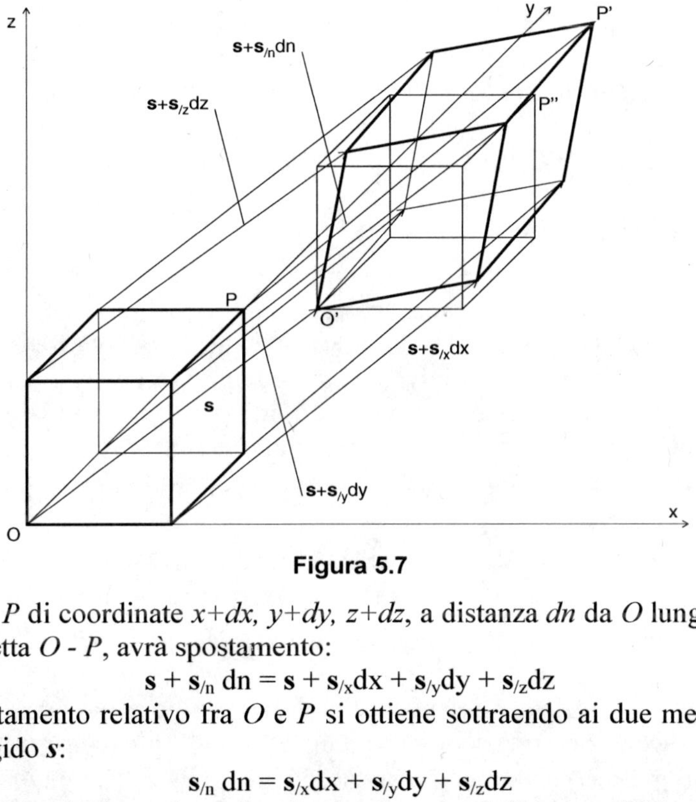

Figura 5.7

Il punto *P* di coordinate $x+dx$, $y+dy$, $z+dz$, a distanza dn da *O* lungo la direzione $\boldsymbol{n}$ della retta *O - P*, avrà spostamento:

$$\mathbf{s} + \mathbf{s}_{/n}\, dn = \mathbf{s} + \mathbf{s}_{/x}dx + \mathbf{s}_{/y}dy + \mathbf{s}_{/z}dz$$

Lo spostamento relativo fra *O* e *P* si ottiene sottraendo ai due membri lo spostamento rigido $\boldsymbol{s}$:

$$\mathbf{s}_{/n}\, dn = \mathbf{s}_{/x}dx + \mathbf{s}_{/y}dy + \mathbf{s}_{/z}dz$$

Dividendo quindi per dn, e ricordando che $n_x = dx/dn$, $n_y = dy/dn$, $n_z = dz/dn$, si perviene alla relazione di Cauchy applicata alle nove derivate del vettore spostamento:

$$\mathbf{s}_{/n} = \mathbf{s}_{/x}n_x + \mathbf{s}_{/y}n_y + \mathbf{s}_{/z}n_z$$

ovvero:

$$\mathbf{s}_{/n} = \textstyle\sum_i \mathbf{s}_{/i}\, n_i$$

Essa mostra che l'insieme delle 9 componenti scalari ottenute derivando il vettore spostamento rappresenta un tensore, detto tensore derivato del vettore spostamento:

$$\begin{bmatrix} s_{x/x} & s_{x/y} & s_{x/z} \\ s_{y/x} & s_{y/y} & s_{y/z} \\ s_{z/x} & s_{z/y} & s_{z/z} \end{bmatrix}$$

Il significato fisico delle componenti del tensore derivato del vettore spostamento è stato visto nel paragrafo precedente.

Ponendo:

$$\theta_{ik} = 1/2\,(s_{k/i} - s_{i/k})$$
$$\varepsilon_{ik} = 1/2\,(s_{k/i} + s_{i/k})$$

si hanno due tensori la cui somma è il tensore derivato del vettore spostamento:

$$s_{k/i} = \theta_{ik} + \varepsilon_{ik}$$

Il tensore θ_{ik} è emisimmetrico, avendo componenti diagonali $\theta_{ii} = 0$ e componenti fuori diagonale $\theta_{ik} = -\theta_{ki}$ che definiscono le tre rotazioni rigide dell'elemento infinitesimo triortogonale di lati coordinati. Si osserva infatti che due lati ortogonali dx_i, dx_k hanno rotazioni uguali ed equiverse $\theta_{ik} = -\theta_{ki}$, essendo esse positive rispettivamente da i a k e viceversa, per cui gli spigoli dell'elemento rimangono ortogonali.

Tensore di deformazione

Il tensore doppio simmetrico ε_{ik} ha componenti diagonali $\varepsilon_{ii} = s_{i/i}$ che rappresentano gli allungamenti specifici dei lati dx_i, come visto. Le componenti a indici misti $\varepsilon_{ik} = \varepsilon_{ki}$ $(i \neq k)$ rappresentano ciascuna la metà della rotazione relativa dei segmenti dx_i e dx_k, che risulta positiva quando comporta riduzione dell'angolo iniziale. Questo tensore viene detto tensore di deformazione e rappresenta compiutamente la modificazione geometrica (deformazione) subita dall'elemento parallelepipedo infinitesimo, con le componenti viste nel paragrafo precedente.

5.4 - DIREZIONI PRINCIPALI DELLE DEFORMAZIONI

La relazione di Cauchy del paragrafo precedente mostra che le componenti di deformazione nell'intorno di un punto dipendono dalla giacitura $\boldsymbol{n}$ del piano di riferimento (fig.5.8). Le giaciture per cui il vettore deformazione $\boldsymbol{\varepsilon}_n$ è diretto come $\boldsymbol{n}$ (fig.5.9) si dicono direzioni principali delle deformazioni e le corrispondenti deformazioni si dicono deformazioni principali (sono nulli gli scorrimenti angolari). Il vettore $\boldsymbol{\varepsilon}_n$ è diretto come $\boldsymbol{n}$ e può essere espresso come $\varepsilon_I \boldsymbol{n}$, essendo ε_I l'intensità della deformazione principale. Le relazioni di Cauchy diventano:

$$\boldsymbol{\varepsilon}_n = \varepsilon_I \mathbf{n} = \boldsymbol{\varepsilon}_x n_x + \boldsymbol{\varepsilon}_y n_y + \boldsymbol{\varepsilon}_z n_z$$

ovvero:

$$\varepsilon_{nx} = \varepsilon_I n_x = \varepsilon_{xx} n_x + \varepsilon_{yx} n_y + \varepsilon_{zx} n_z$$
$$\varepsilon_{ny} = \varepsilon_I n_y = \varepsilon_{xy} n_x + \varepsilon_{yy} n_y + \varepsilon_{zy} n_z$$
$$\varepsilon_{nz} = \varepsilon_I n_z = \varepsilon_{xz} n_x + \varepsilon_{yz} n_y + \varepsilon_{zz} n_z$$

da cui:

$$\begin{bmatrix} \varepsilon_{xx}-\varepsilon_I & \varepsilon_{yx} & \varepsilon_{zx} \\ \varepsilon_{xy} & \varepsilon_{yy}-\varepsilon_I & \varepsilon_{zy} \\ \varepsilon_{xz} & \varepsilon_{yz} & \varepsilon_{zz}-\varepsilon_I \end{bmatrix} \begin{bmatrix} n_x \\ n_y \\ n_z \end{bmatrix} = \begin{bmatrix} 0 \\ 0 \\ 0 \end{bmatrix}$$

Si tratta di un sistema di equazioni lineari omogeneo nel vettore incognito $[n_x, n_y, n_z]$, con la condizione supplementare:

$$n_x^2 + n_y^2 + n_z^2 = 1.$$

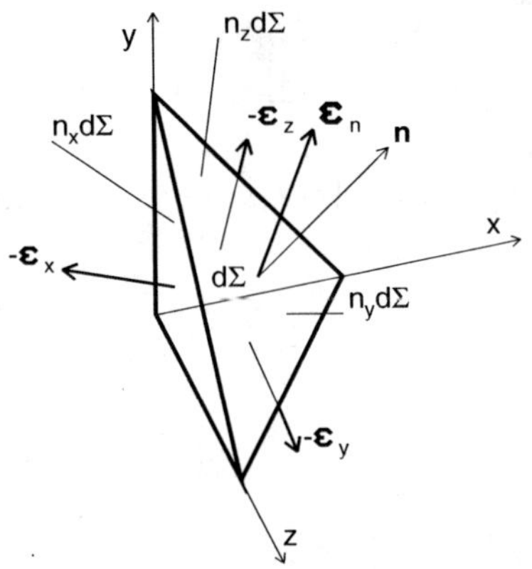

Figura 5.8

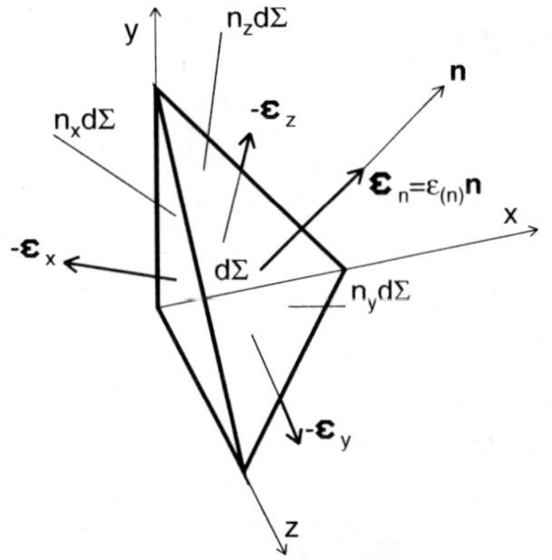

Figura 5.9

Il sistema ha soluzione se si annulla il determinante dei coefficienti:

$$(\varepsilon_{xx} - \varepsilon_I)\,(\varepsilon_{yy} - \varepsilon_I)\,(\varepsilon_{zz} - \varepsilon_I) + \varepsilon_{yx}\varepsilon_{zy}\varepsilon_{xz} + \varepsilon_{zx}\varepsilon_{xy}\varepsilon_{yz} - (\varepsilon_{xx} - \varepsilon_I)\ \varepsilon_{zy}\varepsilon_{yz} - (\varepsilon_{zz} - \varepsilon_I)\ \varepsilon_{yx}\varepsilon_{xy} + - (\varepsilon_{yy} - \varepsilon_I)\ \varepsilon_{zx}\varepsilon_{xz} = 0$$

Si tratta di un'equazione di terzo grado in ε_I con tre soluzioni reali (autovalori), che sono i valori delle tre deformazioni principali ε_I, ε_{II}, ε_{III}. Ai tre autovalori corrispondono tre autovettori $\boldsymbol{n}_I$, $\boldsymbol{n}_{II}$, $\boldsymbol{n}_{III}$. Per risolvere il sistema (singolare) corrispondente all'autovalore ε_I occorre assegnare arbitrariamente una delle tre componenti incognite di $\boldsymbol{n}$ e risolvere rispetto a due delle tre equazioni. Successivamente si provvede a normalizzare il vettore ottenuto per renderlo versore.

5.5 - EQUAZIONI DI CONGRUENZA INTERNA

In queste note si constata che per le componenti del tensore di deformazione valgono le seguenti relazioni, dette *relazioni di congruenza interna* delle deformazioni.

Per *i* diverso da *k* si pone:

$$2\varepsilon_{ik/ik} = \varepsilon_{ii/kk} + \varepsilon_{kk/ii}$$

e per *i,j,k* diversi fra loro:

$$2\varepsilon_{ii/jk} + 2\varepsilon_{jk/ii} = 2\varepsilon_{ij/ik} + 2\varepsilon_{ik/ij}$$

Ricordando che:

$$\varepsilon_{ik} = (s_{k/i} + s_{i/k})/2,$$

si ottiene, per sostituzione nella prima:

$$s_{i/kik} + s_{k/iik} = s_{i/ikk} + s_{k/kii}$$

e nella seconda:

$$2s_{i/ijk} + s_{j/kii} + s_{k/jii} = s_{i/jik} + s_{j/iik} + s_{i/kij} + s_{k/iij}$$

Essendo invertibile l'ordine di derivazione, si constata che le due relazioni sono verificate e, dunque, rappresentano delle condizioni necessarie di congruenza. D'altra parte si potrebbe mostrare che, nel caso di domini mono-connessi, il soddisfacimento delle sei relazioni di congruenza, tre sole delle quali sono effettivamente indipendenti, garantisce che le componenti di deformazione considerate corrispondono ad un campo regolare di spostamenti (senza lacerazioni o compenetrazioni di materia): le sei relazioni sono anche condizioni sufficienti di congruenza.

Sviluppando gli indici si ha:

$$2\varepsilon_{12/12} = \varepsilon_{11/22} + \varepsilon_{22/11}$$
$$2\varepsilon_{23/23} = \varepsilon_{22/33} + \varepsilon_{33/22}$$
$$2\varepsilon_{31/31} = \varepsilon_{33/11} + \varepsilon_{11/33}$$

oppure:

$$\varepsilon_{11/23} + \varepsilon_{23/11} = \varepsilon_{12/13} + \varepsilon_{13/12}$$
$$\varepsilon_{22/31} + \varepsilon_{31/22} = \varepsilon_{23/21} + \varepsilon_{21/23}$$
$$\varepsilon_{33/12} + \varepsilon_{12/33} = \varepsilon_{31/32} + \varepsilon_{32/31}$$

Si osserva sin d'ora che campi lineari di deformazione sono sempre congruenti, essendo la congruenza garantita da relazioni omogenee alle derivate seconde.

5.6 - CENNI ALLE "GRANDI DEFORMAZIONI"

In alcuni problemi ingegneristici l'ipotesi di variazioni di configurazione "piccole" rispetto alle dimensioni del solido non è più accettabile. In questi casi la descrizione della cinematica può essere svolta secondo l'approccio detto "Lagrangiano": a partire da una configurazione iniziale, si descrive la traiettoria percorsa da ogni punto del solido nel tempo (non necessariamente cronologico). Indicato con $\mathbf{x}$ il vettore che individua la posizione corrente del punto materiale (all'istante "t") e con $\mathbf{X}$ il vettore che ne individua la posizione iniziale, le espressioni della traiettoria e dello spostamento si scrivono:

$$\mathbf{x} = \mathbf{x}(\mathbf{X}, t), \qquad \mathbf{x} = [x_1, x_2, x_3]^T, \quad \mathbf{X} = [X_1, X_2, X_3]^T$$
$$\mathbf{s} = \mathbf{x}(\mathbf{X}, t) - \mathbf{X} = \mathbf{s}(\mathbf{X}, t)$$

Si noti che rimangono valide le ipotesi di regolarità del processo deformativo (assenza di lacerazioni etc...) fatte all'inizio del capitolo.

Si consideri nella configurazione iniziale un punto generico A e un punto P del suo intorno; sia d$\mathbf{X}$ il vettore infinitesimo che ne individua la posizione relativa:

$$d\mathbf{X} = \mathbf{X}_P - \mathbf{X}_A$$

Nella configurazione corrente i due punti materiali si indicano con A' e P' e il vettore di posizione relativa è d$\mathbf{x}$:

$$d\mathbf{x} = \mathbf{x}_{P'} - \mathbf{x}_{A'}$$

Essendo le funzioni $x(X, t)$ continue e derivabili, si può scrivere:

$$dx_1 = \partial x_1(\mathbf{X}, t)/\partial X_1\, dX_1 + \partial x_1(\mathbf{X}, t)/\partial X_2\, dX_2 + \partial x_1(\mathbf{X}, t)/\partial X_3\, dX_3$$
$$dx_2 = \partial x_2(\mathbf{X}, t)/\partial X_1\, dX_1 + \partial x_2(\mathbf{X}, t)/\partial X_2\, dX_2 + \partial x_2(\mathbf{X}, t)/\partial X_3\, dX_3$$
$$dx_3 = \partial x_3(\mathbf{X}, t)/\partial X_1\, dX_1 + \partial x_3(\mathbf{X}, t)/\partial X_2\, dX_2 + \partial x_3(\mathbf{X}, t)/\partial X_3\, dX_3$$

In forma matriciale:

$$d\mathbf{x} = \mathbf{F}\, d\mathbf{X}, \qquad \mathbf{F} = [\partial x_i(\mathbf{X}, t)/\partial X_k]$$

La matrice **F** è detta "gradiente di deformazione" e rappresenta un tensore. In modo analogo, lo spostamento relativo d**u** tra P' e A' si può esprimere come segue:

$$ds_1 = \partial s_1(\mathbf{X}, t)/\partial X_1\, dX_1 + \partial s_1(\mathbf{X}, t)/\partial X_2\, dX_2 + \partial s_1(\mathbf{X}, t)/\partial X_3\, dX_3$$
$$ds_2 = \partial s_2(\mathbf{X}, t)/\partial X_1\, dX_1 + \partial s_2(\mathbf{X}, t)/\partial X_2\, dX_2 + \partial s_2(\mathbf{X}, t)/\partial X_3\, dX_3$$
$$ds_3 = \partial s_3(\mathbf{X}, t)/\partial X_1\, dX_1 + \partial s_3(\mathbf{X}, t)/\partial X_2\, dX_2 + \partial s_3(\mathbf{X}, t)/\partial X_3\, dX_3$$

ovvero

$$d\mathbf{s} = \mathbf{G}\, d\mathbf{X}, \qquad \mathbf{G} = [\partial s_i(\mathbf{X}, t)/\partial X_k] = \mathbf{F} - \mathbf{I}$$

in cui **I** è la matrice identità e **G** è detto "gradiente di spostamento"; entrambe rappresentano dei tensori.

Si assume che l'intorno del punto A subisca una deformazione se nel cambio di configurazione varia la distanza relativa tra il punto A e almeno un punto P del suo intorno, cioè se l'indicatore di deformazione *de*

$$de = d\mathbf{x}^T d\mathbf{x} - d\mathbf{X}^T d\mathbf{X}$$

risulta diverso da zero per almeno un vettore *dX*. Utilizzando le definizioni fornite sopra si ricava:

$$de = d\mathbf{X}^T\mathbf{F}^T\mathbf{F}d\mathbf{X} - d\mathbf{X}^T d\mathbf{X} = d\mathbf{X}^T(\mathbf{F}^T\mathbf{F} - \mathbf{I})d\mathbf{X} = 2\, d\mathbf{X}^T[(\mathbf{F}^T\mathbf{F} - \mathbf{I})/2\,]\, d\mathbf{X}$$

Si definisce "tensore di Green-Lagrange" il seguente:

$$\mathbf{E} = (\mathbf{F}^T\mathbf{F} - \mathbf{I})/2$$

Sostituendo la relazione $\boldsymbol{F} = \boldsymbol{G} + \boldsymbol{I}$ si ricava:

$$\mathbf{E} = (\mathbf{G} + \mathbf{G}^T)/2 + \mathbf{G}^T\mathbf{G}/2$$

ovvero

$$E_{ik} = (G_{ik} + G_{ki})/2 + \textstyle\sum_r G_{ri}\, G_{rk}/2 = (s_{i/k} + s_{k/i})/2 + \sum_r s_{r/i}\, s_{r/k}/2, \qquad i, k = 1, 2, 3$$

in cui il termine lineare coincide con il "tensore delle piccole deformazioni" $[\varepsilon_{ik}]$ definito in precedenza.

Per evidenziare la differenza tra i due tensori si consideri il seguente esempio: la pure rotazione di un angolo finito φ di un vettore *dX* inizialmente diretto come l'asse *x*. Si ha:

$$E_{11} = s_{1/1} + (s_{1/1}\, s_{1/1} + s_{2/1}\, s_{2/1})/2 = -(1 - \cos\varphi) + [(1 - \cos\varphi)^2 + (\sin\varphi)^2]/2 \equiv 0$$

mentre per il tensore delle piccole deformazioni:

$$\varepsilon_{11} = s_{1/1} = -(1 - \cos\varphi) \neq 0$$

Nel secondo caso la descrizione dei movimenti rigidi è corretta solo per "piccole rotazioni" ($\varphi \ll 1$), cioè solo nel caso in cui l'approssimazione lineare sia sufficientemente rappresentativa del movimento. In tal caso si ha:

$$\varepsilon_{11} = -(1 - \cos\varphi) \cong \varphi^2/2 \cong 0$$

CAPITOLO 6

IL SOLIDO ELASTICO

6.1 - LAVORO DI SFORZI E DEFORMAZIONI

Se in presenza di uno stato di sforzo σ_{ik} l'elemento parallelepipedo di lati dx_i subisce una deformazione ε_{ik} non imputabile a σ_{ik}, le forze risultanti di ciascuna faccia, prodotto nella tensione specifica per l'area della faccia, compiono lavoro per lo spostamento subito dalla faccia, prodotto della deformazione per la lunghezza del lato associato.

In fig.6.1, intervenendo un allungamento $\varepsilon_{xx}\, dx$, non possono compiere lavoro le componenti ad esso ortogonali σ_{xy}, σ_{xz}, σ_{yy}, σ_{yz}, σ_{zz}, σ_{zy}, mentre compiono lavoro complessivamente nullo le componenti σ_{yx} e σ_{zx}, che agiscono con valori uguali e contrari su facce opposte. Unico lavoro non nullo è compiuto dalla forza $\sigma_{xx}\, dydz$ per lo spostamento $\varepsilon_{xx}\, dx$.

In fig.6.2, intervenendo uno spostamento $2\varepsilon_{xy}\, dx$ dovuto allo scorrimento angolare ε_{xy}, non possono compiere lavoro le componenti ad esso ortogonali σ_{xx}, σ_{xz}, σ_{yx}, σ_{yz}, σ_{zx}, σ_{zz}, mentre compiono lavoro complessivamente nullo le componenti σ_{yy} e σ_{zy}, che agiscono con valori uguali e contrari su facce opposte. Unico lavoro non nullo è compiuto dalla forza $\sigma_{xy}\, dydz$ per lo spostamento $2\varepsilon_{xy}\, dx$.

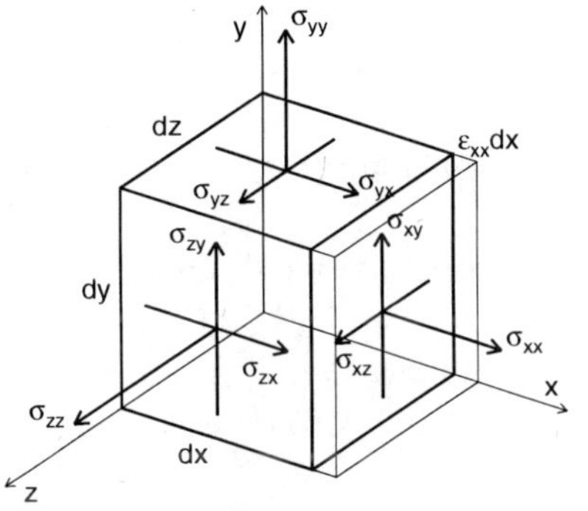

Figura 6.1

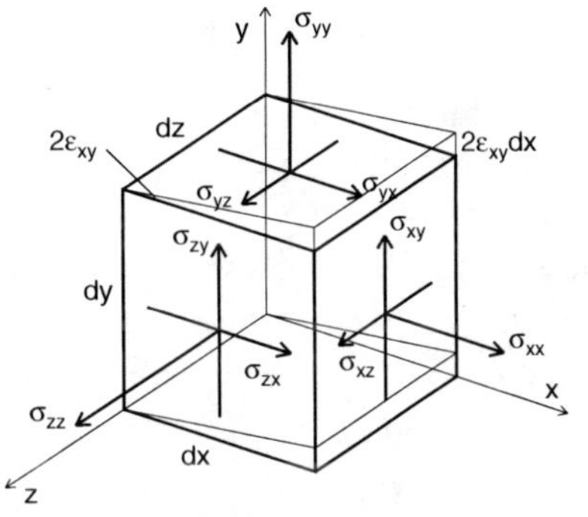

Figura 6.2

Per rotazione di indici si conclude che ciascuna componente σ_{ik} può compiere lavoro solo per lo spostamento imputabile alla componente di deformazione omonima ε_{ik}, mentre tutti gli altri contributi risultano nulli perché associati a spostamenti ortogonali ad essa o perché somma di effetti uguali ed opposti. Complessivamente il lavoro relativo al volume $dV = dx\, dy\, dz$ diventa:

$$dL = \sum_i \sum_k \sigma_{ik}\, \varepsilon_{ik}\, dV$$

e il lavoro specifico:

$$L_u = dL/dV = \sum_i \sum_k \sigma_{ik}\, \varepsilon_{ik}.$$

Quando le deformazioni sono conseguenti alla presenza degli sforzi, e si manifestano con ampiezza progressivamente crescente insieme ad essi, non si realizza più la situazione per cui tutto lo sforzo σ_{ik} viene a lavorare per tutta la deformazione ε_{ik}. Se esiste una corrispondenza biunivoca fra gli uni e gli altri, e si adotta la deformazione come parametro indipendente di carico, il suo valore intermedio è:

$$\varepsilon'_{ik} \qquad (0 < \varepsilon'_{ik} < \varepsilon_{ik})$$

e la corrispondente tensione:

$$\sigma'_{ik} \qquad (0 < \sigma'_{ik} < \sigma_{ik}).$$

Il lavoro specifico compiuto per incrementi infinitesimi $d\varepsilon'_{ik}$ diventa:

$$dL_u = \sum_i \sum_k \sigma'_{ik}\, d\varepsilon'_{ik}$$

e il lavoro specifico che il sistema compie portandosi da *0* a ε_{ik}:

$$L_u = \sum_i \sum_k \int_0^{\varepsilon_{ik}} \sigma'_{ik}\, d\varepsilon'_{ik}$$

Il lavoro compiuto dalle sollecitazioni per le deformazioni da esse stesse provocate prende il nome di lavoro di deformazione. L'ipotizzata corrispondenza biunivoca fra sforzi e deformazioni ha consentito di esprimere un *percorso di carico* in funzione di una sola delle due compagini σ_{ik}, ε_{ik}, per esempio le deformazioni, per un totale di sei componenti distinte. Usando il tempo come semplice parametro ordinatore si può formulare una *storia di carico* $\varepsilon'_{ik}(t)$, dove ciascuna componente ε'_{ik} cresce con legge diversa tra il valore iniziale (ad esempio *0*) e il valore finale ε_{ik}, con scelta possibile tra infinite *storie di carico*. Ad ognuna di esse corrisponderà, in generale, un diverso valore di L_u.

6.2 - LEGAME SFORZI-DEFORMAZIONI

Se lo stato di deformazione di un solido dipende dalla presenza di uno stato di sforzo, occorre identificare questo legame di dipendenza, muovendo dalla osservazione sperimentale.

Si esamini la risposta dell'asta tesa di fig.6.3 all'applicazione di un carico *P* crescente a partire da *0*. Nelle fasi iniziali si registra un allungamento δ che risulta sostanzialmente proporzionale al carico. In questa fase un'eventuale riduzione di *P* dà luogo a situazioni che riproducono il percorso in senso inverso. Questa fase si definisce elastica.

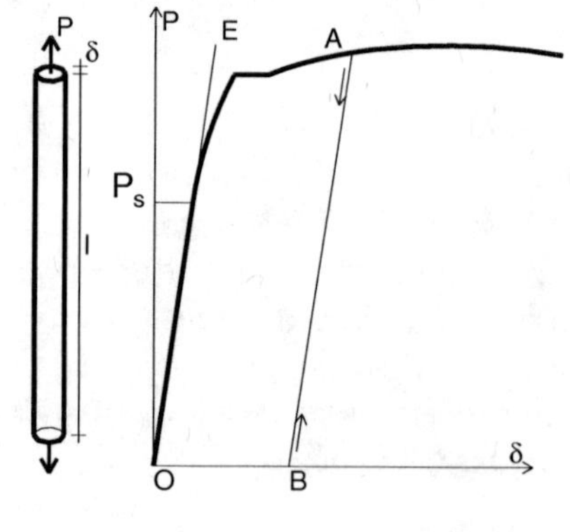

Figura 6.3

Ulteriori incrementi di P mettono in evidenza una crescente deviazione dalla proporzionalità iniziale, con allungamenti δ sempre più accentuati. L'inizio di questa nuova fase viene indicato come *snervamento* del materiale. Se nel corso di questa fase si procede allo scarico, con ritorno a zero di P, si registra un percorso di rientro A - B che appare significativamente parallelo alla pendenza iniziale elastica. In B si registra un allungamento permanente dell'asta. Riprendendo il ciclo di carico il sistema ripercorre il ramo B - A fino a riprendere in A il comportamento precedente lo scarico.

Dall'osservazione della fase iniziale si è indotti ad adottare in prima approssimazione un legame invertibile di proporzionalità tra l'insieme delle componenti di sforzo e l'insieme delle componenti di deformazione. Questa interpretazione deve intendersi valida fintanto che sforzi e deformazioni si mantengono entro i limiti sperimentalmente individuati. Il legame prende la forma:

$$\varepsilon_{ik} = \sum_r \sum_s C_{ikrs}\, \sigma_{rs}$$

o:

$$\sigma_{rs} = \sum_i \sum_k D_{rsik}\, \varepsilon_{ik}$$

dove compaiono i 9x9 coefficienti C_{ikrs} e D_{rsik}. I coefficienti atti a caratterizzare il legame sono tuttavia solo 36, tenendo presente che gli indici i,k e r,s sono invertibili per la simmetria dei tensori σ_{rs} e ε_{ik}.

All'ipotesi di proporzionalità tra sforzi e deformazioni si può aggiungere l'ulteriore ipotesi che il lavoro di deformazione, espresso da:

$$L_u = \sum_i \sum_k \int_0^{\varepsilon_{ik}} \sigma'_{ik}\, d\varepsilon'_{ik}$$

sia indipendente dal percorso di integrazione. La funzione integranda rappresenta perciò un differenziale esatto e la derivata parziale di σ_{ik} rispetto a ε_{rs} uguaglia la derivata parziale di σ_{rs} rispetto a ε_{ik}:

$$\frac{\partial \sigma_{ik}}{\partial \varepsilon_{rs}} = \frac{\partial \sigma_{rs}}{\partial \varepsilon_{ik}}$$

Per conseguenza, nelle matrici C_{ikrs} e D_{rsik} i gruppi di indici ik e rs sono invertibili, dando luogo alla loro simmetria. Dette matrici sono inoltre *definite positive*, e quindi sempre invertibili.

Se il lavoro compiuto è indipendente dalla *storia di carico*, allora si può assumere che tutti i parametri di sforzo e di deformazione crescano in proporzione ad un unico moltiplicatore α, con $(0 < \alpha < 1)$. Si avrà:

$$\sigma'_{ik} = \alpha\, \sigma_{ik} \qquad d\varepsilon'_{ik} = d\alpha\, \varepsilon_{ik}$$

ottenendo:

$$L_u = \sum_i \sum_k \int_0^1 \sigma_{ik}\, \varepsilon_{ik}\, \alpha\, d\alpha = 1/2 \sum_i \sum_k \sigma_{ik} \varepsilon_{ik}$$

Il lavoro svolto può essere inteso come un modo per immagazzinare energia totalmente restituibile, che prende il nome di *energia potenziale elastica*. In un'automobile giocattolo di vecchio tipo, o in un orologio meccanico, la molla rappresenta un accumulatore di energia restituibile sufficiente per azionare un motore. Posto:

$$\boldsymbol{\sigma}^t = [\sigma_{xx}\ \sigma_{yy}\ \sigma_{zz}\ \sigma_{xy}\ \sigma_{yz}\ \sigma_{zx}\ ]$$

$$\varepsilon^t = [\varepsilon_{xx}\ \varepsilon_{yy}\ \varepsilon_{zz}\ \varepsilon_{xy}\ \varepsilon_{yz}\ \varepsilon_{zx}\ ]$$

in forma matriciale il legame tra sforzi e deformazioni diventa:

$$\boldsymbol{\varepsilon} = \mathbf{E}^{-1}\,\boldsymbol{\sigma}$$

$$\boldsymbol{\sigma} = \mathbf{E}\,\boldsymbol{\varepsilon}.$$

dove compare la matrice elastica 6x6 $\boldsymbol{E}$.

I coefficienti che caratterizzano il legame sforzi-deformazioni potrebbero dipendere dalla giacitura secondo la quale si caratterizzano le componenti dei due tensori. Tale condizione si realizza se il materiale è strutturato, nel senso che presenta caratteristiche direzionali preferenziali.

Per molti materiali di largo impiego strutturale, come i materiali metallici, si può adottare il più semplice criterio della *isotropia*, cioè della indipendenza di comportamento rispetto alle direzioni. L'impostazione del problema risulta poi semplificata se le caratteristiche del materiale non sono funzione del posto, cioè se il materiale è *omogeneo*.

6.3 - LEGAME ELASTICO

Si ipotizzano:

1) sforzi e deformazioni collegati da un legame lineare invertibile.
2) esistenza del potenziale elastico.
3) isotropia del materiale, ovvero invarianza del legame rispetto al sistema di riferimento.

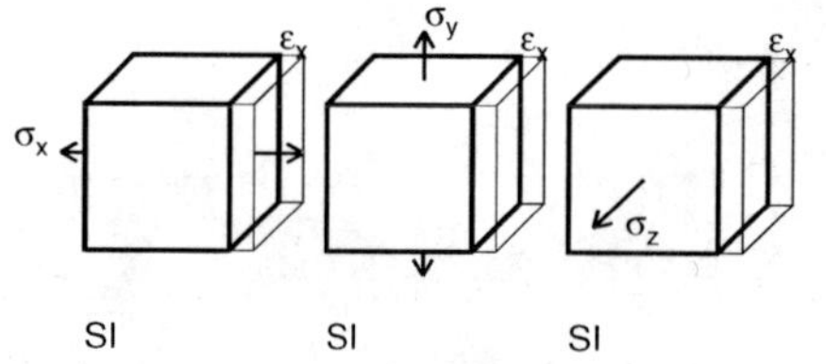

Figura 6.4

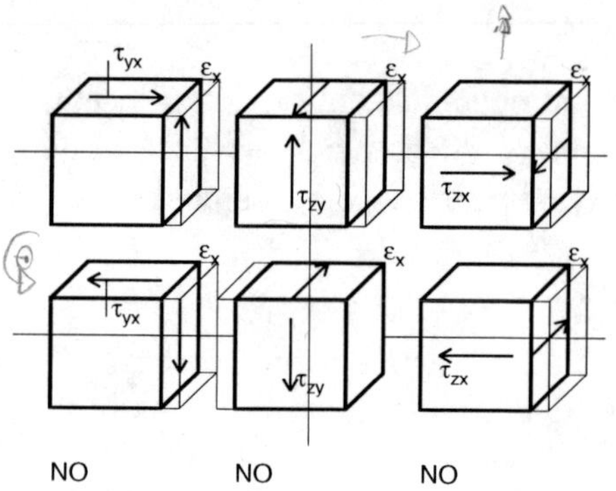

Figura 6.5

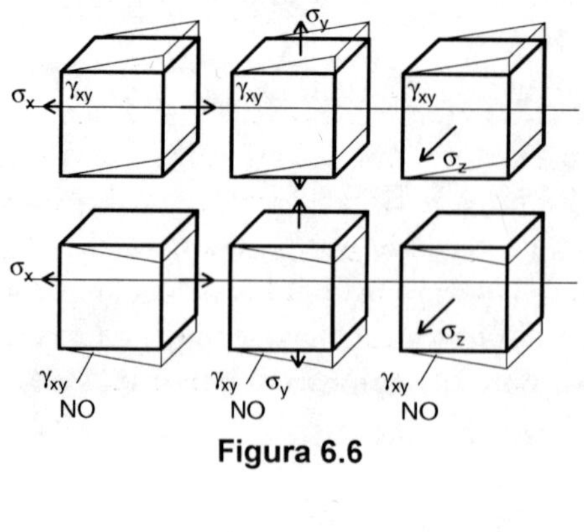

Figura 6.6

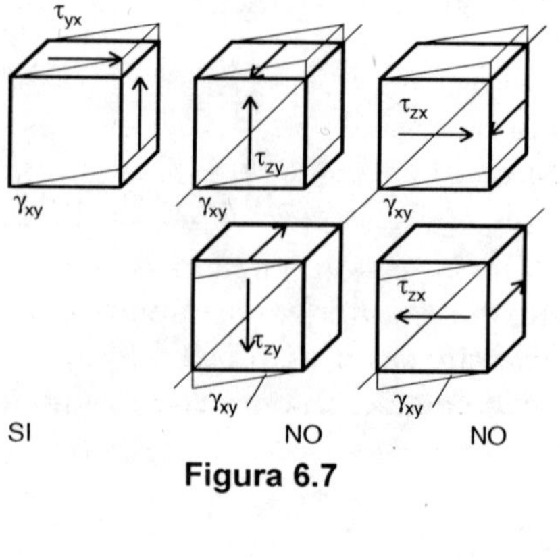

Figura 6.7

La struttura formale del legame impostato nel precedente paragrafo può essere sviluppata sulla base di alcune considerazioni preliminari. Premesso che il parallelepipedo di riferimento è simmetrico rispetto ai piani medi, si osserva che sforzi e deformazioni ad indici uguali definiscono situazioni simmetriche, mentre sforzi e deformazioni ad indici misti definiscono situazioni emisimmetriche. Si può quindi escludere che le elongazioni dei lati, simmetriche, possano dipendere dalle tensioni tangenziali e che gli scorrimenti angolari, emisimmetrici, possano dipendere dagli sforzi normali.

A conferma di ciò, si esamini la risposta del cubetto a sollecitazioni normali (fig.6.4, fig.6.6) e tangenziali (fig.6.5, fig.6.7). L'elongazione ε_x dipende dalla tensione normale σ_x e, in uguale misura fra loro, da σ_y e σ_z. L'elongazione ε_x non dipende dalle tensioni tangenziali (fig.6.5), come si constata osservando che la stessa elongazione verrebbe a corrispondere a tensioni tangenziali di segno opposto ove si ruotasse il cubetto attorno ai tre assi indicati in figura.

Lo scorrimento angolare γ_{xy} non dipende dalle sollecitazioni normali (fig.6.6). Ruotando il cubetto intorno all'asse x si osserva che la stessa azione fisica simmetrica di trazione provocherebbe scorrimenti di segno opposto. Lo scorrimento angolare γ_{xy} dipende da τ_{xy} ma non da τ_{yz} e da τ_{zx} (fig.6.7). In questi casi, ruotando il cubetto intorno a z, si osserverebbe infatti il medesimo scorrimento per componenti τ_{yz} e τ_{zx} di segno opposto.

Tenendo conto dell'invarianza rispetto agli indici x,y,z, il legame:

$$\boldsymbol{\varepsilon} = \mathbf{E}^{-1}\,\boldsymbol{\sigma}$$

diventa perciò:

$$\begin{bmatrix} \varepsilon_x \\ \varepsilon_y \\ \varepsilon_z \\ \gamma_{xy} \\ \gamma_{yz} \\ \gamma_{zx} \end{bmatrix} = \begin{bmatrix} 1/E & -1/mE & -1/mE & 0 & 0 & 0 \\ -1/mE & 1/E & -1/mE & 0 & 0 & 0 \\ -1/mE & -1/mE & 1/e & 0 & 0 & 0 \\ 0 & 0 & 0 & 1/G & 0 & 0 \\ 0 & 0 & 0 & 0 & 1/G & 0 \\ 0 & 0 & 0 & 0 & 0 & 1/G \end{bmatrix} \begin{bmatrix} \sigma_x \\ \sigma_y \\ \sigma_z \\ \tau_{xy} \\ \tau_{yz} \\ \tau_{zx} \end{bmatrix}$$

dove E,m,G sono parametri caratteristici del materiale. Le considerazioni qualitative sopra richiamate hanno portato a caratterizzare il legame attraverso tre sole costanti di proporzionalità $1/E$, $-1/mE$ e $1/2G$, che a loro volta sono espressione del modulo di elasticità normale (o modulo di Young) E, del modulo di elasticità tangenziale G e del modulo di contrazione trasversale (o modulo di Poisson) m. In letteratura l'effetto di contrazione viene espresso anche col coefficiente di Poisson $\nu = 1/m$.

Si constata facilmente che i primi due hanno le dimensioni di una tensione e sono quantità essenzialmente positive, poiché misurano in forma diretta l'effetto di una componente di tensione sulla omonima componente di deformazione. La terza costante è invece un puro numero, la cui positività rispecchia l'osservazione sperimentale che l'effetto di una tensione σ_{ii} sulla deformazione ε_{kk} per $k \neq i$, è di segno discorde con la tensione che l'ha provocata. Tale effetto è noto come contrazione trasversale o strizione.

6.4 - COSTANTI ELASTICHE

Tenendo presente che per $i \neq k$ si ha:

$$\varepsilon_{ik} = \sigma_{ik} / 2G$$

e che per $i \neq j \neq k$, posto $\sigma_{jj} = \sigma_{kk} = 0$, si ha:

$$\varepsilon_{ii} = \sigma_{ii}/E$$

si può affermare che $G > 0$ e $E > 0$. Infatti l'osservazione sperimentale conferma che in presenza di singole azioni statiche, gli effetti deformativi hanno lo stesso segno delle azioni che le hanno provocati.

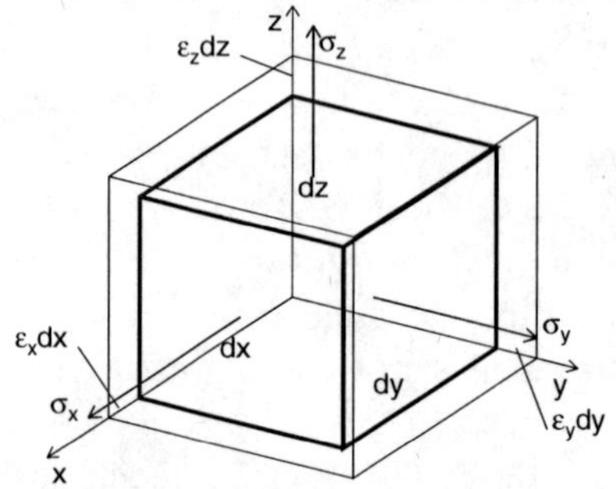

Figura 6.8

Se lo stato di sforzo è espresso in componenti principali, anche lo stato di deformazione assume una fisionomia analoga, per l'annullarsi degli scorrimenti angolari. Siano σ_x, σ_y, σ_z le tensioni principali e ε_x, ε_y, ε_z le deformazioni principali.

La variazione di volume nell'intorno del punto, che non può dipendere dalla scelta del sistema di riferimento, è misurata sul cubetto di fig.6.8, di lato inizialmente unitario, come differenza tra il volume finale di lati $(1 + \varepsilon_x)$, $(1 + \varepsilon_y)$, $(1 + \varepsilon_z)$, e il volume iniziale di lati $1, 1, 1$:

$$dV = (1 + \varepsilon_x)(1 + \varepsilon_y)(1 + \varepsilon_z) - 1$$

da cui:

$$dV = 1 + \varepsilon_x + \varepsilon_y + \varepsilon_z + \varepsilon_x\varepsilon_y + \varepsilon_y\varepsilon_z + \varepsilon_z\varepsilon_x + \varepsilon_x\varepsilon_y\varepsilon_z - 1.$$

Tenendo presente che $\varepsilon_i << 1$, si trascurano i loro prodotti, ottenendo:

$$dV = \varepsilon_x + \varepsilon_y + \varepsilon_z$$

Essendo:

$$\varepsilon_x = \sigma_x / E - \sigma_y / mE - \sigma_z / mE$$
$$\varepsilon_y = - \sigma_x / mE + \sigma_y / E - \sigma_z / mE$$
$$\varepsilon_z = - \sigma_x / mE - \sigma_y / mE + \sigma_z / E$$

la variazione di volume diventa:

$$dV = 1/E\,(\sigma_x - \sigma_y / m - \sigma_z / m - \sigma_x / m + \sigma_y - \sigma_z / m - \sigma_x / m - \sigma_y / m + \sigma_z)$$

e quindi:

$$dV = (\sigma_x + \sigma_y + \sigma_z)(m - 2)/mE.$$

Indicando con $I_1 = (\sigma_x + \sigma_y + \sigma_z)$ l'invariante lineare delle tensioni, si ha:

$$dV = I_1 (m - 2)/mE$$

Considerazioni intuitive suggeriscono che se l'invariante lineare è positivo, cioè se lo stato di sforzo è mediamente di trazione, si avrà aumento di volume, e viceversa. Ne consegue che sarà $m \geq 2$, essendo $m=2$ la condizione per la quale si ha deformazione a volume costante.

Con $\sigma_z \neq 0$ e $\sigma_x = \sigma_y = 0$ si ha $\varepsilon_x = - \sigma_z /mE$. Nel caso di un materiale scarsamente sensibile al fenomeno della contrazione trasversale si può ipotizzare $\varepsilon_x = 0$, e quindi accettare un valore di m tendente all'infinito.

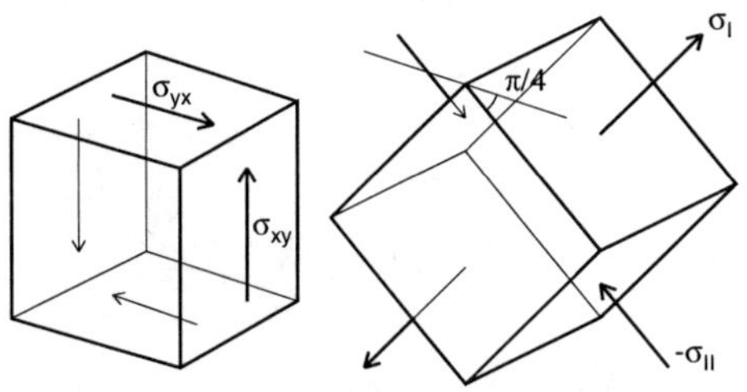

Figura 6.9

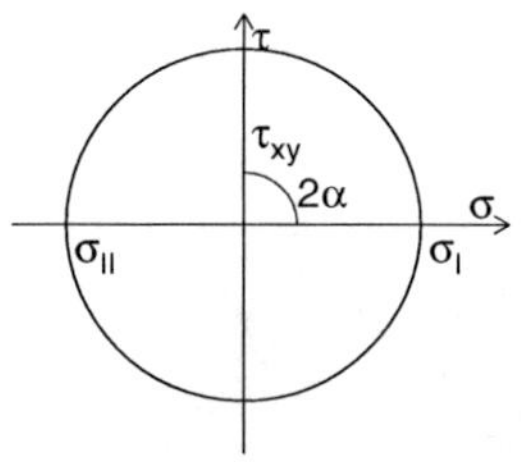

Figura 6.10

Si ha quindi:

$$2 \leq m \leq \infty \qquad \text{ovvero} \qquad 0 \leq \nu \leq 0.5.$$

Nel Capitolo 4 si è constatato a titolo di esempio (fig.6.9, fig.6.10) come a uno stato di sforzo di componenti $\sigma_{xx} = \sigma_{yy} = \sigma_{zz} = \sigma_{zx} = \sigma_{zy} = 0$ e $\sigma_{xy} = \sigma$ corrispondano tensioni principali $\sigma_I = \sigma$, $\sigma_{II} = -\sigma$, $\sigma_{III} = 0$.

Nel sistema di riferimento adottato si ha:

$$\varepsilon_{xy} = \sigma_{xy} /2G = \sigma/2G$$

e un lavoro di deformazione nel cubetto unitario:

$$L = 1/2 \, (\sigma_{xy} \, \varepsilon_{xy} + \sigma_{yx} \, \varepsilon_{yx}) = \sigma^2/2G$$

Nel sistema di riferimento principale si ha $\sigma_{III} = 0$, con:

$$\varepsilon_I = \sigma_I /E - \sigma_{II} /mE = \sigma \, (m + 1)/mE$$

$$\varepsilon_{II} = - \sigma_I /mE + \sigma_{II} /E = - \sigma(m + 1)/mE$$

e un lavoro di deformazione per il cubetto unitario:

$$L = 1/2 \, (\sigma_I \, \varepsilon_I + \sigma_{II} \, \varepsilon_{II}) = \sigma^2 \, (m + 1)/mE$$

Il lavoro di deformazione associato allo stato di sforzo presente è caratteristico del punto materiale, ma è invariante rispetto al sistema di riferimento assunto. L'uguaglianza dei due lavori porta alla relazione:

$$(m + 1)/mE = 1/2G$$

o anche:

$$G = mE/(2m + 2)$$

che istituisce un legame tra le costanti elastiche E, G, m, per il quale due sole di esse risultano effettivamente indipendenti e atte a caratterizzare il comportamento del materiale.

6.5 - IL CONTINUO ELASTICO

Si consideri un solido tridimensionale di volume V in un sistema cartesiano ortogonale x,y,z. Si indichi con Ω la superficie esterna, o una sua porzione, e con x',y' un opportuno sistema di riferimento locale. Si consideri in particolare un solido elastico.

Il solido elastico, soggetto a forze di volume $\boldsymbol{F}(x,y,z)$ sia vincolato alla condizione che sui punti di alcune regioni della superficie di contorno siano imposti gli spostamenti $\boldsymbol{s}_o(x',y')$ (per esempio nulli) e su altre regioni non vincolate della superficie di contorno siano imposti carichi distribuiti $\boldsymbol{f}(x',y')$ aventi la natura di sollecitazioni superficiali (fig.6.11). Si voglia determinare lo stato di sforzo $\sigma_{ik}(x,y,z)$ e di deformazione $\varepsilon_{ik}(x,y,z)$.

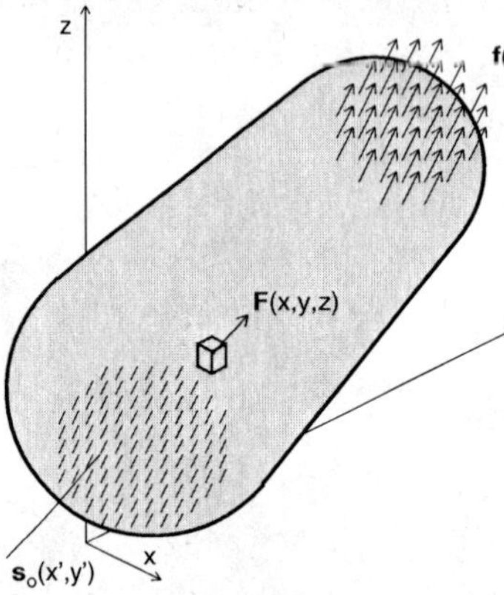

Figura 6.11

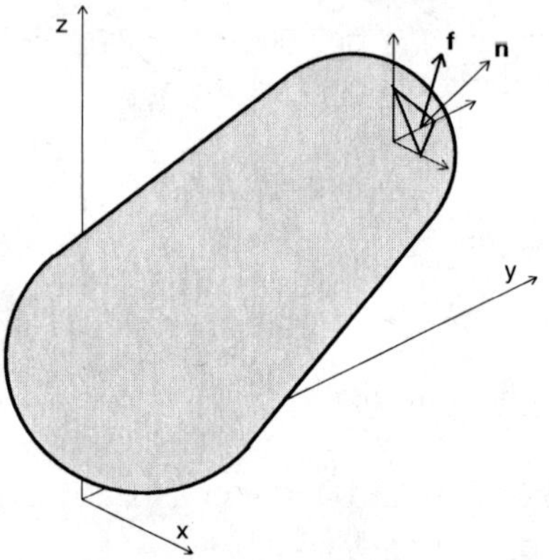

Figura 6.12

La scelta delle deformazioni come funzioni incognite atte a caratterizzare l'assetto finale è determinata dal fatto che la relazione tra l'insieme dei parametri statici e il cambiamento della geometria non può ragionevolmente esprimersi se non attraverso il legame tra sforzi e deformazioni.

Alla luce di quanto precedentemente visto il problema presenta:

sei funzioni incognite di sforzo:

$\sigma_{ik}(x_1, x_2, x_3)$

sei funzioni incognite di deformazione:

$\varepsilon_{ik}(x_1, x_2, x_3)$

La soluzione del problema elastico è governata da:

tre equazioni indefinite di equilibrio, differenziali:

$\sum_i \sigma_{ik/i} + F_k = 0 \qquad (k = 1,3)$

tre equazioni di congruenza indipendenti, differenziali:

$2\varepsilon_{ik/ik} = \varepsilon_{ii/kk} + \varepsilon_{kk/ii} \qquad (\text{con } i \neq k)$

$\varepsilon_{ii/jk} + \varepsilon_{jk/ii} = \varepsilon_{ij/ik} + \varepsilon_{ik/ij} \qquad (\text{con } i \neq j \neq k)$

sei relazioni sforzi deformazioni, lineari:

$\varepsilon_{ii} = \sigma_{ii}/E - \sigma_{jj}/mE - \sigma_{kk}/mE \qquad (\text{con } i \neq j \neq k)$

$\varepsilon_{ik} = \sigma_{ik}/2G \qquad (\text{con } i \neq k)$

Concettualmente, la soluzione passa per l'integrazione delle sei equazioni differenziali indipendenti, dalla quale emergono le relative funzioni di integrazione (funzioni di uno spazio bidimensionale). Queste dovrebbero essere identificate attraverso la conoscenza *a priori* delle funzioni incognite sul dominio bidimensionale di contorno che costituisce l'involucro del solido.

Per quanto riguarda le funzioni di integrazione relative alle equazioni indefinite di equilibrio, esse sono identificate attraverso l'imposizione dell'equilibrio puntuale sulle regioni non vincolate del contorno, sulle quali si conoscono le condizioni di carico. Queste condizioni di equilibrio al contorno sono esplicitate attraverso le relazioni di Cauchy, che permettono di tradurre le componenti coordinate di sforzo in azioni riferite ad una faccia orientata secondo un piano tangente alla superficie di contorno (fig.6.12, fig.6.13).

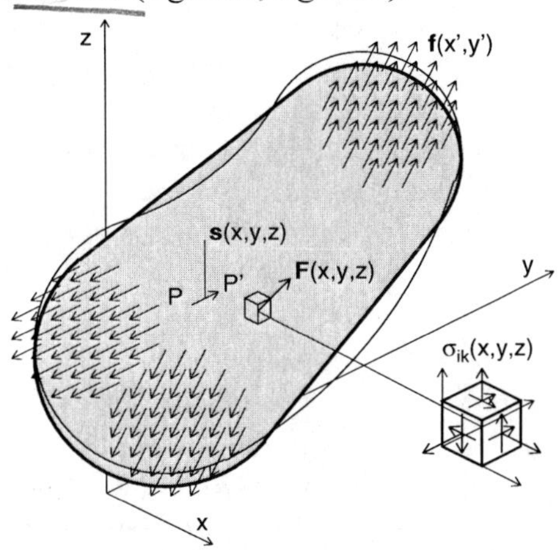

Figura 6.13

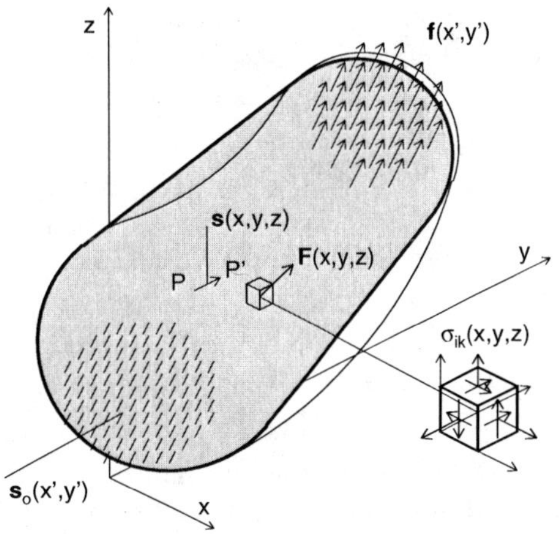

Figura 6.14

Per quanto concerne eventuali condizioni geometriche al contorno (fig.6.14), queste possono essere rappresentate dalla conoscenza degli spostamenti $s_o(x'_1, x'_2)$ relativi ad alcune zone della superficie esterna Ω, sulla quale si identifica un sistema di riferimento locale di coordinate x'_1, x'_2. Derivando s_o rispetto a queste si possono determinare le elongazioni ε'_1, ε'_2 e gli scorrimenti angolari nel piano tangente alla superficie γ'_{12}. Questi potranno fornire indicazioni circa la distribuzione di alcune componenti ε_{ik} in corrispondenza del contorno. Nel corpo vincolato la soluzione definisce, in corrispondenza delle zone di contorno sulle quali sono assegnati gli spostamenti, un insieme di azioni di superficie $f^o(x',y')$ che hanno le stesse caratteristiche dei carichi assegnati al contorno $f(x',y')$ e che assumono il ruolo di reazioni incognite.

Nella casistica nota la soluzione completa del problema del solido tridimensionale elastico si riferisce prevalentemente a condizioni geometriche relativamente semplici e a solidi privi di vincoli.

Unicità di soluzione

Un aspetto notevole del problema risiede nell'ipotizzata linearità del legame sforzi-deformazioni, accompagnata dall'assunzione di un'ampiezza infinitesima, ovvero assimilabile a infinitesima, degli spostamenti.

In via generale, si è ipotizzato un processo che porta sforzi e deformazioni da uno stato iniziale, per esempio nullo, fino a uno stato finale, caratterizzato da una diversa geometria del corpo. Le condizioni che governano il processo dovrebbero risultare soddisfatte dagli sforzi e dalle deformazioni attualmente presenti in ogni fase intermedia. A loro volta le relazioni che governano sforzi e deformazioni rispecchiano le modificazioni geometriche indotte dal processo stesso. In particolare, le regole che garantiscono l'equilibrio esprimono relazioni geometriche in continua modificazione. In queste condizioni il problema differenziale ammette molteplici soluzioni.

L'ipotesi di piccoli spostamenti introduce la previsione che la geometria finale sia così poco discosta dalla geometria iniziale, da giustificare l'utilizzazione di questa per tutto il corso del processo, con la tolleranza di un piccolo margine di errore. In queste condizioni l'applicazione di una sequenza di carichi utilizza sempre le stesse regole, e l'effetto cumulato altro non è se non la somma degli effetti parziali. Si ha il *principio di sovrapponibilità degli effetti*, espresso dal *teorema di Kirchhoff*.

Conseguenza primaria di questo principio è *l'unicità di soluzione* del problema elastico, sotto l'ipotesi di *piccoli spostamenti*.

Il metodo semi-inverso

Alla luce di quest'ultima proprietà si prospetta un diverso approccio al problema. Si muove dalla *invenzione* di funzioni di sforzo e deformazione che si corrispondano attraverso il legame elastico, caratterizzandole nel rispetto delle condizioni al contorno e limitandosi a verificare il soddisfacimento delle equazioni differenziali di equilibrio e di congruenza. Essendo così rispettate tutte le condizioni che reggono il problema, la distribuzione ipotizzata rappresenta una soluzione completa che, come si è accennato, è anche l'unica soluzione.

Nonlinearità geometrica

L'esperienza di fig.6.3 indica che l'asta soggetta a un'azione assiale N subisce un allungamento $\delta = kN$, essendo k la costante di proporzionalità misurata sperimentalmente.

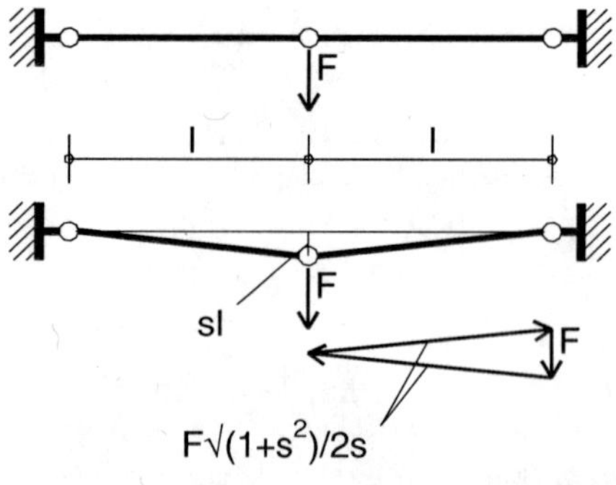

Figura 6.15

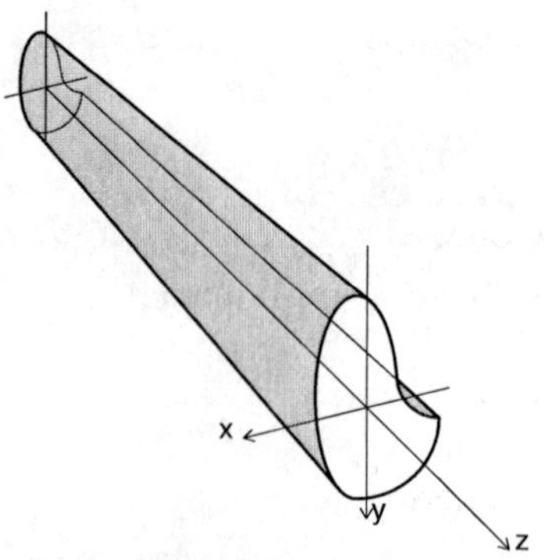

Figura 6.16

Per evidenziare quale ruolo possa avere il cambiamento di geometria nella ricerca di una soluzione completa del problema elastico, si consideri la struttura superiore di fig.6.15. Con la *teoria del primo ordine*, la verifica dell'equilibrio si effettua appoggiandosi alla geometria iniziale. Si è visto che nei confronti del primo atto di moto questo schema è labile. Non è ipotizzabile un sistema di reazioni in equilibrio con la forza *F*, fintanto che le tre cerniere sono allineate. D'altra parte si intuisce che un problema come questo dovrebbe avere una soluzione reale.

Avendo rimosso l'ipotesi provvisoria di perfetta rigidità del corpi, è possibile ipotizzare una configurazione di equilibrio elastico come quella indicata nella parte inferiore della figura, con abbassamento *sl* del nodo centrale e allungamento delle aste pari a:

$$\delta = l\,\sqrt{(1 + s^2)} - l.$$

Se le relazioni di equilibrio vengono esplicitate usando l'ipotizzata geometria finale, in luogo di quella iniziale, si verifica che l'equilibrio comporta un'azione assiale:

$$N = F\,\sqrt{(1 + s^2)}/2s.$$

Per assegnato *F,* il problema trova una soluzione nell'incognita *s* quando $\delta = kN$, ossia:

$$l\,\sqrt{(1 + s^2)} - l = kF\,\sqrt{(1 + s^2)}/2s.$$

Avendo accantonato la teoria del primo ordine, si è ottenuta una soluzione altrimenti impossibile. Tale soluzione ammette tuttavia una crescita dello spostamento che non è proporzionale alla crescita della forza, pur avendo adottato un materiale a comportamento lineare.

Si vedrà in seguito che l'adozione di un legame elastico lineare e della *teoria del primo ordine* consente di inquadrare buona parte della problematica strutturale in ambito lineare. Salvo diversa indicazione, è in questo contesto che viene sviluppata la presente trattazione.

Il semplice esempio proposto lascia tuttavia intravedere la notevole maggior complessità che si deve affrontare con l'analisi in *grandi spostamenti*, o quando la presenza significativa di spostamenti moderatamente grandi imponga comunque di tener conto degli *effetti geometrici del secondo ordine*, cioè delle modificazioni geometriche indotte. Questi aspetti verranno necessariamente affrontati nel capitolo dedicato alla stabilità dell'equilibrio.

6.6 - PRISMI ELASTICI

Come si vedrà in dettaglio nel successivo capitolo, un caso particolarmente semplice di solido elastico è costituito dal prisma di de Saint Venant, un prisma di materiale omogeneo e isotropo, privo di vincoli e di forze di volume, scarico sulla superficie laterale e interessato sulle basi da una distribuzione di sollecitazioni esterne, che ammettono come risultanti forze corrispondenti alle componenti di azione interna elementari N, M, T, M_t.

Il prisma (fig.6.16) ha sviluppo longitudinale dominante rispetto alle dimensioni trasversali, cioè è snello. Se l'azione interna considerata è costante lungo l'asse, si assume che lo stato di sforzo e di deformazione sia costante rispetto all'asse. Due tronchetti infinitesimi di trave, per esempio adiacenti, subiranno gli stessi sforzi e le stesse deformazioni. La deformazione dovrà risultare rispettosa delle eventuali caratteristiche di simmetria geometrica (assiale o radiale) presenti, quando l'azione complessiva applicata è anch'essa simmetrica.

Malgrado queste semplificazioni, il prisma di Saint Venant rappresenta compiutamente un caso di solido elastico, e va quindi collocato a pieno titolo nell'ambito di impostazione di questo capitolo.

6.7 - ENERGIA POTENZIALE TOTALE

Si ipotizza che le azioni statiche applicate al solido, forze esterne e forze di volume, dipendano dall'esistenza di un *campo*, cioè che ammettano un *potenziale*. Questa indicazione rispecchia in grandissima misura situazioni reali, e non impone significative restrizioni all'analisi di normali strutture.

In presenza di vincoli perfetti (lisci e bilateri) e in assenza di cause deformanti anelastiche, il sistema risulta essere globalmente conservativo, dal momento che i carichi applicati ammettono un potenziale, e l'energia di deformazione corrisponde a un modello di comportamento associato alla presenza di un potenziale elastico. Siano $\boldsymbol{F}$ le forze di volume agenti sul volume V e $\boldsymbol{f}$ le forze di superficie agenti sull'area di contorno Ω.

Si adotti la consuetudine di esprimere il lavoro di un vettore forza $\boldsymbol{Q}^t = [q_x, q_y, q_z]$ per un vettore spostamento $\boldsymbol{u}^t = [u_x, u_y, u_z]$ in forma di prodotto scalare $\boldsymbol{Q}^t \boldsymbol{u}$ oppure, per semplicità di rappresentazione, come $\boldsymbol{Q}\,\boldsymbol{u}$.

Il lavoro di un sistema di forze esterne dipendenti da un potenziale per i conseguenti spostamenti non dipende dalle modalità di applicazione dei carichi, ma solo dai valori finali. Assumendo che carichi e spostamenti crescano dal valore iniziale nullo al valore finale $\boldsymbol{F}, \boldsymbol{f}, \boldsymbol{s}$ in proporzione ad un comune coefficiente α $(0<\alpha<1)$, in una fase intermedia si avrà un incremento di spostamento $\boldsymbol{s}\, d\alpha$ in presenza di carichi $\alpha\boldsymbol{F}, \alpha\boldsymbol{f}$. Il lavoro associato a questo incremento sarà:

$$dL = \int_\Omega \alpha\, \mathbf{f}\, d\alpha\, \mathbf{s}\, d\Omega + \int_V \alpha\, \mathbf{F}\, d\alpha\, \mathbf{s}\, dV$$

e il lavoro complessivo:

$$L = \int_{0,1} \left(\int_\Omega \alpha\, \mathbf{f}\, d\alpha\, \mathbf{s}\, d\Omega + \int_V \alpha\, \mathbf{F}\, d\alpha\, \mathbf{s}\, dV \right) d\alpha = 1/2 \left(\int_\Omega \mathbf{f}\,\mathbf{s}\, d\Omega + \int_V \mathbf{F}\,\mathbf{s}\, dV \right).$$

Il lavoro compiuto esprime la perdita di energia potenziale U dei carichi. Sviluppando gli indici e introducendo le coordinate superficiali x_1', x_2', si ha:

$$L = 1/2 \sum_i \int_\Omega f_i(x_1',y_2')\, s_i(x_1',y_2')\, d\Omega + 1/2 \sum_i \int_V F_i(x_1,x_2,x_3)\, s_i(x_1,x_2,x_3)\, dV = -U.$$

L'energia elastica accumulata vale:

$$D = 1/2 \sum_i \sum_k \int_V \sigma_{ik}(x_1,x_2,x_3)\, \varepsilon_{ik}(x_1,x_2,x_3)\, dV$$

e risulta essere sempre positiva, poiché nella forma quadratica che esprime l'energia specifica:

$$D_u = 1/2\, \boldsymbol{\sigma}^t\, \boldsymbol{\varepsilon} = 1/2\, \boldsymbol{\varepsilon}^t\, \mathbf{E}\, \boldsymbol{\varepsilon} = 1/2\, \boldsymbol{\sigma}^t\, \mathbf{E}^{-1}\, \boldsymbol{\sigma}$$

la matrice $\boldsymbol{E}$ è definita positiva.

Dal momento che il sistema è complessivamente conservativo, si definisce una *energia potenziale totale*: $\Pi = D + U$.

6.8 - IL PRINCIPIO DEI LAVORI VIRTUALI

Si considerano i due corpi di fig.6.17 e fig.6.18, identici e privi di vincoli. Il corpo di fig.6.17 è in equilibrio in presenza di forze di volume $\boldsymbol{F}(x_1,x_2,x_3)$, azioni di superficie $\boldsymbol{f}(x_1',y_2')$ e sforzi interni $\sigma_{ik}(x_1,x_2,x_3)$. Il corpo di fig.6.18 è caratterizzato da una compagine di spostamenti $\boldsymbol{s}(x_1,x_2,x_3)$ infinitesimi e congruenti.

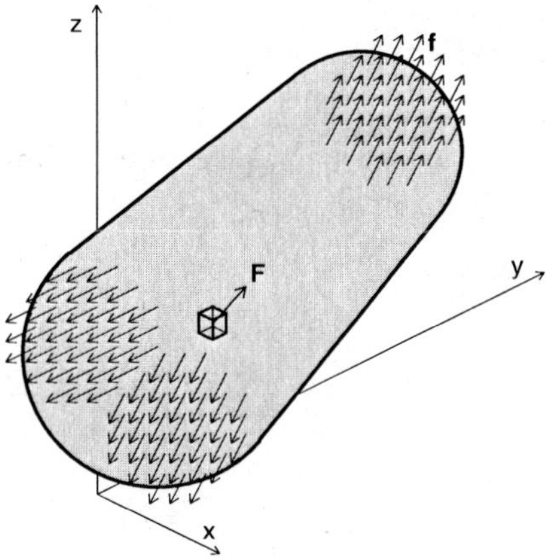

Figura 6.17

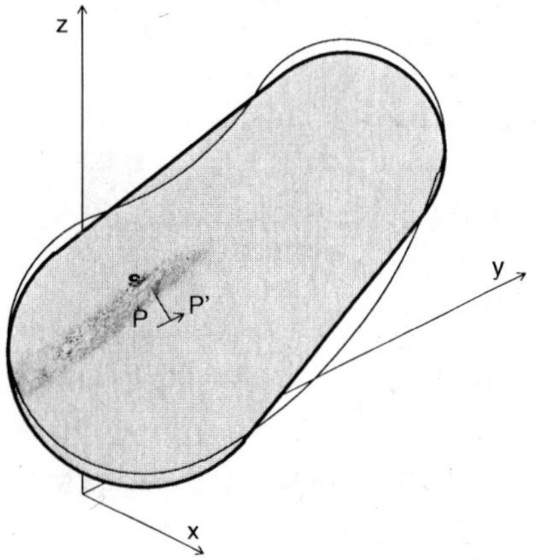

Figura 6.18

Con riferimento al continuo equilibrato di fig.6.17 si richiamano le equazioni indefinite di equilibrio:

$$\sum_i \boldsymbol{\sigma}_{i/i} = -\mathbf{F}$$

e la relazione di Cauchy:

$$\mathbf{f} = \sum_i \boldsymbol{\sigma}_i n_i$$

dove sono $\boldsymbol{F}$ le forze di volume e $\boldsymbol{f}$ le azioni di superficie, funzioni del posto e della giacitura $\boldsymbol{n}$ (fig.6.19).

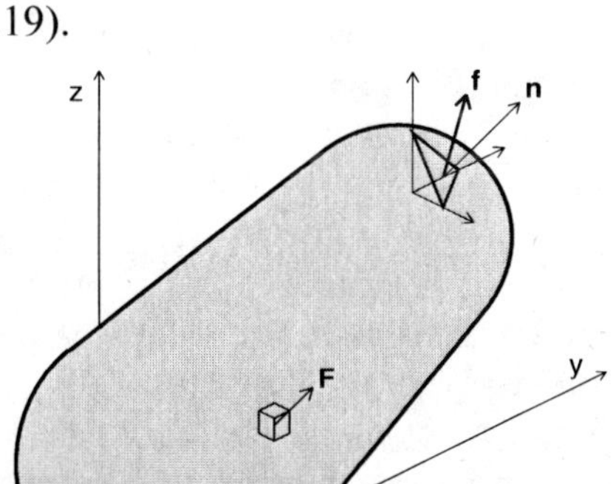

Figura 6.19

Il Principio dei Lavori Virtuali, applicato alle azioni di superficie *f* agenti sulla porzione *Ω* della superficie esterna, e alle forze di volume ***F*** agenti sul volume *V*, fornisce il lavoro delle forze esterne:

$$L_e = \int_V \mathbf{F}\,\mathbf{s}\,dV + \int_\Omega \mathbf{f}\,\mathbf{s}\,d\Omega$$

Introducendo nel primo termine l'espressione di ***F*** che assicura l'equilibrio indefinito con gli sforzi $\boldsymbol{\sigma}_i$ si ha:

$$L_e = -\int_V \Sigma_i\, \boldsymbol{\sigma}_{i/i}\,\mathbf{s}\,dV + \int_\Omega \mathbf{f}\,\mathbf{s}\,d\Omega$$

e, integrando per parti:

$$L_e = -\int_V \Sigma_i\,(\boldsymbol{\sigma}_i\,\mathbf{s})_{/i}\,dV + \int_V \Sigma_i\,\boldsymbol{\sigma}_i\,\mathbf{s}_{/i}\,dV + \int_\Omega \mathbf{f}\,\mathbf{s}\,d\Omega$$

Il primo integrale di volume può essere trasformato in integrale di superficie col lemma di Gauss:

$$L_e = -\int_\Omega \Sigma_i\,(\boldsymbol{\sigma}_i\,\mathbf{s})\,n_i\,d\Omega + \int_V \Sigma_i\,(\boldsymbol{\sigma}_i\,\mathbf{s}_{/i})\,dV + \int_\Omega \mathbf{f}\,\mathbf{s}\,d\Omega$$

$$L_e = -\int_\Omega \mathbf{s}\,\Sigma_i\,\boldsymbol{\sigma}_i\,n_i\,d\Omega + \int_V \Sigma_i\,(\boldsymbol{\sigma}_i\,\mathbf{s}_{/i})\,dV + \int_\Omega \mathbf{f}\,\mathbf{s}\,d\Omega$$

Introducendo nel primo termine la relazione di Cauchy si ha:

$$L_e = -\int_\Omega \mathbf{f}\,\mathbf{s}\,d\Omega + \int_V \Sigma_i\,(\boldsymbol{\sigma}_i\,\mathbf{s}_{/i})\,dV + \int_\Omega \mathbf{f}\,\mathbf{s}\,d\Omega$$

ed eliminando i termini uguali e contrari:

$$L_e = \int_V \Sigma_i\,(\boldsymbol{\sigma}_i\,\mathbf{s}_{/i})\,dV = \int_V \Sigma_i\,\Sigma_k\,(\sigma_{ik}\,s_{k/i})\,dV$$

Sviluppando la sommatoria e ricordando che:

$$2\varepsilon_{ik} = s_{k/i} + s_{i/k},$$

si ottiene:

$$L_e = \int_V \Sigma_i\,\Sigma_k\,\sigma_{ik}\,\varepsilon_{ik}\,dV = L_i$$

Si rileva che il lavoro delle forze esterne equilibrate per spostamenti infinitesimi e congruenti (virtuali) uguaglia il lavoro degli sforzi interni equilibrati per deformazioni che derivano da quegli spostamenti e sono quindi congruenti:

$$L_e = L_i$$

Questa relazione esprime il Principio dei Lavori Virtuali, e vale ogniqualvolta siano soddisfatti i requisiti posti alla base del principio. Le grandezze integrali assumono la denominazione di Lavoro (esterno e interno) per la modalità di computo e per le grandezze che ne conseguono (forze per spostamenti), ma non hanno alcun significato energetico, poiché collegano situazioni mutuamente estranee.

Associando forze e sforzi equilibrati con spostamenti e deformazioni infinitesimi e congruenti, si ottiene l'uguaglianza fra lavoro esterno e lavoro interno.

Se si associa un sistema di forze e sforzi con tutti i possibili sistemi di spostamenti e deformazioni infinitesimi e congruenti, ottenendo sempre l'uguaglianza fra lavoro esterno e lavoro interno, allora quel sistema di forze e sforzi è equilibrato.

Se si associano tutti i possibili sistemi di forze e sforzi equilibrati con un sistema di spostamenti e deformazioni infinitesimi, ottenendo sempre l'uguaglianza fra lavoro esterno e lavoro interno, allora quel sistema di spostamenti e deformazioni è congruente.

CAPITOLO 7

PRISMI

7.1 - IL PRISMA DI DE SAINT VENANT

Un caso particolarmente semplice di solido elastico è costituito dal prisma di Saint Venant, un prisma di materiale omogeneo e isotropo, privo di forze di volume, scarico sulla superficie laterale e interessato sulle basi da una distribuzione di sollecitazioni esterne che ammettono come risultanti forze corrispondenti alle componenti di azione interna elementari *N, M, T,* M_t. Il prisma di Saint Venant ha di norma sezione qualsiasi (solo in alcuni casi si semplifica il problema limitandosi a condizioni di simmetria).

In questa sede si prescinde dalle modalità di applicazione delle azioni sulle sezioni estreme, ammettendo così che sezioni terminali e sezioni intermedie si trovino in condizioni analoghe.

Il prisma ha sviluppo longitudinale dominante rispetto alle dimensioni trasversali, cioè è snello. Se l'azione interna considerata è costante lungo l'asse, allora si può ragionevolmente assumere che anche lo stato di sforzo e di deformazione sia costante rispetto all'asse. Due tronchetti infinitesimi di trave, per esempio adiacenti, subiranno la stessa deformazione. Se il prisma fosse tanto snello da potersi considerare di lunghezza infinita, ogni sua sezione sarebbe sezione di simmetria. Anche la deformazione dovrebbe risultare rispettosa delle caratteristiche di simmetria presenti quando l'azione complessiva applicata ha simmetria speculare rispetto al piano normale, come nei casi di azione assiale e flettente, o simmetria radiale, come nella torsione circolare.

In presenza di uguaglianza e simmetria di tronchetti uguali le sezioni rette della trave (indeformata) risultano piane anche dopo deformazione. Questa circostanza suggerisce la descrizione dello stato di deformazione per i casi di azione assiale, di flessione e di torsione circolare.

7.2 - AZIONE ASSIALE

Il prisma di de Saint Venant di asse z è interessato da sollecitazioni che ammettono come risultante una forza N diretta come l'asse (fig.7.1). In base alle ipotesi assunte, la soluzione del problema è indipendente dalla posizione z della sezione considerata.

Un tronchetto di lunghezza dz subirà, per effetto dell'azione assiale presente, un allungamento medio dn (fig.7.2). Poiché le facce del tronchetto rimangono piane e traslano parallelamente a se

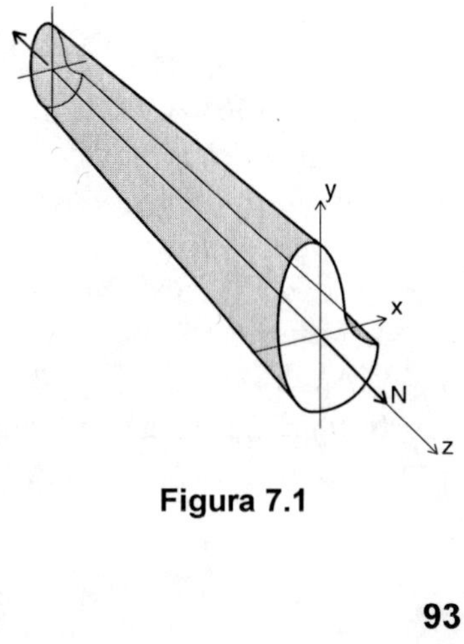

Figura 7.1

stesse, l'allungamento delle fibre longitudinali, descritto da $\varepsilon_z\, dz$, sarà costante rispetto alle coordinate della sezione. Saranno nulle le tensioni tangenziali, per considerazioni di eguaglianza e simmetria dei tronchetti elementari. La presenza di una deformazione ε_z suggerisce la presenza di uno sforzo σ_z che si suppone costante nella sezione, mentre si ipotizza essere nulle σ_x e σ_y.

Nel rispetto del legame sforzi-deformazioni le componenti di deformazione saranno:

$$\varepsilon_z = \sigma_z /E, \qquad \varepsilon_x = \varepsilon_y = - \sigma_z /mE.$$

Equilibrio e congruenza

In assenza di forze di volume, le condizioni indefinite di equilibrio:

$$\sum_k \sigma_{ik/k} = 0 \quad (i = 1,3)$$

si riducono alla sola:

$$\sigma_{33/3} = \sigma_{z/z} = 0$$

che risulta soddisfatta per σ_z costante ovunque.

Le corrispondenti deformazioni, che risultano essere nulle o costanti, soddisfano anche le equazioni di congruenza. Queste ultime sono infatti equazioni differenziali omogenee alle derivate seconde.

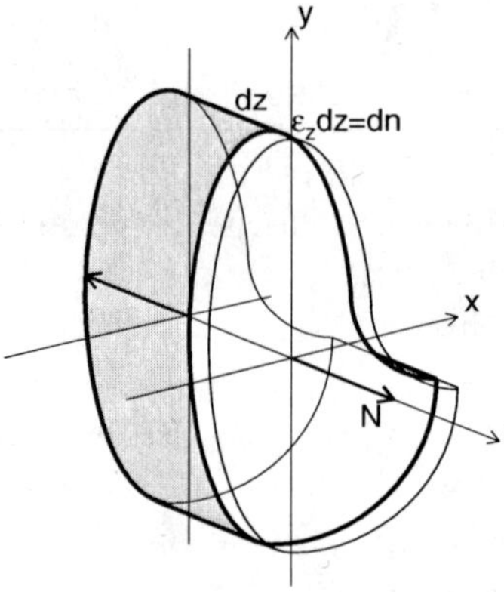

Figura 7.2

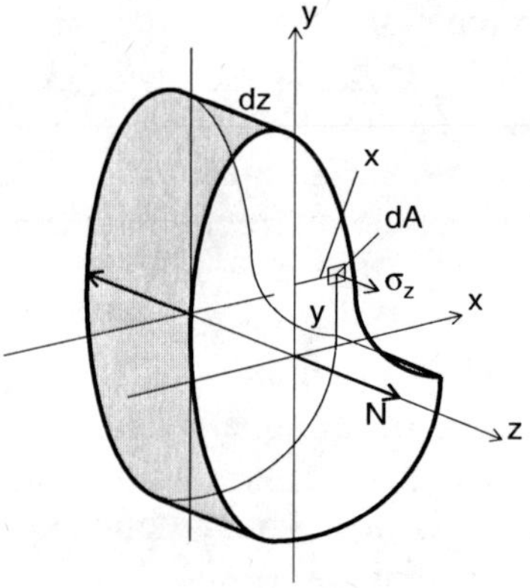

Figura 7.3

Condizioni al contorno

Definito lo stato di sforzo all'interno del prisma, occorre verificare il rispetto delle condizioni al contorno. Sull'involucro esterno del prisma non si ha alcuna tensione presente, poiché l'unica componente non nulla è una tensione normale ad esso parallela. Sulle basi si ipotizza la presenza di azioni esterne diffuse aventi la stessa legge di distribuzione degli sforzi interni. La relazione di Cauchy risulta soddisfatta puntualmente. Occorre che l'effetto complessivo equivalga alla sola azione *N*.

Sull'areola *dA* agisce una forza $\sigma_z\, dA$ (fig.7.3). Detto *r* un asse che interseca la retta d'azione di *N* nel piano di sezione (per esempio *x* e *y*) e *v* la distanza da *r* dell'areola dA, per l'equilibrio alla rotazione intorno a r in presenza di momento nullo si ha:

$$\int_A \sigma_z v\, dA = \sigma_z \int_A v\, dA = 0$$

essendo σ_z costante ovunque, ed essendo $\sigma_z dA$ la forza agente sull'areola. Poiché $\int_A v\, dA$ non è altro che il momento statico della sezione rispetto a r, il suo annullarsi indica che la soluzione ottenuta corrisponde ad un'azione N baricentrica.

L'effetto complessivo delle σ_z dovrà equivalere a N, ossia:

$$\int_A \sigma_z\, dA = \sigma_z \int_A dA = \sigma_z A = N$$

da cui si ottiene il valore:

$$\sigma_z = N/A$$

L'equilibrio alla rotazione intorno a z non risente dalle azioni $\sigma_z\, dA$ ad esso parallele, così come l'equilibrio alla traslazione secondo gli assi della sezione non trova alcun contributo diverso da zero.

L'allungamento dn del tronchetto di lunghezza iniziale dz sarà:

$$dn = \varepsilon_z\, dz = \sigma_z /E\, dz = N/EA\, dz.$$

L'allungamento complessivo δ del prisma di lunghezza iniziale l sarà:

$$\delta = \int_l dn = \int_l N/EA\, dz = Nl/EA.$$

Tenendo presente che:

$$\varepsilon_x = \varepsilon_y = - \sigma_z /mE = - N/mEA$$

la fibra trasversale di dimensione iniziale s subirà la variazione di lunghezza:

$$\eta = \int_s \varepsilon_x\, ds = - N/mEA \int_s ds = - Ns/mEA$$

che risulta corrispondere a un accorciamento nel caso di azione assiale di trazione.

Determinazione sperimentale di E, m

Queste relazioni suggeriscono le modalità per individuare sperimentalmente le caratteristiche elastiche di un materiale. Preso infatti un prisma di area A, di lunghezza l e dimensione trasversale s, lo si può sottoporre alla trazione nota N, misurando le conseguenti variazioni δ e η. Da queste misure si ha:

$$E = Nl/\delta A \qquad\qquad m = - Ns/\eta EA$$

da cui si ricava:

$$G = mE/(2m + 2)$$

come visto nel capitolo precedente.

Lavoro di deformazione

Il lavoro di deformazione elastica che si realizza nel tronchetto di lunghezza dz è dato da:

$$dL = 1/2\, dz \int_A \sigma_z \varepsilon_z\, dA = 1/2\, dz \int_A N^2/A^2E\, dA = 1/2\, N^2/EA\, dz = 1/2\, N\, dn$$

Si osserva che il lavoro di deformazione dovuto all'azione assiale può essere riferito direttamente alla sezione, nota l'area e il modulo elastico, e risulta indipendente dalla forma della sezione.

7.3 - FLESSIONE

Si consideri un prisma con asse baricentrico z, soggetto a flessione uniforme nel piano z, y (fig.7.4) o in un piano ad esso parallelo, e se ne estragga un tronchetto di lunghezza dz. Questo risulterà in equilibrio sotto l'azione di una distribuzione di sforzi agenti nelle due facce sezionate, distribuzione che ammette come sola risultante il momento M. Per effetto di questa azione complessiva le fibre disposte secondo z tendono ad allungarsi o ad accorciarsi, dando luogo ad una configurazione deformata curva dell'asse del prisma (fig.7.5). Se si suppone il prisma sufficientemente snello, è ragionevole ammettere che in ciascuno dei tronchetti infinitesimi dz in cui si può immaginare scomposto il sistema si instauri uno stesso stato di sforzo e di deformazione.

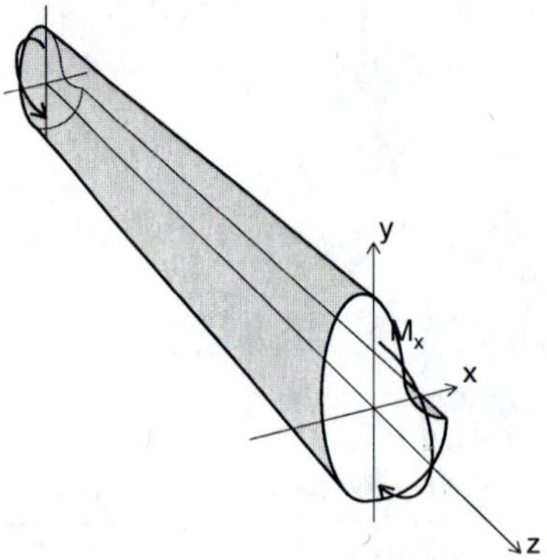

Figura 7.4

Figura 7.5

Considerazioni di uguaglianza e simmetria di tronchetti uguali suggeriscono l'ipotesi di Bernoulli, e cioè che le due facce estreme del tronchetto dz, pur ruotando l'una rispetto all'altra, rimangano piane: la fuoruscita dal piano dei punti della sezione determinerebbe un *ingobbamento* della sezione, in contrasto con l'ipotesi di uguaglianza e simmetria. Posto che le facce del tronchetto ruotano mantenendosi piane, la rotazione avverrà intorno ad un asse n determinato dalla intersezione del piano di sezione originario e dello stesso piano ruotato per effetto della flessione. Questo asse prende il nome di *asse neutro*, ad indicare che le fibre disposte secondo z in corrispondenza di questo asse non subiscono alcuna variazione di lunghezza (fig.7.6).

Le fibre che non appartengono a questo luogo neutro verranno ad allungarsi o ad accorciarsi in proporzione alla loro distanza da n. Detta η questa distanza, misurata normalmente all'asse, la fibra di lunghezza iniziale dz subirà un allungamento specifico $\varepsilon_z = k\eta$ e una variazione di lunghezza $\varepsilon_z\, dz = k\eta\, dz$. Il legame di proporzionalità tra sforzi e deformazioni definisce la corrispondente tensione σ_z, normale al piano di sezione, come $\sigma_z = E\,\varepsilon_z = Ek\eta$. Si ipotizza che le tensioni σ_x e σ_y siano nulle.

Le considerazioni di uguaglianza e simmetria dello stato di sforzo del tronchetto rispetto al suo piano medio normale a z suggeriscono anche che tutte le componenti di tensione tangenziale relative al piano di sezione siano nulle. Si ha così il seguente quadro degli sforzi e delle deformazioni nel rispetto del legame elastico:

$$\sigma_z = Ek\eta \qquad \sigma_x = \sigma_y = \tau_{xy} = \tau_{yz} = \tau_{zx} = 0$$

$$\varepsilon_z = k\eta \qquad \varepsilon_x = \varepsilon_y = - k\eta/m \qquad \gamma_{xy} = \gamma_{yz} = \gamma_{zx} = 0.$$

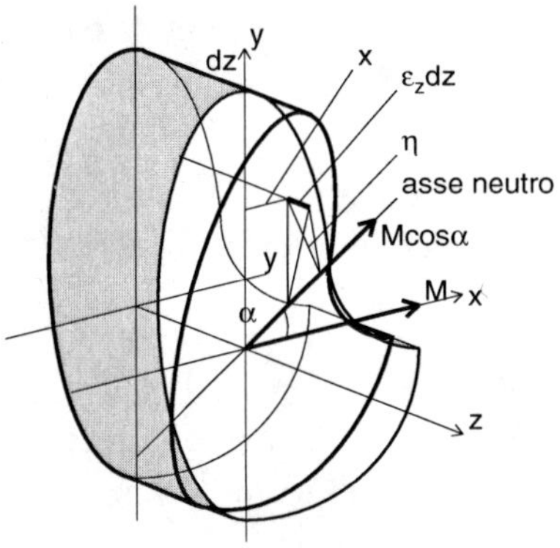

Figura 7.6

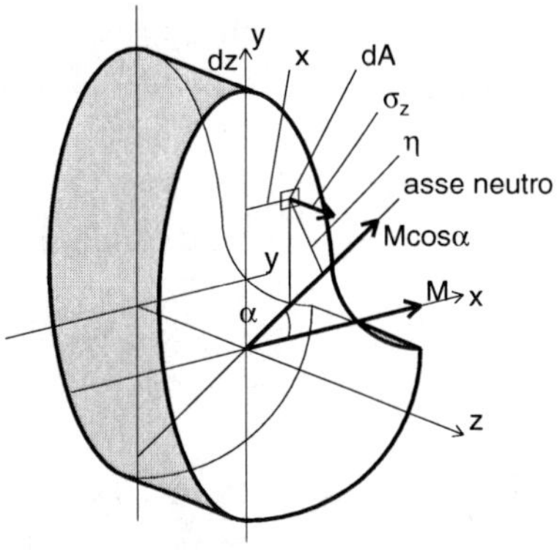

Figura 7.7

Equilibrio e congruenza

Risulta soddisfatta l'unica equazione indefinita di equilibrio contenente un termine non nullo:

$$\sigma_{z/z} = 0$$

poiché σ_z non dipende da z. Le equazioni di congruenza, che sono differenziali omogenee alle derivate seconde, sono comunque soddisfatte da funzioni che sono lineari in x,y e costanti in z.

Condizioni al contorno

Come nel caso dell'azione assiale, le condizioni al contorno sull'involucro esterno scarico sono soddisfatte, essendo l'unica componente non nulla una tensione normale parallela ad esso. Sulle sezioni di estremità si ammette la presenza di un sistema di azioni aventi la stessa natura e distribuzione degli sforzi interni, che soddisfano puntualmente le relazioni di Cauchy a meno di una condizione integrale di equivalenza statica.

Le σ_z, uniche tensioni presenti sul piano di sezione, devono ammettere come risultante il momento M agente intorno a un asse normale al piano y,z. Sull'areola dA agisce una forza $\sigma_z\, dA$ (fig.7.7). È facile constatare che, essendo le $\sigma_z\, dA$ parallele a z, esse non ammettono alcuna risultante in termini di forza secondo direzioni normali a z, nè di momento che promuova la rotazione intorno a z. Deve essere invece esplicitamente affermato che la loro risultante secondo z è nulla, cioè:

$$\int_A \sigma_z\, dA = E \int_A \varepsilon_z\, dA = Ek \int_A \eta\, dA = EkS_n = 0.$$

Deve essere inoltre affermato che esse non ammettono alcun momento risultante che promuova la rotazione intorno ad y. Se x è la distanza da y della generica fibra, si avrà:

$$\int_A \sigma_z\, x\, dA = E \int_A \varepsilon_z\, x\, dA = Ek \int_A \eta x\, dA = EkJ_{ny} = 0.$$

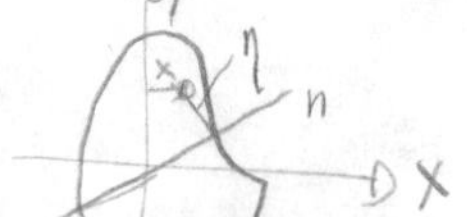

Infine, se α è l'angolo formato dall'asse neutro con l'asse x che caratterizza il momento, la componente del momento M che promuove la rotazione intorno ad n sarà la sua proiezione su n, e cioè $M\cos\alpha$. L'effettiva distribuzione delle tensioni σ_z dovrà essere tale da indurre un momento $M\cos\alpha$ intorno all'asse neutro, e cioè:

$$\int_A \sigma_z \eta \, dA = E \int_A \varepsilon_z \eta \, dA = Ek \int_A \eta^2 \, dA = EkJ_n = M \cos\alpha.$$

Poiché $E > 0$ e $k > 0$, deve essere $S_n = 0$ e $J_{ny} = 0$. La quantità S_n rappresenta il momento statico della sezione rispetto all'asse neutro, e il suo annullarsi ci assicura che tale asse è baricentrico. La quantità J_{ny} è nota nella geometria delle sezioni come momento centrifugo della sezione rispetto agli assi y e n. Il suo annullarsi corrisponde al fatto che i due assi sono coniugati. La conseguenza operativa di questa proprietà è che, dato l'uno di essi, l'altro ha direzione univocamente definita. Sulla scorta di queste informazioni si può affermare che se y è l'asse di sollecitazione, traccia sul piano di sezione del piano contenente il momento M, il suo coniugato baricentrico, l'asse neutro, è univocamente individuato quando si annulla il momento centrifugo della sezione rispetto ai due assi. La quantità $J_n = \int_A \eta^2 \, dA$ rappresenta il momento d'inerzia della sezione rispetto all'asse neutro.

L'ultima delle condizioni sopra poste fornisce il valore della tensione σ_z nel generico punto posto a distanza η dall'asse neutro. Ricordando che $kE = \sigma_z/\eta$ si ha $Ek\, J_n = J_n\, \sigma_z/\eta = M\cos\alpha$, da cui:

$$\sigma_z = M \cos\alpha \, \eta/J_n.$$

Distanze parallele all'asse di sollecitazione

Se la distanza dall'asse neutro della fibra considerata fosse misurata parallelamente all'asse di sollecitazione, essa risulterebbe:

$$y = \eta/\cos\alpha$$

dove y è la distanza secondo y da n. Il momento d'inerzia della sezione rispetto all'asse neutro, misurato prendendo le distanze parallelamente all'asse y, sarebbe:

$$J = \int_A y^2 \, dA = \int_A \eta^2/\cos^2\alpha \, dA = J_n/\cos^2\alpha.$$

L'espressione dello sforzo nel punto considerato risulta quindi anche:

$$\sigma_z = M \cos\alpha \, \eta/J_n = My/J$$

dove le distanze delle fibre dall'asse neutro si intendono misurate parallelamente all'asse di sollecitazione. La distribuzione degli sforzi è quindi lineare, con trazione e compressione da bande opposte rispetto all'asse neutro, come in fig.7.12.

7.4 - FLESSIONE RETTA

Assi principali d'inerzia

L'impostazione del paragrafo precedente porta ad evidenziare che le facce estreme del tronchetto di lunghezza dz ruotano per effetto di un momento agente nel piano y,z intorno ad un asse n, generalmente non perpendicolare al piano y,z. L'insieme delle rotazioni relative ai tronchetti infinitesimi porta ad una configurazione deformata dell'asse del prisma che fuoriesce dal piano *y,z*, ma giace ancora in un piano, detto piano di flessione. Si ha la cosiddetta *flessione deviata.*

I sistemi piani di travi sono caratterizzati dal fatto che le forze e gli assi geometrici, indeformati e deformati, appartengono al piano di rappresentazione (fig.7.8). Perché questo avvenga occorre che in ciascuna trave l'asse neutro sia perpendicolare all'asse di sollecitazione.

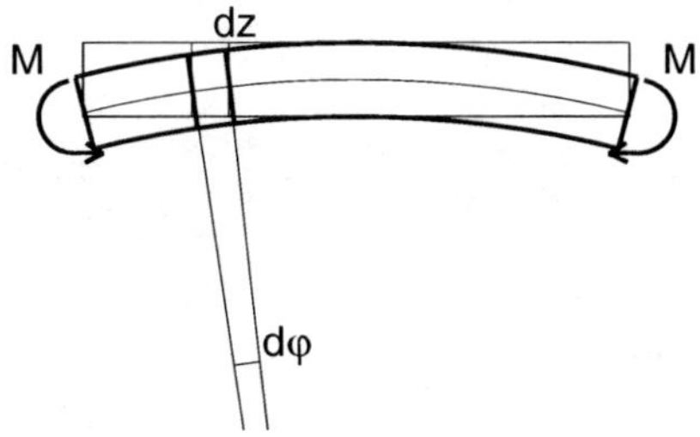

Figura 7.8

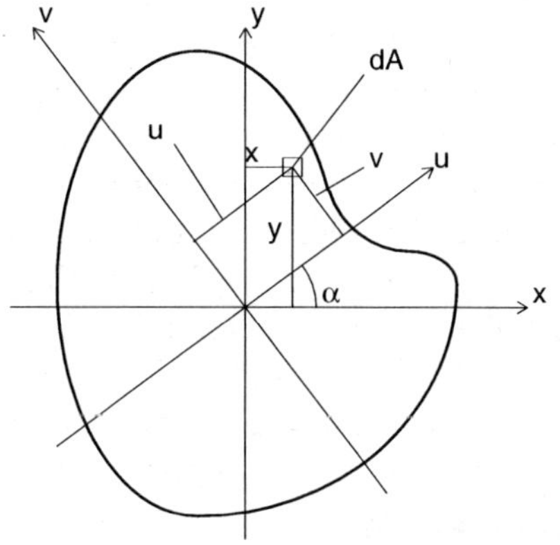

Figura 7.9

Se la sezione è simmetrica rispetto all'asse di sollecitazione, per simmetria si ha un asse neutro ad esso perpendicolare. D'altra parte, essendo i due mutuamente legati, se l'asse di sollecitazione è normale all'asse di simmetria, il suo coniugato, cioè l'asse neutro, è l'asse di simmetria, ad esso ortogonale. Se invece la sezione non è simmetrica si può ipotizzare l'esistenza di un asse di sollecitazione *v* il cui ortogonale *u* sia il suo coniugato (fig.7.9). Occorre trovare una giacitura α per cui sia verificata la condizione:

$$J_{uv} = \int_A uv \, dA = 0.$$

Se *x, y* è il sistema di riferimento arbitrario della sezione, con origine nel baricentro, e α l'angolo antiorario di *u* su *x*, le coordinate del punto generico saranno:

$$u = x \cos\alpha + y \sin\alpha \qquad v = y \cos\alpha - x \sin\alpha.$$

Il momento centrifugo rispetto agli assi *u, v*, che deve annullarsi, diventa:

$$J_{uv} = \int_A uv \, dA = \int_A \big((y^2 - x^2) \sin\alpha \cos\alpha + xy (\cos^2\alpha - \sin^2\alpha)\big) \, dA = 0$$

e quindi:

$$J_{uv} = \sin\alpha \cos\alpha \left(\int_A (y^2 - x^2) \, dA\right) + (\cos^2\alpha - \sin^2\alpha) \int_A xy \, dA = 0 .$$

Integrando, si ha:

$$J_{uv} = \sin\alpha \cos\alpha \, (J_x - J_y) + (\cos^2\alpha - \sin^2\alpha) \, J_{xy} = 0$$

e anche:

$$J_{uv} = 1/2 \, (J_x - J_y) \sin 2\alpha + J_{xy} \cos 2\alpha = 0.$$

L'angolo α che caratterizza la coppia di assi *u, v* cercati è definito da:

$$\sin 2\alpha / \cos 2\alpha = \mathrm{tg} 2\alpha = 2 \, J_{xy} / (J_y - J_x)$$

ossia:

$$\alpha = 1/2 \, \mathrm{artg} \, 2J_{xy} / (J_y - J_x).$$

L'espressione fornisce due valori di α che differiscono di $\pi/2$, come era da attendersi. I due assi u e v così individuati sono detti assi principali d'inerzia della sezione.

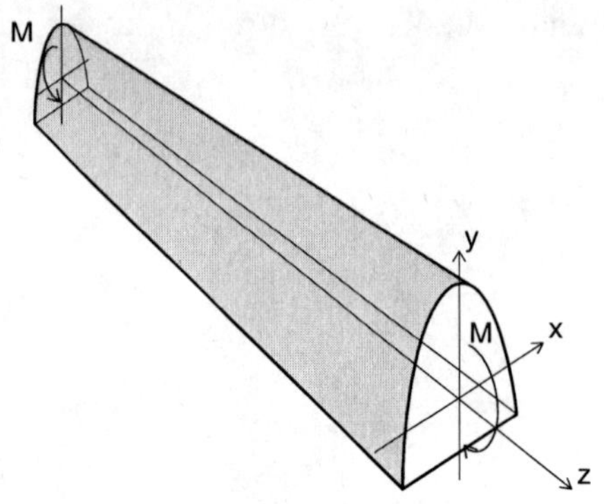

Figura 7.10

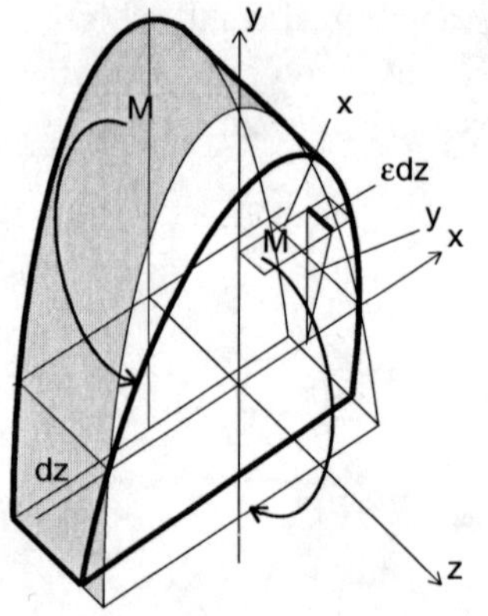

Figura 7.11

Flessione retta

Trattando sistemi piani di travi, si assume che il piano che caratterizza la struttura contenga sempre uno dei due assi principali d'inerzia, dando luogo alla cosiddetta flessione retta (fig.7.10, fig.7.11). In queste circostanze la descrizione dello stato di sforzo (e quindi di deformazione) fornita dalla relazione:

$$\sigma_z = My/J$$

vede le distanze y e il momento d'inerzia J misurati nel sistema di riferimento cartesiano coincidente con gli assi principali d'inerzia. Poiché è sempre possibile scomporre la flessione deviata in due flessioni rette, per il principio di sovrapponibilità degli effetti, d'ora in avanti si farà riferimento a quest'ultima situazione.

La rotazione $d\phi$ tra le due facce del tronchetto dz è misurata dal rapporto tra l'allungamento ε_z dz della fibra generica posta a distanza y dall'asse neutro e la distanza y (fig.7.12, fig.7.13), cioè:

$$d\phi = \varepsilon_z\, dz /y = \sigma_z\, dz /Ey = M/EJ\, dz.$$

Lavoro di deformazione

Il lavoro di deformazione che si sviluppa nel tronchetto dz sarà:

$$dL = 1/2\, dz \int_A \sigma_z\, \varepsilon_z\, dA = 1/2\, dz \int_A \sigma^2{}_z /E\, dA$$

e quindi:

$$dL = 1/2\, dz \int_A M^2 y^2 /EJ^2\, dA = 1/2\, dz\, M^2/EJ^2 \int_A y^2\, dA$$

da cui, essendo $J = \int_A y^2\, dA$, si ottiene:

$$dL = 1/2\, M^2/EJ\, dz = 1/2\, M\, d\phi.$$

Analogamente al caso dell'azione assiale, il lavoro di deformazione risulta definito dal momento agente, dal modulo elastico e dal momento d'inerzia, che riassume in un unico dato le caratteristiche geometriche della sezione.

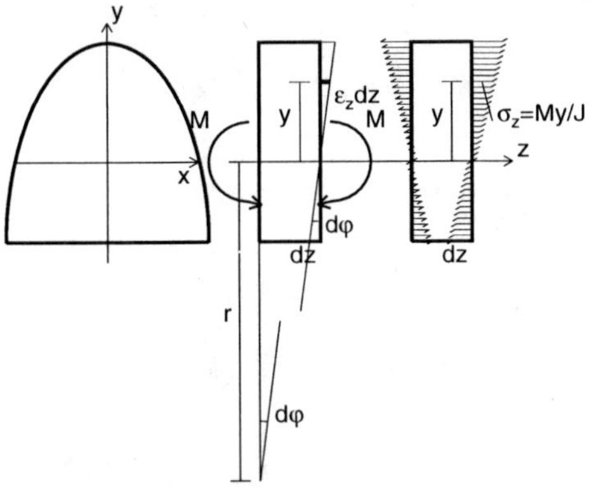

Figura 7.12

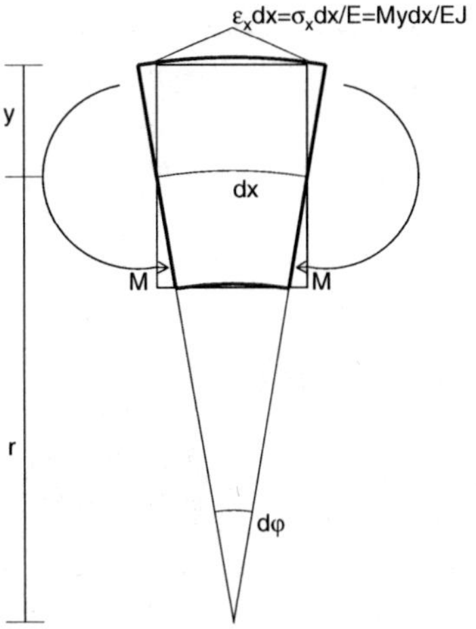

Figura 7.13

7.5 - SOLUZIONE APPROSSIMATA DEL TAGLIO

Nei paragrafi precedenti si è esaminato il caso della pura flessione o flessione uniforme. Accanto a questo è necessario considerare il caso, più frequente, di uno stato di flessione non uniforme, necessariamente legata alla presenza di un'azione tagliante dalla relazione:

$$dM(z)/dz = T$$

ricavata nel capitolo 3 per le travi rettilinee.

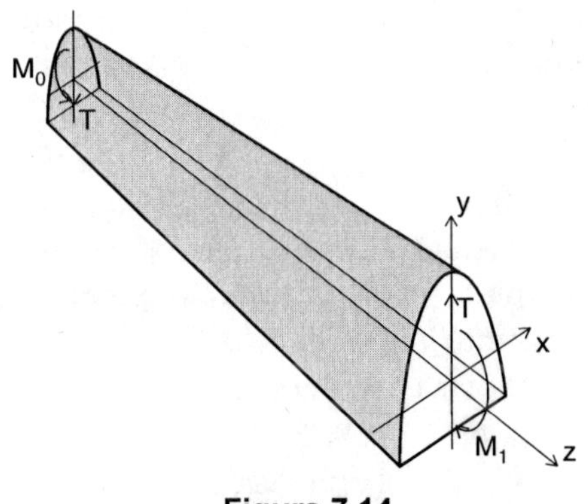

Figura 7.14

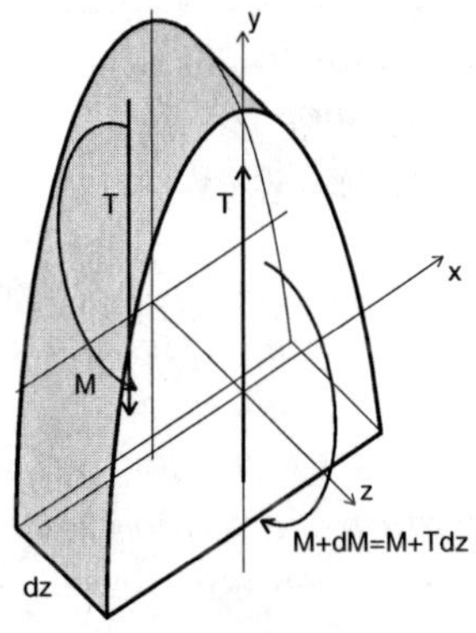

Figura 7.15

Secondo le ipotesi fatte per il prisma di Saint Venant (contorno scarico e assenza di forze di volume) l'azione tagliante risulta essere costante, e quindi l'azione flettente lineare (fig.7.14, fig.7.15). Il problema presenta qualche maggiore complessità rispetto ai casi di azione assiale e flettente uniformi. In molti casi si ricorre perciò ad una soluzione approssimata del problema, dovuta a Jourawsky.

L'approssimazione concentra l'attenzione su una corda trasversale all'azione tagliante, assumendo che siano costanti le componenti tangenziali dirette normalmente ad essa, ovvero limitandosi a calcolare il valor medio di tali componenti. L'approssimazione assume un significato intuitivo quando la sezione è simmetrica, il taglio agisce secondo l'asse di simmetria, e la corda è perpendicolare ad esso.

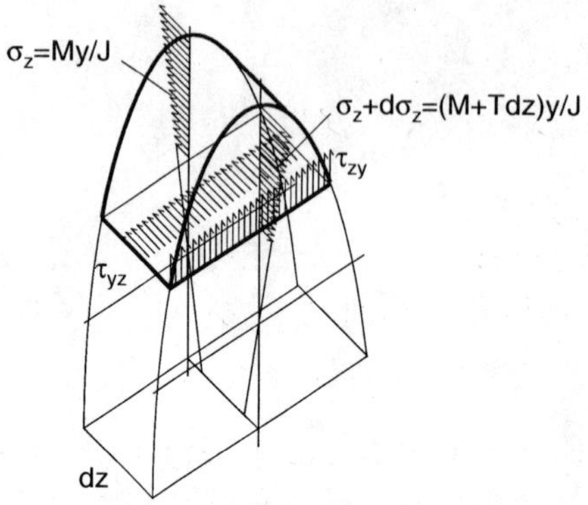

Figura 7.16

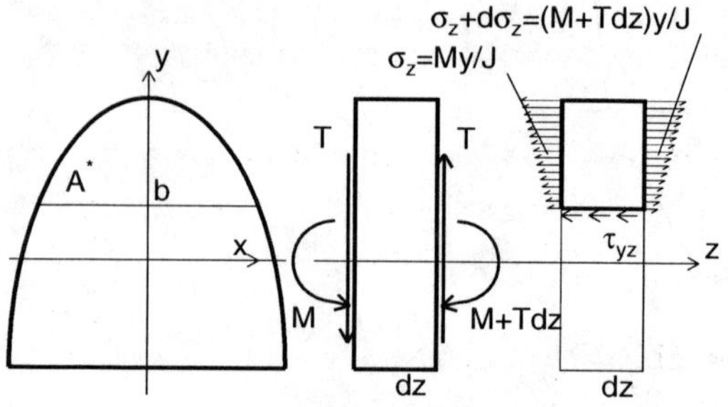

Figura 7.17

L'approssimazione elimina l'incognita relativa alla effettiva legge di distribuzione di queste tensioni lungo la corda. Avendo semplificato il problema, si constata che le sole condizioni di equilibrio sono sufficienti a identificare la soluzione (fig.7.16, fig.7.17).

Si indichi per semplicità con $\tau = \tau_{zy}$ la componente di tensione lungo una corda di lunghezza $b(y)$ normale all'asse y a quota y. Si consideri un tronchetto di lunghezza dz, che risulterà interessato sulla faccia di ascissa z dalle azioni T e $M(z)$, e sulla faccia di ascissa $z+dz$ dalle azioni T e $M(z+dz) = M+dM = M+Tdz$. Per effetto dei due momenti si avrà sulle due facce una distribuzione lineare di tensioni normali. Adottando per questa parte di sezione una variabile ausiliaria $v \equiv y$, si ha in z:

$$\sigma_z = Mv/J$$

e in $z+dz$:

$$\sigma_z + d\sigma_z = (M + Tdz)v/J.$$

Saranno inoltre presenti sulle due facce le tensioni dovute alle azioni T. Isolando la porzione del tronchetto soprastante la corda $b = b(y)$, si potrà mettere in evidenza sul piano sezionato di normale y una distribuzione di tensioni $\tau = \tau_{yz}$ con verso opposto a z. Avendo assunto τ indipendente da x e considerando dz infinitesimo, la risultante secondo z di queste ultime è fornita da $\tau\, b(y)\, dz$. Detta A^* la parte di sezione soprastante la quota y, per l'equilibrio alla traslazione secondo z della porzione considerata del tronchetto si avrà (fig.7.17):

$$- \int_{A^*} \sigma_z \, dA + \int_{A^*} (\sigma_z + d\sigma_z) \, dA - \tau \, b \, dz = 0.$$

Sostituendo le espressioni delle tensioni normali si ha:

$$- M/J \int_{A^*} v \, dA + (M + T\,dz)/J \int_{A^*} v \, dA - \tau \, b \, dz = 0$$

da cui, osservando che $S^* = \int_{A^*} v \, dA$ è il momento statico rispetto a x (asse neutro della flessione) della parte di sezione soprastante y, si ottiene:

$$\tau = T\, S^*/bJ.$$

Quest'ultima ci fornisce il richiesto valor medio della tensione tangenziale diretta come l'asse di simmetria alla quota y.

Tensioni tangenziali secondo x

Ricordando l'equazione indefinita di equilibrio:

$$\tau_{zx/x} + \tau_{zy/y} + \sigma_{z/z} = 0$$

e derivando rispetto a x si ha:

$$\tau_{zx/xx} + \tau_{zy/yx} + \sigma_{z/zx} = 0.$$

Essendo costanti rispetto a x sia σ_z (soluzione esatta del caso di flessione), sia τ_{zy} (approssimazione adottata), ed essendo invertibile l'ordine di derivazione, il secondo e terzo termine risultano nulli. Si ha quindi:

$$\tau_{zx/xx} = 0$$

che ci assicura che, nell'ambito dell'approssimazione adottata, la τ_{zx} risulta al massimo lineare secondo x. Inoltre, se dx/dy è la pendenza del contorno all'estremo della corda b, e si impone che la risultante delle tensioni tangenziali sulla sezione sia parallela al bordo in quel punto, nel rispetto delle condizioni al contorno (fig.7.18), si ha:

$$\tau_{zx} / \tau_{zy} = dx/dy$$

che ci permette di ricavare i valori estremi (di segno opposto per simmetria della sezione) della distribuzione lineare delle τ_{zx}, una volta nota τ_{zy} (fig.7.19). Come caso particolare si osserva che nella sezione rettangolare, dove $dx/dy = 0$, la componente tangenziale τ_{zx} risulta ovunque nulla.

È importante ricordare che, avendo ottenuto una soluzione approssimata del problema attraverso semplici relazioni di equilibrio, ne consegue che la corrispondente distribuzione di deformazioni può risultare non congruente.

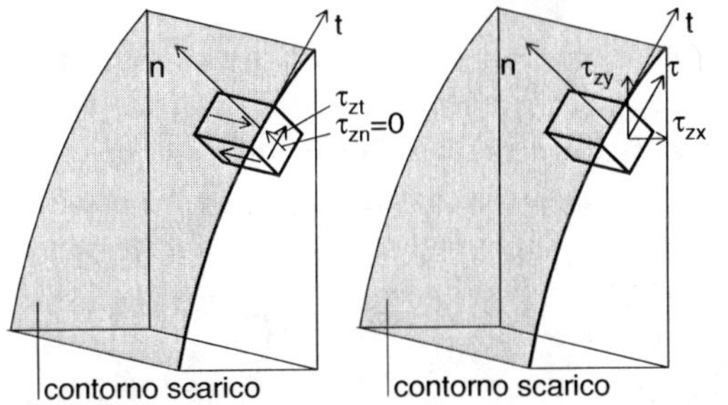

Figura 7.18

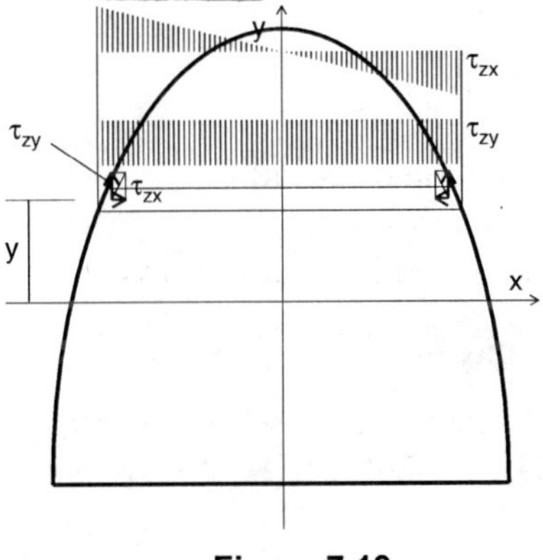

Figura 7.19

Lavoro di deformazione e fattore di taglio

Le τ hanno una distribuzione non lineare secondo y e si annullano ai lembi estremi superiore e inferiore per il rispetto delle condizioni di equilibrio al contorno. La deformazione associata è caratterizzata da scorrimenti nulli ai lembi estremi e comporta necessariamente l'*ingobbamento* della sezione, cioè la fuoruscita dei punti dal piano (fig.7.20). Il lavoro di deformazione associato agli scorrimenti $\gamma_{zy} = \gamma = \tau/G$ e alle componenti di sforzo $\tau=\tau_{zy}$ nel tronchetto dz sarà:

$$dL = 1/2 \int_A \tau\, \gamma\, dA\, dz = 1/2 \int_A \tau^2/G\, dA\, dz$$

da cui, posto $dA = b\, dy$ e $\tau = TS^*/bJ$, si ha:

$$dL = 1/2\, T^2\, dz/GJ^2 \int_H S^{*2}/b\, dy = 1/2\, T^2/GA\, \chi\, dz = 1/2\, T\, dt$$

dove con H si è indicata l'altezza della sezione, e dove S^* e b risultano funzione di y. In questa espressione compare il fattore adimensionale di taglio:

$$\chi = A/J^2 \int_H S^{*2}/b\, dy$$

che rispecchia le sole caratteristiche geometriche di forma della sezione, ma non le dimensioni o i rapporti di scala nelle due direzioni.

Con:

$$dt = \chi\, T/GA\, dz$$

si è indicato un fattore estensivo del lavoro (dimensionalmente una lunghezza) che associato alla forza T permette di calcolare direttamente il lavoro di deformazione, una volta noti l'azione tagliante T, il modulo di elasticità tangenziale G, l'area della sezione A e il fattore adimensionale χ.

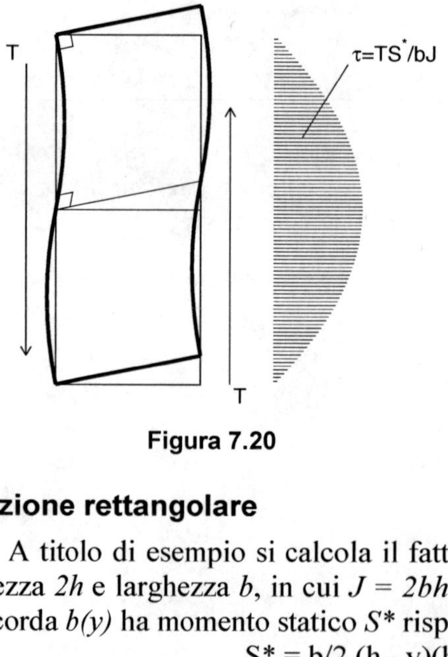

Figura 7.20

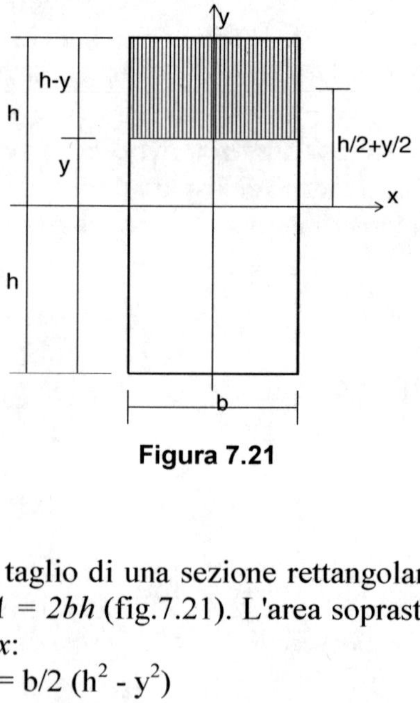

Figura 7.21

Sezione rettangolare

A titolo di esempio si calcola il fattore di taglio di una sezione rettangolare di altezza $2h$ e larghezza b, in cui $J = 2bh^3/3$ e $A = 2bh$ (fig.7.21). L'area soprastante la corda $b(y)$ ha momento statico S^* rispetto a x:

$$S^* = b/2\, (h - y)(h + y) = b/2\, (h^2 - y^2)$$

Il fattore di taglio risulta:

$$\chi = 9\, h^5/8 \int_{-h,h} (h^2 - y^2)\, dy = 6/5$$

e, come accennato, risulta essere indipendente dalle dimensioni della sezione e dal rapporto dei lati.

7.6 - TORSIONE CIRCOLARE

Un prisma circolare soggetto ad un'azione torcente M_t, uniforme secondo l'asse z (fig.7.22), presenta uno stato di sforzo e di deformazione particolarmente semplice. Sezionando il prisma in una posizione generica (fig.7.23), si constata che le due facce risultanti dal taglio presentano la stessa geometria e che il momento applicato presenta lo stesso verso. Lo stato di sforzo deve quindi risultare identico. In particolare, la componente radiale τ_{zr} dello sforzo tangenziale sulle due facce, dovendo avere verso uguale per simmetria, e verso opposto per equilibrio, non può che essere nulla. Per conseguenza lo stato di sforzo tangenziale si riduce alla sola componente normale al raggio $\tau_{z\theta}$, che per simmetria radiale risulterà costante lungo la circonferenza.

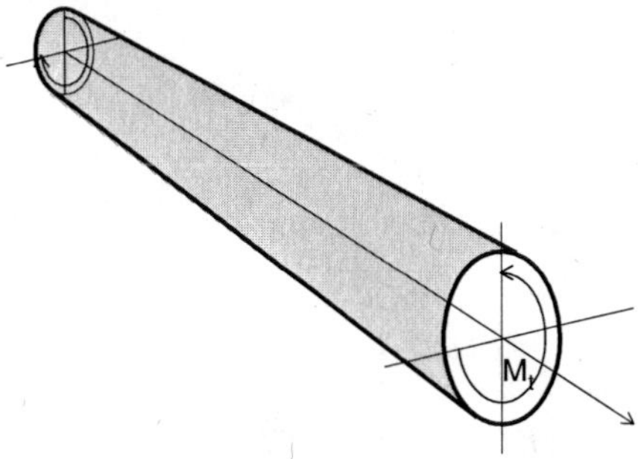

Figura 7.22

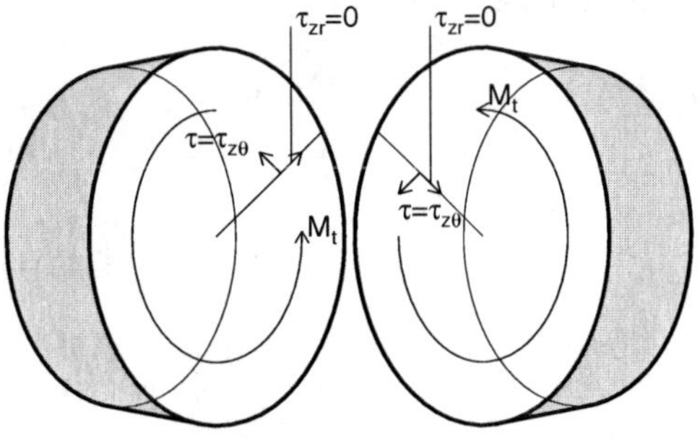

Figura 7.23

Preso un tronchetto di lunghezza dz (fig.7.24), le due facce estreme ruoteranno l'una rispetto all'altra di un angolo $d\theta$, ma rimarranno piane. Infatti un eventuale *ingobbamento* della sezione, con dislocamento longitudinale differenziale dei punti della sezione originariamente piana, non sarebbe compatibile con la simmetria del problema. Presa una fibra diretta come z sulla circonferenza di raggio r, il suo estremo $z+dz$ sarà ruotato rispetto all'estremo z descrivendo un arco $r\,d\theta$. Nel piano di normale r tangente alla circonferenza la rotazione della fibra è misurata dallo scorrimento angolare totale γ, cui corrisponde lo spostamento relativo degli estremi $\gamma\,dz$. Si ha cioè:

$$\gamma\, dz = r\, d\theta \qquad \text{e quindi:} \qquad \gamma = r\, d\theta/dz.$$

L'angolo infinitesimo $\gamma = \gamma_{\theta z}$ rappresenta lo scorrimento angolare nel piano tangente ed è proporzionale allo sforzo tangenziale $\tau = \tau_{\theta z}$, secondo la relazione $\gamma = \tau/G$. La distribuzione degli sforzi $\tau_{z\theta} = \tau_{\theta z}$ nella sezione sarà quindi:

$$\tau = G\,\gamma = G\, r\, d\theta/dz$$

e dà luogo alla distribuzione lineare nel raggio di fig.7.25.

L'effetto complessivo di queste tensioni tangenziali deve equivalere al momento torcente applicato M_t. Sull'areola elementare $dr\ r\ d\theta$ si ha la forza circonferenziale $\tau\ dr\ r\ d\theta$, che contribuisce al momento intorno a z con braccio r. Se R è il raggio esterno, si ha complessivamente:

$$\int_{2\pi} \int_{R} \tau\, r^2\, dr\, d\theta = M_t$$

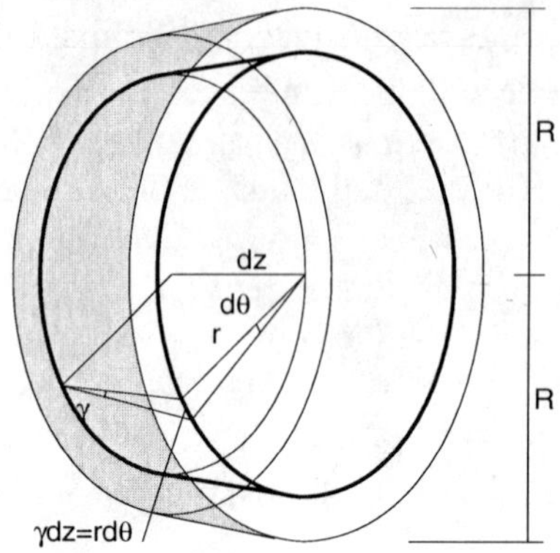

Figura 7.24

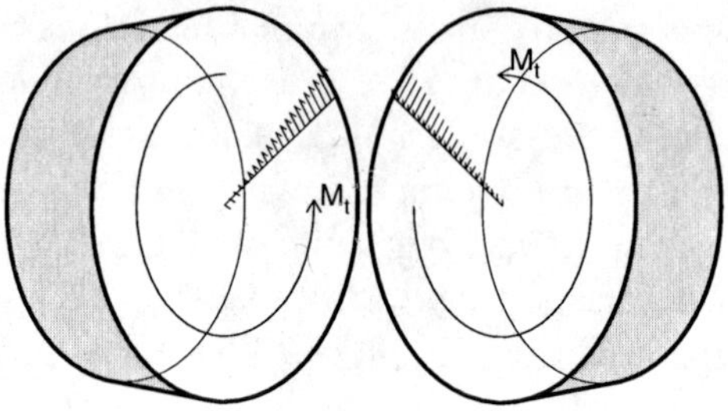

Figura 7.25

Sostituendo l'espressione di $\tau = G\,r\,d\theta/dz$ si ricava:

$$G\, d\theta/dz \int_{2\pi} \int_{R} r^3\, dr\, d\theta = G\, J_p\, d\theta/dz = M_t$$

essendo $J_p = \int_A r^2\, dA$ il momento d'inerzia polare di una sezione generica, e:

$$J_p = \int_{2\pi} \int_{R} r^3\, dr\, d\theta = \pi R^4/2$$

il momento d'inerzia polare della sezione circolare.

Essendo $d\theta/dz = \tau/Gr$ si ottiene $G\, J_p\, \tau/Gr = M_t$, ossia:

$$\tau = M_t\, r/J_p.$$

La rotazione fra le due facce del tronchetto *dz* risulta essere:

$$d\theta = M_t/GJ_p\, dz.$$

La rotazione θ tra i due estremi di un'asta di lunghezza *l* sarà:

$$\theta = \int_l d\theta = \int_l M_t/GJ_p\, dz = M_t\, l/GJ_p.$$

Lavoro di deformazione

Il lavoro di deformazione nel tronchetto *dz* è dato da:

$$dL = 1/2\, dz \int_A \tau\, \gamma\, dA = 1/2\, dz/G \int_A \tau^2\, dA = 1/2\, M_t^2\, dz/GJ_p^2 \int_A r^2\, dA$$

e integrando:

$$dL = 1/2\, M_t^2\, /GJ_p\, dz = 1/2\, M_t\, d\theta$$

Lo stato di sforzo risulta compiutamente descritto da una distribuzione lineare di tensioni tangenziali normali al raggio.

Direzioni principali

Ritagliando un elemento triortogonale con due spigoli orientati come *r,z* e uno spigolo tangente a una circonferenza (fig.7.26), si osserva che lo stato di sforzo ha una direzione principale *r* con tensione principale nulla, essendo scarica la faccia di normale *r*. Sulle altre due facce si ha solamente la componente τ sopra vista. Ruotando l'elemento di $\pi/4$ intorno alla direzione *r* si mettono in evidenza, come visto nel capitolo 4, le altre due direzioni principali, con tensioni principali $\sigma_I = \tau$ e $\sigma_{II} = -\tau$. Le linee isostatiche che caratterizzano l'andamento delle direzioni principali su una superficie cilindrica si avvolgono su di essa con un'elica inclinata di $\pi/4$.

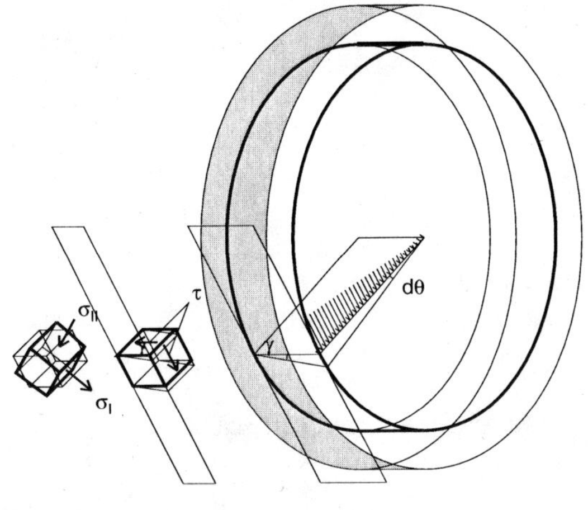

Figura 7.26

Determinazione sperimentale di G

Il caso di torsione circolare può essere realizzato in laboratorio, consentendo di misurare l'angolo di torsione θ di un'asta di caratteristiche geometriche note l, J_p soggetta a momento torcente noto M_t. Da questa misura si può determinare il modulo di elasticità tangenziale G già individuato precedentemente con la prova di trazione, tramite i valori di m e E:

$$G = M_t\, l/\theta J_p.$$

7.7 - TORSIONE

Si considera un prisma di contorno analiticamente noto, soggetto al momento torcente M_t (fig.7.27, fig.7.28). Si fa l'ipotesi che per effetto del momento agente i punti della sezione ruotino intorno a un asse parallelo a z, che la proiezione della sezione sul piano x,y rimanga uguale a se stessa, mentre non si pone alcuna condizione alla fuoruscita dei punti della sezione dal piano originario (*ingobbamento della sezione*). Si ha quindi che $\gamma_{xy}=0$ e quindi $\tau_{xy}=0$. Assumendo che $\sigma_x=\sigma_y=\sigma_z=0$, e quindi $\varepsilon_x=\varepsilon_y=\varepsilon_z=0$, le uniche componenti non nulle saranno τ_{zx}, τ_{zy}.

Approccio negli sforzi

Si assume una funzione potenziale degli sforzi $\Phi(x,y)$ da cui si ottiene:

$$\tau_{zx} = \Phi_{/y}, \qquad \gamma_{zx} = \Phi_{/y}\, 1/G$$

$$\tau_{zy} = -\Phi_{/x}, \qquad \gamma_{zy} = -\Phi_{/x}\, 1/G.$$

Delle equazioni indefinite di equilibrio:

$$\sigma_{x/x} + \tau_{xy/y} + \tau_{xz/z} = 0 \qquad \tau_{yx/x} + \sigma_{y/y} + \tau_{yz/z} = 0 \qquad \tau_{zx/x} + \tau_{zy/y} + \sigma_{z/z} = 0$$

rimane:

$$\tau_{xz/z} = \Phi_{/yz} = 0 \qquad \tau_{yz/z} = -\Phi_{/xz} = 0 \qquad \tau_{zx/x} + \tau_{zy/y} = \Phi_{/yx} - \Phi_{/xy} = 0.$$

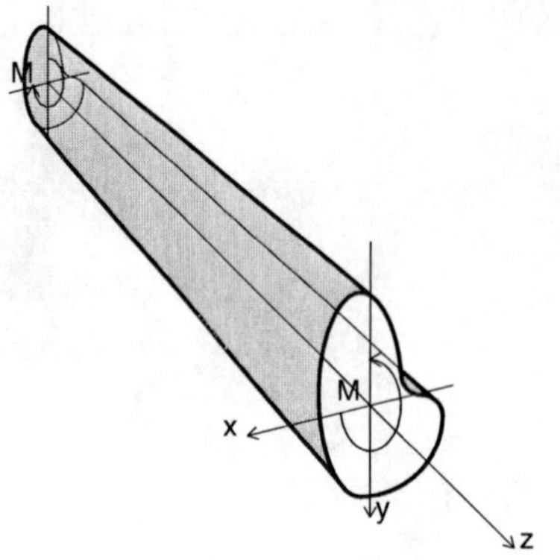

Figura 7.27

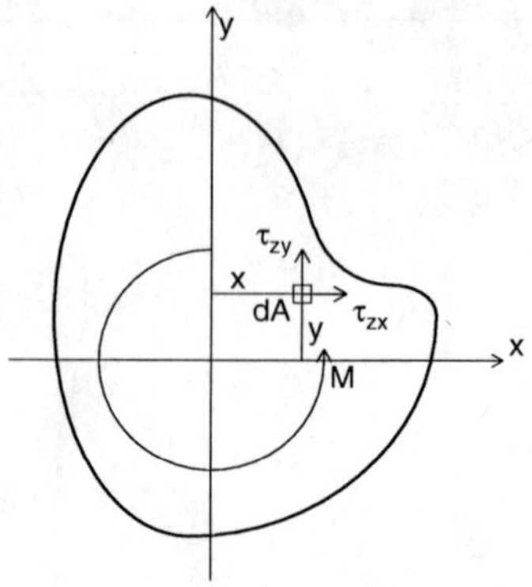

Figura 7.28

Le prime due sono soddisfatte per l'indipendenza di Φ da z. La terza è soddisfatta per invertibilità degli indici di derivazione.

Delle equazioni di congruenza:

$$2\varepsilon_{x/yz} + \gamma_{yz/xx} = \gamma_{xy/xz} + \gamma_{xz/xy}$$
$$2\varepsilon_{y/zx} + \gamma_{zx/yy} = \gamma_{yz/yx} + \gamma_{yx/yz}$$
$$2\varepsilon_{z/xy} + \gamma_{xy/zz} = \gamma_{zx/zy} + \gamma_{zy/zx}$$

la terza è verificata per essere $\varepsilon_z=0$ e per l'indipendenza da z della soluzione.

Essendo $\varepsilon_x = \varepsilon_y = \gamma_{xy} = 0$, le rimanenti diventano:

$$\gamma_{zx/yx} - \gamma_{zy/xx} = 0 \qquad\qquad \gamma_{zx/yy} - \gamma_{zy/xy} = 0$$

o anche:

$$(\gamma_{zx/y} - \gamma_{zy/x})_{/x} = 0 \qquad\qquad (\gamma_{zx/y} - \gamma_{zy/x})_{/y} = 0$$

Essendo gli sforzi e le deformazioni indipendenti da z, si ha:

$$\gamma_{zx/y} - \gamma_{zy/x} = \text{costante} = -C$$

e sostituendo la Φ:

$$\Phi_{/xx} + \Phi_{/yy} = \nabla^2 \Phi = -C$$

dove ∇^2 è l'operatore di Laplace.

È soddisfatto l'equilibrio indefinito, la congruenza e il legame elastico. Nota, mediante integrazione dell'equazione differenziale, la soluzione indefinita, occorre verificare le condizioni al contorno. Perché il contorno risulti scarico occorre che la risultante delle τ_{zx}, τ_{zy} al bordo libero risulti parallela alla linea di contorno (fig.7.29, fig.7.30), cioè:

$$\tau_{zy} / \tau_{zx} = dy/dx.$$

Sostituendo le derivate di Φ si ha:

$$\Phi_{/x}\, dx + \Phi_{/y}\, dy = \Phi_{/t}\, dt = d\Phi(t) = 0.$$

La funzione Φ risulta essere costante lungo il contorno della sezione. Poiché la soluzione non dipende dai valori di Φ, ma solo dalle sue derivate, si può assumere arbitrariamente che sia $\Phi(t) = 0$, cioè che la stessa Φ si annulli sul contorno. Sulle basi le τ presenti ammettono implicitamente le risultanti $N = 0$, $M_x = 0$, $M_y = 0$, non essendovi componenti che vi contribuiscano. Per le altre risultanti occorre una verifica specifica.

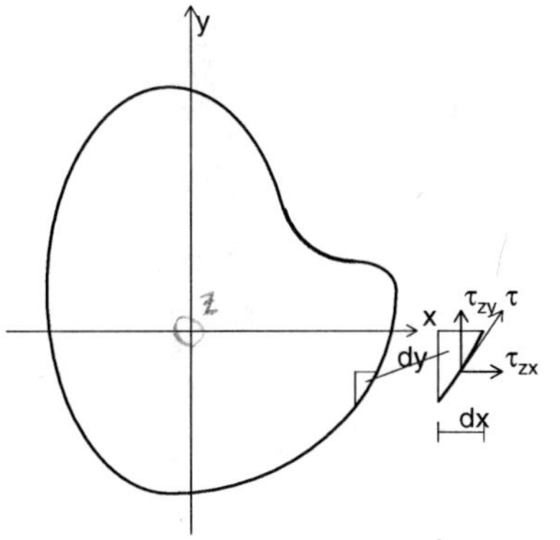

Figura 7.29

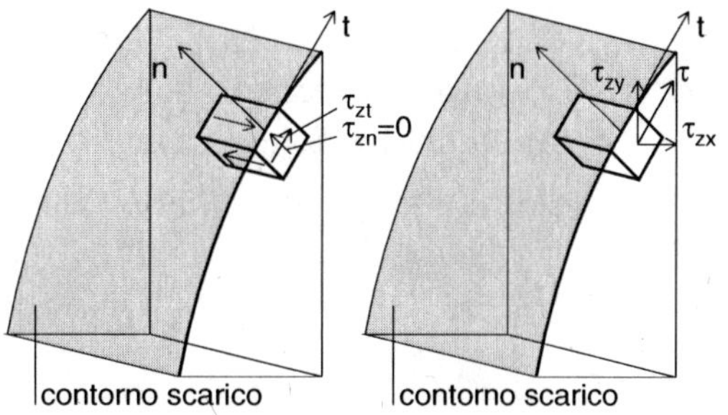

Figura 7.30

Per l'equivalenza alla traslazione in direzione y si ha:

$$\int_A \tau_{zy} dA = -\int_v^w \left(\int_t^u \Phi_{/x} dx\right) dy = 0$$

dove con t, u si indicano i limiti inferiori e superiori di integrazione di x e con v, w i limiti inferiori e superiori di integrazione di y. L'integrale:

$$\int_t^u \Phi_{/x} dx = \int_t^u (\partial\Phi / \partial x) dx$$

corrisponde alla differenza tra il valore finale in t e il valore iniziale in s di Φ, entrambi nulli. La condizione risulta soddisfatta, come l'analoga in direzione x.

Per l'equivalenza alla rotazione intorno all'asse z si ha:

$$\int_A (x\tau_{zy} - y\tau_{zx}) dA = -\int_v^w \left[\int_t^u (x\Phi_{/x} + y\Phi_{/y}) dx\right] dy = M_t$$

o anche:

$$-\int_v^w \left[\int_t^u x\Phi_{/x} dx\right] dy - \int_s^t \left[\int_v^w y\Phi_{/y} dy\right] dx = M_t$$

Integrando per parti si ha:

$$-\int_v^w \left[\int_t^u (x\Phi)_{/x} dx\right] dy + \int_v^w \int_t^u \Phi dx dy - \int_s^t \left[\int_v^w (y\Phi)_{/y} dy\right] dx + \int_s^t \int_v^w \Phi dy dx = M_t$$

Gli integrali entro parentesi rappresentano la differenza tra i valori finali e i valori iniziali rispettivamente di $x\Phi$ e $y\Phi$, che sono nulli come visto sopra. Rimane quindi:

$$\int_A 2\Phi \, dA = M_t$$

che consente di individuare la costante C che caratterizza la soluzione, una volta individuata una funzione Φ che soddisfi le condizioni:

$$\nabla^2 \Phi = - C$$

$$\Phi(t) = 0.$$

Note le espressioni di τ_{zx}, τ_{zy}, si definisca $\tau'_{zx}=\tau_{zx}/M_t$, e $\tau'_{zy}=\tau_{zy}/M_t$ la soluzione relativa a un momento torcente unitario (dimensionalmente L^{-3}). Sia θ la rotazione relativa dell'immagine della sezione fra gli estremi di una trave di lunghezza unitaria, per effetto di M_t. Eguagliando il lavoro esterno con l'energia di deformazione, si ha:

$$1/2\ M_t\ \theta = 1/2\ M_t^2/G \int_A (\tau'^2_{zx} + \tau'^2_{zy})\ dA.$$

Posto:

$$\xi/J_p = \int_A (\tau'^2_{zx} + \tau'^2_{zy})\ dA,$$

dove J_p è il momento d'inerzia polare (dimensionalmente L^4, come la grandezza integrale) e ξ è un fattore adimensionale correttivo legato alla geometria della sezione (come χ per il taglio), si ha la misura della rotazione per trave di lunghezza unitaria:

$$\theta = \xi\ M_t/GJ_p.$$

Analogia idrodinamica

Si consideri un bacino piano avente il contorno della sezione, entro il quale si abbia il moto piano di un fluido perfetto incomprimibile caratterizzato da vorticità costante. Si immagini che nel piano x,y le componenti τ_{zx} e τ_{zy} rappresentino le due componenti della velocità v_x e v_y.

La condizione indefinita di equilibrio nel piano x,y, con forze di volume nulle, diventa:

$$v_{x/x} + v_{y/y} = \text{div}\ \mathbf{v} = 0,$$

che esprime l'incompressibilità del fluido.

La condizione di congruenza diventa:

$$v_{y/x} - v_{x/y} = \mathbf{n}_z^t\ \text{rot}\ \mathbf{v} = -\ C,$$

e caratterizza le condizioni del moto vorticoso.

Le condizioni al contorno, che impongono l'annullarsi della componente τ normale al bordo, corrispondono ad un moto nel quale il vettore velocità è tangente al bordo, e si annulla, come le τ, in corrispondenza dei punti angolosi. L'analogia idraulica fra velocità e tensioni tangenziali, e in particolare la constatazione che il flusso è costante, suggerisce alcune soluzioni approssimate al problema della torsione, come quella relativa ai profili sottili chiusi.

Sezione ellittica

Si consideri il prisma ellittico di fig.7.31, con semiassi a,b e soggetto a momento torcente. La soluzione del problema è fornita da una funzione $\Phi(x,y)$ che si annulli sul contorno e che soddisfi la condizione differenziale:

$$\Phi_{/xx} + \Phi_{/yy} = \nabla^2\ \Phi = C$$

e la condizione integrale (equilibrio sulle basi col momento assegnato):

$$M = 2 \int_A \Phi\ dA.$$

Si assume la funzione potenziale:

$$\Phi = \Phi_o\left(1 - x^2/a^2 - y^2/b^2\right),$$

che si annulla sul contorno:

$$x^2/a^2 + y^2/b^2 = 1.$$

Da questa si ha:

$$\nabla^2\Phi = -\ C = -\ 2\Phi_o\left(1/a^2 + 1/b^2\right)$$

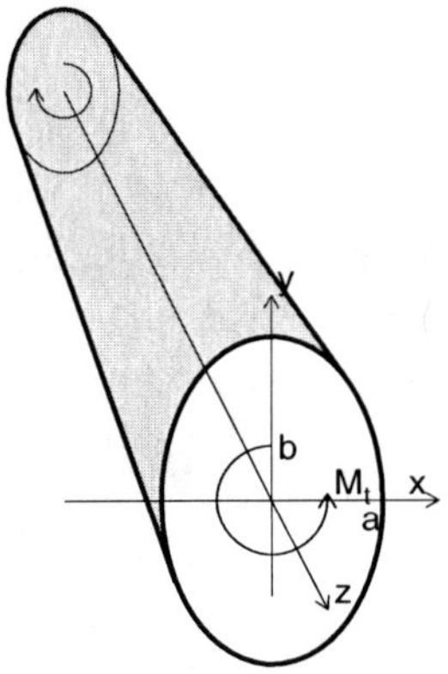

Fig.7.31

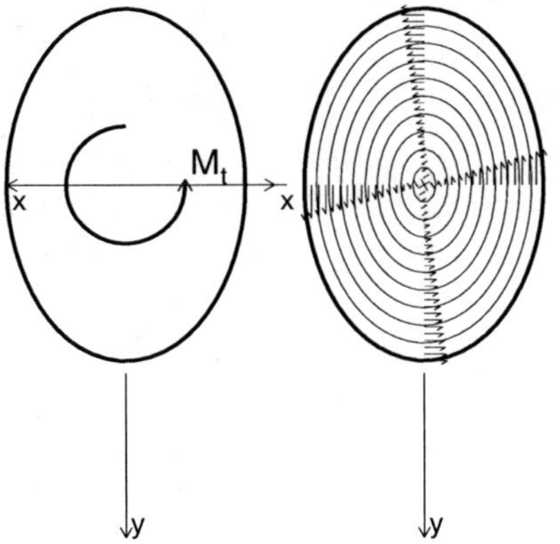

Fig.7.32

che fornisce:

$$\Phi_o = C/2\ a^2b^2/(a^2 + b^2).$$

La condizione differenziale è manifestamente soddisfatta, essendo Φ funzione di secondo grado in x,y. La condizione integrale diventa:

$$M_t = 2 \int_A \Phi\ dA = C\ a^2b^2/(a^2 + b^2) \int_A \left(1 - x^2/a^2 - y^2/b^2 \right) dA.$$

Introducendo le espressioni dell'area e dei momenti d'inerzia:

$$A = \int_A dA = \pi ab, \qquad J_y = \int_A x^2\ dA = \pi ba^3/4 \qquad J_x = \int_A y^2\ dA = \pi ab^3/4$$

si può scrivere:

$$M_t = C\ a^2b^2/(a^2 + b^2) \left(A - J_y/a^2 - J_x/b^2 \right) = C\pi/2\ a^3b^3/(a^2 + b^2)$$

Si ottiene:

$$C = 2M_t/\pi\ (a^2 + b^2)/a^3b^3,$$

e sostituendo:

$$\Phi_o = C/2\ a^2b^2/(a^2 + b^2) = M_t/\pi ab$$

$$\Phi(x,y) = M_t/\pi ab \left(1 - x^2/a^2 - y^2/b^2\right).$$

Le componenti di tensione diventano:

$$\tau_{zx} = \Phi_{/y} = -\ 2My/\pi ab^3 \qquad \tau_{zy} = -\ \Phi_{/x} = +\ 2Mx/\pi ba^3$$

e i loro valori estremi sui diametri principali:

$$\tau_{zx} = -\ 2M/\pi ab^2 \text{ per } x = 0,\ y = b \qquad \tau_{zy} = 2M/\pi ba^2 \text{ per } x = a,\ y = 0.$$

La risultante delle tensioni tangenziali:

$$\tau = \sqrt{(\tau_{zx}^{\ 2} + \tau_{zy}^{\ 2})}$$

risulta tangente all'ellisse passante per il punto considerato, con assi proporzionali ad a e b (fig.7.32). Questi stessi risultati si applicano al caso della torsione circolare, adottando $a = b = r$.

Sezione rettangolare

Il problema della torsione nella sezione rettangolare è reso arduo dalla difficoltà di soddisfare con la Φ le condizioni al contorno. Si osserva che nei vertici, come in generale in tutti i punti angolosi, tutte le componenti tangenziali devono annullarsi. È ragionevole domandarsi se la distribuzione calcolata per un'ellisse inscritta nel rettangolo possa rappresentare un'indicazione. Dal punto di vista qualitativo la distribuzione di fig.7.32 coglie in modo soddisfacente l'andamento relativo agli assi *x,y*. Appare invece inadeguata lungo le diagonali, dove è ragionevole attendersi che le τ crescano inizialmente a partire dal centro, per poi annullarsi sullo spigolo. Dal punto di vista meccanico la distribuzione di fig.7.32 cade in difetto per mancanza di congruenza delle deformazioni al contorno dell'ellisse, nel brusco passaggio da tensioni finite (massime) a tensioni nulle. Con materiali a comportamento duttile questa soluzione arbitraria riveste tuttavia interesse come stima approssimata delle tensioni massime e della deformabilità globale.

Approccio negli spostamenti

La sezione è soggetta a una rotazione rigida attorno a un punto C, arbitrariamente definito, e a un ingobbamento descritto dalla funzione $\Psi(x,y)$; le componenti di spostamento si possono scrivere come:

$$s_x = -\theta\,(y - y_C) \qquad s_y = \theta\,(x - x_C) \qquad s_z = \theta_{/z}\,\Psi(x,y)$$

Si nota che queste espressioni soddisfano identicamente le equazioni di congruenza, e che le uniche componenti di deformazione non nulle sono le seguenti:

$$\gamma_{zx} = s_{x/z} + s_{z/x} = -(\,y - y_C\,)\,\theta_{/z} + \theta_{/z}\,\Psi_{/x}$$
$$\gamma_{zy} = s_{y/z} + s_{z/y} = (\,x - x_C\,)\,\theta_{/z} + \theta_{/z}\,\Psi_{/y}$$

Gli sforzi tangenziali si ricavano immediatamente dal legame elastico $\tau_{ik}=G\gamma_{ik}$:

$$\tau_{zx} = G\,\gamma_{zx} = G\theta_{/z}\,[\,\Psi_{/x} - (\,y - y_C\,)]$$
$$\tau_{zy} = G\,\gamma_{zy} = G\theta_{/z}\,[\,\Psi_{/y} + (\,x - x_C\,)]$$

e l'equilibrio indefinito risulta soddisfatto se la funzione d'ingobbamento è armonica:

$$\tau_{zx/x} + \tau_{zy/y} = G\theta_{/z}\,(\,\Psi_{/xx} + \Psi_{/yy}\,) = 0, \quad \Rightarrow \quad \nabla^2\,\Psi = 0$$

Sul contorno della sezione il vettore sforzo deve risultare parallelo alla tangente; la componente normale deve dunque annullarsi:

$$\tau_{zn} = \tau_{zx}\,n_x + \tau_{zy}\,n_y = 0$$

Sostituendo le espressioni ottenute per gli sforzi si ricava:

$$\tau_{zn} = G\theta_{/z}\,[\,\Psi_{/x} - (\,y - y_C\,)]\,n_x + G\theta_{/z}\,[\,\Psi_{/y} + (\,x - x_C\,)]\,n_y = 0$$

equazione che traduce la condizione al contorno:

$$\Psi_{/x}\,n_x + \Psi_{/y}\,n_y = \Psi_{/n} = (\,y - y_C\,)\,n_x - (\,x - x_C\,)\,n_y$$

In ultimo, la curvatura torsionale si ricava imponendo che il momento M_t sia il risultante degli sforzi; considerando, ad esempio, il baricentro come polo si ricava:

$$M_t = \int_A (x\tau_{zy} - y\tau_{zx})\,dA = G\theta_{/z} \int_A x\,[\,\Psi_{/y} + (\,x - x_C\,)] - y\,[\,\Psi_{/x} - (\,y - y_C\,)]\,dA$$

L'integrale nella precedente equazione è detto momento d'inerzia torsionale J_t: si potrebbe mostrare che è una proprietà geometrica della sezione e non dipende dalla scelta del punto C.

$$J_t = \int_A x\,[\,\Psi_{/y} + (\,x - x_C\,)] - y\,[\,\Psi_{/x} - (\,y - y_C\,)]\,dA, \qquad 0 < J_t \le J_p$$

ovvero:

$$\theta_{/z} = M_t\,/\,(GJ_t) = \xi\,M_t\,/\,(GJ_p), \qquad \xi = J_p\,/\,J_t \ge 1$$

In ultimo, il confronto tra le espressioni ottenute per gli sforzi nei due approcci fornisce le relazioni che legano il potenziale degli sforzi Φ e la funzione di ingobbamento Ψ:

$$\tau_{zx} = \Phi_{/y} = G\theta_{/z} [\Psi_{/x} - (y - y_C)]$$
$$\tau_{zy} = - \Phi_{/x} = G\theta_{/z} [\Psi_{/y} + (x - x_C)]$$

Centro di torsione

Il punto C dipende da arbitrarie roto-traslazioni rigide del prisma eventualmente applicate durante il processo deformativo. Il campo di sforzi non dipende C; se si sceglie come centro di rotazione il punto C' dovrà risultare:

$$\Psi_{/x} - (y - y_C) = \Psi'_{/x} - (y - y_{C'})$$
$$\Psi_{/y} + (x - x_C) = \Psi'_{/y} + (x - x_{C'})$$

da cui si deduce:

$$\Psi' = \Psi - x (y_{C'} - y_C) + y (x_{C'} - x_C) + k$$

cioè, come atteso, le due funzioni d'ingobbamento differiscono per una funzione lineare.

Il piano medio della sezione in configurazione deformata può essere definito mediante il metodo dei minimi quadrati; utilizzando il sistema principale centrale d'inerzia della sezione come riferimento e il punto C' come centro di rotazione si ha:

$$\Pi = \int_A [s_z - (\phi_u v - \phi_v u + s_0)]^2 \, dA$$

Imponendo la stazionarietà della funzione Π si ricavano le rotazioni medie della sezione ϕ_u e ϕ_v:

$$\Pi_{/\phi_u} = -2 \int_A v (\theta_{/z} \Psi - \phi_u v + \phi_v u - s_0) \, dA = 0 \quad \Rightarrow \quad \phi_u = \theta_{/z} (\int_A v \Psi \, dA) / J_u$$
$$\Pi_{/\phi_v} = 2 \int_A u (\theta_{/z} \Psi - \phi_u v + \phi_v u - s_0) \, dA = 0 \quad \Rightarrow \quad \phi_y = - \theta_{/z} (\int_A u \Psi \, dA) / J_v$$

Le rotazioni medie dipendono dalla scelta di C tramite la funzione di ingobbamento Ψ; utilizzando la relazione che lega Ψ e Ψ' sopra ricavata si ottiene:

$$\phi_u = \theta_{/z} (\int_A v \Psi \, dA) / J_u = \phi'_u + \theta_{/z} (u_C - u_{C'})$$
$$\phi_y = - \theta_{/z} (\int_A u \Psi \, dA) / J_v = \phi'_y + \theta_{/z} (v_C - v_{C'})$$

L'unico punto $C^* \equiv C'$ a cui corrispondono rotazioni ϕ'_u e ϕ'_v nulle è di coordinate:

$$u_{C^*} = u_C - (\int_A v \Psi \, dA) / J_u$$
$$v_{C^*} = v_C + (\int_A u \Psi \, dA) / J_v$$

Il punto C^* è detto "centro di torsione" e si potrebbe mostrare che, come il baricentro, è una proprietà della sezione e dipende solo dalla sua forma.

7.8 - GENERALIZZAZIONE DEI RISULTATI

Nei casi elementari esaminati nei paragrafi 7.2 (azione assiale), 7.4 (flessione retta), 7.5 (flessione e taglio), 7.6 (torsione circolare) si è ottenuta la descrizione dello stato di sforzo e di deformazione puntuale, associata a parametri capaci di interpretare in modo compatto la deformazione intervenuta fra due sezioni distanti *dz* (fig.7.33, fig.7.34).

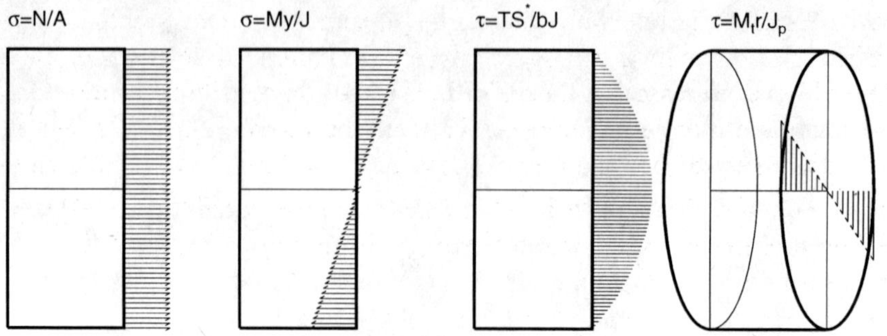

Figura 7.33

N	$\sigma = N/A$	$dn = N/EA\ dz$	$dL = 1/2\ N\ dn$
M	$\sigma = My/J$	$d\phi = M/EJ\ dz$	$dL = 1/2\ M\ d\phi$
T	$\tau = TS^*/bJ$	$dt = \chi\ T/GA\ dz$	$dL = 1/2\ T\ dt$
M_t	$\tau = M_t r/J_p$	$d\theta = M_t/GJ_p\ dz$	$dL = 1/2\ M_t\ d\theta$

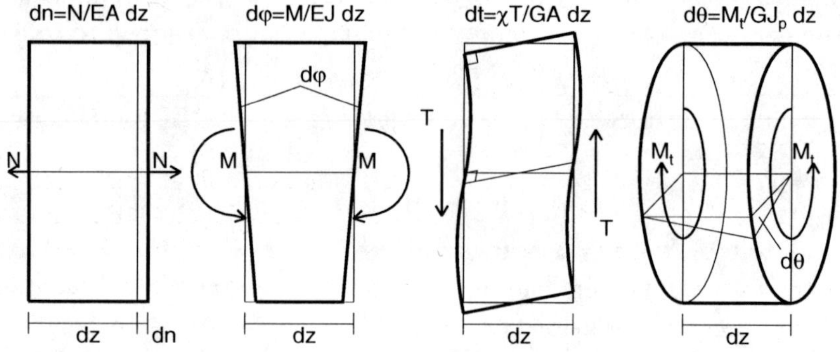

Figura 7.34

Occorre ricordare che le deformazioni generalizzate *dn*, *d*ϕ, *dθ* forniscono la misura di un parametro geometrico sufficiente a caratterizzare compiutamente il cambiamento di configurazione, mentre *dt* è solo un parametro atto a definire l'equivalenza tra il lavoro complessivo delle sollecitazioni e il lavoro attribuito alla corrispondente componente di azione interna.

La sollecitazione specifica è proporzionale all'azione applicata e inversamente proporzionale alla rigidezza geometrica della sezione (A, J, J_p). Se lineare, essa dipende anche da una coordinata della sezione.

La deformazione generalizzata è proporzionale all'azione applicata e inversamente proporzionale alla rigidezza geometrica della sezione (A, J, J_p) e alla costante di rigidezza del materiale *(E, G)*.

Il lavoro di deformazione è espresso sinteticamente attraverso il prodotto della componente generalizzata di sforzo per la componente generalizzata di deformazione, ovvero come espressione quadratica dell'una o dell'altra componente.

Limiti di impostazione

La trattazione di Saint Venant rappresenta una soluzione esatta del problema elastico in assenza di forze di volume, in presenza di spostamenti infinitesimi (o assimilabili a infinitesimi), relativamente a prismi non vincolati, scarichi sul contorno laterale ma interessati sulle sezioni terminali da distribuzioni di carichi aventi lo stesso andamento delle sollecitazioni specifiche interne. La conoscenza della soluzione sotto tali condizioni ha un interesse alquanto limitato dal punto di vista pratico. Occorre perciò valutare se gli stessi risultati possano essere estesi a situazioni più aderenti alle condizioni di problemi strutturali reali.

Condizioni sulle sezioni estreme

Le distribuzioni di carichi agenti sulle basi del prisma ammettono come risultanti le diverse componenti di azione interna. In generale queste azioni vengono applicate secondo modalità diverse da quelle ipotizzate per ottenere la soluzione esatta. Si introduce il *postulato di Saint Venant*, secondo cui l'effetto perturbante che caratterizza le specifiche modalità di applicazione delle forze di estremità si esaurisce in una zona adiacente le basi entro una distanza pari alla massima dimensione trasversale della sezione. Per conseguenza, se il prisma è sufficientemente snello, rimane praticamente un'ampia porzione del suo sviluppo che rispecchia la soluzione esatta.

Contorno scarico e forze di volume

La presenza di forze di volume e di carichi sul contorno laterale è incompatibile con la distribuzione di sollecitazioni ipotizzate a soluzione, per il mancato rispetto delle relazioni puntuali di equilibrio, indefinito e al contorno. Si può constatare tuttavia che in casi significativi la soluzione completa fornirebbe sollecitazioni interne scarsamente influenzate dalle modeste forze di volume e di superficie. Si è perciò indotti ad ammettere che la violazione dell'equilibrio puntuale introdotta applicando le relazioni del precedente paragrafo non sia tale da compromettere gli ordini di grandezza ottenuti per le sollecitazioni.

Sezione prismatica

La deviazione dalla prismaticità, in dipendenza della variabilità della sezione o della curvatura della linea baricentrica, porterebbe ancora alla violazione delle relazioni di equilibrio puntuali, particolarmente sul contorno laterale. Tuttavia se la deviazione dalla prismaticità dipende da variazioni graduali e contenute, si può assumere ancora che l'andamento effettivo delle tensioni non si discosti significativamente da quello individuato per i prismi.

7.9 - GEOMETRIA DELLE SEZIONI

La caratterizzazione dello stato di sforzo nelle sezioni comporta il calcolo delle loro proprietà geometriche, noto il contorno:

$A = \int_A dA$		area.
$S_x = \int_A y\, dA$	$S_y = \int_A x\, dA$	momenti statici rispetto agli assi *x* e *y*.
$x_g = S_y / A$	$y_g = S_x / A$	distanze del baricentro dagli assi *y* e *x*
$J_x = \int_A y^2\, dA$	$J_y = \int_A x^2\, dA$	momento d'inerzia rispetto agli assi *x* e *y*.
$J_{xy} = \int_A y\, x\, dA$		momento centrifugo rispetto agli assi *x* e *y*.
$J_p = \int_A r^2\, dA$		momento d'inerzia polare rispetto all'asse *z*.

In queste definizioni si fa riferimento a due assi distinti *x* e *y* di un sistema di riferimento che può essere ortogonale o cartesiano obliquo (flessione deviata). Con *x* e *y* si intendono le distanze dei punti della sezione da questi assi. Con *r* si intende la distanza dei punti della sezione da un polo. Generalmente vengono adottati assi ortogonali, che semplificano alcune definizioni, come ad esempio:

$$J_p = \int_A r^2\, dA = \int_A (x^2 + y^2)\, dA = J_x + J_y$$

Assi baricentrici e proprietà di trasposizione

Se gli assi adottati sono baricentrici, i momenti statici sono nulli. Nelle elaborazioni che seguono i momenti del second'ordine J_x, J_y, J_{xy}, J_p si intendono calcolati rispetto ad assi baricentrici, mentre con I_x, I_y, I_{xy}, I_p si indicano le grandezze omologhe calcolate rispetto ad assi non baricentrici.

Si considerano due sistemi cartesiani ortogonali, uno dei quali *x,y* con origine nel baricentro della sezione, avente coordinate x_g, y_g rispetto al riferimento generale. Si verificano facilmente le seguenti *proprietà di trasposizione*. Essendo y_g+y la distanza dell'areola *dA* dall'asse del riferimento generale, si ha:

$$I_x = \int_A (y_g+y)^2\, dA = y_g^2 \int_A dA + 2y_g \int_A y\, dA + \int_A y^2\, dA = A y_g^2 + 2 y_g S_x + J_x = J_x + A y_g^2,$$

essendo nullo il momento statico baricentrico S_x. Parimente si ha:

$$I_{xy} = J_{xy} + A\, x_g\, y_g \qquad\qquad I_y = J_y + A\, x_g^2$$

Utilizzando queste proprietà diventa agevole calcolare le caratteristiche complessive di sezioni che abbiano contorni elementari o che siano scomponibili in figure elementari.

Assi principali d'inerzia

Per ogni sezione è possibile adottare un sistema di riferimento baricentrico ortogonale *u,v* rispetto al quale si annulla il momento centrifugo J_{uv}. Note le proprietà d'inerzia rispetto a un generico riferimento baricentrico ortogonale *x,y,* l'angolo antiorario α che il sistema *u,v* forma col sistema *x,y* è dato da:

$$\alpha = 1/2 \text{ artg } 2J_{xy}/(J_y - J_x)\, .$$

Essendo:

$$u = x \cos\alpha + y \sin\alpha \qquad\qquad v = y \cos\alpha - x \sin\alpha$$

si possono calcolare i momenti d'inerzia:

$$J_u = \int_A v^2\, dA = \int_A (y^2 \cos^2\alpha - 2xy \cos\alpha \sin\alpha + x^2 \sin^2\alpha)\, dA$$

$$J_v = \int_A u^2\, dA = \int_A (x^2 \cos^2\alpha + 2xy \cos\alpha \sin\alpha + y^2 \sin^2\alpha)\, dA$$

e quindi:

$$J_u = J_x \cos^2\alpha - J_{xy} \cos\alpha \sin\alpha + J_y \sin^2\alpha$$
$$J_v = J_y \cos^2\alpha + J_{xy} \cos\alpha \sin\alpha + J_x \sin^2\alpha.$$

Rettangolo

Assumendo i dati e il sistema di riferimento di fig.7.37, si ha:

$A=bh$ $\quad S_x = \int_h by\, dy = bh^2/2$ $\quad S_y = \int_b hx\, dx = hb^2/2$

$I_x=\int_h by^2\, dy = bh^3/3$ $\quad I_{xy} = \int_h \int_b xy\, dy\, dx = h^2b^2/4$ $\quad I_y = \int_b hx^2\, dx = hb^3/3$

$x_g = S_y /A = b/2$ $\quad y_g = S_y /A = h/2$

Con un sistema di riferimento baricentrico il teorema di trasposizione fornisce:

$J_x = I_x - A\, h^2/4 = bh^3/12$ $\quad J_{xy} = I_{xy} - A\, bh/4 = 0$ $\quad J_y = I_y - A\, b^2/4 = hb^3/12$

Il momento centrifugo risulta ovviamente nullo, per simmetria della sezione rispetto agli assi baricentrici.

Contorno analitico

Con riferimento alla sezione di fig.7.35 si calcoli il contributo della striscia parallela all'asse *x*, di altezza infinitesima *dy*, larghezza $b = b(y)$ e quota *y*, essendo $x = x(y)$ la distanza del suo baricentro dall'asse *y*:

$dA = b\, dy$ $\quad dI_x = b\, y^2\, dy$ $\quad dI_{xy} = b\, x\, y\, dy$ $\quad dJ_y = 1/12\, b^3\, dy$

$$I_y = dJ_y + x^2\, dA = 1/12\, b^3\, dy + b\, x^2\, dy.$$

In quest'ultima si somma il momento d'inerzia dJ_y della sezione rettangolare di lati *b* e *dy* rispetto ad un asse *y* baricentrico e il momento di trasporto, prodotto dell'area *dA* per il quadrato della distanza tra i due assi. Per l'intera sezione si ha:

$$A = \int_c^d dA = \int_c^d b dy \qquad S_x = \int_c^d y dA = \int_c^d b y dy$$

$$S_y = \int_c^d x dA = \int_c^d b x dy \qquad I_x = \int_c^d dI_x = \int_c^d b y^2 dy$$

$$I_y = \int_c^d dI_y = \int_c^d (b^3/12 + b x^2) dy \qquad I_{xy} = \int_c^d dI_{xy} = \int_c^d b x y dy$$

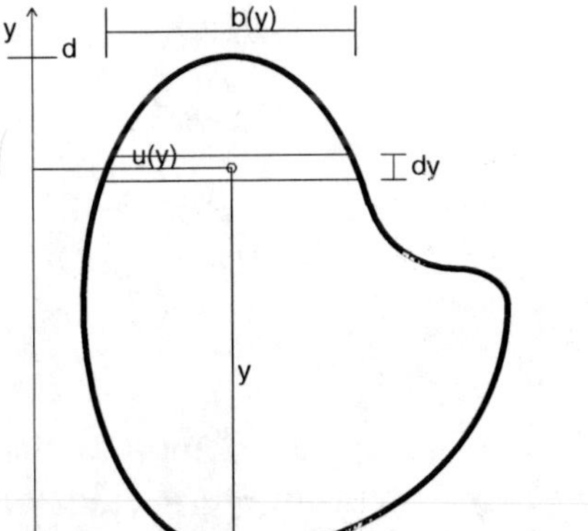

Figura 7.35

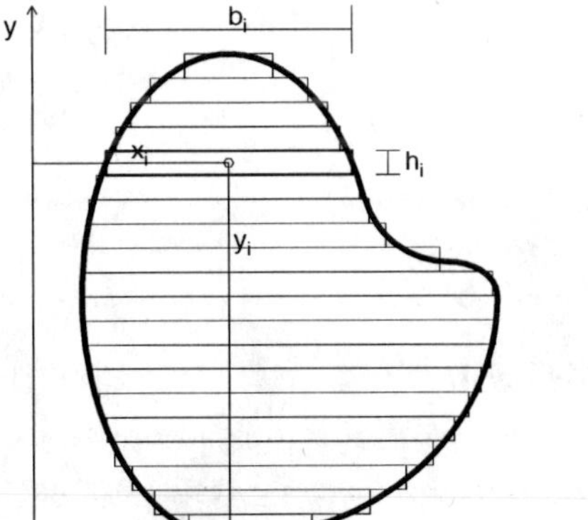

Figura 7.36

Contorno generico

Si divida la sezione di fig.7.36 in strisce sottili parallele all'asse x, con altezza h_i, larghezza b_i, area A_i e distanze x_i, y_i del baricentro dagli assi y e x. Per analogia col caso precedente si ha:

$$A = \sum_i A_i \qquad S_x = \sum_i A_i\, y_i \qquad S_y = \sum_i A_i\, x_i$$

$$x_g = S_y / A \qquad y_g = S_x / A \qquad I_{xy} = \sum_i A_i\, y_i\, x_i$$

$$I_x = \sum_i A_i\, y_i^2 + 1/12 \sum_i h_i^3\, b_i \cong \sum_i A_i\, y_i^2 \qquad I_y = \sum_i A_i\, x_i^2 + 1/12 \sum_i b_i^3\, h_i$$

Si constata che, quanto minore è h_i, tanto più diventa trascurabile, in I_x, il contributo $1/12 \sum_i h_i^3\, b_i$ corrispondente al momento d'inerzia della striscia *i-esima* rispetto al proprio asse baricentrico parallelo a x.

Triangolo

Con i dati e il sistema di riferimento di fig.7.37, integrando tra 0 e h, si ha:

$$A = bh/2 \qquad S_x = \int_h (b - yb/h)y\, dy = bh^2/6$$

$$S_y = \int_h (b - yb/h)^2/2\, dy = bh^2/6 \qquad x_g = S_y / A = b/3$$

$$y_g = S_x / A = h/3 \qquad I_x = \int_h (b - yb/h)y^2\, dy = bh^3/12$$

$$I_y = \int_h (b - yb/h)^3/3\, dy = bh^3/12 \qquad I_{xy} = \int_h (b - yb/h)^2 y/2\, dy = b^2h^2/12$$

Con un sistema di riferimento baricentrico il teorema di trasposizione fornisce:

$$J_x = I_x - A\, h^2/9 = bh^3/36 \qquad J_y = I_y - A\, b^2/4 = hb^3/36$$

$$J_{xy} = I_{xy} - A\, bh/9 = - b^2\, h^2/72$$

Se il triangolo si colloca nel secondo o quarto quadrante si ha:

$$J_{xy} = b^2\, h^2/72.$$

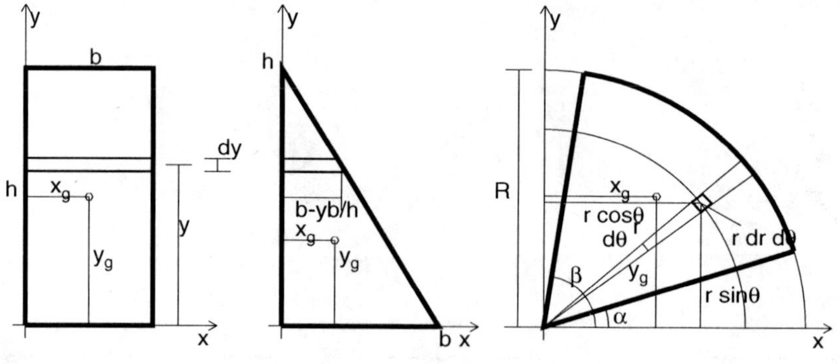

Figura 7.37

Settore circolare

Si consideri un settore circolare di raggio R come in fig.7.37, compreso in senso antiorario tra l'angolo α e l'angolo β. Adottando un sistema di riferimento polare e considerando un settore infinitesimo di raggio R, arco $d\theta$, area $R^2/2\, d\theta$, con coordinate del baricentro $2/3\, R \cos\theta$, $2/3\, R \sin\theta$, si ha:

$$A = \int_{\alpha,\beta} R^2/2\, d\theta = R^2/2\, (\beta - \alpha)$$
$$S_x = \int_{\alpha,\beta} R^3/3 \sin\theta\, d\theta = R^3/3\, (\cos\alpha - \cos\beta)$$
$$S_y = \int_{\alpha,\beta} R^3/3 \cos\theta\, d\theta = R^3/3\, (\sin\beta - \sin\alpha)$$
$$x_g = S_y / A y_g = S_x / A$$

Considerando l'elemento infinitesimo di area *r dr d*θ con coordinate cartesiane *r cos*θ, *r sin*θ, si ha:

$I_x = \int_{\alpha,\beta} \int_R r^3 \sin^2\theta\, dr\, d\theta \quad I_y = \int_{\alpha,\beta} \int_R r^3 \cos^2\theta\, dr\, d\theta \quad I_{xy} = \int_{\alpha,\beta} \int_R r^3 \sin\theta \cos\theta\, dr\, d\theta$

da cui:

$$I_x = R^4/8\, (\beta - \alpha - \sin\beta \cos\beta + \sin\alpha \cos\alpha)$$
$$I_{xy} = R^4/8\, (\sin^2\beta - \sin^2\alpha)$$
$$I_y = R^4/8\, (\beta - \alpha + \sin\beta \cos\beta - \sin\alpha \cos\alpha)$$

Per passare ad assi baricentrici si applica il teorema di trasposizione:

$J_x = I_x - A\, y_g^2 \qquad J_{xy} = I_{xy} - A\, x_g\, y_g \qquad J_y = I_y - A\, x_g^2$

Quadrante

Per un settore pari a un quarto di cerchio (fig.7.38), posto $\alpha = 0$ e $\beta = \pi/2$, si ha:

$A = \pi R^2/4 \qquad S_x = S_y = R^3/3 \qquad x_g = y_g = 4R/3\pi$

$A\, x^2_g = A\, y^2_g = 4R^4/9\pi \qquad I_x = I_y = \pi R^4/16 I_{xy} = R^4/8$

e con assi baricentrici:

$J_x = J_y = (\pi/16 - 4/9\pi)\, R^4 \qquad J_{xy} = (1/8 - 4/9\pi)\, R^4$

Nel secondo e quarto quadrante, con $\alpha=\pi/2$, $\beta=\pi$ oppure $\alpha=3\pi/2$, $\beta=2\pi$ si ha: $J_{xy} = -\, (1/8 - 4/9\pi)\, R^4$

Essendo $J_x = J_y$, gli assi principali sono ruotati di $\pi/4$, come risulta anche per simmetria, essendo $\alpha = 1/2\, artg(\infty)$.

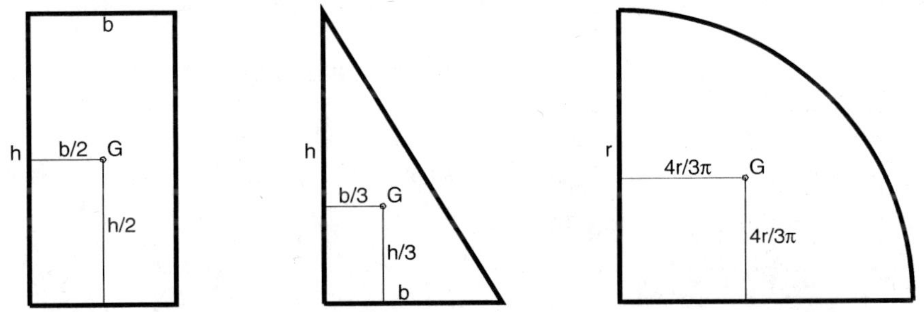

A=bh
J_x=bh³/12
J_{xy}=0
J_x=hb³/12

A=bh/2
J_x=bh³/36
J_{xy}=±b²h²/72
J_x=hb³/36

A=πr²/4
J_x=(π/16-4/9π)r⁴
J_{xy}=±(1/8-4/9π)r⁴
J_x=(π/16-4/9π)r⁴

Figura 7.38

Sezione composta

Con riferimento alla sezione di fig.7.40, si voglia calcolare la tensione $\sigma_z = \sigma$ nel punto *B*, dovuta all'azione assiale *N = 132.000N* e al momento M_x *= 407.000Ncm.* La sezione, dimensionata in centimetri, risulta scomponibile nei rettangoli *c*,e, nel triangolo *d* e nei settori circolari *a,b*. Le caratteristiche delle singole figure sono:

	a	b	c	d	e
	CDL	BAL	ADKI	JFE	JKHG
A_i	-9π	$81\pi/4$	36	9	36
x_i	$9-8/\pi$	$9-12/\pi$	3/2	4	9
S_{yi}	$-81\pi+72$	$729\pi/4+243$	54	36	324
y_i	$12+8/\pi$	$12+12/\pi$	6	5	3/2
S_{xi}	$-108\pi-72$	$243\pi+ 243$	216	45	54
J_{xi}	$-1296(\pi/16-4/9\pi)$	$6561(\pi/16-4/9\pi)$	432	18	27
J_{xyi}	$-1296(1/8-4/9\pi)$	$6561(1/8-4/9\pi)$	0	-9/2	0
J_{yi}	$-1296(\pi/16-4/9\pi)$	$6561(\pi/16-4/9\pi)$	27	9	432

Da queste si ha:

$$A = \sum_i A_i = 81 + 45/\pi = 166.343 \text{ cm}^2$$
$$S_y = \sum_i S_{yi} = 405\pi/4 + 243 = 561.086 \text{ cm}^3$$
$$S_x = \sum_i S_{xi}\ 135\pi + 486 = 910.115 \text{ cm}^3$$
$$x_g = S_y /A = 4.823 \text{ cm} \qquad y_g = S_x /A = 7.823 \text{ cm}$$

I momenti del second'ordine riferiti al baricentro dell'intera figura sono:

$$J_x = \sum_i \left(J_{xi} + A_i (x_i - x_g)^2 \right) = 5187 \text{ cm}^4$$
$$J_{xy} = \sum_i \left(J_{xyi} + A_i (x_i - x_g) (y_i - y_g) \right) = - 757.8 \text{ cm}^4$$
$$J_y = \sum_i \left(J_{yi} + A_i (y_i - y_g)^2 \right) = 1717 \text{ cm}^4$$

L'angolo fra l'asse principale *u* e l'asse *x* diventa:

$$\alpha = 1/2 \text{ artg } 2J_{xy}/(J_y - J_x) = 1/2 \text{ artg } - 1515.6 /(1717 - 5187) = .2059$$

da cui:

$$\cos\alpha = .97888 \qquad \sin\alpha = .20445$$
$$\cos^2\alpha = .9582 \qquad \sin^2\alpha = .0418 \qquad \cos\alpha \sin\alpha = .20013$$

I momenti d'inerzia principali sono:

$$J_u = J_x \cos^2\alpha - J_{xy} \cos\alpha \sin\alpha + J_y \sin^2\alpha = 5345 \text{ cm}^4$$
$$J_v = J_y \cos^2\alpha + J_{xy} \cos\alpha \sin\alpha + J_x \sin^2\alpha = 1559 \text{ cm}^4$$

Con l'adozione del sistema di riferimento principale di coordinate:

$$u = x \cos\alpha + y \sin\alpha \qquad v = y \cos\alpha - x \sin\alpha$$

le coordinate locali di *B*:

$$x = 9 - x_g = 4.177 \text{ cm} \qquad y = 21 - y_g = 13.177 \text{ cm}$$

diventano:

$$u = 6.78 \text{ cm} \qquad v = 12.05 \text{ cm}$$

La sollecitazione normale risulta:

$$\sigma = N/A + M_x \left(\cos\alpha\ v/J_u + \sin\alpha\ u/J_v \right)$$

e con i valori calcolati:

$$\sigma = 132000/116.3 + 407000\ (\ .97888\ 12.05/5345 + .20445\ 6.78/1559\ )\ \mathrm{N/cm^2}$$

ovvero:

$$\sigma = 1134.6 + 898.2 + 361.9 = 1134.6 + 1260.1 = 2394.6\ \mathrm{N/cm^2}$$

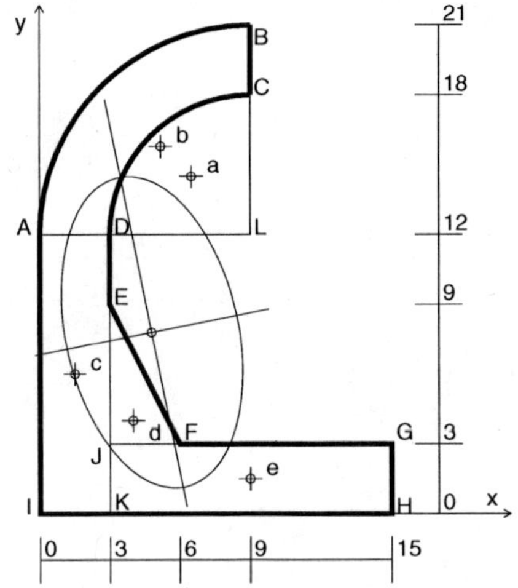

Figura 7.39

Distribuzione delle masse

Si consideri il comportamento flessionale delle due sezioni di pari area di fig.7.40. Introdotto il *modulo di flessione* $W = J/y_{max}$, e adottando N come misura di forza, si hanno le seguenti caratteristiche:

sezione quadrata

$b = h = 6.1$ cm

$A = b\,h = 37.20\ \mathrm{cm^2}$

$J = 1/12\ b\,h^3 = 115.32\ \mathrm{cm^4}$

$y_{max} = h/2 = 3.05$ cm

$W = J/y_{max} = 37.81\ \mathrm{cm^3}$

$\sigma_{max} = M/W = M/37.81\ \mathrm{N/cm^2}$

sezione a doppio T

$b = 12$ cm, $h = 24$ cm, $t = 1$ cm, $e = 0.6$ cm

$A = bh - (b - e)(h - 2t) = 37.20\ \mathrm{cm^2}$

$J = bh^3/12 - (b - e)(h - 2t)^3/12 = 3708.4\ \mathrm{cm^4}$

$y_{max} = h/2 = 12$ cm

$W = J/y_{max} = 309.03\ \mathrm{cm^3}$

$\sigma_{max} = M/W = M/309.03\ \mathrm{N/cm^2}$

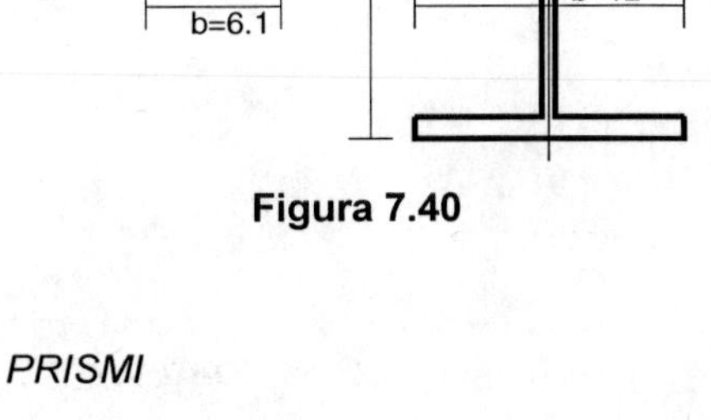

Figura 7.40

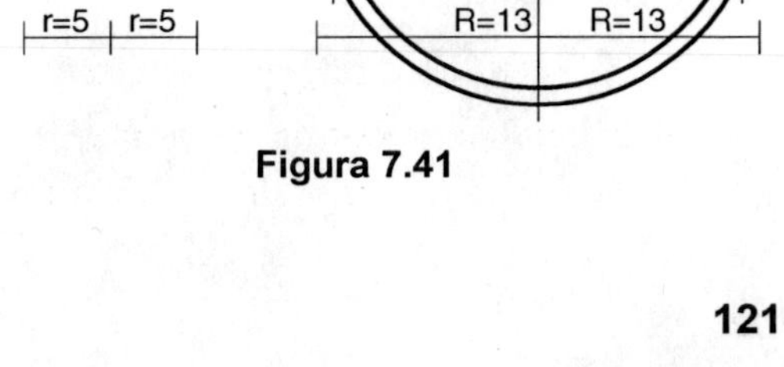

Figura 7.41

A parità di area, la sezione quadrata ha una sollecitazione oltre otto volte superiore a quella della sezione a doppio T, mentre la deformabilità, inversamente proporzionale a *J*, diventa oltre 32 volte superiore.

Si consideri il comportamento flessionale delle due sezioni di pari area di fig.7.41, con le seguenti caratteristiche:

sezione piena	sezione tubolare
$r = 5$ cm	$r = 12$ cm, $R = 13$ cm
$A = \pi r^2 = 78.54\ cm^2$	$A = \pi (R^2 - r^2) = 78.54\ cm^2$
$J_p = 1/2\ \pi r^4 = 981.75\ cm^4$	$J_p = 1/2\ \pi (R^4 - r^4) = 12291\ cm^4$
$\tau_{max} = Mr/J_p = M/196.35\ N/cm^2$	$\tau_{max} = MR/J_p = M/945.5\ N/cm^2$

A parità di area, la sezione piena ha una sollecitazione oltre 4.8 volte superiore a quella della sezione tubolare, mentre la deformabilità, inversamente proporzionale a J_p diventa oltre 12.5 volte superiore.

CAPITOLO 8

PROFILI SOTTILI

8.1 - LE TRAVI IN PARETE SOTTILE

L'analisi di sezioni elementari di largo impiego mostra che si ottiene una buona efficienza nei confronti della flessione (travi a doppio T con elevati momenti d'inerzia) e della torsione (travi tubolari cilindriche con elevata inerzia polare) con una appropriata distribuzione delle masse. Molti materiali, e particolarmente i materiali metallici, consentono di realizzare elementi costruttivi di piccolo spessore opportunamente sagomati, che forniscono elevate caratteristiche statiche. Appartengono a questa tipologia le sezioni in parete sottile raffigurate nelle figure ura **8.1**, 8.2, 8.3, 8.4, 8.5, 8.6. Le sezioni rappresentate identificano situazioni sostanzialmente diverse a seconda che si tratti di profili aperti monoconnessi, o di profili chiusi pluriconnessi.

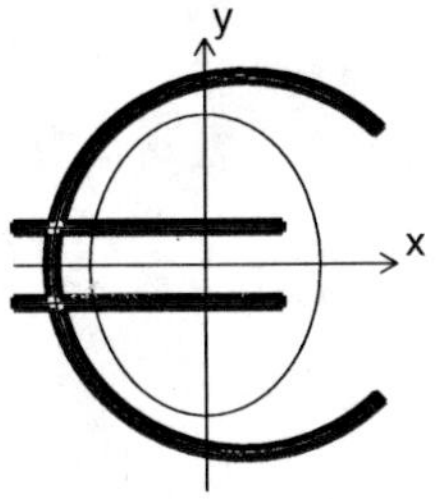

Figura 8.1

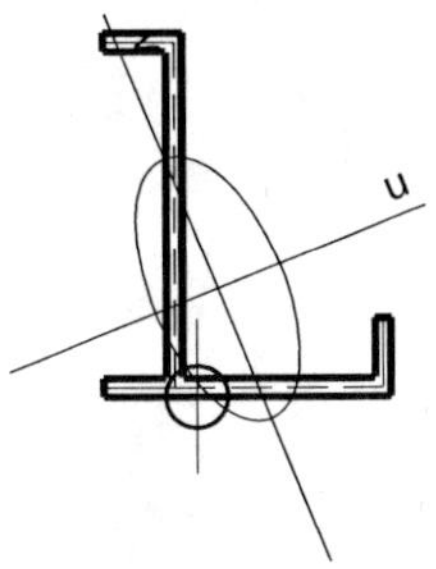

Figura 8.2

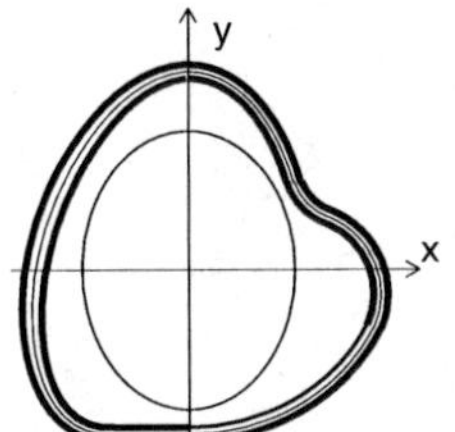

Figura 8.3

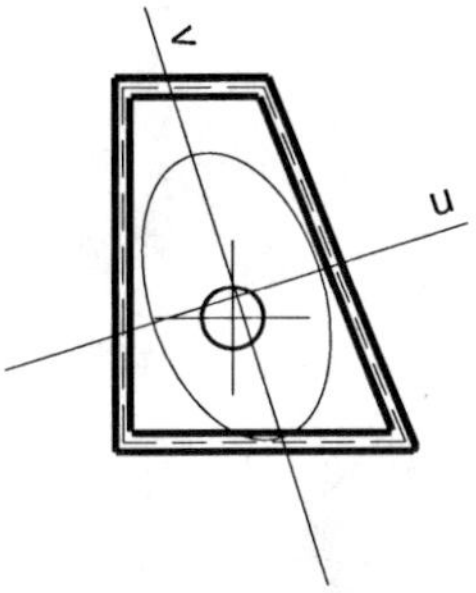

Figura 8.4

Il profilo viene identificato da una linea media avente un'espressione analitica nota $x(l),y(l)$. Si definisca la tangente alla linea media e una corda ad essa perpendicolare, la cui dimensione $s(l)$ definisce lo spessore. Si assuma uno spessore costante o debolmente variabile. In corrispondenza delle superfici esterne le sollecitazioni tangenziali agenti nel piano di sezione non possono avere componenti normali alla superficie esterna, per la condizione di equilibrio al contorno. Eventuali tensioni tangenziali saranno quindi dirette secondo la tangente ai bordi. In presenza di uno spessore piccolo e costante si può ragionevolmente assumere che le eventuali tensioni tangenziali siano perpendicolari alla corda, cioè dirette secondo la tangente alla linea media. Questa ipotesi viene ragionevolmente applicata anche a pareti di spessore debolmente variabile.

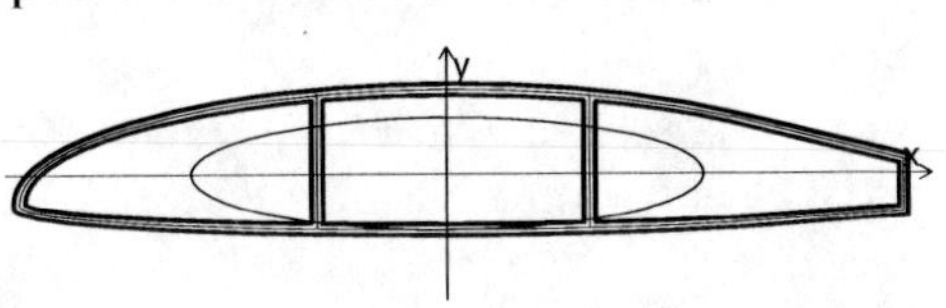

Figura 8.5

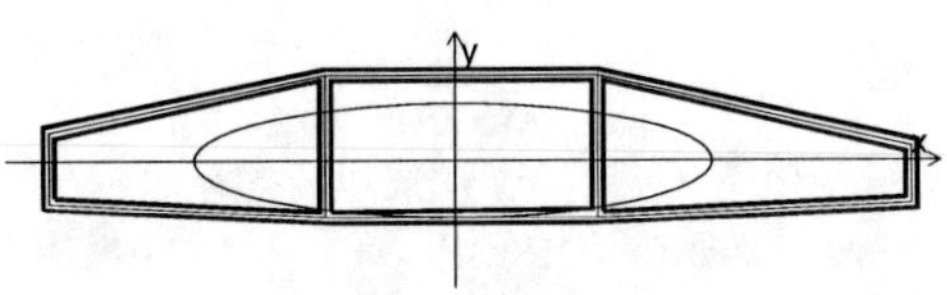

Figura 8.6

Componenti piani di spessore uniforme

Nella pratica corrente si registrano situazioni particolarmente diffuse nelle quali la sezione è composta da elementi piani e sottili di spessore costante, in cui le caratteristiche geometriche vengono riferite alla linea media di ciascun elemento di parete, come nelle figure 8.2, 8.4, 8.6. L'impostazione adottata nel seguito si appoggia a considerazioni valide anche per profili curvi di spessore variabile, ma si sviluppa prevalentemente con riferimento a situazioni di questo ultimo tipo.

I tratti compresi fra i punti nodali (estremi liberi o intersezione di linee medie) vengono trattati come elementi rettangolari aventi un lato molto maggiore dell'altro. Le caratteristiche d'inerzia della sezione vengono calcolate trascurando il momento d'inerzia del singolo elemento rispetto al suo asse maggiore.

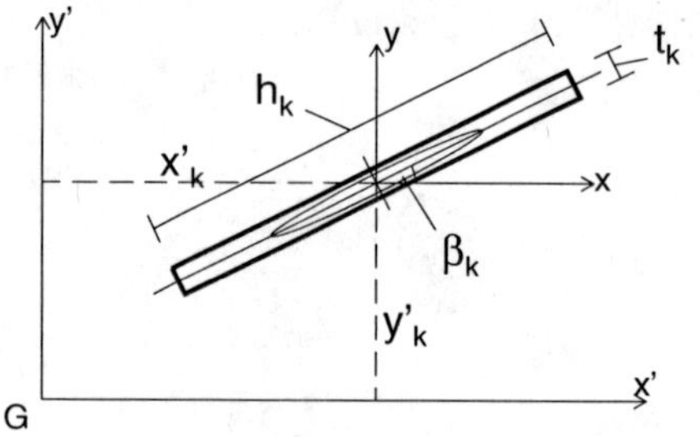

Figura 8.7

Siano h_k e t_k rispettivamente il lato e lo spessore del *k-esimo* elemento (fig.8.7). Siano x'_k e y'_k le coordinate del baricentro del *k-esimo* elemento rispetto ad un sistema di riferimento arbitrario x',y'. Siano x_k e y_k le coordinate del baricentro del *k-esimo* elemento rispetto ad un sistema di riferimento parallelo a x',y', con origine nel baricentro della sezione. Sia β_k l'angolo formato dall'asse della lamina con l'asse x. Si hanno le seguenti caratteristiche globali:

$A = \sum_k h_k t_k$ — area

rispetto ad assi arbitrari x',y':

$S_x = \sum_k h_k t_k y'_k$ — momento statico rispetto a x'

$S_y = \sum_k h_k t_k x'_k$ — momento statico rispetto a y'

$x'_g = S_y / A$ — coordinata x' del baricentro di sezione

$y'_g = S_x / A$ — coordinata y' del baricentro di sezione

rispetto ad assi x,y con origine nel baricentro di sezione:

$x_k = x'_k - x'_g$ — coordinata x del baricentro di lamina

$y_k = y'_k - y'_g$ — coordinata y del baricentro di lamina

$J_x = \sum_k \left(1/12\ t_k h_k^3 \sin^2\beta_k + h_k t_k y_k^2\right)$ — inerzia x di sezione

$J_y = \sum_k \left(1/12\ t_k h_k^3 \cos^2\beta_k + h_k t_k x_k^2\right)$ — inerzia y di sezione

$J_{xy} = \sum_k \left(1/12\ t_k h_k^3 \sin\beta_k \cos\beta_k + h_k t_k y_k x_k\right)$ — momento centrifugo di sezione

Composizione di lamine

L'asse principale di inerzia u formerà con l'asse x l'angolo:

$$\alpha = 1/2 \text{ artg } (2 J_{xy})/(J_y - J_x).$$

Senza nulla perdere in generalità, si adotterà spesso per l'intera sezione un sistema di riferimento principale avente origine nel baricentro e assi u e v. Saranno u_k, v_k le coordinate del baricentro del *k-esimo* elemento e:

$$c_k = \cos\alpha \cos\beta_k + \sin\alpha \sin\beta_k$$

$$s_k = \cos\alpha \sin\beta_k - \sin\alpha \cos\beta_k$$

i relativi coseni direttori nel nuovo sistema di riferimento. Detta σ la tensione normale agente nel punto di coordinate *u* e *v*, dalla teoria di Saint Venant si ha, adottando una terna destra:

$$\sigma = N/A + M_u\, v/J_u - M_v\, u/J_v\ .$$

8.2 - LA TORSIONE NEI PROFILI APERTI

La lamina rettangolare

Si considera inizialmente la sezione composta di un solo elemento, avente la forma di rettangolo allungato secondo *x*, con dimensioni *h* e *t*, e soggetto alla coppia torcente M_t (fig.8.8, fig.8.9). Dalle teoria generale della torsione si ha che lo stato di sforzo è definito da componenti:

$$\tau_{zx} = \Phi(x,y)_{/y}$$
$$\tau_{zy} = -\,\Phi(x,y)_{/x}$$

dove $\Phi(x,y)$ è una funzione che si annulla sul contorno della sezione e tale che:

$$\nabla_2\Phi(x,y) = \Phi(x,y)_{/xx} + \Phi(x,y)_{/yy} = \text{cost}$$
$$2 \int_A \Phi(x,y)\, dA = M_t.$$

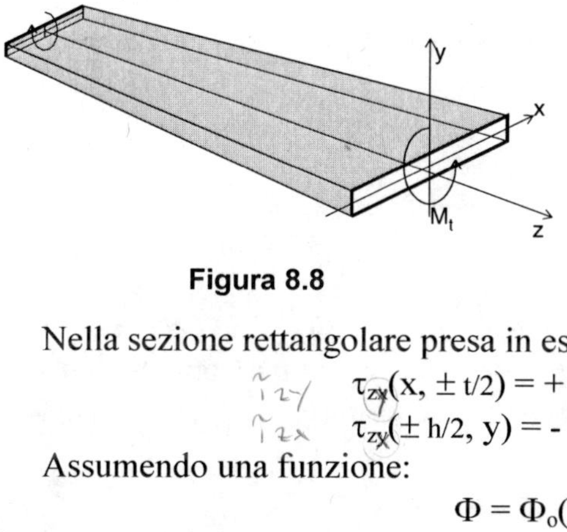

Figura 8.8

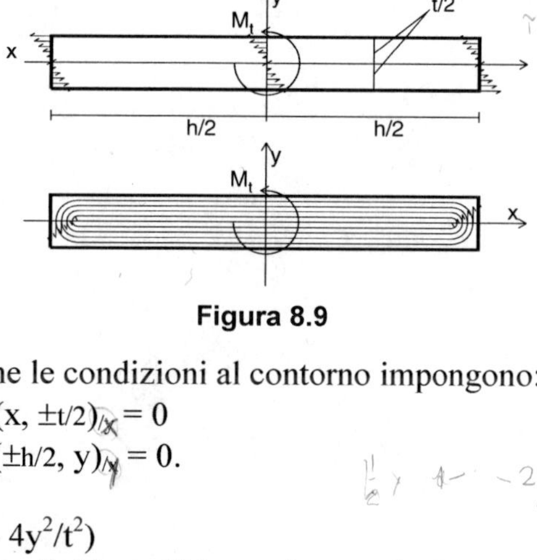

Figura 8.9

Nella sezione rettangolare presa in esame le condizioni al contorno impongono:

$$\tau_{zy}(x, \pm t/2) = +\,\Phi(x, \pm t/2)_{/x} = 0$$
$$\tau_{zy}(\pm h/2, y) = -\,\Phi(\pm h/2, y)_{/y} = 0.$$

Assumendo una funzione:

$$\Phi = \Phi_o(1 - 4y^2/t^2)$$

risultano soddisfatte tutte le condizioni tranne l'ultima. Si ha così una soluzione approssimata, il cui grado di approssimazione verrà successivamente valutato. La condizione integrale fornisce:

$$\int_{-h/2}^{h/2}\int_{-t/2}^{t/2} \Phi_0\,(1 - 4y^2/t^2)\, dy\, dx = Mt/2$$

da cui:

$$\Phi_o = 3/4\ M_t/th$$

e quindi:

$$\tau_{zx} = -\,6\ M_t y/ht^3 \qquad\qquad \tau_{zy} = 0$$

con un valore massimo:

$$\tau_{zx} = \pm 3\ M_t/ht^2.$$

La soluzione così ottenuta risulta uniforme secondo x, con valori non nulli delle $\tau_{yz} = \tau_{zy}$ sui lati corti, in violazione della condizione di contorno scarico. L'analogia idrodinamica ci suggerisce invece una distribuzione che comporta la circuitazione degli sforzi alle estremità, come indicato qualitativamente in fig.8.9. Per valutare le conseguenze del mancato rispetto delle condizioni al contorno, si calcoli il momento risultante corrispondente alla distribuzione di sollecitazioni ipotizzata. Da bande opposte dell'asse x si hanno risultanti pari a:

$$R_x = 1/2\ \tau_{zx}\ ht/2 = 1/2 \cdot \pm 3\ (M_t/ht^2 \times ht/2) = \pm 3/4\ M_t/t.$$

Le risultanti R_x uguali ed opposte formano una coppia di braccio $2t/3$ e forniscono un momento:

$$M_r = 2t/3 \times 3/4 \times M_t/t = M_t/2$$

che conferma la non esattezza della soluzione ottenuta.

Si osserva che al momento risultante manca il contributo, qui trascurato, delle sollecitazioni agenti secondo y in prossimità dei lati corti, le cui risultanti, pur essendo di modesta entità, godono di un rilevante braccio. L'approssimazione adottata risulta tuttavia ben rispondente ai fini del calcolo delle massime tensioni tangenziali e dall'energia di deformazione.

Detto θ l'angolo di torsione di un'asta di lunghezza unitaria, l'eguaglianza fra il lavoro compiuto dal momento M_t e l'energia elastica accumulata nel prisma fornisce:

$$1/2\ M_t\ \theta = 1/2 \int_V \tau_{xy}^2/G dV = 1/2 \int_{-c}^{c} \int_{-d}^{d} (6\ yM_t/ht^3)^2\ dy\ dx$$

da cui:

$$\theta = 3M_t/Ght^3 = M_t/GJ_t,$$

avendo definito la rigidezza geometrica torsionale $J_t = ht^3/3$.

Profilo a lamine multiple

Si consideri ora il caso più generale di una sezione composta da N lamine piane monoconnesse (figure 8.2 e 8.10). Il *k-esimo* elemento ammetterà una distribuzione di tensioni tangenziali come quelle sopra viste, in equilibrio con un momento torcente parziale M_k, e subirà una rotazione:

$$\theta_k = 3M_k/(G\ h_k\ t_k^3) = M_k/(G\ J_k),$$

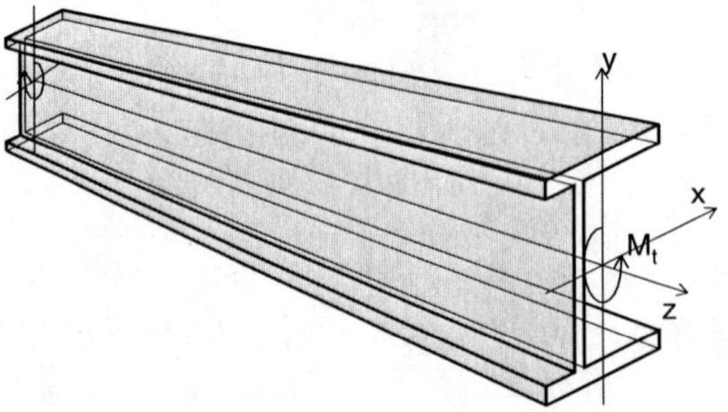

Figura 8.10

da cui:

$$M_k = \theta_k\, G\, h_k\, t_k^3/3 = \theta_k\, G\, J_k,$$

con la rigidezza geometrica torsionale parziale:

$$J_k = h_k t_k^3/3.$$

La condizione di equilibrio globale impone che:

$$M_t = \sum_k M_k = \sum_k \theta_k\, G\, J_k.$$

La congruenza delle deformazioni (corrispondente all'ipotesi che si mantenga inalterata la proiezione delle sezioni sul piano x,y) comporta l'uguaglianza fra la rotazione θ_k della singola lamina e la rotazione θ_o dell'intera sezione:

$$\theta_k = \theta_o (k = 1,N),$$

da cui:

$$M_t = \sum_k M_k = \theta_o\, G \sum_k J_k = \theta_o\, G\, J_t,$$

avendo definito la rigidezza geometrica torsionale globale $J_t = \sum_k J_k$. L'angolo di torsione per trave di lunghezza unitaria diventa:

$$\theta_o = M_t/GJ_t,$$

e il momento torcente applicato alla *k-esima* lamina:

$$M_k = \theta_k\, GJ_k = M_t\, J_k/J_t\,.$$

La *k-esima* lamina risulta soggetta a una frazione del momento torcente globale di entità proporzionale alla sua rigidezza relativa J_k/J_t. Noto M_k, si possono calcolare le tensioni τ_k e la rotazione $\theta_k = \theta_o$ come nel caso della lamina singola.

Profili con pareti curve

In presenza di pannelli curvi di spessore costante (o debolmente variabile) si possono applicare estensivamente i criteri sopra delineati, tenendo presente che la dimensione h_k interpreta lo sviluppo del pannello.

8.3 - LA TORSIONE NEI PROFILI BICONNESSI

Si consideri il caso della sezione a profilo tubolare con parete sottile di spessore uniforme o debolmente variabile (figure 8.9 e 8.7). Sia $x(l),y(l)$ la linea media di riferimento e $s(l)$ lo spessore. Si assume con buona approssimazione una distribuzione di sollecitazioni tangenziali normali alla corda e costanti lungo lo spessore. Questa assunzione è suggerita dall'ipotesi che le sollecitazioni possano mostrare solo una piccola variazione lungo lo spessore, e dal rispetto delle condizioni al contorno, come visto in apertura.

L'analogia idrodinamica ci assicura essere costante nell'intero anello il flusso delle tensioni attraverso la corda, ossia $\tau(l)\, s(l) = cost.$

In un elemento di parete di spessore $s(l)$ e sviluppo dl si avrà una risultante delle tensioni tangenziali dirette normalmente alla corda pari a $\tau(l)\, s(l)\, dl$.

Preso un polo arbitrario P (ad esempio l'origine del sistema di riferimento, come in fig.8.11), la risultante $\tau(l)\, s(l)\, dl$ ha un braccio $h(l)$ rispetto ad esso e fornisce un momento:

$$dM_t(l) = \tau(l)\, s(l)\, h(l)\, dl.$$

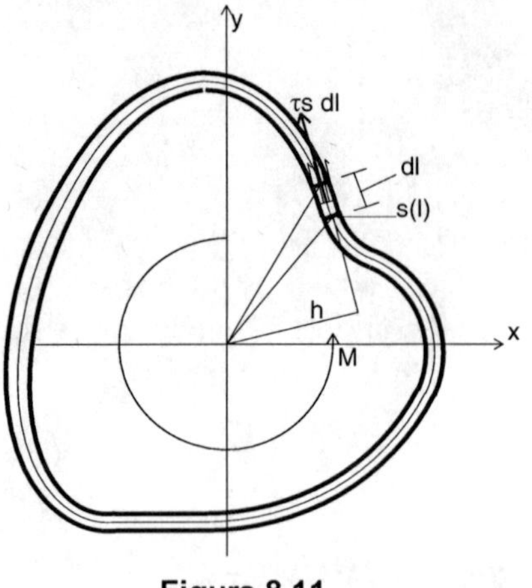

Figura 8.11

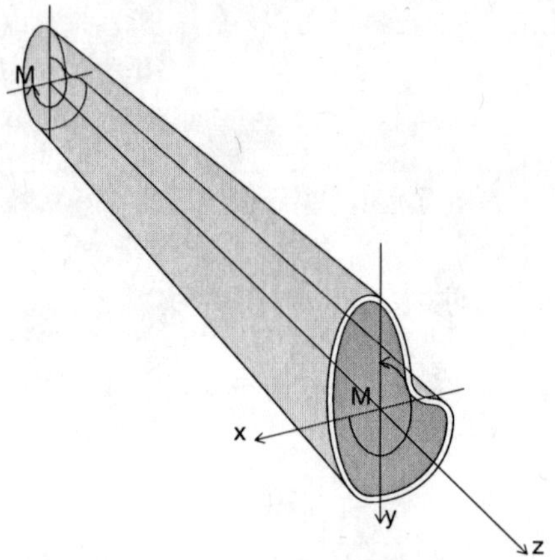

Figura 8.12

L'effetto complessivo dovuto agli elementi infinitesimi *dl* deve essere equivalente al momento torcente applicato:

$$M_t = \int_l dM_t(l) = \int_l \tau(l)\, s(l)\, h(l)\, dl.$$

Essendo costante rispetto a *l* il prodotto $\tau(l)\, s(l)$, si ottiene:

$$M_t = \tau(l)\, s(l) \int_l h(l)\, dl = \tau(l)\, s(l)\, 2\Omega,$$

dove Ω è l'area racchiusa dalla linea media, somma dei triangoli di base *dl* e altezza *h(l)* (fig.8.11). Si ottiene quindi:

$$\tau(l) = M_t/2\Omega s(l).$$

Questa espressione è nota come formula di Bredt.

In una trave di lunghezza unitaria si avrà un'energia elastica misurata da:

$$D = 1/2 \int_l \tau\, \gamma\, s\, dl = 1/2 \int_l s\tau^2/G\, dl = 1/2 \int_l M_t^2/(4\Omega^2 sG)\, dl.$$

Uguagliando ad essa il lavoro compiuto dal momento torcente M_t per l'angolo di torsione θ, si ha:

$$1/2\, M_t\,\theta = 1/2 \int_l M_t^2/4\Omega^2 sG\, dl = 1/2\, M_t^2/GJ_t,$$

dove si è posto $W = \int_l 1/s\, dl$ e $J_t = 4\Omega^2/W$, che è una caratteristica geometrica della sezione.

Si ha così l'angolo di torsione per trave di lunghezza unitaria:

$$\theta = M_t/GJ_t.$$

Tubo circolare

La soluzione esatta del problema della torsione circolare fornisce una distribuzione τ normale al raggio e ad esso proporzionale. La presente trattazione assume arbitrariamente che le τ siano uniformi nello spessore. Per valutare l'errore introdotto con la soluzione approssimata si consideri l'esempio di fig.8.13, con raggio medio *r* e semispessore *s*.

Nella soluzione *esatta* la tensione media è fornita da $\tau_e = M_t\, r/J_p$, con $J_p = 4\pi r(sr^2 + s^3)$. Si ha allora:

$$\tau_e = M_t/(4\pi(sr^2 + s^3)).$$

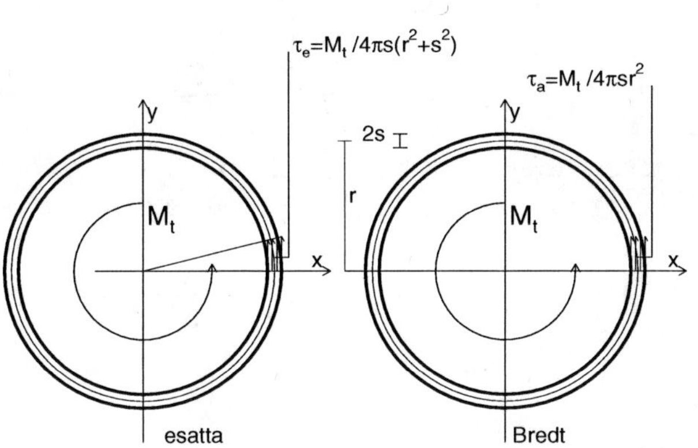

Figura 8.13

Dalla soluzione *approssimata* si ha $\Omega = \pi r^2$ e una tensione uniforme:

$$\tau_a = M_t/4s\Omega = M_t/4\pi sr^2 ,$$

con un rapporto:

$$\tau_a/\tau_e = M_t/4\pi sr^2 \times 4\pi(sr^2 + s^3)/M_t = (sr^2 + s^3)/sr^2 = 1 + s^2/r^2 .$$

Lo scarto percentuale risulta pari a s^2/r^2, ed diventa trascurabile quando il rapporto tra raggio e spessore è sufficientemente elevato.

Profili a pareti piane

Quando il profilo è composto da pannelli piani di spessore costante, come in fig.8.4, il procedimento sopra delineato si semplifica, nel senso che agli integrali si sostituiscono le sommatorie. Siano h_k e t_k rispettivamente lo sviluppo e lo spessore del *k-esimo* pannello di parete.

Nel *k-esimo* pannello si avranno tensioni tangenziali ovunque costanti:

$$\tau_k = M_t/2\Omega t_k .$$

Eguagliando nella trave unitaria il lavoro del momento M_t per l'angolo di torsione θ, e l'energia di deformazione elastica, si ha:

$$1/2\ M_t\ \theta = 1/2\ \Sigma_k\ t_k\ h_k\ \tau_k^2/G = 1/2\ \Sigma_k\ h_k\ M_t^2/4\Omega^2 G t_k,$$

da cui:

$$\theta = \Sigma_k\ h_k\ M_t/4\Omega^2 G t_k.$$

Posto $W = \Sigma_k\ h_k /t_k$ e $J_t = 4\Omega^2/W$, si ha ancora: $\theta = M_t /GJ_t$.

8.4 - LA TORSIONE NEI PROFILI PLURICONNESSI A PARETI PIANE

Si consideri un profilo pluriconnesso con pareti piane, ciascuna di spessore costante, che definiscono N nuclei chiusi, come in fig.8.14 in alto. Sia Ω_n l'area racchiusa dalla linea media del nucleo n e M_n la quota del momento torcente complessivo M_t assorbita dal sistema costituito dall'insieme delle pareti del nucleo n (fig.8.14 in basso). Per l'equilibrio sarà:
$M_t = \Sigma_{1,N}\ M_n$.

Alcune pareti sono comuni a due nuclei, e rispecchiano lo stato di sforzo derivante dai momenti torcenti ad essi applicati (pannello *4* di fig.8.14 in basso, comune ai nuclei *1,2*). Altre sono esterne e rispecchiano lo stato di sforzo derivante dal momento torcente del solo nucleo a cui appartengono (pannelli *1,2,3* del nucleo *1*, pannelli *5,6,7* del nucleo *2)*.

In ciascun nucleo si assume come positivo per le τ il verso di percorrenza antioraria dei pannelli. Nella parete esterna *i* del nucleo *m* e nella parete esterna *j* del nucleo *n* si ha:

$$\tau_i = M_m/2\Omega_m t_i, \qquad \tau_j = M_n/2\Omega_n t_j,$$

mentre nella parete interna *k* comune ai nuclei *m,n* si ha:

$$\tau_k = M_m/2\Omega_m t_k - M_n/2\Omega_n t_k\ .$$

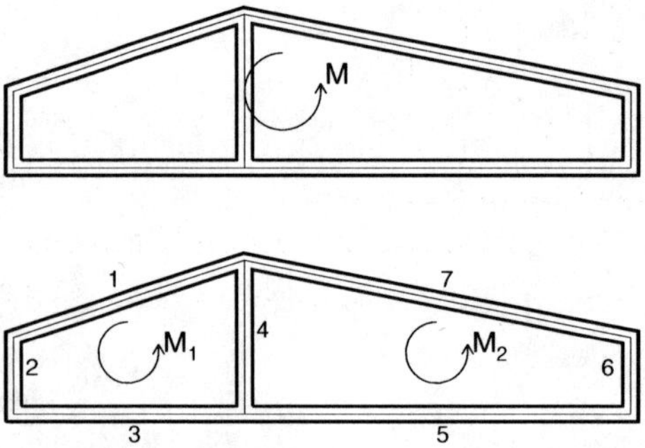

Figura 8.14

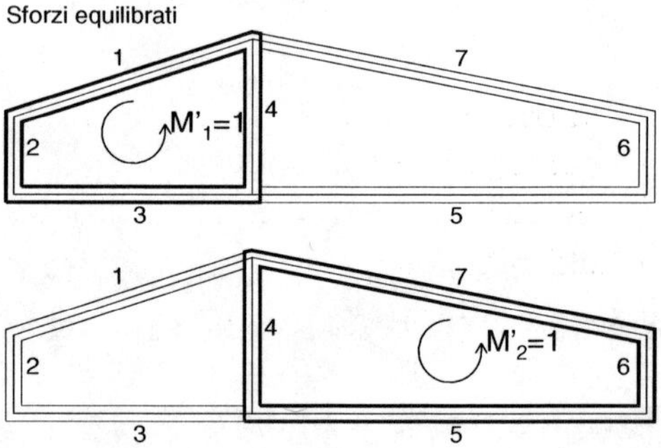

Figura 8.15

Con l'esempio di fig.8.14 si hanno sforzi e deformazioni reali:

$$\tau_i = M_1/2\Omega_1 t_i,\ (i = 1,2,3) \qquad \gamma_i = M_1/2G\Omega_1 t_i,\ (i = 1,2,3)$$
$$\tau_4 = M_1/2\Omega_1 t_4 - M_2/2\Omega_2 t_4, \qquad \gamma_4 = M_1/2G\Omega_1 t_4 - M_2/2G\Omega_2 t_4,$$
$$\tau_j = M_1/2\Omega_2 t_j,\ (j = 5,6,7) \qquad \gamma_j = M_1/2G\Omega_2 t_j,\ (j = 5,6,7)$$

Il segno operativo di τ_4, γ_4 sarà adottato in relazione al contesto d'impiego. Applicando ai nuclei *1* e *2* momenti torcenti unitari fittizi $M' = 1$, $M'' = 1$ come in fig.8.15, si possono definire due distinti stati di sforzo equilibrati:

$$\tau'_i = 1/2\Omega_1 t_i,\ (i = 1,2,3,4) \qquad \tau'_j = 0,\ (j = 5,6,7)$$
$$\tau''_j = 1/2\Omega_2 t_j,\ (j = 4,5,6,7) \qquad \tau''_i = 0,\ (i = 1,2,3)$$

Il Principio dei Lavori Virtuali consente di affermare separatamente l'uguaglianza fra il lavoro esterno dei momenti fittizi M', M'' per la rotazione reale θ_o e il lavoro interno dei corrispondenti sforzi τ', τ'' per le deformazioni reali. Per i due nuclei si ha:

$$M'\ \theta_o = \Sigma_{i=1,4}\ t_i\ h_i\ \tau'_i\ \gamma_i$$
$$M''\ \theta_o = \Sigma_{j=4,7}\ t_j\ h_j\ \tau'_j\ \gamma_j$$

Sostituendo i valori calcolati ed essendo $M' = 1$, $M'' = 1$ si ha:

$$\theta_o = \Sigma_{i=1,4}\ h_i\ M_1/4Gt_i\Omega_1\Omega_1\ -1/G\ h_4\ M_2/4t_4\Omega_1\Omega_2$$
$$\theta_o = \Sigma_{j=4,7}\ h_j\ M_2/4Gt_j\Omega_2\Omega_2\ -1/G\ h_4\ M_1/4t_4\Omega_1\Omega_2.$$

Posto:

$$k_{11}=\Sigma_{i=1,4}\ h_i/4Gt_i\Omega_1\Omega_1 \qquad k_{12}=k_{21}=\ -h_4/4Gt_4\Omega_1\Omega_2 \qquad k_{22}=\Sigma_{j=4,7}\ h_j/4Gt_j\Omega_2\Omega_2$$

e ricordando che $M_t = M_1 + M_2$, si ottiene:

$$\begin{bmatrix} k_{11} & k_{12} & -1 \\ k_{21} & k_{22} & -1 \\ -1 & -1 & 0 \end{bmatrix} \begin{bmatrix} M_1 \\ M_2 \\ \theta_o \end{bmatrix} = \begin{bmatrix} 0 \\ 0 \\ -M_t \end{bmatrix}$$

Le prime *N* equazioni sono condizioni di congruenza che impongono, attraverso il Principio dei Lavori Virtuali, l'uguaglianza delle rotazioni nei diversi nuclei. L'ultima equazione esprime l'equilibrio globale.

Per l'esempio di fig.8.6 il sistema risolvente avrebbe la struttura:

$$\begin{bmatrix} k_{11} & k_{12} & 0 & -1 \\ k_{21} & k_{22} & k_{23} & -1 \\ 0 & k_{32} & k_{33} & -1 \\ -1 & -1 & -1 & 0 \end{bmatrix} \begin{bmatrix} M_1 \\ M_2 \\ M_3 \\ \theta_o \end{bmatrix} = \begin{bmatrix} 0 \\ 0 \\ 0 \\ -M_t \end{bmatrix}$$

Si osserva che la sottomatrice $N \times N$ ha una struttura tridiagonale, legata al fatto che nel caso in esame i diversi nuclei costituiscono una sequenza.

Noti i momenti torcenti M_m, si possono calcolare le tensioni τ_i con le espressioni richiamate all'inizio del paragrafo, mentre la rotazione θ_o è fornita direttamente dalla soluzione del sistema.

8.5 - PRESTAZIONI DEI PROFILI CHIUSI E APERTI

Si confrontano le prestazioni delle sezioni di pari area, sviluppo e spessore di fig.8.16, fig.8.17, soggette a momento torcente M_t. Sia t lo spessore e kt il lato misurato in corrispondenza della fibra media. Nella sezione quadrata, posto $h=4kt$, $\Omega=k^2t^2$, $W=h/t=4k$, si ha:

Quadro chiuso	Quadro aperto	Rapporto	k=10	k=20
$\tau_c=M_t/2\Omega t=M_t/2k^2t^3$	$\tau_a=3M_t/ht^2=3M_t/4kt^3$	$\delta=\tau_a/\tau_c=3/2\ k$	$\delta=15$	$\delta=30$
$J_{tc}=4\Omega^2/W=k^3t^4$	$J_{ta}=ht^3/3=4kt^4/3$	$\eta=J_{tc}/J_{ta}=3/4\ k^2$	$\eta=30$	$\eta=300$

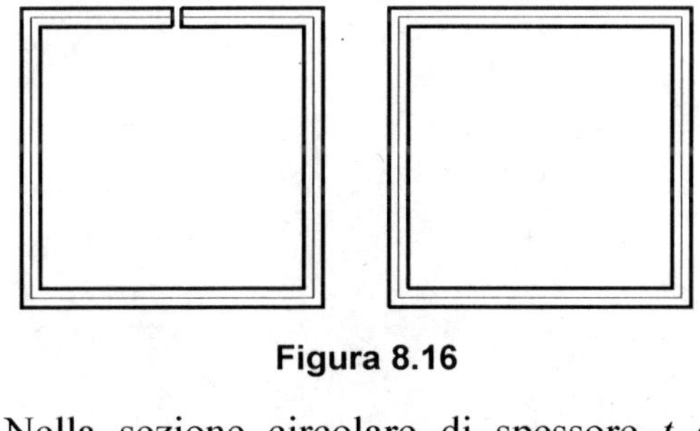

Figura 8.16

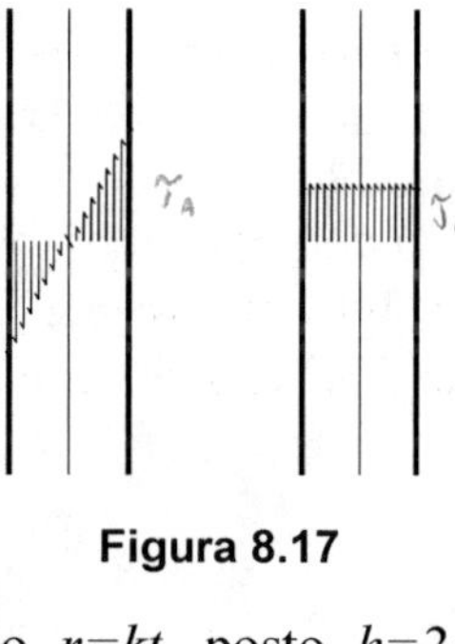

Figura 8.17

Nella sezione circolare di spessore t e raggio medio $r=kt$, posto $h=2\pi kt$, $\Omega=\pi k^2t^2$, $W=h/t=2\pi k$, si hanno analoghi rapporti (fig.8.18, fig.8.19).

Tondo chiuso	Tondo aperto	Rapporto	k=10	k=20
$\tau_c=M_t/2\Omega t=M_t/2\pi k^2t^3$	$\tau_a=3M_t/ht^2=3M_t/2\pi kt^3$	$\delta=\tau_a/\tau_c=3k.$	$\delta=30$	$\delta=60$
$J_{tc}=4\Omega^2/W=2\pi k^3t^4.$	$J_{ta}=ht^3/3=2\pi kt^4/3$	$\eta=J_{tc}/J_{ta}=3k^2$	$\eta=300$	$\eta=1200$

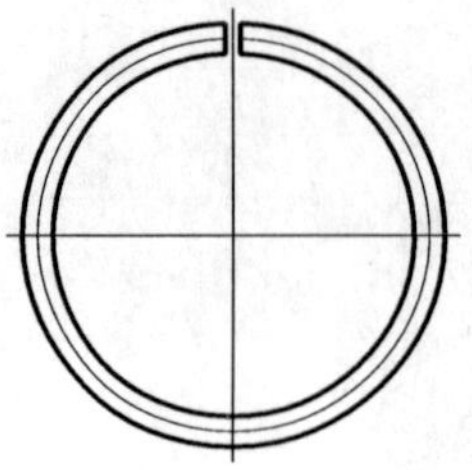

Figura 8.18

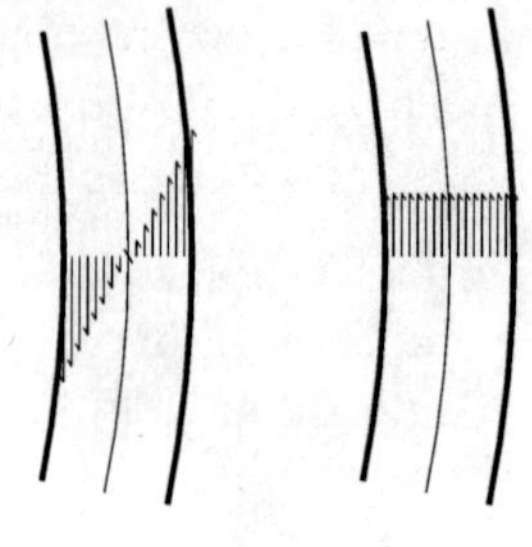

Figura 8.19

8.6 - CONDIZIONI DI VINCOLO NELLA TORSIONE UNIFORME

La trattazione adottata per il problema della torsione si basa sull'ipotesi che l'immagine della sezione, cioè la proiezione dei suoi punti sul piano originario *x,y*, ruoti intorno a un punto, rimanendo uguale a se stessa. Tale punto viene detto *centro di torsione*, e per l'uniformità del problema rispetto a *z* identifica un asse di rotazione parallelo a *z*. L'ipotesi non esclude la fuoruscita del punti della sezione dal piano *x,y* in direzione *z*. Questo comportamento viene detto *ingobbamento*.

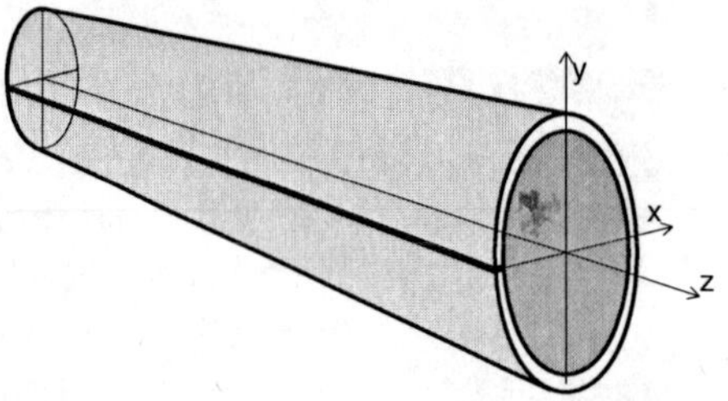

Figura 8.20

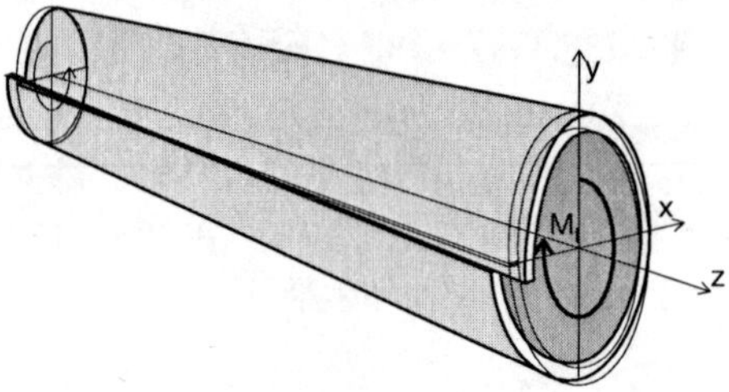

Figura 8.21

Nelle figure 8.20 e 8.21 viene riportato indicativamente l'ingobbamento della sezione tubolare circolare aperta, nelle figure 8.22 e 8.23 quello della sezione tubolare quadrata aperta. Per l'uniformità della soluzione rispetto alla circonferenza, la sezione circolare si atteggia ad elica.

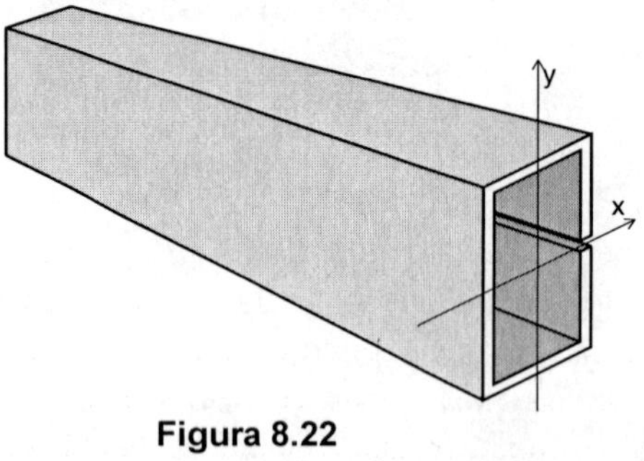

Figura 8.22

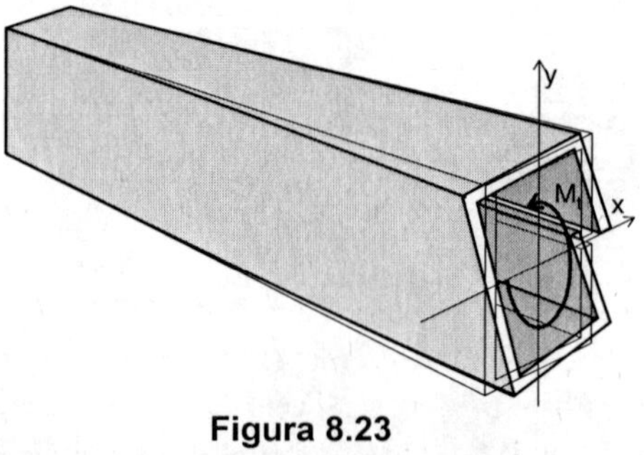

Figura 8.23

L'impostazione adottata si basa sull'ipotesi che lungo l'asse del prisma si verifichino le stesse condizioni statiche e geometriche. In particolare, le sezioni di estremità devono essere libere di ingobbarsi. L'applicazione del momento torcente dovrebbe perciò effettuarsi in condizioni di libero ingobbamento, come riportato indicativamente in fig.8.24.

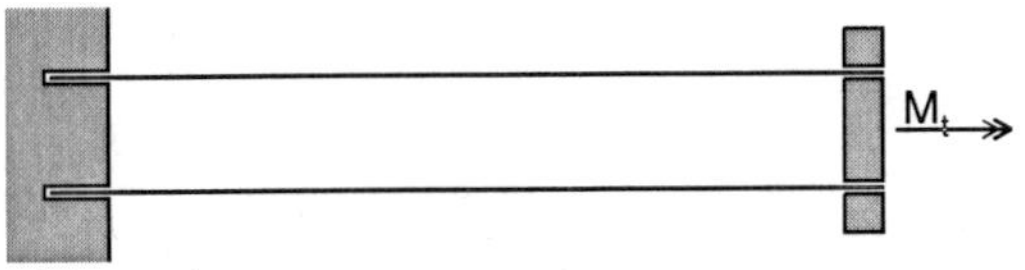

Figura 8.24

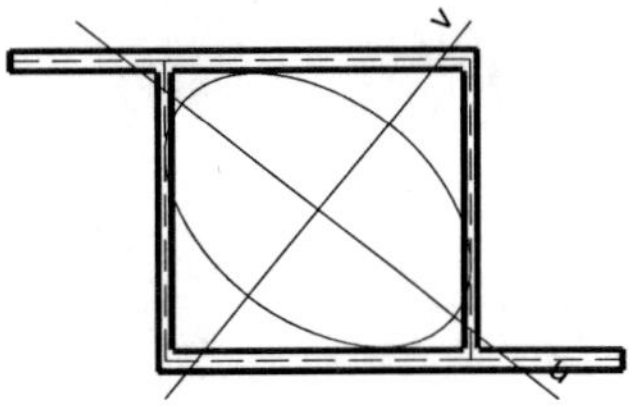

Figura 8.25

8.7 - LA TORSIONE NEI PROFILI MISTI

Profili di questo tipo, composti da rami aperti e da anelli chiusi, saranno caratterizzati da sforzi che verificano le leggi di distribuzione proprie di ciascun componente e che rispettano complessivamente la congruenza, cioè l'uguaglianza degli angoli di torsione (fig.8.25).

Il momento torcente complessivo si ripartisce fra i diversi componenti in ragione della loro rigidezza torsionale. Con le indicazioni del precedente paragrafo si induce che la preponderante rigidezza delle porzioni chiuse tende a vanificare il contributo dei rami aperti.

8.8 - IL TAGLIO NEI PROFILI APERTI

Si consideri un profilo sottile definito dalla linea media $x(l),y(l)$. Nel generico punto di coordinata l si definisca la tangente alla linea media e una corda ad essa perpendicolare, la cui dimensione $s(l)$ individua lo spessore. Si assuma uno spessore costante o debolmente variabile. Quando lo spessore della parete è piccolo rispetto alle dimensioni della sezione, e debolmente variabile, si fa l'ipotesi che le tensioni tangenziali agenti lungo la corda sopra definita siano uniformi nello spessore e perpendicolari ad essa (fig.8.26). Partendo da un estremo libero si assuma un verso univoco di percorrenza dei lati, come in figura, assumendo convenzionalmente lo stesso come verso positivo delle τ nel riferimento intrinseco assunto.

Adottando come assi di riferimento x,y gli assi principali d'inerzia della sezione, ogni possibile azione tagliante può essere rappresentata attraverso le sue componenti T_x e T_y. Per il principio di sovrapponibilità degli effetti, le due componenti possono essere separatamente considerate. Come condizione di riferimento si consideri la presenza della sola $T = T_y$. Si operi prescindendo dall'effettivo punto di applicazione di T_y (che solo provvisoriamente si immagina riferita al baricentro).

Si prenda un tronco di trave di lunghezza dz. In assenza di carichi distribuiti, nelle sezioni di ascissa x e $x+dx$ si ha rispettivamente T_y con verso opposto a y e T_y equiversa a y. Posto $M = M_x$, sulle stesse sezioni si ha rispettivamente M e $M\,dM = M+Tdz$.

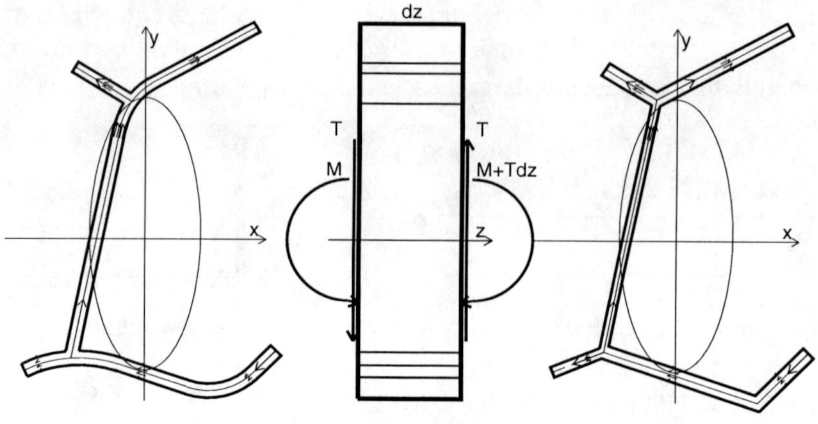

Figura 8.26

Se la sezione è aperta, cioè non forma anelli chiusi, ogni corda separa la sezione in due parti (fig.8.27). Si prenda in esame la porzione di area A^* che si colloca all'estremo opposto rispetto all'origine del riferimento intrinseco (parte superiore in fig.8.27). Posto $J = J_x$, si hanno:

- tensioni normali $\sigma = My/J$ da flessione sull'area A^* di ascissa z, con risultante pari a $-\int_{A^*} \sigma \, dA = -\int_{A^*} M\, y/J \, dA$,
- tensioni normali $\sigma + d\sigma = (M+Tdz)y/J$ da flessione sull'area A^* di ascissa $z+dz$, con risultante pari a $\int_{A^*} \sigma \, dA = \int_{A^*} (M + Tdz)\, y/J \, dA$,
- tensioni tangenziali uniformi sulla superficie di separazione, con risultante pari a $-\tau \, t \, dz$.

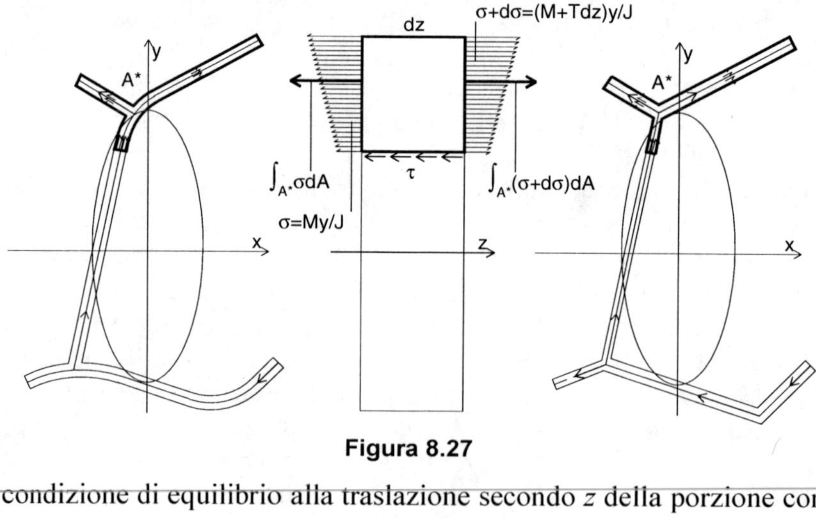

Figura 8.27

La condizione di equilibrio alla traslazione secondo z della porzione considerata diventa:

$$\tau \, t \, dz = \int_{A^*} (M + Tdz)\, y/J \, dA - \int_{A^*} M\, y/J \, dA$$

da cui:

$$\tau \, t \, dz = T/J \, dz \int_{A^*} y \, dA$$

e quindi:

$$\tau = TS^*/tJ\ ,$$

dove $S^* = \int_{A^*} y\, dA$ rappresenta il momento statico rispetto all'asse x della porzione di sezione di area A^*.

Profili composti con pareti piane

Una situazione semplice e di largo interesse applicativo è rappresentata dalle sezioni costituite da pannelli piani di spessore costante (fig.8.27). Se lo spessore t_k è costante in ciascuna parete k, si ha che τ_k segue lungo la parete la stessa legge di distribuzione (parabolica) che caratterizza il momento statico parziale S^*.

Sia $T_x = 0$ e $T_y = 1$. Siano S_{ak}, S_{bk}, S_{ck} i momenti statici parziali relativi ai punti estremi a_k, c_k, e al punto medio b_k della parete k (fig.8.28).

Le tensioni tangenziali nel singolo elemento di parete hanno andamento costante nello spessore e parabolico secondo lo sviluppo di parete. Per l'integrazione fra x e e $x{-}e$ di una parabola $p(x)$ basta ricordare che (Simpson):

$$\int_{-e}^{e} p(x)\, dx = 2e\,[p(-e) + 4p(0) + p(e)]/6.$$

La risultante degli sforzi nel lato k sarà data da:

$$R_{ky} = 1/6\ h_k\, t_k\, (\ \tau_{aky} + 4\ \tau_{bky} + \tau_{cky}\ )$$

$$R_{ky} = 1/6\ h_k/J_x\ (\ S^*_{aky} + 4\ S^*_{bky} + S^*_{cky}\ ).$$

Siano c_k e s_k i coseni direttori della linea media quando questa viene percorsa secondo la sequenza continua adottata. Essendosi imposto ovunque l'equilibrio alla traslazione in presenza della sola T_y, risultano verificate le condizioni di equilibrio alle basi:

$$\textstyle\sum_k R_{ky}\, s_k = 0,$$

$$\textstyle\sum_k R_{ky}\, c_k = T_y.$$

Se u_k, v_k sono le coordinate del baricentro del segmento k, la distanza orientata della linea media dal baricentro della sezione sarà:

$$d_k = u_k\, s_k - v_k\, c_k.$$

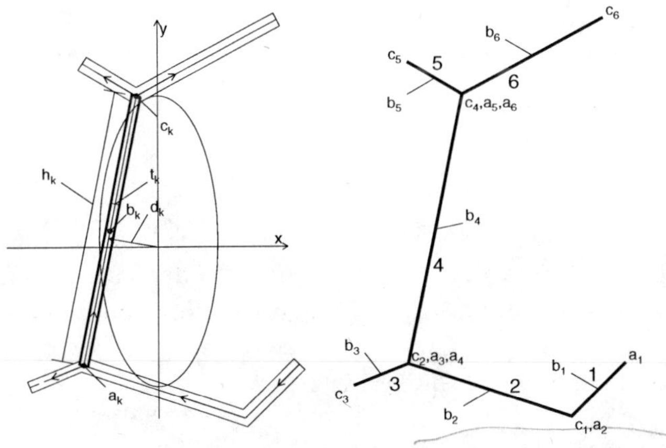

Figura 8.28

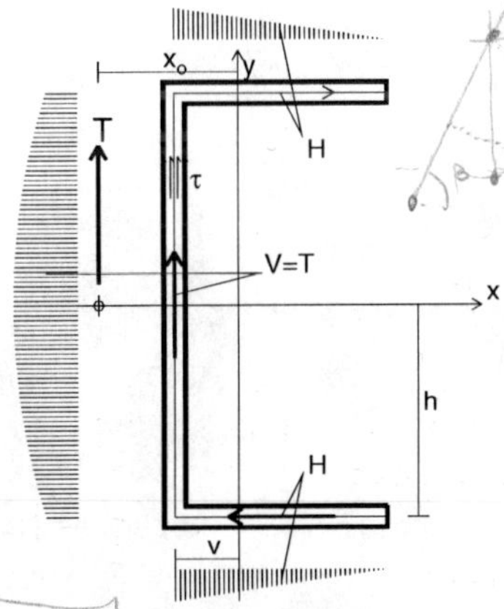

Figura 8.29

Il momento risultante delle R_k rispetto al baricentro di sezione:

$$u_o = \sum_k R_{ky}\, d_k$$

sarà in generale non nullo. Ciò significa che le R_{ky} costituiscono una distribuzione che, se T_y fosse applicata nel polo baricentrico assunto, rispetterebbe l'equilibrio alla traslazione, come sopra visto, ma non l'equilibrio alla rotazione. Si è detto inizialmente che il punto di applicazione della forza T_y non è necessariamente il baricentro. Se si colloca T_y a distanza u_o dal baricentro continua ad essere verificato l'equilibrio alla traslazione (che non risente del punto di applicazione), mentre il momento risultante delle R_{ky} risulta uguale al momento risultante $T_y\, u_o$ rispetto allo stesso polo e quindi rispettoso della condizione di equilibrio alla rotazione.

Centro di taglio

Se si ripete l'operazione imponendo $T_y = 0$ e $T_x = 1$, si otterranno con analoga procedura le risultanti R_{kx}. Analogamente a quanto sopra visto, la forza T_x dovrà collocarsi in posizione disassata secondo y di:

$$v_o = - \sum_k R_{kx}\, d_k$$

per ottenere contemporaneamente il rispetto dell'equilibrio alla traslazione e alla rotazione.

Il punto di coordinate u_o, v_o, detto *centro di taglio*, è una caratteristica geometrica della sezione, e non risente del modulo delle forze adottate T_x, T_y (cui le R_{kx}, R_{ky} sono proporzionali).

L'insieme di queste osservazioni porta ad affermare che una generica forza T di componenti T_x, T_y dovrà intendersi collocata nel centro di taglio perchè la distribuzione di tensioni governata dall'espressione $\tau = TS^*/tJ$ possa ammettere come unica risultante la forza T assegnata.

L'impostazione adottata si basa sull'ipotesi che lungo l'asse del prisma si verifichino le stesse condizioni statiche e geometriche. In particolare, le sezioni di estremità devono essere libere di ingobbarsi. L'applicazione della forza di taglio dovrebbe perciò effettuarsi in condizioni di libero ingobbamento, come riportato indicativamente in fig.8.30.

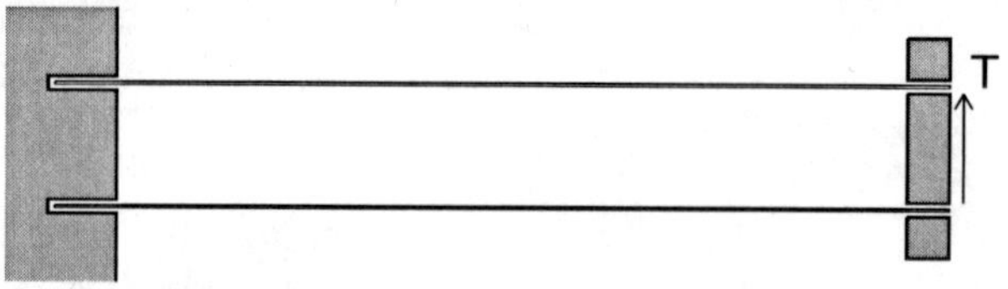

Figura 8.30

In fig.8.31 viene indicato lo schema di riferimento generale per la determinazione del centro di taglio. Siano x_k, y_k le coordinate del baricentro del segmento k. Posto $c_k = \cos\beta_k$ e $s_k = \sin\beta_k$, la distanza orientata del segmento k dal baricentro di sezione è $d_k = x_k\, s_k - y_k\, c_k$. Si calcolano i momenti statici della sezione parzializzata sezionando in corrispondenza dei punti a_k, b_k, c_k di ciascun segmento k:

$S_{cxk} = \sum_i h_i\, t_i\, y_i$ $\quad S_{bxk} = S_{cxk} + h_k\, t_k\, (y_k/2 + h_k\, s_k/8)$ $\quad S_{axk} = S_{cxk} + h_k\, t_k\, y_k$

$S_{cyk} = \sum_i h_i\, t_i\, x_i$ $\quad S_{byk} = S_{cyk} + h_k\, t_k\, (x_k/2 + h_k\, c_k/8)$ $\quad S_{ayk} = S_{cyk} + h_k\, t_k\, x_k$

avendo adottato per *i* le sequenze:

per k = 1, i = 2÷6 per k = 2, i = 4÷6 per k = 3, i = 0

per k = 4, i = 5÷6 per k = 5, i = 0 per k = 6, i = 0.

Per ciascun ramo *k,* le risultanti per $T_x=1$, $T_y=0$ e per $T_x=0$, $T_y=1$, saranno rispettivamente:

$R_{xk} = (S_{ayk} + 4\ S_{byk} + S_{cyk})\ h_k/6J_y$, $R_{yk} = (S_{axk} + 4\ S_{bxk} + S_{cxk})\ h_k/6J_x$.

Le coordinate del centro di taglio saranno:

$u_o = \sum_k R_{yk}\ d_{yk}$ $v_o = \sum_k R_{xk}\ d_{xk}$.

A titolo di esempio si riporta in fig.8.29 il caso della sezione a C con simmetria rispetto all'asse *x*. La distribuzione delle τ risulta parabolica sull'anima e lineare sulle ali. Per simmetria il centro di taglio si colloca sull'asse *x*, in posizione esterna all'anima.

Spostamento e rotazione

Quando la forza *T*, unica azione presente, è applicata nel centro di taglio, la proiezione (indeformata) della sezione trasla parallelamente a se stessa, ma non subisce rotazione (fig.8.31).

Quando invece si applichi la forza tagliante fuori dal centro di taglio (per esempio nel baricentro), si introduce effettivamente un momento torcente addizionale pari al prodotto della forza per la distanza dal centro di taglio, momento i cui effetti sono calcolabili secondo la trattazione vista precedentemente. Da quella trattazione si ottiene una rotazione della proiezione della sezione (fig.8.32) e una distribuzione di sforzi a trapezio incrociato che si somma alla distribuzione, uniforme nello spessore, ipotizzata per il taglio.

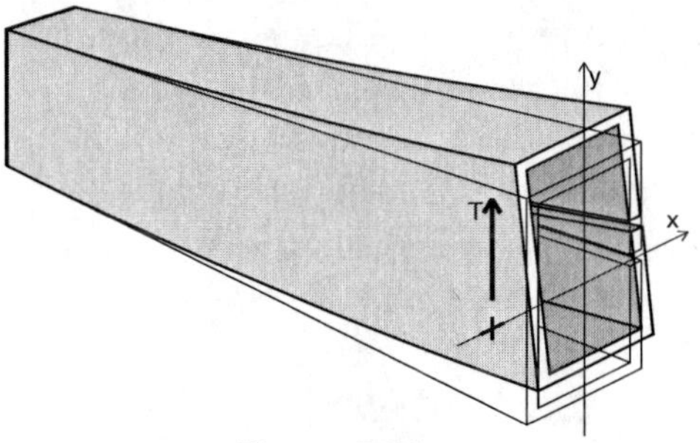

Figura 8.31

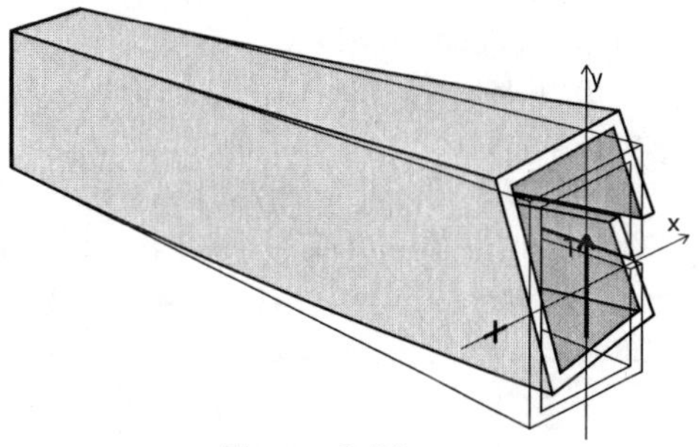

Figura 8.32

8.9 - IL TAGLIO NEI PROFILI MULTICONNESSI

Si consideri una sezione biconnessa definita dalla linea media *x(l),y(l)*, come in fig.8.33. Nel generico punto di coordinata *l* si definisca la tangente alla linea media e una corda ad essa perpendicolare, la cui dimensione *s(l)* individua lo spessore. Si assuma uno spessore costante o debolmente variabile. Come visto precedentemente, si assume che le tensioni tangenziali siano perpendicolari alla corda e uniformi lungo lo spessore.

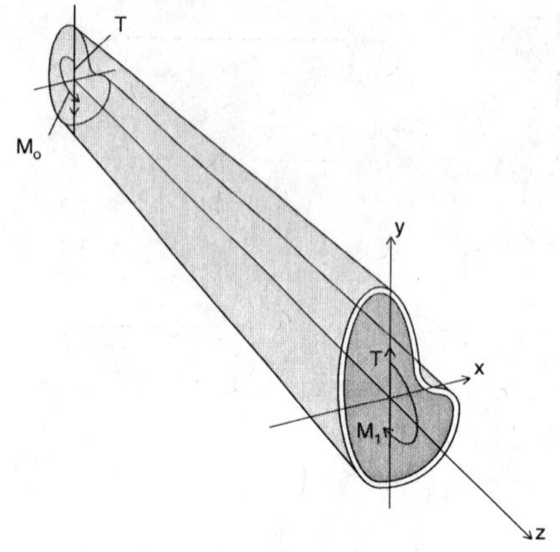

Figura 8.33

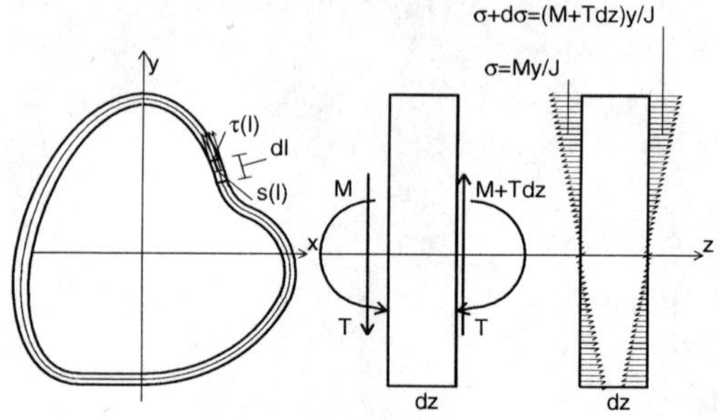

Figura 8.34

Il prisma si considera soggetto a un'azione tagliante $T=T_y$ costante (che solo provvisoriamente si immagina riferita al baricentro) e a un momento flettente lineare $M_x(z)$, entrambi agenti secondo un sistema di riferimento coincidente con gli assi principali d'inerzia della sezione. Ogni altra situazione potrà essere ricondotta a una situazione di questo tipo, mediante scomposizione delle forze agenti. Sia $J=J_x$ il momento d'inerzia associato al momento $M=M_x$.

Si consideri un tronco di trave di lunghezza dz, che risulta in equilibrio in presenza di forze taglianti T agli estremi, e di momenti flettenti M nella sezione di ascissa z, e $M+dM=M+Tdz$ nella sezione di ascissa $z+dz$ (fig.8.34). Del tronchetto dz si isoli un segmento infinitesimo dl ricavato dallo sviluppo l (fig.8.35).

L'azione flettente determina la presenta di tensioni $\sigma=My/J$ sulla sezione di ascissa z e di tensioni $\sigma+d\sigma=(M+Tdz)y/J$ sulla sezione di ascissa $z+dz$. Lungo l'ascissa curvilinea, da l a $l+dl$ la tensione tangenziale passerà da τ a $\tau+d\tau$.

La condizione di equilibrio alla traslazione secondo z impone:

$$(\tau + d\tau)\ s\ dz - \tau\ s\ dz = (\sigma + d\sigma)\ s\ dl - \sigma\ s\ dl.$$

Sostituendo i valori di σ e $\sigma + d\sigma$ si ottiene:

$$d\tau\ s\ dz = (M + T\ dz)\ y/J\ s\ dl - M\ y/J\ s\ dl = T\ dz\ y/J\ s\ dl.$$

Semplificando per s e dz, si ottiene:

$$d\tau(l) = T/J\ y(l)\ dl \qquad \text{da cui:} \qquad \boxed{d\tau(l)/dl = T/J\ y(l).}$$

Si tratta di una relazione differenziale che governa le componenti $\tau(l)$ lungo una linea chiusa di espressione nota $x(l),y(l)$. L'integrazione richiede che sia nota una condizione iniziale, ossia il valore della τ in un punto qualunque della linea chiusa.

Si osserva che la relazione differenziale si applica anche ai profili aperti, per i quali si ha la condizione iniziale nota a priori $\tau = 0$ sul lembo estremo del profilo. Risulta confermato che un elemento di sezione aperta o chiusa con pareti parallele verticali o sub-verticali, come le sezioni rettangolari o a T, ha un andamento parabolico delle τ, essendo lineare la relativa derivata.

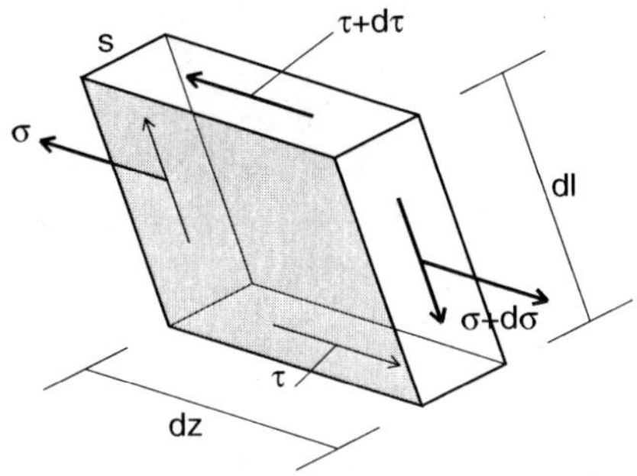

Figura 8.35

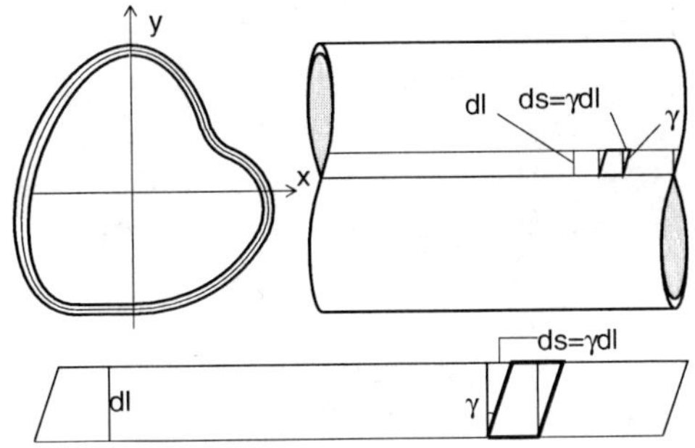

Figura 8.36

Ricorrendo al metodo delle forze, si definisce preliminarmente una soluzione equilibrata del problema. A tal fine si assume una condizione iniziale arbitraria, assegnando valore nullo alle tensioni tangenziali in un solo punto A. In tal modo si riproducono le condizioni che caratterizzano un profilo analogo, aperto nel punto A.

Su questa base si determina una distribuzione di sforzi da taglio secondo il procedimento esposto nel paragrafo precedente. Sia $\tau^o(l)$ lo stato di sforzo così determinato. La forza risultante ottenuta per effetto di questa distribuzione, diretta come y, deve intendersi provvisoriamente collocata a distanza u'_o dal baricentro, cioè in quello che sarebbe il centro di taglio se la sezione fosse effettivamente aperta nel punto A (l'altra coordinata v'_o verrebbe individuata tramite l'applicazione di un taglio T_x).

Lo stato di sforzo aggiuntivo atto a riportare la tensione tangenziale del punto A al suo valore reale sarà costituito da una distribuzione $\tau^l(l)$ tale da presentare risultante nulla secondo x e y. Il sistema aggiuntivo si identifica in un momento torcente M^l agente sul profilo chiuso in modo analogo a quanto visto nella trattazione della torsione nei profili sottili. Detto:

$$\tau^1(l) = 1/2\Omega t(l)$$

lo sforzo tangenziale da momento torcente unitario, lo sforzo complessivo diventa:

$$\tau(l) = \tau^o(l) + M^1\, \tau^1(l),$$

dove M^l è il modulo adimensionale del momento torcente da calcolarsi.

Collocando opportunamente il punto di applicazione della forza di taglio, si vuole ottenere una soluzione per la quale l'immagine della sezione si limita a traslare parallelamente a se stessa, senza ruotare.

Da fig.8.36 si osserva che l'ingobbamento della sezione traduce il dislocamento relativo secondo z di fibre longitudinali poste a distanza dl, per effetto dello scorrimento $\gamma\, dl = \tau/G\, dl$. Percorrendo la linea l a partire da un punto iniziale arbitrario, il dislocamento cumulato rispetto a quel punto è dato da:

$$w(l) = \int_l \gamma\, dl = \int_l \tau/G\, dl.$$

Quando si sia percorso l'intero anello, tale dislocamento relativo deve annullarsi, essendo la fibra longitudinale finale coincidente con quella iniziale. Si ha così:

$$\int_l \tau(l)\, 1/G\, dl = \int_l \tau(l)\, dl = 0$$

che costituisce la condizione di congruenza sulle deformazioni. In sintesi si può affermare che esistono infinite distribuzioni di tensioni tangenziali:

$$\tau = \tau^{o} + M^{1}\, \tau^{1}$$

in equilibrio con la forza T, che tali distribuzioni dipendono da una discontinuità arbitraria in A (introdotta per ricondursi a uno schema di profilo aperto) e da un momento torcente arbitrario $M^{l} = M^{l}_{y}$ (con la notazione M^{l}_{y} si è indicato il momento associato a T_y, per distinguerlo dal momento M^{l}_{x} associato a T_x). Fra tutte queste distribuzioni di tensioni tangenziali, l'unica che garantisce la congruenza è quella che soddisfa l'ultima condizione integrale.

Essendo noti τ^{o} e τ^{l}, la condizione integrale permette di identificare univocamente il momento M^{l}_{y} associato alla scelta arbitraria di A. Noto M^{l}_{y}, risulta compiutamente definita la vera distribuzione delle tensioni tangenziali, cui corrisponde la corretta posizione di T_y nella sezione chiusa, associata alla coordinata u_o del centro di taglio.

Poichè M^{l}_{y} è associato a una forza $T = T_y$ applicata nel centro di taglio di sezione aperta, di coordinate u'_o, v'_o, la forza T_y dovrà essere spostata in un centro di taglio tale per cui il momento di T_y rispetto ad esso uguaglia il momento M^{l}_{y}, per annullarne gli effetti. Calcolati i momenti M^{l}_{x}, M^{l}_{y} associati rispettivamente a $T_x=1$, $T_y=0$ e a $T_x=0$, $T_y=1$, le coordinate del centro di taglio saranno:

$$u_o = u'_o + M^{1}_{y},$$
$$v_o = v'_o - M^{1}_{x},$$

dove M^{l}_{x}, M^{l}_{y} hanno le dimensioni di momenti rapportati a forze unitarie. Si osserva che se gli spessori sono quasi costanti, il centro di taglio di sezione chiusa si colloca in posizione poco discosta dal baricentro, a differenza del corrispondente centro di taglio di sezione aperta.

Profili biconnessi poligonali

Una tipologia di largo impiego è costituita dalle sezioni poligonali con pareti di uniforme spessore (fig.8.37 e fig.8.38). La trattazione di queste situazioni si avvantaggia di qualche semplificazione procedurale.

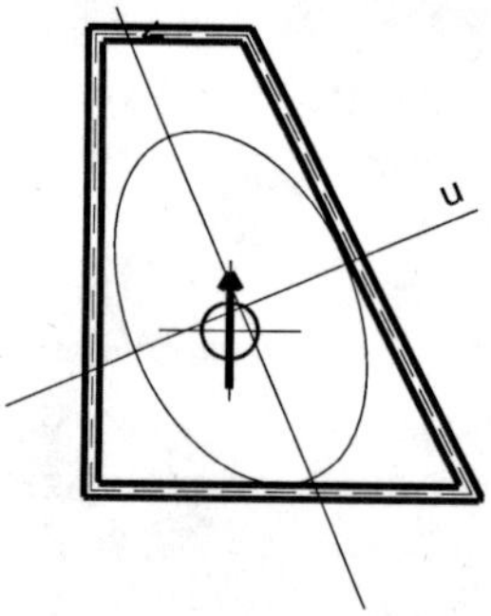

Figura 8.37

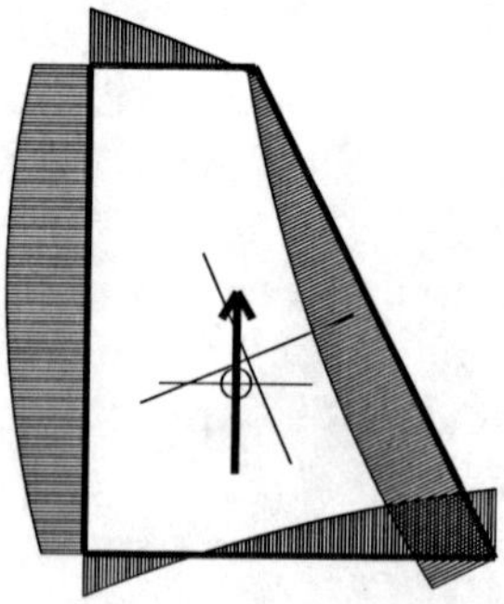

Figura 8.38

Si assuma un sistema di riferimento u,v coincidente con gli assi principali d'inerzia. Immaginando di aprire il profilo in corrispondenza del nodo inferiore destro (figure 8.39, 8.40 e 8.41), e applicando separatamente $T_u=1$, $T_v=0$ e $T_u=0$, $T_v=1$, si calcola per la *k-esima* lamina la tensione da profilo aperto τ^o_{ku} e τ^o_{kv}. A tal fine si saranno calcolate le quantità statiche:

$$S_{cuk} = \sum_i h_i t_i v_i \qquad S_{buk} = S_{cuk} + h_k t_k (v_k /2 + h_k s_k /8) \qquad S_{auk} = S_{cuk} + h_k t_k v_k$$

$$S_{cvk} = \sum_i h_i t_i u_i \qquad S_{bvk} = S_{cvk} + h_k t_k (u_k /2 + h_k c_k /8) \qquad S_{avk} = S_{cvk} + h_k t_k u_k$$

avendo adottato per *i* le sequenze:

per $k = 1$, $i = 2 \div 4$ per $k = 2$, $i = 3 \div 4$ per $k = 3$, $i = 4$ per $k = 4$, $i = 0$

Da queste si ha, per ciascun ramo *k*, la risultante per $T_u=1$, $T_v=0$ e $T_u=0$, $T_v=1$:

$$R^o_{vk} = (S_{auk} + 4\, S_{buk} + S_{cuk})\, h_k/6J_u, \qquad R^o_{uk} = (S_{avk} + 4\, S_{bvk} + S_{cvk})\, h_k/6J_v.$$

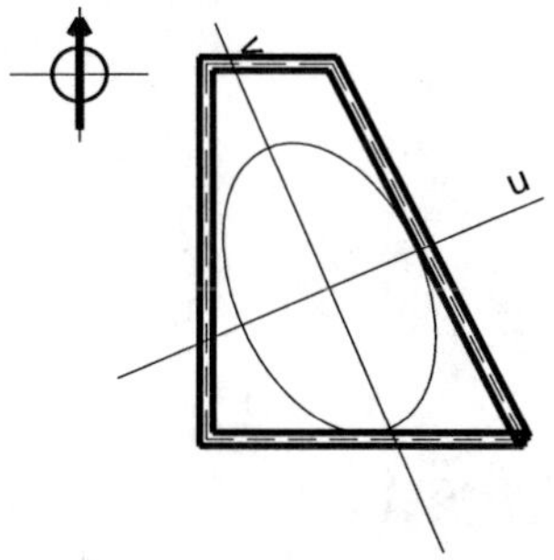

Figura 8.39

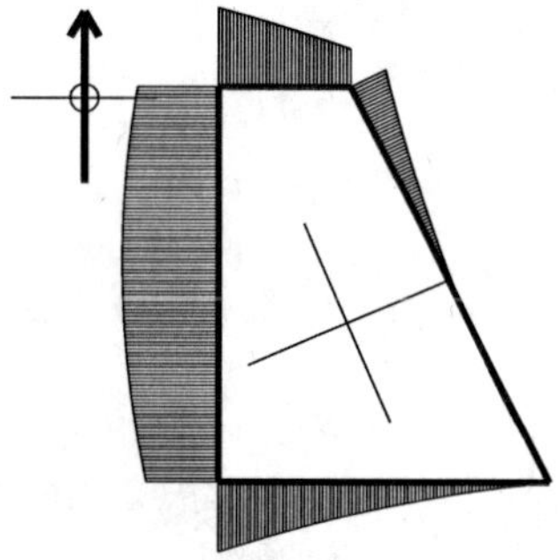

Figura 8.40

Le coordinate del centro di taglio di profilo aperto saranno:

$$u'_o = \sum_k R^o_{vk}\, d_{vk} \qquad v'_o = \sum_k R^o_{uk}\, d_{uk}.$$

In fig.8.39 si osserva la posizione del centro di taglio, che risulta essere tutta esterna al profilo. Applicando alla sezione un momento torcente unitario, come in fig.8.42 e 8.43, si ha nella *k-esima* lamina:

$$\tau^1_k = 1/2\Omega t_k$$

dove *1* è il momento applicato, t_k è lo spessore e Ω l'area racchiusa dalla linea media. Lo stato di sforzo reale nei punti a,b,c della *k-esima* lamina diventa:

$$\tau_{kua} = \tau^o_{kua} + M^1_u\, \tau^1_k \qquad \tau_{kub} = \tau^o_{kub} + M^1_u\, \tau^1_k \qquad \tau_{kuc} = \tau^o_{kuc} + M^1_u\, \tau^1_k$$

$$\tau_{kva} = \tau^o_{kva} + M^1_v\, \tau^1_k \qquad \tau_{kvb} = \tau^o_{kvb} + M^1_v\, \tau^1_k \qquad \tau_{kvc} = \tau^o_{kvc} + M^1_v\, \tau^1_k$$

dove M^1_u, M^1_v sono i moltiplicatori adimensionali incogniti dei momenti unitari.

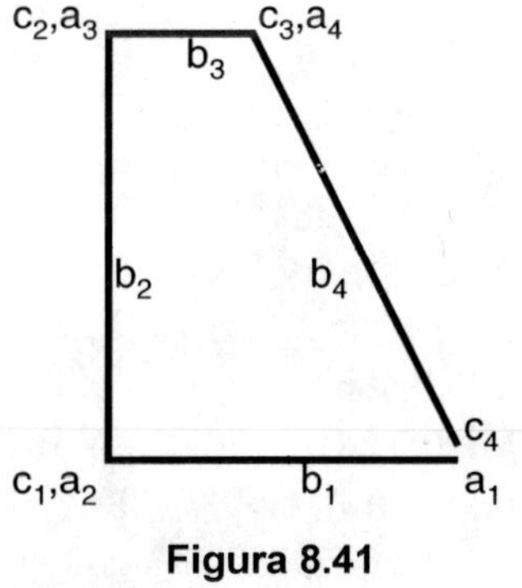

Figura 8.41

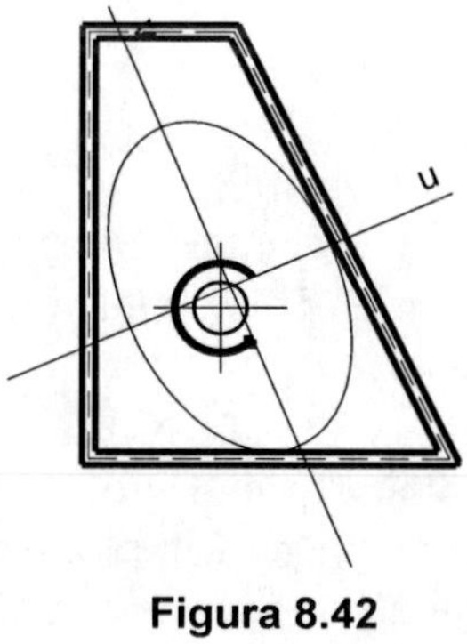

Figura 8.42

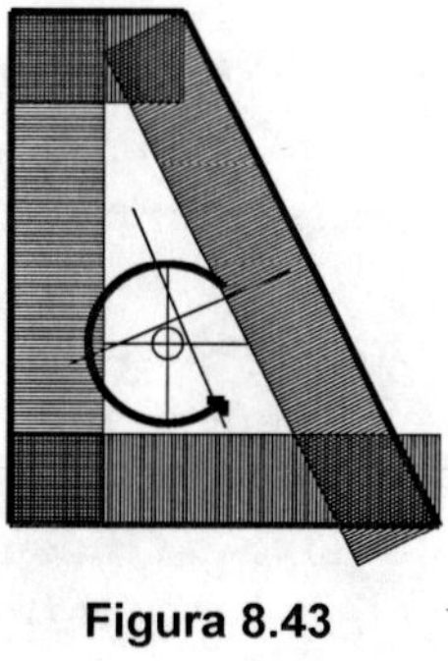

Figura 8.43

Nella *k-esima* lamina, l'integrale lungo la linea media dei contributi τ^o_{ku}, τ^o_{kv}, che hanno andamento parabolico, può essere calcolato ricordando la precedente definizione integrale della risultante delle tensioni tangenziali da taglio nella lamina:

$$R_{uk} = 1/6\ h_k\ t_k\ (\ \tau_{kua} + 4\ \tau_{kub} + \tau_{kuc}\ ), \qquad R_{vk} = 1/6\ h_k\ t_k\ (\ \tau_{kua} + 4\ \tau_{kub} + \tau_{kuc}\ ),$$

ottenendo per le due situazioni l'integrale delle τ lungo la linea (dimensionalmente una forza rapportata a una lunghezza):

$R_k = \int \tau_k dA = \int\int \tau_k dl\, dt = \int \tau_k dl \cdot t$ ($\tau \neq f\ t$)

$$R_{uk}/t_k, \qquad R_{vk}/t_k.$$

L'integrale sulla *k-esima* lamina dei contributi τ^1_{ku}, τ^1_{kv}, che hanno andamento costante, è dato da:

$$\tau^1_{ku}\ h_k = h_k/2\Omega t_k, \qquad \tau^1_{kv}\ h_k = h_k/2\Omega t_k.$$

Sul sistema discreto di *K* lamine, la condizione di congruenza sopra definita diventa:

$$\Sigma_k\ (\ R_{uk}/t_k + M^1_u\ h_k/2\Omega t_k\ ) = 0, \qquad \Sigma_k\ (\ R_{vk}/t_k + M^1_v\ h_k/2\Omega t_k\ ) = 0,$$

che fornisce due equazioni lineari indipendenti nelle incognite M^1_u, M^1_v.

Note queste, si ha lo stato di sforzo corrispondente ai due tagli unitari, come sopra visto, e il centro di taglio:

$$u_o = u'_o + M^1_v \qquad v_o = v'_o - M^1_u$$

dove M^1_u, M^1_v sono momenti rapportati a tagli unitari, e pertanto dimensionalmente omogenei con le misure u, v.

Riepilogando la sequenza delle operazioni che portano alla determinazione dello stato di sforzo, si registra:

- Definizione di una situazione di profilo aperto, mediante introduzione di una cesura fittizia. Determinazione delle coordinate del relativo centro di taglio di sezione aperta u'_o, v'_o, rispetto al baricentro. Calcolo delle τ da profilo aperto.
- Definizione di un momento torcente correttivo, atto a ripristinare la perduta congruenza. Determinazione delle coordinate del centro di taglio di sezione chiusa u_o, v_o, rispetto al baricentro. Calcolo delle τ da momento torcente correttivo, da sommarsi alle precedenti.
- Applicazione di un momento torcente effettivo atto a riprodurre le condizioni imposte, nel caso l'azione tagliante non fosse applicata nel centro di taglio di sezione chiusa. Calcolo delle τ dovute a questo momento torcente, da sommarsi alle precedenti.

Profili pluriconnessi

L'approccio adottato per i profili biconnessi si estende facilmente ai profili pluriconnessi che delimitano più di un nucleo chiuso (figure 8.44 e 8.45).

Si considerino separatamente gli effetti di forze dirette come gli assi principali d'inerzia della sezione e si assuma inizialmente la forza $T=T_v=1$. Per definire una distribuzione di sforzi tangenziali τ^0 in equilibrio con T, si richiama ancora la trattazione dei profili aperti. Occorre quindi introdurre tagli fittizi in numero pari agli N nuclei chiusi, fino ad ottenere un profilo monoconnesso, come nelle figure 8.46 e 8.47. Allo stato di sforzo di sezione aperta dovuto a $T=T_v=1$ sarà associata la coordinata del centro di taglio u'_o. Per maggiore chiarezza si segue la traccia dei profili composti di pareti piane.

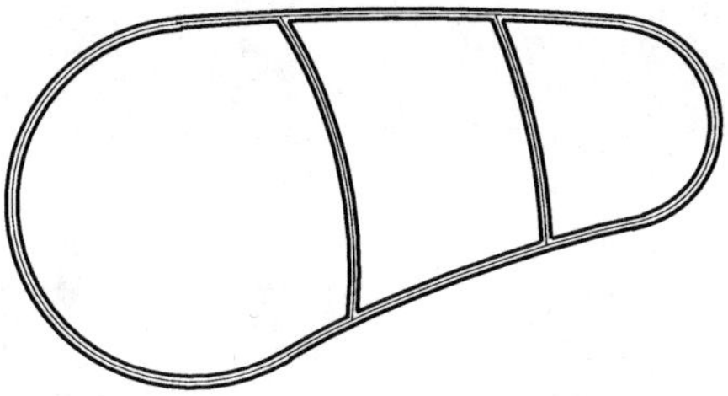

Figura 8.44

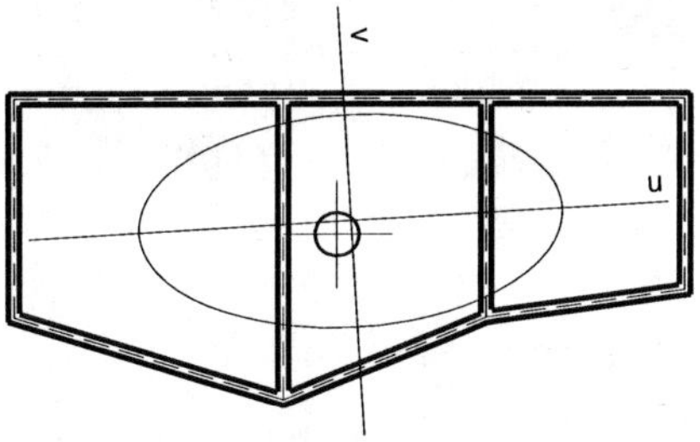

Figura 8.45

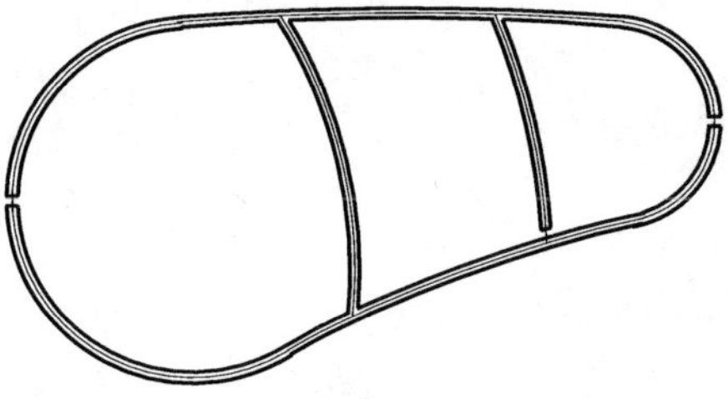

Figura 8.46

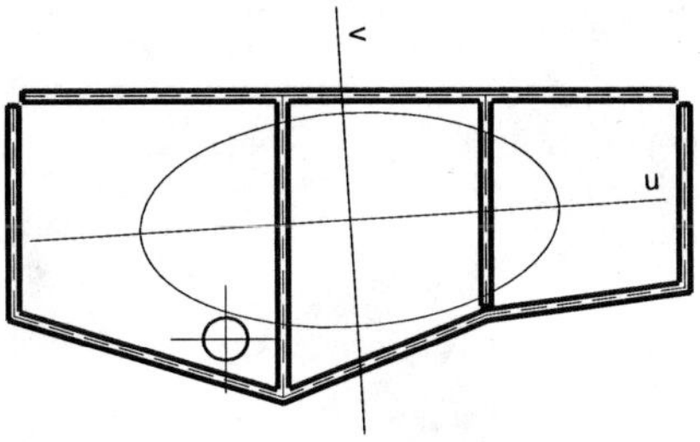

Figura 8.47

Nella *k-es ima* parete si avrà ancora una risultante degli sforzi pari a:

$$R_k = 1/6\ h_k\ t_k\ (\ \tau_{ak} + 4\ \tau_{ak} + \tau_{ak}\ ),$$

da cui si ha l'integrale degli sforzi lungo h_k, pari a R_k/t_k.

La distribuzione τ^o così ottenuta si discosta dalla soluzione completa per il fatto che in corrispondenza degli N tagli fittizi si è imposto arbitrariamente uno sforzo nullo. Occorre perciò associare ai nuclei N momenti torcenti unitari $M^n=1$ $(n=1,N)$, come in fig.8.48, fig.8.49 e fig.8.50, e calcolare per le pareti di ciascun nucleo gli sforzi τ^i, secondo la formula di Bredt.

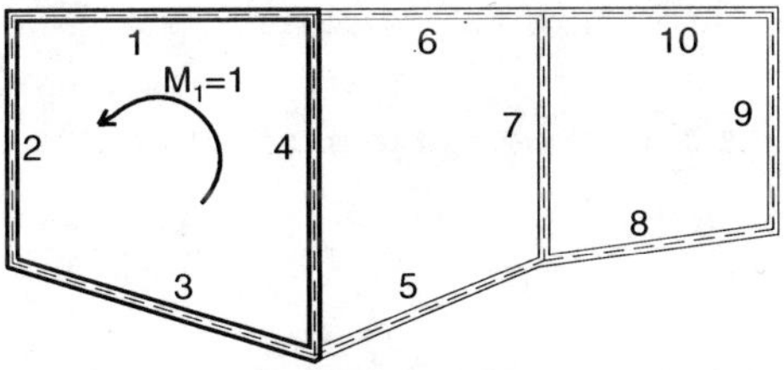

Figura 8.48

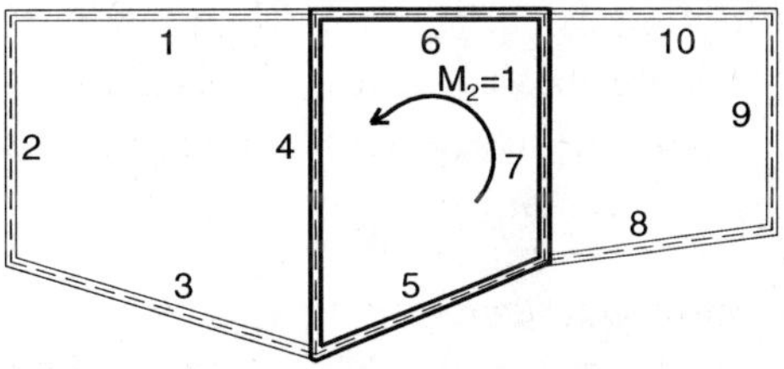

Figura 8.49

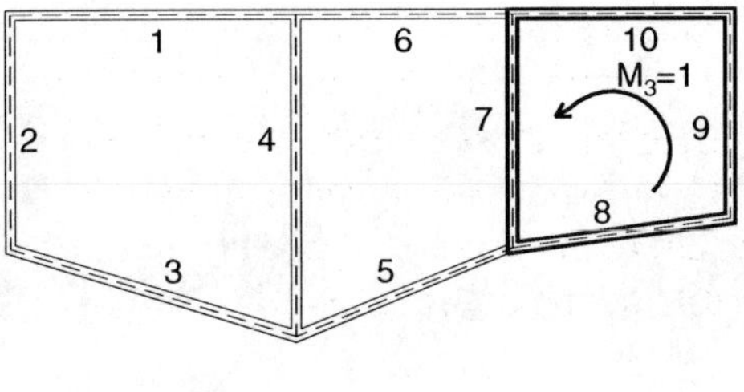

Figura 8.50

In un profilo composto da K pareti piane, lo stato di sforzo complessivo nei punti a_k, b_k, c_k della *k-esima* parete sarà:

$$\tau_{ka} = \tau^o_{ka} + \sum_n M^n \tau^n_k, \qquad \tau_{kb} = \tau^o_{kb} + \sum_n M^n \tau^n_k, \qquad \tau_{kc} = \tau^o_{kc} + \sum_n M^n \tau^n_k,$$

dove l'indice n si riferisce genericamente ai nuclei che competono alla parete k. In realtà su questa parete si sommeranno a τ^o_k solo gli effetti di uno o due momenti torcenti M^n, a seconda che si tratti di una parete esterna o di una parete fra nuclei contigui.

Ciascuno degli N elementi tubolari che costituiscono la sezione subirà un ingobbamento per effetto degli scorrimenti angolari $\gamma_k = \tau_k / G$, ma anche in questo caso dovrà essere verificato il rispetto della congruenza *su ciascun nucleo*. Per ciascuno degli N nuclei si ha una relazione analoga a quella ottenuta per i profili biconnessi:

$$\sum_k (R_k/t_k + \sum_n M^n s^n_k \tau^n_k h_k) = 0,$$

dove l'indice k percorre le pareti del nucleo cui si riferisce la condizione, dove $s^n_k=0$ quando k non appartiene al nucleo n, e $s^n_k=\pm 1$ quando k appartiene al nucleo n con verso concorde o discorde rispetto al verso positivo di M^n_k.

Per l'esempio di fig.8.45 si ha:

$$\sum_{i=1,3} (R_i/t_i+M^1\tau^1_i h_i)+(R_4/t_4+M^1\tau^1_4 h_4-M^2\tau^2_4 h_4)=0,$$

$$\sum_{j=5,6} (R_j/t_j+M^2\tau^2_j h_j)+(R_4/t_4-M^1\tau^1_4 h_4+M^2\tau^2_4 h_4)+(R_7/t_7+M^2\tau^2_7 h_7-M^3\tau^3_7 h_7)=0,$$

$$\sum_{k=8,10} (R_k/t_k+M^3\tau^3_k h_k)+(R_7/t_7-M^2\tau^2_7 h_7+M^3\tau^3_7 h_7)=0.$$

L'insieme delle condizioni di congruenza costituisce un sistema di N equazioni lineari nelle N incognite $M^i=M^i_v$, associate alla forza tagliante $T=T_v=1$. Da queste si potrà calcolare lo stato di sforzo effettivo da taglio unitario:

$$\tau_{kv} = \tau^o_{kv} + \sum_n M^n_v \tau^n_k,$$

da cui si ottiene lo sforzo proporzionale da taglio assegnato T_v.

Procedendo in modo analogo per la forza $T=T_u=1$, si ottiene lo stato di sforzo di sezione aperta e la relativa coordinata del centro di taglio v'_o. Lo stato di sforzo complessivo diventa:

$$\tau_{ku} = \tau^o_{ku} + \sum_n M^n_u \tau^n_k,$$

da cui si ottiene lo sforzo proporzionale da taglio assegnato T_u. I momenti torcenti parziali M^n_u costituiscono la soluzione di un altro sistema di equazioni lineari, in cui i contributi τ^n_k sono gli stessi.

In analogia a quanto sopra visto, le coordinate del centro di taglio diventano:

$$u_o = u'_o + \sum_n M^n_v, \qquad v_o = v'_o - \sum_n M^n_u,$$

ricordando ancora che M^n_u, M^n_v sono momenti rapportati a tagli unitari, e pertanto dimensionalmente omogenei con le misure u,v.

L'esempio delle figure 8.45 e 8.47 mostra che il centro di taglio si colloca a una certa distanza dal baricentro nella condizione di sezione aperta, mentre risulta assai prossimo ad esso nel profilo chiuso.

Quando una forza T, unica azione presente, è applicata nel centro di taglio, la proiezione (indeformata) della sezione trasla parallelamente a se stessa, ma non subisce rotazione.

Come riepilogo della sequenza di operazioni che portano alla determinazione dello stato di sforzo, vale quello riportate a conclusione del precedente paragrafo.

8.10 - CENTRO DI TAGLIO E CENTRO DI TORSIONE

Si consideri la struttura di fig.8.51 soggetta alla forza $F=1$ e al momento $W=1$. In B si ha lo spostamento verticale $v=v_F+v_W = 4Fb^3/9EJ+5Wb^2/18EJ = 4b^3/9EJ+5b^2/18EJ$ in cui si sommano i contributi dovuti rispettivamente a F e a W. In C si ha la rotazione $\phi=\phi_F+\phi_W= 5Fb^2/18EJ+Wb/3EJ = 5b^2/18EJ+b/3EJ$ in cui si sommano i contributi dovuti rispettivamente a F e a W. Il teorema di Maxwell (successivo capitolo 11) afferma in valore numerico l'uguaglianza $v_W = \phi_F$.

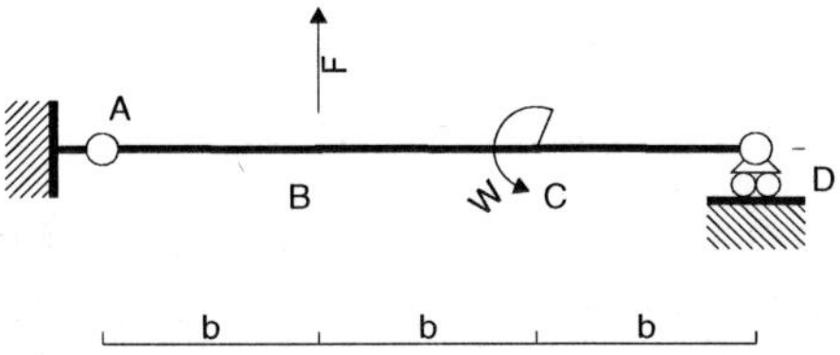

Figura 8.51

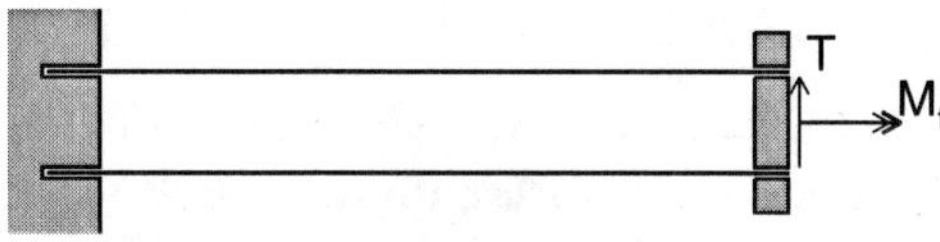

Figura 8.52

Esprimendosi in termini di spostamenti generalizzati (spostamenti e rotazioni) e di forze generalizzate (forze e momenti), il teorema di Mawxell afferma che lo spostamento in A dovuto a una forza unitaria in B eguaglia lo spostamento in B dovuto a una forza unitaria in A. Si intende che gli spostamenti sono misurati nella direzione della forza associata e che l'uguaglianza si riferisce ai valori numerici, a prescindere dalla loro misura.

Si consideri una trave libera di ingobbarsi e soggetta a:

- un momento torcente $M_t=M=1$, che provoca la rotazione dell'immagine della sezione intorno a un polo, detto centro di torsione (fig.8.52 e fig.8.53 destra).
- una forza tagliante $T=1$, comunque diretta (fig.8.52 e fig.8.53 sinistra), applicata in corrispondenza del centro di taglio, forza che provoca lo spostamento dell'immagine della sezione in direzione di T, ma non provoca rotazione alcuna.

Ciascun punto i della sezione subisce uno spostamento $\mathbf{u}_{iT}$ dovuto a T e uno spostamento $\mathbf{u}_{iM}$ dovuto a M.

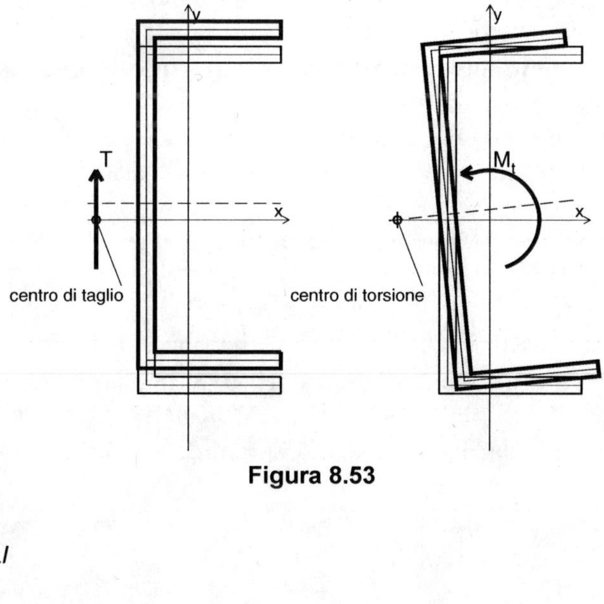

Figura 8.53

In particolare si ha uno spostamento del punto di applicazione di T in direzione di T pari a $u=u_T+u_M$, e una rotazione dell'immagine della sezione pari a $\theta=\theta_T+\theta_M$. Come sopra visto, deve essere verificata l'uguaglianza dei valori: $\theta_T = u_M$.

Essendosi collocata la forza T nel *centro di taglio*, la sezione non ruota, ovvero $\theta_T=0$. Conseguentemente sarà anche $u_M=\theta_T=0$. Eventuali valori non unitari di T e di M avrebbero solo l'effetto di moltiplicare spostamenti nulli. Poiché il *centro di taglio* è unico e la condizione risulta verificata per ogni direzione di T, se ne deduce che il *centro di torsione* coincide col *centro di taglio*.

8.11 - PARETI ULTRA-SOTTILI

La sezione in parete sottile può essere integrata da *nervature*, ossia elementi longitudinali di irrigidimento collocati in corrispondenza dei nodi, all'estremità dei pannelli (Esempio 5). Nella descrizione della sezione tali *nervature* costituiscono contributi concentrati in termini di area e di momenti d'inerzia flessionale. Tutto quanto visto precedentemente rimane quindi applicabile, con la sola variazione del computo delle grandezze A e J, che risultano incrementate dei nuovi contributi.

Se la snellezza di parete (rapporto dimensione/spessore) risulta particolarmente elevato, si manifesta una condizione di instabilità a compressione del pannello di parete, del tutto analoga alla instabilità a compressione delle aste (successivo capitolo 13). Quando il fenomeno determina l'assetto deformato di fig.8.54, l'effettiva distribuzione degli sforzi di compressione assume l'andamento qualitativo di fig.8.55. La porzione di sezione adiacente le *nervature* fornisce un contributo di rigidezza preponderante, mentre la zona centrale del pannello offre una collaborazione marginale. In altre parole, il pannello di parete tende a sottrarsi all'impegno statico derivante da azioni assiali o flessionali di compressione. Il suo contributo a compressione diventa evanescente e in condizioni limite può considerarsi assente.

Le porzioni di pannello soggette a trazione concorrono ancora alla rigidezza globale, ma forniscono un contributo che può diventare secondario nella risposta complessiva della sezione. In queste condizioni diventa plausibile un'approssimazione di calcolo che attribuisce alle *nervature* tutto e solo il contributo assiale e flessionale, cioè il contributo in termini di σ, e ai pannelli tutto e solo il contributo da taglio e torsione, cioè il contributo in termini di τ.

La trattazione precedente rimane ancora valida, con la sola avvertenza di trascurare l'area dei pannelli nel calcolo dei contributi ad azione assiale e a flessione. Muta conseguentemente la legge di distribuzione delle τ. Nella sezione completamente reagente, lungo ciascuna lamina di spessore costante l'espressione di Jourawski:

$$\tau = T\, S^*/t\, J$$

registra i contributi costanti T, t, J, mentre il contributo S^* fa riscontro all'andamento lineare delle σ da flessione, ed è variabile. In particolare si ricorda che tale contributo ha un andamento parabolico laddove l'elemento in esame ha spessore costante. In assenza di σ da flessione lungo la lamina, risulta costante fra un nodo e l'altro il contributo S^*, che dipende unicamente dalle masse-aree concentrate. Le tensioni tangenziali da taglio hanno perciò un andamento costante in ciascuna lamina, in modo analogo a quanto già avviene per le τ da momento torcente.

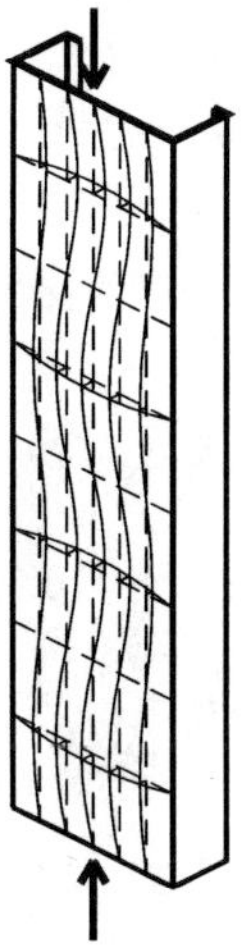

Figura 8.54

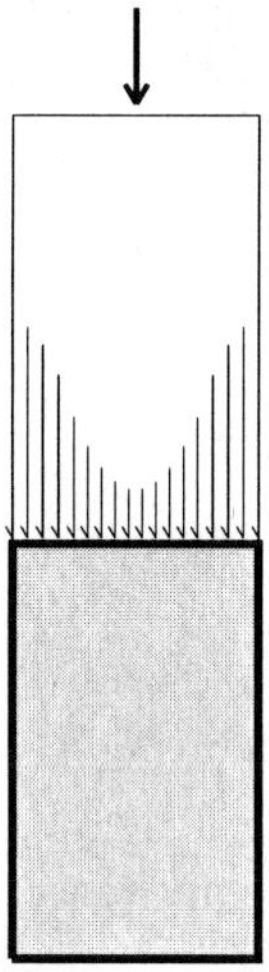

Figura 8.55

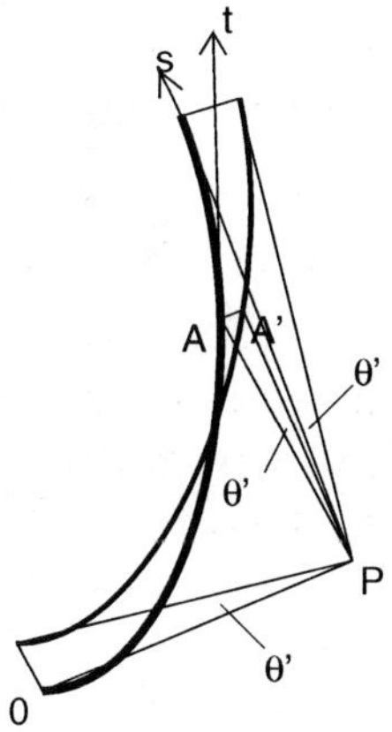

Figura 8.56

A conforto di questa approssimazione si richiama l'esempio 3 di figg.8.66, 8.67, **8.68**, **8.69** tratto dall'applicazione A15.9 di E.F.Bruhn in *"Analysis and Design of Flight Vehicle Structures", Tri-State Offset Company, Cincinnati Ohio USA 1965.* Lo schema strutturale prevede l'applicazione di una forza verticale di 1000 libbre sull'allineamento *B-I.* Nell'esempio viene sviluppato il calcolo degli sforzi τ ottenuti trascurando il contributo assiale-flessionale dei pannelli di parete. Come osservato, tali sollecitazioni sono costanti lungo le lamine. Nelle figg. **8.68**, **8.69** è rappresentata la soluzione ottenuta inglobando il contributo assiale e flessionale delle lamine. Le sollecitazioni specifiche τ mostrano un andamento parabolico, con uno scarto intorno ai valori massimi da *1336.89 Psi* a *1330.59 Psi.*

8.12 - INGOBBAMENTO

I casi di torsione e taglio hanno queste caratteristiche affini:

- la distribuzione delle tensioni e delle deformazioni è costante lungo il prisma.
- l'immagine della sezione, ossia la sua proiezione sul piano normale all'asse, rimane inalterata.
- nel taglio l'immagine della sezione trasla in direzione della forza applicata, senza ruotare.
- nella torsione l'immagine della sezione ruota intorno a un asse parallelo al prisma e passante per il Centro di Taglio.
- i punti della linea media fuoriescono dal piano di sezione nella direzione dell'asse, ovvero la sezione si ingobba.

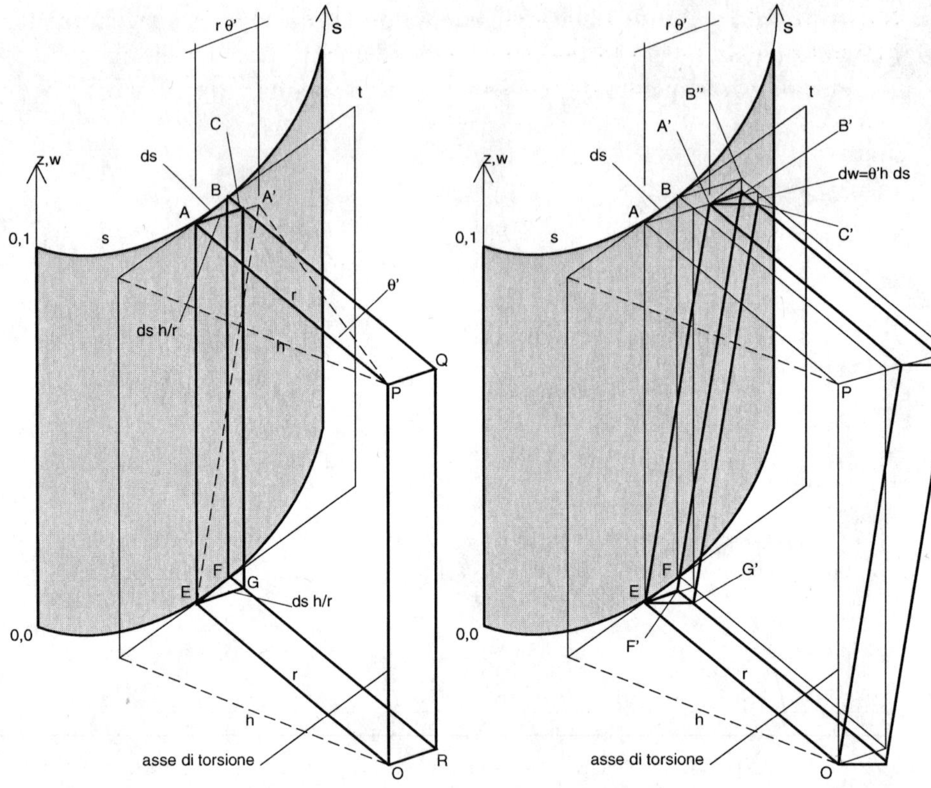

Figura 8.57

Ingobbamento per effetto geometrico

Nei profili aperti la torsione prevede $\tau=0$ sulla linea media. La superficie media non subisce quindi deformazioni per cause meccaniche. I punti della linea media subiscono tuttavia un dislocamento nel piano x,y di sezione, in conseguenza della rotazione della sua immagine intorno al Centro di Taglio o di Torsione. In fig.8.57 è rappresentato un concio di lunghezza unitaria di trave in profilo aperto, con asse verticale z. Sia θ' l'angolo di rotazione della sezione superiore rispetto a quella inferiore, a distanza unitaria.

Assunta un'ascissa locale $s \div x$, si considerino il punto A a distanza s dall'origine e il punto B a distanza $s+ds$ dall'origine. Si adotti un piano tangente in A con verso positivo t concorde col verso positivo di s. Per effetto della rotazione θ il punto A si porta in A', spostandosi di $r\theta'$ in direzione normale al raggio r che collega A con il Centro di Taglio P. Come mostra la figura 8.57 sinistra, il pannello $ABFE$ ruota senza deformarsi intorno all'asse OE (ad esso non perpendicolare), portandosi in $A'B'F'E$. Per effetto geometrico il punto B viene a trovarsi a una quota B' inferiore alla sua quota originaria. Nel passaggio da s a $s+ds$ si registra quindi una variazione dw di posizione secondo z, misurata dal segmento B''-B'.

Si consideri il prisma immaginario di asse parallelo a z con basi trapezie *ABQP* e *EFRO*. L'altezza del trapezio è pari a $ds\ h/r$. Il prisma ruota rigidamente di un angolo $\theta' r/1$ (essendo *1* la lunghezza del concio di trave) intorno allo spigolo *OE*. La stessa rotazione subisce il segmento *AC*, che si porta in *A'C'*. Il dislocamento verticale del punto *C* corrisponde alla variazione di quota di *B*, misurata dal segmento *B''-B'*, ed è espresso da:

$$dw = -\left(ds\ h/r\right)\left(\theta' r/1\right) = -\theta' h\ ds$$

Lo spostamento verticale complessivo di *A* rispetto al punto iniziale $s=0$ diventa:

$$w_0(s) = -\int_0^s dw = -\int_0^s \theta' h(x)dx = -\theta' \int_0^s h(x)dx$$

Il valore di θ' e la posizione del Centro di Taglio sono stati precedentemente illustrati.

Ingobbamento per cause meccaniche

Nel caso di taglio nei profili aperti e chiusi e nel caso di torsione nei profili chiusi la linea media registra un valore non nullo $\tau(s)$. Si ha quindi uno scorrimento angolare $\gamma(s) = \tau(s)/G$ che determina un *ingobbamento per cause meccaniche* e si somma all'ingobbamento per effetto geometrico. Assunta un'origine (arbitraria nei profili chiusi) dell'ascissa curvilinea $s \div x$, l'ingobbamento per cause meccaniche porta ad un dislocamento longitudinale $w(s)$ della fibra in posizione s rispetto alla fibra inziale come in fig.8.36:

$$w(s) = 1/G \int_0^s \tau(x)dx$$

Ingobbamento totale

Per sovrapposizione degli effetti l'ingobbamento totale diventa nel caso più generale:

$$w^o(s) = 1/G \int_0^s \tau(x)dx - \theta' \int_0^s h(x)dx$$

Il primo termine si riferisce alla linea media ed è nullo nel caso di torsione dei profili aperti. Il secondo termine interpreta gli effetti geometrici di rotazione dell'immagina della sezione per torsione nei profili aperti e chiusi.

Detto S lo sviluppo totale del profilo si calcola uno spostamento *medio* rispetto all'origine:

$$W_o = 1/S \int_0^S w^o(s)ds.$$

Lo scostamento medio dal piano di sezione, indipendente dalla scelta arbitraria della fibra iniziale di riferimento, diventa:

$$w(s) = w^o(s) - W_o.$$

Profili composti da lamine piane di uniforme spessore

In tutti questi casi la linea media è interessata da una distribuzione uniforme di sforzi da torsione e da una distribuzione parabolica di sforzi da taglio. Siano numerate in sequenza da *1* a *K* le lamine e da *1* a *K* i nodi finali delle lamine (come visto nei paragrafi precedenti). Si consideri la lamina *k*, di lunghezza g_k. Sia h_h la distanza orientata (positiva o negativa) della linea media dal Centro di Taglio. Siano τ_{ak}, τ_{bk} e τ_{ck} gli sforzi tangenziali rispettivamente nel nodo *k-1*, al centro e nel nodo *k*.

Il dislocamento longitudinale del nodo *k* rispetto al nodo *k-1* sarà:

$$w'_k = g_k/6G\ (\ \tau_{ak} + 4\ \tau_{bk} + \tau_{ck}\ ) - \theta'\ h_k\ g_k.$$

Il dislocamento longitudinale totale del nodo *k* rispetto al nodo iniziale sarà:

$w^o_k = \sum^k_{i=1} w'_i$

e il dislocamento medio rispetto al nodo iniziale:

$$W_o = (\ \Sigma^K_{k=1}\ w^o_k\ )\ /\ (\ \Sigma^K_{k=1}\ g_k\ ).$$

Il dislocamento longitudinale rispetto al piano di sezione, indipendente dalla scelta del nodo iniziale, diventa:

$$w_k = w^o_k - W_o.$$

I dislocamenti longitudinali dei punti interni alla lamina *k* avranno andamento lineare o parabolico, e si sommeranno al valore iniziale w_{k-1}. Assunta una coordinata locale $x \equiv s$ con inizio in *k-1*, si ha lungo la linea media:

$$w(s) = w_{k-1} + 1/G \int_0^s \tau(x)dx - \theta' h_k s.$$

Negli esempi che seguono vengono riportati i diagrammi delle tensioni tangenziali e gli effetti di ingobbamento dovuti, separatamente, al solo momento torcente e al solo taglio applicato nel Centro di Taglio.

8.13 - ESEMPIO 1 – Figure 8.58, 8.59, 8.60, 8.61

Taglio nel Centro di Taglio
Ty = 1000. N
Mt = 10000. Nmm
Mx = 2000000. Nmm

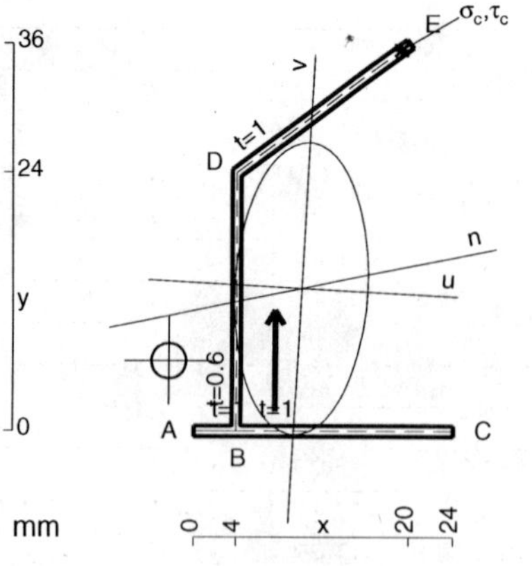

Figura 8.58

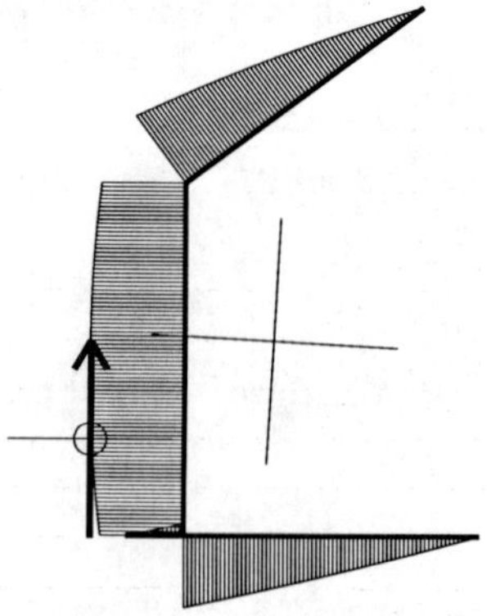

Figura 8.59

Caratteristiche della sezione

Lati	AB	BC	BD	DE	Σ
t	1	1	0.6	1	
h	4	20	24	20	
x_a	.0	4	4	4	
y_a	.0	.0	.0	24	
x_b	2	14	4	12	
y_b	.0	.0	12	30	
x_c	4	24	4	20	
y_c	.0	.0	24	36	
$c=\cos\beta=(x_c-x_a)/h$	1	1	.0	0.8	
$s=\sin\beta=(y_c-y_a)/h$	.0	.0	1	0.6	
$A_s=th$	4	20	14.4	20	58.4
$S_x=thy_b$					772.8
$S_y=thx_b$					585.6
$x_G=S_y/A$					10.03
$y_G=S_x/A$					13.23
$J_t=t^3h/3$(aperti)	1.333	6.667	1.728	6.667	16.39
$J_{xs}=th^3s^2/12+thy^2$	700.4	3502	713.1	5862	10778
$J_{ys}=th^3c^2/12+thx^2$	263.1	982.3	523.1	504.5	2273
$J_{xys}=th^3cs/12+thxy$	424.9	-1051	107	981.5	462
$\alpha=\mathrm{artg}(2J_{xy}/(J_y-J_x))/2$					-0.054
$C=\cos\alpha$					0.999
$S=\sin\alpha$					-0.054
$J_u=J_xC^2+J_yS^2-2J_{xy}CS$					10803
$J_v=J_xS^2+J_yC^2+2J_{xy}CS$					2248
$c=cC+sS$	0.999	0.999	-0.054	0.766	
$s=sC-cS$	0.054	0.054	0.999	0.642	
$u_b=(x_b-x_G)C+(y_b-y_G)S$	-7.3	4.682	-5.952	1.063	
$v_b=(y_b-y_G)C-(x_b-x_G)S$	-13.65	-13	-1.557	16.85	
$S_u=htv$	-54.59	-260	-22.42	337	
$S_v=htu$	-29.2	93.65	-85.71	21.26	
i	BC-BD		DE		
i	DE				
$S_{cus}=\Sigma_i S_{ui}$	54.59	.0	337	.0	
$S_{cvs}=\Sigma_i S_{vi}$	29.2	.0	21.26	.0	
$S_{bus}=S_{cu}+S_u/2+h^2st/8$	27.4	-127.3	368.9	200.6	
$S_{bvs}=S_{cv}+S_v/2+h^2ct/8$	16.6	96.75	-23.93	48.95	
$S_{aus}=S_{cu}+S_u$	801-7	-260	314.6	337	
$S_{avs}=S_{cv}+S_v$	610-7	93.65	-64.45	21.26	
$R_v=h(S_{au}+4S_{bu}+S_{cu})/6J_u$	0.01	-0.237	0.788	0.352	
$R_u=h(S_{av}+4S_{bv}+S_{cv})/6J_v$	0.028	0.713	-0.247	0.322	
$d_u=su-cv$	13.23	13.23	-6.027	-12.23	
$d_v=cv-su$	-13.23	-13.23	6.027	12.23	
$u_o=R_vd_v$	0.134	-3.14	-4.747	-4.3	-12.05
$v_o=R_ud_u$	-0.375	-9.431	-1.49	3.936	-7.36
$r=(v-v_o)c-(u-u_o)s$	-6.535	-6.535	-6.406	10.13	
hr	-26.14	-130.7	-153.7	202.6	

j	.0	.0	.0	.0	
$W=\Sigma_i(rh)_i$	-26.14	-156.8	-179.9	22.68	
$W_m=t(hW+h^2r/2)/A$	-2.686	-76.1	-63.31	42.45	-99.64
$Z_m=W_m-W$	-73.5	57.21	80.24	-122.3	
$C_w=thZ^2-trh^2Z+r^2h^3/3$	14834	329+3	384+3	107+4	180+4
$r_u=\sqrt{J_u/A}$					13.6
$r_v=\sqrt{J_v/A}$					6.204
$r_o=\sqrt{(r_u^2+r_v^2+u_o^2+v_o^2)}$					20.57
$J_p=Ar_o^2$					24699

Coordinate del centro di taglio nel riferimento principale: u_o, v_o.
Posizione assoluta del baricentro X_g= 10.027 Y_g= 13.233
Posizione relativa centro di taglio X_o= -12.433 Y_o= -6.6975
Posizione assoluta centro di taglio X_c= -2.406 Y_c= 6.5354

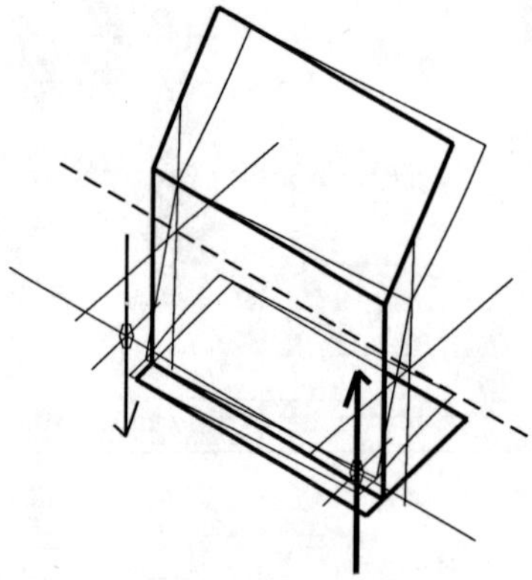

Figura 8.60

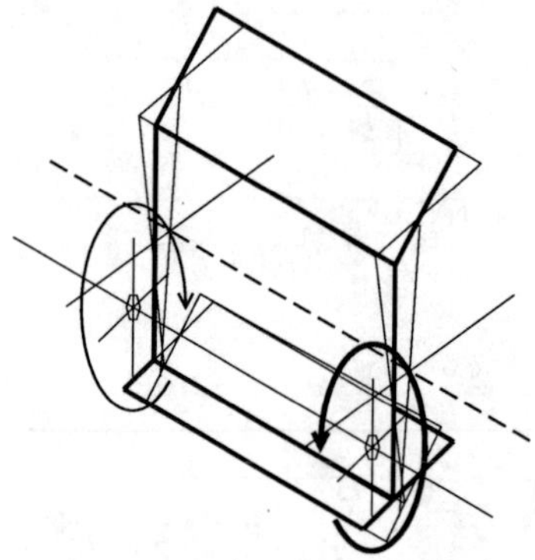

Figura 8.61

Calcolo degli sforzi
Lato DE estremo E: sviluppo calcoli con τ positive secondo il lato

G	8000000.	N/mm^2
x	9.972604	mm
y	22.76712	mm
N	0.	N
T_x	0.	N
T_y	1000.	N
M_t	10000.	Nmm
M_x	2000000.	Nmm
M_y	0.	Nmm
u=Cx+Sy	8.726695	mm
v=Cy-Sx	23.27315	mm
$T_u=CT_x+ST_y$	-54.08297	N
$T_v=CT_y-ST_x$	998.5364	N
$M_u=CM_x+SM_y$	1997073.	Nmm
$M_v=CM_y-SM_x$	108165.9	Nmm
σ(N)=N/A	0.	N/mm^2
$\sigma(M_u)=M_uv/J_u$	4302.157	N/mm^2
$\sigma(M_v)=-M_vu/J_v$	-419.8985	N/mm^2
S_u	0.	mm^3
S_v	0.	mm^3
$\tau_{ou}=T_uS_v/tJ_v$	0.	N/mm^2
$\tau_{ov}=T_vS_u/tJ_u$	0.	N/mm^2
$\tau(M_t)=M_tt/J_t$	609.9545	N/mm^2
$\sigma(M_x,M_y)$	3882.259	N/mm^2
$\tau^-(T_x,T_y)$	0.	N/mm^2
$\tau^+(T_x,T_y)$	0.	N/mm^2
$\tau^-(M_t)$	609.9545	N/mm^2
$\tau^+(M_t)$	-609.9545	N/mm^2
$\sigma(N,M_x,M_y)$	3882.259	N/mm^2
$\tau^-(T_x,T_y,M_t)$	609.9545	N/mm^2
$\tau^+(T_x,T_y,M_t)$	-609.9545	N/mm^2
$\theta(M_t)=M_t/GJ_t$	.76244-4	
$\theta(T_u,T_v)$	0.	
$\theta(T_u,T_v,M_t)$	.76244-4	

Sforzi agli estremi e al centro dei lati: τ positive secondo il lato - Lati destro e sinistro:

Lato/Nodo	$\sigma(M_x)$	$\tau(T_y)_d$	$\tau(T_y)_s$	$\tau(M_t)_d$	$\tau(T_{sc})$	τ_m
AB/A	-2095.			610.		
AB/m	-2172.	2.134	2.134	610.	2.134	2.134
AB/B	-2248.	4.343	4.343	610.	4.343	4.343
BC/B	-2248.	-26.28	-26.28	610.	-26.28	-26.28
BC/m	-2628.	-14.09	-14.09	610.	-14.09	-14.09
BC/C	-3009.			610.		
BD/B	-2248.	51.04	51.04	366.	51.04	51.04
BD/m	-1.444	57.79	57.79	366.	57.79	57.79
BD/D	2245.	51.06	51.06	366.	51.06	51.06
DE/D	2245.	30.64	30.64	610.	30.64	30.64
DE/m	3064.	17.36	17.36	610.	17.36	17.36
DE/E	3882.			610.		

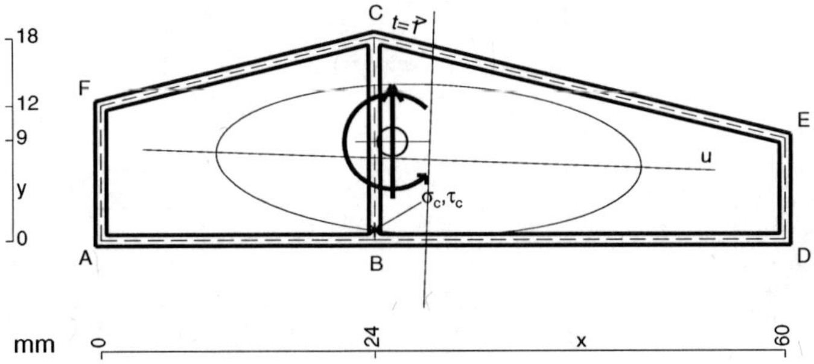

Figura 8.62

8.14 - ESEMPIO 2 – Figure 8.62, 8.63, 8.64, 8.65

Taglio nel Centro di Taglio
Ty = 10000. N
Mt = 1000000. Nmm
My = 2000000. Nmm

Caratteristiche della sezione aperta - Tagli alla fine dei lati BC FA

Lati	AB	BC	BD	DE	EC	CF	FA	Σ
t	1	1	1	1	1	1	1	
h	24	18	36	9	37.11	24.74	12	
x_a	.0	24	24	60	60	24	.0	
y_a	.0	.0	.0	.0	9	18	12	
x_b	12	24	42	60	42	12	.0	
y_b	.0	9	.0	4.5	13.5	15	6	
x_c	24	24	60	60	24	.0	.0	
y_c	.0	18	.0	9	18	12	.0	
$c=\cos\beta=(x_c-x_a)/h$	1	.0	1	.0	-0.97	-0.97	.0	
$s=\sin\beta=(y_c-y_a)/h$	.0	1	.0	1	0.243	-0.243	-1	
$A_s=th$	24	18	36	9	37.11	24.74	12	160.8
$S_x=thy_b$								1146
$S_y=thx_b$								4627
$x_G=S_y/A$								28.77

$y_G=S_x/A$								7.128
$J_{xs}=th^3s^2/12+thy^2$	1219	549.1	1829	122.9	1757	1607	159.3	7244
$J_{ys}=th^3c^2/12+thx^2$	79	409.4	1019	8778	10503	8144	9931	55858
$J_{xys}=th^3cs/12+thxy$	2868	-160.7	-3395	-738.7	2126	-2968	389.5	-1878
$\alpha=\text{artg}(2J_{xy}/(J_y-J_x))/2$								-0.039
$C=\cos\alpha$								0.999
$S=\sin\alpha$								-0.039
$J_u=J_xC^2+J_yS^2-2J_{xy}CS$								7171
$J_v=J_xS^2+J_yC^2+2J_{xy}CS$								55931
$c=cC+sS$	0.999	-0.039	0.999	-0.039	-0.979	-0.96	0.039	
$s=sC-cS$	0.039	0.999	0.039	0.999	0.205	-0.28	-0.999	
$u_b=(x_b-x_G)C+(y_b-y_G)S$	-16.48	-4.838	13.5	31.31	12.98	-17.06	-28.7	
$v_b=(y_b-y_G)C-(x_b-x_G)S$	-7.769	1.687	-6.613	-1.422	6.877	7.219	-2.237	
$S_u=htv$	-186.5	30.36	-238.1	-12.8	255.2	178.6	-26.84	
$S_v=htu$	-395.6	-87.08	485.9	281.8	481.5	-422	-344.4	
i	BC-BD		DE-EC	EC-CF	CF-FA	FA		
i	DE-EC		CF-FA	FA				
i	CF-FA							
$S_{cus}=\Sigma_iS_{ui}$	186.5	.0	394.2	407	151.8	-26.84	.0	
$S_{cvs}=\Sigma_iS_{vi}$	395.6	.0	-3.217	-285	-766.5	-344.4	.0	
$S_{bus}=S_{cu}+S_u/2+h^2st/8$	96.01	55.65	281.4	410.7	314.6	41.06	-31.41	
$S_{bvs}=S_{cv}+S_v/2+h^2ct/8$	269.7	-45.1	401.6	-144.5	-694.2	-628.9	-171.5	
$S_{aus}=S_{cu}+S_u$	458-7	30.36	156.1	394.2	407	151.8	-26.84	
$S_{avs}=S_{cv}+S_v$	-183-6	-87.08	482.6	-3.217	-285	-766.5	-344.4	
$R_v=h(S_{au}+4S_{bu}+S_{cu})/6J_u$	0.318	0.106	1.402	0.511	1.567	0.166	-0.043	
$R_u=h(S_{av}+4S_{bv}+S_{cv})/6J_v$	0.105	-0.014	0.224	-0.023	-0.423	-0.267	-0.037	
$d_u=su-cv$	7.128	-4.769	7.128	31.23	9.391	11.7	28.77	
$d_v=cv-su$	-7.128	4.769	-7.128	-31.23	-9.391	-11.7	-28.77	
$u_o=R_vd_v$	2.268	-0.505	9.994	15.96	14.72	1.946	-1.223	43.16
$v_o=R_ud_u$	-0.752	-0.068	-1.595	0.726	3.975	3.129	1.06	6.475

Caratteristiche della sezione chiusa

Nuclei	AB	BC	BD	DE	EC	CF	FA	Σ
Verso1	+	+				+	+	
Verso2		-	+	+	+			
Ω_1	.0	.0				360	.0	360
Ω_2		.0	.0	.0	486			486
R_{u1}/t	0.105	-0.014				-0.267	-0.037	-0.213
R_{u2}/t		0.014	0.224	-0.023	-0.423			-0.208
R_{v1}/t	0.318	0.106				0.166	-0.043	0.548
R_{v2}/t		-0.106	1.402	0.511	1.567			3.375
$h_i/4t_i\Omega_1\Omega_1$	463-7	347-7				477-7	231-7	152-6
$h_{BC}/4t_{BC}\Omega_1\Omega_2$		-257-7						-257-7
$h_i/4t_i\Omega_2\Omega_2$		191-7	381-7	953-8	393-7			106-6
$h_i/2t_i\Omega_1$	0.033	0.025				0.034	0.017	0.109
$h_{BC}/2t_{BC}\Omega_1$		-0.019						-0.019
$h_{BC}/2t_{BC}\Omega_2$		-0.025						-0.025
$h_i/2t_i\Omega_2$		0.019	0.037	926-5	0.038			0.103

Numerazione lati; *1=CF, 2=FA, 3=AB, 4=BC, 5=BD, 6=DE, 7=EC*
Coordinate del centro di taglio nel riferimento principale: aperto u'_o, v'_o, chiuso u_o, v_o-

Momento torcente unitario

$$\begin{matrix} \theta_1=\theta_o \\ \theta_2=\theta_o \\ \Sigma_i M_i = M_t \end{matrix} \begin{bmatrix} \Sigma_i h_i/4t_i\Omega_1\Omega_1 & h_{BC}/4t_{BC}\Omega_1\Omega_2 & -1 \\ h_{BC}/4t_{BC}\Omega_1\Omega_2 & \Sigma_j h_j/4t_j\Omega_2\Omega_2 & -1 \\ -1 & -1 & 0 \end{bmatrix} \begin{bmatrix} M_1 \\ M_2 \\ \theta_o \end{bmatrix} = \begin{bmatrix} 0 \\ 0 \\ -1 \end{bmatrix} \quad \begin{matrix} i=1,3 \\ j=5,7 \end{matrix}$$

$$\begin{matrix} \theta_1=\theta_o \\ \theta_2=\theta_o \\ \Sigma_i M_i = M_t \end{matrix} \begin{bmatrix} .000152 & -.0000257 & -1 \\ -.0000257 & .000106 & -1 \\ -1 & -1 & 0 \end{bmatrix} \begin{bmatrix} M_1 \\ M_2 \\ \theta_o \end{bmatrix} = \begin{bmatrix} 0 \\ 0 \\ -1 \end{bmatrix} \quad \begin{bmatrix} M_1 \\ M_2 \\ \theta_o \end{bmatrix} = \begin{bmatrix} .42575 \\ .57425 \\ .0000499 \end{bmatrix}$$

Taglio unitario $T_u=1$ e calcolo di v_o nel sistema di riferimento principale.

$$\begin{matrix} \oint_1 \gamma\, dl \\ \oint_2 \gamma\, dl \end{matrix} \begin{bmatrix} \Sigma_i h_i/2t_i\Omega_1 & h_{BC}/2t_{BC}\Omega_2 \\ h_{BC}/2t_{BC}\Omega_1 & \Sigma_j h_j/2t_j\Omega_2 \end{bmatrix} \begin{bmatrix} M_1 \\ M_2 \end{bmatrix} = \begin{bmatrix} -\Sigma_i R_i/t_i \\ -\Sigma_j R_j/t_j \end{bmatrix} \quad \begin{matrix} i=1,4 \\ j=4,7 \end{matrix}$$

$$\begin{matrix} \oint_1 \gamma\, dl \\ \oint_2 \gamma\, dl \end{matrix} \begin{bmatrix} .10936 & -.01852 \\ -.025 & .10299 \end{bmatrix} \begin{bmatrix} M_1 \\ M_2 \end{bmatrix} = \begin{bmatrix} .2131 \\ .20846 \end{bmatrix} \quad \begin{bmatrix} M_1 \\ M_2 \end{bmatrix} = \begin{bmatrix} 2.3895 \\ 2.6041 \end{bmatrix} \quad \begin{matrix} v_o = 1.4814 \\ v'_o = 6.475 \end{matrix}$$

Taglio unitario $T_v=1$ e calcolo di u_o nel sistema di riferimento principale.

$$\begin{matrix} \oint_1 \gamma\, dl \\ \oint_2 \gamma\, dl \end{matrix} \begin{bmatrix} \Sigma_i h_i/2t_i\Omega_1 & h_{BC}/2t_{BC}\Omega_2 \\ h_{BC}/2t_{BC}\Omega_1 & \Sigma_j h_j/2t_j\Omega_2 \end{bmatrix} \begin{bmatrix} M_1 \\ M_2 \end{bmatrix} = \begin{bmatrix} -\Sigma_i R_i/t_i \\ -\Sigma_j R_j/t_j \end{bmatrix} \quad \begin{matrix} i=1,4 \\ j=4,7 \end{matrix}$$

$$\begin{matrix} \oint_1 \gamma\, dl \\ \oint_2 \gamma\, dl \end{matrix} \begin{bmatrix} .10936 & -.01852 \\ -.025 & .10299 \end{bmatrix} \begin{bmatrix} M_1 \\ M_2 \end{bmatrix} = \begin{bmatrix} -.54774 \\ -3.3745 \end{bmatrix} \quad \begin{bmatrix} M_1 \\ M_2 \end{bmatrix} = \begin{bmatrix} -11.009 \\ -35.437 \end{bmatrix} \quad \begin{matrix} u_o = -3.2868 \\ u'_o = 43.16 \end{matrix}$$

Posizione assoluta del baricentro X_g= 28.769 Y_g= 7.1281
Posizione relativa centro di taglio X_o= -3.2272 Y_o= 1.607
Posizione assoluta centro di taglio X_c= 25.542 Y_c= 8.7351

Calcolo degli sforzi
Lato BC estremo B: sviluppo calcoli con τ positive secondo il lato, lati destro/sinistro

G	8000000.	N/mm^2	Sv	-87.07756	mm^3
x	-4.769014	mm	$\tau_{au}=T_uS_v/tJ_v$	.6002924	N/mm^2
y	-7.128139	mm	$\tau_{av}=T_vS_u/tJ_u$	42.29993	N/mm^2
N	0.	N	Ω_1	360.	mm^2
T_x	0.	N	$\tau_{1mu}=T_uM_{u1}/t2\Omega_1$	-1.279648	N/mm^2
T_y	10000.	N	$\tau_{1mv}=T_vM_{v1}/t2\Omega_1$	-152.7955	N/mm^2
M_t	1000000.	Nmm	$\tau_{1m}=M_tM_1/t2\Omega_1$	591.319	N/mm^2
M_x	0.	Nmm	Ω_2	486.	mm^2
M_y	2000000.	Nmm	$\tau_{2mu}=T_uM_{u2}/t2\Omega_2$	1.032986	N/mm^2
u=Cx+Sy	-4.490626	mm	$\tau_{2mv}=T_vM_{v2}/t2\Omega_2$	364.3117	N/mm^2
v=Cy-Sx	-7.306719	mm	$\tau_{2m}=M_tM_2/t2\Omega_2$	-590.7925	N/mm^2
$T_u=CT_x+ST_y$	-385.5734	N	$\sigma(M_x,M_y)$	239.0258	N/mm^2
$T_v=CT_y-ST_x$	9992.563	N	$\tau^{*}(T_x,T_y)$	254.1698	N/mm^2
$M_u=CM_x+SM_y$	-77114.69	Nmm	$\tau^{*}(M_t)$	.5265503	N/mm^2
$M_v=CM_y-SM_x$	1998513.	Nmm	$\sigma(N,M_x,M_y)$	239.0258	N/mm^2
$\sigma(N)=N/A$	0.	N/mm^2	$\tau^{*}(T_x,T_y,M_t)$	254.6963	N/mm^2
$\sigma(M_u)=M_uv/J_u$	78.56706	N/mm^2	$\theta(M_t)=(M_t\theta_o)/G$	-.1250000	
$\sigma(M_v)= -M_vu/J_v$	160.4587	N/mm^2	$\theta(T_u,T_v)$	0.	
S_u	30.35859	mm^3	$\theta(T_u,T_v,M_t)$	-.1250000	

LEGGENDA	nucleo	descrizione
$\tau_{iu}=T_uS_v/tJ_v$		τ da T_u nel centro di taglio di profilo aperto in posizione i
$\tau_{iv}=T_vS_u/tJ_u$		τ da T_v nel centro di taglio di profilo aperto in posizione i
M_1	1	momento torcente sul nucleo 1 per torcente totale $M_t=1$
$M_{u1}M_{v1}$	1	momenti torcenti correttivi per $T_u=1$, $T_v=1$ nel centro di taglio, rispetto alla distribuzione da profilo aperto
$\tau_{1mu}=T_uM_{u1}/t2\Omega_1$	1	τ correttive da T_u M_{u1} a modifica delle τ da profilo aperto
$\tau_{1mv}=T_vM_{v1}/t2\Omega_1$	1	τ correttive da T_v M_{v1} a modifica delle τ da profilo aperto
$\tau_{1m}=M_tM_1/t2\Omega_1$	1	τ da torcente torcente assegnato M_t
M_2	2	momento torcente sul nucleo 2 per torcente totale $M_t=1$
$M_{u2}M_{v2}$	2	momenti torcenti correttivi per $T_u=1$, $T_v=1$ nel centro di taglio, rispetto alla distribuzione da profilo aperto
$\tau_{2mu}=T_uM_{u2}/t2\Omega_2$	2	τ correttive da T_u M_{u2} a modifica delle τ da profilo aperto
$\tau_{2mv}=T_vM_{v2}/t2\Omega_2$	2	τ correttive da T_v M_{v2} a modifica delle τ da profilo aperto
$\tau_{2m}=M_tM_2/t2\Omega_2$	2	τ da momento torcente assegnato M_t
$\tau_u=\tau_{iu}+\tau_{1mu}+\tau_{2mu}$		τ totali da T_u nel centro di taglio
$\tau_v=\tau_{iv}+\tau_{1mv}+\tau_{2mv}$		τ totali da T_v nel centro di taglio
$\tau(M_t)=\tau_{1m}+\tau_{2m}$		τ totali da momento torcente assegnato
$\tau(T_x,T_y)=\tau_u+\tau_v$		τ totali da taglio assegnato nel centro di taglio

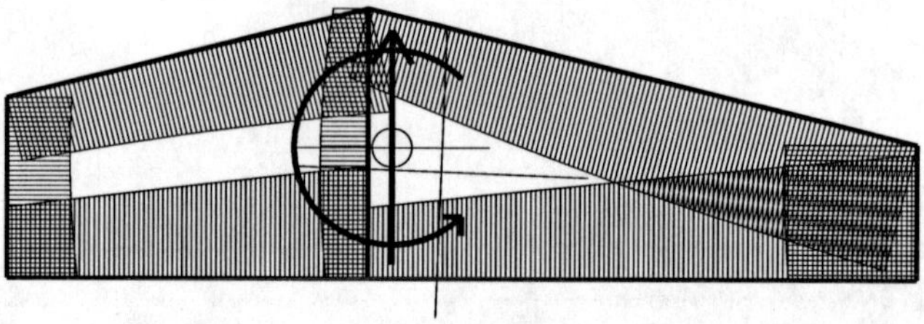

Figura 8.63

Sforzi agli estremi e al centro dei lati: τ positive secondo il lato - Lati destro/sinistro

Lato/Nodo	$\sigma(M_y)$	$\tau(T_y)_d$	$\tau(T_y)_s$	$\tau(M_t)_d$	$\tau(T_{sc})$	$\tau(M_{tot})$	τ_m	τ_t
AB/A	1106.	-154.1	-154.1	591.3	-154.1	591.3	437.2	437.2
AB/m	672.5	-22.16	-22.16	591.3	-22.16	591.3	569.2	569.2
AB/B	239.	103.	103.	591.3	103.	591.3	694.3	694.3
BC/B	239.	254.2	254.2	.5266	254.2	.5266	254.7	254.7
BC/m	154.7	289.1	289.1	.5266	289.1	.5266	289.6	289.6
BC/C	70.42	211.3	211.3	.5266	211.3	.5266	211.8	211.8
BD/B	239.	-151.2	-151.2	590.8	-151.2	590.8	439.6	439.6
BD/m	-411.1	23.95	23.95	590.8	23.95	590.8	614.7	614.7
BD/D	-1061.	183.9	183.9	590.8	183.9	590.8	774.7	774.7
DE/D	-1061.	183.9	183.9	590.8	183.9	590.8	774.7	774.7
DE/m	-1103.	207.9	207.9	590.8	207.9	590.8	798.7	798.7
DE/E	-1146.	203.7	203.7	590.8	203.7	590.8	794.4	794.4
EC/E	-1146.	203.7	203.7	590.8	203.7	590.8	794.4	794.4
EC/m	-537.6	77.84	77.84	590.8	77.84	590.8	668.6	668.6
EC/C	70.42	-148.6	-148.6	590.8	-148.6	590.8	442.2	442.2
CF/C	70.42	62.66	62.66	591.3	62.66	591.3	654.	654.
CF/m	532.	-92.53	-92.53	591.3	-92.53	591.3	498.8	498.8
CF/F	993.5	-189.1	-189.1	591.3	-189.1	591.3	402.2	402.2
FA/F	993.5	-189.1	-189.1	591.3	-189.1	591.3	402.2	402.2
FA/m	1050.	-196.7	-196.7	591.3	-196.7	591.3	394.7	394.7
FA/A	1106.	-154.1	-154.1	591.3	-154.1	591.3	437.2	437.2

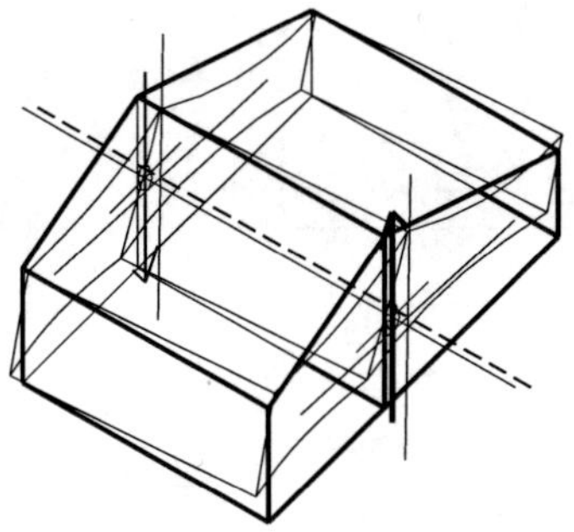

Figura 8. 8.64

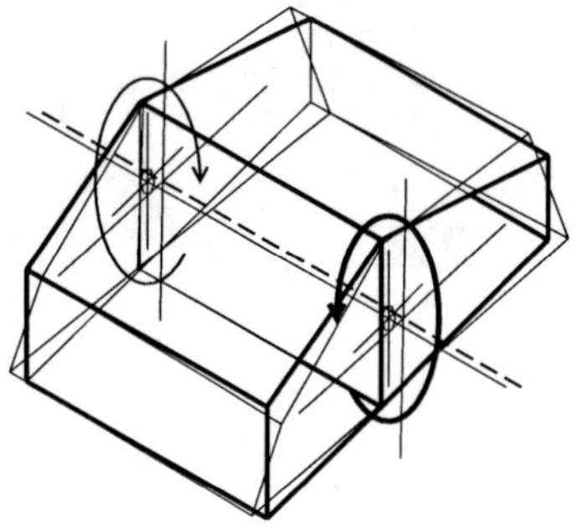

Figura 8.65

8.15 - ESEMPIO 3 – Figure 8.66. 8.67, 8.68, 8.69

Applicazione A15.9 di E.F.Bruhn in "Analysis and Design of Flight Vehicle Structures", Tri-State Offset Company, Cincinnati Ohio USA 1965.
Lamine non reagenti alle sollecitazioni normali σ.
Taglio nel Centro di Taglio
Ty = 1000. lbs
Mt = -8600. Lbs*in

Caratteristiche della sezione aperta. Tagli alla fine dei lati JA CH

Lati	AB	BC	CD	DE	EF	FG	GH	HI	IJ	JA	CH	Σ
Nodi	A	B	C	D	E	F	G	H	I	J		
t	0.03	0.03	0.03	0.03	0.04	0.03	0.03	0.03	0.03	0.05	0.03	
h	5	5	5	5	10	5	5	5	5	10	10	
x_a	.0	5	10	15	20	20	15	10	5	.0	10	
y_a	.0	.0	.0	.0	.0	10	10	10	10	10	.0	
x_b	2.5	7.5	12.5	17.5	20	17.5	12.5	7.5	2.5	.0	10	
y_b	.0	.0	.0	.0	5	10	10	10	10	5	5	
x_c	5	10	15	20	20	15	10	5	.0	.0	10	
y_c	.0	.0	.0	.0	10	10	10	10	10	.0	10	
$c=\cos\beta=(x_c-x_a)/h$	1	1	1	1	.0	-1	-1	-1	-1	.0	.0	
$s=\sin\beta=(y_c-y_a)/h$	.0	.0	.0	.0	1	.0	.0	.0	.0	-1	1	
A_n	2	0.5	1	0.5	1	1	0.5	1	0.5	2		10
x_n	.0	5	10	15	20	20	15	10	5	.0		
y_n	.0	.0	.0	.0	.0	10	10	10	10	10		
$S_x=A_n y_n$	.0	.0	.0	.0	.0	10	5	10	5	20		50
$S_y=A_n x_n$	.0	2.5	10	7.5	20	20	7.5	10	2.5	.0		80
$x_G=S_y/A$												8
$y_G=S_x/A$												5
$J_{xn}=A_n y^2_n$	50	12.5	25	12.5	25	25	12.5	25	12.5	50		25
$J_{yn}=A_n x^2_n$	128	4.5	4	24.5	144	144	24.5	4	4.5	128		61
$J_{xyn}=A_n x_n y_n$	80	7.5	-10	-17.5	-60	60	17.5	10	-7.5	-80		.0
$\alpha=\mathrm{artg}(2J_{xy}/(J_y-J_x))/2$												.0
$C=\cos\alpha$												1
$S=\sin\alpha$												.0
$J_u=J_xC^2+J_yS^2-2J_{xy}CS$												25
$J_v=J_xS^2+J_yC^2+2J_{xy}CS$												61
$c=cC+sS$	1	1	1	1	.0	-1	-1	-1	-1	.0	.0	
$s=sC-cS$	.0	.0	.0	.0	1	.0	.0	.0	.0	-1	1	
$u_b=(x_b-x_G)C+(y_b-y_G)S$	-5.5	-0.5	4.5	9.5	12	9.5	4.5	-0.5	-5.5	-8	2	
$v_b=(y_b-y_G)C-(x_b-x_G)S$	-5	-5	-5	-5	.0	5	5	5	5	.0	.0	
$u_n=(x_n-x_G)C+(y_n-y_G)S$	-8	-3	2	7	12	12	7	2	-3	-8		
$v_n=(y_n-y_G)C-(x_n-x_G)S$	-5	-5	-5	-5	-5	5	5	5	5	5		
i	BCDE	CDEF	DEFG	EFGH	FGHI	GHIJ	HIJ	IJ	J			
i	FGHI	GHIJ	HIJ	IJ	J							

i	J											
$S_{un}=\Sigma_i A_i v_{ni}$	10	12.5	17.5	20	25	20	17.5	12.5	10	.0		
$S_{vn}=\Sigma_i A_i u_{ni}$	16	17.5	15.5	12	.0	-12	-15.5	-17.5	-16	.0		
$R_v=hS_{nu}/J_u$	0.2	0.25	0.35	0.4	1	0.4	0.35	0.25	0.2	.0	.0	
$R_u=hS_{nV}/J_V$	0.13	0.14	0.13	0.1	.0	-0.1	-0.13	-0.14	-0.13	.0	.0	
d_u=su-cv	5	5	5	5	12	5	5	5	5	8	2	
d_v=cv-su	-5	-5	-5	-5	-12	-5	-5	-5	-5	-8	-2	
$u_o=R_v d_v$	1	1.25	1.75	2	12	2	1.75	1.25	1	.0	.0	24
$v_o=R_u d_u$	-0.66	-0.72	-0.64	-0.49	.0	0.49	0.64	0.72	0.66	.0	.0	.0

Caratteristiche della sezione chiusa

Nuclei	AB	BC	CD	DE	EF	FG	GH	HI	IJ	JA	CH	Σ
Verso1	+	+						+	+	+	+	
Verso2			+	+	+	+	+				-	
Ω_1	.0	.0						50	50	.0	.0	1
Ω_2			.0	.0	.0	50	50				.0	1
R_{u1}/t	4.37	4.78						-4.78	-4.37	.0	.0	.0
R_{u2}/t			4.23	3.28	.0	-3.28	-4.23				.0	.0
R_{v1}/t	6.67	8.33						8.33	6.67	.0	.0	30
R_{v2}/t			11.7	13.3	25	13.3	11.7				.0	75
$h_i/4t_i\Omega_1\Omega_1$	42-4	42-4						42-4	42-4	50-4	83-4	0.03
$h_{CH}/4t_{CH}\Omega_1\Omega_2$											-83-4	-83-4
$h_i/4t_i\Omega_2\Omega_2$			42-4	42-4	63-4	42-4	42-4				83-4	0.03
$h_i/2t_i\Omega_1$	0.83	0.83						0.83	0.83	1	1.67	6
$h_{CH}/2t_{CH}\Omega_1$											-1.67	-1.67
$h_{CH}/2t_{CH}\Omega_2$											-1.67	-1.67
$h_i/2t_i\Omega_2$			0.83	0.83	1.25	0.83	0.83				1.67	6.25

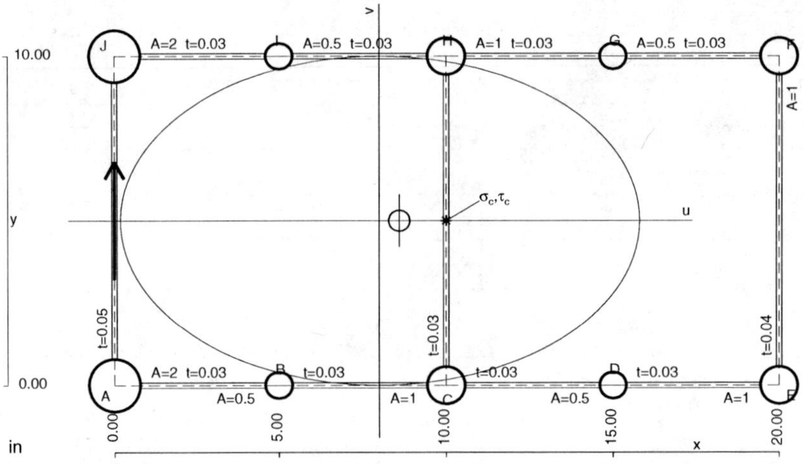

Figura 8.66

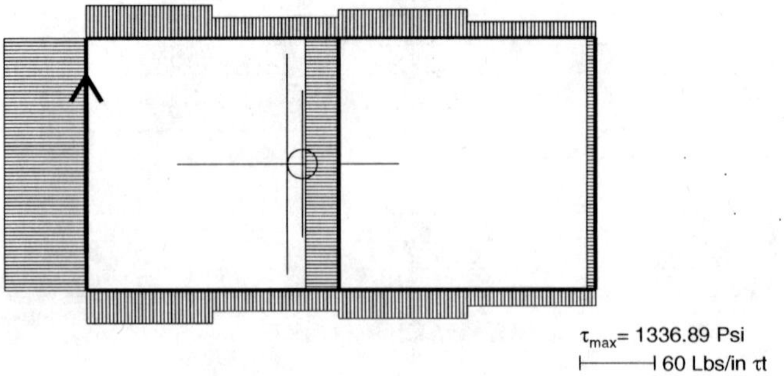

Figura 8.67

Numerazione lati; *1=HI, 2=IJ, 3=JA, 4=AB, 5=BC, 6=CH, 7=CD, 8=DE, 9=EF, 10=FG, 11=GH*
Coordinate del centro di taglio nel riferimento principale: aperto u'_o, v'_o, chiuso u_o, v_o-

Momento torcente unitario

$$\begin{matrix} \theta_1 = \theta_o \\ \theta_2 = \theta_o \\ \Sigma_i M_i = M_t \end{matrix} \begin{bmatrix} \Sigma_i h_i / 4t_i \Omega_1 \Omega_1 & h_{BC} / 4t_{CH} \Omega_1 \Omega_2 & -1 \\ h_{BC} / 4t_{CH} \Omega_1 \Omega_2 & \Sigma_j h_j / 4t_j \Omega_2 \Omega_2 & -1 \\ -1 & -1 & 0 \end{bmatrix} \begin{bmatrix} M_1 \\ M_2 \\ \theta_o \end{bmatrix} = \begin{bmatrix} 0 \\ 0 \\ -1 \end{bmatrix} \qquad \begin{matrix} i = 1,5 \\ j = 7,11 \end{matrix}$$

$$\begin{matrix} \theta_1 = \theta_o \\ \theta_2 = \theta_o \\ \Sigma_i M_i = M_t \end{matrix} \begin{bmatrix} .03 & -.00833 & -1 \\ -.00833 & .03125 & -1 \\ -1 & -1 & 0 \end{bmatrix} \begin{bmatrix} M_1 \\ M_2 \\ \theta_o \end{bmatrix} = \begin{bmatrix} 0 \\ 0 \\ -1 \end{bmatrix} \qquad \begin{bmatrix} M_1 \\ M_2 \\ \theta_o \end{bmatrix} = \begin{bmatrix} .50802 \\ .49198 \\ .01114 \end{bmatrix}$$

Taglio unitario $T_v=1$ e calcolo di u_o nel sistema di riferimento principale.

$$\begin{matrix} \int_1 \gamma \, dl \\ \int_2 \gamma \, dl \end{matrix} \begin{bmatrix} \Sigma_i h_i / 2t_i \Omega_1 & h_{CH} / 2t_{CH} \Omega_2 \\ h_{BC} / 2t_{CH} \Omega_1 & \Sigma_j h_j / 2t_j \Omega_2 \end{bmatrix} \begin{bmatrix} M_1 \\ M_2 \end{bmatrix} = \begin{bmatrix} -\Sigma_i R_i / t_i \\ -\Sigma_j R_j / t_j \end{bmatrix} \qquad \begin{matrix} i = 1,6 \\ j = 6,11 \end{matrix}$$

$$\begin{matrix} \int_1 \gamma \, dl \\ \int_2 \gamma \, dl \end{matrix} \begin{bmatrix} 6. & -1.6667 \\ -1.6667 & 6.25 \end{bmatrix} \begin{bmatrix} M_1 \\ M_2 \end{bmatrix} = \begin{bmatrix} -30. \\ -75. \end{bmatrix} \qquad \begin{bmatrix} M_1 \\ M_2 \end{bmatrix} = \begin{bmatrix} -9. \\ -14.4 \end{bmatrix} \qquad \begin{matrix} u_o = .6 \\ u'_o = 24. \end{matrix}$$

Posizione assoluta del baricentro X_g= 8., Y_g= 5.
Posizione relativa centro di taglio X_o= .60000, Y_o= 0.
Posizione assoluta centro di taglio X_c= 8.6, Y_c= 5.

Calcolo degli sforzi.
Lato CH punto medio: sviluppo calcoli con τ positive secondo il lato, lati destro/sinistro

G	80000.	psi	S_v	0.	in^3
x	2.	in	$\tau_{au}=T_uS_v/tJ_v$	0.	psi
y	0.	in	$\tau_{av}=T_vS_u/tJ_u$	0.	psi
N	0.	lbs	Ω_1	100.	in^2
T_x	0.	lbs	$\tau_{1mu}=T_uM_{u1}/t2\Omega_1$	0.	psi
T_y	1000.	lbs	$\tau_{1mv}=T_vM_{v1}/t2\Omega_1$	-1500.	psi
M_t	-8600.	lbs*in	$\tau_{1m}=M_tM_1/t2\Omega_1$	-728.164	psi
M_x	0.	lbs*in	Ω_2	100.	in^2
M_y	0.	lbs*in	$\tau_{2mu}=T_uM_{u2}/t2\Omega_2$	0.	psi
u=Cx+Sy	2.	in	$\tau_{2mv}=T_vM_{v2}/t2\Omega_2$	2400.	psi
v=Cy-Sx	0.	in	$\tau_{2m}=M_tM_2/t2\Omega_2$	705.1693	psi
$T_u=CT_x+ST_y$	0.	lbs	$\sigma(M_x,M_y)$	0.	psi
$T_v=CT_y-ST_x$	1000.	lbs	$\tau^-(T_x,T_y)$	900.0001	psi
$M_u=CM_x+SM_y$	0.	lbs*in	$\tau^-(M_t)$	-22.99469	psi
$M_v=CM_y-SM_x$	0.	lbs*in	$\sigma(N,M_x,M_y)$	0.	psi
$\sigma(N)=N/A$	0.	psi	$\tau^-(T_x,T_y,M_t)$	877.0054	psi
$\sigma(M_u)=M_uv/J_u$	0.	psi	$\theta(M_t)=(M_t\theta_o)/G$	.1075000	
$\sigma(M_v)= -M_vu/J_v$	0.	psi	$\theta(T_u,T_v)$	0.	
S_u	0.	in^3	$\theta(T_u,T_v,M_t)$	.1075000	

LEGGENDA	nucleo	descrizione
$\tau_{iu}=T_uS_v/tJ_v$		τ da T_u nel centro di taglio di profilo aperto in posizione i
$\tau_{iv}=T_vS_u/tJ_u$		τ da T_v nel centro di taglio di profilo aperto in posizione i
M_1	1	momento torcente sul nucleo 1 per torcente totale $M_t=1$
$M_{u1}M_{v1}$	1	momenti torcenti correttivi per $T_u=1$, $T_v=1$ nel centro di taglio, rispetto alla distribuzione da profilo aperto
$\tau_{1mu}=T_uM_{u1}/t2\Omega_1$	1	τ correttive da T_u M_{u1} a modifica delle τ da profilo aperto
$\tau_{1mv}=T_vM_{v1}/t2\Omega_1$	1	τ correttive da T_v M_{v1} a modifica delle τ da profilo aperto
$\tau_{1m}=M_tM_1/t2\Omega_1$	1	τ da torcente torcente assegnato M_t
M_2	2	momento torcente sul nucleo 2 per torcente totale $M_t=1$
$M_{u2}M_{v2}$	2	momenti torcenti correttivi per $T_u=1$, $T_v=1$ nel centro di taglio, rispetto alla distribuzione da profilo aperto
$\tau_{2mu}=T_uM_{u2}/t2\Omega_2$	2	τ correttive da T_u M_{u2} a modifica delle τ da profilo aperto
$\tau_{2mv}=T_vM_{v2}/t2\Omega_2$	2	τ correttive da T_v M_{v2} a modifica delle τ da profilo aperto
$\tau_{2m}=M_tM_2/t2\Omega_2$	2	τ da momento torcente assegnato M_t
$\tau_u=\tau_{iu}+\tau_{1mu}+\tau_{2mu}$		τ totali da T_u nel centro di taglio
$\tau_v=\tau_{iv}+\tau_{1mv}+\tau_{2mv}$		τ totali da T_v nel centro di taglio
$\tau(M_t)=\tau_{1m}+\tau_{2m}$		τ totali da momento torcente assegnato
$\tau(T_x,T_y)=\tau_u+\tau_v$		τ totali da taglio assegnato nel centro di taglio

Sforzi agli estremi e al centro dei lati: τ positive secondo il lato - Lati destro/sinistro

Lato/Nodo	$\tau(T_y)$d	$\tau(T_y)_s$	$\tau(M_t)$d	$\tau(T_{sc})$	$\tau(M_{tot})$	τ_m	τ_t
Elemento	Lamina	Lamina	Lamina	Lamina	Lamina	Lamina	Lamina
AB/B	-166.7	-166.7	-728.2	-166.7	-728.2	-894.8	-26.84
BC/C	166.7	166.7	-728.2	166.7	-728.2	-561.5	-16.84
CD/D	-66.67	-66.67	-705.2	-66.67	-705.2	-771.8	-23.16
DE/E	266.7	266.7	-705.2	266.7	-705.2	-438.5	-13.16
EF/F	700.	700.	-528.9	700.	-528.9	171.1	6.845
FG/G	266.7	266.7	-705.2	266.7	-705.2	-438.5	-13.16
GH/H	-66.67	-66.67	-705.2	-66.67	-705.2	-771.8	-23.16
HI/I	166.7	166.7	-728.2	166.7	-728.2	-561.5	-16.84
IJ/J	-166.7	-166.7	-728.2	-166.7	-728.2	-894.8	-26.84
JA/A	-900.	-900.	-436.9	-900.	-436.9	-1337.	-66.84
CH/H	900.	900.	-22.99	900.	-22.99	877.	26.31

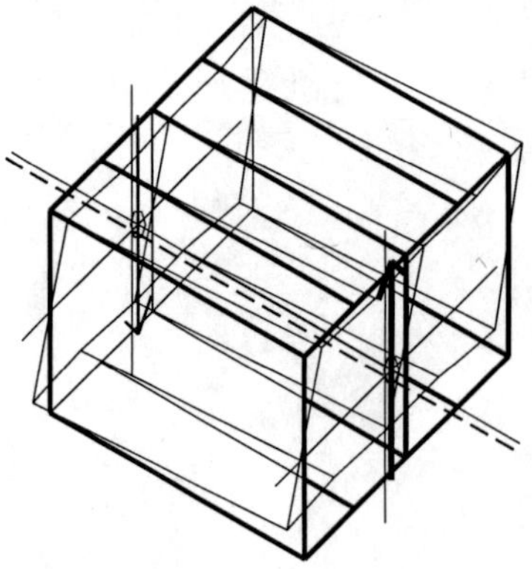

Figura 8.68

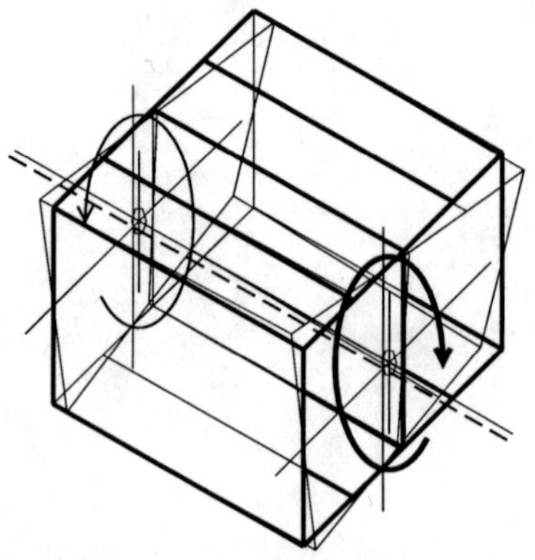

Figura 8.69

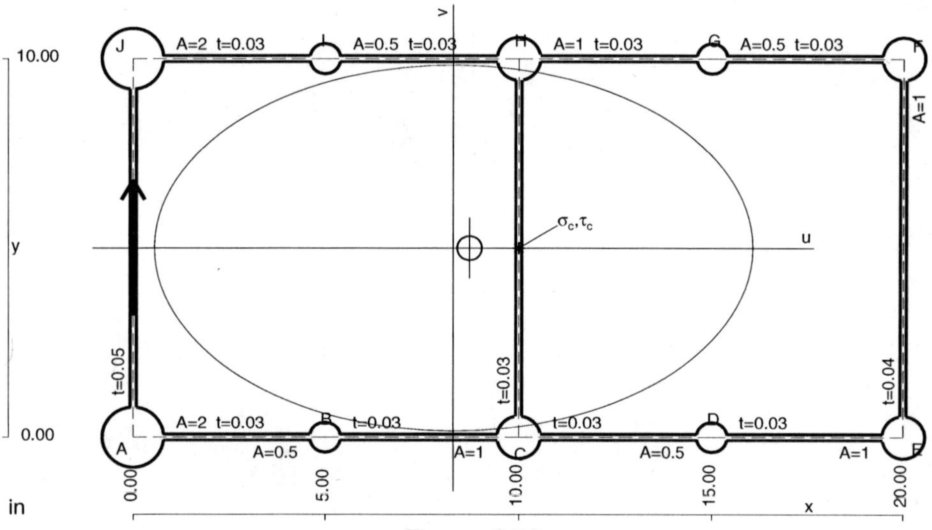

Figura 8.70

8.16 - ESEMPIO 4 – Figure 8.70. 8.71

Applicazione A15.9 di E.F.Bruhn in "Analysis and Design of Flight Vehicle Structures", Tri-State Offset Company, Cincinnati Ohio USA 1965.
Lamine reagenti alle sollecitazioni normali σ.

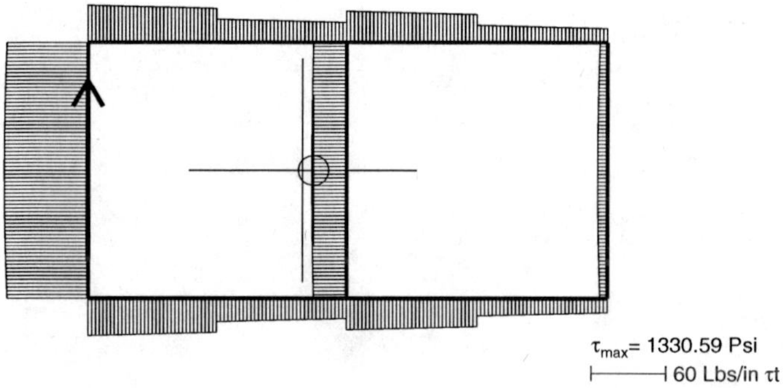

Figura 8.71

CAPITOLO 9

LA DEFORMATA ELASTICA PER FLESSIONE

9.1 - L'EQUAZIONE DELLA DEFORMATA

In un sistema di riferimento *x,y,z* si consideri una trave rettilinea di asse *x*, con assi principali d'inerzia della sezione diretti secondo *y,z*. Si consideri la flessione retta dovuta a $M_z(x) = M(x)$, anche in presenza di taglio $T_y(x) = T(x)$ (fig.9.1). Come si vedrà meglio nel successivo capitolo, la deformata della trave è dominata dagli effetti flessionali. Vengono quindi presi in esame gli effetti di deformazione dipendenti dalla sola flessione. Trascurare le deformazioni conseguenti alla presenza di un'azione assiale o tagliante corrisponde a ipotizzare l'assoluta rigidezza della trave rispetto ad esse.

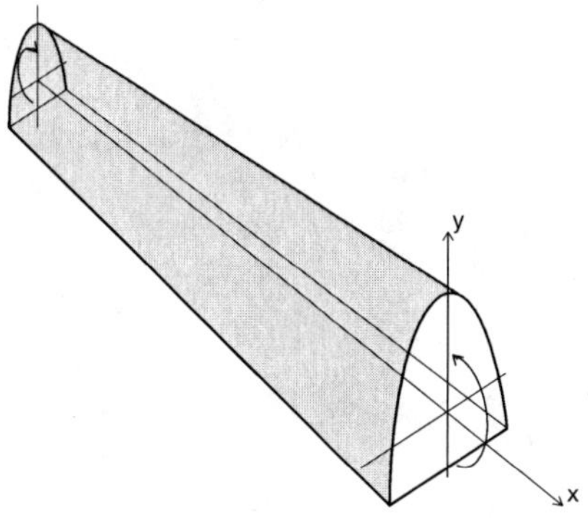

Figura 9.1

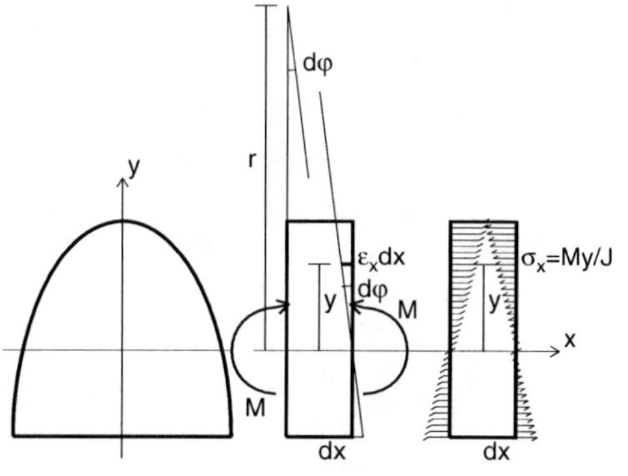

Figura 9.2

Il piano di flessione coincide col piano *x,y*. Si assume che l'azione flettente positiva corrisponda a trazione delle fibre poste dal lato delle *y* negative. Per quanto riguarda la sola flessione, posto $J = J_z$, le relazioni ricavate nel paragrafo 7.4 per una trave di asse *z* diventano:

$$\sigma_x = - My/J \qquad \sigma_y = \sigma_z = \tau_{xy} = \tau_{yz} = \tau_{zx} = 0$$

$$\varepsilon_x = \sigma_x/E = - My/EJ \qquad \varepsilon_y = \varepsilon_z = - \sigma_x/mE = My/mEJ \qquad \gamma_{xy} = \gamma_{yz} = \gamma_{zx} = 0.$$

Nella flessione retta l'angolo $d\phi$ che viene a formarsi tra le due facce del tronchetto di lunghezza infinitesima *dx* per effetto del momento *M* presente, è misurato dal rapporto tra l'allungamento $\varepsilon_x dx$ relativo alla fibra generica e la sua distanza *y* dall'asse neutro, cioè (fig.9.2):

$$d\phi = - \varepsilon_x/y\ dx = - \sigma_x/Ey\ dx = My/EJy\ dx = M/EJ\ dx.$$

Si definisca con *y(x)* una funzione che descrive la componente secondo *y* dello spostamento dei baricentri delle sezioni per effetto della sola flessione. Il simbolo *y(x)* sembra creare confusione con il simbolo *y* usato come ordinata locale della sezione. Tuttavia esso rappresenta una scelta radicata, compatibile col fatto che nei successivi sviluppi la seconda accezione diventa secondaria. La funzione *y(x)* viene chiamata *equazione della linea elastica* per flessione e, pur non rappresentando compiutamente la deformata della trave, ne fornisce una buona approssimazione.

Dalla geometria si ha che se $r(x)$ è il raggio locale di curvatura e $\chi(x)=1/r(x)$ la *curvatura* di una linea $y(x)$, tale curvatura è fornita da:

$$\chi(x) = y''(x)/(1 + y'^2(x))^{3/2}.$$

Se la deformata della trave si discosta poco dalla configurazione rettilinea, si ha che $|y'(x)|<<1$, essendo $y'(x)$ la tangente trigonometrica dell'angolo che la tangente geometrica alla deformata forma con l'asse x in corrispondenza dell'ascissa x. Si può dunque assumere che anche y'^2 sia trascurabile rispetto all'unità, per cui:

$$\chi(x) \cong y''(x).$$

D'altra parte si osserva che il centro di curvatura del tronchetto di lunghezza dx si trova sull'intersezione dei piani che contengono le sezioni estreme, e che pertanto la curvatura conseguente alla presenza del momento $M(x)$ è data (fig.9.2) da:

$$|\chi(x)| = |d\phi/dx|.$$

Tenendo presente che il segno di $y''(x)$ dipende dal sistema di riferimento x,y e il segno di $M(x)$ da una convenzione arbitraria, si può scrivere:

$$|\ y''(x)\ | = |\ M(x)/EJ\ |.$$

La derivata seconda è positiva quando la linea presenta concavità dal lato della y positiva. Se la convenzione di segno dell'azione flettente considera positivi i momenti che comprimono le fibre poste da questo lato (ciò che dà luogo a convessità locale della trave) la relazione presenta segno concorde sui due membri. Altrimenti si ha segno discorde. Negli esempi che seguono si applica la prima convenzione e si ha la relazione nella forma:

$$y''(x) = d^2y(x)/dx^2 = M(x)/EJ.$$

L'integrale generale di questa relazione differenziale è:

$$y'(x) = dy(x)/dx = \int M(x)/EJ\ dx + P,$$

dove P rappresenta una prima costante d'integrazione. Con una successiva integrazione si ha:

$$y(x) = \int(\int M(x)/EJ + P)\ dx + Q,$$

dove Q rappresenta una seconda costante d'integrazione. Si ottengono così, a meno delle costanti P e Q, la funzione adimensionale $y'(x)$, che esprime le rotazioni delle sezioni, e la funzione $y(x)$, che rappresenta l'andamento degli spostamenti. Noti i valori delle rotazioni o degli spostamenti ai limiti del campo di integrazione, è possibile identificare i valori delle costanti di integrazione e rendere compiuta l'informazione desiderata.

9.2 - UN'APPLICAZIONE ELEMENTARE

Nella struttura di fig.9.3, di lunghezza b e momento d'inerzia J, con x crescenti da A a B, e y positiva verso l'alto (fig.9.4), si ha:

$$M(x) = Fx - qx^2/2,$$

da cui:

$$y''(x) = 1/EJ\ (Fx - qx^2/2).$$

L'espressione delle rotazioni è fornita da:

$$EJ\ y'(x) = \int (Fx - qx^2/2)\ dx + P = Fx^2/2 - qx^3/6 + P.$$

Gli spostamenti sono forniti da:

$$EJ\ y(x) = \int (Fx^2/2 - qx^3/6 + P)\ dx + Q = Fx^3/6 - qx^4/24 + Px + Q.$$

La presenza del vincolo incastro in *B* assicura che spostamenti e rotazioni sono nulli per $x = b$, cioè:

$$EJ\ y'(b) = Fb^2/2 - qb^3/6 + P = 0$$
$$EJ\ y(b) = Fb^3/6 - qb^4/24 + Pb + Q = 0.$$

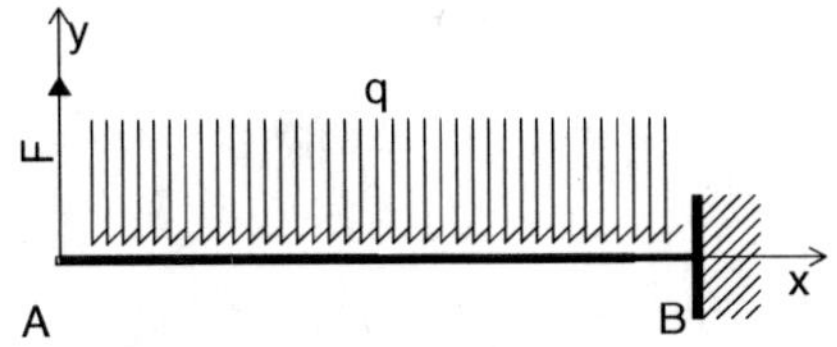

Figura 9.3

L'insieme di queste due condizioni fornisce:

$$P = qb^3/6 - Fb^2/2 \qquad\qquad Q = Fb^3/3 - qb^4/8.$$

Le espressioni complete diventano:

$$EJ\ y'(x) = Fx^2/2 - qx^3/6 + qb^3/6 - Fb^2/2$$
$$EJ\ y(x) = Fx^3/6 - qx^4/24 + qb^3x/6 - Fb^2x/2 + Fb^3/3 - qb^4/8.$$

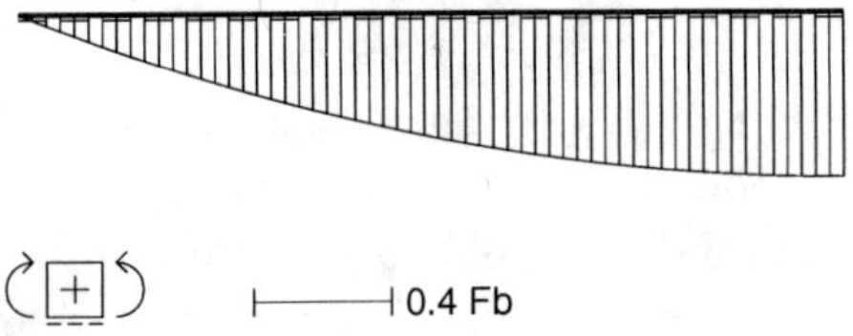

Figura 9.4

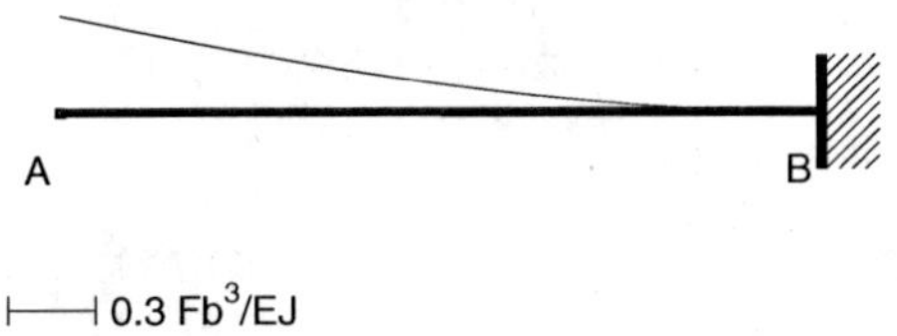

Figura 9.5

La deformata per $F = qb$ è rappresentata in fig.9.5. Lo spostamento e la rotazione in *A* si ottengono ponendo $x = 0$, ossia:

$$y'(o) = qb^3/6EJ - Fb^2/2EJ$$
$$y(o) = - qb^4/8EJ + Fb^3/3EJ.$$

9.3 - DEFORMAZIONI TERMICHE

Se il tronchetto di lunghezza *dx* è soggetto a variazione termica linearmente distribuita entro i valori t_i e t_s nello spessore *h* (fig.9.6), le due sezioni estreme, pur rimanendo piane, si trovano a subire una rotazione relativa $d\phi$, del tutto analoga a quella dovuta alla presenza di un momento flettente. La variazione considerata può dar luogo ad allungamento della fibra baricentrica, allungamento che non ha effetto sulla curvatura. Essendo l'angolo $d\phi$ misurato da:

$$d\phi = (t_i - t_s)\ \alpha\ dx/h,$$

in assenza di momento flettente la curvatura $d\phi/dx$ potrà essere uguagliata alla espressione $y''(x)$, come precedentemente visto:

$$d\phi/dx = y''(x) = \alpha\ (t_i - t_s)/h = \theta.$$

Se vi è una contemporanea presenta di azione flettente la curvatura totale si ottiene sovrapponendo gli effetti, ovvero sommando algebricamente i due contributi. Con le convenzioni assunte in precedenza si può scrivere:

$$d\phi/dx = y''(x) = M(x)/EJ + \alpha\ (t_i - t_s)/h.$$

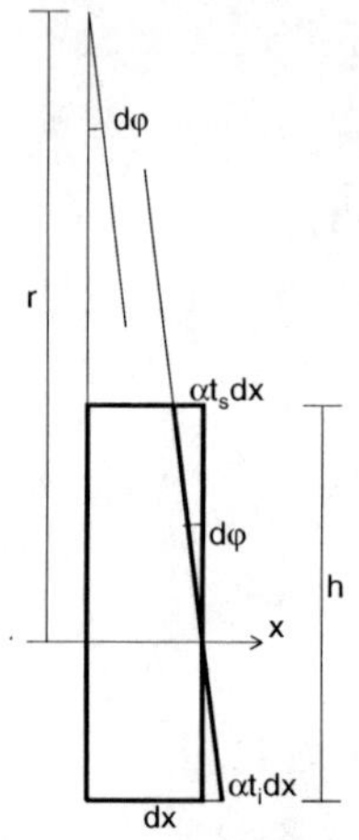

Figura 9.6

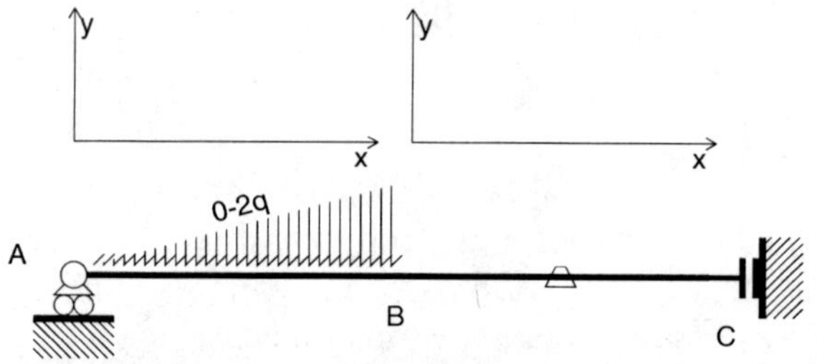

Figura 9.7

Si consideri ad esempio la struttura di fig.9.7, con due aste di lunghezza *b,* nella quale l'asta *BC* subisce variazioni termiche corrispondenti a una curvatura $\theta = (t_i - t_s)/2b$, senza allungamento della fibra baricentrica. Siano $J_{AB} = J$ e $J_{BC} = 2J$ i momenti d'inerzia delle due aste. Si assumano sistemi di riferimento con asse positivo verso destra e con origine rispettivamente in *A* per l'asta *AB* e in *B* per l'asta *BC*. La reazione del carrello sarà *qb*, mentre il carico sarà espresso da $p(x)=2qx/b$. Le espressioni dell'azione flettente risultano rispettivamente nei due campi (fig.9.8):

$$M_{AB} = qbx - qx^3/3b \qquad\qquad M_{BC} = 2qb^2/3.$$

Le curvature risultano rispettivamente:

$$y''_{AB} = qbx/EJ_{AB} - qx^3/3bEJ_{AB} \qquad\qquad y''_{BC} = \theta + 2qb^2/3EJ_{BC}$$

da cui si ricavano le espressioni delle rotazioni e degli spostamenti:

$$y'_{AB} = qbx^2/2EJ_{AB} - qx^4/12bEJ_{AB} + P$$
$$y_{AB} = qbx^3/6EJ_{AB} - qx^5/60bEJ_{AB} + Px + Q$$
$$y'_{BC} = 2qb^2x/3EJ_{BC} + \theta x + R$$
$$y_{BC} = qb^2x^2/3EJ_{BC} + \theta x^2/2 + Rx + S.$$

Le condizioni ai limiti dei due campi di integrazione forniscono le seguenti indicazioni:

in A, per $x_{AB} = 0$, lo spostamento assoluto è nullo;
in B, per $x_{AB} = b$ e $x_{BC} = 0$, la rotazione relativa è nulla;
in B, per $x_{AB} = b$ e $x_{BC} = 0$, lo spostamento relativo è nullo;
in C, per $x_{BC} = b$ la rotazione assoluta è nulla.

L'insieme di queste informazioni fornisce un sistema di quattro equazioni nelle incognite *P, Q, R, S:*

$$y_{AB}(0) = Q = 0$$
$$y'_{AB}(b) - y'_{BC}(0) = 5qb^3/12EJ_{AB} + P - R = 0$$
$$y_{AB}(b) - y_{BC}(0) = 3qb\ /20EJ_{AB} + Pb + Q - S = 0$$
$$y'_{BC}(b) = 2qb^3/3EJ_{BC} + \theta b + R = 0.$$

Essendo $J_{BC} = 2J_{AB} = 2J$, le espressioni diventano:

$$Q = 0 \qquad\qquad P - R = - 5qb^3/12EJ$$
$$Pb + Q - S = - 3qb^4/20EJ \qquad\qquad R = qb^3/3EJ - \theta b.$$

In forma matriciale si ha:

$$\begin{bmatrix} 0 & 1 & 0 & 0 \\ 1 & 0 & -1 & 0 \\ 1 & 1 & 0 & -1 \\ 0 & 0 & 1 & 0 \end{bmatrix} \begin{bmatrix} Pb \\ Q \\ Rb \\ S \end{bmatrix} = \begin{bmatrix} 0 \\ -5qb^4/12EJ \\ -3qb^4/20EJ \\ -qb^4/3EJ - \theta b^2 \end{bmatrix}$$

da cui:

$$Pb = - 3qb^4/4EJ - \theta b^2 Q = 0$$
$$Rb = - qb^4/3EJ - \theta b^2 \qquad S = - 3qb^4/5EJ - \theta b^2$$

Sostituendo i valori ottenuti nelle equazioni degli spostamenti si ha:

$$y_{AB} = qbx^3/6EJ - qx^5/60bEJ - 3qb^3x/4EJ - \theta bx$$
$$y_{BC} = qb^2x^2/6EJ + \theta x^2/2 - qb^3x/3EJ - \theta bx - 3qb^4/5EJ - \theta b^2.$$

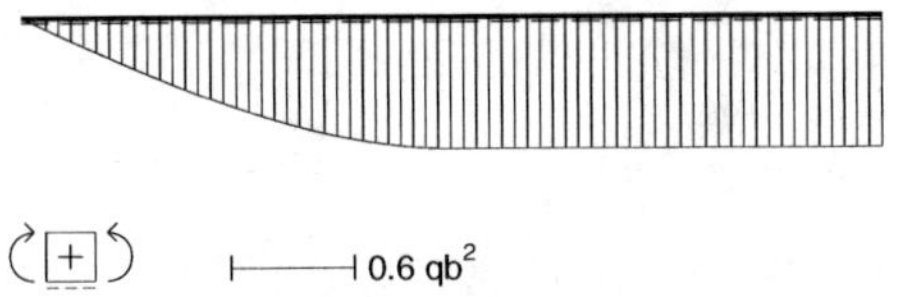

Figura 9.8

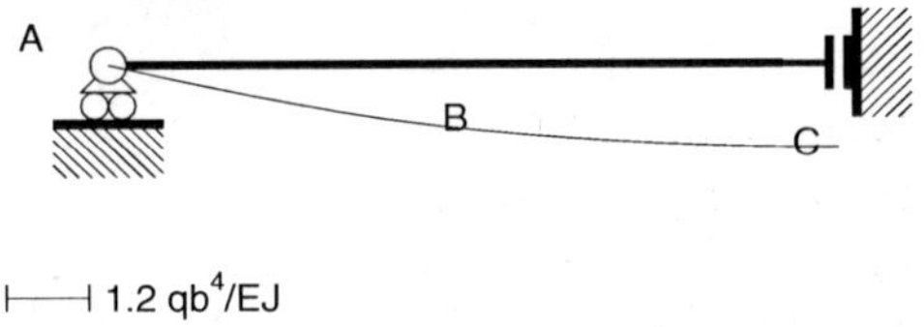

Figura 9.9

Se si suppone che il parametro di curvatura termica sia commisurato agli altri parametri di carico secondo la relazione:

$$\theta = qb^2/2EJ,$$

si ottiene:

$$y_{AB} = qbx^3/6EJ - qx^5/60bEJ - 5qb^3x/4EJ$$
$$y_{BC} = 5qb^2x^2/12EJ - 5qb^3x/6EJ - 11qb^4/10EJ.$$

La relativa deformata è rappresentata in fig.9.9.

9.4 - STRUTTURE IPERSTATICHE

Si consideri la struttura di fig.9.10 di lunghezza b e momento d'inerzia J, che risulta una volta iperstatica. Se si sopprime il carrello in A, mettendo in evidenza la corrispondente reazione incognita F, si ottiene uno schema isostatico. Su questo possono essere identificate,

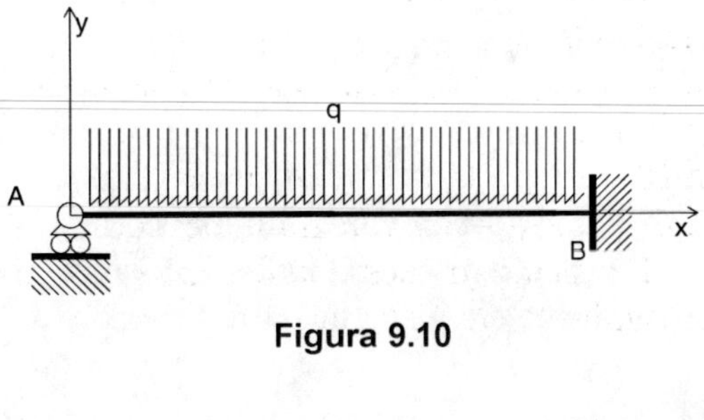

Figura 9.10

nel rispetto dell'equilibrio, le reazioni vincolari in *B* e le azioni interne che competono ai carichi assegnati *q* e alla reazione iperstatica *F* (fig.9.3).

Si possono assegnare alla forza *F* infiniti valori, ottenendo sempre una soluzione equilibrata del problema. A ciascuna di queste situazioni corrisponde un'equazione della deformata quale descritta nel paragrafo 9.2. In generale queste deformate corrispondono a valori non nulli dello spostamento in *A*.

Si osserva d'altra parte che la presenza del carrello in *A* non dà luogo semplicemente alla presenza di una reazione verticale come indicato, ma impone anche l'annullarsi dello spostamento verticale corrispondente. Lo spostamento dell'estremo *A* è già stato calcolato nel paragrafo 9.2 con l'espressione:

$$y(0) = Fb^3/3EJ - qb^4/8EJ.$$

Il rispetto del vincolo è assicurato dall'annullarsi di questo spostamento, ciò che si ottiene ponendo $F = 3/8\ qb$, da cui:

$$EJ\ y = -\ qx^4/24 - qb^3x/48 + qbx^3/16.$$

L'andamento della deformata è rappresentato dalla fig.9.12.

Allo stesso risultato si perviene direttamente riprendendo gli integrali generali dell'equazione delle curvature, come esposti nel paragrafo 9.2:

$$EJ\ y' = Fx^2/2 - qx^3/6 + P$$
$$EJ\ y = Fx^3/6 - qx^4/24 + Px + Q.$$

In questo caso lo schema della struttura (fig.9.10) impone le condizioni:

$$EJ\ y(0) = Q = 0$$
$$EJ\ y'(b) = Fb^2/2 - qb^3/6 + P = 0$$
$$EJ\ y(b) = Fb^3/6 - qb^4/24 + Pb + Q = 0.$$

Si hanno così tre equazioni lineari nelle incognite *P* e *Q* (costanti di integrazione) e *F* (reazione iperstatica). La soluzione del sistema porta ai seguenti valori:

$$P = -\ qb^3/48 \qquad Q = 0 \qquad F = 3qb/8,$$

da cui si ricostruisce l'espressione dell'azione flettente di fig.9.11 e della deformata di fig.9.12:

$$EJ\ y = -\ qx^4/24 - qb^3x/48 + qbx^3/16.$$

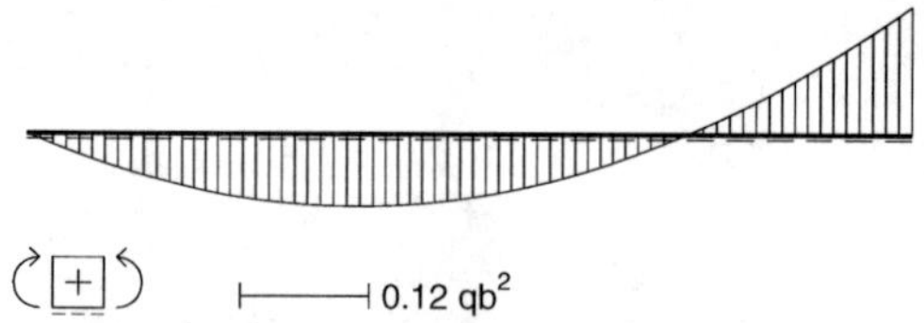

Figura 9.11

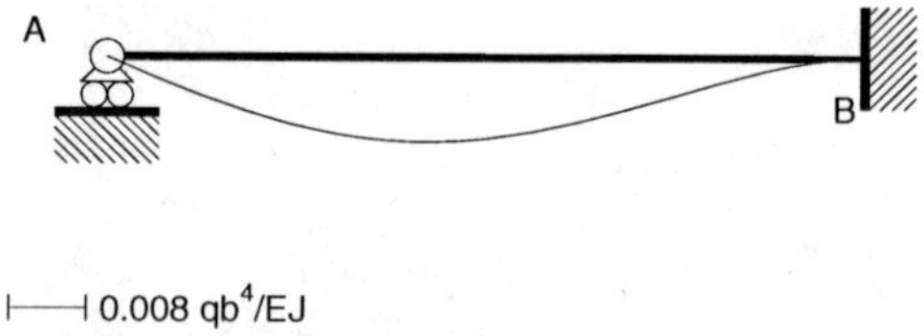

Figura 9.12

9.5 - SCHEMA DI PROCEDIMENTO

Sia data una struttura con aste rettilinee, isostatica o iperstatica, di cui si voglia descrivere l'andamento della deformata:

a) Se la struttura è *m* volte iperstatica, si sopprimono *m* gradi di vincolo, mettendo in evidenza le reazioni incognite corrispondenti e curando di ottenere uno schema staticamente determinato.

b) In funzione dei carichi assegnati e delle eventuali reazioni iperstatiche incognite si esprimono le funzioni di azione flettente relative agli n campi di integrazione lungo i quali queste funzioni risultano continue e derivabili.
c) Si esprimono le funzioni di curvatura relative agli n campi, tenendo eventualmente conto delle curvature di origine anelastica (termica).
d) Si integrano in successione le funzioni curvatura, ottenendo le espressioni delle rotazioni e degli spostamenti a meno delle $2n$ costanti di integrazione e delle m reazioni iperstatiche.
e) La struttura presenta $2n + m$ condizioni note al contorno, relative alle rotazioni e agli spostamenti.
f) Esplicitando le $2n + m$ condizioni al contorno si ottengono $2n + m$ relazioni lineari nelle $2n$ costanti di integrazione incognite e nelle m reazioni iperstatiche incognite.
g) Risolvendo il sistema di equazioni lineari così ottenuto si hanno i valori delle incognite, che, sostituiti nelle espressioni delle rotazioni e degli spostamenti, danno luogo alla descrizione completa dello stato di sforzo e di deformazione.

In margine a questo schema di procedimento vale la pena di fare qualche osservazione sulle condizioni al contorno. Come si è visto, queste esprimono informazioni relative alla geometria deformata, informazioni note a priori nei valori assoluti o nei valori relativi a campi contigui di integrazione. In entrambi i casi occorre considerare il segno secondo il quale si esprimono le informazioni, nell'ambito del sistema di riferimento assunto. In particolare occorre tenere presente che ogni campo di integrazione è caratterizzato, in linea generale, da un suo proprio sistema di riferimento e che le condizioni di raccordo tra due campi di integrazione adiacenti devono esprimere la congruenza fisica secondo le due convenzioni.

Le condizioni al contorno sono univocamente definite dalle caratteristiche della struttura. Si può facilmente constatare che almeno n condizioni si riferiscono alle funzioni spostamento, dal momento che le funzioni rotazione contengono solo una costante di integrazione ciascuna.

Fra i vincoli interni o a terra possono presentarsi vincoli elastici, cioè vincoli capaci di fornire una reazione proporzionale allo spostamento/rotazione presente in soluzione.

Come si vedrà negli esempi che seguono, questa circostanza non introduce nuove incognite, ma viene a esprimere la condizione di congruenza sul vincolo come relazione nota tra reazione e spostamento/rotazione piuttosto che come informazione nota sul valore dello spostamento.

9.6 - I METODI DELLE FORZE

Nel paragrafo 9.4. si è enunciato su un esempio semplice uno schema generale di procedimento per la determinazione delle reazioni vincolari nelle strutture iperstatiche. Questo schema non si applica alla sola equazione della deformata elastica, ma a qualunque strumento idoneo a determinare gli spostamenti elastici di una struttura isostatica.

Il metodo cui ci si riferisce è spesso designato come *metodo delle forze*, per esprimere il fatto che si assumono come incognite del problema i parametri statici e in particolare, nelle strutture monodimensionali, le forze e i momenti. Alla luce di quanto visto, questa scelta di incognite appare del tutto spontanea. In realtà l'analisi sistematica e automatica dei sistemi più complessi si appoggia quasi esclusivamente sui cosiddetti *metodi degli spostamenti*, cioè metodi nei quali si assumono come incognite del problema i parametri deformativi e in particolare, nelle strutture monodimensionali, gli spostamenti e le rotazioni.

Impostazione

Si operi su uno schema staticamente determinato (detto "schema principale equivalente") ottenuto per declassamento dei vincoli ridondanti. Si esprima lo stato di sforzo e di deformazione di questo schema sovrapponendo gli effetti dei carichi assegnati e dei parametri iperstatici di reazione. Si ottiene, così operando, una molteplice infinità di stati di sforzo e di deformazione, che risulta somma degli effetti dei carichi assegnati e dei parametri iperstatici: questa risulta essere una loro combinazione lineare se si assume la teoria degli spostamenti infinitesimi o teoria *del primo ordine*. Ciascuna combinazione lineare risulta equilibrata ovunque, ma congruente solo nel continuo, cioè internamente alle aste, e nei vincoli residui. In generale una scelta arbitraria dei parametri iperstatici dà luogo a spostamenti che in corrispondenza delle forze iperstatiche non rispettano le condizioni di congruenza proprie del vincolo soppresso.

L'imposizione esplicita delle condizioni di congruenza corrispondenti ai vincoli soppressi dà luogo ad un sistema di equazioni lineari nelle incognite iperstatiche, che risultano in numero pari al numero delle equazioni, sistema che fornisce la soluzione del problema.

L'interpretazione fisica del metodo identifica la soluzione completa del problema elastico come l'unica soluzione congruente fra le infinite soluzioni equilibrate che si ottengono operando sullo schema principale equivalente.

Alla luce di quanto sopra richiamato si osserva che l'equazione della deformata elastica, applicata allo schema principale equivalente, fornisce un quadro in cui l'equilibrio è ovunque rispettato, mentre la congruenza è rispettata solo in sede indefinita lungo la trave. Infatti l'equazione deriva dalla soluzione del problema della flessione secondo Saint Venant. La congruenza ai limiti dei campi deve essere esplicitamente imposta proprio per identificare la soluzione completa come l'unica congruente fra le infinite equilibrate.

9.7 - CEDIMENTI ELASTICI E ANELASTICI

In corrispondenza dei vincoli, definiti intrinsecamente come perfetti, possono verificarsi spostamenti o rotazioni imputabili a cause estranee al comportamento elastico del sistema. L'ampiezza di questi cedimenti anelastici entra nel problema come un parametro noto, i cui effetti si possono riflettere sull'intera struttura.

I vincoli elastici rappresentano invece una situazione nella quale un parametro di reazione è possibile, ma con intensità proporzionale allo spostamento impresso al punto di applicazione del vincolo: in sostanza questi vincoli sono assimilabili a molle, cioè a elementi elasticamente deformabili, ma con deformabilità concentrata.

Per chiarire questi concetti si consideri la struttura isostatica a sinistra in fig.9.13, di lunghezza b e momento d'inerzia J, nella quale si sommano gli effetti di un carico distribuito q, di una variazione termica differenziale corrispondente a una curvatura θ, di un cedimento per rotazione oraria del pattino, di ampiezza δ/b, il tutto in presenza di un vincolo elastico in A capace di fornire una reazione verticale proporzionale allo spostamento verticale $y(0)$, attraverso una costante k.

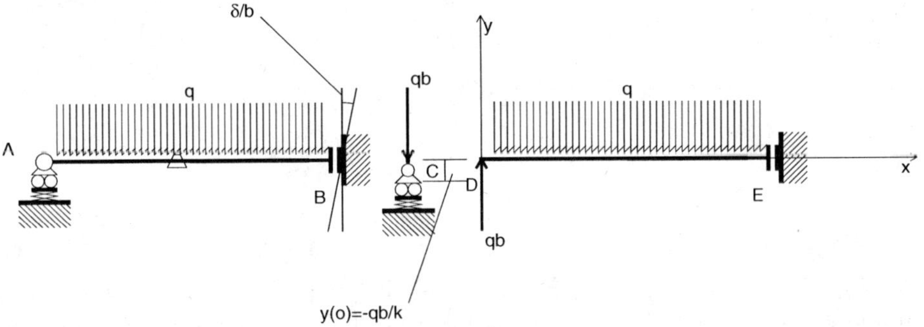

Figura 9.13

Essendo qb la reazione verticale in A, diretta verso l'alto, si ha, con le consuete convenzioni, asse x da A a B, asse y verso l'alto:

$$M(x) = qbx - qx^2/2$$

da cui l'equazione delle curvature:

$$y''(x) = qbx/EJ - qx^2/2EJ + \theta.$$

Le successive integrazioni forniscono:

$$y'(x) = qbx^2/2EJ - qx^3/6EJ + \theta x + P$$

$$y(x) = qbx^3/6EJ - qx^4/24EJ + \theta x^2/2 + Px + Q.$$

Per le condizioni al contorno si ha che:

- in A la reazione qb, applicata al carrello con verso positivo verso il basso, dà luogo ad uno spostamento verso il basso (e quindi ad un valore $y(0)$ negativo) direttamente proporzionale a qb ed inversamente proporzionale alla costante k (fig.9.13 destra).
- in B il cedimento imposto δ/b orario corrisponde ad una rotazione $y'(b)$ di ugual modulo ma negativa rispetto alla convenzione assunta.

In termini analitici le due condizioni diventano:

$$y(0) = Q = - qb/k$$

$$y'(b) = qb^3/3EJ + \theta b + P = - \delta/b,$$

da cui si ricavano rispettivamente Q e P, ottenendo:

$$y(x) = qbx^3/6EJ - qx^4/24EJ + \theta x^2/h - \delta x/b - qb^3x/3EJ - \theta bx - qb/k.$$

Assumendo $\theta = qb^2/2EJ$, $\delta = qb^4/EJ$ e $k = 8EJ/b$ si ha l'azione flettente di fig.9.14 e la deformata di fig.9.15.

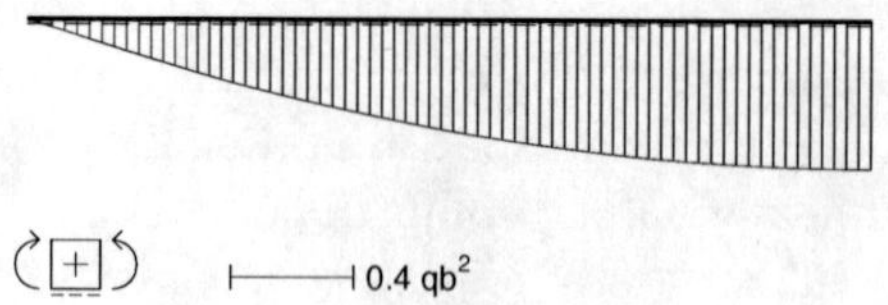

Figura 9.14

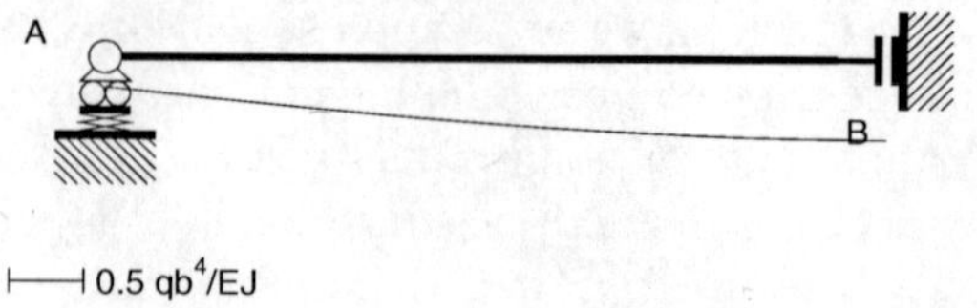

Figura 9.15

I termini contenenti δ e k risultano essere costanti o lineari in x.

Questo semplice risultato permette di osservare che i cedimenti, elastici o anelastici, non modificano la forma propria della deformata elastica della struttura isostatica, ma si limitano ad introdurre spostamenti e rotazioni rigide. L'andamento della deformata, cioè lo scostamento dalla rettilineità, dipende unicamente da cause deformanti diffuse, come l'azione flettente o la variazione termica differenziale. Sulla struttura isostatica lo stato di sforzo dipende solo dai carichi agenti e non da altre cause deformanti. L'abbassamento associato alla molla per effetto della reazione non dipende né dalla variazione termica, né dal cedimento del pattino.

9.8 - DEFORMAZIONI ANELASTICHE DI STRUTTURE IPERSTATICHE

Il comportamento della struttura iperstatica è sostanzialmente diverso, nel senso che lo stato di sforzo risente di ogni tipo di azione introdotta, sia di carattere statico, sia di natura geometrica.

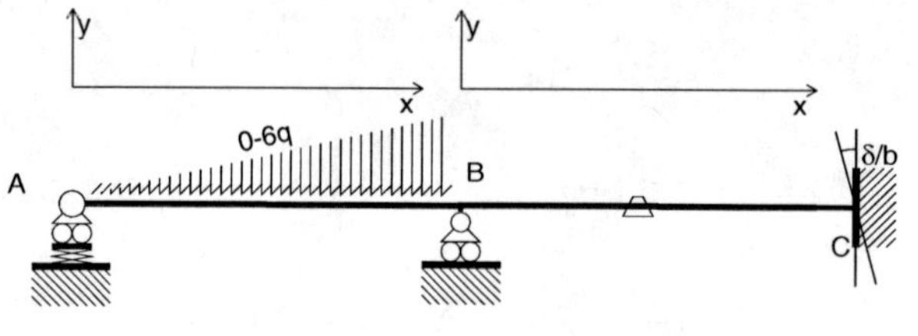

Figura 9.16

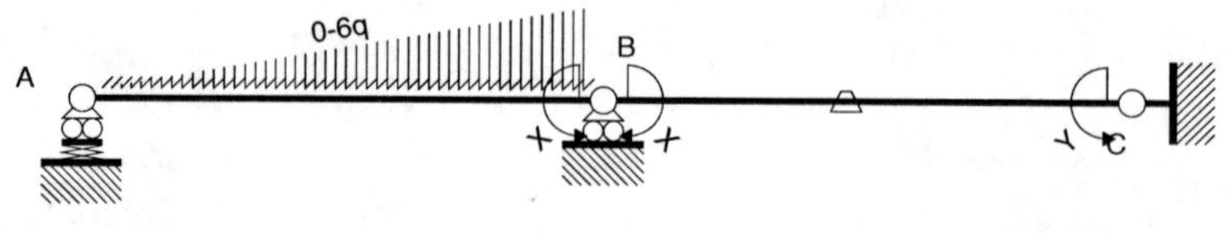

Figura 9.17

Si consideri la struttura due volte iperstatica di fig.9.16, con due aste di lunghezza b e momento d'inerzia uniforme J, in presenza di una molla di costante k sotto il carrello A. Oltre al carico indicato, si ipotizzi una rotazione antioraria imposta $\phi = \delta/b$ in C e una curvatura di tipo termico θ sull'asta BC. Uno schema principale equivalente può essere quello di fig.9.17, che non rispecchia la presenza di molla, cedimento e variazione termica, perché ininfluenti sullo stato di sforzo della struttura isostatica. Le reazioni dello schema principale equivalente sono evidenziate tenendo separati gli effetti del carico q (fig.9.18), dell'iperstatica $X = 1$ (fig.9.19) e dell'iperstatica $Y = 1$ (fig.9.20), da cui si ricavano le espressioni dell'azione flettente (assi x con verso AB, BC, assi y verso l'alto):

$$M_{AB} = qbx + Xx/b - qx^3/bM_{BC} = X + Yx/b - Xx/b.$$

Le espressioni delle curvature risultano:

$$y''_{AB} = qbx/EJ + Xx/bEJ - qx^3/bEJ$$
$$y''_{BC} = X/EJ + Yx/bEJ - Xx/bEJ + \theta,$$

da cui si ricava:

$$y'_{AB} = qbx^2/2EJ + Xx^2/2bEJ - qx^4/4bEJ + P$$
$$y'_{BC} = Xx/EJ + Yx^2/2bEJ - Xx^2/2bEJ + \theta x + R$$
$$y_{AB} = qbx^3/6EJ + Xx^3/6bEJ - qx^5/20bEJ + Px + Q$$
$$y_{BC} = Xx^2/2EJ + Yx^3/6bEJ - Xx^3/6bEJ + \theta x^2/2 + Rx + S.$$

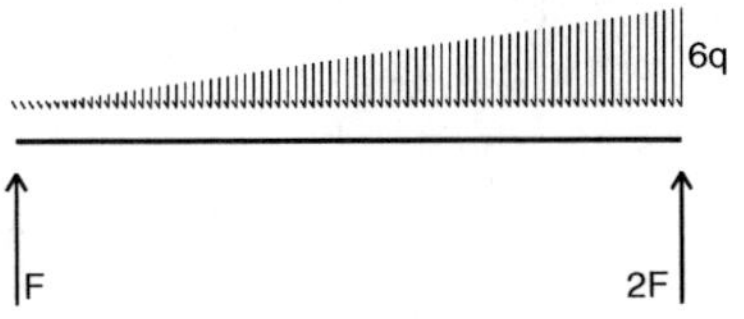

Figura 9.18

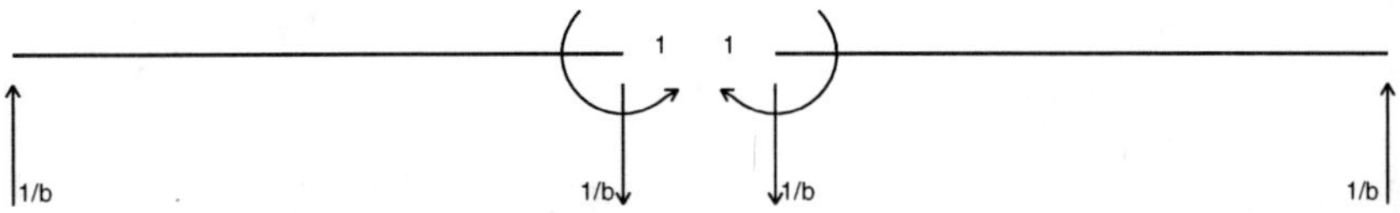

Figura 9.19

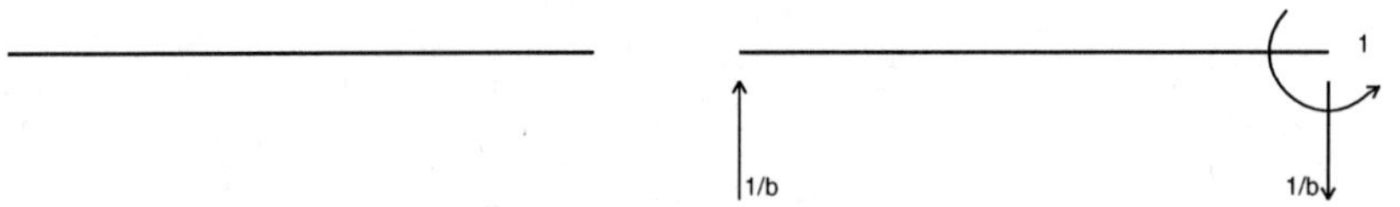

Figura 9.20

L'abbassamento in *A*, imputabile alla forza $qb - X/b$, sarà $y(o) = -X/bk - qb/k$. Saranno nulli lo spostamento in *C* e lo spostamento in *B*, inteso sia come estremo finale di *AB* che come estremo iniziale di *BC*. Le rotazioni relative alle sezioni terminale di *AB* e iniziale di *BC* saranno uguali in valore e segno, mentre la rotazione in *C* sarà pari al cedimento imposto. L'insieme delle condizioni è così riassunto:

$$y_{AB}(o) = Q = - qb/k - X/bk$$
$$y_{AB}(b) = 7qb^4/60EJ + Xb^2/6EJ + Pb + Q = 0$$
$$y_{BC}(b) = Xb^2/3EJ + Yb^2/6EJ + \theta b^2/2 + Rb + S = 0$$
$$y_{BC}(o) = S = 0$$
$$y'_{AB}(b) - y'_{BC}(o) = qb^3/4EJ + Xb/2EJ + P - R = 0$$
$$y'_{BC}(b) = Xb/2EJ + Yb/2EJ + \theta b + R = \delta/b.$$

In forma matriciale queste relazioni diventano, avendo assegnato alla costante della molla il valore $k = EJ/b^3$:

$$\begin{bmatrix} 0 & 1 & 0 & 0 & b^2/EJ & 0 \\ b & 1 & 0 & 0 & b^2/6EJ & 0 \\ 0 & 0 & b & 1 & b^2/3EJ & b^2/6EJ \\ 0 & 0 & 0 & 1 & 0 & 0 \\ 1 & 0 & -1 & 0 & b^2/2EJ & 0 \\ 0 & 0 & 1 & 0 & b^2/2EJ & b^2/2EJ \end{bmatrix} \begin{bmatrix} P \\ Q \\ R \\ S \\ X \\ Y \end{bmatrix} = \begin{bmatrix} qb^4/EJ \\ 7qb^4/60EJ \\ \theta b^2 \\ 0 \\ qb^3/4EJ \\ \delta/b - \theta b \end{bmatrix}$$

Con opportune trasformazioni per righe e per colonne si ottiene:

$$\begin{bmatrix} 0 & 1 & 0 & 0 & 1 & 0 \\ 1 & 1 & 0 & 0 & 1/6 & 0 \\ 0 & 0 & 1 & 1 & 1/3 & 1/6 \\ 0 & 0 & 0 & 1 & 0 & 0 \\ 1 & 0 & -1 & 0 & 1/2 & 0 \\ 0 & 0 & 1 & 0 & 1/2 & 1/2 \end{bmatrix} \begin{bmatrix} Pb \\ Q \\ Rb \\ S \\ Xb^2/EJ \\ Yb^2/EJ \end{bmatrix} = \begin{bmatrix} qb^4/EJ \\ 7qb^4/60EJ \\ \theta b^2 \\ 0 \\ qb^4/4EJ \\ \delta - \theta b^2 \end{bmatrix}$$

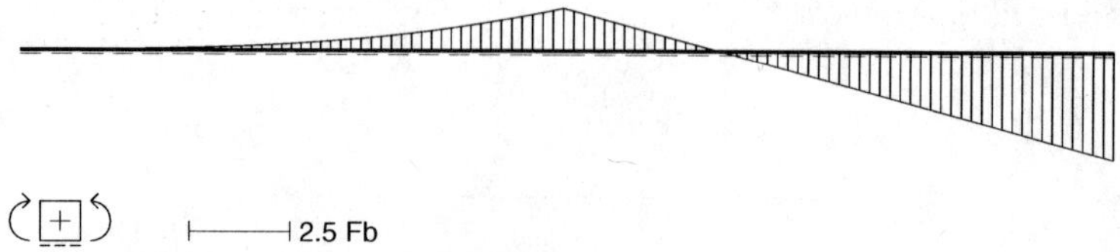

Figura 9.21

La soluzione del sistema fornisce:

$P = 109qb^3/380EJ - 5\theta b/38 - 5\delta/19b$ $\qquad Q = -27qb^4/95EJ + 3\theta b^2/19 + 6\delta/19$

$R = 17qb^3/95EJ - 4\theta b/19 - 8\delta/19b$ $\qquad X = -68qb^2/95 - 3\theta EJ/19 - 6\delta EJ/19b^2$

$Y = 34qb^2/95 - 27\theta EJ/19 + 60\delta EJ/19b^2.$ $\qquad S = 0$

Le equazioni della deformata risultano quindi:

$$y_{AB} = -27qb^4/95EJ + 109qb^3x/380EJ + 9qbx^3/190EJ - qx^5/20bEJ + $$
$$+ 3\theta b^2/19 - 5\theta bx/38 - \theta x^3/38b - 5\delta x/19bEJ - \delta x^3/19b^3EJ + 6\delta/19EJ$$
$$y_{BC} = 17qb^3x/95EJ - 34qb^2x^2/95EJ + 17qbx^3/95EJ - 4\theta bx/19 +$$
$$+ 8\theta bx^2/19 - 4\theta x^3/19b - 8\delta x/19bEJ - 3\delta x^2/19b^2EJ + 11\delta x^3/19b^3.$$

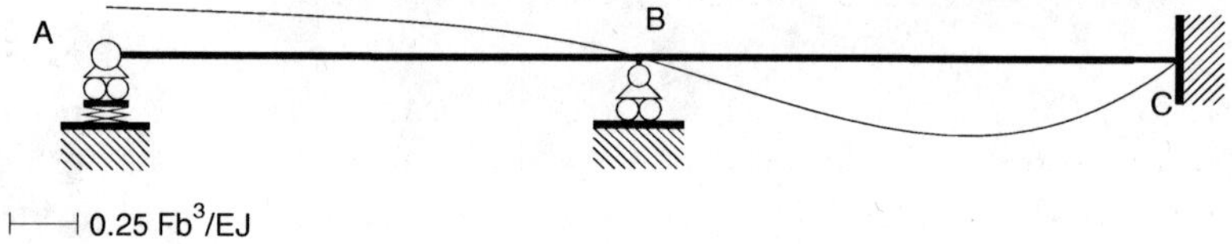

Figura 9.22

I valori delle reazioni *X* e *Y*, sostituiti nelle espressioni dell'azione flettente di fig.9.21, completano il quadro delle informazioni. In fig.9.22 si trova rappresentata la deformata, avendo introdotto nelle prescrizioni le seguenti relazioni:

$$\delta = qb^4/EJ, \qquad \theta = qb^2/EJ.$$

I risultati ottenuti confermano che in una struttura iperstatica si determina la presenza di uno stato di sforzo anche per effetto dell'applicazione di sole cause deformanti anelastiche, come la variazione termica o il cedimento di vincolo.

9.9 - ESEMPIO 1

Si consideri la struttura di fig.9.23, di altezza *b* e lunghezza *2b,* con momenti d'inerzia $J_{AB} = J$ e $J_{BC} = 3J/2$, nella quale si ha, oltre al carico uniforme *q*, una dilatazione uniforme $\varepsilon = \alpha T = qb^3/EJ$ dovuta alla presenza di una variazione termica sull'asta verticale *AB*. Poiché lo schema è una volta iperstatico, si introduce, per esempio, una cerniera al nodo *B*, mettendo in evidenza il momento *X* sulle estremità delle aste adiacenti (fig.9.24). Per l'equilibrio dell'asta *BC* si ha:

$H_{BC} = qb - X/2b$ $\quad V_{BC} = qb + X/2b$ $\quad W_{BC} = X.$

Per l'equilibrio dell'asta *AB* si ha:

$H_A = qb - X/2b$ $\quad V_A = qb + X/2b$ $\quad W_A = - qb^2 + 3X/2.$

Assumendo l'ascissa *x* crescente da *A* a *B* e da *B* a *C*, con asse *y* ruotato di $\pi/2$ in senso antiorario su *x*, si hanno le espressioni dell'azione flettente:

$M_{AB} = -qbx + Xx/2b + qb^2 - 3X/2$ $\quad M_{BC} = qbx + Xx/2b - qx^2/2 - X.$

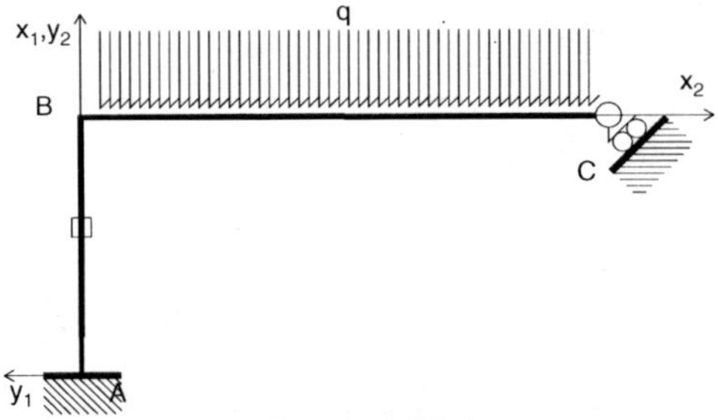

Figura 9.23

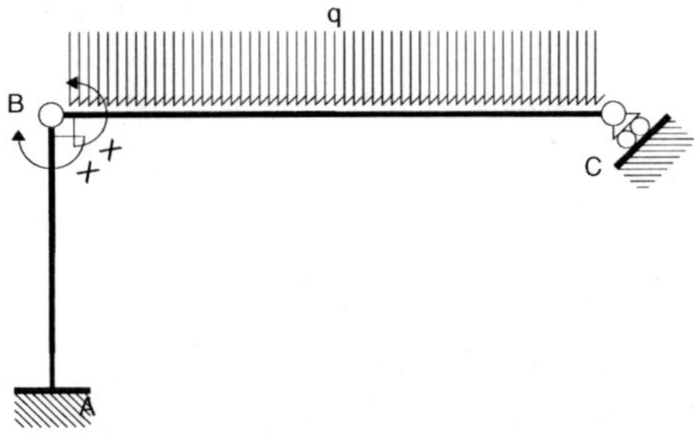

Figura 9.24

Essendo $J_{AB} = J$ e $J_{BC} = 3J/2$, le curvature sono espresse da:

$EJ\, y''_{AB} = -qbx + Xx/2b + qb^2 - 3X/2$ $\quad EJ\, y''_{BC} = 2qbx/3 + Xx/3b - qx^2/3 - 2X/3.$

Rotazioni e spostamenti diventano:

$$EJ\, y'_{AB} = -qbx^2/2 + Xx^2/4b + qb^2x - 3Xx/2 + P$$
$$EJ\, y'_{BC} = qbx^2/3 + Xx^2/6b - qx^3/9 - 2Xx/3 + R$$
$$EJ\, y_{AB} = -qbx^3/6 + Xx^3/12b + qb^2x^2/2 - 3Xx^2/4 + Px + Q$$
$$EJ\, y_{BC} = qbx^3/9 + Xx^3/18b - qx^4/36 - Xx^2/3 + Rx + S.$$

Si hanno complessivamente cinque incognite, cui devono corrispondere cinque condizioni ai limiti:

- in A, per $x_{AB} = 0$, lo spostamento orizzontale y è nullo.
- in A, per $x_{AB} = 0$, la rotazione è nulla.
- in B, per $x_{AB} = b$ e $x_{BC} = 0$, la rotazione relativa è nulla.
- in B, per $x_{BC} = 0$, lo spostamento verticale dell'asta BC eguaglia l'allungamento termico dell'asta AB.
- in B, per $x_{AB} = b$, lo spostamento orizzontale eguaglia, a meno del segno, lo spostamento verticale di C per $x_{BC} = 2b$, essendo il carrello in C disposto con inclinazione $\pi/4$.

Le due ultime affermazioni risultano esatte solo sotto l'ipotesi che si è assunta di assoluta indeformabilità assiale per cause meccaniche, il che non esclude l'elongazione per cause termiche. Le condizioni sopra enunciate si traducono nelle seguenti relazioni:

$EJ\, y_{AB}(o) = Q = 0$

$EJ\, y'_{AB}(o) = P = 0$

$EJ\, y'_{AB}(b) – EJ\, y'_{BC}(o) = qb^3/2 - 5Xb/4 + P - R = 0$

$EJ\, y_{BC}(o) = S = \alpha TbEJ = qb^4.$

$EJ\, y_{AB}(o) + EJ\, y_{BC}(2b) = qb^4/3 - 2Xb^2/3 + Pb + Q + 4qb^4/9 - 8Xb^2/9 + 2Rb + S = 0.$

L'insieme di queste equazioni lineari in *P, Q, R, S, X*, fornisce:

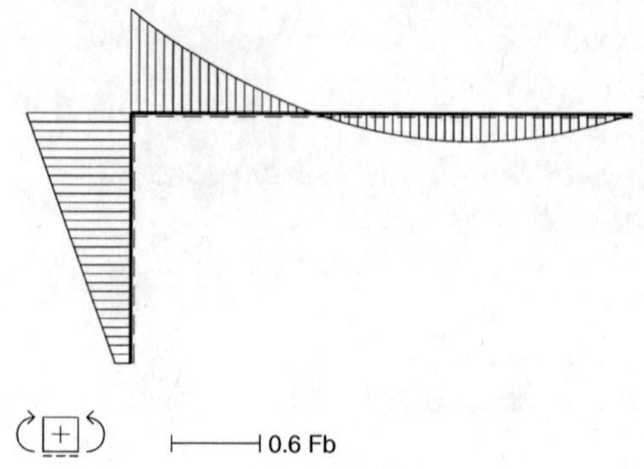

Figura 9.25

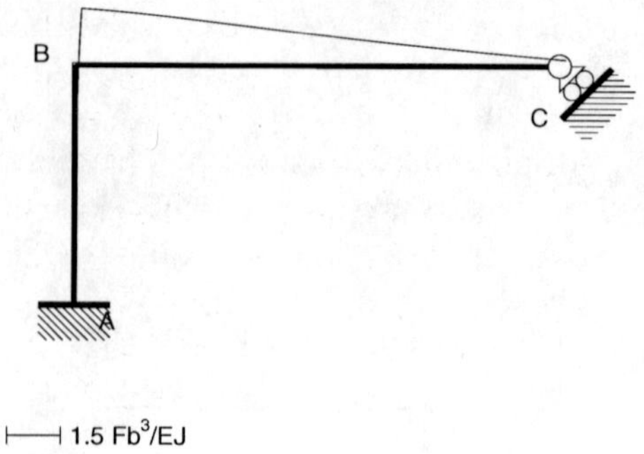

Figura 9.26

P = 0   Q = 0   R = $-26qb^3/73$ S = qb^4 X = $50qb^2/73$.

L'azione flettente è rappresentata in fig.9.25. La deformata è rappresentata in fig.9.26, e corrisponde alle funzioni:

$$EJ\ y_{AB} = -qb^2x^2/73 - 8qbx^3/73$$

$$EJ\ y_{BC} = qb^4 - 26qb^3x/73 - 50qb^2x^2/219 + 98qbx^3/657 - qx^4/36.$$

9.10 - ESEMPIO 2

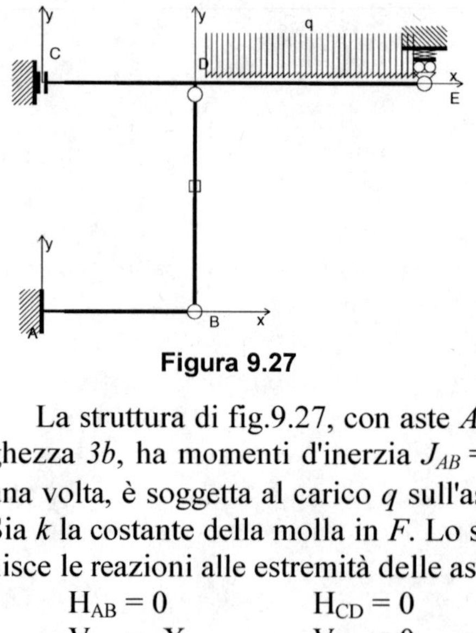

Figura 9.27

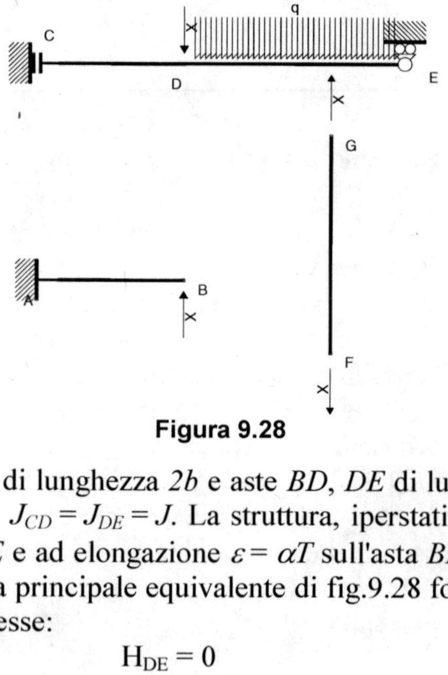

Figura 9.28

La struttura di fig.9.27, con aste *AB,CD* di lunghezza *2b* e aste *BD*, *DE* di lunghezza *3b*, ha momenti d'inerzia $J_{AB} = 3J/2$, $J_{CD} = J_{DE} = J$. La struttura, iperstatica una volta, è soggetta al carico *q* sull'asta *DE* e ad elongazione $\varepsilon = \alpha T$ sull'asta *BD*. Sia *k* la costante della molla in *F*. Lo schema principale equivalente di fig.9.28 fornisce le reazioni alle estremità delle aste inflesse:

$H_{AB} = 0$	$H_{CD} = 0$	$H_{DE} = 0$
$V_{AB} = -X$	$V_{CD} = 0$	$V_{DE} = -X$
$W_{AB} = 2bX$	$W_{CD} = -9qb^2/2 - 3bX$	$W_{DE} = -9qb^2/2 - 3bX$

Le corrispondenti funzioni di azione interna flettente saranno:

$M_{AB} = 2bX - Xx$ $M_{CD} = 9qb^2/2 + 3bX$ $M_{DE} = 9qb^2/2 + 3bX - Xx - qx^2/2$.

Tenendo presente che $J_{AB} = 3J/2$ e $J_{CD} = J_{DE} = J$, le curvature sono:

$$EJ\,y''_{AB} = 4bX/3 - 2Xx/3$$
$$EJ\,y''_{CD} = 9qb^2/2 + 3bX$$
$$EJ\,y''_{DE} = 9qb^2 + 3bX - Xx - qx^2/2.$$

Rotazioni e spostamenti si ottengono integrando queste ultime funzioni:

$$EJ\,y'_{AB} = 4bXx/3 - Xx^2/3 + P$$
$$EJ\,y'_{CD} = 9qb^2x/2 + 3bXx + R$$
$$EJ\,y'_{DE} = 9qb^2x/2 + 3bXx - Xx^2/2 - qx^3/6 + T$$
$$EJ\,y_{AB} = 2bXx^2/3 - Xx^3/9 + Px + Q$$
$$EJ\,y_{CD} = 9qb^2x^2/4 + 3bXx^2/2 + Rx + S$$
$$EJ\,y_{DE} = 9qb^2x^2/4 + 3bXx^2/2 - Xx^3/6 - qx^4/24 + Tx + U.$$

La congruenza al contorno impone le seguenti condizioni:

- in A, per $x_{AB} = 0$, lo spostamento è nullo.
- in A, per $x_{AB} = 0$, la rotazione è nulla.
- in C, per $x_{CD} = 0$, la rotazione è nulla.
- in D, per $x_{CD} = 2b$ e $x_{DE} = 0$, lo spostamento relativo è nullo.
- in D, per $x_{CD} = 2b$ e $x_{DE} = 0$, la rotazione relativa è nulla.
- in E, per $x_{DE} = 3b$, lo spostamento verticale è proporzionale alla reazione del vincolo E secondo la costante k.
- in B, per $x_{AB} = 2b$, lo spostamento verticale uguaglia lo spostamento verticale di D per $x_{DE} = 0$, a meno dell'allungamento $3\varepsilon b$ dell'asta BD.

$$EJ\,y_{AB}(0) = Q = 0 \qquad EJ\,y'_{AB}(0) = P = 0 \qquad EJ\,y'_{CD}(0) = R = 0$$
$$EJ\,y_{CD}(2b) - EJ\,y_{DE}(o) = 9qb^4 + 6Xb^3 + 2Rb + S - U = 0$$
$$EJ\,y'_{CD}(2b) - EJy'_{DE}(o) = 9qb^3 + 6Xb^2 + R - T = 0$$
$$y_{DE}(3b) = 1/EJ\,(81qb^4/4 + 27Xb^3/2 - 9Xb^3/2 - 27qb^4/8 + 3Tb + U) = -X/k - 3qb/k$$
$$y_{AB}(2b) - y_{DE}(0) = 1/EJ\,(8b^3X/3 - 8Xb^3/9 + 2bP + Q - U) = -3\varepsilon b.$$

Ponendo $k = EJ/b$, le ultime quattro condizioni diventano, essendo $P = Q = R = 0$:

$$S - U + 6Xb^3 = -9qb^4 \qquad T - 6Xb^2 = 9qb^3$$
$$3Tb + 10Xb^3 + U = -159qb^4/8 \qquad U - 16Xb^3/9 = 3\varepsilon EJ.$$

Il sistema può essere rappresentato nella seguente forma matriciale:

$$\begin{bmatrix} 1 & 0 & -1 & 6 \\ 0 & 1 & 0 & -6 \\ 0 & 3 & 1 & 10 \\ 0 & 0 & 1 & -16/9 \end{bmatrix} \begin{bmatrix} S \\ Tb \\ U \\ Xb^3 \end{bmatrix} = \begin{bmatrix} -9qb^4 \\ 9qb^4 \\ -159qb^4/8 \\ 3\varepsilon bEJ \end{bmatrix}$$

Tenendo presenti le convenzioni di segno si ha, nell'ordine:

La soluzione del sistema fornisce i valori:

$$S = -2523qb^4/1072 + 459\varepsilon bEJ/134 \qquad T = -477qb^3/1072 - 81\varepsilon EJ/134$$
$$U = -375qb^3/134 + 189\varepsilon bEJ/67 \qquad X = -3375qb/2144 - 27\varepsilon EJ/268b^2,$$

che, sostituiti nelle espressioni degli spostamenti precedentemente ricavati, definiscono compiutamente la deformata. Posto $\varepsilon = qb^3/EJ$ si ottengono espressioni omogenee nel parametro q, che consentono la rappresentazione dell'azione flettente di fig.9.29 e della deformata di fig.9.30.

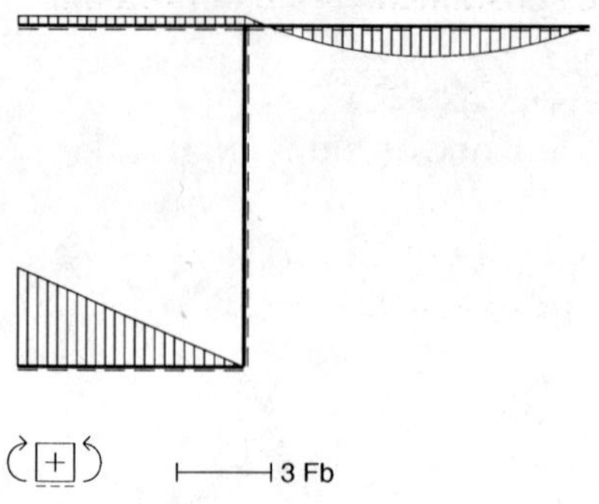

Figura 9.29

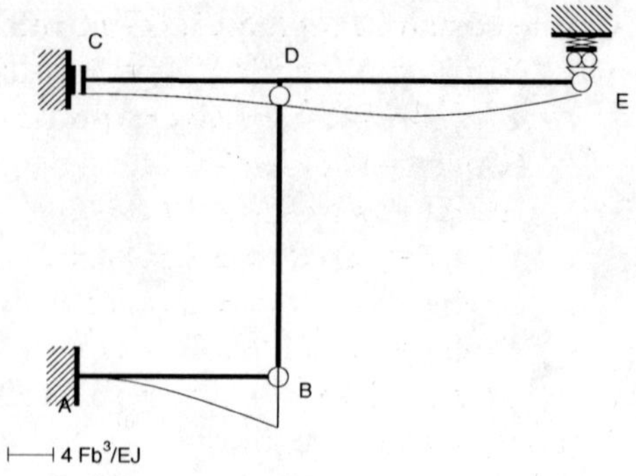

Figura 9.30

9.11 - ESEMPIO 3

La struttura di fig.9.31, composta da aste di lunghezza *b*, comprende un'asta *BD* interessata da sola azione assiale, la cui deformabilità è concentrata in una molla di costante *k* assegnata. Resa isostatica la struttura come in fig.9.32, si hanno le reazioni:

$V_A = 2qb - X/2$ $\quad V_{BC} = qb - X$ $\quad V_{DE} = X/2$ $\quad V_{EF} = -X/2$

$W_A = 2qb^2 - 3Xb/2$ $\quad W_{BC} = qb^2/2 - Xb$ $\quad W_{DE} = 0$ $\quad W_{EF} = -Xb/2$

Essendo le aste *BD* e *CE* interessate da sola azione assiale, le curvature sono:

$$EJ\, y''_{AB} = -2qb^2 + 3Xb/2 + 2qbx - Xx/2 - qx^2/2$$
$$EJ\, y''_{BC} = -qb^2/2 + Xb + qbx - Xx - qx^2/2$$
$$EJ\, y''_{DE} = Xx/2$$
$$EJ\, y''_{EF} = Xb/2 - Xx/2.$$

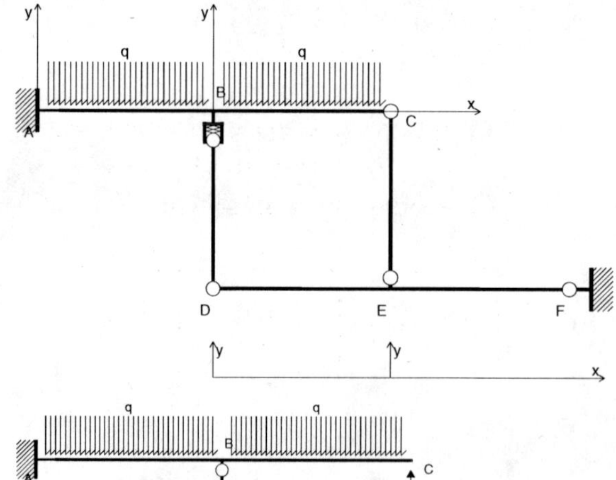

Figura 9.31

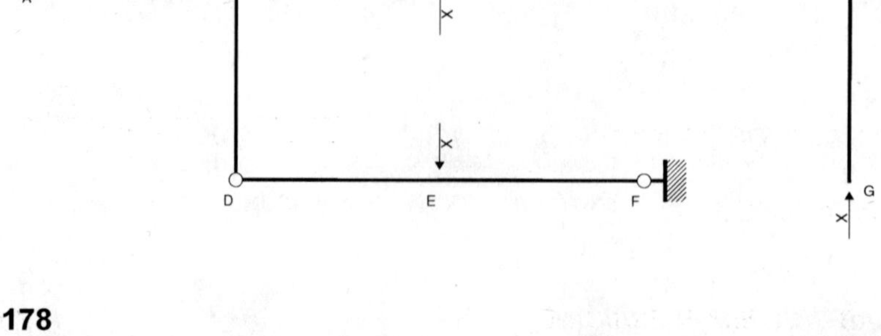

Figura 9.32

Con le costanti P, Q, R, S, T, U, G, H, rotazioni e spostamenti sono definiti da:

$$EJ\, y'_{AB} = -2qb^2x + 3Xbx/2 + qbx^2 - Xx^2/4 - qx^3/6 + P$$
$$EJ\, y'_{BC} = -qb^2x + Xbx + qbx^2/2 - Xx^2/2 - qx^3/6 + R$$
$$EJ\, y'_{DE} = Xx^2/4 + T$$
$$EJ\, y'_{EF} = Xbx/2 - Xx^2/4 + G$$
$$EJ\, y_{AB} = -qb^2x^2 + 3Xbx^2/4 + qbx^3/3 - Xx^3/12 - qx^4/24 + Px + Q$$
$$EJ\, y_{BC} = -qb^2x^2/4 + Xbx^2/2 + qbx^3/6 - Xx^3/6 - qx^4/24 + Rx + S$$
$$EJ\, y_{DE} = Xx^3/12 + Tx + U$$
$$EJ\, y_{EF} = Xbx^2/4 - Xx^3/12 + Gx + H$$

La congruenza impone che:

- rotazioni e spostamenti siano nulli per $x_{AB} = 0$.
- rotazioni e spostamenti siano uguali per $x_{AB} = b$ e $x_{BC} = 0$.
- rotazioni e spostamenti siano uguali per $x_{DE} = b$ e $x_{EF} = 0$.
- gli spostamenti siano uguali per $x_{BC} = b$ e $x_{EF} = 0$.
- gli spostamenti per $x_{BC} = 0$ e $x_{DE} = 0$ siano uguali, a meno dalla variazione di lunghezza della biella, che sarà proporzionale all'azione assiale $N = X/2$ e inversamente proporzionale alla costante elastica $k = 2EJ/b^3$.
- lo spostamento per $x_{EF} = b$ sia nullo.

In forma analitica le condizioni di congruenza hanno le seguenti espressioni:

$$EJ\, y_{AB}(o) = Q = 0, EJ\, y'_{AB}(o) = P = 0$$
$$EJ\, y_{AB}(b) - EJ\, y_{BC}(o) = -17qb^4/24 + 2Xb^3/3 + Pb + Q - S = 0$$
$$EJ\, y'_{AB}(b) - EJ\, y'_{BC}(o) = -7qb^3/6 + 5Xb^2/4 + P - R = 0$$
$$EJ\, y_{DE}(b) - EJ\, y_{EF}(o) = Xb^3/12 + Tb + U - H = 0$$
$$EJ\, y'_{DE}(b) - EJ\, y'_{EF}(o) = Xb^2/4 + T - G = 0$$
$$EJ\, y_{BC}(b) - EJ\, y_{EF}(o) = -qb^4/8 + Xb^3/3 + Rb + S - H = 0$$
$$y_{BC}(b) - y_{DE}(o) = S/EJ - U/EJ = X/2k = Xb^3/4EJ$$
$$EJ\, y_{EF}(b) = Xb^3/6 + Gb + H = 0$$

Essendo nulle le costanti P e Q, le condizioni si traducono nel sistema lineare:

$$\begin{bmatrix} 0 & -1 & 0 & 0 & 0 & 0 & 2/3 \\ -1 & 0 & 0 & 0 & 0 & 0 & 5/4 \\ 0 & 0 & 1 & 1 & 0 & -1 & 1/12 \\ 0 & 0 & 1 & -1 & -1 & 0 & 1/4 \\ 1 & 1 & 0 & 0 & 0 & -1 & 1/3 \\ 0 & 1 & 0 & 0 & 0 & 0 & -1/4 \\ 0 & 0 & 0 & 1 & 1 & 1 & 1/6 \end{bmatrix} \begin{bmatrix} Rb \\ S \\ Tb \\ U \\ Gb \\ H \\ Xb^3 \end{bmatrix} = \begin{bmatrix} (17/24)qb^4 \\ (7/6)qb^4 \\ 0 \\ 0 \\ qb^4 \\ 0 \\ 0 \end{bmatrix}$$

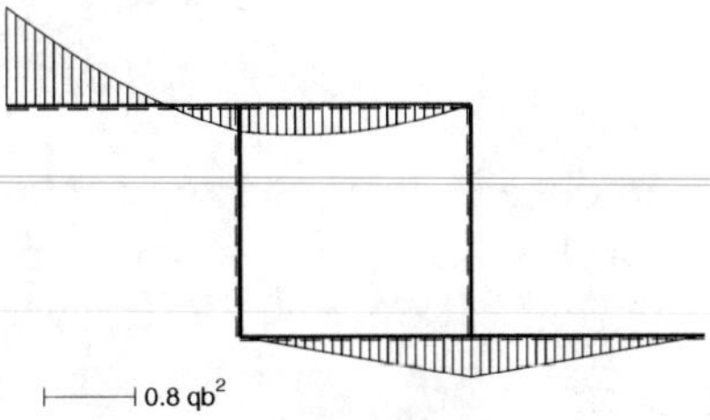

Figura 9.33

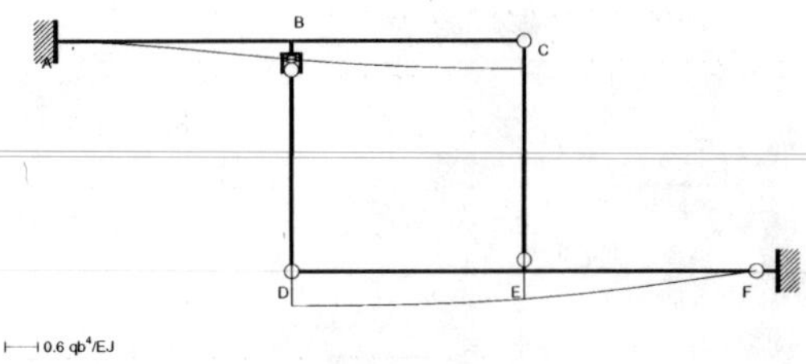

Figura 9.34

La soluzione del sistema fornisce le costanti di integrazione e l'iperstatica:
$R = -299qb^3/1272$ $G = 253qb^3/1272$ $S = -269qb^4/1272$
$H = -137qb^4/424$ $T = 2qb^3/159$ $X = 79qb/106$ $U = -253qb^4/636$
Sostituiti i valori delle incognite nelle espressioni degli spostamenti, si può tracciare l'andamento dell'azione flettente di fig.9.33 e della deformata di fig.9.34.

9.12 - L'ANALOGIA DI MOHR

In un sistema di riferimento *x,y* si consideri una trave rettilinea di asse *x*, interessata da carichi trasversali *q(x)*. Si è visto nel capitolo 3 che le funzioni di azione interna *T(x)* e *M(x)* possono essere individuate mediante successive integrazioni della funzione carico, con opportune condizioni al contorno, grazie al legame differenziale che esprime l'equilibrio in sede indefinita. Le stesse funzioni possono essere ricavate direttamente mediante imposizione esplicita dell'equilibrio.

Sia nota per l'asta la funzione (approssimata) delle curvature $y''(x) = M(x)/EJ$. Si è visto nei precedenti paragrafi che le funzioni rotazione $y'(x)$ e spostamento trasversale $y(x)$ possono essere individuate mediante successive integrazioni della funzione curvature, con opportune condizioni al contorno. Definendo un carico analogico $q^*=M(x)/EJ$, si possono ricavare per altra via, cioè mediante imposizione esplicita dell'equilibrio, un'azione tagliante analogica $T^*=y'$ e un'azione flettente analogica $M^*=y$ (fig.9.35).

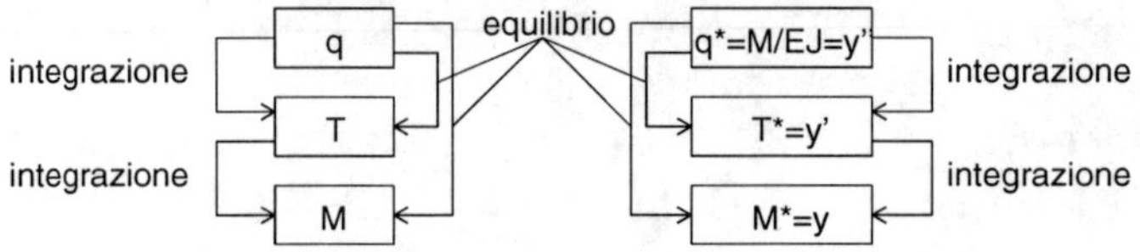

Figura 9.35

La struttura di riferimento per l'analogia dovrà rispecchiare in termini di reazioni analogiche le corrispondenti condizioni cinematiche della trave reale. A rotazioni e spostamenti reali noti *y',y* dovranno corrispondere estremi liberi connotati da pari taglio e momento analogico. A rotazioni e spostamenti reali incogniti $y'\neq 0$ e $y\neq 0$ dovranno corrispondere vincoli atti a fornire reazioni analogiche non nulle.

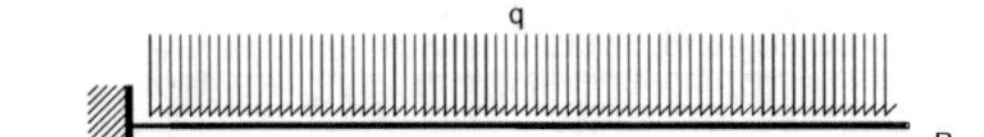

Figura 9.36

Come si evince dagli esempi riportati, che si riferiscono a una singola trave, l'incastro reale si trasforma in estremo libero analogico, e viceversa, mentre il vincolo appoggio si ritrasforma in se stesso. L'esempio di fig.9.36 mostra una mensola reale che si traduce in una mensola analogica a vincoli invertiti, dove spostamenti e rotazioni all'estremo destro vengono calcolati come momenti e tagli fittizi in equilibrio col carico parabolico.

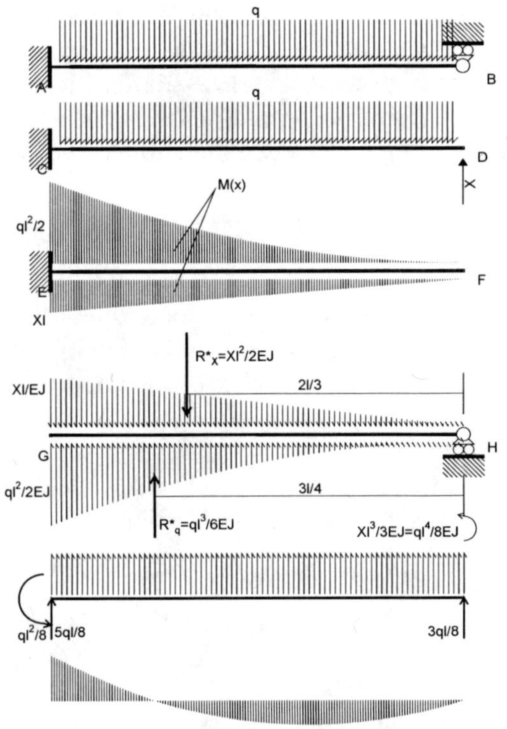

Figura 9.37

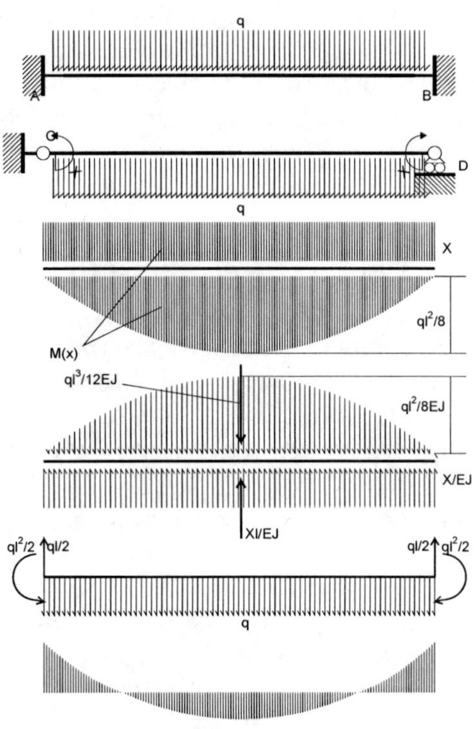

Figura 9.38

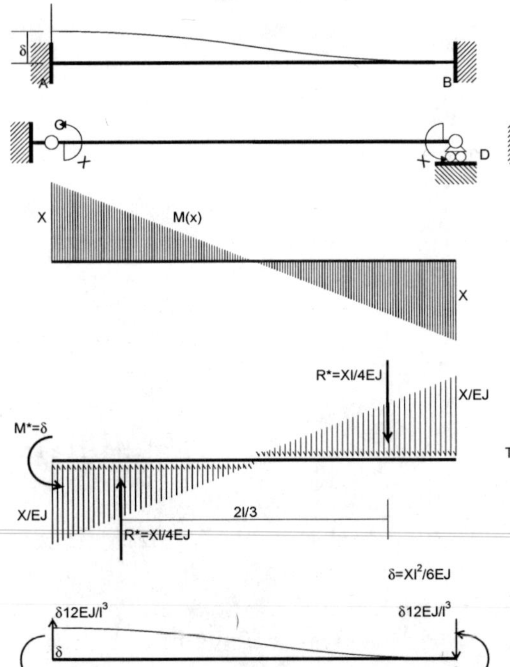

Figura 9.39

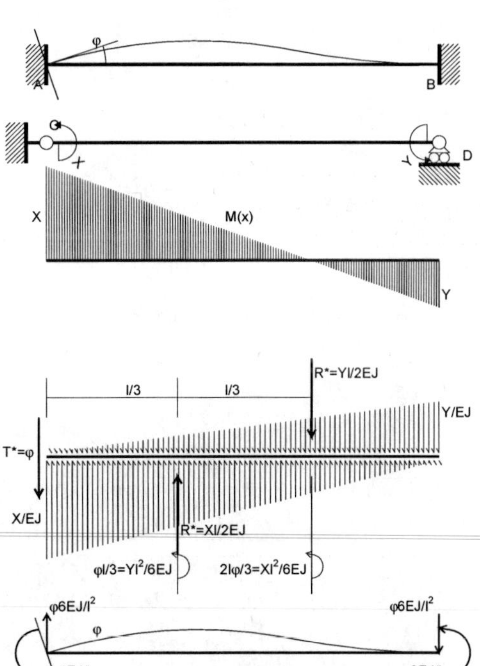

Figura 9.40

La struttura reale iperstatica di fig.9.37 si traduce in uno schema ipostatico, dal cui equilibrio si evince il valore dell'iperstatica. Della trave con doppio incastro (dove un incastro ha l'efficacia del pattino orizzontale, per assenza di effetti longitudinali) si calcolano agevolmente le reazioni iperstatiche su uno schema analogico privo di vincoli, per effetto di carico uniforme q (fig.9.38), di cedimento trasversale δ (fig.9.39) e di cedimento rotazionale φ (fig.9.40).

9.13 - DALLA FUNZIONE CARICO ALLA DEFORMATA

In alternativa a quanto discusso finora in questo capitolo, la deformata elastica della struttura può essere determinata mediante un problema differenziale che coinvolge direttamente solo il carico distribuito trasversale all'asta, con opportune condizioni al contorno.

Se accanto alla relazione ricavata nel paragrafo 9.3:

$$y''(x) = d^2y(x)/dx^2 = M(x)/EJ + \theta$$

si considerano le relazioni differenziali di equilibrio, ricavate nel capitolo 3, che legano le azioni interne al carico trasversale:

$$T(x) = dM(x)/dx. \qquad q(x) = -\,dT(x)/dx = -\,d^2M(x)/dx^2$$

derivando due volte la precedente equazione e sostituendo l'ultima si ricava l'equazione differenziale governante di quarto grado:

$$y''''(x) = d^4y(x)/dx^4 = -\,q(x)/EJ$$

L'integrazione di questa equazione differenziale si ottiene assegnando condizioni al contorno di tipo sia cinematico, su spostamenti y e/o rotazioni y', sia statico, su tagli $T = EJ\,y'''$ e/o momenti $M = EJ\,(y'' - \theta)$.

9.14 - ESEMPIO 4

Con l'esempio discusso in 9.9; le equazioni governanti i due tratti sono:

$$y''''_{AB} = 0/EJ_{AB} \qquad y''''_{BC} = -q/EJ_{BC}.$$

Essendo $J_{AB} = J$ e $J_{BC} = 3J/2,$ le relazioni divengono:

$$y''''_{AB} = 0 \qquad y''''_{BC} = -2q/3EJ.$$

Integrando si ottiene:

$y'''_{AB} = P$ — $y'''_{BC} = -2qx/3EJ + U$

$y''_{AB} = Px + Q$ — $y''_{BC} = -qx^2/3EJ + Ux + V$

$y'_{AB} = Px^2/2 + Qx + R$ — $y'_{BC} = -qx^3/9EJ + Ux^2/2 + Vx + W$

$y_{AB} = Px^3/6 + Qx^2/2 + Rx + S$ — $y_{BC} = -qx^4/36EJ + Ux^3/6 + Vx^2/2 + Wx + Y$

In accordo alle stesse ipotesi citate nell'esempio, le otto condizioni al contorno necessarie alla determinazione delle otto incognite sono le seguenti:

- in A, per $x_{AB} = 0$, lo spostamento orizzontale y è nullo.
- in A, per $x_{AB} = 0$, la rotazione è nulla.
- in B, per $x_{AB} = b$ e $x_{BC} = 0$, la rotazione relativa è nulla.
- in B, per $x_{BC} = 0$, lo spostamento verticale dell'asta BC eguaglia l'allungamento termico dell'asta AB.

- in B, per $x_{AB} = b$, lo spostamento orizzontale eguaglia, a meno del segno, lo spostamento verticale di C per $x_{BC} = 2b$, essendo il carrello in C disposto con inclinazione $\pi/4$.
- in B, per $x_{AB} = b$ e $x_{BC} = 0$, il momento flettente è lo stesso.
- in C, per $x_{BC} = 2b$, il momento flettente è nullo.
- in B, per $x_{AB} = b$, il taglio eguaglia quello in C, per $x_{BC} = 2b$; la considerazione segue dall'equilibrio assiale dell'asta BC (non incluso nella formulazione flessionale utilizzata) e dall'inclinazione di $\pi/4$ del carrello in C.

Queste condizioni si esprimono come:

$y_{AB}(o) = S = 0$

$y'_{AB}(o) = R = 0$

$y'_{AB}(b) - y'_{BC}(o) = Pb^2/2 + Qb + R - W = 0$

$y_{BC}(o) = Y = \alpha T\, b = qb^4/EJ.$

$y_{AB}(b) + y_{BC}(2b) = Pb^3/6+Qb^2/2+Rb+S-4qb^4/9EJ+4Ub^3/3+2Vb^2+2Wb+Y=0.$

$M_{AB}(b) - M_{BC}(o) = EJ_{AB}\, y''_{AB}(b) - EJ_{BC}\, y''_{BC}(o) = P\, EJ\, b + Q\, EJ - 3V\, EJ/2 = 0$

$M_{BC}(2b) = EJ_{BC}\, y''_{BC}(2b) = -2qb^2 + 3U\, EJ\, b + 3V\, EJ/2 = 0$

$T_{AB}(b) - T_{BC}(2b) = EJ_{AB}\, y'''_{AB}(b) - EJ_{BC}\, y'''_{BC}(2b) = P\, EJ + 2qb - 3U\, EJ/2 = 0$

Il sistema di equazioni lineari in *P, Q, R, S, U, V, W, Y* fornisce:

$P = -48qb/73EJ$, $Q = -2qb^2/73EJ$, $R = 0$, $S = 0$,
$U = 196qb/219EJ$, $V = -100qb^2/219EJ$, $W = -26qb^3/73EJ$, $Y = qb^4/EJ$,

I risultati in termini di azioni interne e di deformata coincidono coi precedenti; in particolare, l'azione flettente è la stessa rappresentata in fig.9.25. La deformata è ancora rappresentata in fig.9.26, e corrisponde alle funzioni ricavate in precedenza:

$$y_{AB} = (-bx^2/73 - 8x^3/73)\, qb/EJ$$
$$y_{BC} = (b^4 - 26b^3x/73 - 50b^2x^2/219 + 98bx^3/657 - x^4/36)\, q/EJ.$$

9.15 - ESEMPIO 5

Si consideri la trave omogenea per sezione e materiale di fig.9.39, di lunghezza *b* e vincolata con due incastri (dove un incastro ha l'efficacia del pattino orizzontale, per assenza di effetti longitudinali, donde $H_A=0$), soggetta a uno spostamento assegnato δ all'estremo. Utilizzando un riferimento destro con origine in A e indicando con *y* lo spostamento trasversale verso l'alto, l'equazione indefinita è la seguente:

$$y''''(x) = d^4y(x)/dx^4 = - q(x)/EJ = 0$$

Integrando si ottiene:

$y''' = P$ $\quad y'' = Px + Q$ $\quad y' = Px^2/2 + Qx + R$ $\quad y = Px^3/6 + Qx^2/2 + Rx + S$

Le quattro condizioni al contorno necessarie alla determinazione delle quattro incognite risultano essere di tipo puramente cinematico:

- in A, per x = 0, la rotazione è nulla.
- in A, per x = 0, lo spostamento verticale y è pari a δ.
- in B, per x = b, la rotazione è nulla.
- in B, per x = b, lo spostamento verticale y è nullo.

Queste condizioni si esprimono come:

$y'(o) = R = 0 \qquad y(o) = S = \delta$

$y'(b) = Pb^2/2 + Qb + R = 0 \qquad y(b) = Pb^3/6 + Qb^2/2 + Rb + S = 0$

Il sistema di equazioni lineari in *P, Q, R, S* fornisce:

$$P = 12\delta/b^3, \qquad Q = -6\delta/b^2, \qquad R = 0, \qquad S = \delta.$$

La deformata è rappresentata in fig.9.39, e corrisponde alla seguente funzione:

$$y(x) = (2x^3/b^3 - 3x^2/b^2)\,\delta.$$

Le reazioni vincolari si ottengono utilizzando le relazioni differenziali:

$W_A = -M(o) = -EJ\,y''(o) = (6EJ/b^2)\,\delta \qquad V_A = T(o) = EJ\,y'''(o) = (12EJ/b^3)\,\delta$

$W_B = M(b) = EJ\,y''(b) = (6EJ/b^2)\,\delta \qquad V_B = -T(b) = -EJ\,y'''(b) = (-12EJ/b^3)\,\delta.$

9.16 - ESEMPIO 6

Si consideri la trave del precedente esempio, con $H_A=0$, in cui sia assegnato una rotazione φ all'estremo sinistro (fig.9.40). Utilizzando le stesse convenzioni sopra adottate si ha:

$$y''''(x) = d^4y(x)/dx^4 = -q(x)/EJ = 0$$

da cui si ricava:

$y'''=P \qquad y''=Px+Q \qquad y'=Px^2/2+Qx+R \qquad y=Px^3/6+Qx^2/2+Rx+S$

Le quattro condizioni al contorno sono ora le seguenti:

- in A, per $x = 0$, la rotazione è pari a φ.
- in A, per $x = 0$, lo spostamento verticale y è nullo.
- in B, per $x = b$, la rotazione è nulla.
- in B, per $x = b$, lo spostamento verticale y è nullo.

Queste condizioni si esprimono come:

$y'(o)=R=\varphi \quad y(o)=S=0 \qquad y'(b)=Pb^2/2+Qb+R=0 \qquad y(b)=Pb^3/6+Qb^2/2+Rb+S=0$

Il sistema di equazioni lineari in *P, Q, R, S* fornisce:

$$P = 6\varphi/b^2, \qquad Q = -2\varphi/b, \qquad R = \varphi, \qquad S = 0.$$

La deformata è rappresentata in fig.9.40, e corrisponde alla seguente funzione:

$$y(x) = (-x^2/b + x^3/b^2)\,\varphi.$$

Le reazioni vincolari sono le seguenti:

$W_A = -M(o) = -EJ\,y''(o) = (2EJ/b)\,\varphi \qquad V_A = T(o) = EJ\,y'''(o) = (6EJ/b^2)\,\varphi$

$W_B = M(b) = EJ\,y''(b) = (4EJ/b)\,\varphi \qquad V_B = -T(b) = -EJ\,y'''(b) = (6EJ/b^2)\,\varphi.$

9.17 - ESEMPIO 7

Negli esempi precedenti il carico distribuito q è stato considerato come assegnato. In alcuni casi esso può dipendere dagli spostamenti, e se tale dipendenza è lineare si ha il modello di "trave su suolo elastico" (fig.9.41 e fig.9.42). Si consideri la trave rappresentata in fig.9.43, soggetta a una forza concentrata nell'estremo A.

Con le solite convenzioni si può scrivere:

$$y''''(x) = d^4y(x)/dx^4 = -r(x)/EJ = -k\,y(x)/EJ$$

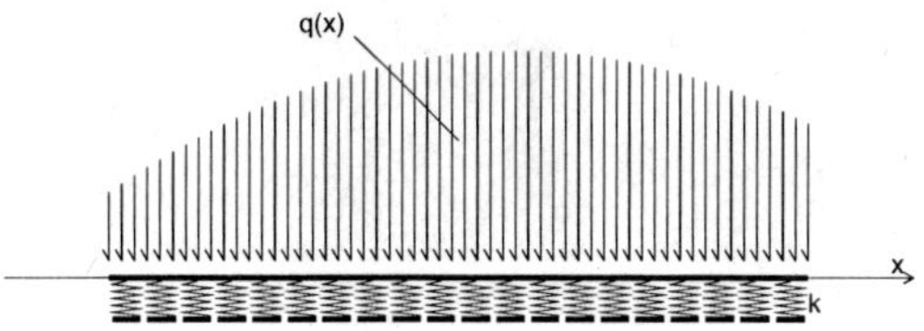

Figura 9.41

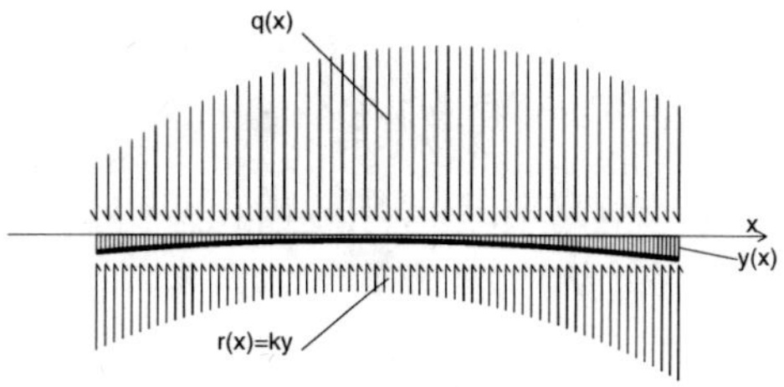

Figura 9.42

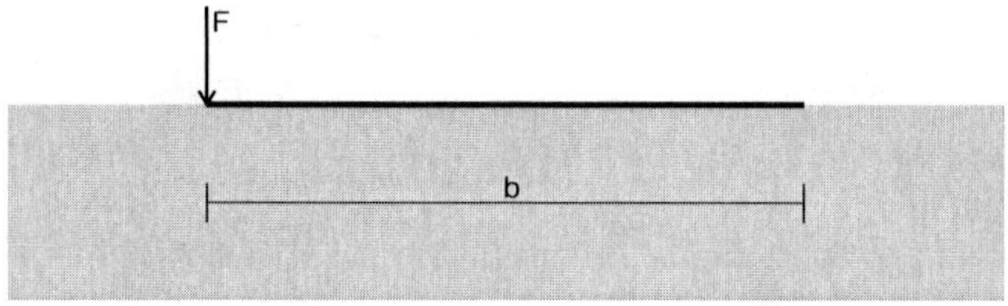

Figura 9.43

in cui si è assunta una rigidezza elastica k uniforme lungo la trave (si noti che $[k] = [F\ L^{-2}]$).

Posto $\alpha = (k/4EJ)^{1/4}$ si ottiene l'equazione governante:

$$y''''(x) + 4\alpha^4\, y(x) = 0$$

il cui integrale è il seguente:

$$y(x) = e^{-\alpha x} (P \cos(\alpha x) + Q \sin(\alpha x)) + e^{\alpha x} (R \cos(\alpha x) + S \sin(\alpha x))$$

Le quattro condizioni al contorno esprimono:

- in A, per x = 0, il momento flettente è nullo.
- in A, per x = 0, l'azione di taglio è pari a -F.
- in B, per x = b, il momento flettente è nullo.
- in B, per x = b, l'azione di taglio è nulla.

Queste condizioni si traducono nelle seguenti espressioni:

$M(o) = EJy''(o) = 2\alpha^2\, EJ (S - Q) = 0$

$T(o) = EJy'''(o) = 2\alpha^3\, EJ (P + Q - R + S) = -F$

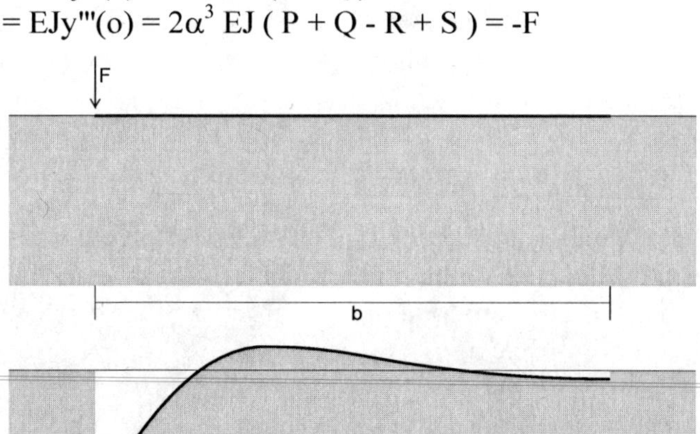

Figura 9.44

$M(b) = EJy''(b) = 2\alpha^2 EJ[e^{-\alpha b}(P\sin(\alpha b)-Q\cos(\alpha b))-e^{\alpha b}(R\sin(\alpha b)-S\cos(\alpha b))]=0$

$T(b) = EJy'''(b) = 2\alpha^3 EJ [e^{-\alpha b} ((P + Q) \cos(\alpha b) - (P - Q) \sin(\alpha b)) +$

$-e^{\alpha b} ((R - S) \cos(\alpha b) + (R + S) \sin(\alpha b))] = 0$

Il sistema di equazioni lineari in *P, Q, R, S* fornisce ($\beta = \alpha b$):

$$P = (F/4\alpha^3 EJ) (1 - e^{2\beta} + \sin(2\beta))/(\cos(2\beta) + \cosh(2\beta) - 2)$$

$$Q = S = (F/2\alpha^3 EJ) \sin^2(2\beta)/(\cos(2\beta) + \cosh(2\beta) - 2)$$

$$R = -(F/4\alpha^3 EJ) (1 - e^{-2\beta} - \sin(2\beta))/(\cos(2\beta) + \cosh(2\beta) - 2)$$

La deformata è rappresentata in fig.9.44. Gli spostamenti agli estremi sono:

$$y(o) = (F/2\alpha^3 EJ) (\sin(2\beta) - \sinh(2\beta))/(\cos(2\beta) + \cosh(2\beta) - 2)$$

$$y(b) = (F/\alpha^3 EJ) (\cosh\beta \sin\beta - \sinh\beta \cos\beta)/(\cos(2\beta) + \cosh(2\beta) - 2)$$

Lo spostamento nell'estremo B si riduce rapidamente al crescere della lunghezza b della trave:

$$\eta = y(b) / y(o) = (\cos\beta \sinh\beta - \cosh\beta \sin\beta) /(\cosh\beta \sinh\beta - \cos\beta \sin\beta)$$

Ad esempio:

$\beta = 5, \quad \eta = 1.675\ 10^{-2} \qquad \beta = 6, \quad \eta = 6.145\ 10^{-3} \qquad \beta = 7, \quad \eta = 1.767\ 10^{-4}$

Se $b \to \infty$ (cioè $\beta \to \infty$) le costanti di integrazione divengono:

$$P_\infty = -F/2\alpha^3 EJ, \qquad Q_\infty = R_\infty = S_\infty = 0$$

per cui si ricava la seguente funzione spostamento:

$$y_\infty(x) = -e^{-\alpha x} \cos(\alpha x)\ F/2\alpha^3 EJ.$$

Con:

$$y_\infty(o) = -F/2\alpha^3 EJ.$$

Gli spostamenti indotti dalla forza di estremità *F* decadono rapidamente con *x*; in rapporto allo spostamento nell'estremo si ha:

$$\lambda = y_\infty(x)/y_\infty(o) = e^{-\alpha x} \cos(\alpha x).$$

Ad esempio:

$x = 3/\alpha, \quad \lambda = -4.929\ 10^{-2} \qquad x = 4/\alpha, \quad \lambda = -1.197\ 10^{-2}$

$x = 5/\alpha, \quad \lambda = \ 1.911\ 10^{-3} \qquad x = 6/\alpha, \quad \lambda = \ 2.380\ 10^{-3}$

per cui per travi sufficientemente lunghe (ad esempio $b > 5/\alpha$) l'effetto di *F* è accuratamente descritto dalla sola funzione $y_\infty(x)$ e la lunghezza dell'intervallo di significativa influenza della forza risulta pari a $L \cong 5/\alpha$.

9.18 - ESEMPIO 8

Utilizzando la descrizione dinamica mediante le forze d'inerzia, l'equazione ricavata nel paragrafo 9.13, con opportune condizioni al contorno, può essere utilizzata come equazione del moto. Infatti, detta ρ la massa per unità di lunghezza della trave, le forze d'inerzia sono esprimibili come:

$$f(x,t) = -\rho\ \partial^2 y(x,t)/\partial t^2 = -q(x,t)$$

per cui:

$$\partial^4 y(x,t)/\partial x^4 = f(x)/EJ = -(\rho /EJ)\ \partial^2 y(x,t)/\partial t^2$$

ovvero:

$$\partial^4 y(x,t)/\partial x^4 + (\rho /EJ)\ \partial^2 y(x,t)/\partial t^2 = 0$$

CAPITOLO 10

IL PRINCIPIO DEI LAVORI VIRTUALI

10.1 - CORPI TRIDIMENSIONALI E SISTEMI DI ASTE

Nel capitolo 2 si è richiamato il Principio dei Lavori Virtuali a proposito dei sistemi di aste rigide caratterizzati da un numero finito di gradi di libertà e governati da regole di congruenza geometrica. Nel capitolo 6 il principio dei lavori virtuali è stato esteso ai sistemi deformabili di forma qualsiasi, nei termini che qui si richiamano.

Dati due corpi deformabili identici per geometria si consideri:

- sul primo corpo un sistema di carichi esterni equilibrati $\boldsymbol{F}(x,y,z)$ e $\boldsymbol{f}(x,y,z)$, associati a un campo di sforzi interni equilibrati $\sigma_{ik}(x,y,z)$.
- sul secondo corpo un campo di spostamenti infinitesimi e congruenti $\boldsymbol{s}(x,y,z)$, da cui derivano deformazioni congruenti $\varepsilon_{ik}(x,y,z)$.

Si designano come *parametri intensivi* del lavoro i carichi $\boldsymbol{F}, \boldsymbol{f}$ e gli sforzi σ_{ik}, e come *parametri estensivi* del lavoro gli spostamenti $\boldsymbol{s}$ e deformazioni ε_{ik}, letti in modo da esprimere il lavoro come prodotto degli uni per gli altri.

Associando carichi $\boldsymbol{F},\boldsymbol{f}$ con spostamenti $\boldsymbol{s}$, e integrando sulla superficie di contorno, si ottiene una grandezza globale che ha le dimensioni di un lavoro e prende il nome di *lavoro esterno* L_E. Associando sforzi σ_{ik} con deformazioni ε_{ik}, e integrando sul volume, si ottiene una grandezza globale che ha le dimensioni di un lavoro e prende il nome di *lavoro interno* L_I. Trattandosi di parametri appartenenti a sistemi diversi non si tratta, evidentemente, di lavoro effettivamente svolto, ~~ma puramente pensato~~. Il *Principio dei Lavori Virtuali* afferma che:

$$L_I = L_E.$$

Quando il Principio dei Lavori Virtuali si applica ai sistemi di travi, valgono definizioni analoghe. Dall'analisi dei prismi di Saint Venant si è osservato che per le valutazioni integrali di natura energetica, come il lavoro di deformazione, si possono condensare nelle risultanti di azione interna $N(s)$, $T(s)$, $M(s)$, $M_t(s)$, le informazioni relative agli sforzi σ_{ik}, e nei parametri deformativi dei tronchetti elementari $dn(s)$, $dt(s)$, $d\phi(s)$, $d\theta(s)$, le informazioni relative alle deformazioni ε_{ik}.

Dati due sistemi di travi deformabili identici per geometria si consideri:

- sul primo sistema un insieme di carichi esterni equilibrati $\boldsymbol{F}$, con le relative azioni interne equilibrate $N(s)$, $T(s)$, $M(s)$, $M_t(s)$.
- sul secondo sistema un insieme di funzioni spostamento infinitesime e congruenti $\boldsymbol{u}(s)$, con le relative deformazioni generalizzate $dn(s)$, $dt(s)$, $d\phi(s)$, $d\theta(s)$.

Associando i carichi $\boldsymbol{F}$ con gli spostamenti $\boldsymbol{u}$ dei corrispondenti punti di applicazione, si ottiene una grandezza globale che ha le dimensioni di un lavoro e prende il nome di *lavoro esterno*:

$$L_E = \sum_i F_i u_i$$

Associando azioni interne equilibrate, lette come *sforzi generalizzati*, $N(s)$, $T(s)$, $M(s)$ $M_t(s)$ con deformazioni generalizzate $dn(s)$, $dt(s)$, $d\phi(s)$, $d\theta(s)$, e integrando sullo sviluppo delle aste, si ottiene una grandezza globale che ha le dimensioni di un lavoro e prende il nome di *lavoro interno:*

$$L_I = \int_s N(s)\, dn(s) + \int_s T(s)\, dt(s) + \int_s M(s)\, d\phi(s) + \int_s M_t(s)\, d\theta(s).$$

Il *Principio dei Lavori Virtuali* afferma che:

$$L_I = L_E.$$

Nei sistemi spaziali figurano le azioni assiale e torcente N e M_t, assieme alle azioni taglianti T_x, T_y e flettenti M_x,M_y, per un totale di sei componenti. Nei sistemi piani si hanno invece solo le tre azioni N, T, M.

Per la simbologia e le convenzioni di segno si rimanda alle figure 10.25 e 10.27.

10.2 - UN CASO ELEMENTARE

Si consideri la struttura di fig.10.1, il cui stato di sforzo è univocamente definito dall'equilibrio, essendo la situazione isostatica. Con un asse x diretto come AB e avente origine in A, le azioni interne risultano definite da:

$$N = 0 \qquad T = F - qx \qquad M = Fx - qx^2/2$$

e le relative deformazioni generalizzate da:

$$dn=0 \qquad dt=\chi T/GA\, dx = \chi(F-qx)/GA\, dx \qquad d\phi=(M)/EJ\, dx = (Fx-qx^2/2)\, 1/EJ\, dx.$$

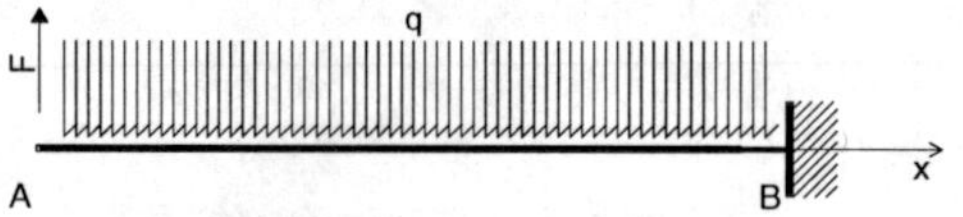

Figura 10.1

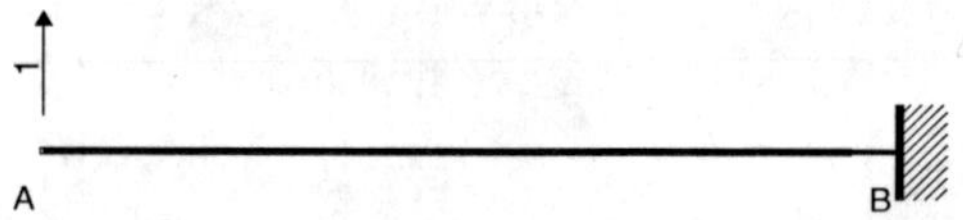

Figura 10.2

Gli spostamenti degli estremi sono indicati in A con u_A, v_A, ϕ_A e in B con $u_B=v_B=\phi_B=0$.

La struttura di fig.10.2, identica ma con un semplice carico unitario in A, e con lo stesso sistema di riferimento, fornisce:

$$N' = 0 \qquad T' = 1 \qquad M' = x$$

insieme con le azioni di estremità:

$$H'_A = 0 \qquad V'_A = 1 \qquad W'_A = 0$$
$$H'_B = 0 \qquad V'_B = -1 \qquad W'_B = b.$$

Nel paragrafo precedente si è osservato come il lavoro interno, nelle travature assimilabili alla tipologia di Saint Venant, sia computabile in base alle espressioni di sforzi generalizzati N, T, M e deformazioni generalizzate dn, dt, $d\phi$. Assumendo spostamenti e deformazioni generalizzate dalla struttura di fig.10.1, e forze e sforzi generalizzati dalla struttura di fig.10.1, si ha la seguente espressione:

$$L_E = H'_A u_A + V'_A v_A + W'_A \phi_A + H'_B u_B + V'_B v_B + W'_B \phi_B = v_A$$
$$L_I = \int_b N'(x)\, dn(x) + \int_b T'(x)\, dt(x) + \int_b M'(x)\, d\phi(x)$$
$$L_I = 0 + \int_b 1\, (F - qx)\, \chi/GA\, dx + \int_b x\, (Fx - qx/2)\, 1/EJ\, dx$$
$$L_I = (Fb - qb^2/2)\, \chi/GA + (qb^4/3 - qb^4/8)\, 1/EJ.$$

Essendo $u_B=v_B=\phi_B=0$ dalla condizione $L_E=L_I$ si ha:

$$v_A = (Fb - qb^2/2)\ \chi/GA + (qb^4/3 - qb^4/8)\ 1/EJ$$

che rappresenta il valore dello spostamento verticale in A della struttura di fig.10.1.

Come caso particolare si ponga $F=qb$, ottenendo:

$$v_A = qb^2/2\ \chi/GA + 5qb^4/24\ 1/EJ\ .$$

A titolo di esempio si suppone che la sezione sia quadrata di lato a, da cui $\chi=6/5$, e che il rapporto tra i moduli elastici sia $E/G=5/2$. Ricordando che $A=a^2$ e $J=a^4/12$, e ponendo alternativamente $a'=b/10$ e $a''=b/20$, si ha:

$$v'_A = q/E\ (150 + 25000) \qquad v''_A = q/E\ (600 + 400000)$$

Trascurando il contributo deformante dell'azione tagliante $qb^2\chi/2GA$ si sarebbe ottenuto:

$$v'_A = q/E\ 25000 \qquad v''_A = q/E\ 400000$$

con uno scarto rispetto alla soluzione completa dello 0,6% nell'asta asta relativamente tozza $a'=b/10$, e dello 0,15% nell'asta relativamente snella $a''=b/20$.

10.3 - SPOSTAMENTI NELLE STRUTTURE ISOSTATICHE

Le operazioni svolte nel precedente paragrafo obbediscono a un semplice schema operativo.

Data una struttura isostatica soggetta ad azioni deformanti note, si voglia determinare lo spostamento di un suo punto. A questo scopo si predispone il quadro delle deformazioni interne, deformazioni la cui descrizione è immediata dal momento che la struttura è isostatica. Il quadro delle deformazioni non dipende dalla scelta del punto del quale si vuole determinare lo spostamento.

Su una struttura identica a quella in esame si applichi una sola forza, preferibilmente unitaria, avente la direzione dello spostamento da determinare e verso concorde con quello assunto come positivo per lo spostamento. Basta ora calcolare il lavoro complessivo delle forze e sforzi generalizzati dal secondo sistema (fittizio) per spostamenti e deformazioni generalizzate del primo (reale) per mettere in luce lo spostamento richiesto, o una sua componente.

Si osserva che l'affermazione espressa dal Principio dei Lavori Virtuali risulta vera per qualunque sistema di forze equilibrate. Tuttavia, una scelta diversa da quella sopra indicata non farebbe comparire la componente di spostamento cercata, ovvero potrebbe far comparire nella stessa espressione più di uno spostamento incognito. In questo caso si dovrebbe ricorrere ad una seconda equazione dei lavori virtuali, indipendente dalla prima, con inutile aggravio di operazioni.

La determinazione di altre componenti incognite di spostamento comporta l'ulteriore applicazione dell'equazione dei lavori virtuali e quindi l'adozione di un'apposita struttura fittizia per un numero di volte pari al numero di informazioni richieste.

10.4 - LA DETERMINAZIONE DELLE IPERSTATICHE

Si è già visto nel capitolo precedente come uno strumento valido per determinare gli spostamenti elastici di una struttura isostatica sia anche idoneo a determinare il valore delle reazioni iperstatiche.

Si consideri la struttura di fig.10.3 e si osservi che la reazione incognita del carrello in *A*, reazione che chiameremo *F*, non può essere che una forza verticale, che assumeremo positiva se diretta verso l'alto. Sulla struttura resa isostatica mediante la soppressione del carrello in *A* agiranno quindi il carico noto *q* e la reazione incognita *F* (fig.10.1). Queste indicazioni ci permettono di calcolare lo spostamento verticale di *A* in funzione di *F*. Dal paragrafo 10.2 sappiamo che questo spostamento è dato da:

$$v_A = Fb\,(\,\chi/GA + b^2/3EJ\,) - qb^2/2\,(\,\chi/GA + b^2/4EJ\,).$$

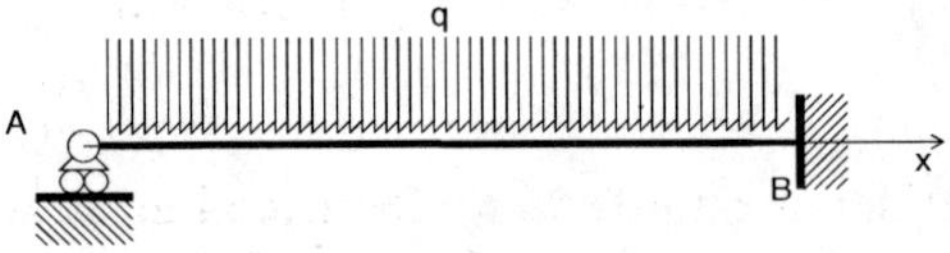

Figura 10.3

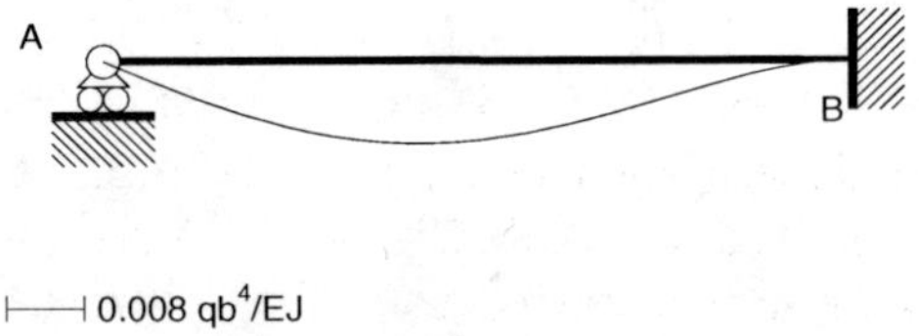

Figura 10.4

Qualunque valore di *F* può rappresentare una reazione equilibrata per la situazione di fig.10.3, ma solo un valore di *F* che dia luogo a spostamento verticale nullo in *A* garantisce il rispetto della congruenza, come imposto originariamente dal carrello. Si può quindi porre la condizione aggiuntiva $v_A=0$, che fornisce:

$$F = 3/8\ qb\ (\chi 4EJ + b^2GA)/(\chi 3EJ + b^2GA)\ .$$

Si consideri nuovamente la struttura di fig.10.3 e si osservi che, detta *F* la reazione verticale del carrello, le relative azioni interne e deformazioni reali sono quelle già viste all'inizio del paragrafo 10.2. Si può tuttavia osservare che gli spostamenti dei nodi di estremità saranno:

$$u_A \neq 0 \qquad \phi_A \neq 0 \qquad v_A = u_B = v_B = \phi_B = 0.$$

La struttura di fig.10.2 fornisce ancora un quadro di forze e sforzi equilibrati, che, associati agli spostamenti e alle deformazioni reali di fig.10.4, danno luogo all'eguaglianza fra lavoro esterno e lavoro interno. Con il quadro di spostamenti sopra identificato il lavoro esterno diventa:

$$L_E = H'_A\,u_A + V'_A\,v_A + W'_A\,\phi_A + H'_B\,u_B + V'_B\,v_B + W'_B\,\phi_B = 0$$

mentre il lavoro interno è ancora:

$$L_I = \int_b N'(x)\,dn(x) + \int_b T'(x)\,dt(x) + \int_b M'(x)\,d\phi(x)$$

La condizione $L_E=L_I$ porta direttamente alla relazione risolvente:

$$0 = (\,Fb - qb^2/2\,)\,\chi/GA + (\,Fb^3/3 - qb^4/8\,)/EJ$$

che risulta essere un'equazione lineare nell'incognita *F*, e che dà luogo ai valori già ottenuti.

A titolo si esempio, si assuma un rapporto $E/G=5/2$ e una sezione quadrata di lato alternativamente pari a $a'=b/10$ e $a''=b/20$. Si ottiene rispettivamente:

$$F' = 3/8\ qb\ 404/403 \qquad\qquad F'' = 3/8\ qb\ 1604/1603.$$

Trascurando la deformabilità legata all'azione tagliante, cioè il termine $(Fb-qb^2/2)\chi/GA$ contenuto nell'espressione del lavoro interno, si otterrebbe per entrambe le situazioni:

$$F = 3/8\ qb$$

con uno scarto dell'ordine di grandezza dello 0,255 nell'asta relativamente tozza e dello 0,0625% nell'asta relativamente snella, rispetto ai valori ottenuti conteggiando la deformabilità da taglio.

10.5 - PREMINENZA DELLA DEFORMABILITÀ FLESSIONALE

Si è visto nei paragrafi precedenti come la deformabilità flessionale avesse un effetto dominante nella valutazione di parametri significativi di spostamento e nella determinazione delle incognite iperstatiche, rispetto alla deformabilità imputabile all'azione tagliante.

Questa indicazione, apparentemente legata ad uno specifico esempio di applicazione, risulta in effetti estensibile ad un'ampia casistica di situazioni. Si è visto infatti come l'incidenza dell'azione tagliante fosse legata al rapporto di snellezza della travatura in esame. Tuttavia i valori di snellezza adottati, identificati grossolanamente per la sezione quadrata nel rapporto *b/a*, compreso tra 10 e 20, rappresentano una gamma di situazioni ben collegate a situazioni reali.

Valori di snellezza particolarmente bassi renderebbero di dubbia validità la soluzione teorica del problema del prisma elastico, poiché gli effetti perturbanti delle estremità verrebbero ad assumere un ruolo rilevante. D'altra parte per travi molto snelle si registrerebbe un'elevata deformabilità collegata a valori relativamente contenuti delle sollecitazioni. In queste condizioni viene presto a cadere l'ipotesi di spostamenti così piccoli da potersi trascurare gli effetti geometrici, assimilandoli a spostamenti infinitesimi.

Si può quindi concludere che per travi di media snellezza l'errore che viene commesso nel trascurare la deformabilità derivante dall'azione tagliante rispetto alla concomitante azione flettente non modifica significativamente la soluzione ottenuta.

Meno immediata è la valutazione comparativa fra deformabilità assiale e deformabilità flessionale. In primo luogo va rilevato che azione assiale e azione flettente si instaurano nelle singole membrature della struttura senza alcuna relazione che ne condizioni gli effetti, mentre taglio e momento sono sempre governati da un legame differenziale, come visto nel paragrafo 3.6 per aste rettilinee.

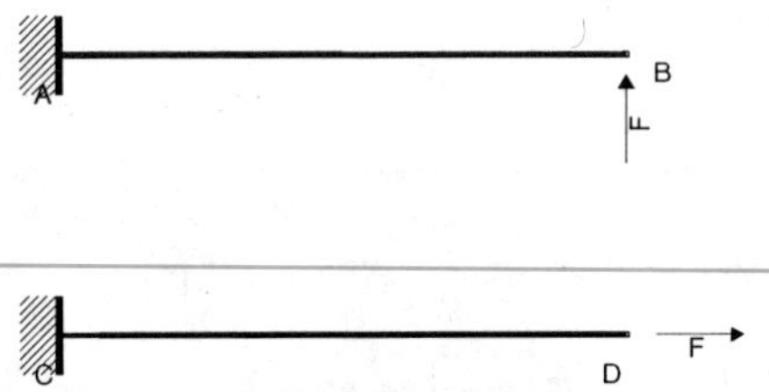

Figura 10.5

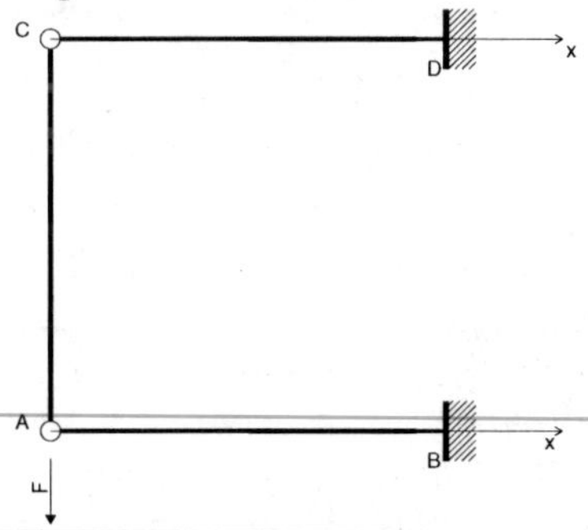

Figura 10.6

Se si esamina una singola asta, per esempio la mensola di fig.10.5, supponendola costituita da una sezione quadrata di lato *a*, con valori alternativi *b'=10a* o

$b''=20a$, si osserva che a parità di forza applicata all'estremità si hanno spostamenti u,v (già calcolati sulla struttura di fig.10.1 per la flessione):

Pari forza F orizzontale		Pari forza F verticale	
$b = 10a$	$u_B = 10\ F/Ea$	$b = 10a$	$v_B = 12000\ F/Ea$
$b = 20a$	$u_B = 20\ F/Ea$	$b = 20a$	$v_B = 96000\ F/Ea$.

Se alternativamente si confrontano situazioni nelle quali l'intensità della forza applicata sia tale da indurre *la stessa sollecitazione massima* σ nella sezione quadrata di lato a, si ottiene:

Forza orizzontale a pari σ_{max}		Forza verticale a pari σ_{max}	
$b = 10a$	$u_B = 10\sigma a/E$	$b = 10a$	$v_B = 200\ \sigma a/E$
$b = 20a$	$u_B = 20\sigma a/E$	$b = 20a$	$v_B = 800\ \sigma a/E$

Da questo confronto emerge che lo spostamento dovuto alla deformabilità assiale è del tutto trascurabile rispetto a quello flessionale nel primo caso, più significativo nel secondo caso.

Strutture iperstatiche

Si consideri ora la struttura iperstatica di fig.10.6 e la si renda isostatica introducendo un carrello in B (fig.10.7) e introducendo le reazioni iperstatiche incognite X. Si suppongono uguali le aste AB e CD e si utilizzano riferimenti locali di asse x da sinistra a destra. Si trascura la deformabilità da azione tagliante e si definiscono le seguenti azioni interne non nulle:

$$M_{AB} = (X - F)\,x \qquad M_{CD} = -\,X\,x \qquad N_{AC} = X$$

cui corrispondono le deformazioni:

$$d\phi_{AB} = (X - F)/EJ\ x\,dx \qquad d\phi_{CD} = -\,X/EJ\ x\,dx \qquad dn_{AC} = X/EA\ dx.$$

Nella struttura reale di fig.10.6 saranno nulli gli spostamenti dei nodi B e D, non nulli gli spostamenti dei nodi A e C.

Sulla struttura di fig.10.8 si assume un sistema di forze equilibrate con forze unitarie ai due estremi A delle aste AB e AC, ottenendo le azioni interne:

$$M'_{AB} = 1\ x \qquad M'_{CD} = -\,1\ x \qquad N'_{AC} = 1.$$

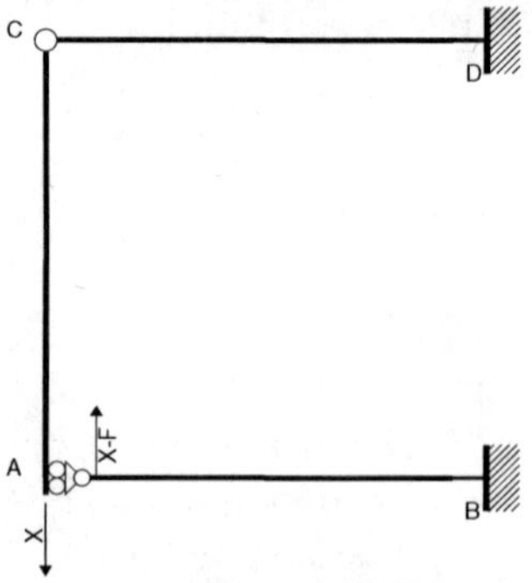

Figura 10.7

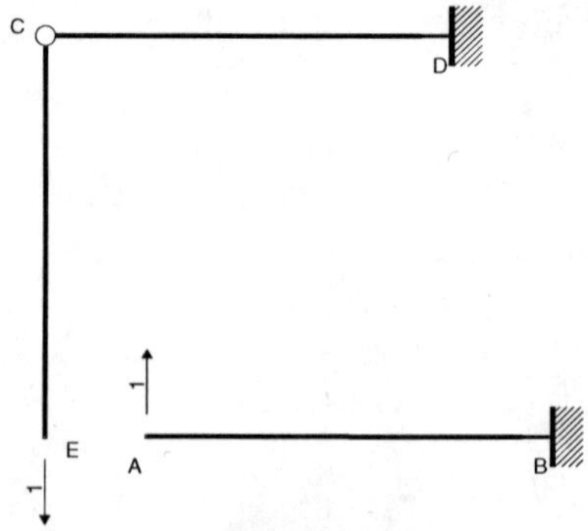

Figura 10.8

Le forze nodali associate agli spostamenti nodali non nulli della struttura reale si ricavano isolando le aste AB, CD, CA di fig.10.7:

$H'_{AB} = 0$ $\quad V'_{AB} = 1$ $\quad W'_{AB} = 0$
$H'_{AC} = 0$ $\quad V'_{AC} = -1$ $\quad W'_{AC} = 0$
$H'_{CA} = 0$ $\quad V'_{CA} = 1$ $\quad W'_{CA} = 0$
$H'_{CD} = 0$ $\quad V'_{CD} = -1$ $\quad W'_{CD} = 0.$

Con le convenzioni di segno adottate e con la notazione di fig.10.8, il lavoro esterno delle forze fittizie per gli spostamenti reali non nulli sarà:

$$L_E = V'_{AB}\, v_A + V'_{EC}\, v_A + V'_{CA}\, v_C + V'_{CD}\, v_C = 0.$$

Il lavoro interno degli sforzi generalizzati fittizi per le deformazioni generalizzate reali sarà:

$$L_I = \int_b M'_{AB}\, d\phi_{AB} + \int_b M'_{CD}\, d\phi_{CD} + \int_b N'_{CA}\, dn_{CA}$$
$$L_I = \int_b x\left((X-F)/EJ\ x\right) dx + \int_b - x\left(- X/EJ\ x\right) dx + \int_b 1\left(X/EA \right) dx$$
$$L_I = Xb^3/3EJ - Fb^3/3EJ + Xb^3/3EJ + Xb/EA$$

La condizione $L_E=L_I$ porta alla relazione:

$$\left(2b^3/3EJ + b/EA \right) X = Fb^3/3EJ$$

Tenendo conto della deformazione assiale rappresentata dal termine *Xb/EA*, si ha :

$$X = Fb^3/3EJ\ 3EAJ/(2Ab^3 + 3Jb) = FAb^3/(2Ab^3 + 3Jb)$$

mentre trascurando la deformazione assiale *b/EA* si avrebbe:

$$X = F/2$$

A titolo di esempio si introduca un dimensionamento delle aste.

Se si tiene conto della deformabilità assiale e si assume una sezione quadrata di lato $a=b/10$ per le aste orizzontali e di lato $c=b/10$ per l'asta verticale, si ha $X=400/801\ F$ invece di $X=F/2$ della soluzione approssimata. Trascurando la deformabilità assiale si sarebbe introdotto un errore dello 0,0125%. In questo caso nelle aste verticale e orizzontali si stimerebbero tensioni massime pari rispettivamente a:

$$\sigma_v = X/A = F/2c^2 = 50\ F/b^2 \quad \sigma_o = Xba/2J = Fba/4J = 3000\ F/b^2$$

cioè con ordini di grandezza molto diversi.

Se invece si assume $a=b/10$ e $c=b/100$ rispettivamente nelle aste orizzontali e verticali, si ha una soluzione comprensiva della deformabilità assiale $X=4/9\ F$ invece di $X=F/2$ della soluzione approssimata. L'errore commesso trascurando la deformabilità assiale sarebbe superiore al 10%, con tensioni stimate rispettivamente nelle aste verticali e orizzontali:

$$\sigma_v = 40000/9\ F/b^2 \quad \sigma_o = 24000/9\ F/b^2$$

cioè dello stesso ordine di grandezza.

Questa serie di esempi porterebbe a concludere che non esiste una direttiva generale che autorizzi a trascurare gli effetti della deformabilità assiale rispetto a quella flessionale. Tuttavia si osserva che l'errore così introdotto diventa significativo quando, a parità di altre condizioni, la struttura risponde alla caratteristica di manifestare sollecitazioni dello stesso ordine di grandezza per azione assiale e flessione. In particolare, la deformabilità assiale diventa significativa quando si è in presenza di membrature reticolari dimensionate secondo questo criterio, come nel caso ultimamente riportato, in concomitanza con aste inflesse.

La valutazione dell'opportunità di semplificare i calcoli trascurando gli effetti deformanti dell'azione assiale deve perciò essere fatta di volta in volta. Indicativamente si può dire che nei sistemi a telaio, nei quali le membrature sono impegnate contemporaneamente a flessione e ad azione assiale, con un'azione assiale che ha gli stessi ordini di grandezza dell'azione tagliante, la deformabilità flessionale risulta dominante. In molte applicazioni che seguono, e salvo contrario avviso, ci si limiterà a tener conto dei soli effetti di quest'ultima.

10.6 - DEFORMAZIONI REALI

Per quanto attiene spostamenti e deformazioni il Principio dei Lavori Virtuali richiede che questi siano infinitesimi e congruenti. Negli esempi sinora richiamati si sono esaminate situazioni in cui il cambiamento di configurazione era imputabile alla sola deformazione delle aste per cause meccaniche (elastiche).

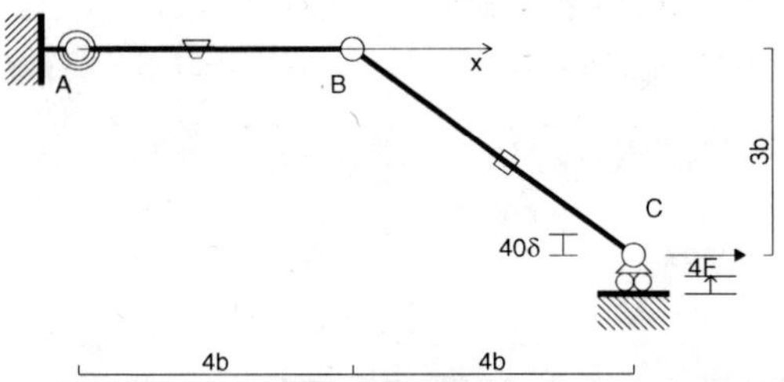

Figura 10.9

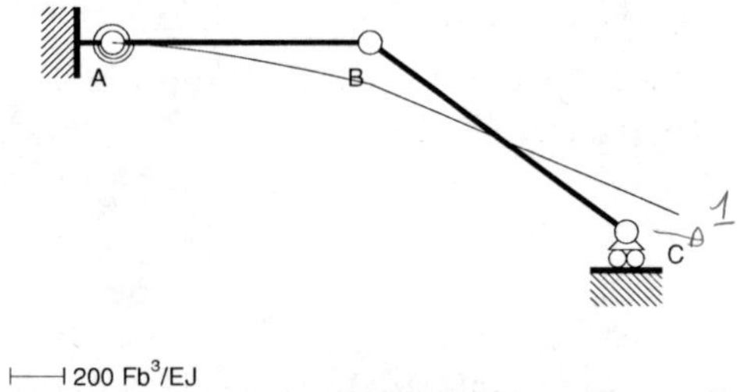

Figura 10.10

Ai fini dell'applicazione generale del Principio dei Lavori Virtuali possono essere associate a queste anche cause deformanti di tipo diverso, purché l'effetto di queste sia noto. Esempi caratteristici di cause deformanti anelastiche diffuse sono le variazioni termiche, che tendono ad imprimere alle travature interessate sia un allungamento della fibra baricentrica sia una curvatura di tipo flessionale. Si è già osservato nel capitolo precedente che per assumere questi effetti come deformazioni generalizzate occorre che essi abbiano connotazioni affini alle corrispondenti deformazioni di tipo meccanico. A tal fine è sufficiente che la distribuzione delle temperature sia lineare nello spessore, causando nel tronchetto infinitesimo un effetto deformante scomponibile in un allungamento medio dn e in una rotazione relativa delle facce del tronchetto (che rimangono piane nella deformazione) misurata dalla variazione angolare $d\phi$. Altre cause deformanti anelastiche diffuse, come quelle chimiche, sono suscettibili di una descrizione analoga.

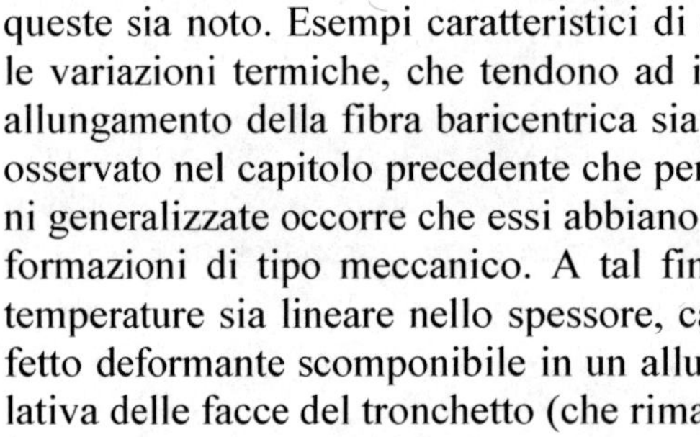

Figura 10.11

Si può quindi ritenere che le azioni interne fittizie N' e M' verranno a lavorare per deformazioni generalizzate dn e $d\phi$ che risentiranno contemporaneamente degli effetti meccanici elastici e degli effetti anelastici. Con riferimento alle conclusioni del precedente paragrafo, relative alla trascurabilità della deformazione assiale in presenza di deformazione flessionale, occorre far presente che quelle conclusioni sono strettamente riferite alla sola quota di deformazione assiale elastica.

Effetti anelastici concentrati sono anche i cedimenti vincolari, i quali fanno compiere lavoro alle corrispondenti componenti non nulle di reazione dovute al carico fittizio.

Il quadro dei parametri estensivi del lavoro si completa con gli eventuali spostamenti subiti da nodi che risultano collegati da molle al terreno o ad altre aste. Concettualmente, gli spostamenti assoluti o relativi associati alle molle vanno considerati come fenomeni elastici, e quindi come contributi al lavoro interno. Dal punto di vista operativo essi non richiedono integrazione, ma entrano nel calcolo secondo le modalità tipiche del lavoro esterno.

Si voglia calcolare lo spostamento orizzontale del nodo *C* della struttura di fig.10.9, in presenza di cedimento $v_C=40\ \delta$, di curvatura termica $\theta_{AB}= -\alpha T/b$ e di elongazione termica $\varepsilon_{BC}=16/5\ \alpha T$. Sia $k=2EJ/b$ la costante della molla in *A* e *EJ* la rigidezza flessionale delle due aste. Si adotti la struttura fittizia di fig.10.10, con forza orizzontale unitaria in *C*. Reazioni e azioni interne nelle due aste, con asse locale *x* avente origine in *A* e *B* rispettivamente, saranno:

$H'_A = -1$	$N'_{AB} = 1$	$H'_{AB} = 1$
$V'_A = 3/4$	$T'_{AB} = 3/4$	$V'_{AB} = -3/4$
$W'_A = 3b$	$M'_{AB} = 3/4\ x - 3b$	$W'_{AB} = 0$
$H'_C = 1$	$H'_{BC} = -1$	$N'_{BC} = 5/4$
$V'_C = -3/4$	$V'_{BC} = 3/4$	$T'_{BC} = 0$
$W'_C = 0$	$W'_{BC} = 0$	$M'_{BC} = 0$

Le azioni interne reali saranno uguali a quelle fittizie, a meno del moltiplicatore *4F* della forza orizzontale in *C*:

$N_{AB} = 4F$	$T_{AB} = 3F$	$M_{AB} = 3Fx - 12Fb$
$N_{BC} = 5F$	$T_{BC} = 0$	$M_{BC} = 0$

La variazione termica dà luogo ad una curvatura θ pari a $-\alpha T/b$ nell'asta *AB* e ad un allungamento specifico ε pari a $16/5\ \alpha T$ nell'asta *BC*, con effetti che si sommano alle deformazioni meccaniche imputabili rispettivamente all'azione flettente M_{AB} e all'azione assiale N_{BC}.

Il quadro delle deformazioni reali è quindi:

$$dn_{AB} = N_{AB}/EA\ dx \cong 0 \qquad dt_{AB} \cong 0$$

$$dt_{BC} \cong 0 \qquad d\phi_{BC} = 0.$$

$$d\phi_{AB} = M_{AB}/EJ\ dx + \theta_{AB}\ dx = (3Fx - 12Fb)/EJ\ dx - \alpha T/b\ dx$$

$$dn_{BC} = N_{BC}/EA\ dx + \varepsilon_{BC}\ dx \cong \varepsilon_{BC}\ dx = 16/5\ \alpha T\ dx$$

Saranno non nulli sui vincoli lo spostamento reale corrispondente al cedimento verticale anelastico in *C*, ($v_C=40b^3F/EJ$) e quello imputabile alla rotazione elastica della sezione *A*, che per effetto del momento reale $W=12Fb$ sarà:

$$\phi_A = -\ 12\ Fb/k = -\ 6\ Fb^2/EJ,$$

essendo $k=2EJ/b$ la costante della molla, ed essendo $-W$ il momento applicato alla molla. Il sistema di forze equilibrate di fig.ura **10.11**, associato agli spostamenti di fig.10.10, fornirà quindi il seguente lavoro esterno:

$$L_E = W'_A\, \phi_A + V'_C\, v_C + H'_C\, u_C = 3b\,(\,-\,6Fb^2/EJ\,) - 3/4\, v_C + 1\, u_C$$

$$L_E = -18\ Fb^3/EJ - 3/4\, v_C + u_C.$$

Il corrispondente lavoro interno sarà dato da:

$$L_I = \int_{5b} N'_{BC}\, dn_{BC} + \int_{4b} M'_{AB}\, d\phi_{AB}$$

essendo $dn_{AB} = dt_{AB} = dt_{BC} = d\phi_{BC} = 0$.

Introducendo le espressioni di sforzi e deformazioni generalizzate si ottiene:

$$L_I = \int_{5b} 5/4\ 16/5\ \alpha T\, dx + \int_{4b} (\,3/4\, x - 3b\,)(\,(3Fx - 12Fb)/EJ - \alpha T/b\,)\, dx$$

$$L_I = 20\ b\alpha T + 48\ Fb^3/EJ - 72\ Fb^3/EJ - 72\ Fb^3/EJ + 144\ Fb^3/EJ - 6\ \alpha Tb + 12\alpha Tb$$

$$L_I = 48\ Fb^3/EJ + 26\ \alpha Tb.$$

La condizione $L_E = L_I$ fornisce:

$$u_C = 66\ Fb^3/EJ + 26\ \alpha Tb + 3/4\, v_C,$$

e, introducendo i valori $v_C = 40Fb^3/EJ$ e $\alpha T = Fb^2/EJ$:

$$u_C = 122\ Fb^3/EJ.$$

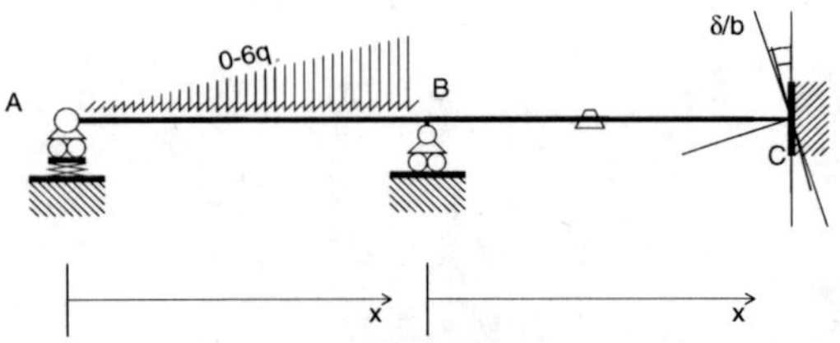

Figura10.12

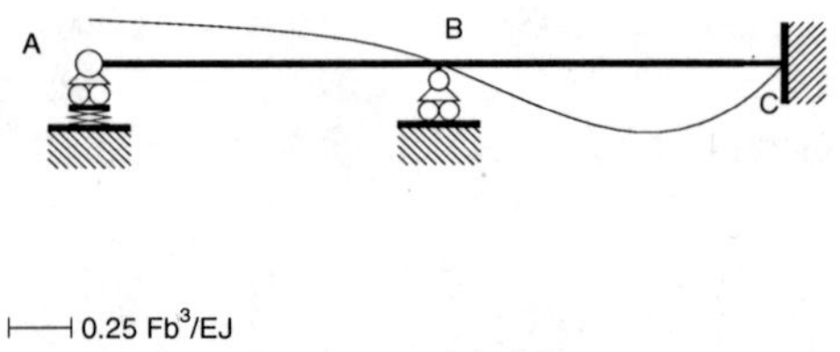

Figura 10.13

10.7 - SISTEMI PIÙ VOLTE IPERSTATICI

Come si è precedentemente osservato, i *metodi delle forze*, ai quali appartiene il Principio dei Lavori Virtuali inteso come metodo di calcolo, presuppongono la descrizione completa dello stato di sforzo della struttura in esame, in funzione dei carichi assegnati e delle reazioni iperstatiche.

Il principio di sovrapponibilità degli effetti consente di calcolare separatamente lo stato di sforzo che compete ai diversi contributi. Si indichi con il simbolo Q una delle tre componenti di azione interna *N, T, M.* Resa isostatica la struttura e messe in evidenza le m iperstatiche $X_i\ (i=1,m)$, risulta conveniente separare gli effetti del sistema di carichi assegnati, con componenti di azione interna Q_o, e gli effetti di forze unitarie corrispondenti alle iperstatiche, con componenti di azione interna Q_i.

Le azioni interne complessive Q risulteranno pari a:

$$Q = Q_o + \sum_i X_i\, Q_i$$

dove si indicano con X_i i moduli adimensionali delle iperstatiche.

Successivamente si potrà esprimere l'equazione dei lavori virtuali per m sistemi di forze (e sforzi generalizzati) fittizi, in equilibrio con forze arbitrarie corrispondenti alle m forze iperstatiche. Poiché questi sono spontaneamente i sistemi associati alle stesse $X_i=1$, le

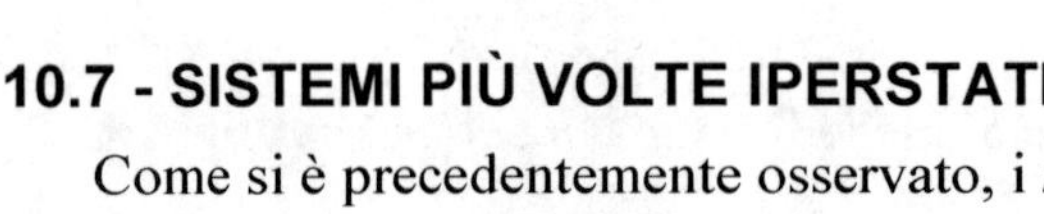

Figura 10.14

relative azioni interne fittizie sono ancora le Q_i già calcolate, con qualche semplificazione operativa.

Le m equazioni dei lavori virtuali che si possono scrivere corrispondono tutte alle stesse deformazioni generalizzate reali, cioè quelle della struttura in esame, e comprendono gli effetti deformanti anelastici. I parametri intensivi calcolati in corrispondenza degli m carichi $X_i=1$ risultano fra loro diversi e indipendenti. Si ottiene così un sistema di m equazioni indipendenti negli m parametri incogniti, con matrice dei coefficienti simmetrica.

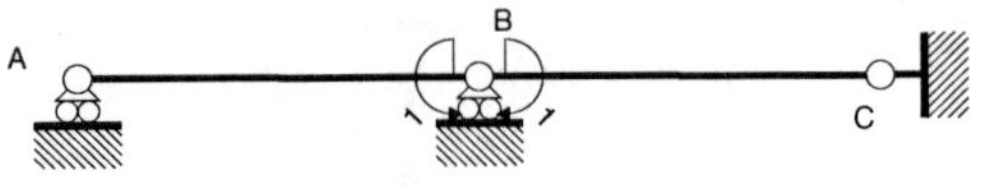

Figura 10.15

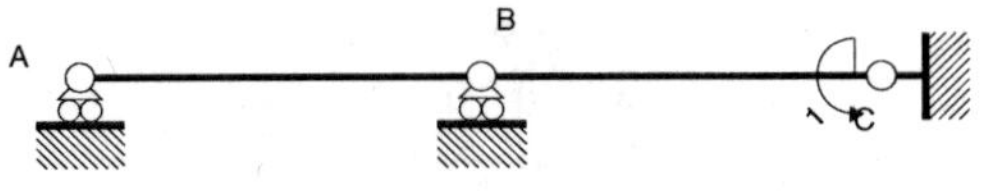

Figura 10.16

Si consideri la struttura iperstatica di fig.10.12, con aste di rigidezza flessionale EJ, con una molla di costante $k=EJ/b^3$ in A, soggetta a rotazione imposta $\phi_C=\delta/b$ e a curvatura termica $\theta_{BC} = \alpha T/2b$. La si renda isostatica come in fig.10.14. Come si è visto, lo stato di sforzo di questa può essere rappresentato come somma della situazione di fig.10.14 e delle situazioni di fig.ura **10.15** e fig.10.16 moltiplicate rispettivamente per X_1 e per X_2.

Dette M_o, M_1 e M_2 le azioni flettenti relative alle tre situazioni, si ha per la struttura di fig.10.12:

$$M = M_o + X_1 M_1 + X_2 M_2$$

e quindi:

$$d\phi = M/EJ\ dx = (M_o + X_1 M_1 + X_2 M_2)/EJ\ dx.$$

Per le tre situazioni si hanno reazioni:

$V_{oA} = qb$	$V_{oBA} = 2qb$	$V_{oBC} = 0$	$V_{oC} = 0$
$V_{1A} = 1/b$	$V_{1BA} = -1/b$	$V_{1BC} = -1/b$	$V_{1C} = 1/b$
$V_{2A} = 0$	$V_{2BA} = 0$	$V_{2BC} = 1/b$	$V_{2C} = -1/b$
$W_{oA} = 0$	$W_{oBA} = 0$	$W_{oBC} = 0$	$W_{oC} = 0$
$W_{1A} = 0$	$W_{1BA} = 1$	$W_{1BC} = -1$	$W_{1C} = 0$
$W_{2A} = 0$	$W_{2BA} = 0$	$W_{2BC} = 0$	$W_{2C} = 1$

e azioni interne:

$M_{oAB} = qbx - qx^3/b$ $\quad M_{oBC} = 0$ $\quad M_{1AB} = x/b$ $\quad M_{1BC} = 1 - x/b$

$M_{2AB} = 0$ $\quad M_{2BC} = x/b$.

In questa struttura sono nulli, perchè corrispondenti a nodi vincolati senza cedimento, gli spostamenti v_B, u_C, v_C, mentre ϕ_C ha il valore imposto δ/b. Saranno nulli per la ipotizzata rigidezza assiale delle aste gli spostamenti orizzontali u_A, u_B. Saranno non nulli ϕ_A e ϕ_B, mentre A subirà uno spostamento inversamente proporzionale alla rigidezza k della molla e direttamente proporzionale alla reazione:

$$V_A = V_{oA} + X_1 V_{1A} + X_2 V_{2A},$$

essendo lo spostamento negativo quando la reazione applicata all'asta AB è positiva.

Considerate le situazioni di fig.ura **10.15** e fig.10.16 come idonee a rappresentare sistemi equilibrati di forze e sforzi generalizzati, si potrà scrivere per ciascuna delle due l'equazione dei lavori virtuali. Per la struttura di fig.ura **10.15** si ha il lavoro esterno in funzione delle forze fittizie non nulle:

$$L_{1E} = - V_{1A} (V_{oA} + X_1 V_{1A} + X_2 V_{2A})/k + W_{1BA} \phi_B + W_{1BC} \phi_B,$$

e il lavoro interno:

$$L_{1I}=1/EJ \int_b \left[M_{1AB}(M_{oAB}+X_1M_{1AB}+X_2M_{2AB})+M_{1BC}(M_{oBC}+X_1M_{1BC}+X_2M_{2BC}+EJ\theta_{BC})\right] dx$$

da cui, sviluppando, si ha:

$$L_{1I}=1/EJ \int_b (M_{1AB}M_{oAB}+M_{1BC}M_{oBC})dx + X_1/EJ \int_b (M_{1AB}^2+M_{1BC}^2)\, dx +$$
$$+ X_2/EJ \int_b (M_{1AB}M_{2AB}+M_{1BC}M_{2BC})dx + \int_b M_{1BC}\theta_{BC}dx.$$

Per la struttura di fig.ura **10.15** si ha il lavoro esterno dipendente da forze fittizie non nulle:

$$L_{2E} = W_{2C}\, \phi_C,$$

e il lavoro interno:

$$L_{2I}=1/EJ \int_b [M_{2AB}(M_{oAB}+X_1M_{1AB}+X_2M_{2AB}) + M_{2BC}(M_{oBC}+X_1M_{1BC}+X_2M_{2BC}+EJ\theta_{BC})]dx$$

da cui, sviluppando, si ha:

$$L_{2I}=1/EJ \int_b (M_{2AB}M_{oAB}+M_{2BC}M_{oBC})\, dx + X_2/EJ \int_b (M_{2AB}M_{1AB}+M_{2BC}M_{1BC})\, dx +$$
$$+ X_2/EJ \int_b (M_{2AB}^2+M_{2BC}^2)\, dx + \int_b M_{2BC}\theta_{BC}\, dx.$$

Si introducono le seguenti posizioni:

$$-K_{1o} = \int_b (M_{1AB}\, M_{oAB} + M_{1BC}\, M_{oBC} + M_{1BC}\, \theta_{BC}\, EJ)\, dx$$
$$K_{11} = \int_b (M_{1AB}^2 + M_{1BC}^2)\, dx$$
$$K_{12} = \int_b (M_{1AB}\, M_{2AB} + M_{1BC}\, M_{2BC})\, dx$$
$$-K_{2o} = \int_b (M_{2AB}\, M_{oAB} + M_{2BC}\, M_{oBC} + M_{2BC}\, \theta_{BC}\, EJ)\, dx$$
$$K_{21} = \int_b (M_{2AB}\, M_{1AB} + M_{2BC}\, M_{1BC})\, dx$$
$$K_{22} = \int_b (M_{2AB}^2 + M_{2BC}^2)\, dx$$

Avendo assegnato alla curvatura il valore $\theta_{BC} = 1/2\; qb^2/EJ$ si hanno le espressioni:

$$-K_{1o} = \int_b q \left(x^2 - x^4/b^2 + b^2/2 - bx/2 \right) dx = 23/60\; qb^3$$
$$K_{11} = \int_b \left(x^2/b^2 + 1 - 2x/b + x^2b^2 \right) dx = 2/3\; b$$
$$K_{12} = \int_b \left(x/b - x^2/b^2 \right) dx = b/6$$
$$-K_{2o} = \int_b qbx/2\, dx = qb^3/4$$
$$K_{21} = \int_b \left(x/b - x^2/b^2 \right) dx = b/6$$
$$K_{22} = \int_b x^2b^2\, dx = b/3.$$

Ponendo $\delta=qb^4/EJ$ e $k=EJ/b^3$, i lavori esterni diventano, per il sistema *1*:

$$L_{1E} = 1/b\, (- qb - X_1/b)\, b^3/EJ + 1\, \phi_B - 1\, \phi_B,$$

essendo $V_{oA}=qb$, $V_{1A}=1/b$, $V_{2A}=0$, $W_{1BA}=1$, $W_{1BC}= -1$, e per il sistema *2*:

$$L_{2E} = 1\; qb^3/EJ,$$

essendo $W_{2C}=1$ e $\phi_C=qb^3/EJ$.

Sviluppando si ha:

$$L_{1E} = - qb^3/EJ - X_1 b/EJ \qquad L_{2E} = qb^3/EJ$$

Ponendo:

$$H_{1o} = - qb^3 \qquad H_{11} = b \qquad H_{2o} = qb^3,$$

si ottiene:

$$L_{1E} = H_{1o}\, 1/EJ - X_1\, H_{11}\, 1/EJ \qquad L_{2E} = H_{2o}\, 1/EJ.$$

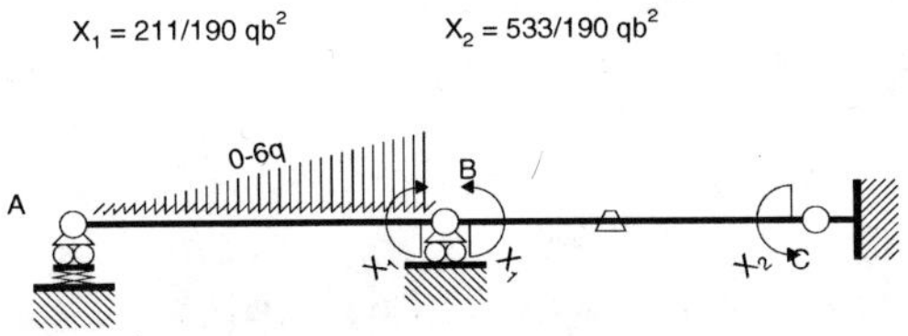

Figura 10.17

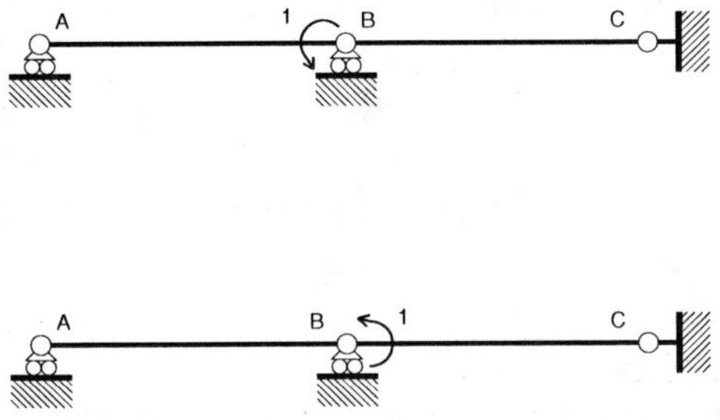

Figura 10.18

Moltiplicando tutti i termini per *EJ*, il sistema risolvente diventa:

$$\begin{bmatrix} K_{10} + H_{11} & K_{12} \\ K_{21} & K_{22} \end{bmatrix} \begin{bmatrix} X_1 \\ X_2 \end{bmatrix} = \begin{bmatrix} K_{10} + H_{10} \\ K_{20} + H_{20} \end{bmatrix}$$

Sostituendo le espressioni dei coefficienti si ha:

$$\begin{bmatrix} 2b/3 + b & b/6 \\ b/6 & b/3 \end{bmatrix} \begin{bmatrix} X_1 \\ X_2 \end{bmatrix} = \begin{bmatrix} -23\,qb^3/68 - qb^3 \\ -qb^3/4 + qb^3 \end{bmatrix}$$

ovvero:

$$\begin{bmatrix} 5b/3 & b/6 \\ b/6 & b/3 \end{bmatrix} \begin{bmatrix} X_1 \\ X_2 \end{bmatrix} = \begin{bmatrix} 83\,qb^3/60 \\ 4qb^3/4 \end{bmatrix}$$

La soluzione del sistema fornisce:

$$X_1 = - 211/190\ qb^2 \qquad X_2 = 533/190\ qb^2.$$

In fig.10.13 è riportata la conseguente deformata.

10.8 - SPOSTAMENTI NELLE STRUTTURE IPERSTATICHE

Nel precedente paragrafo si è applicato il Principio dei Lavori Virtuali al calcolo delle reazioni iperstatiche in un caso semplice, ma significativo per la molteplicità di aspetti diversi introdotti. Con la determinazione delle reazioni iperstatiche la soluzione può dirsi completa, perchè comporta il rispetto di tutte le leggi che governano il problema elastico:

1) Equilibrio, ottenuto mediante sovrapposizione di singole situazioni equilibrate.
2) Legame sforzi deformazioni, perchè implicito attraverso l'impostazione di Saint Venant nella dipendenza di deformazioni generalizzate da sforzi generalizzati.
3) Congruenza, perchè implicita nelle travi secondo Saint Venant, ed esplicitamente imposta ai nodi attraverso il Principio dei Lavori Virtuali.

La struttura principale equivalente, cioè la struttura resa isostatica sulla quale vengono evidenziati, oltre ai carichi assegnati, anche le reazioni iperstatiche con il loro valore effettivo (fig.10.17), è equivalente alla struttura originaria iperstatica sia per quanto riguarda gli sforzi che per quanto riguarda le deformazioni.

L'espressione $Q = Q_o + \sum_i X_i\, Q_i$ che è stata introdotta nei paragrafi 6.5 e 10.7, definisce compiutamente le azioni interne, e quindi le sollecitazioni, in funzione dei valori effettivi X_i delle iperstatiche. L'eventuale calcolo degli spostamenti può appoggiarsi ancora alla struttura principale equivalente, tenendo presente che eventuali effetti deformanti anelastici fanno parte integrante delle deformazioni reali e quindi entrano in gioco anche in queste circostanze.

Si voglia ad esempio calcolare la rotazione del nodo *B* della struttura di fig.10.12. Lo schema isostatico da utilizzare è quello già utilizzato di fig.10.18, sul quale agirà un momento antiorario (assumendo implicitamente come positive le rotazioni antiorarie) da applicarsi indifferentemente all'estremo *B* dell'asta *AB* o dell'asta *BC*. Infatti le rotazioni di queste due sezioni devono risultare uguali, per effetto della esplicita condizione posta nella soluzione del problema nel paragrafo precedente.

Rotazione di B nell'asta AB

Applicando il momento all'asta *AB*, come in fig.10.18 superiore, si osserva che l'azione flettente risulta nulla sull'asta *BC*, mentre nell'asta *AB* si ha un'azione flettente $M_{3AB}=x/b$. Nella struttura reale di fig.10.12 si ha:

$$V_A = V_{oA} + X_1\, V_{1A} + X_2\, V_{2A} = -\,21/190\ qb$$

$$M_{AB} = M_{oAB} + X_1\, M_{1AB} + X_2\, M_{2AB} = -\,21/190\ qbx - qx^3\,/b,$$

avendo posto:

$$X_1 = -\,211/190\ qb \qquad\qquad X_2 = 533/190\ qb.$$

Le uniche reazioni fittizie non nulle sono:

$$V_{3A} = 1/b \qquad\qquad V_{3B} = -\,1/b,$$

da cui si ha il lavoro esterno calcolato per $k=EJ/b^3$:

$$L_E = 1\ \phi_{BA} + V_{3A}\, v_A + V_{3B}\, v_B = \phi_{BA} + 1/b\ V_A/k - 1/b\ 0$$

$$L_E = \phi_{BA} - 1/b\,\left(-\,21/190\ qb\right) b^3/EJ = \phi_{BA} + 21/190\ qb^3/EJ.$$

Il lavoro interno sarà:

$$L_I = \int_b M_{3AB}\, M_{AB}/EJ\ dx = \int_b x/b\,\left(-\,21/190\ qbx/EJ - qx^3/bEJ\right) dx$$

$$L_I = -\,7/190\ qb^3/EJ - 1/5\ qb^3/EJ = -\,45/190\ qb^3/EJ.$$

Dalla condizione $L_E=L_I$ si ha:

$$\phi_{BA} = -33/95\ qb^3/EJ.$$

Rotazione di B nell'asta BC

Applicando il momento all'asta *BC*, come in fig.10.18 inferiore, si osserva che l'azione flettente risulta nulla sull'asta *AB*, mentre nell'asta *BC* si ha un'azione flettente $M_{4AB}=x/b\ -1$. Nella struttura reale di fig.10.12 si ha:

$$M_{BC} = M_{oBC} + X_1\, M_{1BC} + X_2\, M_{2BC} = -\,211/190\ qb^2 + 744/190\ qbx,$$

avendo sostituito i valori delle iperstatiche, mentre sulla struttura fittizia si ha:

$$M_{4BC} = (x/b - 1).$$

Poiché in *B* si ha un vincolo perfetto e in *C* un momento nullo di reazione, allora il lavoro esterno si riduce a:

$$L_E = 1\ \phi_{Bc}$$

mentre il lavoro interno diventa:

$$L_I=\int_b M_{4BC}(M_{BC}/EJ+\theta_{Bc})dx=\int_b (x/b-1)(744/190qbx/EJ-211/190qb^2/EJ+qb^2/2EJ)dx,$$

avendo posto:

$$\theta_{BC} = qb^2/2EJ.$$

Dalla condizione $L_E=L_I$ si ha, integrando:

$$\phi_{BC} = -33/95\ qb^3/EJ.$$

10.9 - ASTE CURVE

Come accennato nel paragrafo 7.8, la soluzione del problema di Saint Venant viene generalmente applicata anche a situazioni che si discostano da quelle teoriche, purché gli effetti di approssimazione possano ritenersi contenuti. Fra questi casi si annotano le travi a sezione debolmente variabile o le aste curve.

Nel caso di travi a sezione variabile si ha semplicemente l'introduzione di un momento d'inerzia funzione del posto, del tipo $J=J(x)$, di cui occorre tenere conto in sede di integrazione.

Per le travi ad asse circolare si assume generalmente un sistema di riferimento polare, per comodità di rappresentazione. In queste condizioni il tronchetto infinitesimo al quale viene riferita la soluzione secondo Saint Venant avrà sviluppo pari a $ds=r\,d\theta$, dove r è il raggio di curvatura della trave indeformata (fig.10.19).

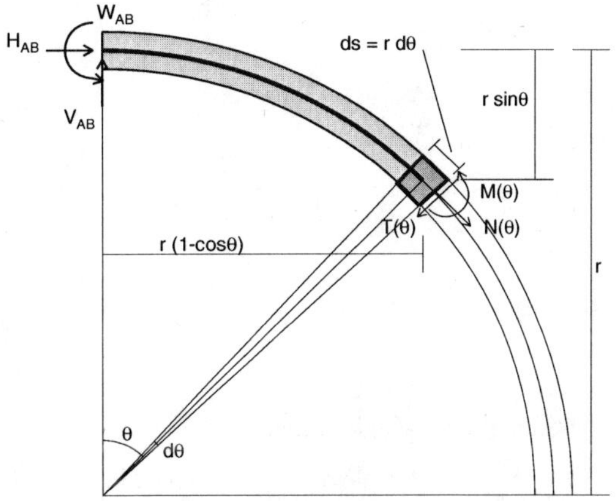

Figura 10.19

L'angolo di rotazione relativa sarà:

$$d\phi = M(\theta)/EJ\ ds = M(\theta)r/EJ\ d\theta,$$

mentre l'allungamento sarà dato da:

$$dn = N(\theta)/EA\ ds = N(\theta)r/EA\ d\theta.$$

L'unico caso di azione assiale non nulla in assenza di flessione è relativo alla condizione di pressione radiale su un anello di raggio r, nel quale la variazione della circonferenza c per pressione interna p è data da:

$$\delta c = \int_{2\pi} dn = \int_{2\pi} N/EA\ r\ d\theta = \int_{2\pi} pr/EA\ r\ d\theta = 2\pi pr^2/EA,$$

essendo $N = pr$ l'azione assiale.

Al di fuori di questa particolare situazione si può ritenere che la deformazione assiale sia trascurabile a fronte della deformazione flessionale, che è comunque presente.

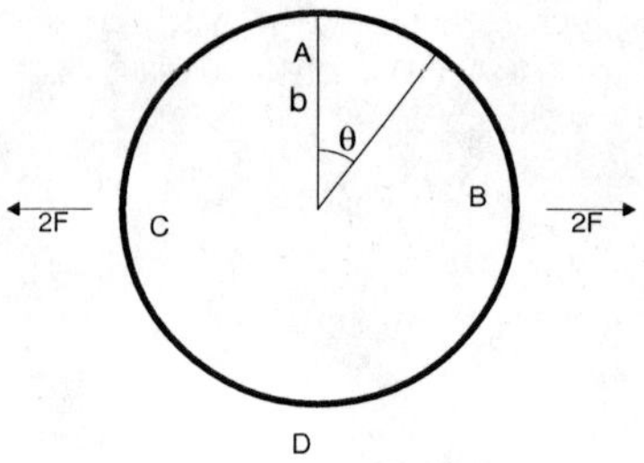

Figura 10.20

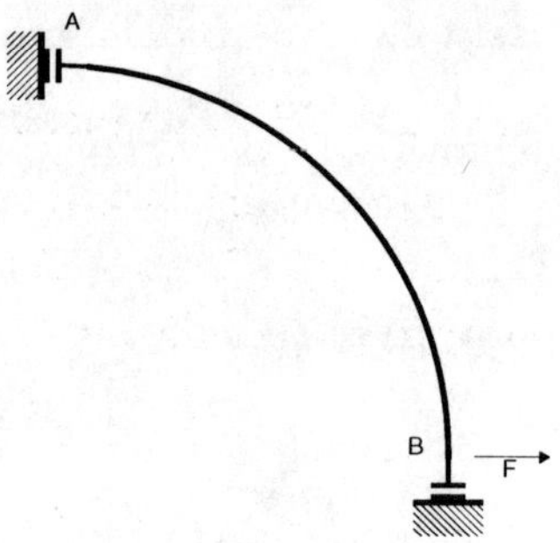

Figura 10.21

Si voglia calcolare la variazione di distanza dei punti *C* e *B* dell'anello iperstatico di raggio *b* di fig.10.20. A tal fine è sufficiente considerare una situazione come quella di fig.10.21, rendendola isostatica come in fig.10.22 (indice *1*) e fig.10.23 (indice *2*), e assumendo come incognita iperstatica il momento $W=W_{AB}$ reso unitario nella struttura di fig.10.22.

Dalle due situazioni si ha rispettivamente:

$H_{1A} = 0$	$H_{2A} = -F$	$H_{oA} = FH_{2A} = -F$
$V_{1A} = 0$	$V_{2A} = 0$	$V_{oA} = FV_{2A} = 0$
$W_{1A} = 1$	$W_{2A} = 0$	$W_{oA} = FW_{2A} = 0$
$M_{1AB} = -1$	$M_{2AB} = -b(1-\cos\theta)$	$M_{oAB} = FM_{2AB} = -Fb\,(1-\cos\theta)$.

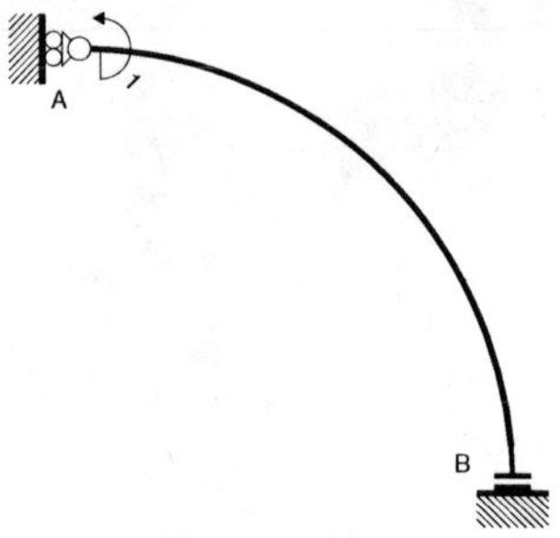

Figura 10.22

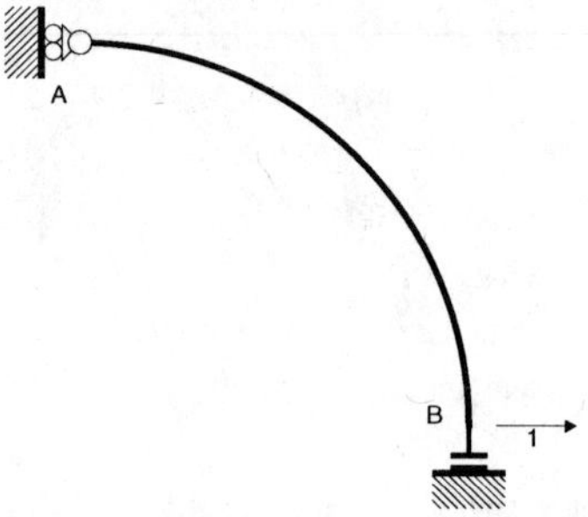

Figura 10.23

Poiché i vincoli della struttura di fig.10.22 sono privi di cedimenti, il lavoro esterno delle reazioni della struttura di fig.10.22 è nullo. Il Principio dei Lavori Virtuali fornisce perciò:

$$0 = \int_{\pi/2} M_{1AB}\, d\phi_{AB} = \int_{\pi/2} M_{1AB}\,(M_{oAB} + W\, M_{1AB})\, b/EJ\, d\theta$$

ossia:

$$0 = \int_{\pi/2} -1\,(-Fb + Fb\cos\theta - W)\, b\, d\theta = 1/EJ\,\big(Fb\,\pi/2 - Fb + W\,\pi/2\big)$$

da cui si ricava:

$$W = Fb\,\big(2/\pi - 1\big).$$

La situazione di fig.10.23 viene ripresa per il calcolo dello spostamento u_B. Il lavoro virtuale complessivo sarà:

$$1\, u_B = \int_{\pi/2} M_{2AB}\, d\phi_{AB} = \int_{\pi/2} M_{2AB}\,(M_{oAB} + W\, M_{1AB})\, b/EJ\, d\theta$$

ossia:

$$u_B = 1/EJ \int_{\pi/2} b\,(\cos\theta - 1)\,(\,Fb\cos\theta - Fb - 2Fb/\pi + Fb\,)\,b\,d\theta$$

$$u_B = Fb^3/EJ \int_{\pi/2} b\,(\cos^2\theta - 2/\pi\,\cos\theta - \cos\theta + 2/\pi\,)\,d\theta$$

$$u_B = Fb^3/EJ\,(\pi/4 - 2/\pi - 1 + 1) = Fb^3/4\pi EJ\,(\pi^2 - 8).$$

La variazione della distanza tra i nodi *C* e *B* di fig.10.20 sarà perciò:

$$u_{CB} = Fb^3/2\pi EJ\,(\pi^2 - 8).$$

10.10 - SISTEMI RISOLVENTI

Matrici di cedevolezza elementari per aste rettilinee

Si consideri una trave rettilinea di lunghezza l, di estremi 0 e 1, con sistema di riferimento locale ξ avente origine in 0 (fig.10.24, fig.10.25). Si prendono in esame condizioni di carico uniforme p, q, agenti secondo x, y e deformazioni anelastiche assiali e flessionali ε, θ. Essendo $0,1$ i nodi iniziale e finale dell'asta, si definiscano $x=x_1-x_o$, $y=y_1-y_o$, dove x_i,y_i sono lette nel riferimento esterno. Sia anche $c=|x|$ e $s=|y|$.

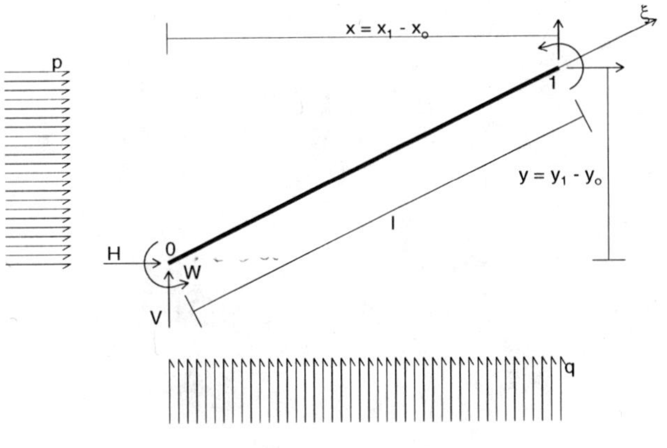

Figura 10.24

Lo stato di sforzo e di deformazione dipende da:

- forze concentrate all'estremo iniziale 0: H_o, V_o, W_o.
- carichi uniformi di intensità: p, q.
- deformazioni anelastiche uniformi assiale e flessionale: ε, θ.

Con le convenzioni espresse in figura si ha:

$$M_o(\xi) = -\,Hx\xi/l + Vy\xi/l - W - pxc\xi^2/2l^2 + qys\xi^2/2l^2$$

Se si definiscono i vettori trasposti:

$$\mathbf{Q}^t_o = [H_o, V_o, W_o, p, q, \varepsilon, \theta]$$

$$\mathbf{n}^t_o(\xi) = [0, 0, 0, 0, 0, EJ, 0]$$

$$\mathbf{m}^t_o(\xi) = \left[\,-x\xi/l\,,\ y\xi/l\,,\ -1\,,\ -xc\xi^2/2l^2\,,\ ys\xi^2/2l^2\,,\ 0\,,\ EJ\right]$$

le deformazioni flessionale $d\phi$ e assiale dn dovute al sistema di azioni applicate $\boldsymbol{Q}_o$ saranno date da:

$$d\phi(\xi) = M(\xi)/EJ\,d\xi + \theta\,d\xi = 1/EJ\,(\,M(\xi) + EJ\theta\,)\,d\xi = 1/EJ\,\mathbf{m}^t_o(\xi)\,\mathbf{Q}_o d\xi$$

$$dn(\xi) = \varepsilon\,d\xi = 1/EJ\,\mathbf{n}^t_o(\xi)\,\mathbf{Q}_o\,d\xi.$$

$x/l = \cos\alpha$ $y/l = \sin\alpha$ Secondo me sono invertiti x e y.

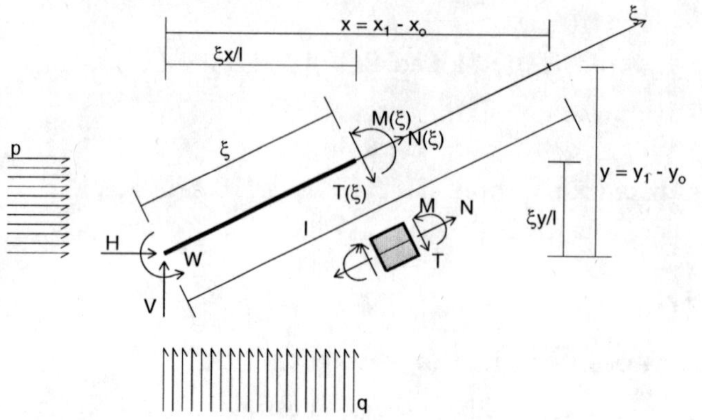

Figura 10.25

Nel sistema di forze fittizie agiscono sull'asta le sole forze di estremità. Le relative azioni interne sono:

$$M_i(\xi) = \mathbf{m}^t_i(\xi)\mathbf{Q}_i$$
$$N_i(\xi) = \mathbf{n}^t_i(\xi)\mathbf{Q}_i,$$

avendo posto:

$$\mathbf{Q}^t_i = [H_i, V_i, W_i]$$
$$\mathbf{m}^t_i(\xi) = [-x\xi/l, y\xi/l, -1]$$
$$\mathbf{n}^t_i(\xi) = [-x/l, -y/l, 0]$$

Il lavoro delle forze $\mathbf{Q}_i$ per le deformazioni dovute a $\mathbf{Q}_o$ sarà dato da:

$$L = \int_l M_i(\xi)\, d\phi(\xi) + \int_l N_i(\xi)\, dn(\xi)$$

Sostituendo le espressioni sopra definite, si ottiene:

$$L = 1/EJ \int_l \mathbf{Q}^t_i\, \mathbf{m}_i(\xi)\, \mathbf{m}^t_o(\xi)\mathbf{Q}_o\, dx + 1/EJ \int_l \mathbf{Q}^t_o\, \mathbf{n}_o(\xi)\, \mathbf{n}^t_o(\xi)\mathbf{Q}_o\, d\xi$$

Definendo la matrice di dimensioni 3x7:

$$\mathbf{h}_o(\xi) = 1/EJ\, \mathbf{m}_i(\xi)\, \mathbf{m}^t_o(\xi) + 1/EJ\, \mathbf{n}_i(\xi)\, \mathbf{n}^t_o(\xi),$$

e raccogliendo, si ha:

$$L = \int_l \mathbf{Q}^t_i\, \mathbf{h}_o(\xi)\, \mathbf{Q}_o\, d\xi$$

dove compare la matrice di funzioni $\mathbf{h}_o(\xi)$:

$$\mathbf{h}_o(\xi) = \begin{bmatrix} \dfrac{\xi^2 y^2}{l^2EJ} & \dfrac{\xi^2 xy}{l^2EJ} & \dfrac{\xi y}{lEJ} & \dfrac{\xi^3 y^2 s}{2l^3EJ} & \dfrac{-\xi^3 xyc}{2l^3EJ} & \dfrac{-x}{l} & \dfrac{-\xi y}{l} \\ \dfrac{\xi^2 xy}{l^2EJ} & \dfrac{\xi^2 x^2}{l^2EJ} & \dfrac{-\xi x}{lEJ} & \dfrac{-\xi^3 xys}{2l^3EJ} & \dfrac{\xi^3 x^2 c}{2l^3EJ} & \dfrac{-y}{l} & \dfrac{\xi x}{l} \\ \dfrac{\xi y}{lEJ} & \dfrac{-\xi x}{lEJ} & \dfrac{1}{EJ} & \dfrac{\xi^2 ys}{2l^2EJ} & \dfrac{-\xi^2 xc}{2l^2EJ} & 0 & -1 \end{bmatrix}$$

I vettori $\mathbf{Q}_o$ e $\mathbf{Q}_i$, che non sono funzione di ξ, possono portarsi fuori dal segno di integrale:

$$L = \mathbf{Q}^t_i \left[\int_l \mathbf{h}_o(\xi)\, d\xi \right] \mathbf{Q}_o$$

La matrice $\mathbf{h}_o(\xi)$ contiene 3x7 elementi funzione di ξ, ciascuno dei quali deve essere integrato tra *0* e *l*. Dopo integrazione si ha:

$$\mathbf{H}_o = \begin{bmatrix} \frac{y^2 l}{3EJ} & \frac{-xyl}{3EJ} & \frac{yl}{2EJ} & \frac{y^2 ls}{8EJ} & \frac{-xycl}{8EJ} & -x & \frac{-yl}{2} \\ \frac{-xyl}{3EJ} & \frac{x^2 l}{3EJ} & \frac{-xl}{2EJ} & \frac{-xys}{8EJ} & \frac{x^2 cl}{8EJ} & -y & \frac{xl}{2} \\ \frac{yl}{2EJ} & \frac{-xl}{2EJ} & \frac{1}{EJ} & \frac{ysl}{6EJ} & \frac{-xcl}{6EJ} & 0 & -1 \end{bmatrix}$$

L'espressione del lavoro diventa:

$$L = \mathbf{Q}^t_i \, \mathbf{H}_o \, \mathbf{Q}_o$$

che definisce compiutamente il lavoro virtuale dell'asta.

L'espressione di $\mathbf{H}_o$ corrisponde ad una situazione di ampia generalità per travi rettilinee. Condizioni di carico diverse da quelle qui considerate possono essere incorporate nelle relazioni matriciali esposte, seguendo la stessa procedura.

L'espressione di $\mathbf{H}_o$ risulta particolarmente semplice per travi orizzontali:

$$\mathbf{H}_{ox} = \begin{bmatrix} 0 & 0 & 0 & 0 & 0 & -x & 0 \\ 0 & l^3/3EJ & -xl/2EJ & 0 & l^4/8EJ & 0 & xl/2 \\ 0 & -xl/2EJ & 1/EJ & 0 & -xl^2/6EJ & 0 & -1 \end{bmatrix}$$

e verticali:

$$\mathbf{H}_{oy} = \begin{bmatrix} l^3/3EJ & 0 & yl/2EJ & l^4/8EJ & 0 & 0 & -yl/2 \\ 0 & 0 & 0 & 0 & 0 & -y & 0 \\ yl/2EJ & 0 & 1/EJ & yl^2/6EJ & & 0 & -1 \end{bmatrix}$$

Se le deformazioni dipendono dalle sole forze nodali $\boldsymbol{Q}^t_k=[\,H_k,\ V_k,\ W_k]$ si ha:

$$L = \mathbf{Q}^t_i \, \mathbf{H} \, \mathbf{Q}_k$$

dove $\boldsymbol{H}$ è la sottomatrice 3×3 formata dalle prime tre colonne di $\boldsymbol{H}_o$.

Matrici di cedevolezza elementari per aste circolari

Si considerano aste ad asse circolare di raggio r e di sviluppo pari a un quarto di circonferenza, soggette alle stesse azioni del caso rettilineo. Con riferimento alla fig.10.26 e alla fig.10.27, siano $x=x_e-x_p$ e $y=y_p-y_e$ le differenze fra le coordinate esterne dell'*equatore* e del *polo*, secondo le convenzioni in figura.

Lo stato di sforzo e di deformazione dipende da:

- forze concentrate al polo: H_o, V_o, W_o.
- carichi uniformi di intensità: p, q.
- deformazioni anelastiche uniformi assiale e flessionale: ε, θ.

Con le stesse convenzioni l'azione flettente è definita da:

$M_o(\alpha) = Hx\,(1 - \cos\alpha) - Vy\,\sin\alpha + xyW/r^2 + xrp\,(1 - \cos\alpha)^2/2 - yrq\,\sin\alpha^2/2.$

La curvatura anelastica θ è riferita all'arco unitario. La deformazione flessionale $d\phi$ e assiale dn sono riferite al tronchetto di lunghezza $ds = r\,d\theta$. Per le due deformazioni complessive si ha:

$$d\phi(\alpha) = M(\alpha)/EJ\ r\,d\alpha + \theta\,d\alpha = 1/EJ\,\big(\,M(\alpha) + EJ\,\theta/r\,\big)\,r\,d\alpha = r/EJ\ \mathbf{m}^t_o(\alpha)\,\mathbf{Q}_o\,d\alpha.$$

$$dn(\alpha) = \varepsilon\,r\,d\alpha = 1/EJ\ \mathbf{n}^t_o(\alpha)\,\mathbf{Q}_o\,r\,d\alpha$$

avendo posto:

$$\mathbf{Q}^t_o = [\, H , V , W , p , q , \varepsilon , \theta \,]$$

$$\mathbf{n}^t_o(\alpha) = [\, 0 , 0 , 0 , 0 , 0 , EJ , 0 \,]$$

$$\mathbf{m}^t_o(\alpha) = [\, x\,(1 - \cos\alpha) , - y \sin\alpha , yx/r^2 , xr(1 - \cos\alpha)^2/2 , - yr \sin^2\alpha/2 , 0 , EJ/r \,]$$

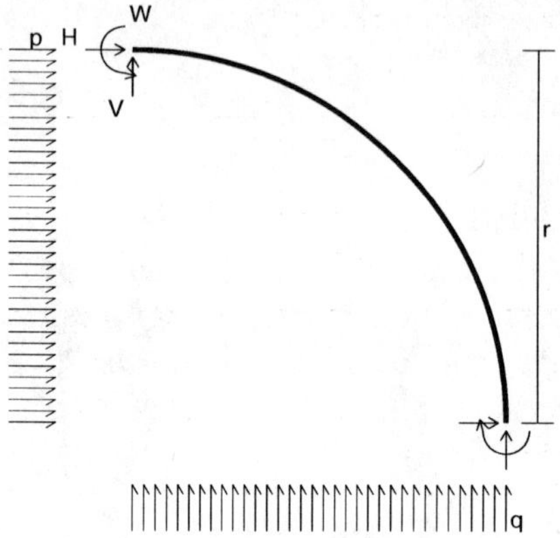

Figura 10.26

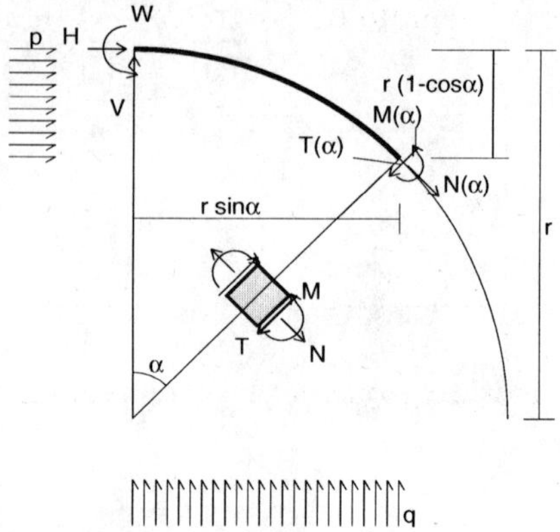

Figura 10.27

Le azioni interne dovute a forze H_i, V_i, W_i applicate al polo sono date da:

$$M_i(\alpha) = \mathbf{m}_i(\alpha)\, \mathbf{Q}_i$$

$$N_i(\alpha) = \mathbf{n}_i(\alpha)\, \mathbf{Q}_i$$

avendo posto:

$$\mathbf{Q}^t_i = [\, H_i, V_i , W_i \,]$$

$$\mathbf{m}^t_i(\alpha) = \left[\, x\,(1 - \cos\alpha) , - y \sin\alpha , yx/r^2 \,\right]$$

$$\mathbf{n}^t_i(\alpha) = \left[\, - x \cos\alpha/r , - y \sin\alpha/r , 0 \,\right].$$

Il lavoro delle azioni interne dovute alle $\mathbf{Q}_i$ per le deformazioni dipendenti da $\mathbf{Q}_o$, per un'asta di sviluppo pari ad un quarto di circonferenza, è dato da:

$$L = \int_{\pi/2} M_i(\alpha)\, d\phi(\alpha) + \int_{\pi/2} N_i(\alpha)\, dn(\alpha)$$

$$L = 1/EJ \int_{\pi/2} \mathbf{Q}^t_i\, \mathbf{m}_i(\alpha)\, \mathbf{m}^t_o(\alpha)\, \mathbf{Q}_o\, d\alpha + 1/EJ \int_{\pi/2} \mathbf{Q}^t_i\, \mathbf{n}_i(\alpha)\, \mathbf{n}^t\,(\alpha)\, \mathbf{Q}_o\, d\alpha$$

Definendo la matrice di dimensioni 3x7:

$$\mathbf{h}_o(\alpha) = 1/EJ\; \mathbf{m}_i(\alpha)\, \mathbf{m}^t_o(\alpha) + 1/EJ\; \mathbf{n}_i(\alpha)\, \mathbf{n}^t_o(\alpha),$$

e raccogliendo, si ha:

$$L = \int_{\pi/2} \mathbf{Q}^t_i\, \mathbf{h}_o(\alpha)\, \mathbf{Q}_o\, d\alpha$$

dove:

$$\mathbf{h}^t_o(\alpha) = \frac{1}{EJ}\begin{bmatrix} r^3(1-\cos\alpha)^2 & -rxy\sin\alpha(1-\cos\alpha) & ry(1-\cos\alpha) \\ -rxy\sin\alpha(1-\cos\alpha) & r^3\sin^2\alpha & -rx\sin\alpha \\ ry(1-\cos\alpha) & -rx\sin\alpha & r \\ r^4(1-\cos\alpha)^3/2 & -r^2xy\sin\alpha(1-\cos\alpha)^2/2 & r^2y(1-\cos\alpha)^2/2 \\ -r^2xy\sin^2\alpha(1-\cos\alpha)/2 & r^4\sin^3\alpha/2 & -r^2x\sin^2\alpha/2 \\ -x\cos\alpha\, EJ & -y\sin\alpha\, EJ & 0 \\ x(1-\cos\alpha)\, EJ & -y\sin\alpha\, EJ & xy\, EJ/r^2 \end{bmatrix}$$

I vettori $\mathbf{Q}_o$ e $\mathbf{Q}_i$, che non sono funzione di α, possono portarsi fuori dal segno di integrale:

$$L = \mathbf{Q}^t_i \left[\int_{\pi/2} \mathbf{h}_o(\alpha)\, d\alpha \right] \mathbf{Q}_o$$

La matrice $\mathbf{h}(\alpha)$ contiene 3x7 elementi funzione di α, ciascuno dei quali deve essere integrato tra 0 e $\pi/2$. Dopo integrazione si ha la matrice $\mathbf{H}_o$:

$$\mathbf{H}_o = \begin{bmatrix} \frac{(3\pi-8)r^3}{4EJ} & -\frac{rxy}{2EJ} & \frac{ry(\pi-2)}{2EJ} & \frac{r^4(15\pi-44)}{24EJ} & \frac{r^2xy(4-3\pi)}{24EJ} & x & \frac{x(\pi-2)}{2} \\ -\frac{rxy}{2EJ} & \frac{\pi r^3}{4EJ} & -\frac{rx}{EJ} & -\frac{r^2xy}{6EJ} & \frac{r^4}{3EJ} & y & -y \\ \frac{ry(\pi-2)}{2EJ} & -\frac{rx}{EJ} & \frac{\pi r}{2EJ} & \frac{r^2y(3\pi-8)}{8EJ} & \frac{r^2x\pi}{8EJ} & 0 & \frac{xy\pi}{2r^2} \end{bmatrix}$$

L'espressione del lavoro diventa:

$$L = \mathbf{Q}^t_i\, \mathbf{H}_o\, \mathbf{Q}_o$$

che definisce compiutamente il lavoro virtuale dell'asta.

L'espressione di $\mathbf{H}_o$ corrisponde ad una situazione di specifico interesse applicativo. Condizioni di carico diverse da quelle qui considerate possono essere incorporate nelle relazioni matriciali esposte, seguendo la stessa procedura.

Se le deformazioni dipendono dalle sole forze nodali $\boldsymbol{Q}^t_k = [\, H_k,\ V_k,\ W_k]$ si ha:

$$L = \mathbf{Q}^t_i\, \mathbf{H}\, \mathbf{Q}_k$$

dove $\boldsymbol{H}$ è la sottomatrice 3×3 formata dalle prime tre colonne di $\boldsymbol{H}_o$.

Spostamenti

Il calcolo dello spostamento s di un punto appartenente ad una struttura isostatica presuppone la conoscenza delle azioni Q_{ao} relative a ciascuna delle A aste che compongono la struttura, delle forze R_{mo}, R_{co} agenti alle estremità delle aste o sui nodi a terra in corrispondenza delle M molle, e dei C cedimenti anelastici s_c.

Siano Q_{ai} le azioni relative alle stesse aste in dipendenza di una forza unitaria equiversa a s, e R_{mi}, R_{ci} le forze agenti alle estremità delle aste o sui nodi a terra, in corrispondenza delle M molle o dei C cedimenti anelastici. Per il Principio dei Lavori Virtuali si ha:

$$s = \sum_{a=1,A} \mathbf{Q}_{ai}\, \mathbf{H}_a\, \mathbf{Q}_{ao} + \sum_{m=1,M} R_{mi}\, k_m\, R_{mo} - \sum_{c=1,C} R_{ci}\, s_c$$

Il prodotto $k_m\, R_{om}$ rappresenta lo spostamento elastico effettivo del punto di applicazione della molla per effetto della reazione R_{om}, e dipende dalla costante k_m della molla.

Se il parametro da determinarsi è lo spostamento relativo fra due punti, il sistema delle azioni fittizie $\boldsymbol{Q}_{ai}$, R_{mi}, R_{ci} sarà calcolato con riferimento ad un sistema (a risultante nulla) di due carichi unitari uguali e contrari applicati nei due punti. Il verso che caratterizza lo spostamento relativo s è concorde con la convenzione assunta per i due carichi unitari.

Iperstatiche

Se la struttura è N volte iperstatica, le azioni $\boldsymbol{Q}_a$ nell'asta a e le forze R_m s ui nodi interessati dalle molle possono essere espressi, come si è visto precedentemente, da:

$$\mathbf{Q}_a = \textstyle\sum_{i=1,N} \mathbf{Q}_{ai}\, X_i + \mathbf{Q}_{ao}$$

$$R_m = \textstyle\sum_{i=1,N} R_{mi}\, X_i + R_{mo}$$

Tutti i parametri statici si intendono calcolati sulla struttura resa isostatica mediante N declassamenti di vincolo. Le azioni $\boldsymbol{Q}_{ao}$, R_{mo} si riferiscono ai soli carichi assegnati, mentre le $\boldsymbol{Q}_{ai}$, R_{mi}, R_{ci} si intendono calcolate per ciascun sistema di carichi unitari equiversi alle iperstatiche.

Il Principio dei Lavori Virtuali viene applicato N volte, assumendo ogni volta come sistema equilibrato l'insieme delle azioni $\boldsymbol{Q}_{ai}$, R_{mi}, R_{ci} associate alla corrispondente *i-esima* incognita iperstatica. Le reazioni R_{ci} rappresentano le forze agenti alle estremità delle aste o ai nodi in corrispondenza di cedimenti anelastici reali s_c.

Per il *j-esimo* sistema di forze fittizie si ottiene così:

$$L_{Ij} - L_{Ej} = \textstyle\sum_{i=1,N} X_i \left(\sum_{a=1,A} \mathbf{Q}_{aj}^{\,t}\, \mathbf{H}_a\, \mathbf{Q}_{ai} + \sum_{m=1,M} R_{mj}\, k_m\, R_{mi} \right) +$$

$$+ \textstyle\sum_{a=1,A} \mathbf{Q}_{aj}^{\,t}\, \mathbf{H}_{ao}\, \mathbf{Q}_{ao} + \sum_{m=1,M} R_{mj}\, k_m\, R_{mo} - \sum_{c=1,C} R_{cj}\, s_c = 0$$

Si indichi con:

$$L_{ji} = \textstyle\sum_{a=1,A} \mathbf{Q}_{aj}^{\,t}\, \mathbf{H}_a\, \mathbf{Q}_{ai} + \sum_{m=1,M} R_{mj}\, k_m\, R_{mi}$$

il lavoro virtuale del sistema j per le deformazioni elastiche dipendenti dal sistema i, attraverso la matrice 3×3 $\mathbf{H}_a$ di ciascun elemento a, formata con le prime tre colonne della $\mathbf{H}_{ao}$ precedentemente definita. Si indichi con:

$$L_{jo} = \textstyle\sum_{a=1,A} \mathbf{Q}_{aj}^{\,t}\, \mathbf{H}_{ao}\, \mathbf{Q}_{ao} + \sum_{m=1,M} R_{mj}\, k_m\, R_{mo}$$

il lavoro virtuale del sistema j per le deformazioni elastiche dipendenti dai carichi assegnati sulla struttura principale equivalente, essendo $\mathbf{H}_{ao}$ la matrice 3×7 precedentemente definita per ciascun elemento a, e con:

$$L_{jc} = \textstyle\sum_{c=1,C} R_{cj}\, s_c$$

il lavoro del sistema j per i cedimenti anelastici reali. La relazione risolvente sopra ricavata assume la forma compatta:

$$\begin{bmatrix} L_{11} & \dots & \dots & \dots & L_{1N} \\ \dots & \dots & \dots & \dots & \dots \\ \dots & \dots & \dots & \dots & \dots \\ \dots & \dots & \dots & \dots & \dots \\ L_{N1} & \dots & \dots & \dots & L_{NN} \end{bmatrix} \begin{bmatrix} X_1 \\ \dots \\ \dots \\ \dots \\ X_N \end{bmatrix} = \begin{bmatrix} L_{1c} - L_{1o} \\ \dots \\ \dots \\ \dots \\ L_{Nc} - L_{No} \end{bmatrix}$$

La relazione risolvente è definita da una matrice $m{\times}m$, che risulta essere simmetrica, essendo $L_{ij} = L_{ji}$, come del resto si è visto anche nell'esempio del paragrafo 10.7, con notevole riduzione nel numero dei calcoli necessari. Deve essere rilevato in proposito che la matrice $\boldsymbol{H}_{ao}$ dell'asta a è la stessa per tutte le condizioni di carico, insieme con la sua sottomatrice $\boldsymbol{H}_a$, e che pertanto il calcolo dei coefficienti L_{ij} è alquanto semplificato.

10.11 - ESEMPIO 1

L'esempio di fig.10.28 consente di illustrare in forma semplice gli aspetti operativi del calcolo. La struttura è isostatica, con eguale momento d'inerzia J nelle due aste. Si voglia calcolare lo spostamento orizzontale u_A del nodo A. A tal fine si assume lo schema di servizio di fig.10.29, indicando con *0* e *1* azioni reali e fittizie.

Procedimento analitico

Le azioni flettenti calcolate con asse locale x sono:

$$M(x)_{oAB} = qbx\sqrt{2}/8 \qquad M(x)_{oBC} = qb^2/4 + qbx/4 - qx^2/2$$

$$M(x)_{1AB} = -x\sqrt{2}/4 \qquad M(x)_{1BC} = -b/2 + x/2$$

Lavoro da forza unitaria per deformazione da azioni assegnate:

$$L^1_{AB} = \int_{\sqrt{2}b} M_{1AB}\, M_{oAB}/EJ_{AB}\, dx = \int_{\sqrt{2}b}(-\sqrt{2}/4\ x/b)(\sqrt{2}/8\ x/b)\ qb^3/EJ_{AB}\, dx$$

$$L^1_{AB} = \int_{\sqrt{2}b}(-1/16\ x^2/b^2)\ qb^3/EJ\, dx = [-1/48\ x^3/b^2\ ]_{\sqrt{2}b}\ qb^3/EJ$$

$$L^1_{AB} = (-\sqrt{2}/24\ b)\ qb^3/EJ = -\sqrt{2}/24\ qb^4/EJ$$

$$L^1_{BC} = \int_b M_{1BC}\, M_{oBC}/EJ_{BC}\, dx$$

$$L^1_{BC} = \int_b(-1/2+1/2\ x/b)(1/4+1/4\ x/b-1/2\ x^2/b^2)\ qb^3/EJ_{BC}\, dx$$

$$L^1_{BC} = \int_b(-1/8 +3/8\ x^2/b^2 -1/4\ x^3/b^3\ )\ qb^3/EJ\, dx$$

$$L^1_{BC} = [-1/8\ x +1/8\ x^3/b^2 -1/16\ x^4/b^3\ ]_b\ qb^3/EJ$$

$$L^1_{BC} = (-1/8\ b +1/8\ b -1/16\ b\ )\ qb^3/EJ = -1/16\ qb^4/EJ$$

Espressione dello spostamento:

$$u_A = (\ L^1_{AB} + L^1_{BC}\ ) = (\ -\sqrt{2}/24 - 1/16\ )\ qb^4/EJ = -\ (3+2\sqrt{2})/48\ qb^4/EJ$$

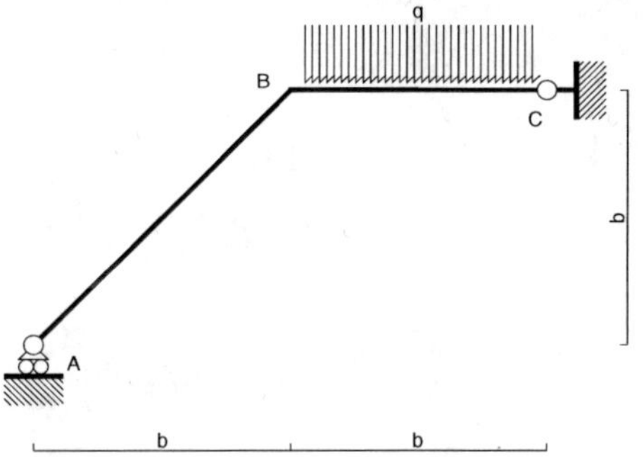

Figura 10.28

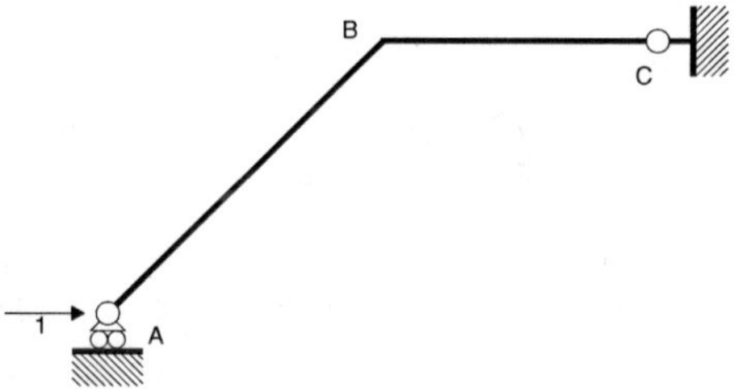

Figura 10.29

Procedimento matriciale

Il procedimento matriciale elimina le integrazioni. Si calcolano le reazioni non nulle agli estremi iniziali delle aste AB e BC per lo schema reale:

$$\mathbf{Q}_{oAB}{}^t = [\ H_{AB}\ ,\ V_{AB}\ ,\ W_{AB}\ ] = [\ 0\ ,\ qb/4\ ,\ 0\ ]$$

$$\mathbf{Q}_{oBC}{}^t = [\ H_{BC}\ ,\ V_{BC}\ ,\ W_{BC}\ ,\ p_{BC}\ ,\ q_{BC}\ ] = [\ 0\ ,\ qb/4\ ,\ -\ qb^2/4\ ,\ 0\ ,\ -q\ ]$$

e per lo schema di servizio:

$$\mathbf{Q}_{1AB}{}^t = [\ H_{1AB}\ ,\ V_{1AB}\ ,\ W_{1AB}\ ] = [\ 1\ ,\ 1/2\ ,\ 0\ ]$$

$$\mathbf{Q}_{1BC}{}^t = [\ H_{1BC}\ ,\ V_{1BC}\ ,\ W_{1BC}\ ] = [\ 1\ ,\ 1/2\ ,\ qb^2/2\ ]$$

Per l'asta AB, in assenza di carichi distribuiti e curvatura termica, posto $l=b\sqrt{2}$, $c=s=d=t=b$ e seguendo quanto esposto precedentemente, si ottiene:

$$\mathbf{H}_{oAB}=\begin{bmatrix} b^3\sqrt{2}/3EJ & -b^3\sqrt{2}/3EJ & b^2\sqrt{2}/2EJ \\ -b^3\sqrt{2}/3EJ & b^3\sqrt{2}/3EJ & b^2\sqrt{2}/2EJ \\ b^2\sqrt{2}/2EJ & b^2\sqrt{2}/2EJ & b\sqrt{2}/EJ \end{bmatrix}$$

Il lavoro interno $L_{AB} = \boldsymbol{Q}'^t_{AB}\, \boldsymbol{H}_{oAB}\, \boldsymbol{Q}_{oAB}$ dell'asta AB è dato da:

$$L_{AB}=\begin{bmatrix} 1 & 1/2 & 0 \end{bmatrix}\begin{bmatrix} b^3\sqrt{2}/3EJ & -b^3\sqrt{2}/3EJ & b^2\sqrt{2}/2EJ \\ -b^3\sqrt{2}/3EJ & b^3\sqrt{2}/3EJ & b^2\sqrt{2}/2EJ \\ b^2\sqrt{2}/2EJ & b^2\sqrt{2}/2EJ & b\sqrt{2}/EJ \end{bmatrix}\begin{bmatrix} 0 \\ qb/4 \\ 0 \end{bmatrix}$$

e vale $L_{AB} = -\, qb^4 \sqrt{2}/24EJ$

Per l'asta BC la matrice $\boldsymbol{H}_{oBC}$ costruita come sopra per aste orizzontali fornisce, con $c=l=b$ e in presenza di soli carichi uniformi:

$$\mathbf{H}_{oBC}=\begin{bmatrix} 0 & 0 & 0 & 0 & 0 \\ 0 & b^3/3EJ & -b^2/2EJ & 0 & b^4/8EJ \\ 0 & -b^2/2EJ & b/3EJ & 0 & -b^3/6EJ \end{bmatrix}$$

Il lavoro interno $L_{BC} = \mathbf{Q}'^t_{BC}\, \mathbf{H}_{oBC}\, \mathbf{Q}_{oBC}$ dell'asta BC è dato da:

$$L_{BC}=\begin{bmatrix} 1 & 1/2 & qb^2/2 \end{bmatrix}\begin{bmatrix} 0 & 0 & 0 & 0 & 0 \\ 0 & b^3/3EJ & -b^2/2EJ & 0 & b^4/8EJ \\ 0 & -b^2/2EJ & b/3EJ & 0 & -b^3/6EJ \end{bmatrix}\begin{bmatrix} 0 \\ qb/4 \\ -qb^2/4 \\ 0 \\ -q \end{bmatrix}$$

e vale $L_{BC} = -\, qb^4/16EJ$.

La sommatoria dei contributi delle aste fornisce il lavoro interno totale, e quindi lo spostamento richiesto.

$$u_A = L_{AB} + L_{BC} = -(3+2\sqrt{2})qb^4/48EJ.$$

10.12 - ESEMPIO 2

La struttura di fig.10.30 si compone di aste rettilinee e circolari, aventi uguale modulo elastico E e momento di inerzia J. Si voglia determinare lo spostamento verticale di B, spostamento supposto positivo se diretto verso l'alto. A tal fine si consideri la struttura di fig.10.31, con forza verticale unitaria in B, diretta verso l'alto.

Procedimento analitico

Azioni interne reali e fittizie:

M_{oAB}= 2/3 x qb $\qquad$ M_{oBC}= 2/3 qb^2

M_{oDB}= (1/6+1/3 sinθ-1/2 $\sin^2θ$) qb^2 $\qquad$ M_{oDE}= (1/6-1/3 x/b-1/2 x^2/b^2) qb^2

M_{oEC}= -2/3 qb^2 $\qquad$ M_{oCF}= 0

M_{1AB}= -2/3 x M_{1BC}= -2/3 b
M_{1DB}=(1/3-1/3 sinθ) b M_{1DE}=(1/3+1/3 x/b) b
M_{1EC}= 2/3 b M_{1CF}= 0

Lavoro da forza unitaria per deformazione da azioni assegnate

$L^1_{AB} = \int_b M_{1AB}\, M_{oAB}/EJ_{AB}\, dx = \int_b(-2/3\ x/b)(2/3\ x/b)\ qb^3/EJ_{AB}\, dx$
$L^1_{AB} = \int_b(-4/9\ x^2/b^2)\ qb^3/EJ\ dx = [-4/27\ x^3/b^2\ ]_b\ qb^3/EJ$
$L^1_{AB} = (-4/27\ b)\ qb^3/EJ = -4/27\ qb^4/EJ$
$L^1_{BC} = \int_{2b} M_{1BC}\, M_{oBC}/EJ_{BC}\, dx = \int_{2b}(-2/3)(2/3)\ qb^3/EJ_{BC}\, dx$
$L^1_{BC} = \int_{2b}(-4/9)\ qb^3/EJ\ dx = [-4/9\ x\ ]_{2b}\ qb^3/EJ$
$L^1_{BC} = (-8/9\ b)\ qb^3/EJ = -8/9\ qb^4/EJ$
$L^1_{DB} = \int_{\pi/2} M_{1DB}\, M_{oDB}/EJ_{DB}\ r\ d\theta$
$L^1_{DB} = \int_{\pi/2}(1/3-1/3\ \sin\theta)(1/6+1/3\ \sin\theta-1/2\ \sin^2\theta)\ qb^3/EJ_{DB}\ b\ d\theta$
$L^1_{DB} = \int_{\pi/2}(1/18\ -5/18\ \sin^2\theta\ +1/18\ \sin\theta\ +1/6\ \sin^3\theta\ )\ qb^3/EJ\ b\ d\theta$
$L^1_{DB}=[1/18\ \theta-5/18\ (\theta-\sin\theta\ \cos\theta)/2\ +1/18\ (-\cos\theta)\ +1/6\ (\cos^3\theta/3-\cos\theta)\ ]_{\pi/2}\ qb^3/EJ\ b$
$L^1_{DB} = (1/18\ \pi/2\ -5/18\ \pi/4\ +1/18\ +1/6\ (2/3)\ )\ qb^3/EJ\ b = (4-\pi)/24\ qb^4/EJ$
$L^1_{DE}=\int_b M_{1DE} M_{oDE} 1/EJ_{DE} dx=\int_b(1/3+1/3x/b)(1/6-1/3x/b-1/2x^2/b^2)qb^3/EJ_{DE}dx$
$L^1_{DE} = \int_b(1/18\ -1/18\ x/b\ -5/18\ x^2/b^2\ -1/6\ x^3/b^3\ )\ qb^3/EJ\ dx =$
$L^1_{DE} = [1/18\ x\ -1/36\ x^2/b\ -5/54\ x^3/b^2\ -1/24\ x^4/b^3\ ]_b\ qb^3/EJ$
$L^1_{DE} = (1/18\ b\ -1/36\ b\ -5/54\ b\ -1/24\ b\ )\ qb^3/EJ = -23/216\ qb^4/EJ$
$L^1_{EC} = \int_b M_{1EC}\, M_{oEC}/EJ_{EC}\, dx = \int_b(2/3)(-2/3)\ qb^3/EJ_{EC}\, dx$
$L^1_{EC} = \int_b(-4/9)\ qb^3/EJ\ dx = [-4/9\ x\ ]_b\ qb^3/EJ$
$L^1_{EC} = (-4/9\ b)\ qb^3/EJ = -4/9\ qb^4/EJ$

Espressione dello spostamento

$v_B = (\ L^1_{AB} + L^1_{BC} + L^1_{DB} + L^1_{DE} + L^1_{EC}\ )$
$v_B = (\ -\ 4/27\ -\ 8/9 + (4-\pi)/24\ -\ 23/216\ -\ 4/9\ )\ qb^4/EJ = -\ (307+9\pi)/216\ qb^4/EJ$

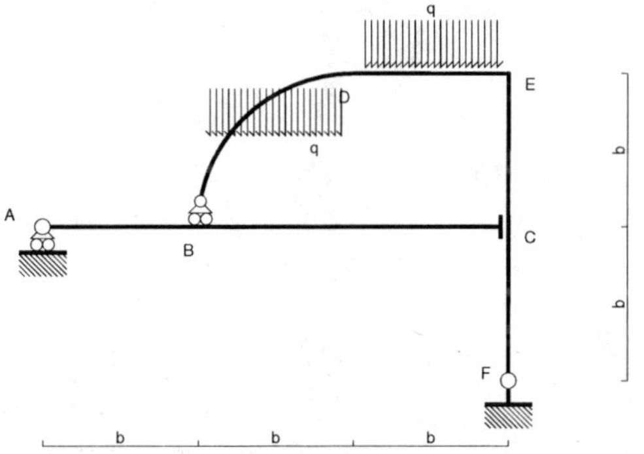

Figura 10.30

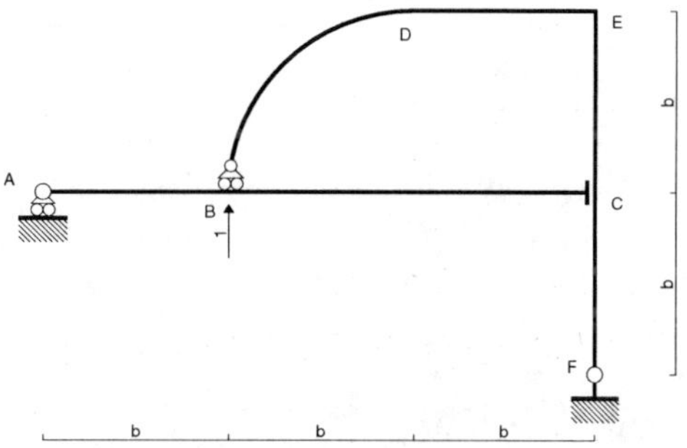

Figura 10.31

Procedimento matriciale

Siano ordinate nei vettori $\boldsymbol{Q}_{oa}$ e $\boldsymbol{Q}_{1a}$ le azioni reali e fittizie relative alle sei aste. Siao $\boldsymbol{H}_{oi}$ e $\boldsymbol{H}_i$ le corrispondenti matrici di cedevolezza, come sviluppate nei precedenti paragrafi. Avendo eliminato righe e colonne che in sede di prodotto matriciale non daranno contributo, si ha:

$Q_{1AB}=[V_{1AB}]=[-2/3]$ $Q_{1BC}=[W_{1BC}]=[2b/3]$ $Q_{1EC}=[W_{1EC}]=[-2b/3]$
$Q_{oAB}=[V_{oAB}]=[2qb/3]$ $Q_{oBC}=[W_{oBC}]=[-2\ qb^2/3]$ $Q_{oEC}=[W_{oEC}]=[2\ qb^2/3]$
$H_{oAB}=[b^3/3EJ]$ $H_{oBC}=[2b/EJ]$ $H_{oEC}=[b/EJ]$
$\mathbf{Q}^t_{oDB}=[V_{oDB}, W_{oDB}, q]=[qb/3, qb^2/6, -1]$ $\mathbf{Q}^t_{oDE}=[V_{oDE}, W_{oDE}, q]=[-qb/3, qb^2/6, -1]$
$\mathbf{Q}^t_{1DB}=[V_{1DB}, W_{1DB}]=[-1/3, b/3]$ $\mathbf{Q}^t_{1DE}=[V_{1DE}, W_{1DE}]=[1/3, -b/3]$

$$\mathbf{H}_{oDB}=\begin{bmatrix} \pi b^3/4EJ & b^2/EJ & b^4/3EJ \\ b^2/EJ & \pi b/2EJ & \pi b^3/8EJ \end{bmatrix} \quad \mathbf{H}_{oDE}=\begin{bmatrix} b^3/3EJ & -b^2/2EJ & b^4/8EJ \\ -b^2/2EJ & b/EJ & -b^3/6EJ \end{bmatrix}$$

Dal Principio dei Lavori Virtuali si ha, avendo enumerato per *a* da *1* a *5* le aste *AB, BC, EC, DE, DB*:

$$v_C = \sum_{a=1,5} \mathbf{Q}_{1a}\, \mathbf{H}_{oa}\, \mathbf{Q}_{oa}$$

Lo sviluppo dei calcoli fornisce uno spostamento:

$$v_C = -\,(307 + 9\pi)qb^4/216EJ.$$

10.13 - ESEMPIO 3

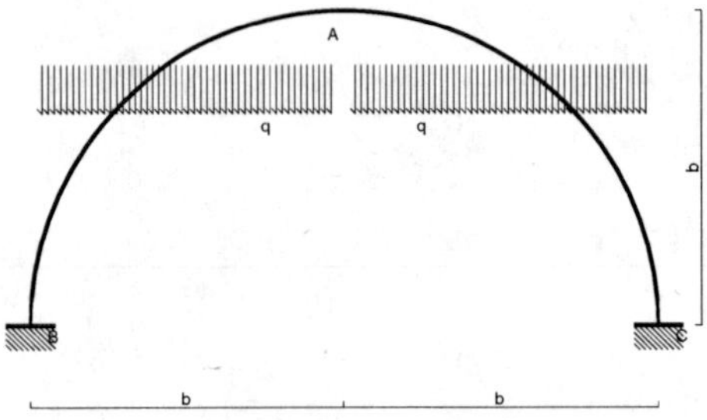

Figura 10.32

La struttura *BAC* di fig.10.32, con aste di uguale modulo elastico e momento d'inerzia, è simmetrica e simmetricamente caricata. Si può quindi affermare che le azioni assiale e flettente saranno simmetriche, mentre l'azione tagliante sarà antisimmetrica come espressione analitica (cioè simmetrica come effetti). Quest'ultima circostanza impone l'annullarsi dell'azione tagliante nella sezione di mezzeria e permette di studiare il problema sulla base dello schema semplificato di fig.10.33. Si voglia calcolare lo spostamento verticale in *A*.

Resa isostatica la struttura come in fig.10.34, si possono evidenziare separatamente le reazioni iperstatiche *X, W* e calcolare le azioni M_q, M_X, M_W, applicando valori unitari per *X* e *W*. L'azione complessiva reale *M* sarà data da:

$$M = M_q + X\, M_X + W\, M_W$$

dove M_X, M_W sono associate alle forze $X=1$, $W=1$, e M_q al carico *q* di fig.10.34.

Procedimento analitico

Resa isostatica la struttura, si calcolano gli spostamenti liberi dell'estremo *A* per effetto delle azioni *q*, $X=1$, $Y=V_A=1$, $W=1$, utilizzando le funzioni:

$M_q= -1/2\ \sin^2\theta\ qb^2$ $M_X = (\cos\theta-1)\ b$ $M_Y = \sin\theta\ b$ $M_W = 1$

Spostamento u_q da q

$u_q= \int_{\pi/2} M_X M_q/EJ\ r\ d\theta = \int_{\pi/2}(\cos\theta-1)(-1/2\ \sin^2\theta)\ qb^4/EJ\ d\theta$

$u_q=\int_{\pi/2} (-1/2(\cos\theta-1)\sin^2\theta)\ qb^4/EJ\ d\theta=[-1/2(2\sin^3\theta+3\sin\theta\cos\theta-3\theta)/6]_{\pi/2}\ qb^4/EJ$

$u_q = -1/2\ (1/3-\pi/4)\ qb^4/EJ = -(4-3\pi)/24\ qb^4/EJ$

Spostamento v_q da q

$v_q = \int_{\pi/2} M_Y M_q/EJ\ r\ d\theta = \int_{\pi/2} \sin\theta\ (-1/2 \sin^2\theta)\ qb^4/EJ\ d\theta$

$v_q = \int_{\pi/2}(-1/2 \sin^3\theta\ )\ qb^4/EJ\ d\theta = [-1/2\ (\cos^3\theta/3-\cos\theta)\ ]_{\pi/2}\ qb^4/EJ = -1/3\ qb^4/EJ$

Rotazione ϕ_q da q

$\phi_q = \int_{\pi/2} M_W M_q/EJ\ r\ d\theta = \int_{\pi/2}(1)(-1/2 \sin^2\theta)\ qb^3/EJ\ d\theta$

$\phi_q = \int_{\pi/2}(-1/2 \sin^2\theta\ )\ qb^3/EJ\ d\theta = [-1/2\ (\theta-\sin\theta \cos\theta)/2\ ]_{\pi/2}\ qb^3/EJ = -\pi/8\ qb^3/EJ$

Spostamento u_X da X=1

$u_X = \int_{\pi/2} M_X M_X/EJ\ r\ d\theta = \int_{\pi/2} (\cos\theta-1)\ (\cos\theta-1)\ b^3/EJ\ d\theta$

$u_X = \int_{\pi/2}(\ (\cos\theta-1)^2\ )\ b^3/EJ\ d\theta = [(3\theta+\sin\theta \cos\theta-4 \sin\theta)/2\ ]_{\pi/2}\ b^3/EJ = (3\pi-8)/4\ b^3/EJ$

Spostamento v_X da X=1

$v_X = \int_{\pi/2} M_Y M_X/EJ\ r\ d\theta = \int_{\pi/2} (\cos\theta-1) \sin\theta\ b^3/EJ\ d\theta$

$v_X = [\ \sin^2\theta/2+\cos\theta\ ]_{\pi/2}\ b^3/EJ = -1/2\ b^3/EJ$

Rotazione ϕ_X da X=1 e spostamento u_W da W=1:

$\phi_X = u_W = \int_{\pi/2} M_W M_X/EJ\ r\ d\theta = \int_{\pi/2} 1\ (\cos\theta-1)\ b^2/EJ\ d\theta$

$\phi_X = u_W = \int_{\pi/2}(\ (\cos\theta-1)\ )\ b^2/EJ\ d\theta = [\ \sin\theta-\theta\ ]_{\pi/2}\ b^2/EJ = (2-\pi)/2\ b^2/EJ$

Spostamento v_W da W=1

$V_W = \int_{\pi/2} M_Y M_W/EJ\ r\ d\theta = \int_{\pi/2}(\ \sin\theta)\ 1\ b^2/EJ\ d\theta$

$V_W = \int_{\pi/2} \sin\theta\ b^2/EJ\ d\theta = [-\cos\theta\ ]_{\pi/2}\ b^2/EJ = b^2/EJ$

Rotazione ϕ_W da W=1

$\phi_W = \int_{\pi/2} M_W M_W/EJ\ r\ d\theta = \int_{\pi/2}(1)(1)\ b/EJ\ d\theta = [\ \theta\ ]_{\pi/2}\ b/EJ\ = \pi/2\ b/EJ$

Per congruenza i valori di *X* e *W* dovranno annullare lo spostamento orizzontale e la rotazione in A. Si ha perciò:

$u_q + X\ u_X + W\ u_W = -(4-3\pi)\ qb^4/24EJ + X\ (3\pi-8)\ b^3/4EJ + W\ (2-\pi)\ b^2/2EJ = 0$

$\phi_q + X\ \phi_X + W\ \phi_W = -\pi\ qb^3/8EJ + X\ (2-\pi)\ b^2/2EJ + W\ \pi b/2EJ = 0$

da cui:

$X = -\ \pi/(3\pi^2 - 12\pi - 24)\ qb$ $\qquad$ $W = (3\pi^2 - 4\pi -16)/(12\pi^2 - 48\pi - 96)\ qb^2.$

Lo spostamento verticale sarà:

$$v_A = v_q + X\ v_X + W\ v_W = -\ qb^4/3EJ - X\ b^3/2EJ + W\ b^2/EJ$$

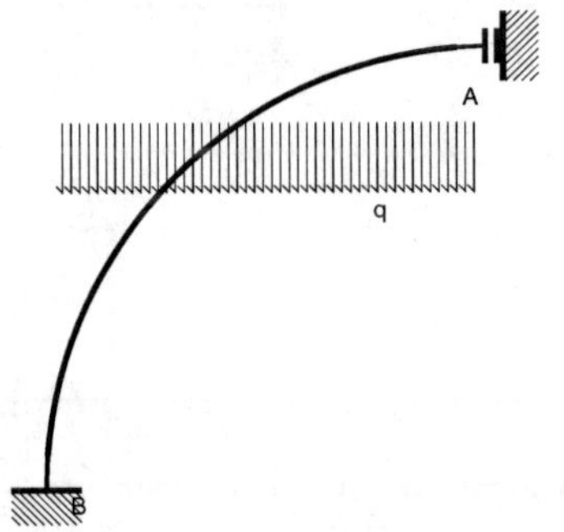

Figura 10.33

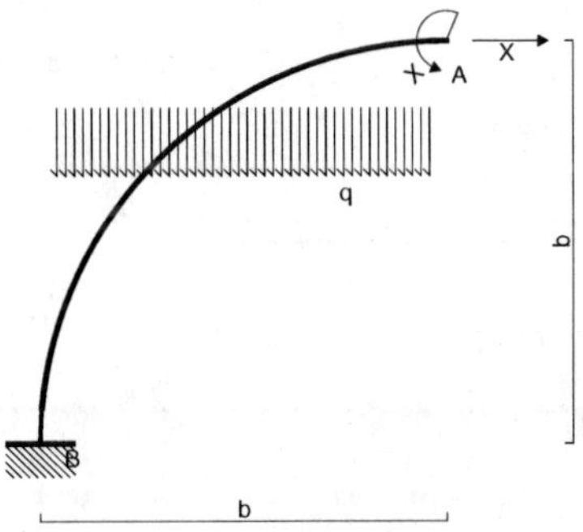

Figura 10.34

Procedimento matriciale

Per la geometria in esame la matrice di cedevolezza risulta:

$$\mathbf{H}_0=\begin{bmatrix}\frac{(3\pi-8)b^3}{4EJ} & \frac{-b^3}{2EJ} & \frac{(2-\pi)b^2}{2EJ} & \frac{(4-3\pi)b^4}{24EJ}\\ \frac{-b^3}{2EJ} & \frac{\pi b^3}{4EJ} & \frac{b^2}{EJ} & \frac{b^4}{3EJ}\\ \frac{(2-\pi)b^2}{2EJ} & \frac{b^2}{EJ} & \frac{\pi b}{2EJ} & \frac{\pi b^3}{8EJ}\end{bmatrix}\quad \mathbf{H}=\begin{bmatrix}\frac{(3\pi-8)b^3}{4EJ} & \frac{-b^3}{2EJ} & \frac{(2-\pi)b^2}{2EJ}\\ \frac{-b^3}{2EJ} & \frac{\pi b^3}{4EJ} & \frac{b^2}{EJ}\\ \frac{(2-\pi)b^2}{2EJ} & \frac{b^2}{EJ} & \frac{\pi b}{2EJ}\end{bmatrix}$$

essendosi selezionate in $\boldsymbol{H_o}$ le sole colonne associate alle componenti *H, V, W, q*. Si definiscano le forze in *A*, come segue:

$\mathbf{Q}^t_o=[H_{oAB}, V_{oAB}, W_{oAB}, q]=[0, 0, 0, -1]$ $\qquad$ $\mathbf{Q}^t_Y=[H_{YAB}, V_{YAB}, W_{YAB}]=[0, 1, 0]$

$\mathbf{Q}^t_X=[H_{XAB}, V_{XAB}, W_{XAB}]=[1, 0, 0]$ $\qquad$ $\mathbf{Q}^t_W=[H_{wAB}, V_{WAB}, W_{WAB}]=[0, 0, 1]$

Con lavoro esterno nullo si ha il sistema di due equazioni in due incognite:

$$L_X = 0 = \mathbf{Q}^t_X\,\mathbf{H}_o\,\mathbf{Q}_o + X\,\mathbf{Q}^t_X\,\mathbf{H}\,\mathbf{Q}_X + W\,\mathbf{Q}^t_X\,\mathbf{H}\,\mathbf{Q}_W$$
$$L_W = 0 = \mathbf{Q}^t_W\,\mathbf{H}_o\,\mathbf{Q}_o + X\,\mathbf{Q}^t_W\,\mathbf{H}\,\mathbf{Q}_X + W\,\mathbf{Q}^t_W\,\mathbf{H}\,\mathbf{Q}_W$$

Il sistema risolvente:

$$\begin{bmatrix}\mathbf{Q}^t_X\mathbf{H}\mathbf{Q}_X & \mathbf{Q}^t_X\mathbf{H}\mathbf{Q}_W\\ \mathbf{Q}^t_W\mathbf{H}\mathbf{Q}_X & \mathbf{Q}^t_W\mathbf{H}\mathbf{Q}_W\end{bmatrix}\begin{bmatrix}X\\ W\end{bmatrix}=\begin{bmatrix}\mathbf{Q}^t_X\mathbf{H}\mathbf{Q}_o\\ \mathbf{Q}^t_W\mathbf{H}\mathbf{Q}_o\end{bmatrix}$$

diventa:

$$\begin{bmatrix}(3\pi/4-2)b & 1-\pi/2\\ (1-\pi/2)b & \pi/2\end{bmatrix}\begin{bmatrix}X\\ W\end{bmatrix}=\begin{bmatrix}(1/6-\pi/8)qb^2\\ qb^2\pi/8\end{bmatrix}$$

e fornisce la soluzione:

$X = -\pi/(3\pi^2 - 12\pi - 24)\,qb$ $\qquad$ $W = (3\pi^2 - 4\pi -16)/(12\pi^2 - 48\pi - 96)\,qb^2$.

Noti *X* e *W*, si calcola lo spostamento verticale:

$1\times v_A=\mathbf{Q}^t_Y\mathbf{H}_o\mathbf{Q}_o+X\mathbf{Q}^t_Y\mathbf{H}\mathbf{Q}_X+W\mathbf{Q}^t_Y\mathbf{H}\mathbf{Q}_W=(16 + 14\pi - \pi^2)/(12\pi^2 - 48\pi - 96)\,qb^4/EJ$.

10.14 - ESEMPIO 4

La struttura una volta iperstatica di fig.10.35 ha le caratteristiche geometriche indicate, con rigidezze *3EJ* sull'asta superiore e *4EJ* nell'asta inferiore, e con una molla di costante $k_C=10EJ/3b^3$. Il sistema è interessato dal carico uniforme $5/2q$ e da una variazione termica che comporta un allungamento specifico $\varepsilon=2/5\alpha T$ nell'asta verticale.

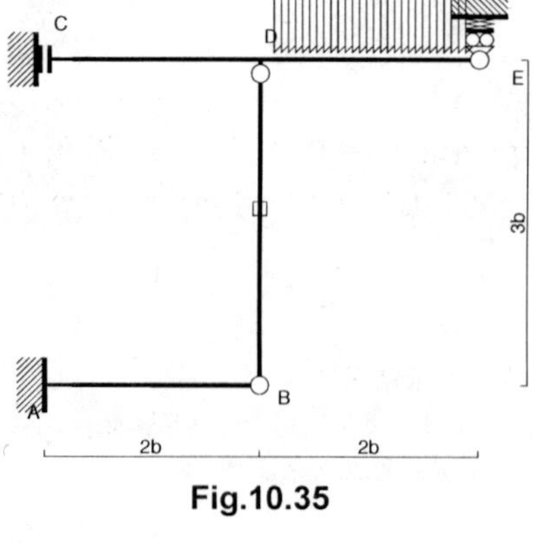

Fig.10.35

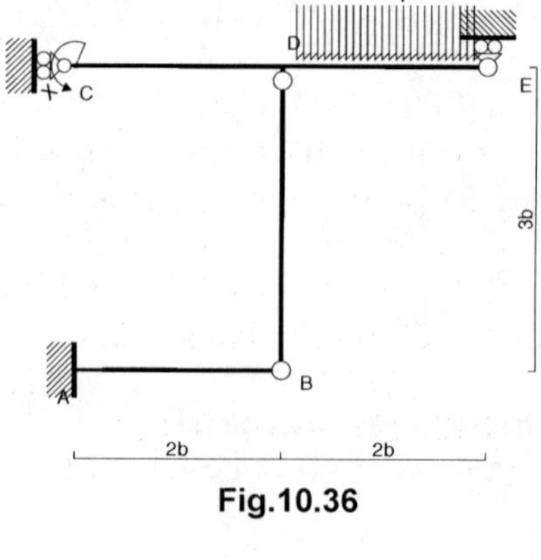

Fig.10.36

Si identifica nel momento $W_A \equiv X$ la reazione iperstatica e si declassa il vincolo ottenendo uno schema isostatico come in fig.10.36. Da questa, trascurando l'iperstatica X, si ricavano le azioni $\mathbf{Q}_{oi}$ al nodo iniziale delle aste e le reazioni R_{on} sui vincoli. Dallo stesso schema, considerando la sola $X=1$ si hanno le azioni $\mathbf{Q}_{1i}$ al nodo iniziale delle aste e le reazioni R_{1n} sui vincoli. Per il principio di sovrapponibilità degli effetti le azioni relative alla situazione reale di fig.10.35 saranno:

$$\mathbf{Q}_i = X\, \mathbf{Q}_{1i} + \mathbf{Q}_{oi}$$

e la reazione in E:

$$V_E = X\, V_{1E} + V_{oE}$$

Procedimento analitico

Azioni di calcolo qb^2

$M^X_{AB} = -1 + x/2b$ $\quad M^X_{CD} = -1$ $\quad M^X_{DE} = -1 + x/2b$ $\quad M^X_{BD} = 0$

$M_{oAB} = (-5+5x/2b)qb^2$ $\quad M_{oCD} = 0$ $\quad M_{oDE} = (5x/2b - 5x^2/4b^2)\, qb^2$ $\quad M_{oBD} = 0$

Lavoro da forza unitaria X per deformazione da forza unitaria X:

$L^{XX}_{AB} = \int_{2b} M^X_{AB}\, M^X_{AB}/EJ_{AB}\, dx = \int_{2b}(-1+1/2\ x/b)^2/EJ_{AB}\, dx$

$L^{XX}_{AB} = \int_{2b}(1 - x/b + 1/4\ x^2/b^2\ )/EJ\, dx = [\ x - 1/2\ x^2/b + 1/12\ x^3/b^2\ ]_{2b}\ 1/EJ$

$L^{XX}_{AB} = (2\ b - 2\ b + 2/3\ b\ )/EJ = 2/3\ b/EJ$

$L^{XX}_{CD} = \int_{2b} M^X_{CD}\, M^X_{CD}/EJ_{CD}\, dx = \int_{2b}(-1)^2/EJ_{CD}\, dx$

$L^{XX}_{CD} = \int_{2b}(1\ )/EJ\, dx = [\ x\ ]_{2b}\ 1/EJ = (2\ b\ )/EJ = 2\ b/EJ$

$L^{XX}_{DE} = \int_{2b} M^X_{DE}\, M^X_{DE}/EJ_{DE}\, dx = \int_{2b}(-1+1/2\ x/b)^2/EJ_{DE}\, dx$

$L^{XX}_{DE} = \int_{2b}(1 - x/b + 1/4\ x^2/b^2\ )/EJ\, dx = [\ x - 1/2\ x^2/b + 1/12\ x^3/b^2\ ]_{2b}\ 1/EJ$

$L^{XX}_{DE} = (2\ b - 2\ b + 2/3\ b\ )/EJ = 2/3\ b/EJ$

$L^{XX}_{E} = V^X_E\, V^X_E\ 1/k_E = -\ 1/2\ (-1/2)\ 3/10\ b/EJ = 3/40\ b/EJ$

Lavoro da forza unitaria X per deformazione da azioni assegnate:

$L^{Xo}_{AB} = \int_{2b} M^X_{AB}\, M_{oAB}/EJ_{AB}\, dx = \int_{2b}(-1+1/2\ x/b)(-5+5/2\ x/b)\ qb^2/EJ_{AB}\, dx$

$L^{Xo}_{AB} = \int_{2b}(5 - 5\ x/b + 5/4\ x^2/b^2\ )\ qb^2/EJ\, dx = [5\ x - 5/2\ x^2/b + 5/12\ x^3/b^2\ ]_{2b}\ qb^2/EJ$

$L^{Xo}_{AB} = (10\ b - 10\ b + 10/3\ b\ )\ qb^2/EJ = 10/3\ qb^3/EJ$

$L^{Xo}_{DE} = \int_{2b} M^X_{DE}\, M_{oDE}/EJ_{DE}\, dx = \int_{2b}(-1+1/2\ x/b)(5/2\ x/b - 5/4\ x^2/b^2)\ qb^2/EJ_{DE}\, dx$

$L^{Xo}_{DE} = \int_{2b}(-5/2\ x/b + 5/2\ x^2/b^2 - 5/8\ x^3/b^3\ )\ qb^2/EJ\, dx$

$L^{Xo}_{DE} = [-5/4\ x^2/b + 5/6\ x^3/b^2 - 5/32\ x^4/b^3\ ]_{2b}\ qb^2/EJ$

$L^{Xo}_{DE} = (-5\ b + 20/3\ b - 5/2\ b\ )\ qb^2/EJ = -5/6\ qb^3/EJ$

$L^{Xo}_{BD} = V^X_{BD}\, \varepsilon_{BD}\, (y_D - y_B) = -\ 1/2\ \ 2/5\ \ 3\ qb^3/EJ = -3/5\ qb^3/EJ$

$L^{Xo}_{E} = V^X_E\, V^o_E\ 1/k_E = -\ 1/2\ \ 5/2\ \ 3/10\ qb^3/EJ = -3/8\ qb^3/EJ$

Per effetto della forza V_E, applicata al vincolo carrello con valore positivo se diretta verso il basso (in accordo con la convenzione che prevede V_{ED} positiva se diretta verso l'alto), si ha uno spostamento verticale di E pari a $v_E = -\ V_E/k_E$. Il Principio dei Lavori Virtuali fornisce:

$$(L^{XX}_{AB} + L^{XX}_{CD} + L^{XX}_{DE} + L^{XX}_{E}\ )\ X = -\ (L^{Xo}_{AB} + L^{Xo}_{DE} + L^{Xo}_{BD} + L^{Xo}_{E}\ )$$

Con i valori calcolati si ha:

$$(\ 2/3 + 2 + 2/3 + 3/40\ )\ X\ b = (\ -\ 10/3 + 5/6 + 3/5 + 3/8\ )\ qb^3$$

$409/120\ X\ b = -\ 61/40\ Fb^2$ $\qquad$ da cui $\qquad X = -183/409\ qb^2$

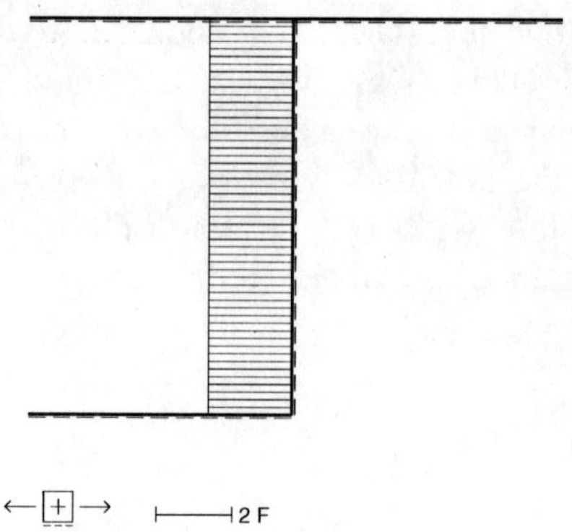

Figura 10.37

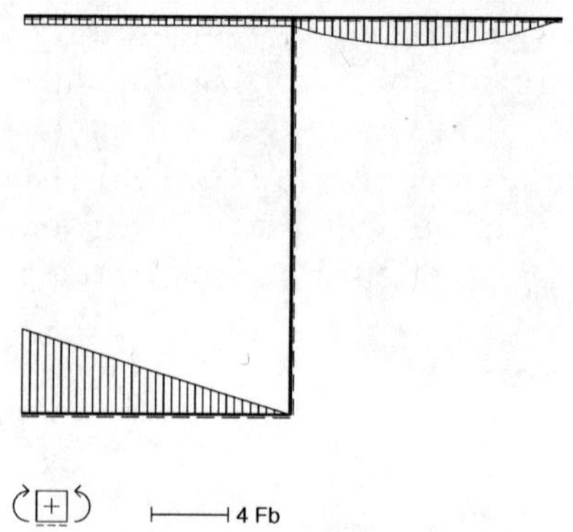

Figura 10.38

Le azioni interne assiale flettente corrispondenti a questo risultato sono riportate in fig.10.37 e fig.10.38.

Procedimento matriciale

Si definiscano le azioni $\boldsymbol{Q}_i$, $\boldsymbol{Q}_{0i}$ in A relative alle situazioni elementari considerate, rispettivamente fittizie e reali. Siano numerati con gli indici *1,2,3,4,5* le aste *AB, CD, DE, BD* e il nodo *E*, caratterizzato da cedimento elastico:

$\mathbf{Q}^t_1 = [\ V_{AB},\ W_{AB}\ ] = [\ 1/2,\ 1\ ]$ $\quad\mathbf{Q}^t_{01} = [\ V_{0AB},\ W_{0AB}\ ] = [\ 5qb/2,\ 5qb^2\ ]$

$Q_2 = [\ W_{CD}\ ] = [\ 1\ ]$ $\quad Q_{02} = [\ W_{0CD}\ ] = [\ qb^2\ ]$

$\mathbf{Q}^t_3 = [\ V_{DE},\ W_{DE}\ ] = [\ 1/2,\ 1\ ]$ $\quad\mathbf{Q}^t_{03} = [\ V_{0DE},\ W_{0DE},\ q\ ] = [\ 5qb/2,\ 0,\ -5b^4/2\ ]$

$Q_4 = [\ V_{BD}\ ] = [\ 1/2\ ]$ $\quad Q_{04} = [\ \varepsilon\ ] = [\ 2/5\ ]$

$Q_5 = [\ V_E\ ] = [\ 1/2\ ]$ $\quad Q_{05} = [V_{0E}\ ] = [\ -5qb/2\ ]$

Le corrispondenti matrici di cedevolezza $\boldsymbol{H}_{0i}$ e $\boldsymbol{H}_i$ sono:

$H_{02} = H_2 = [\ 2b/EJ\ ]$ $\quad H_{04} = H_4 = [\ -3b\ ]$ $\quad H_{05} = H_5 = [\ 3b^3/10EJ\ ]$

$$\mathbf{H}_{01}=\mathbf{H}_1=\mathbf{H}_3=\begin{bmatrix} 8b^3/3EJ & -2b^2/EJ \\ -2b^2/EJ & 2b/EJ \end{bmatrix} \qquad \mathbf{H}_{03}=\begin{bmatrix} 8b^3/3EJ & -2b^2/EJ & 2b^4/EJ \\ -2b^2/EJ & 2b/EJ & -4b^3/3EJ \end{bmatrix}$$

L'espressione risolvente diventa:

$$X\ \textstyle\sum_{i=1,4} \mathbf{Q}_i^t\, \mathbf{H}_i\, \mathbf{Q}_i = -\sum_{i=1,5} \mathbf{Q}_i^t\, \mathbf{H}_i\, \mathbf{Q}_{oi}$$

$$(\ 2/3 + 2 + 2/3 + 3/40\ )\ X\ b = (\ -10/3 + 5/6 + 3/5 + 3/8\ )\ Fb^2$$

$409/120\ X\ b = -\ 61/40\ qb^3$ da cui $X = -183/409\ qb^2$

Le azioni interne assiale flettente corrispondenti a questo risultato sono riportati in fig.10.37 e fig.10.38.

10.15 - ESEMPIO 5

La struttura tre volte iperstatica di fig.10.39, con aste di ugual rigidezza *EJ*, è soggetta alla forza *F* e alla curvatura $\theta = \alpha T/b$ sull'asta *CD* (con la convessità sul lato sinistro). Lo schema considerato è particolarmente semplice ma permette di illustrare il procedimento in presenza di un numero significativo di incognite iperstatiche. Lo schema isostatico di riferimento è illustrato in fig.10.40.

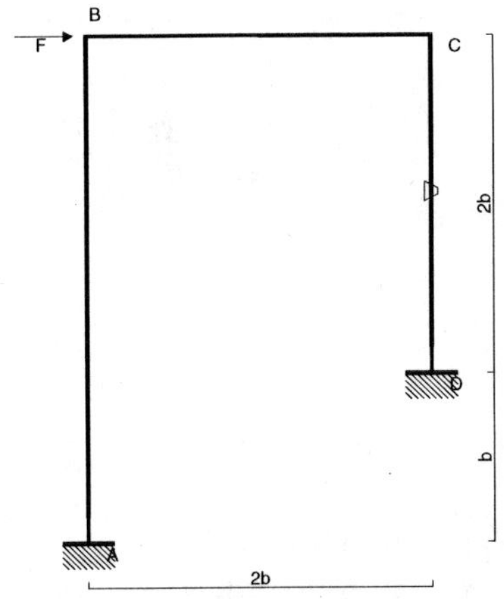

Figura 10.39

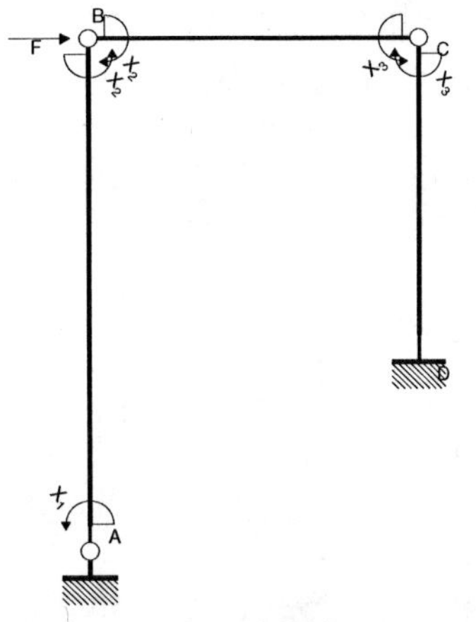

Figura 10.40

Le incognite iperstatiche sono rappresentate dai momenti $X=X_1=W_{AB}$, $Y=X_2=W_{BA}$ e $Z=X_3=W_{CB}$. Prese separatamente le condizioni di carico $X_1=1$, $X_2=1$, $X_3=1$, e la condizione di carico F, si calcolino le azioni presenti nelle aste AB, BC, CD, indicate con $a=1,3$.

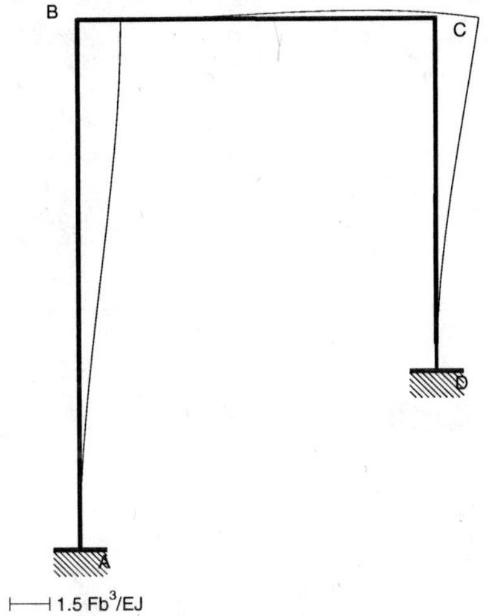

Figura 10.41

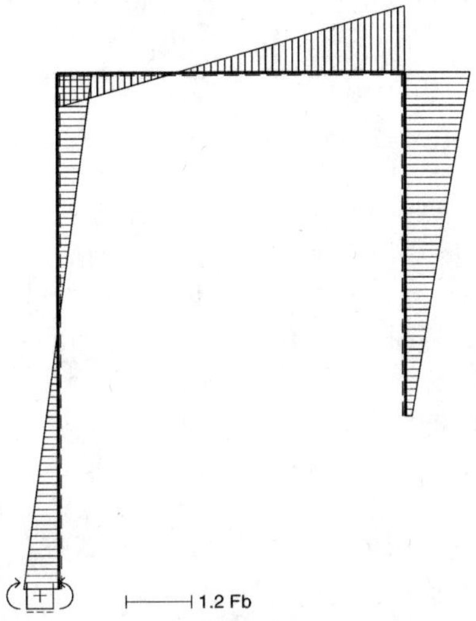

Figura 10.42

Si indichi con k_{ij} il lavoro virtuale complessivo nelle tre aste dovuto al momento X_i per le deformazioni associate al momento X_j. Si indichi con k_{i0} il lavoro virtuale complessivo nelle tre aste dovuto al momento X_i per le deformazioni associate alle azioni prescritte. Dovrà essere verificata la relazione:

$$\begin{bmatrix} k_{11} & k_{12} & k_{13} \\ k_{21} & k_{22} & k_{23} \\ k_{31} & k_{32} & k_{33} \end{bmatrix} \begin{bmatrix} X_1 \\ X_2 \\ X_3 \end{bmatrix} = \begin{bmatrix} -k_{10} \\ -k_{20} \\ -k_{30} \end{bmatrix}$$

Procedimento analitico

Azioni di calcolo

$M^X_{AB}= -1+x/3b$ $\quad M^X_{BC}= 0$ $\quad M^X_{CD}= - x/3b$

$M^Y_{AB}= x/3b$ $\quad M^Y_{BC}= 1-x/2b$ $\quad M^Y_{CD}= -x/3b$

$M^Z_{AB}= 0$ $\quad M^Z_{BC}= x/2b$ $\quad M^Z_{CD}= 1$

$M_{oAB}= 0$ $\quad M_{oBC}= 0$ $\quad M_{oCD}= Fx$

Lavoro da momento unitario *X* per deformazione da momento unitario *X*

$L^{XX}_{AB} = \int_{3b} M^X_{AB}\, M^X_{AB}/EJ_{AB}\, dx = \int_{3b}(-1+1/3\ x/b)^2/EJ_{AB}\, dx$

$L^{XX}_{AB} = \int_{3b}(1 -2/3\ x/b +1/9\ x^2/b^2\ )/EJ\, dx$

$L^{XX}_{AB} = [\ x -1/3\ x^2/b +1/27\ x^3/b^2\ ]_{3b}\ 1/EJ = (3\ b -3\ b + b\ )/EJ = b/EJ$

$L^{XX}_{CD} = \int_{2b} M^X_{CD}\, M^X_{CD}/EJ_{CD}\, dx = \int_{2b}(-1/3\ x/b)^2/EJ_{CD}\, dx$

$L^{XX}_{CD} = \int_{2b}(1/9\ x^2/b^2\ )/EJ\, dx = [1/27\ x^3/b^2\ ]_{2b}\ 1/EJ = (8/27\ b\ )/EJ = 8/27\ b/EJ$

Lavoro da momento unitario *X* per deformazione da momento unitario *Y*

$L^{XY}_{AB} = \int_{3b} M^X_{AB}\, M^Y_{AB}/EJ_{AB}\, dx = \int_{3b}(-1+1/3\ x/b)(1/3\ x/b)/EJ_{AB}\, dx$

$L^{XY}_{AB} = \int_{3b}(-1/3\ x/b +1/9\ x^2/b^2\ )/EJ\, dx = [-1/6\ x^2/b +1/27\ x^3/b^2\ ]_{3b}\ 1/EJ$

$L^{XY}_{AB} = (-3/2\ b + b\ )/EJ = -1/2\ b/EJ$

$L^{XY}_{CD} = \int_{2b} M^X_{CD}\, M^Y_{CD}/EJ_{CD}\, dx = \int_{2b}(-1/3\ x/b)(-1/3\ x/b)/EJ_{CD}\, dx$

$L^{XY}_{CD} = \int_{2b}(1/9\ x^2/b^2\ )/EJ\, dx = [1/27\ x^3/b^2\ ]_{2b}\ 1/EJ = (8/27\ b\ )/EJ = 8/27\ b/EJ$

Lavoro da momento unitario *X* per deformazione da momento unitario *Z*

$L^{XZ}_{CD} = \int_{2b} M^X_{CD}\, M^Z_{CD}/EJ_{CD}\, dx = \int_{2b}(-1/3\ x/b)(1)/EJ_{CD}\, dx$

$L^{XZ}_{CD} = \int_{2b}(-1/3\ x/b\ )/EJ\, dx = [-1/6\ x^2/b\ ]_{2b}\ 1/EJ$

$L^{XZ}_{CD} = (-2/3\ b\ )/EJ = -2/3\ b/EJ$

Lavoro da momento unitario *X* per deformazione da azioni assegnate

$L^{Xo}_{CD} = \int_{2b} M^X_{CD}\, M_{oCD}/EJ_{CD}\, dx + \int_{2b} M^X_{CD}\, \theta_{CD}\, dx$

$L^{Xo}_{CD} = \int_{2b}(-1/3\ x/b)(\ x/b)\ Fb/EJ_{CD}\, dx + \int_{2b}(-1/3\ x/b)\ 1\ Fb\, dx$

$L^{Xo}_{CD} = \int_{2b}(-1/3\ x^2/b^2\ )\ Fb/EJ\, dx + \int_{2b}(-1/3\ x/b\ )$

$L^{Xo}_{CD} = [-1/9\ x^3/b^2\ ]_{2b}\ Fb/EJ + [-1/6\ x^2/b\ ]_{2b}$

$L^{Xo}_{CD} = (-8/9\ b\ )\ Fb/EJ + (-2/3\ b\ ) = -14/9\ Fb^2/EJ$

Lavoro da momento unitario *Y* per deformazione da momento unitario *Y*

$L^{YY}_{AB} = \int_{3b} M^Y_{AB}\, M^Y_{AB}/EJ_{AB}\, dx = \int_{3b}(1/3\ x/b)^2/EJ_{AB}\, dx$

$L^{YY}_{AB} = \int_{3b}(1/9\ x^2/b^2\ )/EJ\, dx = [1/27\ x^3/b^2\ ]_{3b}\ 1/EJ$

$L^{YY}_{AB} = (\ b\ )/EJ = b/EJ$

$L^{YY}_{BC} = \int_{2b} M^Y_{BC}\, M^Y_{BC}/EJ_{BC}\, dx = \int_{2b}(1-1/2\ x/b)^2/EJ_{BC}\, dx$

$L^{YY}_{BC} = \int_{2b}(1 - x/b +1/4\ x^2/b^2\ )/EJ\, dx = [\ x -1/2\ x^2/b +1/12\ x^3/b^2\ ]_{2b}\ 1/EJ$

$L^{YY}_{BC} = (2\ b -2\ b +2/3\ b\ )/EJ = 2/3\ b/EJ$

$L^{YY}_{CD} = \int_{2b} M^Y_{CD}\, M^Y_{CD}/EJ_{CD}\, dx = \int_{2b}(-1/3\ x/b)^2/EJ_{CD}\, dx$

$L^{YY}_{CD} = \int_{2b}(1/9\ x^2/b^2\ )/EJ\, dx = [1/27\ x^3/b^2\ ]_{2b}\ 1/EJ$

$L^{YY}_{CD} = (8/27\ b\ )/EJ = 8/27\ b/EJ$

Lavoro da momento unitario *Y* per deformazione da momento unitario *Z*

$L^{YZ}_{BC} = \int_{2b} M^Y_{BC}\, M^Z_{BC}/EJ_{BC}\, dx = \int_{2b}(1-1/2\ x/b)(1/2\ x/b)/EJ_{BC}\, dx$

$L^{YZ}_{BC} = \int_{2b}(1/2\ x/b -1/4\ x^2/b^2\ )/EJ\, dx = [1/4\ x^2/b -1/12\ x^3/b^2\ ]_{2b}\ 1/EJ$

$L^{YZ}_{BC} = (\ b -2/3\ b\ )/EJ = 1/3\ b/EJ$

$L^{YZ}_{CD} = \int_{2b} M^Y_{CD}\, M^Z_{CD}/EJ_{CD}\, dx = \int_{2b}(-1/3\ x/b)(1)/EJ_{CD}\, dx$

$L^{YZ}_{CD} = \int_{2b}(-1/3\ x/b\ )/EJ\ dx = [-1/6\ x^2/b\ ]_{2b}\ 1/EJ$
$L^{YZ}_{CD} = (-2/3\ b\ )/EJ = -2/3\ b/EJ$
Lavoro da momento unitario *Y* per deformazione da azioni assegnate
$L^{Yo}_{CD} = \int_{2b} M^Y_{CD}\ M_{oCD}/EJ_{CD}\ dx + \int_{2b} M^Y_{CD}\ \theta_{CD}\ dx$
$L^{Yo}_{CD} = \int_{2b}(-1/3\ x/b)(\ x/b)\ Fb/EJ_{CD}\ dx + \int_{2b}(-1/3\ x/b)\ 1\ Fb\ dx$
$L^{Yo}_{CD}=\int_{2b}(-1/3x^2/b^2)Fb/EJdx+\int_{2b}(-1/3x/b)=[-1/9x^3/b^2]_{2b}Fb1/EJ+[-1/6x^2/b]_{2b}$
$L^{Yo}_{CD} = (-8/9\ b\ )\ Fb/EJ + (-2/3\ b\ ) = -14/9\ Fb^2/EJ$
Lavoro da momento unitario *Z* per deformazione da momento unitario *Z*
$L^{ZZ}_{BC} = \int_{2b} M^Z_{BC}\ M^Z_{BC}/EJ_{BC}\ dx = \int_{2b}(1/2\ x/b)^2/EJ_{BC}\ dx$
$L^{ZZ}_{BC} = \int_{2b}(1/4\ x^2/b^2\ )/EJ\ dx = [1/12\ x^3/b^2\ ]_{2b}\ 1/EJ$
$L^{ZZ}_{BC} = (2/3\ b\ )/EJ = 2/3\ b/EJ$
$L^{ZZ}_{CD} = \int_{2b} M^Z_{CD}\ M^Z_{CD}/EJ_{CD}\ dx = \int_{2b}(1)^2/EJ_{CD}\ dx$
$L^{ZZ}_{CD} = \int_{2b}(1\ )/EJ\ dx = [\ x\ ]_{2b}\ 1/EJ$
$L^{ZZ}_{CD} = (2\ b\ )/EJ = 2\ b/EJ$
Lavoro da momento unitario *Z* per deformazione da azioni assegnate
$L^{Zo}_{CD}=\int_{2b}M^Z_{CD}M_{oCD}/EJ_{CD}dx+\int_{2b}M^Z_{CD}\theta_{CD}dx=\int_{2b}(1)(x/b)Fb/EJ_{CD}dx+\int_{2b}(1)1Fbdx$
$L^{Zo}_{CD} = \int_{2b}(\ x/b\ )\ Fb/EJ\ dx + \int_{2b}(1\ ) = [1/2\ x^2/b\ ]_{2b}\ Fb/EJ + [\ x\ ]_{2b}$
$L^{Zo}_{CD} = (2\ b\ )\ Fb/EJ + (2\ b\ ) = 4\ Fb^2/EJ$

Da questi sviluppi numerici si hanno I coefficienti:
$k_{11} = L^{XX}_{AB}+ L^{XX}_{BC}+ L^{XX}_{CD} = b/EJ + 0 + 8b/27EJ = 35b/27EJ$
$k_{22} = L^{YY}_{AB}+ L^{YY}_{BC}+ L^{YY}_{CD} = b/2EJ + 2b/3EJ + 8b/27EJ = 53b/54EJ$
$k_{33} = L^{ZZ}_{AB}+ L^{ZZ}_{BC}+ L^{ZZ}_{CD} = 0 + 2b/3EJ + 2b/EJ = -\ b/3EJ$
$k_{12} = k_{21} = L^{XY}_{AB}+ L^{XY}_{BC}+ L^{XY}_{CD} = -\ b/2EJ + 0 + 8b/27EJ = -\ 11b/54EJ$
$k_{23} = k_{32} = L^{YZ}_{AB}+ L^{YZ}_{BC}+ L^{YZ}_{CD} = 0 + b/3EJ - 2b/3EJ = -\ b/3EJ$
$k_{31} = k_{13} = L^{ZX}_{AB}+ L^{ZX}_{BC}+ L^{ZX}_{CD} = 0 +0 - 2b/3EJ = -\ 2b/3EJ$
$k_{1o} = L^{Xo}_{AB}+ L^{Xo}_{BC}+ L^{Xo}_{CD} = 0 + 0 - 8Fb^2/9EJ - 2\alpha T/3$
$k_{2o} = L^{Yo}_{AB}+ L^{Yo}_{BC}+ L^{Yo}_{CD} = 0 + 0 - 8Fb^2/9EJ - 2\alpha T/3$
$k_{3o} = L^{Zo}_{AB}+ L^{Zo}_{BC}+ L^{Zo}_{CD} = 0 + 0 + 2Fb^2/EJ + 2\alpha T$
dove tutte le grandezze si intendono moltiplicate per un momento unitario.

Il sistema risolvente diventa:

$$\begin{bmatrix} 35b/27EJ & -11b/54EJ & -2b/3EJ \\ -11b/54EJ & 53b/54EJ & -b/3EJ \\ -2b/3EJ & -b/3EJ & -b/3EJ \end{bmatrix} \begin{bmatrix} X_1 \\ X_2 \\ X_3 \end{bmatrix} = \begin{bmatrix} 8Fb^2/9EJ + 2\alpha T/3 \\ 8Fb^2/9EJ + 2\alpha T/3 \\ -2Fb^2/EJ - 2\alpha T \end{bmatrix}$$

da cui:
$X_1 = 201Fb^2/451EJ + 95\alpha T/451$
$X_2 = 180Fb^2/451EJ + 112\alpha T/451$
$X_3 = -\ 531Fb^2/902EJ - 601\alpha T/902$
con grandezze moltiplicate per un momento unitario.

In fig.10.41 è riportata la deformata e in fig.10.42 l'azione flettente corrispondente.

Procedimento matriciale

Si calcolino le reazioni per $a=1,3$ agli estremi iniziali delle aste *AB, BC, CD*, identificate dai vettori $\mathbf{Q}_{1a}$ (condizione $X_1=1$), $\mathbf{Q}_{2a}$ (condizione $X_2=1$), $\mathbf{Q}_{3a}$ (condizione $X_3=1$), e $\mathbf{Q}_{oa}$ (condizione F).

$\mathbf{Q}^t_{11} = [\, H_{1AB}, W_{1AB} \,] = [\, -1/3, 1 \,]$ $\mathbf{Q}^t_{21} = [\, H_{2AB}, W_{2AB} \,] = [\, -1/3, 0 \,]$

$\mathbf{Q}^t_{31} = [\, H_{3AB}, W_{3AB} \,] = [\, 0, 0 \,]$ $\mathbf{Q}^t_{01} = [\, H_{0AB}, W_{0AB} \,] = [\, 0, 0 \,]$

$\mathbf{Q}^t_{12} = [\, H_{1BC}, W_{1BC} \,] = [\, 0, 0 \,]$ $\mathbf{Q}^t_{22} = [\, H_{2BC}, W_{2BC} \,] = [\, -1/2, -1 \,]$

$\mathbf{Q}^t_{32} = [\, H_{3BC}, W_{3BC} \,] = [\, 1/2, 0 \,]$ $\mathbf{Q}^t_{02} = [\, H_{0BC}, W_{0BC} \,] = [\, 0, 0 \,]$

$\mathbf{Q}^t_{13} = [\, H_{1CD}, W_{1CD} \,] = [\, -1/3, 0 \,]$ $\mathbf{Q}^t_{23} = [\, H_{2CD}, W_{2CD} \,] = [\, -1/3, 0 \,]$

$\mathbf{Q}^t_{33} = [\, H_{3CD}, W_{3CD} \,] = [\, 0, -1 \,]$ $\mathbf{Q}^t_{03} = [\, H_{0CD}, W_{0CD}, \theta \,] = [\, F, 0, 1 \,]$

Le matrici di cedevolezza nelle tre aste sono:

$$\mathbf{H}_1=\mathbf{H}_{01}=\begin{bmatrix} 9b^3/EJ & 9b^2/2EJ \\ 9b^2/2EJ & 3b/EJ \end{bmatrix} \qquad \mathbf{H}_2=\mathbf{H}_{02}=\mathbf{H}_3=\begin{bmatrix} 8b^3/3EJ & -2b^2/EJ \\ -2b^2/EJ & 2b/EJ \end{bmatrix}$$

$$\mathbf{H}_{03}=\begin{bmatrix} 8b^3/3EJ & -2b^2/EJ & 4b/2 \\ -2b^2/EJ & 2b/EJ & -2 \end{bmatrix}$$

Si consideri il lavoro virtuale associato a ciascuna delle tre situazioni elementari $X_1=1, X_2=1, X_3=1$. Essendo nullo il lavoro esterno, va annullato il lavoro interno:

$$X_1\Sigma_{a=1,3}\mathbf{Q}_{1a}{}^t\mathbf{H}_a\mathbf{Q}_{1a}+X_2\Sigma_{a=1,3}\mathbf{Q}_{1a}{}^t\mathbf{H}_a\mathbf{Q}_{2a}+X_3\Sigma_{a=1,3}\mathbf{Q}_{1a}{}^t\mathbf{H}_a\mathbf{Q}_{3a}+\Sigma_{a=1,3}\mathbf{Q}_{1a}{}^t\mathbf{H}_{oa}\mathbf{Q}_{oa} = 0$$

$$X_1\Sigma_{a=1,3}\mathbf{Q}_{2a}{}^t\mathbf{H}_a\mathbf{Q}_{1a}+X_2\Sigma_{a=1,3}\mathbf{Q}_{2a}{}^t\mathbf{H}_a\mathbf{Q}_{2a}+X_3\Sigma_{a=1,3}\mathbf{Q}_{2a}{}^t\mathbf{H}_a\mathbf{Q}_{3a}+\Sigma_{a=1,3}\mathbf{Q}_{2a}{}^t\mathbf{H}_{oa}\mathbf{Q}_{oa} = 0$$

$$X_1\Sigma_{a=1,3}\mathbf{Q}_{3a}{}^t\mathbf{H}_a\mathbf{Q}_{1a}+X_2\Sigma_{a=1,3}\mathbf{Q}_{3a}{}^t\mathbf{H}_a\mathbf{Q}_{2a}+X_3\Sigma_{a=1,3}\mathbf{Q}_{3a}{}^t\mathbf{H}_a\mathbf{Q}_{3a}+\Sigma_{a=1,3}\mathbf{Q}_{3a}{}^t\mathbf{H}_{oa}\mathbf{Q}_{oa} = 0$$

I coefficienti del sistema risolvente sono espressi da:

$k_{ij} = k_{ji} = \Sigma_{a=1,3}\, \mathbf{Q}^t_{ia}\, \mathbf{H}_a\, \mathbf{Q}_{ja}$ $k_{io} = \Sigma_{a=1,3}\, \mathbf{Q}^t_{ia}\, \mathbf{H}_{oa}\, \mathbf{Q}_{oa}$

Il sistema risolvente diventa:

$$\begin{bmatrix} 35b/27EJ & -11b/54EJ & -2b/3EJ \\ -11b/54EJ & 53b/54EJ & -b/3EJ \\ -2b/3EJ & -b/3EJ & -b/3EJ \end{bmatrix}\begin{bmatrix} X_1 \\ X_2 \\ X_3 \end{bmatrix}=\begin{bmatrix} 8Fb^2/9EJ+2\alpha T/3 \\ 8Fb^2/9EJ+2\alpha T/3 \\ -2Fb^2/EJ-2\alpha T \end{bmatrix}$$

da cui:

$X_1 = 201Fb^2/451EJ + 95\alpha T/451$

$X_2 = 180Fb^2/451EJ + 112\alpha T/451$

$X_3 = -\, 531Fb^2/902EJ - 601\alpha T/902$

con grandezze moltiplicate per un momento unitario.

In fig.10.41 è riportata la deformata e in fig.10.42 l'azione flettente corrispondente.

10.16 - INTEGRALI DEI PRODOTTI DI FUNZIONI

Il lavoro virtuale relativo al contributo della singola asta rettilinea rappresenta spesso l'integrale del prodotto di due funzioni di azione interna. L'azione interna relativa al sistema di carichi fittizi rispecchia unicamente contributi costanti e lineari, essendo esclusi i carichi distribuiti. L'azione interna relativa alle azioni reali comprende contributi di quest'ultimo tipo, ed è quindi comprensiva di funzioni paraboliche, ove i carichi siano uniformi.

Per un'asta rettilinea di lunghezza l di asse ξ l'integrale del prodotto della funzione $M'(\xi)=M'_0+M'_1\xi$ per la funzione $M(\xi)=M_0+M_1\,\xi+M_2\,\xi^2$ ha la forma:

$L = \int_l (M'_0+M'_1\xi)\,(M_0+M_1\,\xi+M_2\,\xi^2)\,d\xi$

$L = M'_0\,M_0 l + M'_0 M_1 l^2/2 + M'_0\,M_2\,l^3/3 + M'_1\,M_0\,l^2/2+ M'_1\,M_1\,\,l^3/3 + M'_1\,M_2\,l^4/4$

Per l'analisi di aste circolari valgono i seguenti integrali definiti fra 0 e $\pi/2$:

$\int_{\pi/2} \sin\theta\,d\theta = \int_{\pi/2} \cos\theta\,d\theta = 1$

$\int_{\pi/2} \sin^2\theta\,d\theta = \int_{\pi/2} \cos^2\theta\,d\theta = \pi/4$

$\int_{\pi/2} \sin^3\theta\,d\theta = \int_{\pi/2} \cos^3\theta\,d\theta = 2/3$

$\int_{\pi/2} (1-\cos\theta)\,d\theta = \pi/2 - 1$

$\int_{\pi/2} (1-\cos\theta)^2\,d\theta = 3\pi/4 - 2$

$\int_{\pi/2} \sin^2\theta\,(1-\cos\theta)\,d\theta = \pi/4 - 1/3$

$\int_{\pi/2} \sin\theta\,\cos\theta = \int_{\pi/2} \sin\theta\,(1-\cos\theta)\,d\theta = ½$

$\int_{\pi/2} (1-\cos\theta)^3\,d\theta = 5\pi/4 - 11/3$

$\int_{\pi/2} \sin^2\theta\,\cos\theta\,d\theta = \int_{\pi/2} \sin\theta\,\cos^2\theta\,d\theta = \int_{\pi/2} \sin\theta\,(1-\cos\theta)^2\,d\theta = 1/3$

CAPITOLO 11

TEOREMI ENERGETICI

11.1 - TEOREMA DI CLAPEYRON

Si consideri un sistema caratterizzato da:

- vincoli lisci e bilateri.
- materiale a comportamento perfettamente elastico, dotato di potenziale.
- carichi che appartengono a un campo dotato di potenziale.
- spostamenti di ampiezza infinitesima o comunque molto piccola rispetto alle dimensioni globali del sistema, in linea con la teoria del prim'ordine.

Sono esclusi i cedimenti vincolari e le deformazioni termiche.

Secondo la teoria del prim'ordine le relazioni di equilibrio possono essere scritte con riferimento alla configurazione indeformata. L'assetto finale conseguente all'applicazione sequenziale di più sistemi di carichi non dipende dalla sequenza di applicazione.

Per semplicità si considerano sistemi di aste, interessate da forze e momenti puntuali $\boldsymbol{P}_i$, con i corrispondenti spostamenti $\boldsymbol{P}_i$, e da sforzi e deformazioni σ_{ik}, ε_{ik} (fig.11.1). Ancora per semplicità, non viene espressamente citata la presenza, peraltro possibile, di forze di volume. La trattazione può essere immediatamente estesa a continui di forma qualsiasi, ricordando che i carichi avranno in tal caso la natura di *pressioni generalizzate* $\boldsymbol{f}(x'_1,x'_2)$ agenti su una porzione di superficie esterna, e saranno definiti secondo un riferimento locale x'_1,x'_2. Ad essi saranno associati spostamenti puntuali $\boldsymbol{p}(x'_1,x'_2)$.

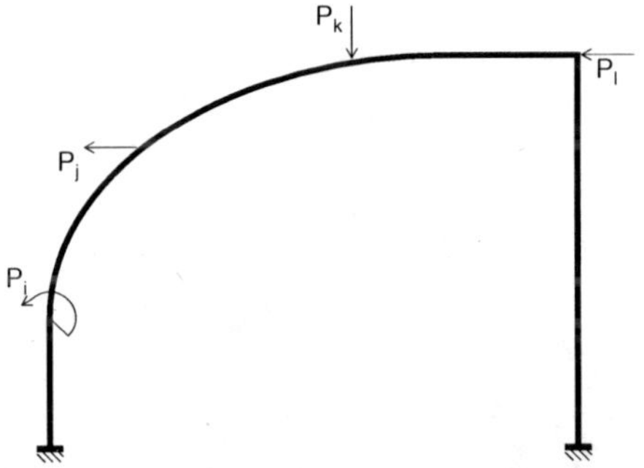

Figura 11.1

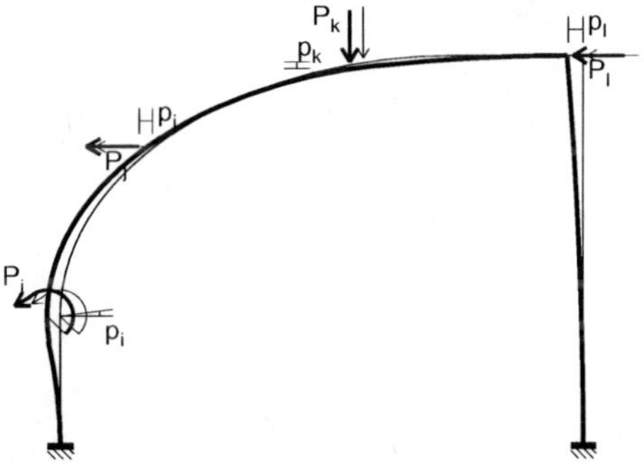

Figura 11.2

Senza nulla perdere in generalità, le forze applicate verranno individuate attraverso le loro componenti scalari P_i. I relativi spostamenti p_i si intenderanno misurati nella direzione di P_i e col verso positivo di P_i (fig.11.2).

La teoria del prim'ordine consente di affermare cha il lavoro compiuto da una famiglia di n carichi P_i nel passare dall'assetto iniziale all'assetto finale non dipende dalla modalità o dalla sequenza della loro applicazione. Si può quindi assumere, fra le infinite modalità possibili, quella che fa crescere tutti i carichi dal valore iniziale al valore finale in proporzione ad un unico fattore α compreso fra *0* e *1*.

Siano P_i le forze o momenti finali e p_i gli spostamenti o rotazioni finali, misurati come si è detto. In una fase intermedia, in corrispondenza di una quota di carichi αP_i, l'incremento $d\alpha$ del fattore di carico provoca un incremento $p_i d\alpha$ degli spostamenti. Ne consegue un incremento del lavoro accumulato pari a:

$$dL = \sum_i \alpha\, P_i\, p_i\, d\alpha.$$

Il lavoro complessivo delle forze applicate sarà:

$$L = \int dL = \int_{0,1} \sum_i \alpha\, P_i\, p_i\, d\alpha = \sum_i P_i\, p_i \int_{0,1} \alpha\, d\alpha = 1/2 \sum_i P_i\, p_i.$$

Sia p_{ij} lo spostamento in direzione i (direzione della forza P_i) provocato dalla forza unitaria in j (forza $P_j=1$). Il principio di sovrapponibilità degli effetti permette di esprimere l'effetto complessivo secondo i (direzione della forza P_i) dell'applicazione delle n forze P_j, ottenendo:

$$p_i = \sum_j P_j\, p_{ij}.$$

Il lavoro complessivo diventa quindi:

$$L = 1/2 \sum_i P_i\, p_i = 1/2 \sum_i P_i \sum_j P_j\, p_{ij} = 1/2 \sum_i \sum_j P_i\, P_j\, p_{ij}.$$

Questa espressione, che traduce il teorema di Clapeyron, mostra che il lavoro è una forma quadratica delle forze applicate. Il lavoro complessivo compiuto da sistemi di carichi applicati in sequenza non corrisponde alla somma dei lavori che ciascun sistema compirebbe se singolarmente applicato (ed è pari alla metà del lavoro che verrebbe compiuto se tutto lo spostamento si verificasse in presenza di forze presenti nel loro valore finale). I coefficienti p_{ij} (coefficienti d'influenza) sono dimensionalmente diversi, a seconda che mettano in relazione forze o momenti con spostamenti o rotazioni.

11.2 - TEOREMA DI BETTI

Si applichi alla struttura sopra considerata una famiglia A di m carichi P_i (fig.11.1, fig.11.2). Secondo il teorema di Clapeyron, il lavoro complessivo da essi compiuto ha l'espressione:

$$L_{AA} = 1/2 \sum_i \sum_j P_i\, P_j\, p_{ij}.$$

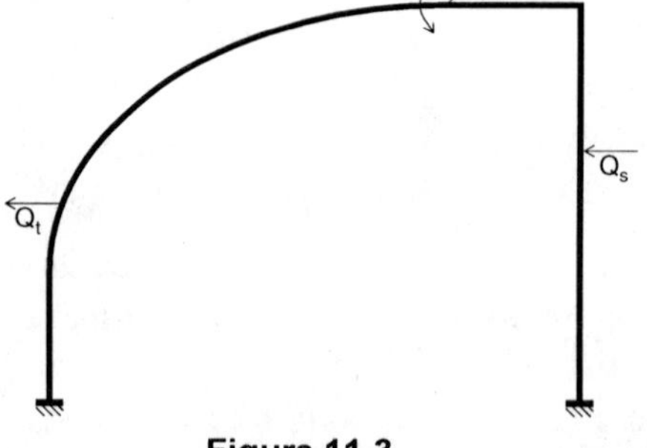

Figura 11.3

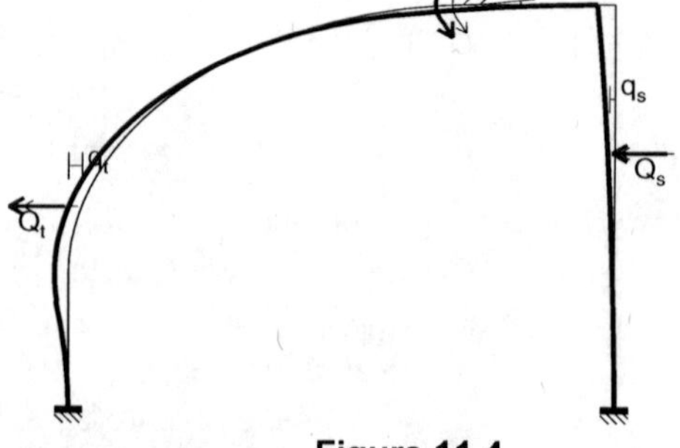

Figura 11.4

Applicando alternativamente alla stessa struttura una famiglia *B* di *n* carichi Q_k (fig.11.3, fig.11.4), si avrebbe:

$$L_{BB} = 1/2 \sum_k \sum_l Q_k Q_l q_{kl}.$$

Si immagini che i carichi del sistema *B* vengano applicati in presenza delle forze del sistema *A*. Le forze P_i del sistema *A* verrebbero a subire lo spostamento provocato dall'applicazione delle forze Q_k del sistema *B,* compiendo un lavoro misurato direttamente dal prodotto di ciascuna forza per il corrispondente spostamento (fig.11.5). Al lavoro L_{AA} originariamente compiuto dal sistema *A* per gli spostamenti da esso provocati, e al lavoro L_{BB} che le forze del sistema *B* comunque compiono per gli spostamenti da esse stesse provocati, si aggiunge un lavoro L_{AB} che le forze *A* compiono per gli spostamenti dovuti all'intervento successivo delle forze *B*. Il lavoro complessivo diventa:

$$L = L_{AA} + L_{BB} + L_{AB}.$$

Invertendo la sequenza di applicazione dei sistemi *A* e *B* si ha:

$$L = L_{BB} + L_{AA} + L_{BA}.$$

L'esistenza di un potenziale assicura che i due lavori sono uguali, e che quindi il lavoro, detto *lavoro indiretto*:

$$L_{AB} = L_{BA}$$

è indipendente dalla sequenza di applicazione dei carichi. Questo enunciato traduce il teorema di Betti.

11.3 - TEOREMA DI MAXWELL

Ancora con riferimento alla stessa struttura, si considerino due famiglie di carichi *A* e *B*, essendo la prima costituita dalla sola forza (o momento) P_i e la seconda dalla sola forza (o momento) P_j. Il lavoro della sola famiglia *A* è $1/2\ P_i P_i p_{ii}$, quello della sola famiglia *B* è $1/2\ P_j P_j p_{jj}$. Applicando i due sistemi in sequenza *i-j* si ha:

$$L = 1/2\ P_i P_i p_{ii} + 1/2\ P_j P_j p_{jj} + P_i P_j p_{ij}.$$

Applicando i due sistemi in sequenza *j-i* si ha:

$$L = 1/2\ P_j P_j p_{jj} + 1/2\ P_i P_i p_{ii} + P_j P_i p_{ji}.$$

Il teorema di Betti afferma l'uguaglianza dei lavori indiretti in ultimo termine. Ne consegue il teorema di Maxwell:

$$p_{ij} = p_{ji}.$$

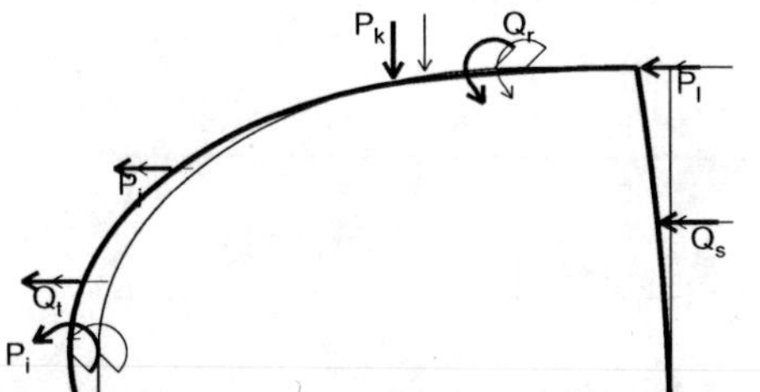

Figura 11.5

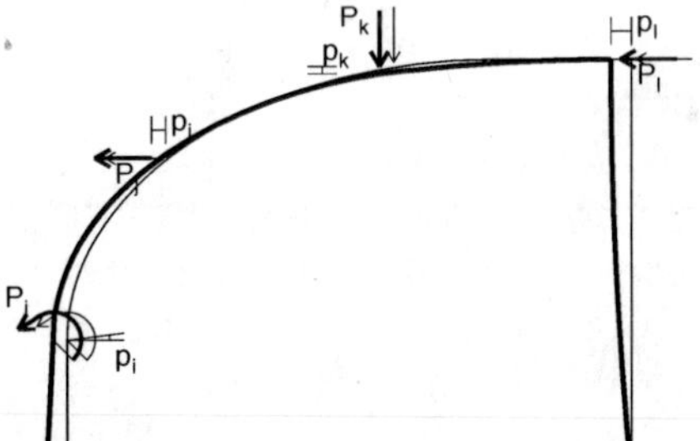

Figura 11.6

La matrice quadrata $n \times n$ dei coefficienti d'influenza p_{ij} è simmetrica. L'intuizione suggerisce, e l'esperienza conferma, che in presenza di una sola forza P_i il corrispondente spostamento p_i è positivo, ossia ha lo stesso verso della forza, come si potrebbe mostrare attraverso il Principio dei Lavori Virtuali. Ne consegue che i coefficienti diagonali p_{ii} della matrice d'influenza sono tutti positivi.

11.4 - TEOREMA DI CASTIGLIANO

Si applichi alla struttura isostatica di fig.11.6 una famiglia di m carichi P_i. Secondo il teorema di Clapeyron, il lavoro complessivo da essi compiuto ha l'espressione:

$$L = 1/2 \sum_i \sum_j P_i P_j p_{ij}.$$

Si applichi alla componente di carico *r-esima* un incremento δP_r . L'incremento del lavoro vede il contributo del lavoro diretto di δP_r per lo spostamento $\delta p_r = \delta P_r p_{rr}$ e il lavoro indiretto delle preesistenti forze P_i per gli spostamenti $\delta p_i = \delta P_r p_{ir}$, cioè:

$$\delta L = 1/2\, \delta P_r\, \delta P_r\, p_{rr} + \sum_i P_i\, \delta P_r\, p_{ir}.$$

Poichè δP_r non è soggetto a sommatoria, si ha anche:

$$\delta L = 1/2\, \delta P_r\, \delta P_r\, p_{rr} + \delta P_r \sum_i P_i\, p_{ir}.$$

Si osserva che per il teorema di Maxwell lo spostamento p_r in corrispondenza della forza *r-esima* per effetto dei carichi P_i è dato da:

$$p_r = \sum_i P_i\, p_{ri} = \sum_i P_i\, p_{ir}.$$

Dalla precedente espressione, facendo tendere a zero $\delta P_r = dP_r$ e trascurando il termine del second'ordine $1/2\, dP_r\, dP_r\, p_{rr}$, si ha:

$$dL = dP_r \sum_i P_i\, p_{ir} = dP_r\, p_r,$$

da cui:

$$p_r = dL/dP_r.$$

Il teorema di Castigliamo afferma che in presenza di un sistema di m forze, lo spostamento in direzione della forza *r-esima* uguaglia la derivata parziale dell'espressione che fornisce il lavoro di deformazione, rispetto alla forza *r-esima.*

Si osserva che l'espressione di Clapeyron:

$$L = 1/2 \sum_i \sum_j P_i P_j p_{ij},$$

risulta essere una sommatoria di m^2 termini e che P_r compare solo in $2m-1$ termini. Con riferimento alla matrice dei coefficienti d'influenza si ha:

- un termine diagonale $1/2\, P_r^2\, p_{rr}$.
- m-1 termini fuori diagonale sulla colonna r, cioè $1/2\, P_i\, P_r\, p_{ir}$.
- m-1 termini fuori diagonale sulla riga r, cioè $1/2\, P_r\, P_i\, p_{ri}$.

essendo questi ultimi uguali ai precedenti per simmetria $p_{ir} = p_{ri}$.

Sommando i termini uguali e derivando gli m termini in P_r rispetto a P_r si ottiene ugualmente il teorema di Castigliano:

$$p_r = \sum_i P_i\, p_{ri} = dL/dP_r.$$

In base alle assunzioni poste alla base di queste considerazioni energetiche, non sarebbe possibile contemplare nel calcolo degli spostamenti la presenza di cause deformanti anelastiche, quali le variazioni termiche o i cedimenti vincolari. Si osserva peraltro che il teorema di Castigliano può applicarsi a strutture isostatiche o a strutture rese isostatiche. In queste condizioni è sempre possibile ricostruire, per via puramente cinematica, le modificazioni geometriche derivanti dalla presenza di cause deformanti anelastiche. L'effetto di queste potrà semplicemente sommarsi agli effetti di deformazione elastica, in base al principio di sovrapponibilità degli effetti.

Esempio

Si voglia calcolare spostamento e rotazione all'estremo destro della mensola di lunghezza *h* di fig.11.7, trascurando per semplicità il contributo deformante del taglio.

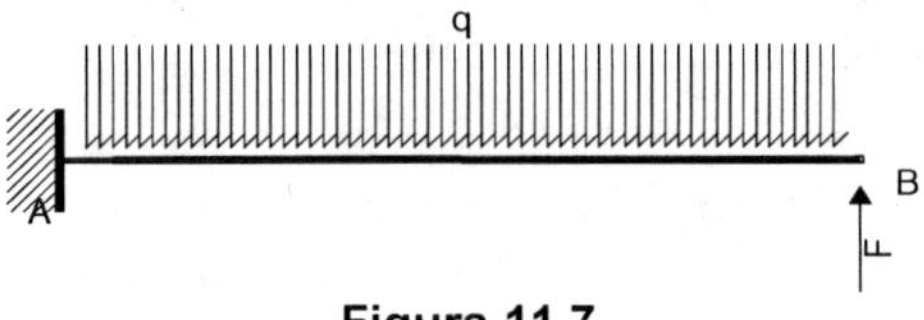

Figura 11.7

Assumendo come positiva l'azione flettente che tende le fibre inferiori, e come riferimento un asse *x* orizzontale con origine in *B* e verso *BA*, si ha:

$$M(x) = - qx^2/2 + Fx.$$

Il lavoro di deformazione diventa:

$$L = 1/2 \int_h M(x)\, d\phi = 1/2 \int_h M^2/EJ\, dx = 1/2EJ \int_h \left(q^2x^4/4 + F^2x^2 - qFx^3 \right) dx,$$

$$L = 1/2EJ \left(q^2h^5/20 + F^2h^3/3 - qFh^4/4 \right).$$

Derivando il lavoro rispetto a *F* si ha lo spostamento δ dovuto a *q,F*, misurato come equiverso a *F*:

$$\delta(q,F) = dL/dF = Fh^3/3EJ - qh^4/8EJ.$$

L'espressione del lavoro di deformazione sopra calcolata non permette di determinare la rotazione, per mancanza di un momento cospirante con la rotazione richiesta. Per superare la difficoltà, si applichi al nodo *B* un momento antiorario *W*. Si avrà:

$$M(x) = - qx^2/2 + Fx + W.$$

Il lavoro di deformazione diventa:

$$L=1/2\int_h M(x)d\phi=1/2 \int_h M^2/EJ\, dx=1/2EJ \int_h(q^2x^4/4+F^2x^2+W^2-qFx^3+2WFx-Wqx^2)dx,$$

$$L = 1/2EJ \left(q^2h^5/20 + F^2h^3/3 + W^2h + qFh^4/4 + WFh^2 - Wqh^3/3 \right).$$

Derivando il lavoro rispetto a *W* si ha la rotazione ϕ equiversa a *W*:

$$\phi(q,F,W) = dL/dW = - qh^3/6EJ + Fh^2/2EJ +2Wh/2EJ.$$

Ponendo *W=0*, rimane la misura dello spostamento equiverso a *W* imputabile al carico distribuito *q* e alla forza *F*:

$$\phi(q,F) = - qh^3/6EJ + Fh^2/2EJ.$$

Si immagini ora di imporre alla mensola di fig.11.6 una rotazione antioraria ϕ_c in *A*, derivante da cedimento vincolare in *A*, e una variazione termica differenziale $\alpha\Delta t$, uniforme lungo l'asse, che comporta la curvatura locale $d\phi_t = 2\alpha\Delta t/s\, dx$, essendo *s* lo spessore della trave. La rotazione addizionale in *B* sarà la somma della rotazione rigida ϕ_c e della rotazione cumulata fra la sezione *A* e la sezione *B*:

$$\phi_a = \phi_c + \int_h d\phi = \phi_c + \int_h 2\alpha\Delta t/s \, dx = \phi_c + 2\alpha\Delta t \, h/s \, ,$$

che si viene a sommare alla precedente per via puramente geometrica.

11.5 - TEOREMA DI MENABREA

Si consideri una struttura *m* volte iperstatica, soggetta a una famiglia di forze *P* (fig.11.1). Si renda isostatica la struttura, introducendo *m* svincoli ed applicando *m* reazioni iperstatiche X_j (fig.11.8). Si calcolino gli sforzi associati alle forze complessivamente applicate *P* e gli sforzi associati a ciascuna delle iperstatiche X_j prese con valore unitario. Si esprima lo stato di sforzo complessivo reale facendo ricorso al principio di sovrapponibilità degli effetti, cioè sommando allo sforzo derivante dalle forze assegnate *P* il contributo delle iperstatiche unitarie, ciascuna amplificata del corrispondente fattore adimensionale incognito (modulo dell'incognita iperstatica) X_j.

In un sistema di *N* aste si ha per l'asta *n-esima*:

$$N_n(x) = \textstyle\sum_j X_{j=1,m} N_{jn}(x) + N_{0n}(x),$$
$$T_n(x) = \textstyle\sum_j X_{j=1,m} T_{jn}(x) + T_{0n}(x),$$
$$M_n(x) = \textstyle\sum_j X_{j=1,m} M_{jn}(x) + M_{0n}(x).$$

Si definiscano per l'asta *n* le azioni interne associate alle *m* iperstatiche unitarie e ai carichi assegnati, ordinate nei vettori di dimensione *m+1*:

$$\mathbf{N}^t_n(x) = [\, N_{1n}(x), \dots, \dots, \dots, N_{mn}(x)] \qquad \mathbf{N}^t_{en} = [\, \mathbf{N}^t_n \mid N_{on}(x)\,]$$
$$\mathbf{T}^t_n(x) = [\, T_{1n}(x), \dots, \dots, \dots, T_{mn}(x)] \qquad \mathbf{T}^t_{en} = [\, \mathbf{T}^t_n \mid, T_{on}(x)\,]$$
$$\mathbf{M}^t_n(x) = [\, M_{1n}(x), \dots, \dots, \dots, M_{mn}(x)] \qquad \mathbf{M}^t_{en} = [\, \mathbf{M}^t_n \mid, M_{on}(x)\,]$$

Posto:

$$\mathbf{X}^t = [X_1, \dots, \dots, \dots, X_m] \qquad \mathbf{X}^t_e = [\, \mathbf{X}^t \mid 1\,]$$

l'energia di deformazione elastica per l'asta *n* di sviluppo *l* può essere espressa dal prodotto:

$$D_n = \mathbf{X}^t_e \, \mathbf{H}_{en} \, \mathbf{X}_e$$

La matrice $\mathbf{H}_{en}$ si articola in (m+1)×(m+1) contributi:

$$\mathbf{H}_{en} = 1/2EA_n \int_l \mathbf{N}_{en}(x)\mathbf{N}^t_{en}(x)\,dx + \chi/2GA_n \int_l \mathbf{T}_{en}(x)\mathbf{T}^t_{en}(x)\,dx + 1/2EJ_n \int_l \mathbf{M}_{en}(x)\mathbf{M}^t_{en}(x)\,dx.$$

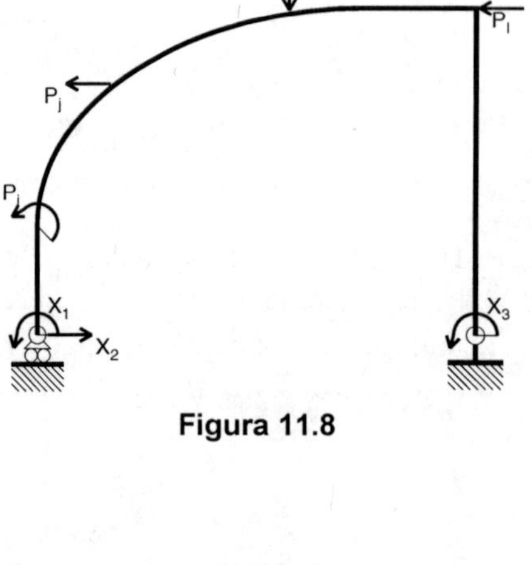

Figura 11.8

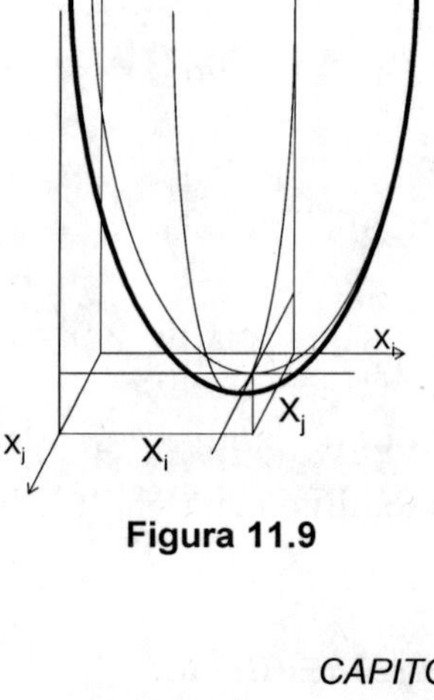

Figura 11.9

L'energia elastica complessiva D diventa:

$$L = D = \mathbf{X}^t_e\, \mathbf{H}_e\, \mathbf{X}_e \qquad\qquad \mathbf{H}_e = \Sigma_{n=1,N}\, \mathbf{H}_{ne}.$$

Nella matrice $\boldsymbol{H}_e$ si individua la sottomatrice $\boldsymbol{H}$ di rango $m \times m$, che riflette il lavoro diretto delle forze unitarie X_i, lo scalare H_p, che riflette il lavoro diretto delle forze assegnate P, e i vettori $\boldsymbol{H}_0$ di rango m, che riflettono in parti uguali il lavoro indiretto delle singole forze unitarie X_i per le forze assegnate P:

$$\mathbf{H}_e = \begin{bmatrix} [\mathbf{H}] & [\mathbf{H}_0] \\ [\mathbf{H}^t_0] & H_P \end{bmatrix}$$

Il teorema di Castigliano afferma che in presenza di un sistema di $m+1$ forze X_i e P, lo spostamento in direzione della forza *r-esima* è dato dalla derivata parziale dell'espressione che fornisce il lavoro di deformazione, rispetto alla forza *r-esima*. Applicando il teorema di Castigliano alle sole forze iperstatiche si ha:

$$q_1 = \partial L/\partial X_1$$
$$q_2 = \partial L/\partial X_2$$
$$\ldots\ldots\ldots\ldots$$
$$q_m = \partial L/\partial X_m.$$

Gli spostamenti così misurati q_j saranno spostamenti assoluti, se le corrispondenti X_j si riferiscono a vincoli soppressi al suolo, saranno spostamenti relativi se riferiti a svincoli interni. In entrambi i casi, poiché si sono soppressi vincoli perfetti, deve essere $q_j=0$:

$$\partial L/\partial X_1 = 0$$
$$\partial L/\partial X_2 = 0$$
$$\ldots\ldots\ldots\ldots$$
$$\partial L/\partial X_m = 0.$$

L'insieme di queste condizioni costituisce un sistema di m equazioni lineari nelle m iperstatiche X_j.

$$\mathbf{H\,X} = -\,\mathbf{H}_0$$

I termini noti corrispondono ai lavori delle iperstatiche unitarie $X_j = 1$ per le deformazioni dovute alle forze assegnate P. L'energia di deformazione sviluppata dagli sforzi derivanti da P per le conseguenti deformazioni scompare in sede di derivazione rispetto alle X_j.

L'insieme dei coefficienti delle m equazioni costituisce una matrice quadrata $\boldsymbol{H}$, coincidente con le prime m righe e colonne di $\boldsymbol{H}^t_e$ che risulta essere simmetrica e con diagonale positiva. Simmetrica poiché gli elementi fuori diagonale rapprendano le derivate dei termini misti in X_iX_j, con lo stesso coefficiente. Con diagonale positiva poiché il lavoro che ciascuna forza compie per lo spostamento da essa stessa provocato è positivo. La condizione risolvente può essere interpretata come una condizione di *minimo* della forma quadratica che esprime il lavoro di deformazione, rispetto alle variabili indipendenti X_j. Da un lato, la condizione di stazionarietà viene espressa dalle equazioni lineari risolventi. Contemporaneamente si ha che la variazione del lavoro intorno alla soluzione, variazione provocata dall'incremento infinitesimo δX_r della forza X_r, è data per tutte le forze da:

$$\delta L = 1/2\ \delta X_r\ \delta X_r\ p_{rr} + \Sigma_i\ X_i\ \delta X_r\ p_{ir},$$

dove la forza X_r rappresenta la reazione iperstatica.

Il termine del second'ordine è sempre positivo (come si è detto, i coefficienti d'influenza diagonali sono sempre positivi), e sancisce la natura di minimo della stazionarietà. Il minimo è unico, poiché si riferisce a una forma quadratica, che è strettamente convessa (fig.11.9). In termini meccanici il teorema di Menabrea individua l'unica soluzione congruente fra le infinite soluzioni equilibrate costruite con scelta arbitraria dei moduli delle iperstatiche.

Esempio 1

Si voglia impostare mediante il teorema di Menabrea il calcolo delle reazioni nella struttura in fig.11.10, di lunghezza l e rigidezza EJ, trascurando il contributo deformante del taglio. Soppresso il carrello, si evidenzia in B la reazione verticale iperstatica F, diretta verso l'alto, che traduce l'effetto statico associato al vincolo soppresso (fig.11.11). Assumendo come positiva l'azione flettente che tende le fibre superiori, e come riferimento un asse x orizzontale con origine in B e verso BA, si ha:

$$M(x) = qx^2/2 - Fx.$$

Il lavoro di deformazione diventa:

$$L = 1/2 \int_l M(x)\, d\phi = 1/2 \int_l M^2/EJ\, dx$$

$$L = 1/2EJ \int_l \left(q^4x^4/4 + F^2x^2 - qFx^3 \right) dx$$

$$L = 1/2 \left(q^4l^5/20EJ + F^2l^3/3EJ - qFl^4/4EJ \right).$$

Derivando il lavoro rispetto a F, si ha lo spostamento equiverso a F, che deve risultare nullo, per ripristinare l'effetto cinematico del vincolo soppresso:

$$\delta = dL/dF = Fl^3/3EJ - ql^4/8EJ = 0.$$

Ne consegue il valore della reazione iperstatica:

$$F = 3/8\ ql.$$

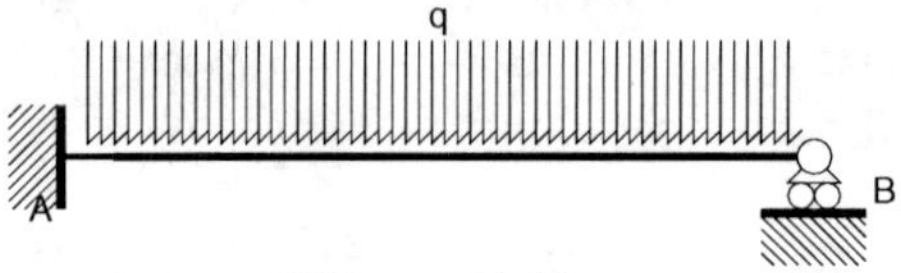

Figura 11.10

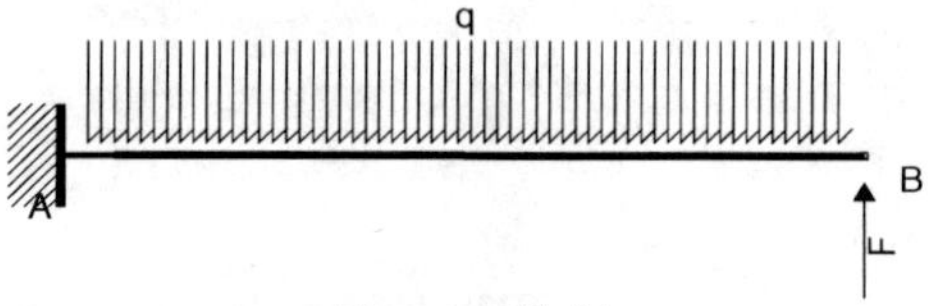

Figura 11.11

Esempio 2

In base alle assunzioni poste alla base di queste considerazioni energetiche, non sarebbe possibile applicare il teorema di Menabrea in presenza di cause deformanti anelastiche, quali le variazioni termiche o i cedimenti vincolari. Si osserva peraltro che l'applicazione del teorema comporta l'adozione di uno schema strutturale isostatico, sul quale è sempre possibile ricostruire, per via puramente cinematica, le modificazioni geometriche derivanti dalla presenza di cause deformanti anelastiche.

In conseguenza di questi effetti anelastici si registrerebbero sullo schema isostatico possibili discontinuità geometriche in corrispondenza dei gradi di vincolo iperstatico soppressi. L'applicazione del teorema di Menabrea consente di recuperare e annullare queste discontinuità, che vengono ad assumere il ruolo di spostamenti noti non nulli. Le equazioni risolventi avrebbero la forma:

$$\partial L/\partial X_1 = s_1,$$
$$\partial L/\partial X_2 = s_2,$$
$$\ldots\ldots\ldots\ldots$$
$$\partial L/\partial X_m = s_m.$$

dove s_i sono gli spostamenti derivanti dalla modificazione geometrica anelastica.

La struttura di fig.11.12, con EJ costante, è soggetta alle forze P_1 e P_2 indicate, e subisce il cedimento anelastico rotazionale β in A, e la variazione termica $\alpha\Delta t$ sull'asta AB.

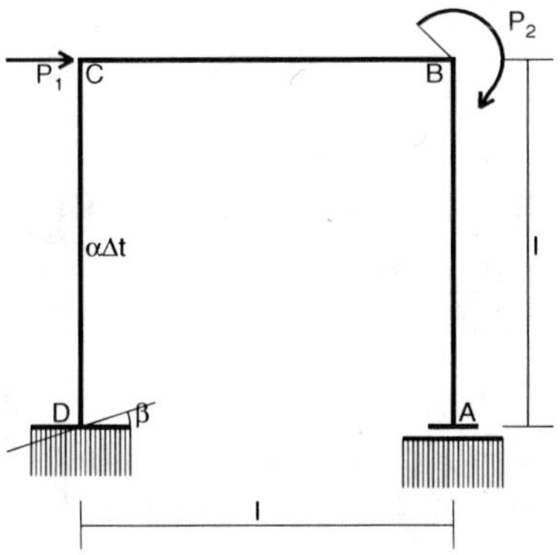

Figura 11.12

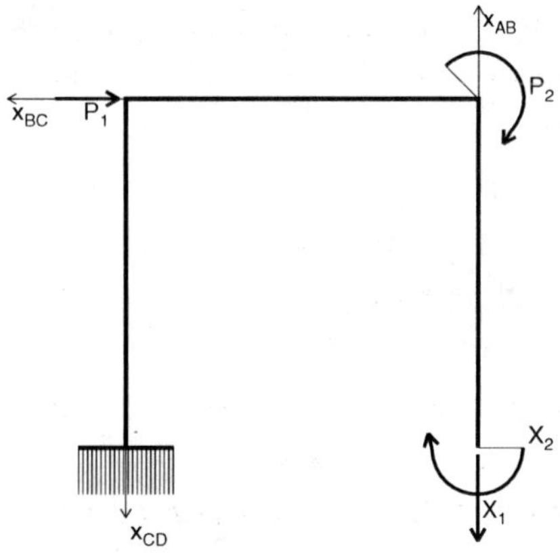

Figura 11.13

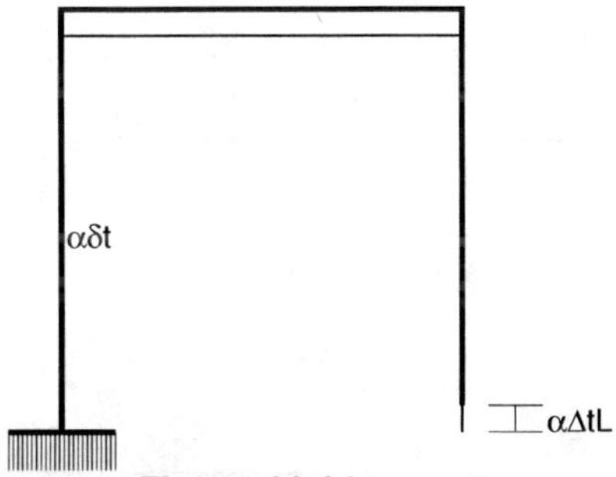

Figura 11.14

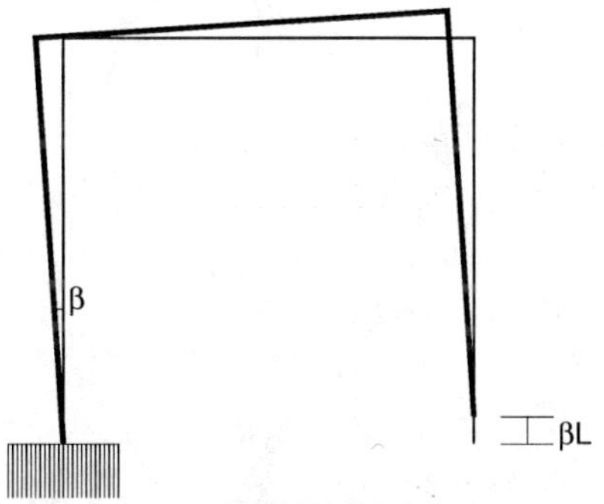

Figura 11.15

Si rende isostatica la struttura come in fig.11.13, introducendo due svincoli e due reazioni iperstatiche X_1, X_2, e si calcolano le azioni interne conseguenti all'insieme delle forze P_i e a ciascuna delle iperstatiche X_j assunte con modulo unitario. Trascurando gli effetti meccanici dell'azione assiale e dell'azione tagliante, e assumendo assi x_a da A a B, x_b da B a C, x_c da C a D, e azioni flettenti positive che tendono le fibre esterne, si ha:

$$M_a = X_2,$$
$$M_b = X_2 + X_1x + P_2,$$
$$M_c = X_2 + X_1l + P_2 + P_1x.$$

Avendo *EJ* uguale sulle tre aste, il lavoro delle azioni flettenti diventa:

$L = L_a + L_b + L_b = 1/2EJ \int_l (M_a^2 + M_b^2 + M_c^2)\, dx$

$L_a = 1/2EJ \int_l X_2^2\, dx$

$L_b = 1/2EJ \int_l (X_2^2 + X_1^2x^2 + P_2^2 + 2X_2X_1x + 2X_1P_2x + 2P_2X_2)\, dx$

$L_c = 1/2EJ \int_l (X_2^2 + X_1^2l^2 + P_2^2 + P_1^2x^2 + 2X_2X_1l + 2X_1P_2l + 2P_2P_1x + 2P_1X_2x +$
$+ 2X_2P_2 + 2X_1P_1lx)\, dx$

$L_a = X_2^2l/2EJ$

$L_b = 1/2EJ (X_2^2l + X_1^2l^3/3 + P_2^2l + X_2X_1l^2 + X_1P_2l^2 + 2P_2X_2l)$

$L_c=1/2EJ(X_2^2l+X_1^2l^3+P_2^2l+P_1^2l^3/3+2X_2X_1l^2+2X_1P_2l^2+P_2P_1l^2+P_1X_2l^2 2X_2P_2l+X_1P_1l^3)$

Sulla struttura principale equivalente, isostatica, si ha uno spostamento verticale anelastico in *A* pari a $\alpha\Delta tl + \beta l$ e una rotazione in *A* pari a β. Si ottiene quindi (fig.11.15
, fig.11.16):

$dL/dX_1 = 1/EJ (X_1l^3/3 + X_2l^2/2 + P_2l^2/2 + X_1l^3 + X_2l^2 + P_2l^2 + P_1l^3/2) = \alpha\Delta tl + \beta l$

$dL/dX_2 = 1/EJ (X_2l + X_2l + X_1l^2/2 + P_2l + X_2l + X_1l^2 + P_1l^2/2 + X_2P_2l) = \beta.$

I segni dipendono dai versi convenzionalmente adottati per X_1, X_2. Ordinando in matrice si ottiene:

$$\begin{bmatrix} l^3/3+l^3 & l^2/2+l^2 \\ l^2/2+l^2 & l+l+l \end{bmatrix}\begin{bmatrix} X_1 \\ X_2 \end{bmatrix}=\begin{bmatrix} \alpha\Delta tlEJ+\beta lEJ-P_2l^2/2-P_2l^2-P_1l^3/2 \\ \beta EJ-2P_2l-P_1l^2/2 \end{bmatrix}$$

ovvero:

$$\begin{bmatrix} 4l^3/3 & 3l^2/2 \\ 3l^2/2 & 3l \end{bmatrix}\begin{bmatrix} X_1 \\ X_2 \end{bmatrix}=\begin{bmatrix} \alpha\Delta tlEJ+\beta lEJ-3P_2l^2/2-P_1l^3/2 \\ \beta EJ-2P_2l-P_1l^2/2 \end{bmatrix}$$

da cui si ha la soluzione:

$$X_1 = 12/7 (\alpha\Delta tEJl^2 + \beta EJl^2 - P_1/2 - 3P_2/21) - 6/7 (\beta EJl^2 - P_2/l - P_1/2)$$
$$X_2 = - 6/7 (\alpha\Delta tEJl + \beta EJl - 3P_2/2) + 16/21 (\beta EJl - P_2 - P_1l/2).$$

I singoli contributi dovuti a P_1, P_2, cedimento e azione termica sono:

$X_{11} = - 3/7\ P_1$	$X_{21} = 1/21\ P_1l$
$X_{12} = - 6/7\ P_2/l$	$X_{22} = - 5/21\ P_2l$
$X_{1c} = 6/7\ \beta EJ/l^2$	$X_{2c} = - 2/21\ \beta EJ/l$
$X_{1t} = 12/7\ \alpha\Delta tEJl^2$	$X_{2t} = - 6/7\ \alpha\Delta tEJl$

11.6 - STAZIONARIETÀ DELL'ENERGIA POTENZIALE TOTALE

Si considerano sistemi elastici conservativi, nei quali si hanno forze applicate appartenenti ad un campo (come il campo gravitazionale) ed energia di deformazione caratterizzata dal potenziale elastico (fig.11.16). Il legame elastico risulta invertibile, cioè:

$$\boldsymbol{\varepsilon} = \mathbf{E}\,\boldsymbol{\sigma}.$$
$$\boldsymbol{\sigma} = \mathbf{E}^{-1}\,\boldsymbol{\varepsilon}.$$

dove:

$$\boldsymbol{\sigma}^t = [\ \sigma_{11}, \sigma_{12}, \sigma_{13}, \sigma_{21}, \sigma_{22}, \sigma_{23}, \sigma_{31}, \sigma_{32}, \sigma_{33}\ ].$$
$$\boldsymbol{\varepsilon}^t = [\ \varepsilon_{11}, \varepsilon_{12}, \varepsilon_{13}, \varepsilon_{21}, \varepsilon_{22}, \varepsilon_{23}, \varepsilon_{31}, \varepsilon_{32}, \varepsilon_{33}\ ].$$

e **E** è la matrice elastica già vista al capitolo 6.

L'energia specifica di deformazione si esprime come:

$$D_u = 1/2\ \boldsymbol{\sigma}^t\,\boldsymbol{\varepsilon} = 1/2\ \boldsymbol{\varepsilon}^t\,\boldsymbol{\sigma} = 1/2\ \boldsymbol{\varepsilon}^t\,\mathbf{E}^{-1}\,\boldsymbol{\varepsilon} = 1/2\ \boldsymbol{\sigma}^t\,\mathbf{E}\,\boldsymbol{\sigma}.$$

Le componenti di tensione:

$$\boldsymbol{\sigma} = \boldsymbol{\sigma}(x_1,x_2,x_3)$$

e di deformazione:

$$\boldsymbol{\varepsilon} = \boldsymbol{\varepsilon}(x_1,x_2,x_3)$$

sono funzioni del posto. Se si introduce una variazione $\delta\boldsymbol{\varepsilon}$ delle deformazioni, in presenza delle tensioni $\boldsymbol{\sigma}$, si ottiene una variazione dell'energia di deformazione $D_u=1/2\ \boldsymbol{\varepsilon}^t\,\mathbf{E}\,\boldsymbol{\varepsilon}$ che ha l'espressione:

$$\delta D_u = \delta\boldsymbol{\varepsilon}^t\,\mathbf{E}\,\boldsymbol{\varepsilon} = \delta\boldsymbol{\varepsilon}^t\,\boldsymbol{\sigma}.$$

Si consideri la struttura di fig.11.16 e la si esamini in una sua configurazione di equilibrio elastico sotto le forze P_j (a tratto forte in fig.11.17), essendo $\boldsymbol{\sigma}(x_1,x_2,x_3)$, $\boldsymbol{\varepsilon}(x_1,x_2,x_3)$ lo stato di sforzo e di deformazione. Si immagini di introdurre una variazione infinitesima e congruente della configurazione (a tratto sottile in fig.11.17), variazione descritta da spostamenti $\delta\mathbf{P}(x_1,x_2,x_3)$ e dalle corrispondenti deformazioni $\delta\boldsymbol{\varepsilon}(x_1,x_2,x_3)$. Siano δp_j gli spostamenti associati alle forze P_j.

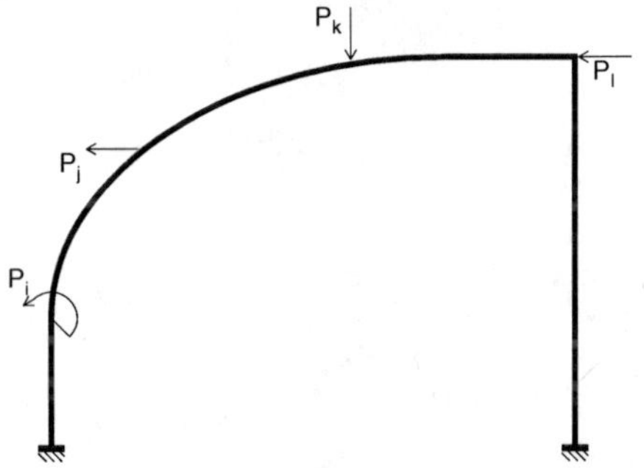

Figura 11.16

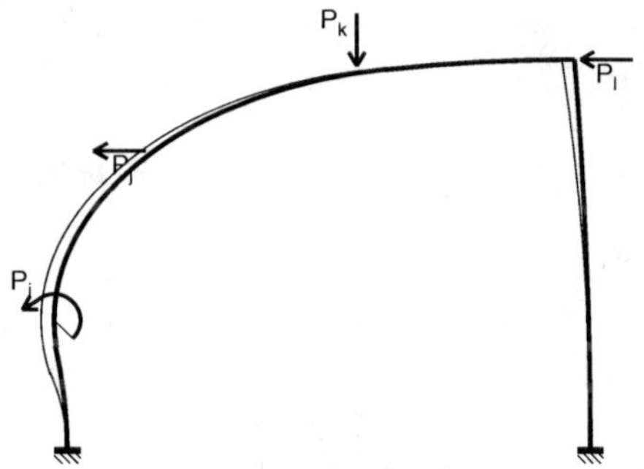

Figura 11.17

Forze e sforzi sono equilibrati perchè corrispondenti all'assetto reale di equilibrio elastico. Spostamenti e deformazioni sono stati introdotti con la condizione di essere infinitesimi e congruenti. Il PLV afferma l'uguaglianza del lavoro interno e del lavoro esterno:

$$\sum_j P_j\,\delta p_j = \int_V \boldsymbol{\sigma}^t\,\delta\boldsymbol{\varepsilon}\,dV.$$

Si riconosce che:

$$\delta U = -\sum_j P_j\, \delta p_j$$

è la variazione dell'energia potenziale delle forze P_j, dove il segno negativo ricorda che quando lo spostamento ha il verso della forza si ha una perdita di energia potenziale. L'espressione:

$$\delta D = \int_V \sigma^t\, \delta\varepsilon\, dV.$$

è la variazione dell'energia elastica calcolata sull'intero sistema. Si può scrivere allora:

$$\delta(U + D) = \delta\Pi = 0.$$

Se a partire da una condizione nota di equilibrio elastico si introduce una variazione infinitesima e congruente di configurazione, si riscontra che ne consegue una variazione nulla dell'energia potenziale totale, somma dell'energia potenziale elastica e dell'energia dei carichi.

Se a partire da un assetto deformato si introducono tutte le possibili variazioni infinitesime e congruenti di configurazione, e si riscontra che ad ognuna di esse consegue una variazione nulla dell'energia potenziale totale, allora si può affermare che l'assetto considerato identifica l'equilibrio elastico.

La stazionarietà dell'energia potenziale totale identifica una soluzione di equilibrio elastico, e diventa strumento per la ricerca di tale soluzione, sia nei limiti della teoria del primo ordine, sia in grandi spostamenti. Tra le configurazioni possibili per una struttura con geometria iniziale nota e carichi assegnati, una configurazione per la quale si riscontra la stazionarietà dell'energia potenziale totale è una soluzione completa.

Esempio

Si voglia impostare mediante il teorema di stazionarietà dell'energia potenziale totale il calcolo della azioni assiali nella struttura di fig.11.18. Le tre aste hanno sezione A_{AB}, A_{AC}, A_{AD}. I gradi di libertà del sistema si identificano negli spostamenti u e v di A (u positivo verso destra, v positivo verso l'alto). L'allungamento delle tre aste in conseguenza di questi spostamenti è:

$$\delta_{AB} = u$$
$$\delta_{AC} = 3/5\ u - 4/5\ v$$
$$\delta_{AD} = -\ 4/5\ u - 3/5\ v$$

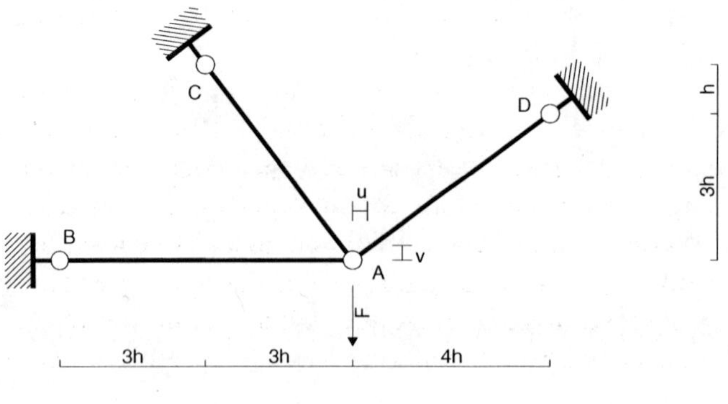

Figura 11.18

L'energia potenziale elastica per allungamento delle tre aste è data da:

$L_{AB} = 1/2\ EA_{AB}/6h\ \delta_{AB}^2 = 1/2\ EA_{AB}/6h\ u^2$

$L_{AC} = 1/2\ EA_{AC}/5h\ \delta_{AC}^2 = 1/2\ EA_{AC}/5h\ (9/25\ u^2 - 24/25\ uv + 16/25\ v^2)$

$L_{AD} = 1/2\ EA_{AD}/5h\ \delta_{AD}^2 = 1/2\ EA_{AD}/5h\ (16/25\ u^2 + 24/25\ uv + 9/25\ v^2)$

L'energia potenziale dei carichi per spostamenti u,v, positivi come gli assi x,y, è $U = Fv$.

L'energia potenziale totale è:

$$\Pi = D + U = L_{AB} + L_{AC} + L_{AD} + Fv.$$

La stazionarietà dell'energia potenziale totale rispetto a u e v corrisponde alle condizioni:

$$\partial\Pi/\partial u = 0$$

$$\partial\Pi/\partial v = 0.$$

Le due condizioni danno luogo alle relazioni:

$$EA_{AB}/6h\ u + 9EA_{AC}/125h\ u - 12EA_{AC}/125h\ v + 16EA_{AD}/125h\ u + 12EA_{AD}/125h\ v = 0$$

$$F - 12EA_{AC}/125h\ u + 16EA_{AC}/125h\ v + 12EA_{AD}/125h\ u + 9EA_{AD}/125h\ v = 0.$$

Ordinando e sommando si ottiene la seguente relazione, caratterizzata da una matrice a diagonale positiva, essendo i suoi elementi le derivate dei termini quadratici, e simmetrica, essendo i coefficienti fuori diagonale le derivate dei termini misti u,v:

$$\begin{bmatrix} EA_{AB}/6h + E(9A_{AC} + 16A_{AD})/125h & 12E(A_{AD} - A_{AC})/125h \\ 12E(A_{AD} - A_{AC})/125h & E(16A_{AC} + 9A_{AD})/125h \end{bmatrix} \begin{bmatrix} u \\ v \end{bmatrix} = \begin{bmatrix} 0 \\ -F \end{bmatrix}$$

Avendo calcolato u,v, si ha:

$$N_{AB} = \delta_{AB}\ EA_{AB}/6h = u\ EA_{AB}/6h$$

$$N_{AC} = \delta_{AC}\ EA_{AC}/5h = (\ 3/5\ u - 4/5\ v\ )\ EA_{AC}/5h$$

$$N_{AD} = \delta_{AD}\ EA_{AD}/5h = (\ -4/5\ u - 3/5\ v\ )\ EA_{AD}/5h.$$

Grandi spostamenti

Se l'espressione dell'energia di deformazione, e quindi dell'energia potenziale totale, è quadratica nelle variabili indipendenti, allora si una sola stazionarietà e unicità di soluzione (fig.11.19). Questo esito è collegato alla teoria del primo ordine. Si riscontra infatti che nell'ambito del primo ordine l'espressione dell'energia potenziale, che è quadratica nelle deformazioni, diventa quadratica anche negli spostamenti, che sono le variabili naturali del problema.

Nell'esempio precedente si sono assunti come parametri indipendenti di configurazione gli spostamenti u,v e si sono definiti gli allungamenti delle aste come combinazione lineare di questi. Le deformazioni ε_{ik} conseguenti sono anch'esse proporzionali a u,v. L'energia di deformazione diventa quadratica rispetto alle variabili indipendenti u,v e le condizioni risolventi sono equazioni lineari in u,v.

Operando in ambito più generale, l'espressione dell'energia potenziale totale può ammettere molteplici stazionarietà, corrispondenti a soluzioni molteplici dello stesso problema (fig.11.20). La circostanza si verifica solo quando si opera al di fuori della teoria del primo ordine, cioè con spostamenti grandi o moderatamente grandi.

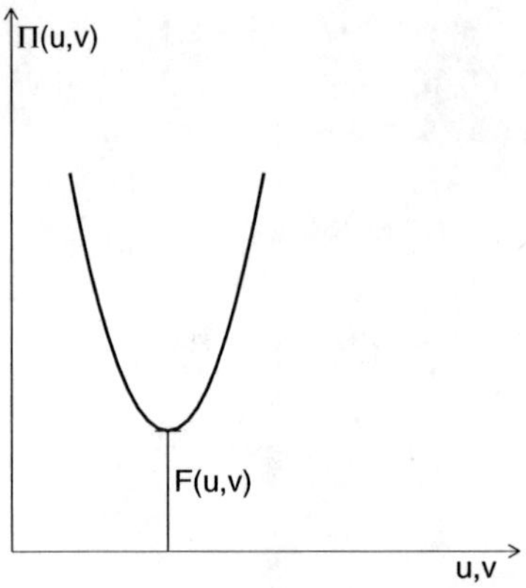

Figura 11.19

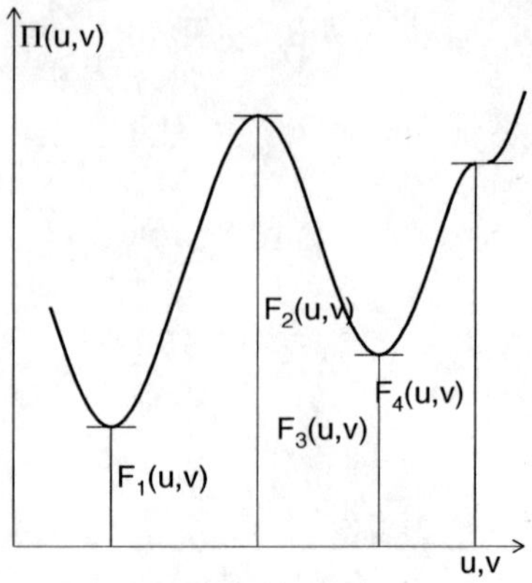

Figura 11.20

Nell'esempio precedente, operando in grandi spostamenti si avrebbe:

$$\delta_{AB} = \sqrt{((6h + u)^2 + v^2)} - 6h$$

$$\delta_{AC} = \sqrt{((3h + u)^2 + (4h + v)^2)} - 5h$$

$$\delta_{AC} = \sqrt{((4h - u)^2 + (3h + v)^2)} - 5h$$

L'energia di deformazione:

$$D = 1/2\ EA_{AB}/6h\ \delta_{AB}^2 + 1/2\ EA_{AC}/5h\ \delta_{AC}^2 + 1/2\ EA_{AD}/5h\ \delta_{AD}^2$$

fornisce un'espressione non lineare e non quadratica in u,v, mentre rimane lineare in u,v l'espressione del potenziale dei carichi. La stazionarietà individuata da:

$$\partial\Pi/\partial u = 0$$

$$\partial\Pi/\partial v = 0$$

fornisce ancora una soluzione del problema, che tuttavia va individuata risolvendo un sistema di equazioni non lineari.

11.7 – LINEE DI INFLUENZA

In talune situazioni strutturali ci si trova in presenza di carichi puntuali viaggianti. Tale è il caso dei viadotti stradali o delle vie di corsa delle gru a ponte. Può essere utile evidenziare graficamente, in funzione della posizione del carico, l'andamento della reazione su un vincolo prescelto o dell'azione interna su una sezione prescelta.

Si consideri la struttura isostatica di fig.11.21, soggetta a un carico viaggiante unitario F. Si vogliano valutare, in funzione della posizione x del carico, le azioni tagliante e flettente in B e la reazione verticale in C. Sia ξ l'ascissa della generica sezione. Introducendo rispettivamente un pattino o una cerniera in B, ovvero svincolando il carrello, diventano possibili tre distinti atti di moto. Si adottino i meccanismi di destra, rispettivamente di ampiezza η, φ, η, e si calcoli lo spostamento $\delta(\xi)$, in presenza dei sistemi T, M, V, che riproducono gli effetti statici delle informazioni cercate. Sia $\delta(x)$ lo spostamento corrispondente alla posizione $\xi=x$ di F. Per il Principio dei Lavori Virtuali si avrà nei tre casi, con i versi arbitrari adottati:

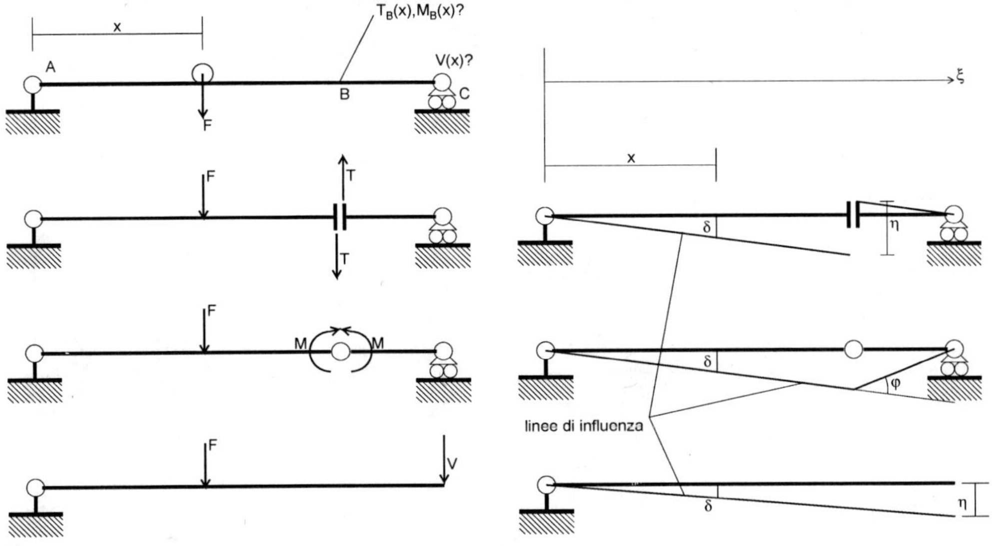

Figura 11.21

$$F\,\delta(x) + T\,\eta = 0 \qquad F\,\delta(x) + M\,\varphi = 0 \qquad F\,\delta(x) + V\,\eta = 0$$

da cui:

$$T(x) = -F\,\delta(x)/\eta \qquad M(x) = -F\,\delta(x)/\varphi \qquad V(x) = -F\,\delta(x)/\eta$$

Le tre funzioni spostamento $\delta(\xi)$ prendono il nome di *linee di influenza* e rappresentano graficamente in opportuna scala, inclusiva del fattore costante F/η, F/φ, F/η, l'informazione richiesta:

- azione tagliante in B per carico viaggiante F,
- azione flettente in B per carico viaggiante F,
- reazione del carrello per carico viaggiante F.

Si consideri la struttura iperstatica di fig.11.22, soggetta a un carico viaggiante unitario F. Si vogliano valutare, in funzione della posizione x del carico, le due azioni tagliante e flettente in B e le due reazioni in A. Sia ξ l'ascissa della generica sezione. Si introduca separatamente un pattino o una cerniera in B e in A, ottenendo quattro distinti schemi strutturali. Nel sistema assegnato le corrispondenti azioni interne T,M e reazioni V,W hanno valori tali da escludere che i gradi di libertà ora introdotti siano realmente attivati.

A ciascuna struttura declassata si applichi rispettivamente una forza $T'=1$, $M'=1$, $V'=1$, $W'=1$ e si calcoli la relativa deformata $y(\xi)$. Sia $\delta(x)$, calcolato per $\xi=x$, il valore locale dello spostamento $y(\xi)$ in corrispondenza di F per ciascuna situazione. Siano $\eta, \varphi, \eta, \varphi$ gli spostamenti associati alle azioni unitarie. Il lavoro indiretto dei quattro sistemi aggiuntivi di forze $T'=1$, $M'=1$, $V'=1$, $W'=1$ per i corrispondenti spostamenti dovuti al sistema di forze assegnate (comprendente F e le azioni associate T, M, V, W) è nullo, per la continuità originaria della struttura. Per il teorema di Betti è nullo anche il lavoro indiretto dei sistemi di forze originarie (comprendente *F* e le azioni associate *T, M, V, W*) per gli spostamenti indotti dai quattro sistemi aggiuntivi *T'=1, M'=1, V'=1, W'=1,* ovvero:

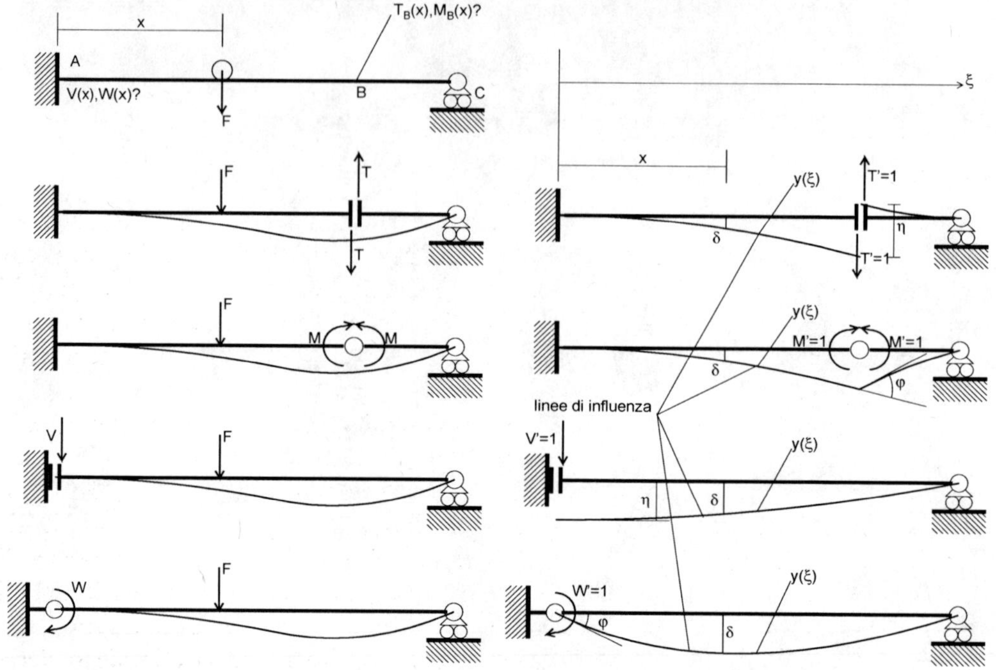

Figura 11.22

$L_{FT}=F\delta(x)+T\eta=0$ $L_{FM}=F\delta(x)+M\varphi=0$ $L_{FV}=F\delta(x)+V\eta=0$ $L_{FV}=F\delta(x)+W\varphi=0$
da cui:

$T(x)=-F\delta(x)/\eta$ $M(x)=-F\delta(x)/\varphi$ $V(x)=-F\delta(x)/\eta$ $W(x)=-F\delta(x)/\varphi$

Le quattro deformate $y(\xi)$ prendono il nome di *linee di influenza* e rappresentano graficamente in opportuna scala, inclusiva del fattore costante F/η, F/φ, F/η, F/φ, l'informazione richiesta:

- azione tagliante in *B* per carico viaggiante *F*,
- azione flettente in *B* per carico viaggiante *F*,
- reazione verticale in *A* per carico viaggiante *F*,
- reazione momento in *A* per carico viaggiante *F*.

CAPITOLO 12

VERIFICA DI RESISTENZA

12.1 - RESISTENZA DELLE STRUTTURE

Verifica allo stato ultimo

La verifica della resistenza di una struttura consiste concettualmente nel ricostruire l'evoluzione del sistema seguendo tutte le possibili storie di carico, per controllare che non si verifichino nella vita attesa del sistema situazioni incompatibili con la sua funzionalità. Le condizioni di analisi possono comprendere le fasi elastica e anelastica del materiale e devono tenere conto dei cambiamenti di geometria che si sviluppano lungo la storia di carico.

Un'indagine di questo tipo trascende l'impiego degli strumenti di analisi lineare qui richiamati, richiede una mole di calcoli molto elevata, e trova un limite difficilmente superabile nella definizione della vita attesa della struttura. In primo luogo, non sono pienamente prevedibili le condizioni d'impiego della struttura, in situazioni di esercizio e in situazioni di emergenza. In secondo luogo, la presenza di una risposta non lineare per geometria e per materiale esclude la possibilità di sommare gli effetti di situazioni elementari. Diventa necessario definire univocamente ogni possibile itinerario di carico atto a coprire la storia d'impiego della struttura per l'intera sua vita.

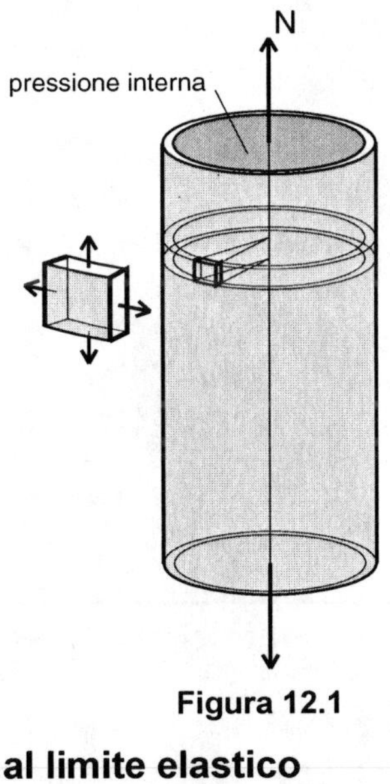

Figura 12.1

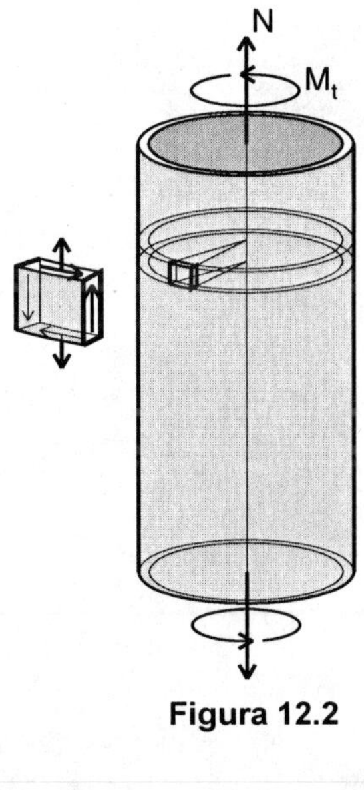

Figura 12.2

Verifica al limite elastico

Un criterio alternativo di accettabilità consiste nell'imporre il limite elastico del materiale come limite di comportamento della struttura. Questa impostazione non fornisce alcuna indicazione sulle effettive risorse disponibili, cioè sulla capacità ultima del sistema. A favore di questo criterio va tuttavia considerato il fatto che l'eventuale superamento della fase elastica comporterebbe modificazioni locali permanenti, mentre appare vantaggioso garantire che, almeno in condizioni di esercizio, alla conclusione di ogni ciclo di carico la struttura torni alla situazione iniziale, identica a se stessa.

L'applicazione di questo criterio comporta il controllo dello stato di sforzo puntuale, controllo che andrebbe esteso a tutti i punti della struttura, o almeno a tutti quelli che possono essere considerati critici in base ad un giudizio sulla effettiva distribuzione degli sforzi. Grazie alla linearità della risposta del materiale si può assumere che per ciascun punto la situazione significativa corrisponda alla condizione peggiore, per quel punto, fra tutte le condizioni di carico. Lo stato di sforzo attuale non dipende dalla sequenza di applicazione delle diverse condizioni di carico.

La crisi puntuale viene a dipendere dallo stato di sforzo, che è normalmente definito da nove componenti scalari distinte. Se il materiale è isotropo, la condizione di crisi non è legata al sistema di rappresentazione degli sforzi e le componenti distinte si possono ricondurre alla sole tre componenti principali σ_I, σ_{II}, σ_{III}.

Stati piani di sforzo e di deformazione

Negli stati piani di sforzo si ha $\sigma_I \neq 0,\ \sigma_{II} \neq 0,\ \sigma_{III} = 0$. La direzione *III* è una direzione principale, $\sigma_{III}=0$ una tensione principale e $\varepsilon_{III}\neq 0$ una deformazione principale. Le deformazioni saranno:

$$\varepsilon_I = \sigma_I/E - \sigma_{II}/mE, \qquad \varepsilon_{II} = \sigma_{II}/E - \sigma_I/mE, \qquad \varepsilon_{III} = - \sigma_I/mE - \sigma_{II}/mE,$$

Negli stati piani di deformazione si ha $\sigma_I \neq 0,\ \sigma_{II} \neq 0,\ \sigma_{III} \neq 0\ \ \varepsilon_I \neq 0,\ \varepsilon_{II} \neq 0,\ \varepsilon_{III} = 0$. La direzione *III* è una direzione principale, $\sigma_{III} \neq 0$ una tensione principale e $\varepsilon_{III} = 0$ una deformazione principale. Essendo:

$$\varepsilon_{III} = - \sigma_I/mE - \sigma_{II}/mE + \sigma_{III}/E = 0,$$

si ha:

$$\sigma_{III} = \sigma_I/m + \sigma_{II}/m.$$

Le altre deformazioni saranno:

$$\varepsilon_I = \sigma_I/E - \sigma_{II}/mE - \sigma_{III}/mE = (m^2 - 1)/m^2E\ \sigma_I - (m + 1)/m^2E\ \sigma_{II}$$
$$\varepsilon_{II} = \sigma_{II}/E - \sigma_I/mE - \sigma_{III}/mE = (m^2 - 1)/m^2E\ \sigma_{II} - (m + 1)/m^2E\ \sigma_I$$

Confronto sperimentale

Il termine di confronto è fornito dalla valutazione sperimentale della situazione limite del materiale, valutazione effettuata in condizioni identiche a quelle di progetto. Per la verifica elastica la condizione limite viene associata alla perdita di linearità della risposta.

Per ragioni pratiche, la valutazione sperimentale non può essere estesa alla grande molteplicità di situazioni che si presentano in sede di progetto. Inoltre, e soprattutto, è estremamente complessa e delicata la valutazione della resistenza del materiale in stati di sforzo a più componenti.

Occorre desumere dalla prova sperimentale effettuata su un elemento strutturale a dimensioni finite (sia pure semplice, come il provino) una misura di resistenza riferibile al comportamento medio del materiale. Perché la misura sia significativa occorre realizzare uno stato di sforzo uniforme, cioè tale per cui la crisi puntuale sia riferibile a tutto il mezzo. Per gli stati di sforzo tridimensionali non è realizzabile una prova che soddisfi a questo requisito. Per stati di sforzo a due componenti indipendenti si possono citare situazioni realizzate con cilindri sottili tesi sottoposti ad azione assiale e a pressione interna (fig.12.1) o a torsione (fig.12.2). Si comprende facilmente come la complessità e la delicatezza di una prova siffatta non ne consenta l'adozione se non per casi di studio particolari, escludendo le situazioni di normale controllo, che debbono applicarsi a migliaia di campioni.

Nella generalità dei casi occorre attenersi ai risultati ottenuti nella prova elementare di trazione (fig.12.3). Come si è osservato nel capitolo 6, il comportamento elastico corrisponde alla fase lineare, lungo la quale al processo di carico segue uno scarico che riporta il sistema alla lunghezza iniziale. La perdita di proporzionalità σ_s viene identificata dalla comparsa di un allungamento residuo di entità convenzionale.

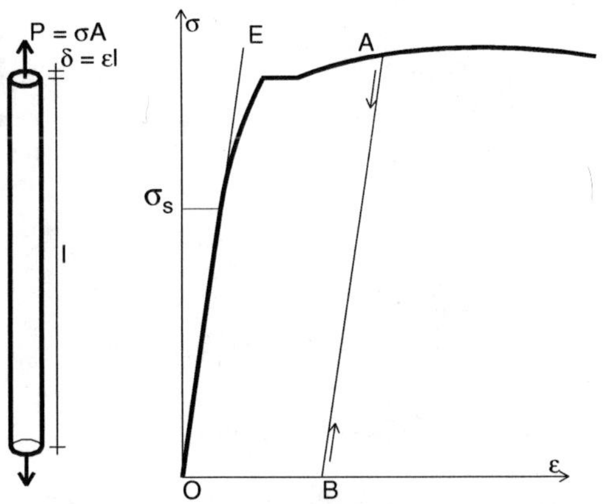

Figura 12.3

Fissata la tensione di snervamento, occorre introdurre un *criterio* di confronto tra due situazioni disomogenee, corrispondenti rispettivamente allo stato di sforzo monoassiale sperimentale e allo stato di sforzo a due o tre componenti principali non nulle, che rappresentano la situazione *di progetto*. L'elaborazione di un *criterio* muove necessariamente da un'ipotesi sulle cause che determinano lo stato di crisi e necessita di una conferma riferibile a misure ottenute su sistemi complessi.

Margini di sicurezza

Dal punto di vista meccanico la verifica assume come situazione di confronto la tensione di snervamento, superata la quale si entra in campo plastico. Parallelamente bisogna tenere presente che la situazione *di progetto* si basa su dati suscettibili di errori di valutazione (geometria, carichi, materiali) e comporta approssimazioni di calcolo. Diventa opportuno e necessario introdurre margini di cautela capaci di riassorbire l'aleatorietà dei dati e dei calcoli. Tali margini si basano sulle informazioni statistiche disponibili e si propongono di interpretare una *stima probabilistica* del successo atteso.

L'applicazione di questi margini di cautela può tradursi in un fattore amplificativo dei carichi, variabile secondo il livello di probabilità stimata per ciascuno di essi, e in un fattore riduttivo della *resistenza* del materiale. Un'ulteriore semplificazione suggerisce di riassorbire tutti i necessari margini di cautela in un unico *fattore di sicurezza,* da applicarsi al solo materiale. Senza nulla perdere in generalità, si farà qui riferimento alla tensione limite σ_L, uguale a trazione e compressione (o alle tensioni limite di segno opposto σ_- e σ_+), che può assumere parimente il significato di tensione di snervamento oppure di tensione di sicurezza.

12.2 - IL CRITERIO DI MOHR

Il criterio di Mohr si riferisce a stati piani di sforzo, cioè situazioni direttamente rappresentabili con un circolo di Mohr. Per stati di sforzo a due componenti indipendenti la valutazione della resistenza può essere ottenuta con situazioni realizzate con cilindri sottili tesi sottoposti ad azione assiale e a pressione interna o a torsione (fig.12.1, fig.12.2).

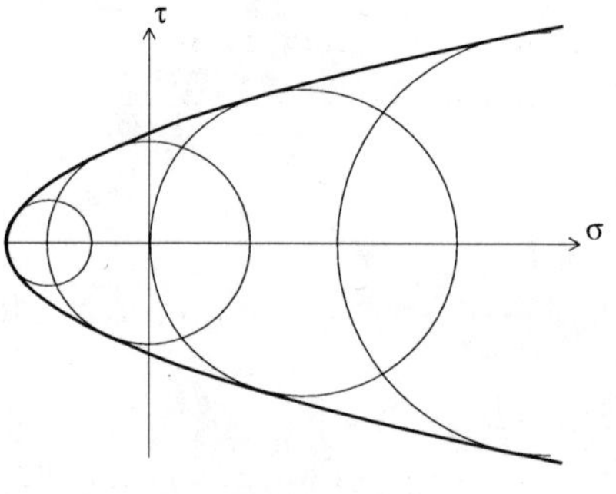

Figura 12.4

Realizzata un serie adeguata di prove sperimentali, è possibile individuare una linea inviluppo. Per assicurarsi che lo stato di sforzo di progetto sia verificato, basta che il relativo circolo di Mohr risulti interno a tale linea inviluppo (fig.12.4).

12.3 - IL CRITERIO DI GALILEO-RANKINE

Sia nota la tensione limite a trazione σ_+ e a compressione σ_- in regime monoassiale. Si calcolino le tensioni principali σ_I, σ_{II}, σ_{III}. Secondo il criterio di Galileo-Rankine occorre che la massima tensione presente non superi il valore limite:

$$\sigma_- < \sigma_I < \sigma_+ \qquad \sigma_- < \sigma_{II} < \sigma_+ \qquad \sigma_- < \sigma_{III} < \sigma_+.$$

Nello spazio σ_I, σ_{II}, σ_{III} il dominio ammissibile è un cubo con facce parallele ai piani coordinati e simmetrico rispetto alla trisettrice del primo ottante (fig.12.5).

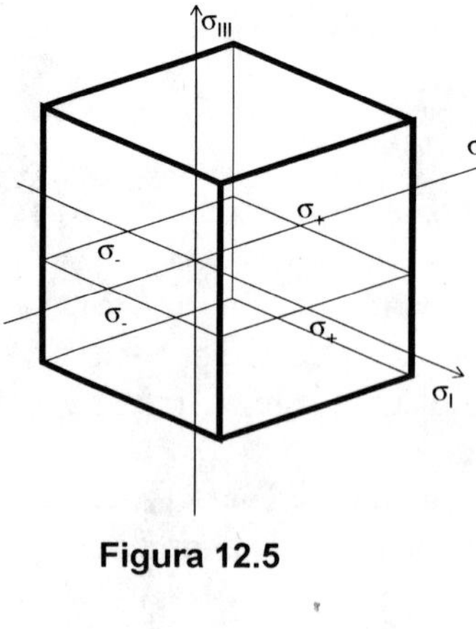

Figura 12.5

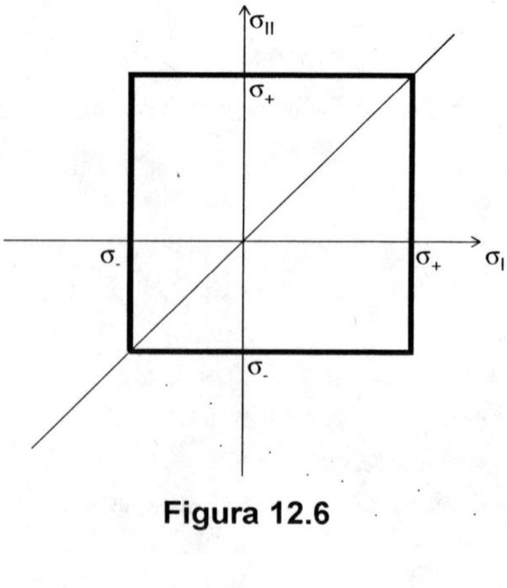

Figura 12.6

Sforzi piani

Si ha:

$\sigma_I \neq 0$ $\sigma_{II} \neq 0$ $\sigma_{III} = 0$

$\varepsilon_I = \sigma_I/E - \sigma_{II}/mE$ $\varepsilon_{II} = \sigma_{II}/E - \sigma_I/mE$ $\varepsilon_{III} = - \sigma_I/mE - \sigma_{II}/mE$

Rimane:

$$\sigma_- < \sigma_I < \sigma_+ \qquad \sigma_- < \sigma_{II} < \sigma_+.$$

Nello spazio σ_I, σ_{II} il dominio ammissibile è un quadrato simmetrico rispetto alla bisettrice del primo quadrante (fig.12.6).

Deformazioni piane

Si ha:

$\sigma_I \neq 0$ $\varepsilon_I = \sigma_I (m^2 - 1)/m^2E - \sigma_{II} (m + 1)/m^2E$

$\sigma_{II} \neq 0$ $\varepsilon_{II} = \sigma_{II} (m^2 - 1)/m^2E - \sigma_I (m + 1)/m^2E$

$\sigma_{III} = \sigma_I/m + \sigma_{II}/m$ $\varepsilon_{III} = 0$

Essendo $m>2$ si ha che:

$$| \sigma_{III} | < \max (| \sigma_I |,| \sigma_{II} |).$$

Occorre che la massima tensione presente, che non può essere σ_{III}, non superi il valore limite, e quindi:

$$\sigma_- < \sigma_I < \sigma_+ \qquad \sigma_- < \sigma_{II} < \sigma_+.$$

Nello spazio σ_I, σ_{II} il dominio ammissibile è un quadrato simmetrico rispetto alla bisettrice del primo quadrante (fig.12.6).

12.4 - IL CRITERIO DI SAINT VENANT

Sia nota la tensione limite a trazione e compressione σ_L in regime monoassiale e la relativa deformazione $\varepsilon_L = \sigma_L/E$. Si calcolino le tensioni principali σ_I, σ_{II}, σ_{III} e le corrispondenti deformazioni:

$$\varepsilon_I = \sigma_I/E - \sigma_{II}/mE - \sigma_{III}/mE,$$
$$\varepsilon_{II} = - \sigma_I/mE + \sigma_{II}/E - \sigma_{III}/mE,$$
$$\varepsilon_{III} = - \sigma_I/mE - \sigma_{II}/mE + \sigma_{III}/E.$$

Secondo il criterio di Saint-Venant-Grashof occorre limitare le deformazioni massime:

$-\varepsilon_L < \varepsilon_I < \varepsilon_L$, $-\varepsilon_L < \varepsilon_{II} < \varepsilon_L$, $-\varepsilon_L < \varepsilon_{III} < \varepsilon_L$,

ovvero:

$| \varepsilon_I | < \varepsilon_L$, $| \varepsilon_{II} | < \varepsilon_L$, $| \varepsilon_{III} | < \varepsilon_L$,

da cui:

$$| \sigma_I/E - \sigma_{II}/mE - \sigma_{III}/mE | < \sigma_L/E$$
$$| - \sigma_I/mE + \sigma_{II}/E - \sigma_{III}/mE | < \sigma_L/E$$
$$| - \sigma_I/mE - \sigma_{II}/mE + \sigma_{III}/E | < \sigma_L/E$$

o anche:

$$| \sigma_I - \sigma_{II}/m - \sigma_{III}/m | < \sigma_L$$
$$| - \sigma_I/m + \sigma_{II} - \sigma_{III}/m | < \sigma_L$$
$$| - \sigma_I/m - \sigma_{II}/m + \sigma_{III} | < \sigma_L.$$

Nello spazio σ_I, σ_{II}, σ_{III} il dominio ammissibile può interpretarsi come un cubo originariamente centrato sull'origine (per *m* tendente a infinito) e quindi deformato secondo la diagonale coincidente con la trisettrice del primo ottante (fig.12.7).

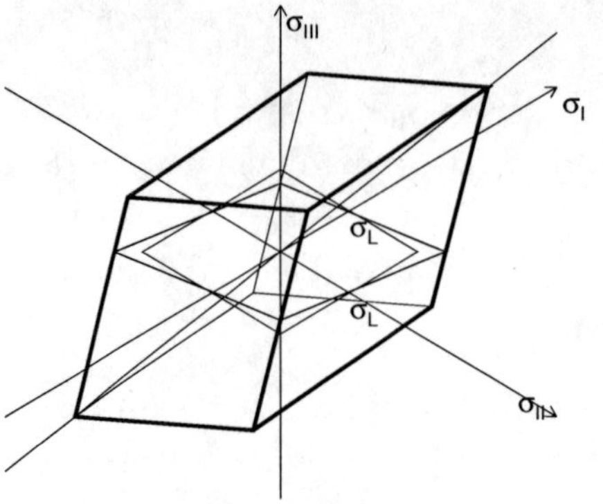

Figura 12.7

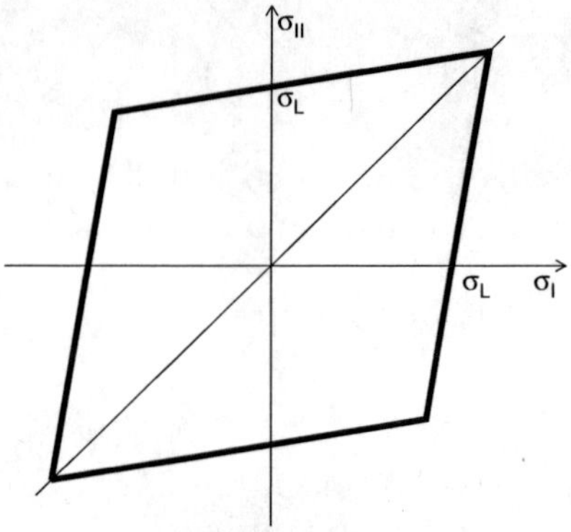

Figura 12.8

Sforzi piani

Si ha:

$\sigma_I \neq 0$ $\quad\quad$ $\sigma_{II} \neq 0$ $\quad\quad$ $\sigma_{III} = 0$

$\varepsilon_I = \sigma_I/E - \sigma_{II}/mE$ $\quad\quad$ $\varepsilon_{II} = \sigma_{II}/E - \sigma_I/mE$ $\quad\quad$ $\varepsilon_{III} = - \sigma_I/mE - \sigma_{II}/mE$

Essendo $m>2$, la componente di deformazione ε_{III} è comunque minore della maggiore delle altre due. Rimane:

$|\varepsilon_I| < \varepsilon_L,$ $\quad\quad$ $|\varepsilon_{II}| < \varepsilon_L,$

da cui:

$| \sigma_I/E - \sigma_{II}/mE | < \sigma_L/E$ $\quad\quad$ $| - \sigma_I/mE + \sigma_{II}/E | < \sigma_L/E$

o anche:

$| \sigma_I - \sigma_{II}/m | < \sigma_L$ $\quad\quad$ $| - \sigma_I/m + \sigma_{II} | < \sigma_L.$

Nello spazio σ_I, σ_{II} il dominio ammissibile è un rombo simmetrico rispetto alla bisettrice del primo quadrante (fig.12.8).

Deformazioni piane

Si ha:

$\sigma_I \neq 0$ $\quad\quad$ $\varepsilon_I = \sigma_I (m^2 - 1)/m^2E - \sigma_{II} (m + 1)/m^2E$

$\sigma_{II} \neq 0$ $\quad\quad$ $\varepsilon_{II} = \sigma_{II} (m^2 - 1)/m^2E - \sigma_I (m + 1)/m^2E$

$\sigma_{III} = \sigma_I/m + \sigma_{II}/m$ $\quad\quad$ $\varepsilon_{III} = 0$

Essendo $\varepsilon_{III} = 0$ rimane:

$$| (\sigma_I(m^2-1) - \sigma_{II}(m+1))/m^2E | < \sigma_L/E$$
$$| (\sigma_{II}(m^2-1) - \sigma_I(m+1))/m^2E | < \sigma_L/E$$

o anche:

$$| (\sigma_I(m^2-1) - \sigma_{II}(m+1))/m^2 | < \sigma_L$$
$$| (\sigma_{II}(m^2-1) - \sigma_I(m+1))/m^2 | < \sigma_L.$$

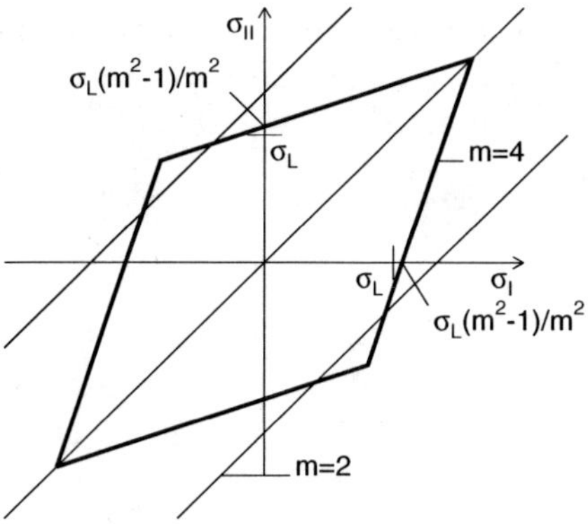

Figura 12.9

Nello spazio σ_I, σ_{II} il dominio ammissibile è un rombo simmetrico rispetto alla bisettrice del primo quadrante (fig.12.9). Quando $m=2$ la figura degenera in una coppia di rette parallele alla bisettrice del primo quadrante.

12.5 - IL CRITERIO DI GUEST-TRESCA

Sia σ_L la tensione limite a trazione e compressione in regime monoassiale e $\tau_L = \sigma_L/2$ la relativa tensione tangenziale. Si calcolino le tensioni principali σ_I, σ_{II}, σ_{III}, e le tensioni tangenziali massime:

$\tau_a = (\sigma_I - \sigma_{II})/2,$ $\tau_b = (\sigma_{II} - \sigma_{III})/2,$ $\tau_c = (\sigma_{III} - \sigma_I)/2,$

relative ai tre circoli di Mohr aventi come estremi σ_I, σ_{II}, σ_{III} (fig.12.10). Secondo il criterio di Guest-Tresca occorre limitare la tensione tangenziale massima, che corrisponde ad una di queste tre, cioè:

$| \tau_a | < \tau_L,$ $| \tau_b | < \tau_L,$ $| \tau_c | < \tau_L,$

da cui:

$| \sigma_I - \sigma_{II} | < \sigma_L$ $| \sigma_{II} - \sigma_{III} | < \sigma_L$ $| \sigma_{III} - \sigma_I | < \sigma_L.$

Nello spazio σ_I, σ_{II}, σ_{III} il dominio ammissibile è un prisma avente come sezione retta un esagono regolare, con asse coincidente con la trisettrice del primo ottante (fig.12.11). Trattandosi di un dominio aperto, uno stato di sforzo idrostatico a componenti infinite è ammissibile.

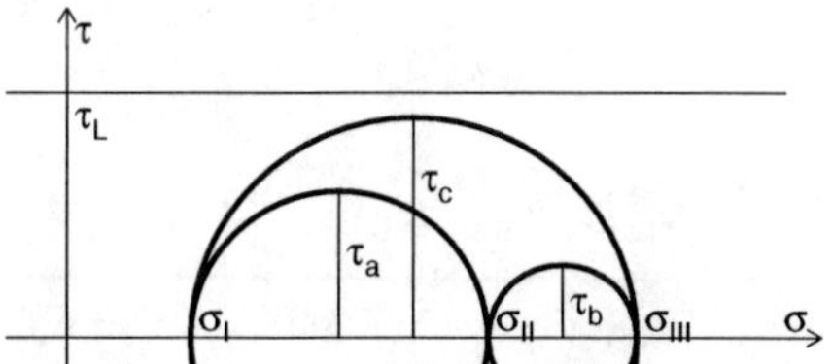

Figura 12.10

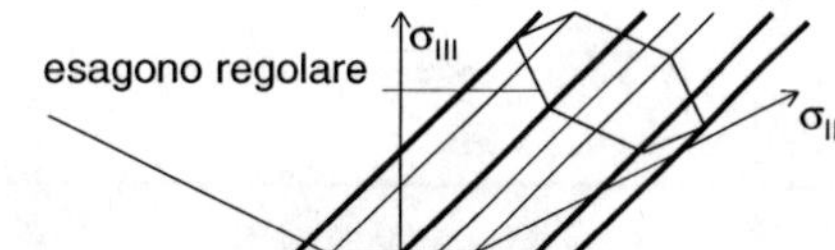

Figura 12.11

Sforzi piani

Si ha:

$\sigma_I \neq 0$ $\sigma_{II} \neq 0$ $\sigma_{III} = 0$

$\varepsilon_I = \sigma_I/E - \sigma_{II}/mE$ $\varepsilon_{II} = \sigma_{II}/E - \sigma_I/mE$ $\varepsilon_{III} = - \sigma_I/mE - \sigma_{II}/mE$

Saranno:

$\tau_a = (\sigma_I - \sigma_{II})/2,$ $\tau_b = \sigma_I/2,$ $\tau_c = \sigma_{II}/2,$

le tensioni tangenziali massime relative ai tre circoli di Mohr aventi come estremi σ_I, σ_{II}, σ_{III} (fig.12.12). Secondo il criterio di Guest-Tresca occorre limitare la tensione tangenziale massima, che corrisponde ad una di queste tre, cioè:

$| \tau_a | < \tau_L,$ $| \tau_b | < \tau_L,$ $| \tau_c | < \tau_L,$

da cui:

$| \sigma_I - \sigma_{II} | < \sigma_L$ $| \sigma_I | < \sigma_L$ $| \sigma_{II} | < \sigma_L.$

Nello spazio σ_I, σ_{II} il dominio ammissibile è un esagono simmetrico rispetto alla bisettrice del primo quadrante (fig.12.13).

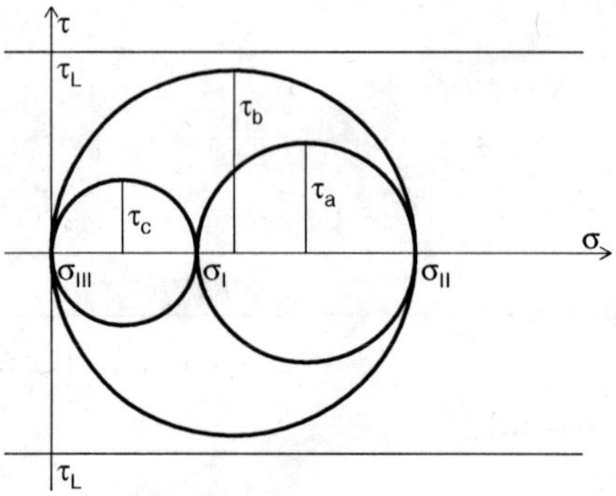

Figura 12.12

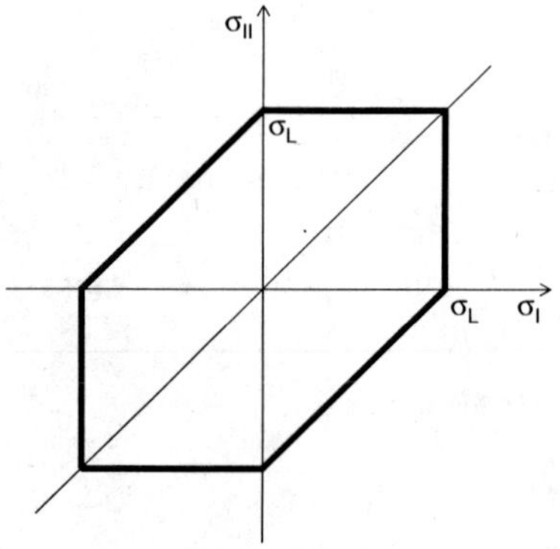

Figura 12.13

Deformazioni piane

Si ha:

$\sigma_I \neq 0$ $\varepsilon_I = \sigma_I (m^2 - 1)/m^2E - \sigma_{II} (m + 1)/m^2E$

$\sigma_{II} \neq 0$ $\varepsilon_{II} = \sigma_{II} (m^2 - 1)/m^2E - \sigma_I (m + 1)/m^2E$

$\sigma_{III} = \sigma_I/m + \sigma_{II}/m$ $\varepsilon_{III} = 0$

Le tensioni tangenziali massime saranno:

$\tau_a = \sigma_I/2 - \sigma_{II}/2,$

$\tau_b = (\sigma_{II})/2 - (\sigma_{III})/2 = (\sigma_{II})/2 - (\sigma_I)/2m - (\sigma_{II})/2m = \sigma_{II}(m-1)/2m - (\sigma_I)/2m\ ,$

$\tau_c = (\sigma_{III})/2 - (\sigma_I)/2 = (\sigma_I)/2m + (\sigma_{II})/2m - (\sigma_I)/2 = (\sigma_{II})/2m - \sigma_I(m-1)/2m,$

relative ai tre circoli di Mohr aventi come estremi σ_I, σ_{II}, σ_{III} (in fig.12.14 con $m=3$). Secondo il criterio di Guest-Tresca occorre limitare la tensione tangenziale massima, che corrisponde ad una di queste tre, cioè:

$| \tau_a | < \tau_L,$ $| \tau_b | < \tau_L,$ $| \tau_c | < \tau_L,$

da cui:

$| \sigma_I - \sigma_{II} | < \sigma_L$ $| \sigma_{II}(m-1)/m - (\sigma_I)/m | < \sigma_L$ $| (\sigma_{II})/m - \sigma_I(m-1)/m | < \sigma_L.$

Nello spazio σ_I, σ_{II} il dominio ammissibile è un esagono simmetrico rispetto alla bisettrice del primo quadrante, che degenera in una coppia di rette per $m=2$ (fig.12.15).

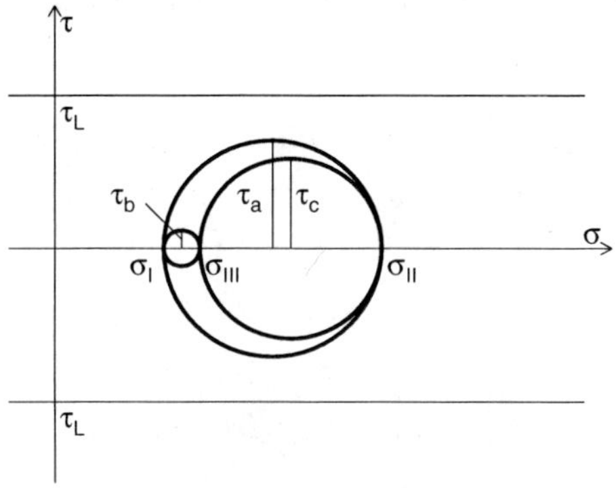

Figura 12.14

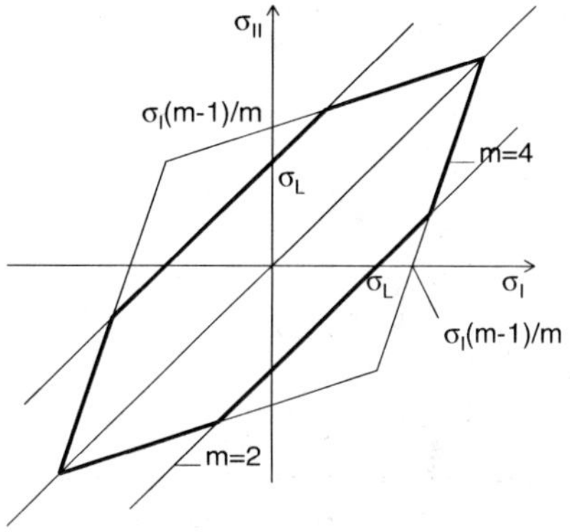

Figura 12.15

12.6 - IL CRITERIO DI BELTRAMI

Sia σ_L la tensione limite a trazione e compressione in regime monoassiale, e $\varepsilon_L=\sigma_L/E$ la relativa deformazione. Si ha il corrispondente lavoro di deformazione elastica:

$$L_L = \sigma_L\varepsilon_L/2 = \sigma_L^2/2E.$$

Si calcolino le tensioni principali σ_I, σ_{II}, σ_{III}, le corrispondenti deformazioni:

$$\varepsilon_I = \sigma_I/E - \sigma_{II}/mE - \sigma_{III}/mE,$$
$$\varepsilon_{II} = - \sigma_I/mE + \sigma_{II}/E - \sigma_{III}/mE,$$
$$\varepsilon_{III} = - \sigma_I/mE - \sigma_{II}/mE + \sigma_{III}/E,$$

e il lavoro di deformazione elastica:

$L = (\sigma_I\, \varepsilon_I + \sigma_{II}\, \varepsilon_{II} + \sigma_{III}\, \varepsilon_{III})/2,$

$L = 1/2E\, (\sigma_I(\sigma_I - \sigma_{II}/m - \sigma_{III}/m)+\sigma_{II}\, (\sigma_{II} - \sigma_I/m - \sigma_{III}/m)+\sigma_{III}\, (\sigma_{III} - \sigma_I/m - \sigma_{II}/m))$

da cui:

$$L = 1/2E\, (\sigma_I^2 + \sigma_{II}^2 + \sigma_{III}^2 - 2/m(\sigma_I\, \sigma_{II} + \sigma_{II}\, \sigma_{III} + \sigma_{III}\, \sigma_I)).$$

Secondo il criterio di Beltrami occorre limitare il lavoro di deformazione elastica $L < L_L$, da cui:

$$\sigma_I^2 + \sigma_{II}^2 + \sigma_{III}^2 - 2/m(\sigma_I\sigma_{II} + \sigma_{II}\sigma_{III} + \sigma_{III}\sigma_I) < \sigma_L^2.$$

Nello spazio σ_I, σ_{II}, σ_{III} il dominio ammissibile è un ellissoide di rotazione con asse coincidente con la trisettrice del primo ottante (fig.12.16). Con $m=2$ l'ellissoide degenera in un cilindro aperto.

Sforzi piani

Si ha:

$\sigma_I \neq 0$	$\sigma_{II} \neq 0$	$\sigma_{III} = 0$
$\varepsilon_I = \sigma_I/E - \sigma_{II}/mE$	$\varepsilon_{II} = \sigma_{II}/E - \sigma_I/mE$	$\varepsilon_{III} = - \sigma_I/mE - \sigma_{II}/mE$

Il lavoro di deformazione elastica diventa:

$$L = 1/2\ (\ \sigma_I\varepsilon_I + \sigma_{II}\varepsilon_{II}\ ) = 1/2E\ (\ \sigma_I\ (\ \sigma_I - \sigma_{II}/m\ ) + \sigma_{II}\ (\ \sigma_{II} - \sigma_I/m\ )\ ),$$

da cui:

$$L = 1/2E\ (\ \sigma_I^2 + \sigma_{II}^2 - 2/m\ \sigma_I\sigma_{II}\ ).$$

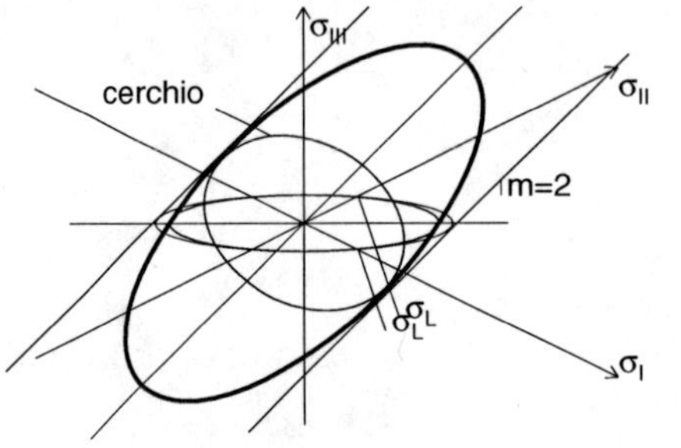

Figura 12.16

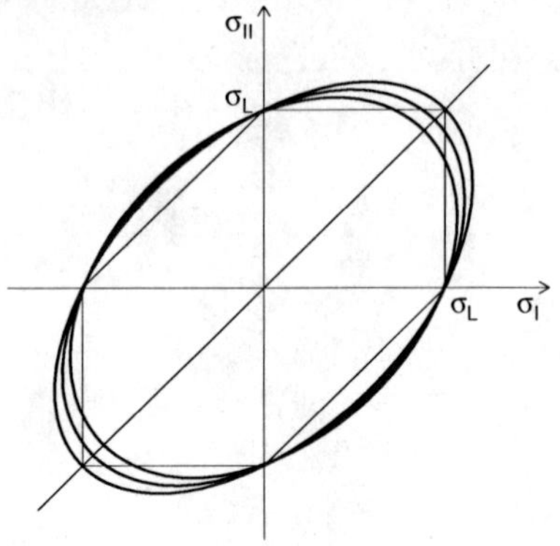

Figura 12.17

Secondo il criterio di Beltrami occorre limitare il lavoro di deformazione elastica $L<L_L$, da cui:

$$\sigma_I^2 + \sigma_{II}^2 - 2\sigma_I\sigma_{II}/m < \sigma_L^2.$$

Nello spazio σ_I, σ_{II} il dominio ammissibile è un'ellisse simmetrica rispetto alla bisettrice del primo quadrante (fig.12.17). Dovendo essere $m>2$ si ha che il semiasse maggiore dell'ellisse non può risultare maggiore di $\sigma_L\sqrt{2}$.

Deformazioni piane

Si ha:

$$\sigma_I \neq 0 \qquad \varepsilon_I = \sigma_I\ (m^2 - 1)/m^2E - \sigma_{II}\ (m + 1)/m^2E$$

$$\sigma_{II} \neq 0 \qquad \varepsilon_{II} = \sigma_{II}\ (m^2 - 1)/m^2E - \sigma_I\ (m + 1)/m^2E$$

$$\sigma_{III} = \sigma_I/m + \sigma_{II}/m \qquad \varepsilon_{III} = 0$$

Il lavoro di deformazione elastica:

$$L = 1/2\ (\ \sigma_I\ \varepsilon_I + \sigma_{II}\ \varepsilon_{II}\ )$$

diventa:

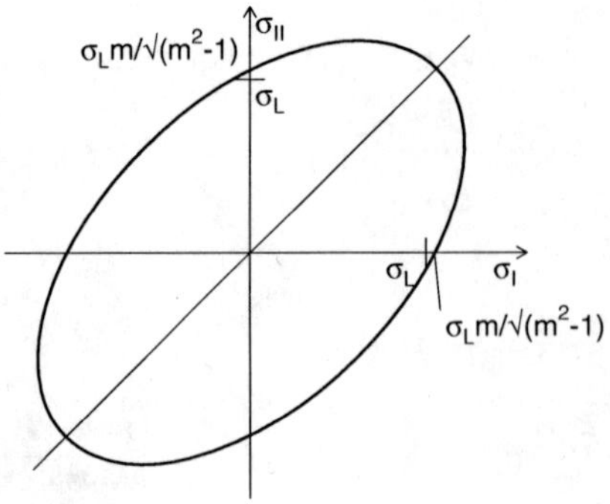

Figura 12.18

$$L = 1/2E\ (\sigma_I^2\ (m^2-1)/m^2 + \sigma_{II}^2\ (m^2-1)/m^2 - 2\sigma_I\ \sigma_{II}\ (m+1)/m^2\ ).$$

Secondo il criterio di Beltrami occorre limitare il lavoro di deformazione elastica $L<L_L$, da cui:

$$\sigma_I^2\ (m^2-1)/m^2 + \sigma_{II}^2\ (m^2-1)/m^2 - 2\sigma_I\ \sigma_{II}\ (m+1)/m^2 < \sigma_L^2.$$

Nello spazio σ_I, σ_{II} il dominio ammissibile è un'ellisse con asse coincidente con la bisettrice del primo quadrante (fig.12.18). Con $m=2$ l'ellisse degenera in una coppia di rette parallele alla bisettrice.

12.7 - IL CRITERIO DI VON MISES

Sia σ_L la resistenza a trazione e compressione in regime monoassiale. Si calcolino le tensioni principali σ_I, σ_{II}, σ_{III}. Si indica con:

$$p = 1/3\ (\ \sigma_I + \sigma_{II} + \sigma_{III}\ )$$

la trazione media o isotropica e si definisce il deviatore degli sforzi con componenti:

$$s_1 = \sigma_I - p = 1/3\ (\ 2\sigma_I - \sigma_{II} - \sigma_{III}\ )$$
$$s_2 = \sigma_{II} - p = 1/3\ (\ - \sigma_I + 2\sigma_{II} - \sigma_{III}\ )$$
$$s_3 = \sigma_{III} - p = 1/3\ (\ - \sigma_I - \sigma_{II} + 2\sigma_{III}\ ).$$

Si definisce variazione di volume una crescita omotetica che non altera i rapporti fra i lati. Si definisce variazione di forma una modificazione che altera i rapporti fra i lati, senza cambiare il volume.

Si è visto al paragrafo 6.4 che, in presenza di uno stato di sforzo principale, la variazione di volume è proporzionale all'invariante lineare delle tensioni, somma delle tre componenti normali, ed è misurata per il cubetto unitario da:

$$dV = (\sigma_I + \sigma_{II} + \sigma_{III}\ )\ (m - 2)/mE = I_1\ (m - 2)/mE.$$

Poiché il deviatore fornisce invariante lineare nullo:

$$s_1 + s_2 + s_3 = 0,$$

si può affermare che tutta la variazione di volume è imputabile alla sola parte isotropa dello sforzo. Si ha anche che la parte isotropa, imponendo un'uguale variazione di lunghezza dei tre lati, non può alterarne i rapporti. Per conseguenza:

- la parte isotropa dello sforzo altera il volume, ma non la forma.
- la parte deviatorica dello sforzo altera la forma, ma non volume.

Le deformazione deviatorica secondo l'asse x_1 sarà:

$$e_1 = s_I/E - s_{II}/mE - s_{III}/mE$$
$$e_1 = 1/3E\ (\ 2\sigma_I - \sigma_{II} - \sigma_{III} + 1/m\ \sigma_I - 2/m\ \sigma_{II} + 1/m\ \sigma_{III} + 1/m\ \sigma_I + 1/m\ \sigma_{II} - 2/m\ \sigma_{III}).$$

Sviluppando l'espressione e ruotando gli indici si ha:

$$e_1 = (\ 2\sigma_I - \sigma_{II} - \sigma_{III}\ )\ (1 + m)/3mE$$
$$e_2 = (\ - \sigma_I + 2\sigma_{II} - \sigma_{III}\ )\ (1 + m)/3mE$$
$$e_3 = (\ - \sigma_I - \sigma_{II} + 2\sigma_{III}\ )\ (1 + m)/3mE.$$

Si esprima il lavoro di deformazione compiuto dal deviatore. Il *lavoro diretto*, cioè il lavoro compiuto dal deviatore per le deformazione da esso provocate, sarà:

$$L = 1/2\ (\ s_1\ e_1 + s_2\ e_2 + s_3\ e_3\ ),$$

ossia:

$$L = ((2\sigma_I - \sigma_{II} - \sigma_{III})^2 + (- \sigma_I + 2\sigma_{II} - \sigma_{III})^2 + (- \sigma_I - \sigma_{II} + 2\sigma_{III})^2) (1+m)/18mE.$$

Sviluppando i quadrati si ha:

$$L = (4\sigma_I^2 + \sigma_{II}^2 + \sigma_{III}^2 - 4\sigma_I\sigma_{II} + 2\sigma_{II}\sigma_{III} - 4\sigma_{III}\sigma_I) (1+m)/18mE +$$
$$(\sigma_I^2 + 4\sigma_{II}^2 + \sigma_{III}^2 - 4\sigma_I\sigma_{II} - 4\sigma_{II}\sigma_{III} + 2\sigma_{III}\sigma_I) (1+m)/18mE +$$
$$(\sigma_I^2 + \sigma_{II}^2 + 4\sigma_{III}^2 + 2\sigma_I\sigma_{II} - 4\sigma_{II}\sigma_{III} - 4\sigma_{III}\sigma_I) (1+m)/18mE$$

e sommando:

$$L = (\sigma_I^2 + \sigma_{II}^2 + \sigma_{III}^2 - \sigma_I\sigma_{II} - \sigma_{II}\sigma_{III} - \sigma_{III}\sigma_I) (1+m)/3mE.$$

Il *lavoro indiretto*, cioè il lavoro compiuto dal deviatore per la variazione di volume imputabile alla parte isotropa, con tre componenti di deformazione uguali tra loro e misurate da *p (m - 2)/mE*, sarà:

$$L_i = 1/2\ p\ (m - 2)/mE\ (s_1 + s_2 + s_3) = 0,$$

essendo, da definizione:

$$s_1 + s_2 + s_3 = 0.$$

Sarà egualmente nullo il *lavoro indiretto* compiuto dalla componente isotropa per la variazione di forma.

Secondo il criterio di Huber-Hencky-Von Mises occorre limitare il lavoro di deformazione compiuto in relazione al cambiamento di forma, che come si è visto, coincide col lavoro compiuto dal deviatore per le deformazioni da esso dipendenti. Nella prova monoassiale, ponendo $\sigma_I = \sigma_L$ *e* $\sigma_{II} = 0$, $\sigma_{III} = 0$, si ha un lavoro di deformazione per variazione di forma:

$$L_L = \sigma_L^2\ (1+m)/3mE.$$

Il criterio di Huber-Hencky-Von Mises diventa:

$$L < L_L,$$

e quindi, semplificando per *(1+m)/3mE*:

$$\sigma_I^2 + \sigma_{II}^2 + \sigma_{III}^2 - \sigma_I\sigma_{II} - \sigma_{II}\sigma_{III} - \sigma_{III}\sigma_I < \sigma_L^2.$$

Nello spazio σ_I, σ_{II}, σ_{III} il dominio ammissibile è un ellissoide di rotazione che ha per asse la trisettrice del primo ottante (fig.12.19). Si tratta di un ellissoide con asse maggiore infinito, che quindi degenera in un cilindro aperto agli estremi. Per conseguenza uno stato di sforzo idrostatico a componenti infinite è ammissibile.

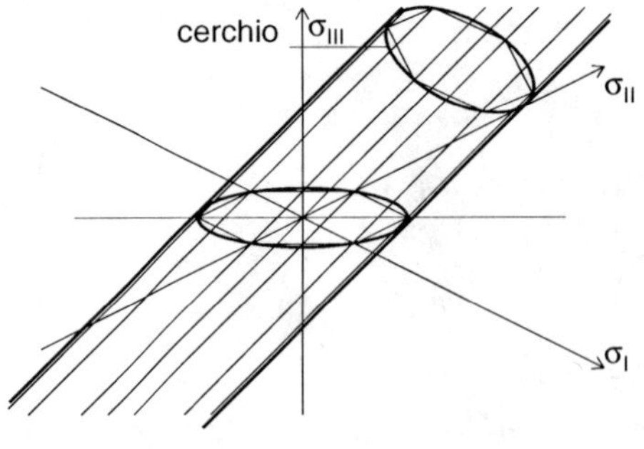

Figura 12.19

Si osserva che la condizione di Von Mises viene a coincidere con quella di Beltrami quando *m=2*, cioè in presenza di mezzi incomprimibili. Si osserva anche che il prisma esagonale di Guest-Tresca risulta inscritto nel cilindro di Von Mises, e che negli stati piani di sforzo l'esagono di Guest-Tresca risulta inscritto dell'ellisse di Von Mises. I due criteri vengono così a definire domini assai prossimi.

Sforzi piani

Si ha:

$\sigma_I \neq 0$ $\sigma_{II} \neq 0$ $\sigma_{III} = 0$

$\varepsilon_I = \sigma_I/E - \sigma_{II}/mE$ $\varepsilon_{II} = \sigma_{II}/E - \sigma_I/mE$ $\varepsilon_{III} = - \sigma_I/mE - \sigma_{II}/mE$

L'invariante quadratico del deviatore fornisce:

$$\sigma_I^2 + \sigma_{II}^2 - \sigma_I\sigma_{II} < \sigma_L^2$$

che definisce un dominio ellittico con semiasse maggiore $\sigma_L \sqrt{2}$ sulla bisettrice del primo quadrante e semiasse minore $\sigma_L \sqrt{(2/3)}$ (fig.12.20).

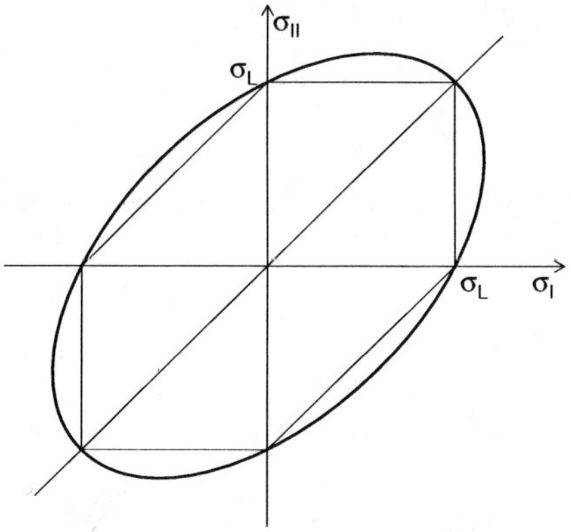

Figura 12.20

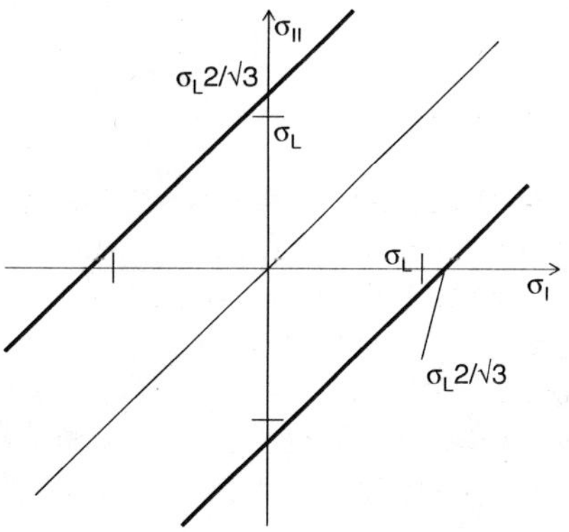

Figura 12.21

Deformazioni piane

Il criterio di Von Mises coincide con quello di Beltrami, valutato per $m=2$. Il dominio si identifica in una coppia di rette parallele alla bisettrice del primo quadrante, con intercetta sugli assi $\sigma_L 2/\sqrt{3}$ (fig.12.21).

CAPITOLO 13

STABILITÀ DELL'EQUILIBRIO

13.1 - EFFETTI DI SECONDO ORDINE

Si consideri l'asta di sinistra in fig.13.1. Soggetta a un carico assiale, subisce un accorciamento compatibile con la sua deformabilità. La struttura è simmetrica e simmetricamente caricata, la soluzione è simmetrica.

Si considerino le aste di destra in fig.13.1, aste che presentano una deviazione iniziale dall'assetto rettilineo, deviazione misurata dalla *freccia iniziale* f_i. Accanto alla componente assiale si avranno azioni interne flettente e tagliante. Trascurando quest'ultima, si osserva che la distribuzione iniziale dell'azione flettente è proporzionale alla distanza di ciascuna sezione dall'allineamento verticale delle cerniere. Le deformazioni flessionali provocano un incremento della curvatura, e l'asta assume la configurazione deformata indicata con linea sottile.

Lo scostamento della configurazione finale dalla configurazione iniziale è indicato con δ_i. La teoria cosiddetta *del primo ordine*, sin qui seguita, assume che la geometria finale sia così poco discosta dalla geometria iniziale da consentire che la soluzione sia verificata in corrispondenza di quella iniziale, con una piccola tolleranza di errore. Se applicato al caso in esame, questo approccio porterebbe a concludere che in soluzione si abbia un'azione flettente di ampiezza sostanzialmente uguale a quella iniziale.

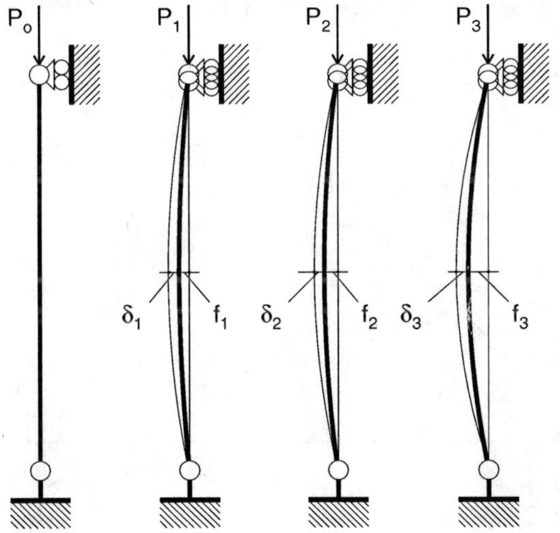

Figura 13.1

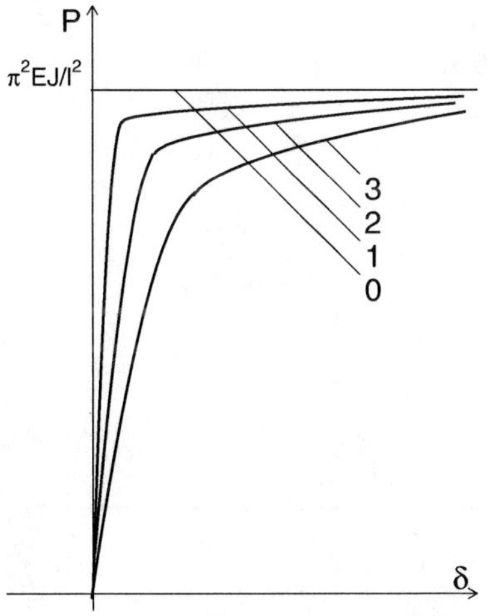

Figura 13.2

In effetti le cose vanno diversamente. La presenza di un'eccentricità iniziale δ_i induce un'azione flettente e uno spostamento trasversale f_i. Quando f_i, ha lo stesso ordine di grandezza di δ_i le azioni flettenti finali sono significativamente superiori a quelle iniziali. Rispetto alla soluzione che si avrebbe con la *teoria del primo ordine*, si dovrà quindi mettere in conto un ulteriore incremento di deformata, sino a quando si potrà riscontrare che le condizioni che reggono il problema sono verificate non già con la geometria iniziale, ma con quella finale. Con diversi livelli di P_i si avranno diversi livelli di δ_i, ma non si avrà più proporzionalità tra P_i e δ_i, come avveniva con la *teoria del primo ordine*.

In fig.13.2 sono rappresentate qualitativamente le curve P-δ per valori crescenti della freccia iniziale f_i. Si osserva sin d'ora che le diverse curve tendono a convergere verso un comune assetto P-δ al crescere della deformata, cioè quando l'imperfezione iniziale f_i viene ad avere un peso marginale nello scostamento complessivo dall'assetto rettilineo.

Queste semplici considerazioni mettono in luce il fatto che la *teoria del primo ordine* può cadere in difetto anche in situazioni elementari. Va osservato anche che i comportamenti descritti si riferiscono alla condizione di asta compressa, ma non sono reversibili al cambiare di segno del carico. Appare intuitivo che carichi di trazione su aste dotate di imperfezioni inducono comunque il ritorno verso la configurazione rettilinea, con una risposta che recupera rapidamente la condizione dell'asta di sinistra.

13.2 - SOLUZIONI MOLTEPLICI

Si è precedentemente osservato che l'unicità di soluzione del problema elastico è strettamente subordinata all'accettabilità della *teoria del primo ordine*. Si consideri il sistema di fig.13.3, comprendente un'asta rigida connessa al suolo con una cerniera e una molla rotazionale di costante k. La posizione verticale è sicuramente una posizione di equilibrio, con molla in condizione di riposo. Una configurazione ruotata dell'angolo θ conferirebbe al carico P un braccio $\delta = h \sin \theta$, mentre la rotazione θ determinerebbe un momento di reazione in A pari a $k\theta$. In questa posizione si ha equilibrio se:

$$P h \sin\theta = k\theta.$$

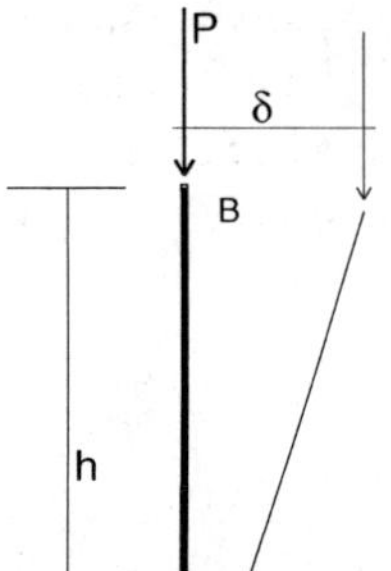

Figura 13.3

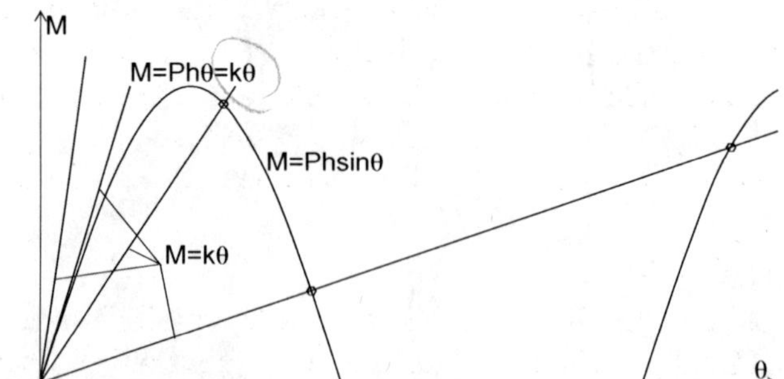

Figura 13.4

La condizione di equilibrio $P=k\theta/(h\,sin\theta)$ fornisce molteplici soluzioni per $\theta\neq0$, soluzioni che si affiancano alla soluzione equilibrata, sempre possibile, con $\theta=0$ e P qualsivoglia. Operando nell'ambito dei grandi spostamenti si è ottenuta una molteplicità di soluzioni.

Se si indaga la risposta del sistema nell'intorno delle configurazioni infinitamente prossime alla verticale, pur continuando a tener conto degli effetti del secondo ordine, si può porre $sin\theta \cong \theta$, e la condizione di equilibrio diventa:
$P\,h\,\theta = k\,\theta$, da cui $P = k/h$.

In questo intorno si hanno infinite soluzioni, tutte infinitamente prossime alla verticale, e corrispondenti allo stesso carico. In fig.13.4 sono posti in ascissa gli angoli θ e in ordinata i momenti ribaltanti e di richiamo. Si colgono le diverse soluzioni come intersezioni della curva $h\,sin\theta$ e della retta $k\theta$.

13.3 - EQUILIBRIO STABILE, INSTABILE, INDIFFERENTE

Si consideri l'asta rigida di fig.13.3 nella sua configurazione verticale di riferimento. Utilizzando l'unico grado di libertà cinematico disponibile, la rotazione, si introduca una *perturbazione* geometrica in termini di rotazione infinitesima θ. Si ottiene una configurazione cui corrisponde equilibrio, come sopra visto, solo se:

$$P = k/h.$$

Esaurita l'azione che ha attuato la perturbazione, seguono questi eventi alternativi:

- con carico $P<k/h$, il momento di richiamo della molla $k\theta$ prevale sul momento ribaltante $Ph\theta$, e il sistema recupera l'assetto verticale iniziale. La situazione di riferimento viene definita *di equilibrio stabile*.
- con carico $P=k/h$, il sistema conserva l'assetto perturbato θ, sino a quando una nuova perturbazione venga a modificarlo. La situazione di riferimento viene definita *di equilibrio indifferente*.
- con carico $P>k/h$, il momento ribaltante $Ph\theta$ prevale sul momento di richiamo della molla $k\theta$, e promuove un'ulteriore rotazione, di ampiezza finita, sino a trovare un nuovo assetto di equilibrio, con geometria molto diversa da quella iniziale. La situazione di riferimento viene definita *di equilibrio instabile*.

In tutti i casi considerati non è in discussione l'equilibrio, che è comunque presente nella condizione di riferimento, ma la sua *natura*.

Sistemi a più gradi di libertà

Si consideri il sistema di aste rigide e molle di fig.13.5 nella sua configurazione verticale di riferimento. Utilizzando i due gradi di libertà cinematici disponibili, le rotazioni in A e in B, si introduca una *perturbazione* geometrica in termini di rotazione infinitesima assoluta θ_1 in A e rotazione infinitesima relativa θ_2 tra l'asta AB e l'asta BC (positive orarie). Si ottiene una configurazione cui corrisponde equilibrio solo se sono verificate le due condizioni di equilibrio:

$$P\,(h_1\,\theta_1 + h_2\,\theta_1 + h_2\,\theta_2) = k_1\,\theta_1 \qquad \text{(rotazione intorno ad A)}$$
$$P\,(h_2\,\theta_1 + h_2\,\theta_2) = k_2\,\theta_2 \qquad \text{(rotazione intorno a B).}$$

Si ha il sistema lineare omogeneo:

$$\begin{bmatrix} P(h_1 + h_2) - k_1 & Ph_2 \\ Ph_2 & Ph_2 - k_2 \end{bmatrix} \begin{bmatrix} \theta_1 \\ \theta_2 \end{bmatrix} = \begin{bmatrix} 0 \\ 0 \end{bmatrix}$$

che ha una possibile soluzione:

$$\theta_1 = \theta_2 = 0$$

corrispondente all'assetto iniziale. Alternativamente bisogna imporre l'annullarsi del determinante della matrice dei coefficienti:

$$D = P^2\,h_1\,h_2 - P\,(h_2\,k_1 + h_1\,k_2 + h_2\,k_2) + k_1\,k_2 = 0.$$

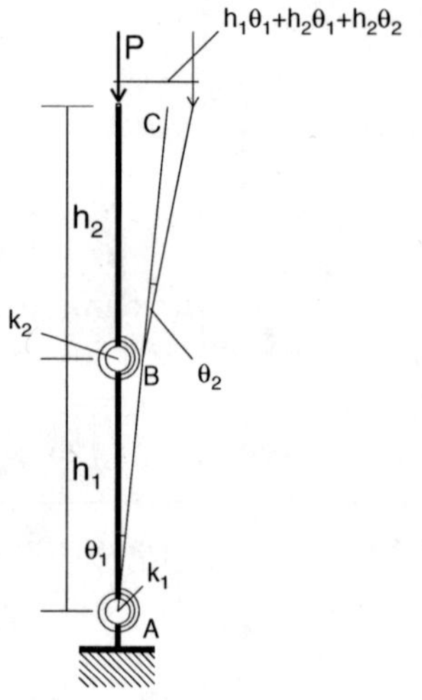

Figura 13.5

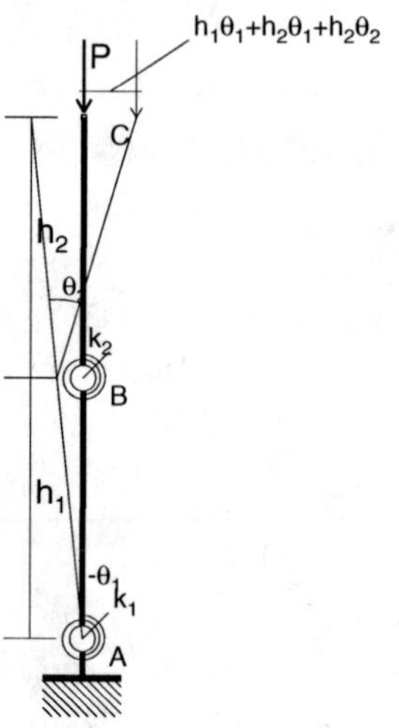

Figura 13.6

Si ha un'equazione di secondo grado, con soluzioni reali P_a e P_b o autovalori. Sostituendo separtamente i due autovalori nelle equazioni di equilibrio si ottengono gli autovettori soluzione $[\,\theta_{1a},\ \theta_{2a}\,]$ e $[\,\theta_{1b},\ \theta_{2b}\,]$, che identificano (a meno di un fattore che riconduca la soluzione a un atto di moto infinitesimo) i meccanismi di fig.13.5 e fig.13.6. Ciascuna autosoluzione costituisce una soluzione distinta del problema elastico, sempre a meno del fattore di ampiezza.

Sia P_a minore di P_b, essendo ciascuno associato alla perturbazione descritta dai due autovettori. Esaurita l'azione che ha attuato la perturbazione, seguono questi eventi alternativi:

- con carico $P<P_a$, il momento di richiamo delle molle prevale sul momento ribaltante del carico, e il sistema recupera l'assetto verticale iniziale. La situazione di riferimento viene definita *di equilibrio stabile.*
- con carico P_a, il sistema conserva l'assetto perturbato θ_{1a}, θ_{2a}, sino a quando una nuova perturbazione venga a modificarlo. La situazione di riferimento viene definita *di equilibrio indifferente*.

- con carico $P>P_a$, il momento ribaltante del carico prevale sul momento di richiamo delle molle, e promuove un'ulteriore evoluzione, di ampiezza finita, sino a trovare un nuovo assetto di equilibrio, con geometria molto diversa da quella iniziale. La situazione di riferimento viene definita *di equilibrio instabile.*
- con carico $P=P_b$, l'assetto perturbato θ_{1b}, θ_{2b} corrisponde a una situazione provvisoria di equilibrio, rispetto alla quale un'ulteriore perturbazione porterebbe a configurazioni di equilibrio lontane dalla fondamentale, analogamente alla precedente.

Carico critico

Quando il sistema presenta un solo carico di equilibrio indifferente, esso prende il nome di *carico critico*. Quando il sistema presenta diversi carichi di equilibrio indifferente, il più piccolo di essi prende il nome di *carico critico.*

13.4 - L'ASTA DI EULERO

Con riferimento all'asta deformabile di fig.13.7, si consideri una generica configurazione alternativa congruente, identificata da una funzione di spostamento infinitesimo *y(x)*. Per effetto dell'eccentricità indotta dallo spostamento *y(x)*, si avrà nelle sezioni dell'asta un momento dovuto alla forza verticale *P*. Con le convenzioni di segno indicate si ha:

$$M(x) = P\, y(x).$$

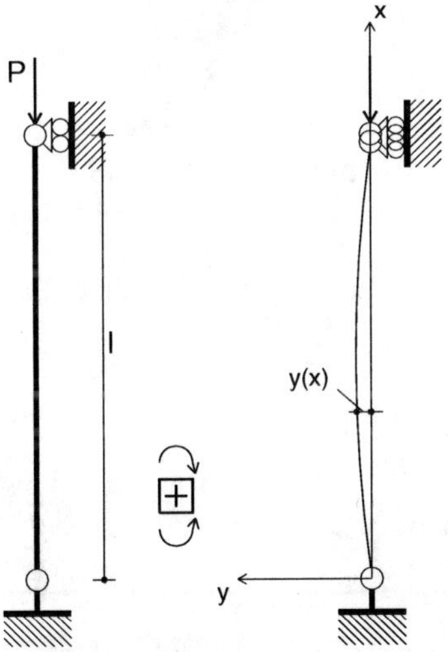

Figura 13.7

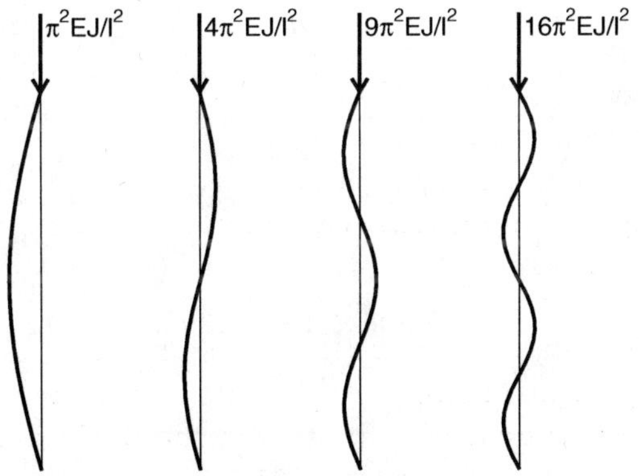

Figura 13.8

Si assume che il piano *x,y* contenga uno degli assi principali d'inerzia della sezione. Dall'analisi del comportamento elastico dell'asta inflessa si ha, in prima approssimazione:

$$y''(x) = - M(x)/EJ.$$

L'approssimazione risulta accettabile con ampiezze *y* infinitesime, o comunque molto piccole rispetto alla lunghezza *l* dell'asta. Sostituendo si ha:

$$y''(x) + P/EJ\ y(x) = 0.$$

Tenendo presente che $E>0$, $J>0$ e $P>0$ (non si considera il caso di asta tesa) si pone:

$$\alpha^2 = P/EJ,$$

ottenendo l'equazione differenziale:

$$y''(x) + \alpha^2\ y(x) = 0.$$

L'integrale generale dell'equazione e le sue derivate sono:

$$y(x) = A \sin\alpha x + B \cos\alpha x$$
$$y'(x) = A\alpha \cos\alpha x - B\alpha \sin\alpha x$$
$$y''(x) = - A\alpha^2 \sin\alpha x - B\alpha^2 \cos\alpha x.$$

Le costanti incognite A, B, α devono essere individuate tramite le condizioni al contorno:

$$y(0) = 0 \qquad\qquad y(l) = 0.$$

La prima $(x=0)$ fornisce $0=B$, da cui si ha la deformata:

$$y(x) = A \sin\alpha x.$$

La seconda $(x=l)$ fornisce $0=A \sin\alpha l$, con alternative $A=0$ o $\sin\alpha l=0$. L'alternativa $A=0$ corrisponde alla soluzione reale indeformata. L'alternativa $A\neq 0$, $\sin\alpha l = 0$ corrisponde alle soluzioni:

- $\alpha l = 0$, da cui $\alpha = 0$, $P = 0$ (asta scarica),

oppure:

- $\alpha l = n\pi$, da cui $\alpha = n\pi/l$, $P = EJ\alpha^2 = n^2EJ\pi^2/l^2$,

con:

$$y = A \sin(n\pi x/l).$$

Si hanno così infinite soluzioni corrispondenti a valori interi *n*, ciascuna caratterizzata da ampiezza *A* arbitraria (purché infinitesima o piccolissima rispetto alla lunghezza dell'asta). Ciascuna soluzione risulta associata a un diverso valore di *P* e ad una deformata sinusoidale caratterizzata da *n* semionde intere (fig.13.8). A fronte di una gamma di infinite configurazioni possibili, e a fronte di possibili perturbazioni, la struttura tende ad assumere la configurazione associata al carico minimo, che assume la denominazione di carico critico o carico euleriano:

$$P_{cr} = P_{EU} = \pi^2 EJ/l^2.$$

Nel caso tridimensionale, con assi *y,z* coincidenti con gli assi principali d'inerzia, si avrebbero due possibili deformate piane, con carico critico corrispondente al più piccolo fra i due.

Curve carico-freccia

Si esamini il comportamento dell'asta di sinistra di fig.13.1 e lo si confronti con le curve relative alle altre situazioni (fig.13.2), alla luce della definizione di carico critico. Facendo crescere il carico *P* da *0* a $P<P_{cr}$, si hanno situazioni per le quali l'applicazione di una perturbazione è seguita dal ritorno spontaneo all'assetto rettilineo. L'asta si accorcia, se deformabile assialmente, ma non perde l'assetto iniziale.

Raggiunto il valore $P=P_{cr}$, il sistema si trova a un bivio. Da una parte potrebbe trovarsi in equilibrio con carichi ulteriormente crescenti ($P>P_{cr}$), ma solo a patto che non vengano applicate perturbazioni. Viceversa, in presenza di perturbazioni, si aprirebbe la possibilità di altre configurazioni di equilibrio elastico in condizione inflessa, con frecce δ di ampiezza indefinita (anche se teoricamente infinitesima). La curva completa carico-freccia sarebbe rappresentata (fig.13.2) da un primo tratto verticale da $P=0$, $\delta=0$ a $P=P_{cr}$, $\delta=0$, e da un secondo tratto orizzontale $P=P_{cr}$, $\delta\neq 0$. La particolare apparente semplicità di questa seconda fase dipende dal fatto che l'identificazione della curvatura con la derivata seconda ($1/\rho \approx y''$) ha dato luogo a una deformata proporzionale a un fattore (arbitrario) di ampiezza.

Le perturbazioni, introdotte concettualmente come strumento analitico atto a caratterizzare la stabilità, rappresentano fisicamente le imperfezioni che trasformano un sistema rettilineo perfetto in un sistema solo apparentemente rettilineo. Le *frecce iniziali* dei casi *1,2,3* di fig.13.1 rappresentano qualitativamente queste imperfezioni. L'esperienza descritta nel paragrafo introduttivo mostra che la curva reale carico-freccia del sistema con imperfezioni tende alla spezzata teorica al diminuire dell'imperfezione, ovvero che la curva teorica altro non è se non il limite della curva reale.

Curva critica

Essendo ρ il raggio giratore d'inerzia, con $J = A\rho^2$, si ha:

$$\sigma_{cr} = P_{cr}/A = \pi^2 EJ/Al^2 = \pi^2 E\rho^2/l^2 = \pi^2 E/\lambda^2$$

dove si è introdotta la nozione di snellezza dimensionale $\lambda=l/\rho$.

L'espressione $\sigma_{cr} = \pi^2 E/\lambda^2$ caratterizza la tensione critica nella configurazione rettilinea in funzione del materiale e del rapporto geometrico di snellezza, indipendentemente dalle dimensioni della struttura (fig.13.9).

Il diagramma qualitativo di fig.13.9 mette in evidenza due comportamenti estremi:

- Per snellezze molto alte, oltre 100÷120, la tensione critica tende a zero, ma l'elevata deformabilità consente spostamenti che difficilmente rientrano nei limiti posti.
- Per snellezze molto basse, la tensione critica tende a infinito, ma occorre tener conto del limite invalicabile costituito dallo snervamento a compressione semplice del materiale.

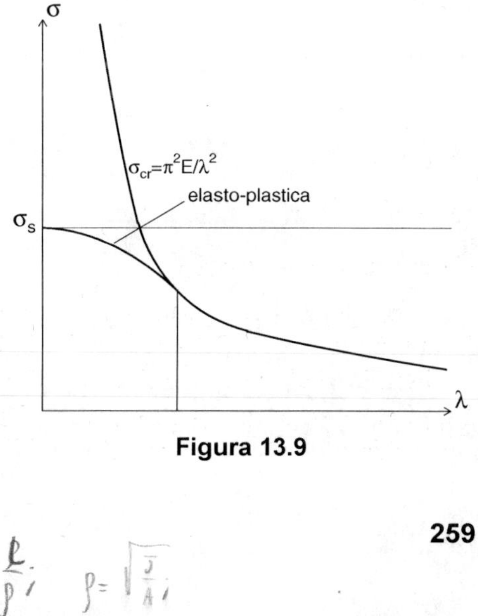

Figura 13.9

Con snellezze basse, al di sotto di 40÷50, il comportamento flessionale comprende deformazioni plastiche, e l'approccio basato sull'analisi elastica cade in difetto. La risposta elastoplastica è più complessa e articolata, poiché risente delle caratteristiche geometriche della sezione, laddove la risposta elastica dipende dal solo fattore *EJ* per ogni tipo di sezione. L'indagine su questa fase fa quindi largo uso di risultati sperimentali, che sono qualitativamente interpretati dalla curva inferiore sinistra di fig.13.9. I valori sperimentali vengono generalmente interpretati in forma di fattore correttivo (≤ 1) del carico critico euleriano, che conserva quindi un ruolo di riferimento.

13.5 - NONLINEARITÀ GEOMETRICA E STABILITÀ

L'analisi condotta secondo l'approccio euleriano si propone primariamente di individuare la presenza di soluzioni molteplici del problema elastico, una volta che si sia abbandonata la cosiddetta *teoria del primo ordine,* cioè quando venga a cadere l'ipotesi di sovrapponibilità degli effetti, che porta all'unicità di soluzione in base al teorema di Kirchhoff.

Per il caso elementare dell'asta rettilinea compressa, la soluzione viene caratterizzata dalla presenza di azioni flettenti che dipendono dall'ampiezza degli spostamenti *y(x)* incogniti. Lo strumento utilizzato per l'analisi è l'equazione della deformata elastica, che nella forma:

$$1/\rho = y''(x)/(\sqrt{(1 + y'^2(x)}\ )^3) = M(x)/EJ$$

consentirebbe di considerare ampiezze finite degli spostamenti (purché le corrispondenti curvature siano compatibili con la risposta lineare elastica della trave). In suo luogo si è adottata l'espressione approssimata:

$$1/\rho = y''(x),$$

che restringe l'indagine alle sole configurazioni infinitamente prossime all'indeformata. Si è quindi superata la teoria del primo ordine, rinunciando alla unicità di soluzione, ma si è conservata un'espressione semplificata della deformata elastica, che conserva validità solo in piccoli spostamenti.

L'indagine relativa alla *natura dell'equilibrio*, cioè la risposta al quesito se l'equilibrio al quale si fa riferimento sia *stabile, indifferente*, o *instabile*, si basa sul concetto di perturbazione, cioè di modificazione geometrica infinitesima e compatibile con i vincoli. L'approccio euleriano, mirato alla ricerca di soluzioni elastiche oltre la teoria del primo ordine, risulta quindi rispondente a questa indagine.

I teoremi di stabilità

Una più generale nozione di stabilità è fornita dal teorema di Dirichlet, valido in piccoli e grandi spostamenti. Esso afferma che un sistema dotato di potenziale è stabile se per qualsiasi variazione di configurazione infinitesima e congruente, introdotta a partire dalla configurazione di equilibrio elastico, si registra la positività della variazione seconda dell'energia potenziale totale (fig.13.10). Il teorema risponde alle condizioni sin qui adottate poiché:

- le forze applicate costituiscono un sistema conservativo.
- il sistema fisico ammette un'energia potenziale elastica.

Si è visto nel capitolo 11 che la stazionarietà dell'energia potenziale totale è condizione necessaria e sufficiente per l'equilibrio elastico. Intorno a questa condizione, che deve considerarsi preventivamente verificata, può svilupparsi l'indagine relativa alla stabilità dell'equilibrio.

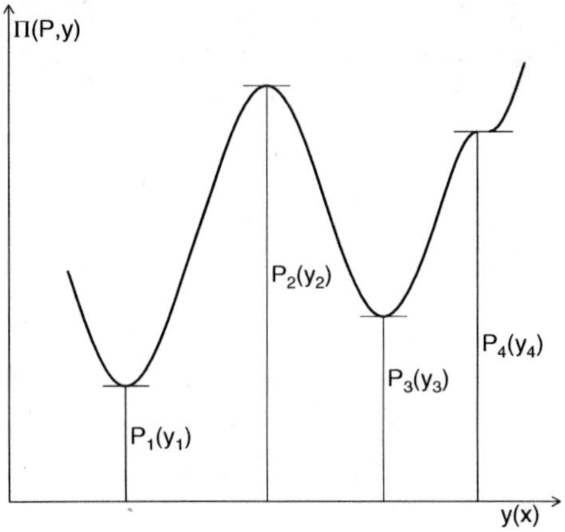

Figura 13.10

13.6 - APPROCCIO ENERGETICO

Con riferimento all'asta deformabile di fig.13.11, si consideri la più generale deformata congruente, identificata da una funzione spostamento *y(x)*. Si assume che il piano *x,y* contenga uno degli assi principali d'inerzia della sezione. Dall'analisi del comportamento elastico dell'asta inflessa si ha, in prima approssimazione:

$$y''(x) = - M(x)/EJ.$$

L'approssimazione risulta accettabile con ampiezze *y* infinitesime, o comunque molto piccole rispetto alla lunghezza *l* dell'asta.

Si assume che l'asta sia assialmente indeformabile e si calcola l'abbassamento del punto *B* per effetto (del secondo ordine) della curvatura *y''(x)*. Posto che gli spostamenti *y(x)* sono infinitesimi, o comunque molto piccoli rispetto a *l*, si calcola la riduzione della distanza secondo *x* degli estremi del segmento *dx*, per effetto degli spostamenti *y(x)* (fig.13.11, fig.13.12). In prima approssimazione (confondendo gli archi con le tangenti) questa riduzione è misurata da $y'^2\, dx/2$.

Lo spostamento del punto di applicazione di *P* diventa:

$$u = 1/2 \int_l y'^2\, dx,$$

e l'energia potenziale dei carichi è misurata da:

$$U = -Pu = P/2 \int_l y'^2\, dx.$$

L'energia di deformazione elastica per flessione nel tronchetto *dx* è data da:

$$M^2/2EJ\, dx = 1/2\, EJy''^2\, dx,$$

e nella trave, indicata con *D* per chiarezza di notazione, da:

$$D = EJ/2 \int_l y''^2\, dx.$$

Imponendo la stazionarietà dell'energia potenziale, si ha la condizione:

$$\delta\Pi = \delta(D + U) = 0,$$

Lo sviluppo in serie di Fourier di infiniti termini consente di rappresentare l'espressione della deformata nella forma più generale. Limitando lo sviluppo ai soli termini nei seni, che soddisfano implicitamente le condizioni al contorno *y(o)=0*, *y(l)=0*, si ha:

$$y(x) = \sum_m A_m \sin(m\pi x/l), \qquad m = 1, 2, 3...$$
$$y'(x) = \sum_m A_m\, m\pi/l \cos(m\pi x/l),$$
$$y''(x) = \sum_m -A_m\, m^2\pi^2/l^2 \sin(m\pi x/l).$$

Sostituendo nell'Energia Potenziale Totale e sfruttando la proprietà di ortogonalità delle funzioni armoniche:

$$m \neq n = 1,2,3... \quad \int_l \sin(m\pi x/l)\sin(n\pi x/l)\,dx = \int_l \sin(m\pi x/l)\cos(n\pi x/l)\,dx = 0$$
$$m = 1,2,3... \quad \int_l [\sin(m\pi x/l)]^2\,dx = \int_l [\cos(m\pi x/l)]^2\,dx = l/2$$

si ottiene:

$$\Pi = D + U = EJ/2 \int_l y''^2\,dx - P/2 \int_l y'^2\,dx = \pi^2/4l \sum_m A_m^2\, m^2\,(EJ\, m^2\pi^2/l^2 - P)$$

Dalla condizione di stazionarietà si ha:

$$\partial\Pi/\partial A_m = \pi^2/2l\, A_m\, m^2\,(EJ\, m^2\pi^2/l^2 - P) = 0, \qquad m = 1, 2, 3, ...$$

Ne consegue:

$$A_m \neq 0 \quad \text{solo se} \quad P = P_m = m^2\,\pi^2\,EJ/l^2$$

ovvero, le configurazioni non rettilinee corrispondono alle singole armoniche e possono essere attivate solo per $P = P_m$:

$$P = P_m = m^2\,\pi^2\,EJ/l^2 \;\Rightarrow\; y(x) = y_m(x) = A_m \sin(m\pi x/l), \qquad m = 1, 2, 3, ...$$

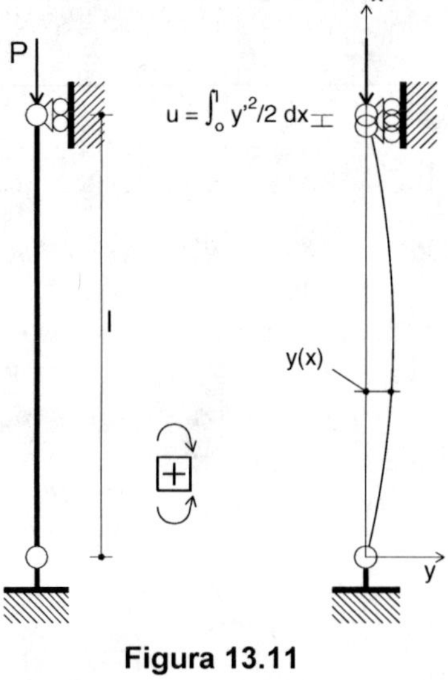

Figura 13.11

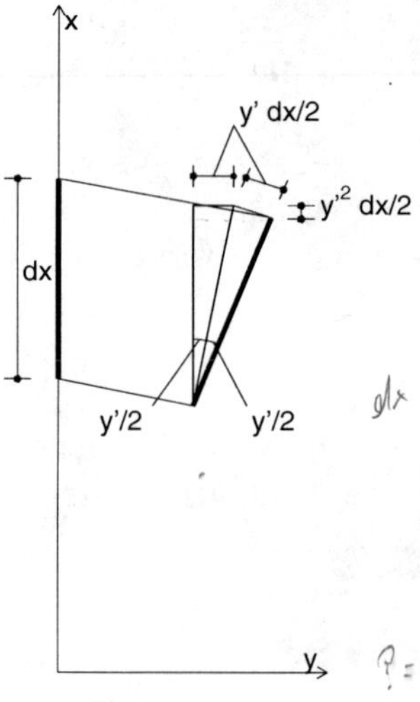

Figura 13.12

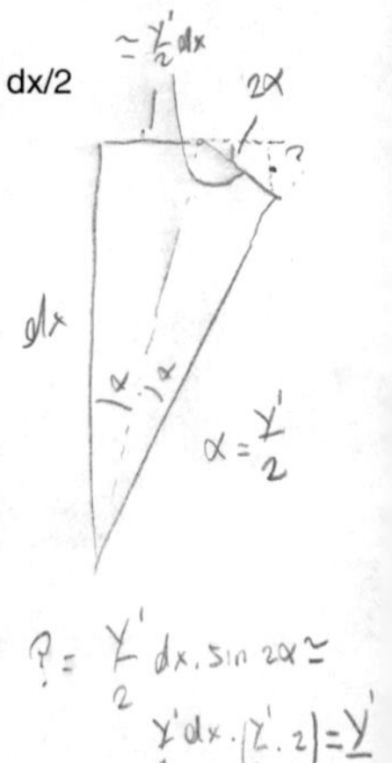

La soluzione non rettilinea associata al più piccolo dei carichi di equilibrio corrisponde al carico critico:

$$P_{cr} = P_1 = EJ\pi^2/l^2\,,$$

con la configurazione deformata già nota:

$$y_{cr}(x) = y_1(x) = A_1 \sin(\pi x/l).$$

Applicando una perturbazione qualsiasi $\delta y(x) = \delta A_k \sin(k\pi x/l)$, in presenza del carico *P* e della corrispondente configurazione di equilibrio *y(x)*, si ha:

$$\delta^2\Pi = EJ/2 \int_l (\delta y'')^2\, dx - P/2 \int_l (\delta y')^2\, dx = \pi^2/4l \sum_k \delta A_k^2\, k^2 (P_k - P).$$

La condizione di stabilità di Dirichlet richiede $\delta^2\Pi > 0\ \forall \delta A_k$ ed è verificata solo per $P < P_{cr} = P_1$; infatti, per $P > P_1$ basta scegliere la perturbazione con $\delta A_1 \neq 0$ e $\delta A_k = 0$ $(k > 1)$ e si ottiene:

$$\delta^2\Pi = \pi^2/4l\ \delta A_k^2\ (P_1 - P) < 0.$$

Dunque, come atteso, P_1 coincide col carico critico anche secondo la definizione energetica di stabilità dell'equilibrio fornita dal teorema di Dirichlet.

Si noti anche che per $P = P_{cr}$ risulta:

$$\delta^2\Pi = \pi^2/4l \sum_k \delta A_k^2\, k^2 (P_k - P_{cr}) \geq 0$$

cioè, in corrispondenza del carico critico la variazione seconda dell'Energia Potenziale Totale rimane non negativa.

13.7 - APPROSSIMAZIONE DELLA DEFORMATA

Rinunciando alla sovrapponibilità degli effetti, cioè alla teoria del primo ordine, si arriva a individuare soluzioni molteplici al problema dell'equilibrio elastico, soluzioni caratterizzate, anche in grandi spostamenti, dalla stazionarietà dell'energia potenziale totale (fig.13.12). Una configurazione può considerarsi di equilibrio stabile se ogni possibile perturbazione, espressa come variazione infinitesima e congruente di quella configurazione, comporta una variazione seconda positiva dell'energia potenziale totale.

Se l'energia potenziale totale è rappresentata da un forma convessa (localmente convessa nell'ambito dei grandi spostamenti), capace di soddisfare questa condizione, allora la ricerca del carico critico porta a individuare la configurazione associata al minimo dell'espressione ricavata nel seguito.

Si consideri ancora, a titolo di esempio, l'asta di Eulero. Alla configurazione *y(x)* è associato un potenziale del carico:

$$U = -\ 1/2\ P \int_l y'^2\, dx,$$

e un'energia di deformazione elastica:

$$D = 1/2\ EJ \int_l y''^2\, dx.$$

Dalla condizione di non-negatività di $\delta^2\Pi$ in corrispondenza del carico critico:

$$\delta^2\Pi = 1/2\ EJ \int_l (y'')^2 dx - 1/2\ P_{cr} \int_l (y')^2 dx \geq 0$$

$$\delta^2\Pi = 1/2\ EJ \int_l (y''_{cr})^2 dx - 1/2\ P_{cr} \int_l (y'_{cr})^2 dx = 0$$

si deduce:

$$P_{cr} = \min_{y(x)} EJ \left(\int_l y''^2\, dx\right) / \left(\int_l y'^2\, dx\right) = EJ \left(\int_l (y''_{cr})^2\, dx\right) / \left(\int_l (y'_{cr})^2\, dx\right).$$

Un ramo di parabola

Se la soluzione del problema di fig.13.7 viene ricercata fra tutte le possibili configurazioni *y(x)*, la condizione di minimo fornisce l'equazione della sinusoide $y = A \sin(\pi x/l)$ già trovata nel paragrafo 13.4. Se l'esplorazione non viene estesa a tutte le possibili configurazioni, ma solo a una parte di esse, non si otterrà generalmente il minimo, cioè il carico critico esatto. Si otterrà soltanto una sovrastima del carico critico, cioè una stima che dal punto di vista dell'ingegnere si colloca a sfavore di sicurezza. Tale stima potrà costituire soltanto un utile riferimento, e sarà tanto migliore quanto più vasta e duttile sarà la gamma delle funzioni considerate.

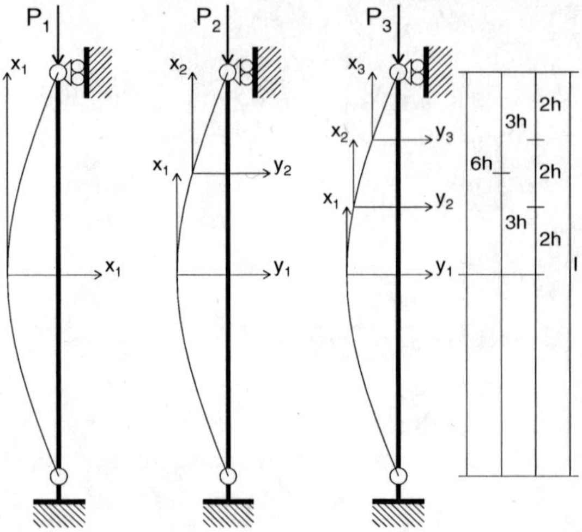

Figura 13.13

Per l'asta di fig.13.13, di lunghezza $l=12h$, si ha la soluzione esatta:

$$P_o h^2/EJ = \pi^2/144 = 0.0685.$$

Si assuma, in prima approssimazione, la deformata parabolica:

$$y = kx^2$$

con origine ad altezza $6h$ e caratterizzata dalla freccia arbitraria $36kh^2$. Essendo:

$$y' = 2kx, \qquad y'' = 2k,$$

si ha:

$$P^{(1)} = \left(EJ \int_{6h} 4k^2\,dx\right)/\left(\int_{6h} 4k^2x^2\,dx\right) = \left(EJ \int_{6h} dx\right)/\left(\int_{6h} x^2\,dx\right),$$

da cui, integrando, si ha:

$$P^{(1)}h^2/EJ = 1/12 = 0.0833.$$

Scompare il fattore arbitrario di scala k, che garantisce la piccolezza degli spostamenti e fissa la freccia in mezzeria. La stima del carico critico, ottenuta adottando la parabola in luogo della sinusoide (fig.13.14), comporta una sovrastima del 15%.

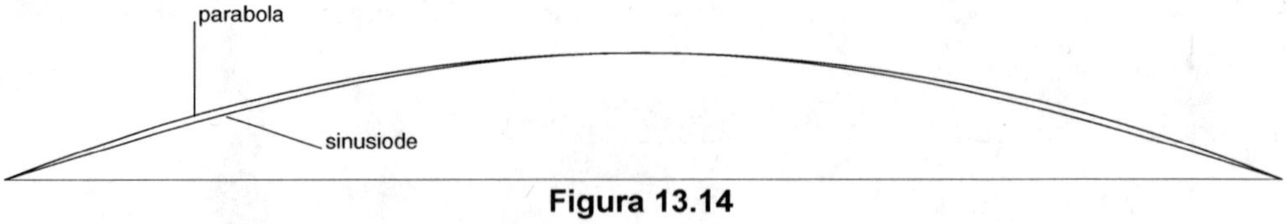

Figura 13.14

Due rami di parabola: ricerca di minimo

Per introdurre una descrizione più duttile della precedente, si modelli la deformata con archi di parabola differenti per la parte centrale e per la parte terminale, dividendo l'altezza totale in quattro campi. Per semplicità e per simmetria si sviluppa il calcolo su due campi, ciascuno di altezza *3h*. Si adotti un diverso sistema di riferimento per ciascun campo e si ricordi che la freccia in mezzeria non influisce sul risultato.

Per il campo *1*, da quota *6h* a quota *9h* $(0 \leq x \leq 3h)$, si ponga:

$$y_1 = kx^2, \qquad y'_1 = 2kx, \qquad y''_1 = 2k,$$

Per il campo *2*, da quota *9h* a quota *12h* $(0 \leq x \leq 3h)$, si ponga:

$$y_2 = 9kh^2 + 6khx + mx^2, \qquad y'_2 = 6kh + 2mx, \qquad y''_2 = 2m.$$

Si osserva che:

$$y_1(3h) = 9kh^2 = y_2(0), \qquad y'_1(3h) = 6kh = y'_2(0),$$

ovvero che la deformata ha continuità C_1. La stima del carico critico è fornita da:

$$P^{(2)} = \min_{k,m} \ EJ \int_{3h} 4(k^2 + m^2)\, dx \Big/ \int_{3h} (4k^2x^2 + 36k^2h^2 + 24kmhx + 4m^2x^2)\, dx$$

e, integrando:

$$P^{(2)} = \min_{k,m} (12EJ\ hk^2 + 12EJ\ hm^2)/(144k^2h^3 + 108kmh^3 + 36m^2h^3)$$

da cui:

$$P^{(2)}h^2/EJ = \min_{k,m} (k^2 + m^2)/(12k^2 + 9km + 3m^2)$$

Dividendo tutti i termini per k^2, e ponendo $r = m/k$, la stima del carico critico è fornita da:

$$P^{(2)}h^2/EJ = \min_r (1+r^2)/(12+9r+3r^2) = 0.07213.$$

La stima ottenuta comporta ancora un errore del 5% a sfavore di sicurezza.

Due rami di parabola: autovalori

L'energia potenziale totale associata alla stessa configurazione è stata sopra calcolata come:

$$\Pi = D + U = 12EJh\,(k^2 + m^2) - P^{(2)}h^3\,(144k^2 + 108km + 36m^2).$$

Derivando rispetto a *k* e *m* si hanno le espressioni:

$$\partial\Pi/\partial k = 24EJhk - 36P^{(2)}h^3\,(8k + 3m) = 0,$$

$$\partial\Pi/\partial m = 24EJhm - 36P^{(2)}h^3\,(3k + 2m) = 0,$$

che rispecchiano le condizioni di *equilibrio nel modello*.

Posto $X = P^{(2)}h^2/EJ$, si ha la matrice dei coefficienti del sistema omogeneo:

$$\begin{bmatrix} 288\,X - 24 & 108\,X \\ 108\,X & 72\,X - 24 \end{bmatrix} \begin{bmatrix} k \\ m \end{bmatrix} = \begin{bmatrix} 0 \\ 0 \end{bmatrix}$$

che fornisce come autovalore minimo:

$$P^{(2)}h^2/EJ = X = 0.07213.$$

Tre rami di parabola: ricerca di minimo

Per un ulteriore affinamento, si adottino tre campi sulla semi-altezza, con un diverso sistema di riferimento per ciascun campo e si ricordi che la freccia in mezzeria non influisce sul risultato.

Per il campo *1*, da quota *6h* a quota *8h* $(0 \leq x \leq 2h)$, si ponga:

$$y_1 = kx^2, \qquad y'_1 = 2kx, \qquad y''_1 = 2k,$$

Per il campo 2, da quota $8h$ a quota $10h$ $(0 \leq x \leq 2h)$, si ponga:

$$y_2 = 4kh^2 + 4khx + mx^2, \qquad y'_2 = 4kh + 2mx, \qquad y''_2 = 2m.$$

Per il campo 3, da quota $10h$ a quota $12h$ $(0 \leq x \leq 2h)$, si ponga:

$$y_3 = 12kh^2 + 4mh^2 + 4hx(k + m) + nx^2, \qquad y' = 4h(k + m) + 2nx, \qquad y'' = 2n.$$

Si osserva che:

$$y_1(2h) = 4kh^2 = y_2(0), \qquad y'_1(2h) = 4kh = y'_2(0),$$
$$y_2(2h) = 12kh^2 + 4mh^2 = y_3(0), \qquad y'_2(2h) = 4h(k + m) = y'_3(0),$$

ovvero che la deformata ha continuità C_1. La stima del carico critico viene ottenuta minimizzando rispetto a k,m,n il rapporto che definisce $P^{(3)}$:

$$P^{(3)} = \min_{k,m,n} EJ \int_{3h} 4\,(k^2+m^2+n^2)\,dx\ /$$
$$/ \int_{3h}(4k^2x^2+16k^2h^2+16kmhx+4m^2x^2+16h^2(k+m)^2+16nhx(k+m)+4n^2x^2)\,dx.$$

Integrando si ha:

$$P^{(3)}h^2/EJ = 3/4 \min_{k,m,n} (k^2 + m^2 + n^2)/(7k^2 + 4m^2 + n^2 + 9km + 3nk + 3mn)$$

Dividendo tutti i termini per k^2, e ponendo $i=m/k$, $j=n/k$, la stima del carico critico è fornita da:

$$P^{(3)}h^2/EJ = 3/4 \min_{i,j} (1 + i^2 + j^2)/(7 + 4i^2 + j^2 + 9i + 3j + 3ij) = 0.0711.$$

La stima ottenuta comporta un errore del 4% a sfavore di sicurezza.

Tre rami di parabola: autovalori

L'energia potenziale totale associata alla stessa configurazione è stata sopra calcolata come:

$$\Pi = 8EJh\left(k^2+m^2+m^2\right) - P_3h^3\left(224k^2+128m^2+32n^2+288km+96nk+96nm\right)/3.$$

Derivando rispetto a k, m, n, si hanno le espressioni:

$$\partial\Pi/\partial k = 16EJhk - 32\,P_3h^3\,(14k + 9m + 3n)\,/3 = 0$$
$$\partial\Pi/\partial m = 16EJhm - 32\,P_3h^3\,(9k + 8m + 3n)\,/3 = 0$$
$$\partial\Pi/\partial n = 16EJhn - 32\,P_3h^3\,(3k + 3 + 2n)\,/3 = 0,$$

che rispecchiano le condizioni di *equilibrio nel modello*:

Posto $X=P^{(3)}h^2/EJ$, e semplificando, si ha la matrice dei coefficienti del sistema omogeneo:

$$\begin{bmatrix} 28X-3 & 18X & 6X \\ 18X & 16X-3 & 6X \\ 6X & 6X & 4X-3 \end{bmatrix} \begin{bmatrix} k \\ m \\ n \end{bmatrix} = \begin{bmatrix} 0 \\ 0 \\ 0 \end{bmatrix}$$

che fornisce come autovalore minimo:

$$P^{(3)}h^2/EJ = X = 0.0711.$$

13.8 - LUNGHEZZA DI LIBERA INFLESSIONE

Mensola

Si consideri l'asta di fig.13.15 a sinistra, di altezza $h=l/2$. Con il sistema di riferimento adottato, la più generale deformata $y(x)$ darà luogo alla freccia $f=y(l/2)$. Assumendo come positive le azioni flettenti che tendono le fibre dal lato dell'ordinata positiva y, si ha:

$$M(x) = - P (f - y(x)).$$

Con le stesse convenzioni l'equazione della deformata elastica ha la forma approssimata:

$$y''(x) = -M(x)/EJ.$$

e, sostituendo l'espressione dell'azione flettente:

$$y''(x) + P/EJ\ y(x) = P/EJ\ f.$$

Tenendo presente che $E>0$, $J>0$ e $P>0$ (non si considera il caso di asta tesa) si pone $\alpha^2=P/EJ$, ottenendo l'equazione differenziale:

$$y''(x) + \alpha^2 y(x) = \alpha^2 f.$$

L'integrale generale dell'equazione e le sue derivate sono:

$$y(x) = A \sin\alpha x + B \cos\alpha x + f$$
$$y'(x) = A\alpha \cos\alpha x - B\alpha \sin\alpha x$$
$$y''(x) = -A\alpha^2 \sin\alpha x - B\alpha^2 \cos\alpha x.$$

Le costanti incognite A,B,α devono essere individuate tramite le condizioni al contorno:

$$y(0) = 0 \qquad y'(0) = 0 \qquad y(l/2) = f.$$

La seconda $(x=0)$ fornisce $0=A\alpha$, con alternative $A=0$ o $\alpha=0$. L'alternativa $\alpha=0$, da cui $P=0$, corrisponde a struttura scarica. Si considera quindi $A=0$. La soluzione diventa:

$$y(x) = B \cos\alpha x + f \qquad y'(x) = - B\alpha \sin\alpha x.$$

La condizione al contorno $y(0)=0$ porta a:

$$0 = B + f, \qquad \text{da cui} \qquad B = -f.$$

La soluzione diventa allora:

$$y(x) = f (1 - \cos\alpha x).$$

La condizione al contorno $y(l/2)=f$ porta a:

$$f = f (1 - \cos \alpha l/2),$$

che risulta soddisfatta per $\cos(\alpha l/2) = 0$, e quindi:

$$\alpha = n\pi/l$$

dove n è un numero intero (dispari) non negativo. Si ha quindi:

$$P = \alpha^2 EJ = n^2\pi^2 EJ/l^2,$$

il cui valore minimo è:

$$P_{cr} = \pi^2 EJ/l^2.$$

Incastro - pattino

Si consideri l'asta di fig.13.15 destra, di altezza $h=2l$, con il sistema di riferimento indicato. Assumendo come positive le azioni flettenti che tendono le fibre dal lato dell'ordinata positiva y, si ha:

$$M(x) = P\ y(x) - W.$$

Con le stesse convenzioni l'equazione della deformata elastica ha la forma approssimata:

$$y''(x) = -M(x)/EJ.$$

e, sostituendo:

$$y''(x) + P/EJ\ y(x) = W/EJ.$$

Tenendo presente che $E>0$, $J>0$ e $P>0$ (non si considera il caso di asta tesa) si pone $\alpha^2=P/EJ$ e $W=Pf$, ottenendo l'equazione differenziale:

$$y''(x) + \alpha^2\, y(x) = \alpha^2 f.$$

L'integrale generale dell'equazione e le sue derivate sono:

$$y(x) = A \sin\alpha x + B \cos\alpha x + f$$
$$y'(x) = A\alpha \cos\alpha x - B\alpha \sin\alpha x$$
$$y''(x) = -A\alpha^2 \sin\alpha x - B\alpha^2 \cos\alpha x.$$

Le costanti incognite A, B, α devono essere individuate tramite le condizioni al contorno:

$$y(0) = 0 \qquad y'(0) = 0 \qquad y(2l) = 0 \qquad y'(2l) = 0.$$

La seconda $(x=0)$ fornisce $0=A\alpha$, con alternative $A=0$ o $\alpha=0$. L'alternativa $\alpha=0$, da cui $P=0$, corrisponde a struttura scarica. Si considera $A=0$. La soluzione si limita a:

$$y(x) = B \cos\alpha x + f \qquad y'(x) = -B\alpha \sin\alpha x.$$

La condizione $y(0)=0$ porta a:

$$0 = B + f, \text{ da cui } B = -f.$$

La soluzione diventa:

$$y(x) = f\,(1 - \cos\alpha x) \qquad y'(x) = f\alpha \sin\alpha x.$$

La condizione $y(2l)=0$ porta a:

$$0 = f\,(1 - \cos 2\alpha l),$$

che risulta soddisfatta per $\cos(2\alpha l)=1$. Escludendo la soluzione $\alpha=0$, $P=0$, si ha:

$$\alpha = n\pi/l$$

dove n è un numero intero non negativo. Essendosi assunta un'interpretazione rispettosa della simmetria del sistema rispetto all'asse orizzontale mediano (W uguale ai due estremi), risulta parimenti soddisfatta la condizione:

$$y'(2l) = f\, n\, \pi/l \sin 2n\pi = 0.$$

Per $n=0$ si ha $\alpha=0$ e $P=0$, che corrisponde all'indeformata scarica. Si ha quindi:

$$P = \alpha^2 EJ = n^2\pi^2 EJ/l^2,$$

il cui valore minimo è:

$$P_{cr} = \pi^2 EJ/l^2.$$

Pattino - pattino

Si consideri l'asta di fig.13.15 al centro, di lunghezza $h=l$, con il sistema di riferimento indicato. Sia $f=y(l)$. L'equilibrio globale fornisce $W=Pf/2$. Assumendo come positive le azioni flettenti che tendono le fibre dal lato dell'ordinata positiva y, si ha:

$$M(x) = -P\,(f - y(x)) + W = -P\,(f/2 - y(x)).$$

Con le stesse convenzioni l'equazione della deformata elastica ha la forma approssimata:

$$y''(x) = -M(x)/EJ.$$

e sostituendo:

$$y''(x) + P/EJ\; y(x) = Pf/2EJ.$$

Tenendo presente che $E>0$, $J>0$ e $P>0$ (non si considera il caso di asta tesa) si pone $\alpha^2=P/EJ$, ottenendo l'equazione differenziale:

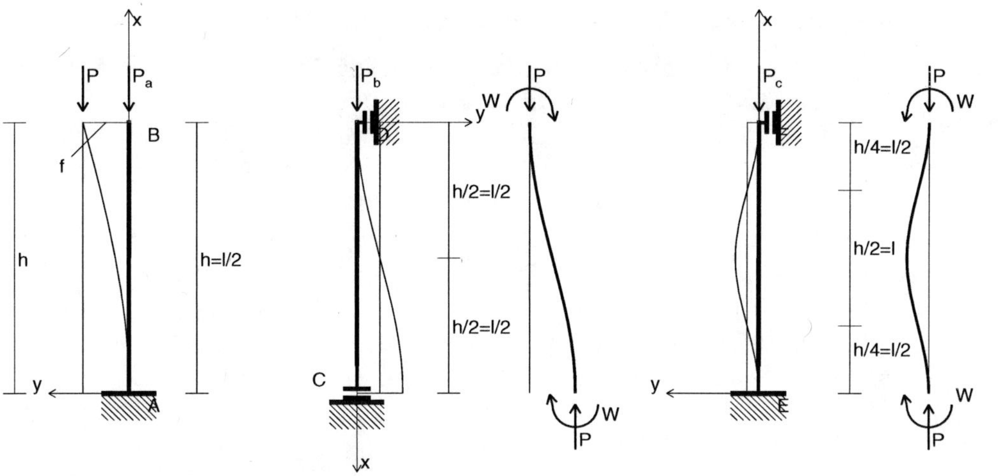

Figura 13.15

$$y''(x) + \alpha^2\, y(x) = \alpha^2 f/2.$$

L'integrale generale dell'equazione e le sue derivate sono:

$$y(x) = A \sin\alpha x + B \cos\alpha x + f/2$$
$$y'(x) = A\alpha \cos\alpha x - B\alpha \sin\alpha x$$
$$y''(x) = -A\alpha^2 \sin\alpha x - B\alpha^2 \cos\alpha x.$$

Le costanti incognite A, B, α devono essere individuate tramite le condizioni al contorno:

$$y(0) = 0 \qquad y'(0) = 0 \qquad y(l) = f \qquad y'(l) = 0.$$

La seconda $(x=0)$ fornisce $0= -A\alpha$, con alternative $A=0$ o $\alpha=0$. L'alternativa $\alpha=0$, e quindi $P=0$, corrisponde a struttura scarica. Si considera $A=0$. La soluzione si limita a:

$$y(x) = B \cos\alpha x + f/2 \qquad y'(x) = -B\alpha \sin\alpha x.$$

La condizione al contorno $y(0)=0$ porta a:

$$0 = B + f/2, \quad \text{da cui} \quad B = -f/2.$$

La soluzione diventa:

$$y(x) = (f/2)\,(1 - \cos\alpha x) \qquad y'(x) = (\alpha f/2) \sin\alpha x.$$

La condizione al contorno $y'(l)=0$ porta a:

$$y'(l) = (\alpha f/2) \sin\alpha l = 0.$$

L'alternativa $f=0$, introdotta nella condizione $y(x)$, porta a deformata nulla, mentre l'alternativa $\sin\alpha l = 0$ porta a:

$$\alpha = n\pi/l$$

dove n è un numero intero positivo, da cui:

$$y(x) = (f/2)\,(1 - \cos(n\pi x/l)) \qquad y'(x) = n\pi/l\,(f/2) \sin(n\pi x/l).$$

Si ha quindi:

$$P = \alpha^2 EJ = n^2\pi^2 EJ/l^2$$

il cui valore minimo si ha per $n = 1$:

$$P_{cr} = \pi^2 EJ/l^2.$$

Lunghezza di libera inflessione

Tutte le situazioni esaminate, relative al problema dell'asta compressa, portano a individuare la stessa espressione formale del carico critico:

$$P_{cr} = \pi^2 EJ/l^2,$$

dove compare la stessa lunghezza di riferimento l. Si osserva che essa rappresenta la lunghezza di una semionda nell'espressione analitica, sinusoide o cosinusoide, che rappresenta la deformata critica. Questo parametro unificante prende il nome di *lunghezza di libera inflessione* e, insieme alla relativa *snellezza* $\lambda=l/\rho$, dove $\rho=\sqrt{(J/A)}$ è il raggio giratore d'inerzia, caratterizza l'intera gamma dei casi. Essa uguaglia l'altezza effettiva col vincolo cerniera-cerniera di fig.13.7 e col vincolo pattino-pattino di fig.13.15 al centro. Diventa pari al doppio dell'altezza effettiva nella mensola di fig.13.15 sinistra e alla metà dell'altezza effettiva col vincolo pattino-incastro di fig.13.15 destra.

Risulta così possibile unificare situazioni diverse. A questa impostazione ci si attiene generalmente anche quando il carico critico deve rispecchiare gli effetti di una risposta elastoplastica.

13.9 - SISTEMI DISCRETI

Si voglia impostare l'analisi di stabilità del sistema di aste e molle in fig.13.16, con aste *AB, BC, CD* di lunghezza a,b,c e con rigidezze l,h,k delle molle in A,B,C. Si voglia inoltre calcolare il carico critico con $c=b=a$ e $l=h=k$.

La struttura dispone di tre gradi di libertà. Assumendo i versi positivi convenzionali di fig.13.18, sia α la rotazione infinitesima assoluta in A, β e γ le rotazioni infinitesime relative fra *AB,BC* e *BC,CD*, rispettivamente.

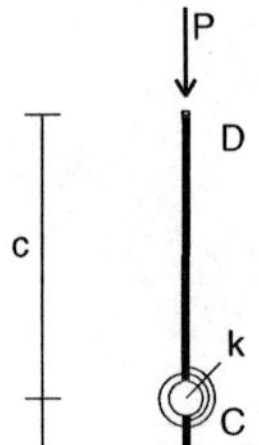

Figura 13.16

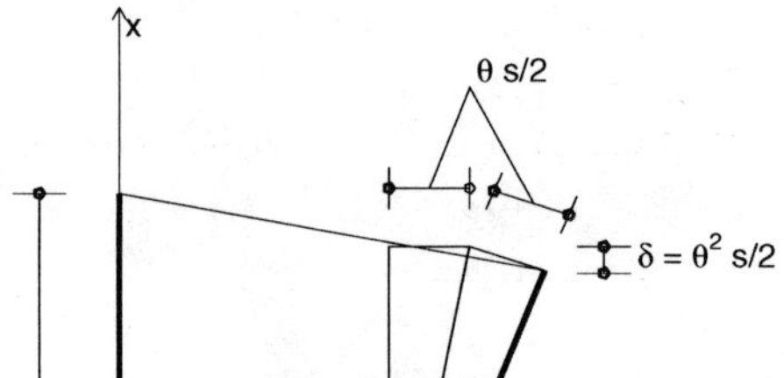

Figura 13.17

Approccio energetico

Confondendo gli archi coi seni, la variazione della distanza verticale tra gli estremi di un'asta verticale di altezza *s* (fig.13.17), per effetto di una rotazione infinitesima θ, è data da:

$$\delta = \theta^2 s/2.$$

Nella struttura in esame, per effetto delle rotazioni α, β, γ, lo spostamento verticale di *D* sarà dato dalla somma delle variazioni di distanza fra gli estremi delle tre aste:

$$\delta = 1/2 \left(a\alpha^2 + b(\alpha + \beta)^2 + c(\alpha + \beta + \gamma)^2 \right),$$

$$\delta = 1/2 \left(a\alpha^2 + b\alpha^2 + b\beta^2 + 2b\alpha\beta + c\alpha^2 + c\beta^2 + c\gamma^2 + 2c\alpha\beta + 2c\beta\gamma + 2c\gamma\alpha \right).$$

L'energia potenziale del carico sarà:

$$U = - P\,\delta.$$

L'energia di deformazione elastica si concentra nelle molle, per effetto delle rotazioni relative α, β, γ e dei momenti ad esse associati attraverso le costanti l, h, k:

$$D = 1/2 \left(l\alpha^2 + h\beta^2 + k\gamma^2 \right).$$

Posto $e=a+b+c$ e $d=b+c$, e sostituendo, l'energia potenziale totale sarà quindi:

$$\Pi = - 1/2\, F \left(e\alpha^2 + d\beta^2 + c\gamma^2 + 2d\alpha\beta + 2c\beta\gamma + 2c\gamma\alpha \right) + 1/2 \left(l\alpha^2 + h\beta^2 + k\gamma^2 \right).$$

L'insieme delle possibili soluzioni equilibrate si ottiene annullando le derivate parziali di questa espressione rispetto a α, β, γ. Si ottiene:

$$\begin{bmatrix} Fe-l & Fd & Fc \\ Fd & Fd-h & Fc \\ Fc & Fc & Fc-k \end{bmatrix} \begin{bmatrix} \alpha \\ \beta \\ \gamma \end{bmatrix} = \begin{bmatrix} 0 \\ 0 \\ 0 \end{bmatrix}$$

fra i cui autovalori e autovettori va cercata la soluzione critica.

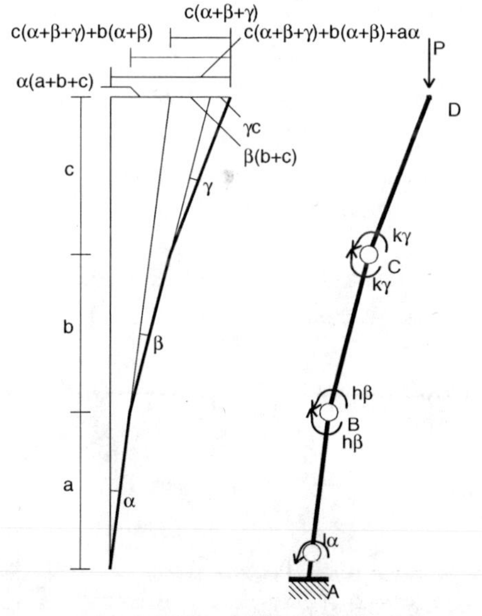

Figura 13.18

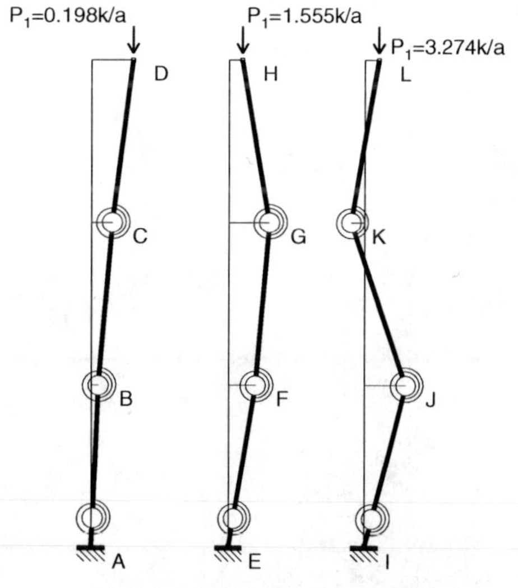

Figura 13.19

Approccio all'equilibrio

Per effetto delle rotazioni relative α, β, γ, in D si hanno gli spostamenti rappresentati in fig.13.18 (sempre confondendo i seni con gli archi). In corrispondenza delle cerniere si avranno i momenti di richiamo $l\alpha$, $h\beta$, $k\gamma$. In presenza di tre gradi di libertà (le rotazioni nelle cerniere), occorre che sia soddisfatto l'equilibrio alla rotazione:

- del sistema *ABCD* intorno ad *A* (forza *F* con braccio $a\alpha+b(\alpha+\beta)+c(\alpha+\beta+\gamma)$ e momento $l\alpha$).
- del sistema *BCD* intorno a *B* (forza *F* con braccio $b(\alpha+\beta)+c(\alpha+\beta+\gamma)$ e momento $h\beta$).
- dell'asta *CD* intorno a *C* (forza *F* con braccio $c(\alpha+\beta+\gamma)$ e momento $k\gamma$).

Posto $e=a+b+c$ e $d=b+c$, si ottengono tre relazioni di equilibrio nelle tre rotazioni incognite, a fronte dei tre gradi di libertà del sistema:

$$\begin{bmatrix} Fe-l & Fd & Fc \\ Fd & Fd-h & Fc \\ Fc & Fc & Fc-k \end{bmatrix} \begin{bmatrix} \alpha \\ \beta \\ \gamma \end{bmatrix} = \begin{bmatrix} 0 \\ 0 \\ 0 \end{bmatrix}$$

che ripropone la soluzione vista sopra.

Una soluzione particolare

Ponendo $c=b=a$ e $l=h=k$, il sistema risolvente diventa:

$$\begin{bmatrix} 3Fa-k & 2Fa & Fa \\ 2Fa & 2Fa-k & Fa \\ Fa & Fa & Fa-k \end{bmatrix} \begin{bmatrix} \alpha \\ \beta \\ \gamma \end{bmatrix} = \begin{bmatrix} 0 \\ 0 \\ 0 \end{bmatrix}$$

Scartando la soluzione (indeformata) $\alpha=\beta=\gamma=0$, per ottenere una soluzione non banale occorre annullare il determinante:

$F^3 - 5F^2k/a + 6Fk^2/a^2 - k^3/a^3 = 0.$

Le soluzioni sono:

$$F_{cr} = F_1 = .198\ k/a,$$
$$F_2 = 1.555\ k/a,$$
$$F_3 = 3.247\ k/a.$$

Introducendo, volta a volta, ciascuno dei tre autovalori nelle tre equazioni, di cui solo due indipendenti, si ottengono i meccanismi ad esse associati di fig.13.19:

α_1= 1.000	β_1= 0.802	γ_1= 0.445	u_1= 1.000	v_1= 2.802	w_1= 5.049.
α_2= 1.000	β_2=-0.555	γ_2=-1.247	u_2= 1.000	v_2= 1.445	w_2= 0.653.
α_3= 1.000	β_3=-2.247	γ_3= 1.802	u_3= 1.000	v_3=-0.247	w_3= 0.308.

13.10 - CRITERI DI DISCRETIZZAZIONE

Nei problemi governati da relazioni differenziali, l'impiego del calcolo numerico richiede che le funzioni incognite possano essere identificate da un numero finito di parametri.

Nell'analisi lineare dei sistemi di travi (per semplicità si allude alle travi rettilinee), la deformata viene generalmente identificata dalle *variabili nodali*. Nei sistemi spaziali le variabili nodali sono tre spostamenti e tre rotazioni di ciascun estremo, per complessivi dodici parametri. Nei sistemi piani sono due spostamenti e una rotazione di ciascun estremo, per complessivi sei parametri. Noti i parametri nodali, è possibile ricostruire l'equazione della deformata di ciascuna asta. Usando come incognite di deformazione le variabili nodali si ottiene una soluzione che possiamo definire esatta, dal momento che il procedimento risolvente non comporta l'adozione di ulteriori approssimazioni.

Diverso è il caso dell'analisi, anche lineare, dei continui. Diverso è il caso dell'analisi non lineare per geometria, di cui il problema della stabilità delle aste rappresenta una situazione semplice, ma tipica.

In questi casi occorre interpretare la ricerca di funzioni incognite come ricerca di parametri incogniti atti a caratterizzare in via approssimata quelle funzioni. In precedenti casi si è accennato al fatto che attraverso la serie di Fourier è possibile rappresentare qualunque funzione con opportuna scelta di infiniti parametri, ma infiniti parametri sono troppi. Bisogna troncare la serie, contando sul fatto che i termini trascurati avrebbero avuto scarso peso, in termini quantitativi, sul risultato ottenuto. In tal modo si introduce la nozione che la funzione risolvente verrà ricercata non già sull'intera classe delle funzioni possibili, ma su una sua sottoclasse, rappresentata dai soli termini presi in considerazione.

In questo modo si otterrà un'interpretazione approssimata della soluzione esatta. Da un lato si beneficia di una vasta gamma di approcci numerici alla ricerca del risultato, dall'altra si apre il problema di valutare la bontà dell'approssimazione. Il tema offre un vasto campo di indagine, con diversi criteri di valutazione dell'efficacia dell'approssimazione. Un'importante base di riferimento è costituita da quei casi, numericamente limitati, nei quali è possibile confrontare le soluzioni approssimate con la soluzione esatta.

Nel paragrafo 13.7 si è provato ad approssimare la deformata esatta nota, sinusoidale, con uno, due o tre segmenti di parabola, avendo cura di definire una funzione continua e regolare a tratti. Ci si è ricondotti a una, due o tre curvature costanti. Tenendo presente che fra i parametri liberi permaneva un fattore arbitrario di ampiezza (nell'approccio agli autovalori, il fattore di scala dell'autosoluzione), le variabili effettive sono state rispettivamente zero, una e due. Si sono ottenuti risultati convergenti in modo soddisfacente, anche se collocati a sfavore di sicurezza.

Gli esempi costituiti da aste rigide e molle possono essere interpretati come un altro modo per formulare il problema in funzione di parametri discreti.

Un aspetto comune ai due approcci proposti è la scelta del numero di segmenti utilizzati per suddividere la funzione incognita in campi continui a tratti, con *funzione di forma* assegnata (nell'esempio la parabola) ovvero per articolare il sistema in parti rigide collegate da elementi a deformabilità elastica concentrata.

Nei problemi di stabilità dell'equilibrio è emerso che entrambe le soluzioni approssimate si traducono in problemi numerici agli autovalori.

Il modello a deformabilità concentrata (aste e molle) richiama l'interpretazione alle *differenze finite* dei problemi differenziali. L'approccio che utilizza *funzioni di forma* richiama invece il vastissimo campo di applicazione degli *Elementi Finiti* monodimensionali, bidimensionali e tridimensionali. Il metodo degli *Elementi Finiti* si basa essenzialmente sulla modellazione di *funzioni di forma* delle funzioni incognite su campi di dimensione finita, e sull'adozione di un numero finito di parametri atti a caratterizzarle univocamente. Diventa così possibile affrontare tutti i problemi governati da relazioni differenziali. Il grado di approssimazione alla soluzione esatta è ampiamente governabile attraverso la scelta di funzioni di forma adeguatamente duttili, ma ancor più attraverso una discretizzazione a dimensione variabile del continuo, che sia sufficientemente fitta nelle zone dove le funzioni mostrano elevati gradienti.

CAPITOLO 14

ANALISI ELASTO-PLASTICA

14.1 - IL COMPORTAMENTO ELASTOPLASTICO

Nel paragrafo 6.2 si è riportata la risposta sperimentale di un materiale, tipicamente metallico, soggetto alla prova di trazione. La lettura, abbastanza complessa, mostra due aspetti che ne guidano l'interpretazione:

- nella fase iniziale si registra quella sostanziale proporzionalità tra sforzi e deformazioni che porta alla definizione teorica di una *fase elastica* reversibile.
- in ogni istante della fase post-elastica si registra la duplice possibilità di un percorso caratterizzato da sforzi moderatamente crescenti per deformazione crescente, e di un *ritorno elastico* per deformazione decrescente.

Le due indicazioni suggeriscono l'interpretazione estremamente semplificata di fig.14.1. Dopo un tratto iniziale perfettamente elastico, da *o* ad *a,* la fase elastoplastica può essere rappresentata dal percorso *perfettamente elastoplastico a-d* o dai percorsi con *incrudimento a-e-f* e *a-g*. In ogni caso il *rientro elastico* viene interpretato da un itinerario parallelo a *o-a*, come ad esempio *b-c*.

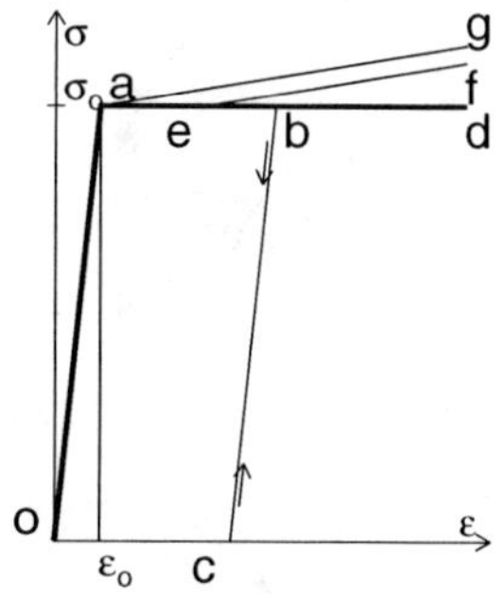

Figura 14.1

La prova sperimentale di riferimento interpreta il caso di trazione. La corrispondente prova di compressione di un'asta snella (caso di Saint Venant) comporta la potenziale instabilità, con aspetti che esulano dal tema in esame. Come si è implicitamente assunto per il caso puramente elastico, si suppone ancora simmetria di risposta a trazione e compressione.

Nelle note che seguono si fa riferimento ad un materiale perfettamente elastoplastico, quale descritto in fig.14.3.

14.2 - LA FLESSIONE ELASTOPLASTICA

Si consideri la trave inflessa di fig.7.11, e in particolare, un suo concio di lunghezza *dz*, come in fig.14.2.

Si immagini di governare il comportamento del concio inflesso attraverso le rotazioni relative $d\phi$ delle due facce estreme. La regola della congruenza è indipendente dal comportamento del materiale e impone ancora che le facce ruotino mantenendosi piane. Per semplicità si esamina una sezione a simmetrica verticale, e pertanto la rotazione avviene intorno ad un asse normale a quello di simmetria.

In fig.14.4 si mostra in quattro tappe, da *a* a *d*, l'evoluzione del concio, mentre in fig.14.3 si ha un riscontro del corrispondente stato di sforzo e di deformazione puntuale. Si è indicata con σ_o la tensione di snervamento, e con ε_o la massima deformazione elastica. In fig.14.5 è rappresentato in forma indicativa il corrispondente legame tra momenti M e curvature $d\phi/dz$.

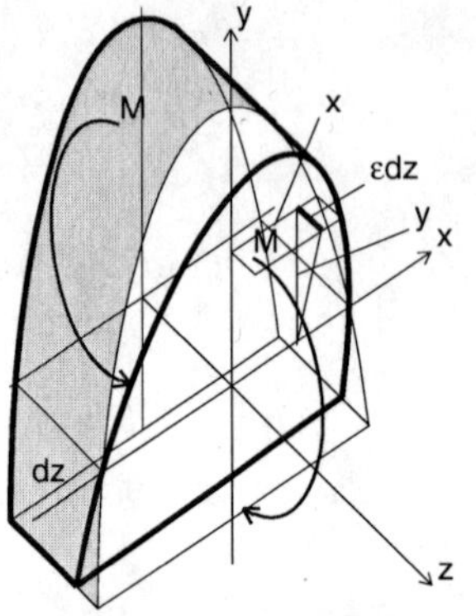

Figura 14.2

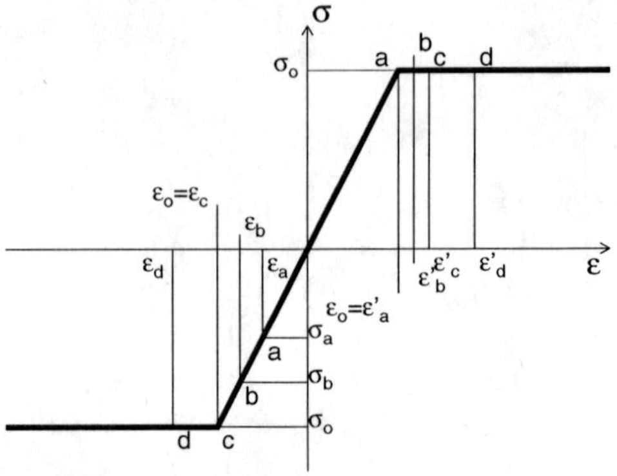

Figura 14.3

Nella fase a si ha la soluzione del caso di flessione elastica del paragrafo 7.4, governata dalla legge di proporzionalità lineare di fig.14.5 (fino ad a):

$$d\phi/dz = M/EJ,$$

e con l'asse neutro in posizione baricentrica. Si ha la massima deformazione ε'_a in corrispondenza del lembo superiore, a quota y_{max} (massima distanza dall'asse neutro). Quando tale deformazione eguaglia la massima deformazione elastica, con $\varepsilon'_a = \varepsilon_o$, la corrispondente tensione eguaglia la tensione di snervamento, ovvero $\sigma'_a = \sigma_o$, e si ha il massimo *momento elastico*:

$$M_a = J/y_{max}\ \sigma_o$$

(essendo $\sigma_o = My_{max}/J$), e le tensioni hanno la nota distribuzione a trapezio incrociato di fig.14.4a in basso. Sia:

$$d\phi_a/dz = M_a/EJ = y_{max}/E\ \sigma_o$$

la massima curvatura elastica (fig.14.5a).

Con la fase b si incrementa la rotazione relativa $d\phi$, imponendo alle fibre superiori, le più lontane dall'asse di rotazione, una deformazione maggiore di ε_o. In tutta la porzione di sezione interessata da questa deformazione si ha una tensione uniforme σ_o, come si riscontra in fig.14.4b, mentre nella restante sezione la rotazione $d\phi$ provoca deformazioni e tensioni elastiche, linearmente distribuite.

Alla rotazione $d\phi$ della fase b corrisponde un momento flettente *elasto-plastico*, definito come momento risultante delle tensioni di fig.14.4b in basso, mentre la forza risultante delle stesse tensioni è nulla $(N=0)$. Essendo univocamente definita la quota y'_b di transizione tra le distribuzioni costante e lineare, la condizione $N=0$ consente di individuare univocamente il momento risultante e l'asse neutro. La posizione dell'asse neutro differisce da quella elastica della fase a, diversa essendo la legge di distribuzione delle tensioni. Nella zona compressa si avrà la massima deformazione negativa ε_b alla quota y_{min}.

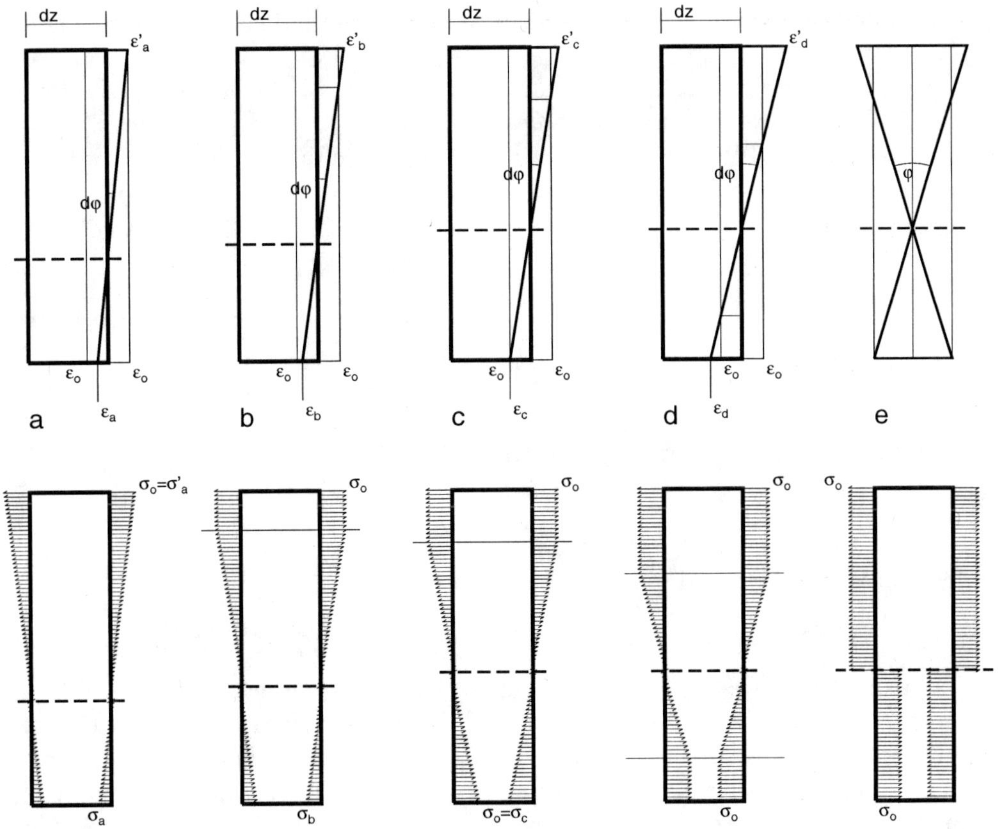

Figura 14.4

La fase *b* si conclude con la situazione *c*, in cui la rotazione elasto-plastica $d\phi_b = d\phi_c$ corrisponde al raggiungimento della deformazione di accorciamento $\varepsilon_b = \varepsilon_c = \varepsilon_o$. Nel passaggio da $d\phi_a$ a $d\phi_c$ la frontiera tra tensioni costanti e lineari si sposta dall'alto verso il basso, dando luogo a un momento risultante che non sarà più proporzionale alla curvatura $d\phi/dz$ (fig.14.5 a, b, c).

Con la successiva fase *d* anche la parte inferiore della sezione è interessata da deformazioni di accorciamento che eccedono ε_o, cui corrisponde una distribuzione di tensioni uniformi di compressione σ_o. Essendo univocamente definite le due frontiere che delimitano la porzione di sezione che rimane in campo elastico, è possibile associare ad ogni $d\phi$ una distribuzione di deformazioni, con il corrispondente momento risultante.

L'asse neutro si sposta gradualmente e la zona a distribuzione lineare di tensioni intorno all'asse neutro si riduce progressivamente. L'andamento complessivo delle tensioni tende verso la distribuzione bi-rettangolare di fig.14.4e in basso. Questa situazione non può essere effettivamente raggiunta poiché, se lo fosse, si avrebbe una brusca transizione tra deformazioni finite di allungamento e di accorciamento, con violazione della congruenza. Questa condizione corrisponderebbe a una rotazione di ampiezza finita ϕ fra due sezioni poste a distanza infinitesima dz (fig.14.4e in alto).

Pur non essendo teoricamente raggiungibile, l'assetto *e* può considerarsi rappresentativo di una situazione limite caratterizzata da:

- rotazione finita ϕ fra due sezioni adiacenti (fig.14.4e in alto).
- distribuzione bi-rettangolare delle tensioni (fig.14.4e in basso), con asse neutro collocato in posizione tale da dividere la sezione in due aree uguali *(N=0)*.

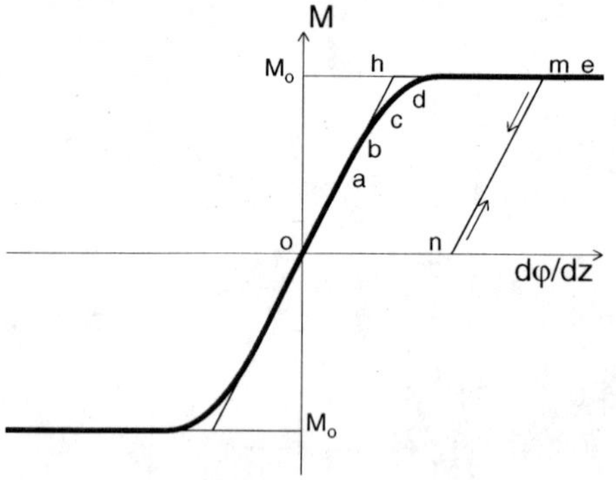

Figura 14.5

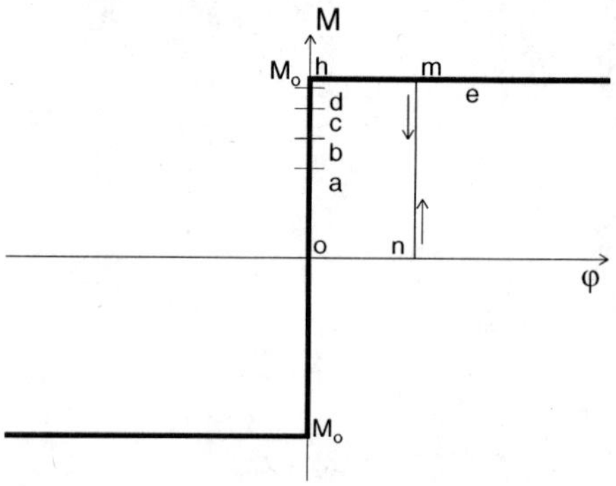

Figura 14.6

Per la sezione in esame si avrebbe un legame M/ϕ (momenti/rotazioni) come indicato in fig.14.6. Fintanto che la distribuzione delle tensioni si mantiene in campo elasto-plastico (punti *a,b,c,d*) non si ha alcuna rotazione finita. Quando la sezione fosse totalmente plasticizzata (tratto *e*) si avrebbe una rotazione ϕ di ampiezza incontrollata, in presenza di un'azione flettente M_o che rappresenta il momento risultante delle sollecitazioni uniformi σ_o di piena plasticizzazione.

Uno schema di sezione ulteriormente semplificato è rappresentato dalla *putrella ideale* di fig.14.7, con ali di area A_f a distanza h e con anima evanescente. Lo schema non è realistico, poiché non offre presidio all'azione tagliante. Osservando che la distribuzione delle sollecitazioni sulle ali appare pressoché uniforme, il momento limite elastico e il momento ultimo sono entrambi pari a $M_o=h\sigma_o A_f$. Il legame momenti/curvature è rappresentato dalla bilatera *o-h-e* di fig.14.5, e il legame momenti/rotazioni si riduce al percorso *o-h-e* di fig.14.6.

14.3 - LA CERNIERA PLASTICA

Si consideri la *putrella ideale* caratterizzata dal legame *o-h-e* di fig.14.6. Questo comportamento suggerisce la nozione di *cerniera plastica*, quale raffigurata in fig.14.8. La *cerniera plastica* rappresenta un sistema di vincolo che si realizza quando l'azione flettente raggiunge il valore limite M_o e tale per cui, in presenza di un successivo passo incrementale di carico, si hanno le seguenti alternative:

- se l'incremento promuove in corrispondenza della sezione critica un effetto cinematico concorde col segno del momento M_o che ha determinato la plasticizzazione, allora si ha una rotazione di ampiezza indefinita (come nella cerniera di fig.14.8 in alto) con la presenza costante del momento M_o di prima plasticizzazione.

- se l'incremento promuove nell'intorno della sezione critica un effetto cinematico discorde dal segno del momento M_o che ha determinato la plasticizzazione, allora si ha in ciascun punto della sezione un *rientro elastico* (fig.14.8 in basso) come indicato dal tratto *b-c* di fig.14.1, e per l'intera sezione un *rientro elastico* come indicato dal tratto *m-n* di fig.14.5 e fig.14.6.

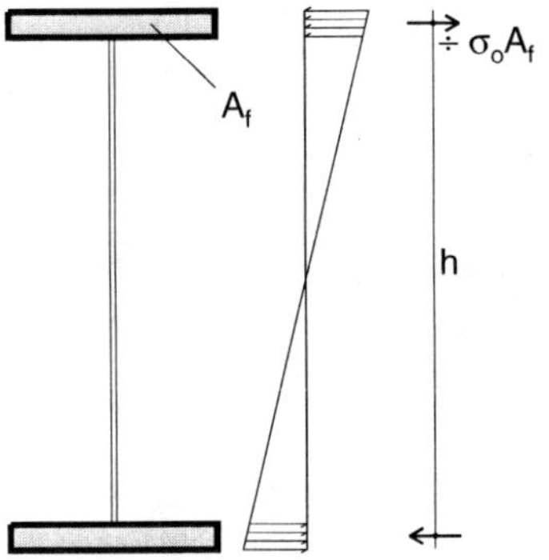

Figura 14.7

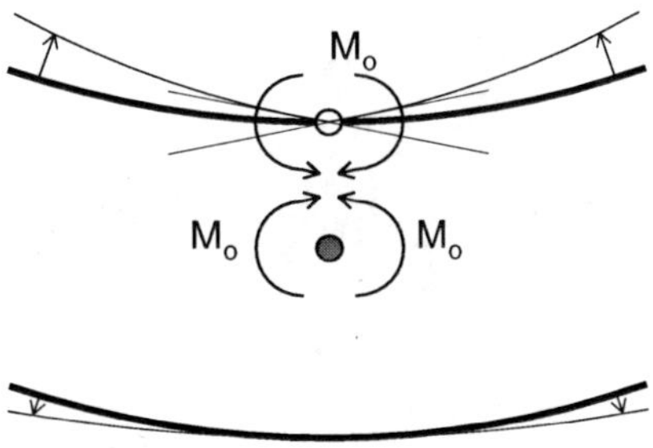

Figura 14.8

La fig.14.8 al centro mostra il momento plastico M_o quale applicato alla *cella plastica*, mentre la rappresentazione di fig.14.8 in alto schematizza l'effetto statico che si ha in presenza di una vera e propria cerniera, con la presenza permanente di un'azione locale M_o tale da mantenere in trazione le fibre inferiori.

Col *rientro elastico* si ha, nel passo incrementale, la risposta elastica della sezione originaria, come in fig.14.8 in basso. Le eventuali rotazioni relative precedentemente consentite dalla *cerniera plastica* rimangono *imprigionate*, assumendo la fisionomia di distorsioni imposte (cunei di Volterra).

14.4 - ANALISI INCREMENTALE ISOSTATICA

Nell'ambito della teoria del prim'ordine la struttura di fig.14.9a è interpretabile come uno schema isostatico, nel senso che in presenza di carichi verticali la reazione iperstatica orizzontale è comunque nulla.

Si voglia analizzare questa struttura in ambito elasto-plastico, con l'intento di descriverne la risposta in presenza di un carico q crescente, a partire dal valore nullo. In campo elastico si ha il noto andamento parabolico dell'azione flettente, con valori nulli agli estremi e con un valore in mezzeria pari a $f=qb^2/8$. La freccia in mezzeria è pari a $5qb^4/384EJ$.

Posto pari a M_o il valore assoluto del momento plastico, si osserva dalla fig.14.9 destra che il carico potrà raggiungere il massimo valore elastico q_e quando nelle sezioni di massima azione flettente si avrà:

$$M_e = q_e b^2/8 = M_o,$$

da cui:

$$q_e = 8\ M_o/b^2$$
$$\delta_e = 5q_eb^4/384EJ = 5M_ob^2/48EJ.$$

La distribuzione delle azioni flettenti mostra che lo stato limite è stato raggiunto nella sola sezione di mezzeria. Le definizioni precedenti suggeriscono di considerare la presenza di una cerniera plastica in mezzeria, con potenziale cuspide verso il basso, e di valutare la possibilità di applicare al nuovo schema un ulteriore carico incrementale.

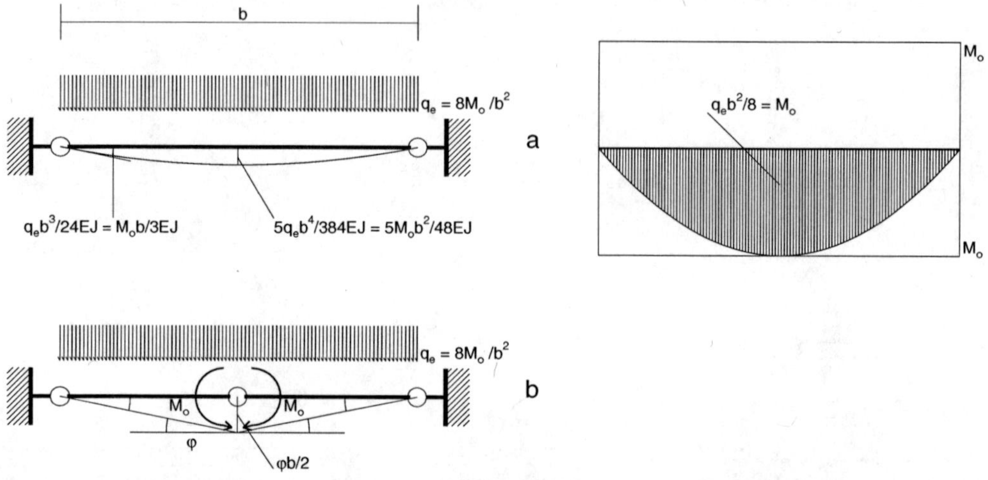

Figura 14.9

L'analisi cinematica mostra che il nuovo schema (fig.14.9b) è suscettibile di un atto di moto rigido, per labilità. Non è quindi ipotizzabile un carico addizionale, fintanto che ci si attenga alla *teoria del primo ordine*.

La struttura ha raggiunto il suo limite estremo col carico q_e. Quando la formazione di cerniere plastiche conduce a uno schema ipostatico o labile, si ha il collasso. Partendo da uno schema isostatico si ha una situazione per la quale il raggiungimento del limite elastico e la formazione della prima cerniera plastica definiscono contestualmente il carico ammissibile elastico e il carico di collasso, di pari intensità.

La formazione della cerniera plastica identifica un meccanismo di collasso, in corrispondenza del quale la successiva evoluzione del sistema corrisponde a un atto di moto *rigido* (le deformazioni elastiche precedentemente raggiunte non vengono modificate in fase di collasso). Noto il solo meccanismo di collasso, è possibile identificare il corrispondente carico di collasso.

Si indichi perciò con ϕ un'ampiezza arbitraria e infinitesima del meccanismo, come in fig.14.9b, con rotazione relativa ϕ nella cerniera plastica e spostamento $\phi b/2$ del nodo. Associando il sistema di forze esterne e momenti plastici equilibrati con il sistema di spostamenti e rotazioni infinitesimi e congruenti (virtuali) del meccanismo di collasso, risulta verificato il PLV:

$$L = q_e\phi b^2/4 - 2M_o\phi = 0,$$

da cui:

$$q_e = 8\ M_o/b^2,$$

che risulta indipendente dall'ampiezza del meccanismo.

14.5 - ANALISI INCREMENTALE IPERSTATICA

Si voglia analizzare in ambito elasto-plastico la struttura iperstatica di fig.14.10a, con l'intento di descriverne la risposta in presenza di un carico q crescente, a partire dal valore nullo.

Fase elastica

In campo elastico si ha il noto andamento parabolico dell'azione flettente, con valori massimi assoluti agli estremi pari a $-qb^2/12$ e con un valore in mezzeria pari a $qb^2/24$. La freccia in mezzeria è pari a $\delta = qb^4/384EJ$.

Posto pari a M_o il valore assoluto del momento plastico, si osserva dalla fig.14.10a destra che il carico potrà raggiungere il massimo valore elastico q_e quando nella sezione di massima azione flettente si avrà:

$$M_e = -\ q_e b^2/12 = -\ M_o, \qquad \text{da cui} \qquad q_e = 12\ M_o/b^2$$

$$\delta_e = q_e b^4/384EJ = 3M_o b^2/96EJ.$$

L'azione flettente risulta pari a $-M_o$ agli estremi e a $M_o/2$ in mezzeria.

Raggiunto il carico q_e si ha ancora una risposta e una deformata completamente elastica, ma le sezioni di estremità sono suscettibili di trasformarsi in *cerniere plastiche*. Rispetto ad eventuali carichi incrementali queste sezioni vengono a consentire una libera rotazione, purché la rotazione avvenga con segno concorde con il momento plastico che ha determinato la formazione della cerniera, in questo caso con cuspide verso l'alto.

Fase incrementale

Gli effetti di un carico superiore a q_e possono essere ottenuti sovrapponendo agli effetti del passo iniziale elastico, corrispondenti allo schema di trave incastrata, gli effetti di un carico incrementale agente su uno schema di trave divenuta nel frattempo incernierata, come in fig.14.10b. Lo schema, divenuto isostatico rispetto ai carichi verticali, fornisce per il carico incrementale un momento nullo agli estremi e un momento in mezzeria pari a $qb^2/8$. Questo, sommato al precedente $M_o/2$, non può eccedere il valore limite M_o. Il valore massimo del carico incrementale sarà quindi definito da:

$$M_a = \tilde{q}_a b^2/8 = M_o/2, \qquad \text{da cui} \qquad \tilde{q}_a = 4M_o/b^2.$$

Si ha una freccia incrementale in mezzeria:

$$\delta_a = 5q_a b^4/384EJ = 5M_o b^2/96EJ,$$

e una rotazione agli estremi:

$$\phi_a = q_a b^3/24EJ = M_o b/6EJ.$$

L'effetto complessivo del passo iniziale elastico e del passo incrementale, effetto ottenuto come somma algebrica degli effetti parziali, è descritto in fig.14.10c, sia in termini statici (azione flettente) che deformativi (spostamento in mezzaria e rotazioni agli estremi). Posto:

$$q_t = q_e + \widetilde{q}_a = 16M_o/b^2$$

si ha:

$$\delta_t = \delta_e + \delta_a = 8M_ob^2/96EJ,$$
$$\phi_t = 0 + \phi_a = M_ob/6EJ.$$

Si osserva che lo stato di sforzo e di deformazione dovuto al carico complessivo q_e+q_a potrebbe essere calcolato direttamente sullo schema statico di fig.14.10c sinistra, a condizione che sia $q_a \geq 0$, e quindi si abbia rotazione positiva agli estremi (cuspide verso l'alto). La presenza contemporanea, agli estremi, della cerniera e del momento M_o di prima plasticizzazione garantiscono l'equivalenza del risultato a quello ottenuto nella sequenza incrementale.

Evoluzione successiva: il collasso

La distribuzione delle azioni flettenti di fig.14.10c destra mostra che lo stato limite è stato raggiunto, oltre che agli estremi, anche nella sezione di mezzeria. Lo schema di procedimento prima delineato impone di considerare la presenza di una terza cerniera plastica in mezzeria, con potenziale cuspide verso il basso, e di valutare la possibilità di applicare al nuovo schema un ulteriore carico incrementale.

L'analisi cinematica mostra che il nuovo schema (fig.14.10f) è suscettibile di un atto di moto rigido, per labilità. Non è quindi ipotizzabile un carico addizionale, fintanto che ci si attenga alla *teoria del primo ordine*. La struttura ha raggiunto il suo limite estremo col carico q_t.

Quando la successiva formazione di cerniere plastiche conduce a uno schema ipostatico o labile, si ha il collasso. Partendo da uno schema iperstatico si ha una situazione per la quale il raggiungimento del limite elastico non esaurisce (in generale) la capacità portante della struttura. Occorre la formazione di una o più cerniere plastiche (al limite in numero pari al grado di iperstaticità della struttura) per condurre al collasso. Lo scarto fra limite elastico e limite di collasso costituisce la cosiddetta *risorsa plastica*.

La formazione dell'ultima cerniera plastica dà luogo a un meccanismo di collasso, che identifica la successiva evoluzione del sistema come un atto di moto *rigido* (le deformazioni elastiche precedentemente raggiunte non vengono modificate in fase di collasso). Noto il solo meccanismo di collasso, è possibile identificare il corrispondente carico di collasso.

Si indichi perciò con ϕ un'ampiezza arbitraria e infinitesima del meccanismo, come in fig.14.10f, con rotazione ϕ nelle cerniere plastiche laterali, con rotazione relativa 2ϕ in quella centrale e con spostamento $\phi b/2$ in mezzeria. Associando il sistema di forze esterne e momenti plastici (equilibrati) con il sistema di spostamenti e rotazioni infinitesimi e congruenti (virtuali) del meccanismo di collasso, risulta verificato il PLV:

$$L = q_t\phi b^2/4 - 4M_o\phi = 0, \qquad \text{da cui:} \qquad q_t = 16\ M_o/b^2,$$

che risulta indipendente dall'ampiezza del meccanismo.

$2\left(\frac{qb}{2}\cdot\frac{\varphi b}{4}\right) = \frac{qb^2\varphi}{4}$

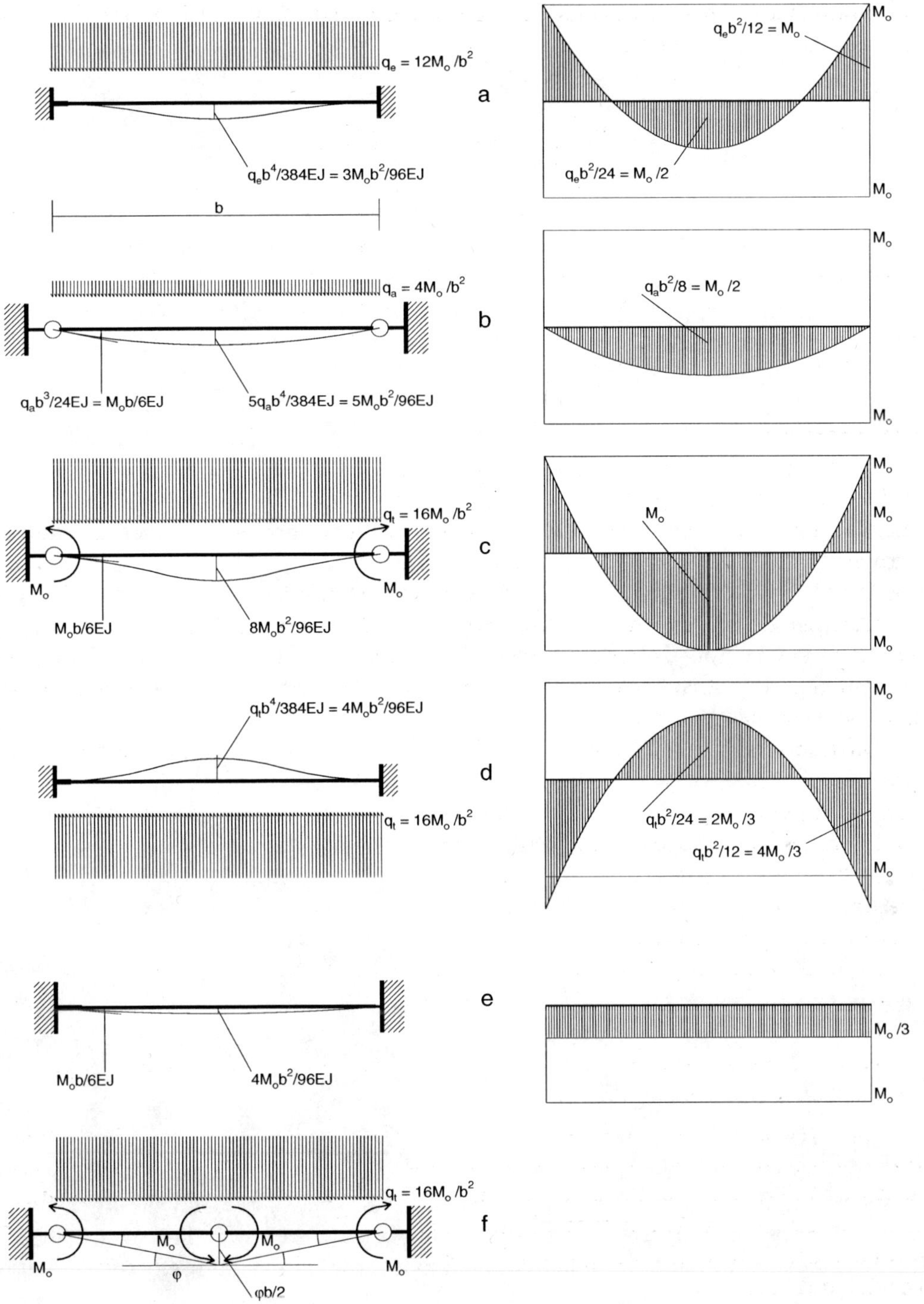

$q_e = 12M_o/b^2$
a
$q_e b^4/384EJ = 3M_o b^2/96EJ$
b
$q_e b^2/12 = M_o$
$q_e b^2/24 = M_o/2$
M_o
M_o
$q_a = 4M_o/b^2$
b
$q_a b^3/24EJ = M_o b/6EJ$
$5q_a b^4/384EJ = 5M_o b^2/96EJ$
$q_a b^2/8 = M_o/2$
M_o
M_o
$q_t = 16M_o/b^2$
c
M_o
M_o
$M_o b/6EJ$
$8M_o b^2/96EJ$
M_o
M_o
M_o
M_o
$q_t b^4/384EJ = 4M_o b^2/96EJ$
d
$q_t = 16M_o/b^2$
M_o
$q_t b^2/24 = 2M_o/3$
$q_t b^2/12 = 4M_o/3$
M_o
e
$M_o b/6EJ$
$4M_o b^2/96EJ$
$M_o/3$
M_o
$q_t = 16M_o/b^2$
f
M_o
M_o
M_o
M_o
φ
$\varphi b/2$

Figura 14.10

Evoluzione successiva: lo scarico

Si immagini di aver sospeso il processo di carico un istante prima della formazione dell'ultima cerniera plastica, sempre in presenza del carico q_t, e si voglia scaricare completamente la struttura. Nella logica del processo incrementale si tratta di applicare un carico addizionale $-q_t$, ossia un carico q_t diretto dal basso verso l'alto, come in fig.14.10d.

Appare evidente che l'inversione del carico indurrà effetti qualitativamente opposti a quelli precedenti. In particolare, le azioni flettenti incrementali nelle sezioni estreme indurranno effetti opposti a quelli che avevano determinato la presenza dei momenti e delle rotazioni plastiche. Si ha in queste sezioni il rientro in campo elastico di fig.14.8 in basso, secondo la logica del percorso *m-n* di fig.14.6.

Si tratta quindi di analizzare in sede incrementale la risposta di una struttura che torna a comportarsi come perfettamente incastrata. Si avrà un'azione flettente con andamento parabolico, come in fig.14.10d destra, con valori agli estremi e in mezzeria pari, rispettivamente, a:

$$q_t b^2/12 = 4/3\ M_o \qquad \text{e} \qquad - q_t b^2/24 = - 2/3\ M_o.$$

Si avrà rotazione incrementale nulla agli estremi e spostamento incrementale in mezzeria pari a:

$$\delta_s = - q_t b^4/384EJ = - 4M_o b^2/96EJ.$$

Sommando algebricamente le ordinate delle azioni flettenti di fig.14.10c e fig.14.10d si ottiene, a scarico completato, un'azione flettente residua costante (la curvatura delle due parabole è uguale e di segno opposto, essendo legata allo stesso carico di intensità q_t). Valutando l'azione flettente agli estremi e in mezzeria si ha, rispettivamente:

$$- M_o + 4/3\ M_o = M_o/3 \text{e} M_o - 2/3\ M_o = M_o/3.$$

La deformata residua finale risulta caratterizzata dalla rotazione degli estremi precedentemente raggiunta, e non modificata in fase di scarico:

$$\phi_r = \phi_t = M_o b/6EJ,$$

e dalla freccia in mezzeria:

$$\delta_r = \delta_t + \delta_s = 8M_o b^2/96EJ - 4M_o b^2/96EJ = 4M_o b^2/96EJ.$$

Assetto conclusivo del ciclo

Nel processo incrementale di carico si sono verificate deformazioni plastiche permanenti, corrispondenti alle rotazioni degli estremi. Tali deformazioni potrebbero essere annullate solo attraverso un ulteriore ciclo di carico, di segno opposto al primo, specificamente inteso a questo risultato.

A processo concluso, azzerato il carico, le deformazioni plastiche prigioniere assumono la fisionomia di distorsioni imposte. La presenza di distorsioni geometriche determina generalmente in una struttura iperstatica (e solo in una struttura iperstatica) uno stato di autotensione o di coazione, cioè uno stato di sforzo non nullo in presenza di carichi nulli.

Nota l'ampiezza dei cedimenti $\phi_r = M_o b/6EJ$ di fig.14.10e è possibile ricavare l'intero quadro dello stato di sforzo e di deformazione residua attraverso l'analisi elastica di questa condizione di carico, anche senza conoscere o ricostruire l'intero processo incrementale.

La risposta non-lineare

La curva carico-freccia di fig.14.11 visualizza le caratteristiche salienti del processo incrementale elasto-plastico. Il percorso *o-a* rappresenta la risposta elastica iniziale, fino al carico $q_e=12M_o/b^2$ e alla freccia $\delta_e=5M^ob^2/96EJ$. La rigidezza elastica iniziale è definita dal rapporto tra questi due valori.

Introdotte le cerniere agli estremi, si ha la fase incrementale fino al carico $q_t=16M_o/b^2$ e alla freccia $\delta_e=8M^ob^2/96EJ$. In questa fase la rigidezza residua è misurata dalla pendenza del tratto *a-c*. Man mano che lo schema statico si impoverisce per declassamento di vincolo, la rigidezza complessiva si riduce. Un'eventuale fase di scarico a partire da un punto *m*, intermedio tra *a* e *c*, seguirebbe il tratto *m-n* parallelo ad *o-a*.

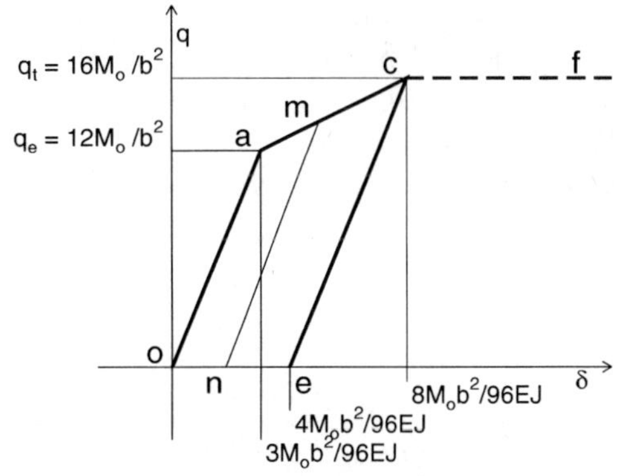

Figura 14.11

Giunti al punto *c* si prospettano due possibilità. Da un lato, con la formazione della terza cerniera plastica si realizza il meccanismo di collasso, e la freccia δ cresce indefinitamente (anche se con ampiezza teoricamente infinitesima) seguendo il percorso *c-f*. Alternativamente, se si procede allo scarico prima della formazione della terza cerniera, si ha invece un ritorno *c-e* con pendenza uguale a *o-a* e *n-m*.

Esaurito il processo di scarico si ha la freccia residua $\delta_r=4M_ob^2/96EJ$, in presenza di carichi nulli, in corrispondenza del punto *e*.

In un sistema più volte iperstatico si avrebbe ancora una fase iniziale meramente elastica, seguita dalla formazione successiva di cerniere plastiche, con una serie di fasi governate dalla risposta incrementale elastica. In luogo del solo ramo *a-c* si avrebbe una spezzata con tratti lineari a pendenza decrescente, ma con caratteristiche di comportamento analoghe. Il processo elasto-plastico risulta globalmente non-lineare, ma si riconduce ad una serie di passi elastici, consentendo di utilizzare gli strumenti di calcolo sviluppati per l'analisi lineare.

14.6 - ANALISI INCREMENTALE E ANALISI DIRETTA

L'analisi elasto-plastica si applica utilmente alle sole strutture iperstatiche, dal momento che le strutture isostatiche non sono in grado di sfruttare la risorsa plastica. Si è introdotta la nozione di analisi incrementale come strumento logico capace di interpretare le modalità di sviluppo del fenomeno plastico, ma anche come strumento operativo appropriato per ricostruire la risposta della struttura a fronte di un'assegnata storia di carico.

Il processo è stato impostato sulla base di ipotesi semplificative (perfetta plasticità, putrella ideale, cerniera plastica) che mostrano una discreta aderenza al comportamento di sistemi reali. Si è operato sotto l'ipotesi della indefinita duttilità del materiale, cioè della sua effettiva capacità di subire deformazioni plastiche di ampiezza teoricamente illimitata.

L'analisi incrementale consente di verificare la liceità dell'ipotesi. La storia della struttura rispecchia la duttilità che si rende progressivamente necessaria per consentirne l'adattamento plastico. Ove la duttilità effettivamente consentita dal materiale (che non può essere illimitata) fosse superata, allora occorrerebbe sospendere l'ulteriore applicazione di carichi incrementali per mantenere la storia di carico in limiti compatibili.

L'analisi incrementale consente inoltre di verificare che gli *effetti geometrici* non vanifichino le ipotesi che legittimano la teoria del *primo ordine*, ipotesi poste alla base di questa analisi.

L'analisi incrementale

Ogni storia di carico può concludersi con la comparsa di un meccanismo di collasso che coinvolge tutta la struttura (meccanismo totale di fig.14.12) o solo una parte di essa (meccanismo parziale di fig.14.13).

Alla vigilia del collasso possono essere attive cerniere plastiche in numero non superiore al grado di iperstaticità della struttura. È tuttavia possibile che i passi di carico eccedano il numero delle iperstatiche, quando la storia di carico dia luogo a cerniere plastiche che registrano un successivo rientro elastico, non figurando così attive nell'assetto finale.

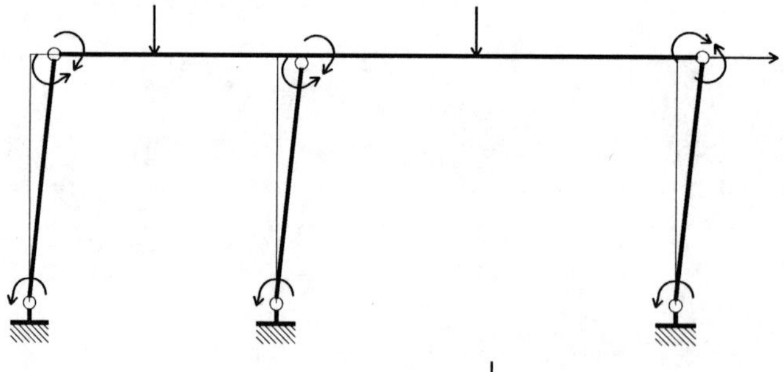

Figura 14.12

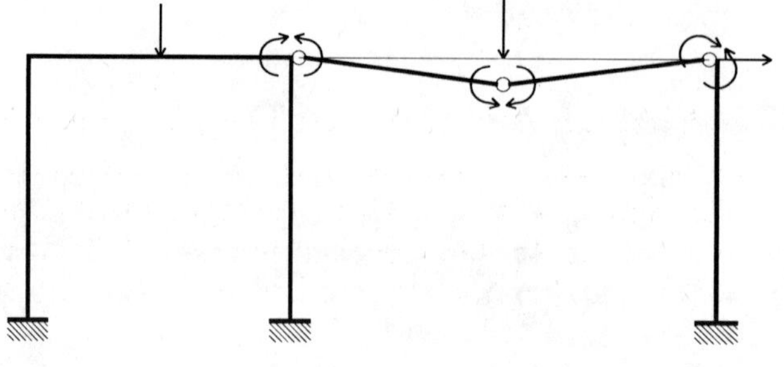

Figura 14.13

Il numero complessivo delle analisi elastiche necessarie rispecchia il numero di passi del processo. L'onere di calcolo risente soprattutto della molteplicità di storie di carico e delle loro eventuali combinazioni. Il calcolo elastico consente di esprimere lo stato di sforzo (e di deformazione) relativo alla combinazione di storie di carico diverse, come semplice somma degli stati di sforzo (e di deformazione) relativi alle condizioni di carico elementari, con evidente alleggerimento del calcolo. Nell'analisi elasto-plastica incrementale ogni diversa sequenza di applicazione di sistemi di carico parziali comporta una separata analisi, che non risulta esprimibile come combinazione lineare di contributi elementari.

L'analisi diretta

Un diverso approccio al problema consiste nel rinunciare alla completa descrizione del processo in tutte le sue fasi intermedie, accontentandosi di determinare un *fattore di collasso* finale, capace di caratterizzare la *resistenza ultima* della struttura (analisi limite).

Rinunciando a percorrere l'itinerario di carico si perdono le informazioni relative all'evoluzione geometrica del sistema, e viene meno la possibilità di verificare la legittimità di applicazione della teoria del *primo ordine*. Si perdono inoltre le informazioni relative alla effettiva richiesta di deformazioni plastiche da parte del sistema, informazioni che, sole, consentirebbero la verifica dei limiti di duttilità.

L'analisi diretta può essere così impostata (fig.14.14):

- nota la resistenza locale definita da valori positivi e negativi di M_o,
- assegnati carichi λF_j affetti da un comune fattore adimensionale $\lambda > 0$,
- determinare il fattore λ che determina il collasso della struttura.

La formulazione consente anche di sommare ai carichi soggetti a moltiplicatore un insieme di eventuali carichi fissi F_j, verificando preventivamente che questi non eccedano da soli la capacità portante.

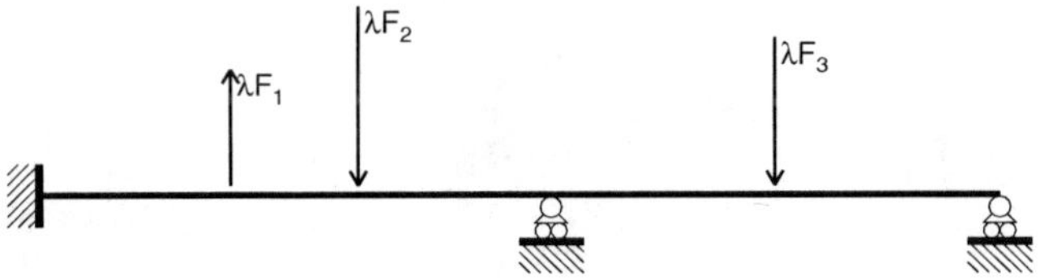

Figura 14.14

14.7 - SOLUZIONI STATICHE E CINEMATICHE

Soluzioni staticamente ammissibili

Lo schema di fig.14.15 è due volte iperstatico. Applicando il metodo delle forze, si declassa a cerniera la continuità dell'asta all'incastro e sull'appoggio intermedio, ottenendo uno schema isostatico. Siano X_1 e X_2 le corrispondenti reazioni iperstatiche.

Posto $\alpha=1$, sia M_F l'azione flettente dovuta ai carichi assegnati sullo schema isostatico. Posto $X_1=X_2=1$, siano M_1 e M_2 le corrispondenti azioni flettenti sullo schema isostatico.

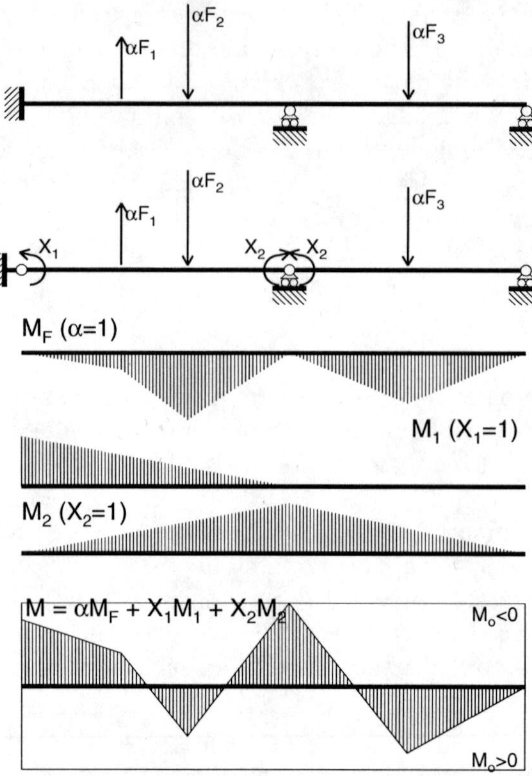

Figura 14.15

Una qualsiasi scelta di X_1, X_2 (moduli delle iperstatiche) e di $\alpha>0$ fornisce una soluzione equilibrata del problema, essendo l'azione flettente complessiva:

$$M = \alpha M_F + X_1 M_1 + X_2 M_2.$$

Sia M_o il momento limite, negativo o positivo. Si adotti per X_1, X_2, α un valore tale per cui in ogni sezione sia:

$$M \leq |M_o|,$$

come evidenziato graficamente nella fig.14.15 in basso. La condizione può essere verificata con un numero finito di punti di controllo (sezioni critiche). Quando si sia in presenza di sole forze concentrate, come nel caso esaminato, le sezioni critiche coincidono con gli estremi delle aste e coi punti di applicazione dei carichi. Con carichi distribuiti occorre introdurre una maglia di controllo appropriatamente fitta. → quindi in questo esame non saranno richiesti, spero

Si dice *staticamente ammissibile* una soluzione equilibrata del problema tale per cui lo stato di sforzo non ecceda mai i limiti di plasticità puntuale. Si chiama *moltiplicatore staticamente ammissibile* o *moltiplicatore statico* il corrispondente fattore α.

Mentre si può affermare che la soluzione completa del problema appartiene alla più ampia classe delle soluzioni staticamente ammissibili, va precisato che una soluzione staticamente ammissibile non è, in generale, la soluzione esatta.

Non conosco X_1, X_2

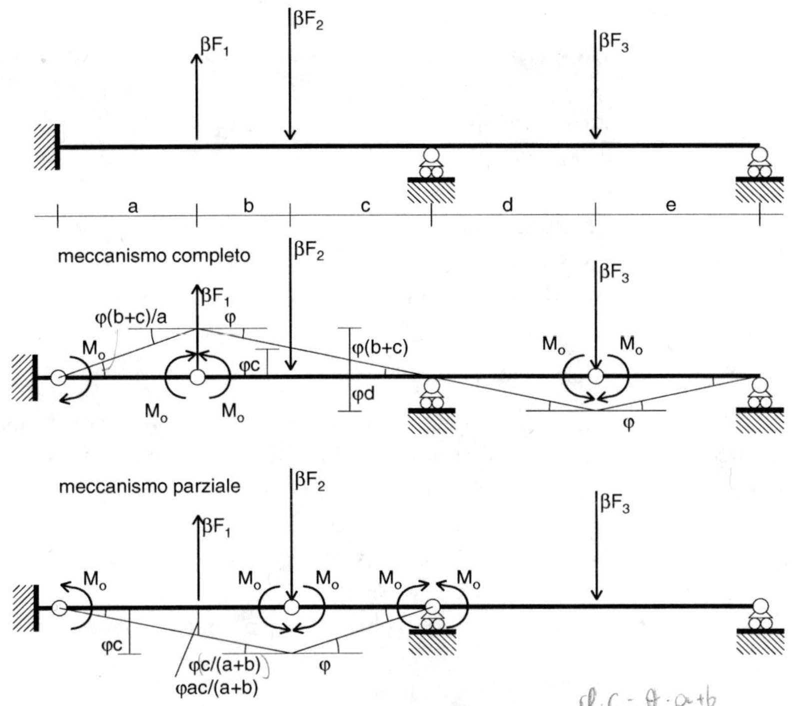

Figura 14.16

Soluzioni cinematicamente sufficienti

Si esamini lo schema di fig.14.16, analogo al precedente. Sono *sezioni critiche* le potenziali sedi di cerniera plastica. In presenza di forze concentrate sono critiche le sezioni di estremità e i punti di applicazione delle forze, mentre con carichi distribuiti le sezioni critiche possono essere adottate a discrezione su una maglia sufficientemente fitta. Un'opportuna combinazione di sezioni critiche, trasformate in cerniere plastiche, può definire un meccanismo.

La struttura in esame, due volte iperstatica, diventerà sede di meccanismo con la formazione di tre cerniere plastiche. A titolo di esempio, in fig.14.16 figura un possibile meccanismo totale e un possibile meccanismo parziale.

Si consideri un possibile meccanismo e si assuma un verso di attivazione (ivi definito dalla rotazione ϕ) che comporti un lavoro positivo delle forze F_j. Si calcoli il lavoro complessivo delle forze βF_j e dei momenti plastici M_{oi} per gli spostamenti virtuali δ_j e per le rotazioni virtuali delle cerniere plastiche ϕ_i. Un'opportuna scelta del moltiplicatore β consente di imporre l'annullarsi di tale lavoro virtuale:

$$\beta \sum_j F_j \delta_j - \sum_i M_{oi} \phi_i = 0.$$

Per la struttura in esame si ha col meccanismo totale:

$$\beta_t \phi \left(F_1(b+c) - F_2 c + F_3 d \right) - \phi M_o \left(2(b+c)/a + 3 \right) = 0,$$

e col meccanismo parziale:

$$\beta_p \phi \left(- F_1\, ac/(a+b) + F_2 c \right) - \phi M_o \left(2c/(a+b) + 2 \right) = 0.$$

Dalle due situazioni si ricavano univocamente β_t e β_p.

Si dice *cinematicamente sufficiente* un meccanismo congruente definito da un insieme di cerniere plastiche, sul quale agiscono i carichi βF_j e i momenti plastici M_{oi} concordi col verso di attivazione del meccanismo. Si chiama *moltiplicatore cinematicamente sufficiente* o *moltiplicatore cinematico* il coefficiente β per il quale si ha Lavoro Virtuale totale nullo.

Mentre si può affermare che la soluzione completa del problema appartiene alla più ampia classe delle soluzioni cinematicamente sufficienti, va ricordato che una soluzione cinematicamente sufficiente non è, in generale, la soluzione esatta.

14.8 - TEOREMI DELL'ANALISI LIMITE

In base alle definizioni del precedente paragrafo si considerano una soluzione statica e una soluzione cinematica dello stesso problema. Della soluzione cinematica si assume il meccanismo virtuale, dove δ_j e ϕ_i sono rispettivamente gli spostamenti infinitesimi in corrispondenza delle forze F_j, e le rotazioni infinitesime in corrispondenza delle cerniere plastiche del meccanismo. Il meccanismo ha un verso tale da produrre lavoro positivo delle forze assegnate F_j.

Per la soluzione cinematica si ha il seguente bilancio energetico, come sopra visto:

$$L_\beta = \beta \sum_j F_j \delta_j - \sum_i M_{oi} \phi_i = 0.$$

Dalla soluzione statica si desumono i valori $M_{\alpha i}$ dell'azione flettente presente in corrispondenza delle cerniere plastiche del meccanismo considerato. Associando questo meccanismo (virtuale) alla soluzione statica (equilibrata), risultano verificate le condizioni postulate dal PLV per garantire l'annullarsi del Lavoro Virtuale:

$$L_\alpha = \alpha \sum_j F_j \delta_j - \sum_i M_{\alpha i} \phi_i = 0.$$

Dalla condizione:

$$L_\beta - L_\alpha = 0$$

si ha:

$$(\beta - \alpha) \sum_j F_j \delta_j = \sum_i (M_{oi} - M_{\alpha i}) \phi_i.$$

Il verso del meccanismo è tale per cui:

$$\sum_j F_j \delta_j > 0.$$

Nella soluzione cinematica il momento limite M_{oi} ha segno concorde con la rotazione relativa ϕ_i. Pertanto:

- se $\phi_i > 0$, allora $M_{oi} > 0$ e $(M_{oi} - M_{\alpha i}) > 0$,
- se $\phi_i < 0$, allora $M_{oi} < 0$ e $(M_{oi} - M_{\alpha i}) < 0$,

essendo $M_{\alpha i}$ inferiore al momento limite quando questo è positivo e superiore al momento limite quando questo è negativo. Per conseguenza i singoli prodotti $(M_{oi} - M_{\alpha i})\phi_i$ sono sempre positivi, e così l'intero membro di destra:

$$\sum_i (M_{oi} - M_{\alpha i}) \phi_i \geq 0.$$

Ne discende la diseguaglianza fondamentale dell'analisi limite:

$$(\beta - \alpha) \geq 0$$

ovvero:

$$\beta \geq \alpha.$$

Un moltiplicatore cinematico non può essere inferiore a un moltiplicatore statico. Al collasso la soluzione completa risulta essere allo stesso tempo staticamente ammissibile e cinematicamente sufficiente. Il moltiplicatore di collasso λ è contemporaneamente moltiplicatore statico e moltiplicatore cinematico. Ne consegue che il moltiplicatore di collasso λ è il più grande dei moltiplicatori statici α (teorema statico) e il più piccolo dei moltiplicatori cinematici β (teorema cinematico):

$$\alpha \leq \lambda \leq \beta.$$

Il metodo statico

Il metodo statico è un metodo delle forze che si basa sulla formulazione *alle iperstatiche* della più generale soluzione staticamente ammissibile.

Si individua un insieme adeguato di N sezioni critiche, con momento limite M_{oi} (valore assoluto). In presenza di soli carichi concentrati queste coincidono con le sezioni estreme delle aste o coi punti di applicazione delle forze.

In funzione delle forze assegnate e delle L iperstatiche X_j, si esprime l'azione flettente nella *i-esima* sezione, come combinazione lineare di stati di sforzo elementari:

$$M_i = \alpha\, M_{\alpha i} + \textstyle\sum_j X_j\, M_{ij}.$$

La ricerca della soluzione completa o di collasso, si formula come segue:

- *massimizzare:* α
- *rispetto alle L+1 variabili:* α, X_j
- *sotto le 2N condizioni:*
- $\alpha M_{\alpha i} + \sum_j X_j M_{ij} \leq M_{oi}$
- $\alpha M_{\alpha i} + \sum_j X_j M_{ij} \geq - M_{oi}$

In termini matematici questo identifica un problema di *Programmazione Lineare*, problema al quale si applicano algoritmi di calcolo numerico capaci di fornire la soluzione esatta con un numero finito di passi.

La stessa soluzione può essere individuata per via cinematica, attraverso una formulazione analoga a quella statica, formulazione che dal punto di vista matematico risulta essere *duale* di questa.

Considerazioni ingegneristiche

In molte applicazioni ingegneristiche la valutazione della resistenza ultima del complesso strutturale non è un obiettivo primario, soprattutto ove sia dominante l'esigenza di garantirne la funzionalità nell'ambito delle condizioni di esercizio, ossia in campo elastico.

All'interno del sistema strutturale esiste tuttavia un'amplissima casistica di situazioni nelle quali l'analisi elastica *esatta* risulta pressoché inapplicabile. Tali sono la gran parte dei dettagli costruttivi, che contribuiscono in modo determinante al funzionamento statico, ma che esulano dall'analisi elastica complessiva per l'eccesso di dettaglio che verrebbe a entrare nel calcolo.

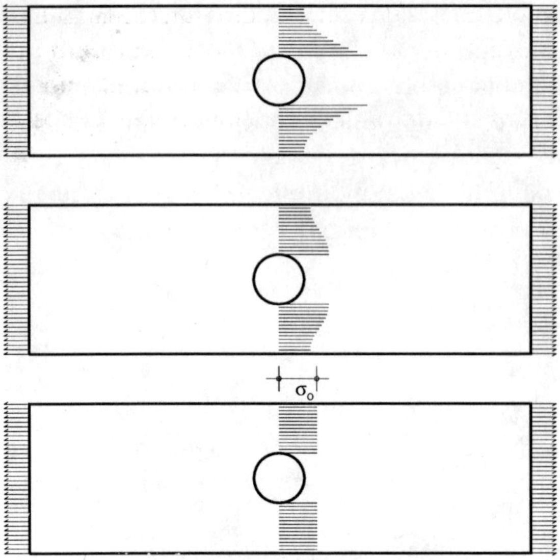

Figura 14.17

L'esempio di fig.14.17 illustra un particolare costruttivo elementare, rappresentato dalla presenza di un foro in un elemento metallico piano soggetto a trazione. La soluzione elastica del problema, nota in forma esatta, fornisce una concentrazione di sforzo in corrispondenza del foro, qualitativamente indicata nel diagramma superiore. Se lo sforzo massimo eccede il limite di snervamento del materiale, si ha una plasticizzazione locale con redistribuzione degli sforzi, come indicato qualitativamente nel diagramma al centro.

L'interpretazione della risposta elasto-plastica di dettaglio di quest'ultima situazione comporterebbe un onere di calcolo (numerico) commisurato all'ampia molteplicità di situazioni che si presentano effettivamente in sede di progetto.

L'analisi limite fornisce un criterio di verifica di rapida applicazione. Lo schema inferiore di fig.14.17 costituisce una soluzione staticamente ammissibile del problema in esame, nel senso che la distribuzione uniforme di tensioni garantisce l'equilibrio con le azioni esterne applicate, senza superare mai la tensione di snervamento. Diventa lecito affermare che in queste condizioni non viene superata la capacità portante del particolare sistema strutturale rappresentato dal dettaglio costruttivo.

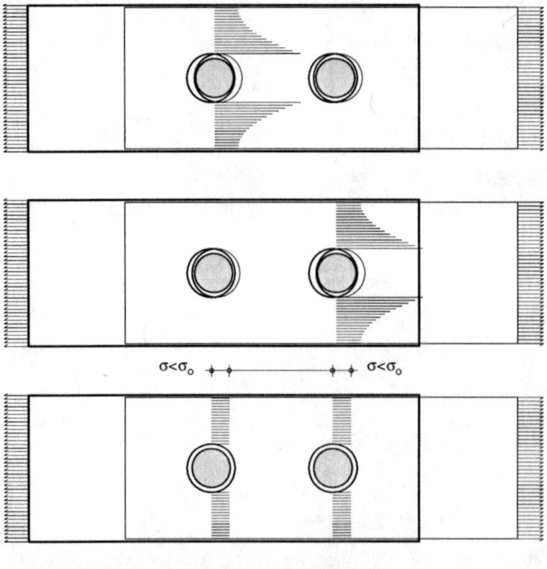

Figura 14.18

Un dimensionamento strutturale attuato su questa base può risultare disecono-mico, nel senso che non consente di valutare in dettaglio, e quindi di sfruttare, le effettive risorse disponibili. Lo svantaggio è largamente compensato dalla semplicità di applicazione, che in sede normativa consente di tradurre le indicazioni dell'analisi limite in criteri elementari di verifica.

L'efficacia dell'analisi limite può essere colta nell'esempio di fig.14.18, un giunto di collegamento longitudinale tra elementi piani in trazione. L'accoppiamento avviene tramite fori e bulloni. Una normale tolleranza di lavorazione non garantisce la perfetta coincidenza dei fori sugli elementi da accoppiare e non esclude la possibilità che uno dei bulloni realizzi prima dell'altro il contatto con i bordi dei fori. Ove ciò avvenisse, uno solo dei due elementi di accoppiamento si troverebbe ad assicurare il trasferimento della forza risultante longitudinale, con evidente aggravio dello stato di sforzo elastico.

Anche in questo caso l'analisi limite suggerisce di configurare una soluzione staticamente ammissibile, quale indicata nello schema inferiore, che consente di ripartire le sollecitazioni in eguale misura sui due bulloni, sui bordi dei fori e sugli elementi collegati.

Nelle reali condizioni di impiego si instaura inizialmente uno stato di sforzo elastico quale rappresentato da uno dei due schemi superiori. La plasticizzazione che si realizza nell'elemento piano, in corrispondenza del foro più sollecitato, dà luogo all'ovalizzazione del foro fino ad impegnare il secondo bullone. Lo stato di sforzo che ne deriva è qualitativamente simile a quello di fig.14.17 al centro, e tende indicativamente alla distribuzione di fig.4.18 in basso.

Il ricorso a soluzioni staticamente ammissibili apparteneva di fatto alla cultura del progettista meccanico ancor prima che, negli anni '50, si mettessero a fuoco i due teoremi fondamentali dell'analisi limite. Questa antica consuetudine con verifiche sommarie *a favore di sicurezza* non deve far dimenticare che tra i presupposti fondamentali dell'analisi limite rimane l'ipotesi di un'adeguata duttilità del materiale. Criteri di verifica nati e affermati in presenza di materiali metallici duttili non possono essere estesi ad altri materiali, metallici e non, che non presentino queste caratteristiche (fig.14.19). Molti materiali ad altissima resistenza mostrano un tipico comportamento *fragile*, che esclude il ricorso all'analisi limite.

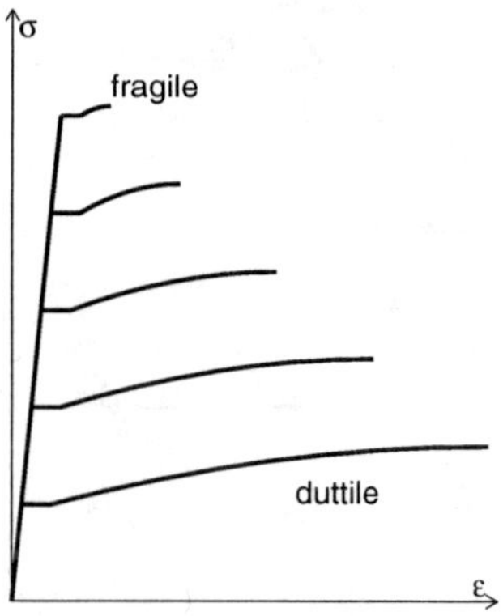

Figura 14.19

14.9 - IL MOMENTO LIMITE

Come si è visto nel paragrafo 14.2, il momento limite della sezione simmetrica è definito dalle condizioni *ideali*:

- area della sezione suddivisa in due porzioni uguali (forza risultante nulla).
- tensioni uniformi di trazione o compressione sulle due porzioni di sezione.

Sezione a T

Con le misure indicate in fig.14.20 e fig.14.21, l'asse neutro, che divide la sezione in parti uguali, viene a cadere in corrispondenza dell'anima o dell'ala.

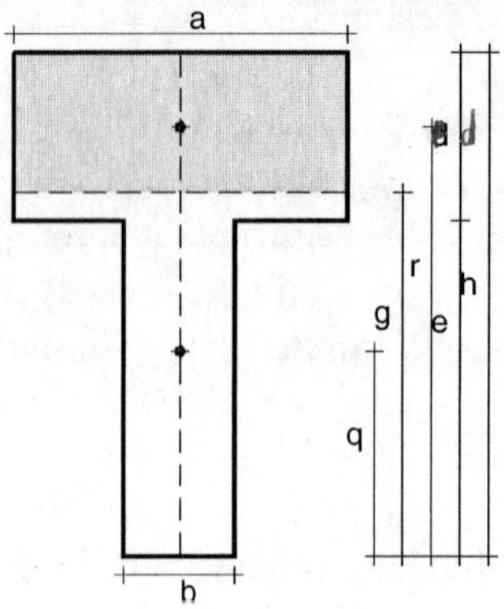

Figura 14.20

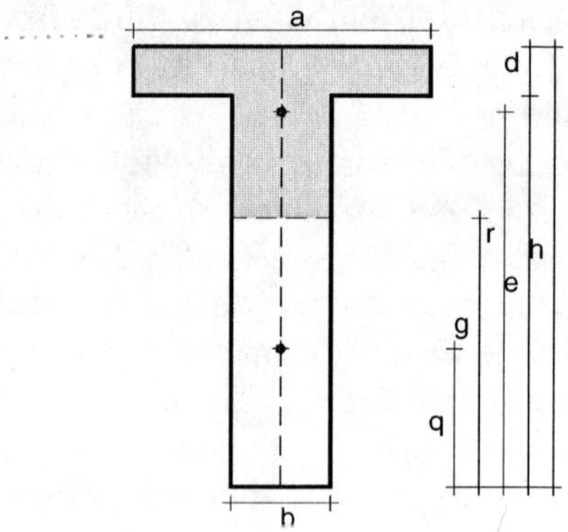

Figura 14.21

Nel caso di fig.14.20 si ha:
Semi-area della sezione: $s = (ad + be)/2$
Quota dell'asse neutro: $g = s/b$
Momento statico semisezione superiore: $u = ad(h - d/2) + (e^2 - g^2)b/2$
Baricentro della semisezione superiore: $r = u/s$
Baricentro della semisezione inferiore: $q = g/2$
Momento limite $M_L = s(r - q)\sigma_L$

Nel caso di fig.14.21 si ha:
Semi-area della sezione: $s = (ad + be)/2$
Quota dell'asse neutro: $g = h - s/a$
Momento statico semisezione superiore: $u = (h^2 - g^2)a/2$
Baricentro della semisezione superiore: $r = u/s$
Momento statico semisezione inferiore: $v = (h^2 - e^2)a/2 + e^2b/2$
Baricentro della semisezione inferiore: $q = v/s$
Momento limite $M_L = s(r - q)\sigma_L$.

Sezione a doppio T

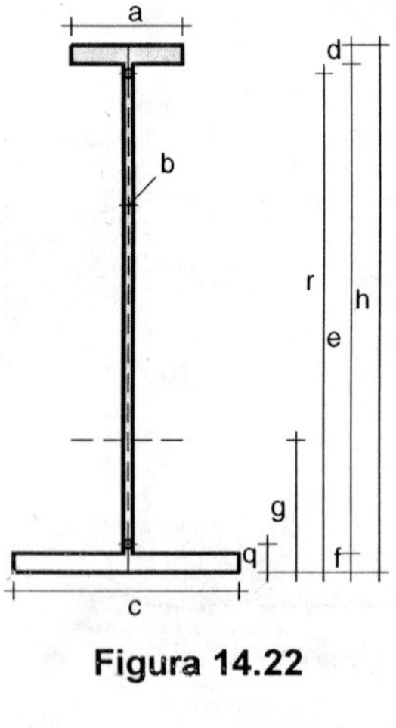

Figura 14.22

Nella sezione a doppio T di fig.14.22 l'asse neutro, che divide la sezione in parti uguali, viene a cadere generalmente in corrispondenza dell'anima. Si ha:
Semi-area della sezione: $s = (ad + be + cf)/2$
Quota dell'asse neutro: $g = (s - fc)/b + f$
Momento statico semisezione superiore:
$u = ad(h - d/2) + (p^2 - g^2)b/2$
Baricentro della semisezione superiore: $r = u/s$
Momento statico semisezione inferiore:
$v = (g^2 - f^2)b/2 + f^2c/2$
Baricentro della semisezione inferiore: $q = v/s$
Momento limite $M_L = s(r - q)\sigma_L$

14.10 - SOLUZIONI CINEMATICHE

Meccanismo unico

La struttura di fig.14.23, tre volte iperstatica e soggetta unicamente a forze concentrate, ha quattro sezioni critiche *A,B,C,D*, e quindi il solo meccanismo possibile di fig.14.24. Sia $M_o = Fb$ il momento limite.

Assunta un'ampiezza infinitesima del meccanismo pari a θ, corrispondente alla rotazione oraria del traverso *B,C*, si applica il PLV. Il *lavoro esterno* della forza verticale in *C* sarà:

$$L_e = - \beta F \, v_C = \beta F \, 2\theta b$$

Il *lavoro interno* è fornito dalla presenza del momento limite M_o in corrispondenza delle cerniere plastiche in *A,B,C,D*. Le corrispondenti rotazioni relative nel meccanismo sono $\phi_A = 2\theta$, $\phi_B = 3\theta$, $\phi_C = 3\theta$, $\phi_D = 2\theta$. Si ha perciò:

$$L_i = M_o \, (2\theta + 3\theta + 3\theta + 2\theta) = Fb \, 10\theta$$

Dall'uguaglianza $L_e = L_i$ si ha:

$$\beta = \lambda = 5.$$

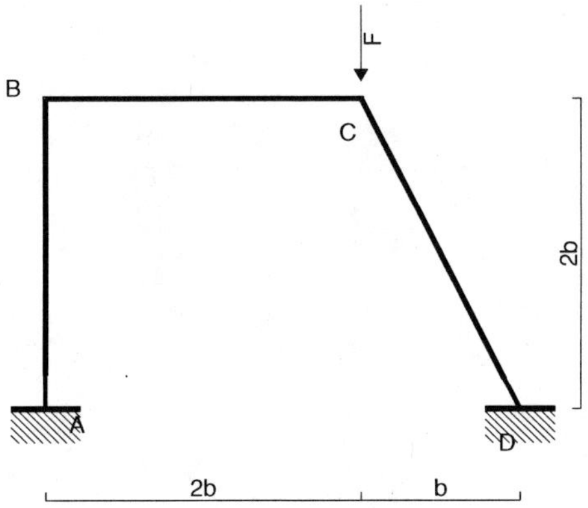

Figura 14.23

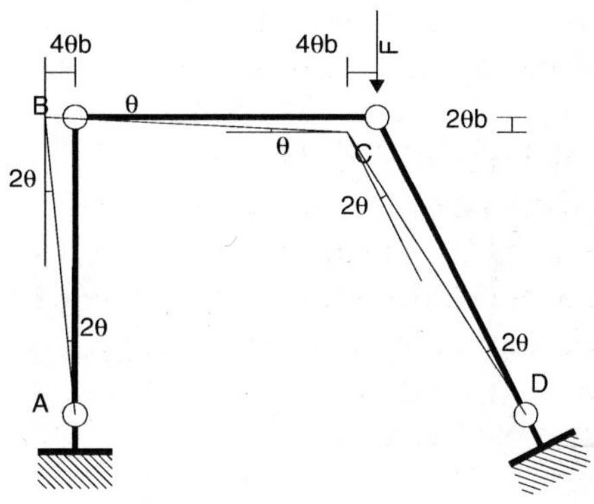

Figura 14.24

Meccanismi multipli

La struttura di fig.14.25, tre volte iperstatica e soggetta unicamente a forze concentrate, ha cinque sezioni critiche *A,B,C,D,E*. Per dare luogo a un meccanismo si richiede la formazione di quattro cerniere plastiche. Combinando opportunamente le sezioni critiche a quattro a quattro, si hanno i meccanismi di fig.14.26. Sia $M_o = Fb$ il momento limite.

In corrispondenza di una rotazione infinitesima θ il *meccanismo di trave 1* in alto a sinistra fornisce:

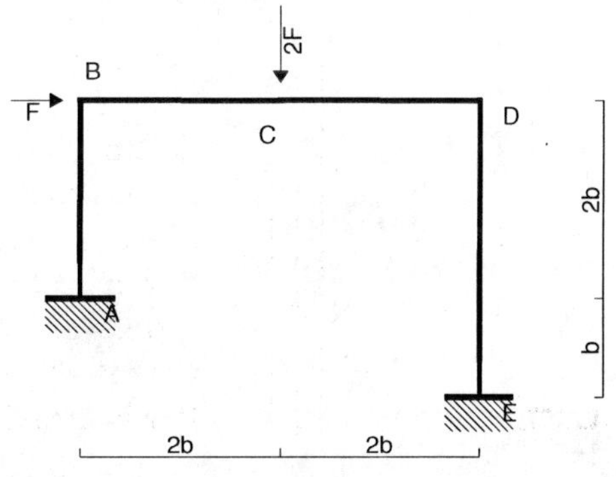

Figura 14.25

$L_e = \beta 2F\ 2\theta b = M_o\ 4\theta = Fb\ 4\theta = L_i$, da cui: $\beta_1 = 1$.

In corrispondenza di una rotazione infinitesima θ il *meccanismo completo 2* in alto a destra fornisce:

$L_e = \beta 2F\ 2\theta b + \beta F\ 2\theta b = M_o\ (4\theta + 4\theta/3) = Fb\ 16\theta/3 = L_i$, da cui: $\beta_2 = 8/9$.

In corrispondenza di una rotazione infinitesima θ il *meccanismo completo 3* in basso a sinistra fornisce:

$L_e = \beta 2F\ 2\theta b - \beta F\ 3\theta b = M_o\ (4\theta + 6\theta/2) = Fb\ 7\theta = L_i$, da cui: $\beta_3 = 7$.

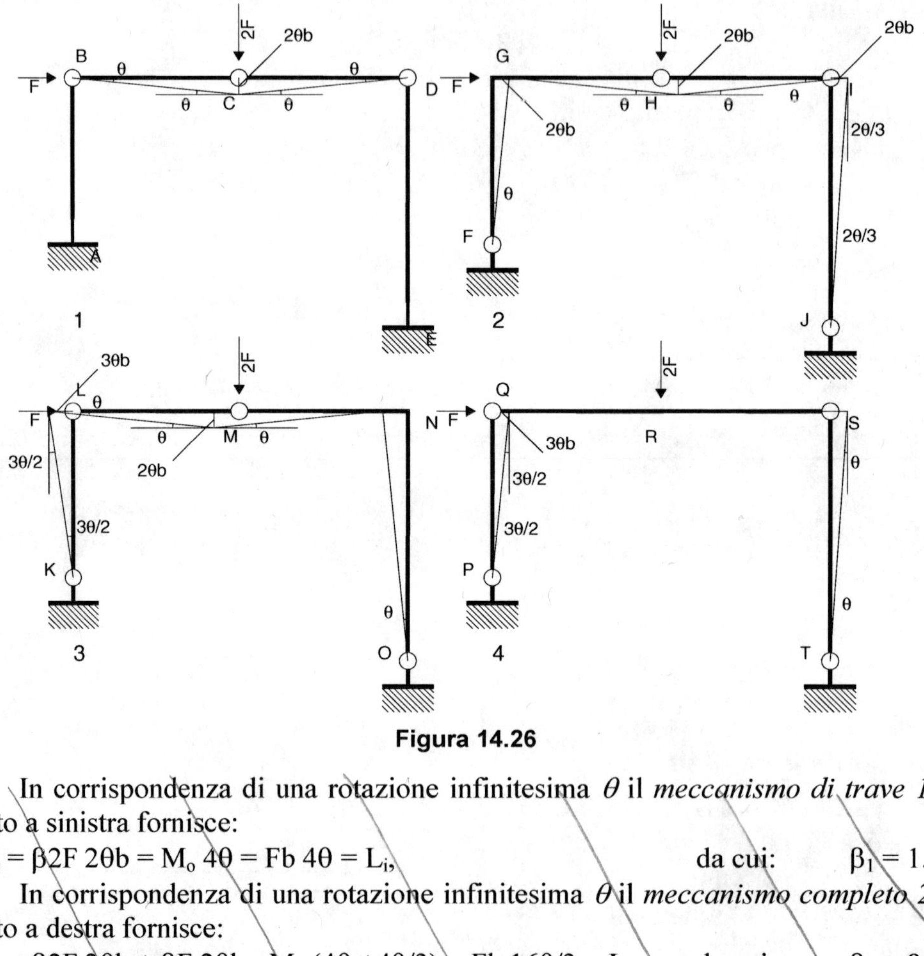

Figura 14.26

In corrispondenza di una rotazione infinitesima θ il *meccanismo di trave 1* in alto a sinistra fornisce:

$L_e = \beta 2F\ 2\theta b = M_o\ 4\theta = Fb\ 4\theta = L_i$, da cui: $\beta_1 = 1$.

In corrispondenza di una rotazione infinitesima θ il *meccanismo completo 2* in alto a destra fornisce:

$L_e = \beta 2F\ 2\theta b + \beta F\ 2\theta b = M_o\ (4\theta + 4\theta/3) = Fb\ 16\theta/3 = L_i$, da cui: $\beta_2 = 8/9$.

In corrispondenza di una rotazione infinitesima θ il *meccanismo completo 3* in basso a sinistra fornisce:

$L_e = \beta 2F\ 2\theta b - \beta F\ 3\theta b = M_o\ (4\theta + 6\theta/2) = Fb\ 7\theta = L_i$, da cui: $\beta_3 = 7$.

In corrispondenza di una rotazione infinitesima θ il *meccanismo di parete 4* in basso a destra fornisce:

$L_e = \beta F\ 3\theta b = M_o\ (2\theta + 6\theta/2) = Fb\ 5\theta = L_i$, da cui: $\beta_4 = 5/3$.

Il moltiplicatore di collasso si identifica col più piccolo moltiplicatore cinematico, che corrisponde al *meccanismo completo* in alto a destra, ossia:

$$\lambda = \beta_2 = 8/9.$$

14.11 - SOLUZIONI STATICHE

Telaio di fig.14.23

La struttura di fig.14.23 è tre volte iperstatica e soggetta unicamente a forze concentrate. Sia $M_o = Fb$ il momento limite.

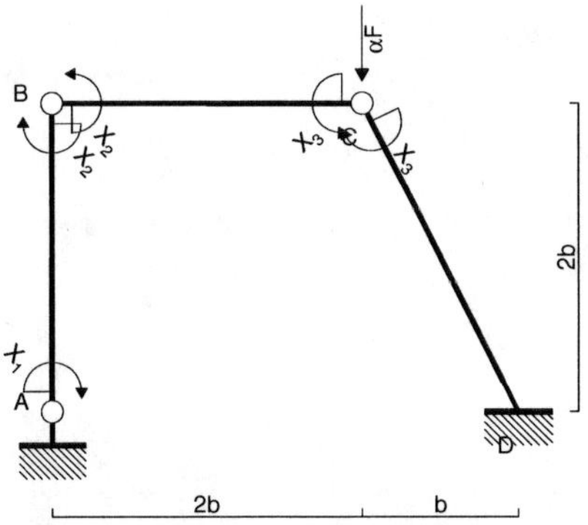

Figura 14.27

Si configuri uno schema isostatico introducendo cerniere in *A,B,C*, e si definiscano con X_1,X_2,X_3 i corrispondenti momenti iperstatici, come in fig.14.27. Si considerino separatamente la situazione di fig.14.28, con la presenza della sola forza *F*, e le situazioni di fig.14.29, fig.14.30, fig.14.31, nelle quali agiscono separatamente i momenti $X_1=1$, $X_2=1$, $X_3=1$.

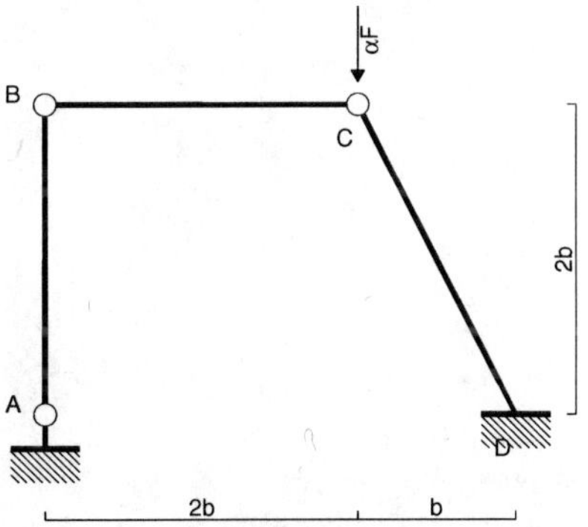

Figura 14.28

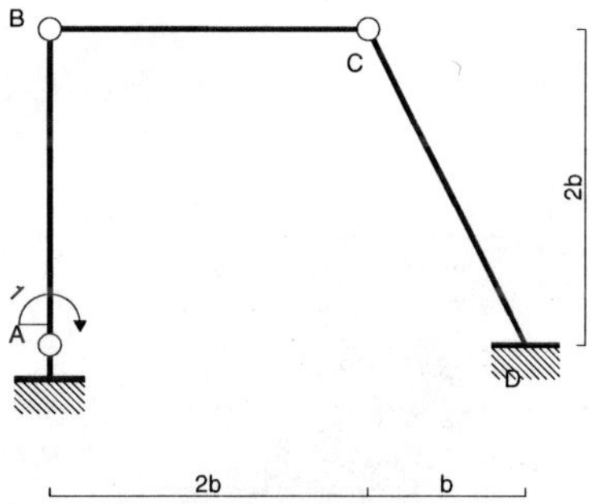

Figura 14.29

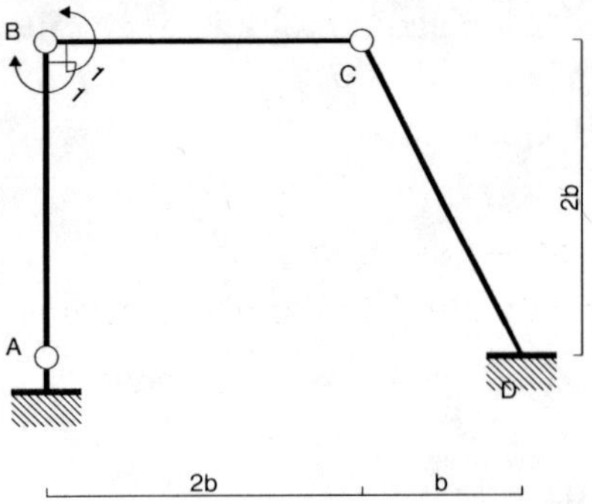

Figura 14.30

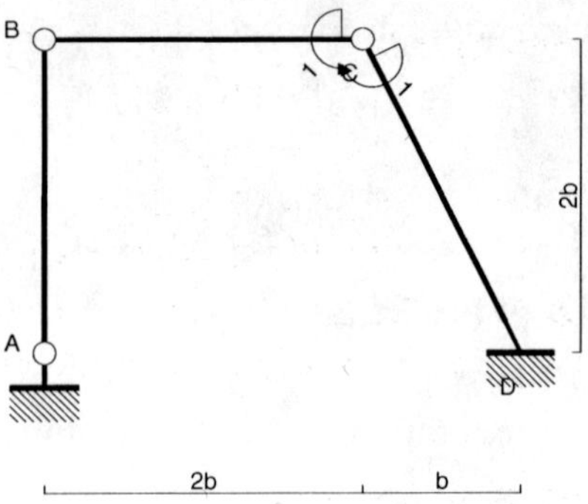

Figura 14.31

Nelle quattro situazioni si hanno rispettivamente le azioni flettenti all'estremo delle aste:

$M_{oA} = 0$	$M_{oB} = 0$	$M_{oC} = 0$	$M_{oD} = - \alpha Fb$
$M_{1A} = 1$	$M_{1B} = 0$	$M_{1C} = 0$	$M_{1D} = 1$
$M_{2A} = 0$	$M_{2B} = - 1$	$M_{2C} = 0$	$M_{2D} = 3/2$
$M_{3A} = 0$	$M_{3B} = 0$	$M_{3C} = 1$	$M_{3D} = 3/2$

come si ricava dai diagrammi di fig.14.32, fig.14.33, fig.14.34, fig.14.35.

Assegnando un moltiplicatore α ai carichi assegnati e ricorrendo alla sovrapposizione degli effetti, si ha:

$$M_A = M_{oA} + X_1 M_{1A} + X_2 M_{2A} + X_3 M_{3A} = X_1$$
$$M_B = M_{oB} + X_1 M_{1B} + X_2 M_{2B} + X_3 M_{3B} = - X_2$$
$$M_C = M_{oC} + X_1 M_{1C} + X_2 M_{2C} + X_3 M_{3C} = X_3$$
$$M_D = M_{oD} + X_1 M_{1D} + X_2 M_{2D} + X_3 M_{3D} = X_1 + 3/2\, X_2 + 3/2\, X_3 - \alpha Fb$$

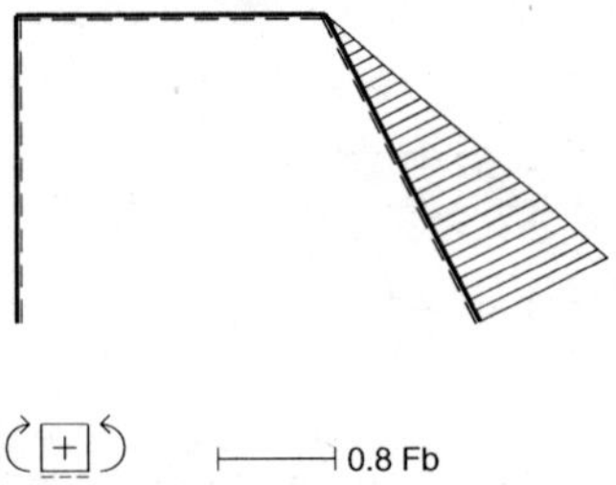

Figura 14.32

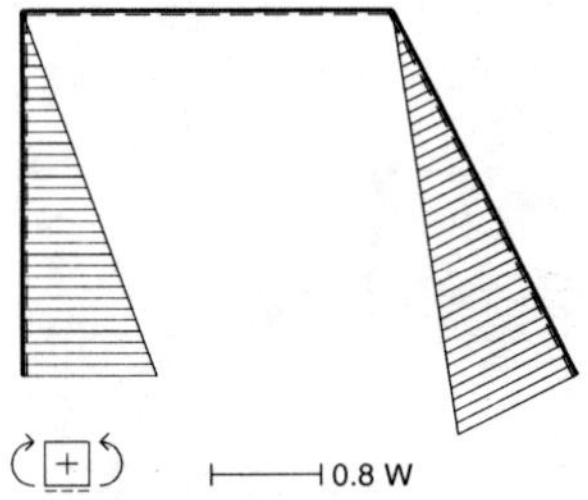

Figura 14.33

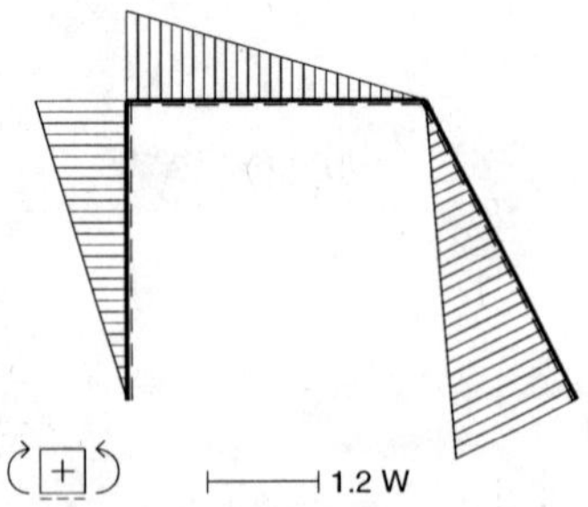

Figura 14.34

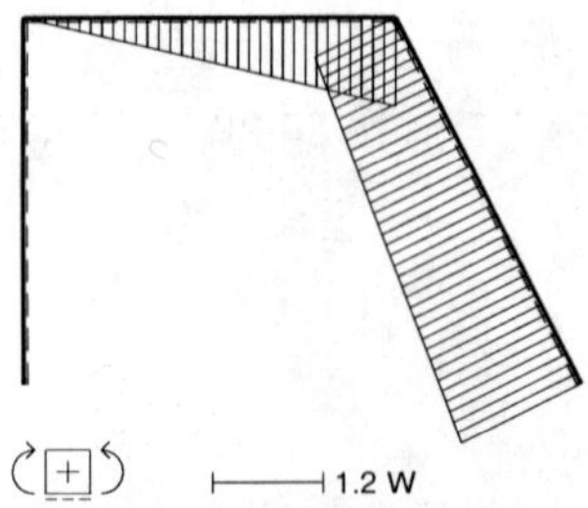

Figura 14.35

Ponendo $X_1 = X_2 = X_3 = M_o = Fb$ si ha:

$$|M_A| = Fb \leq M_o$$
$$|M_B| = Fb \leq M_o$$
$$|M_C| = Fb \leq M_o$$
$$|M_D| = Fb + 3/2\ Fb + 3/2\ Fb - \alpha\ Fb = 4Fb - \alpha\ Fb \leq M_o$$

Le prime tre condizioni verificano implicitamente il limite plastico, mentre la quarta potrà verificarlo col massimo moltiplicatore $\alpha > 0$ quando:

$$\alpha = 5.$$

Telaio di fig.14.25

La struttura di fig.14.25 è tre volte iperstatica e soggetta unicamente a forze concentrate. Sia $M_o = Fb$ il momento limite.

Si configuri uno schema isostatico introducendo cerniere in A, C, E, e si definiscano con X_1, X_2, X_3 i corrispondenti momenti iperstatici, come in fig.14.36.

Ponendo $X_1 = X_2 = X_3 = M_o = Fb$, il momento limite non risulta superato in A, C, E. Nelle sezioni B, D si ha:

$$M_B = -\ 1/5\ Fb - \alpha 2/5\ Fb \geq -\ M_o$$
$$M_C = 11/5\ Fb - \alpha\ 18/5\ Fb \geq -\ M_o$$

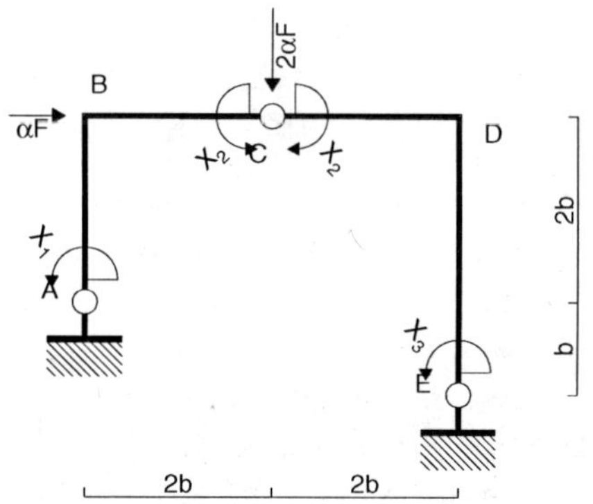

Figura 14.36

Dalla prima condizione, verificata per uguaglianza, si avrebbe un moltiplicatore massimo $\alpha = 2$ che, sostituito nella seconda, porterebbe a superare ampiamente il limite plastico. Dalla seconda condizione, verificata per uguaglianza, si ricava invece un moltiplicatore massimo $\alpha = 8/9$ che, sostituito nella prima, risulta rispettoso del limite plastico.

Posto quindi $\alpha = 8/9$, si ottiene la soluzione equilibrata di fig.14.37, che fornisce per le sezioni B, C:

$$M_B = -\ 5/9\ Fb > -\ M_o$$
$$M_C = -\ Fb \geq -\ M_o$$

Il moltiplicatore $\alpha = 8/9$ è il massimo moltiplicatore staticamente ammissibile, e quindi anche il moltiplicatore di collasso.

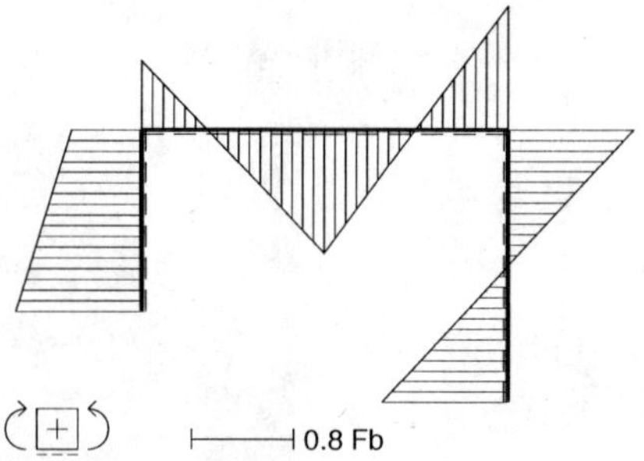

Figura 14.37

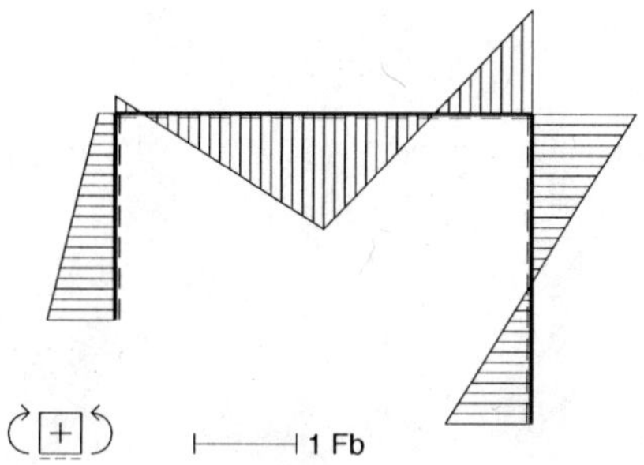

Figura 14.38

A titolo di confronto si osserva che, con lo stesso moltiplicatore dei carichi, la soluzione elastica di fig.14.38 fornisce:

$$|M_A| = 9968/14661\ Fb < M_o$$
$$|M_B| = 2528/14661\ Fb < M_o$$
$$|M_C| = 17152/14661\ Fb > M_o$$
$$|M_D| = 15296/14661\ Fb > M_o$$
$$|M_E| = 12640/14661\ Fb < M_o$$

Avendo individuato, anche per via cinematica, che il moltiplicatore $\alpha=\lambda=8/9$ è il moltiplicatore di collasso, si constata che la soluzione elastica eccede il momento limite nella misura del 17%.

14.12 - APPLICAZIONI CINEMATICHE

Esempio 1

La struttura in fig.14.39 ha dimensioni $a=5l$, $b=4l$, $c=3l$. Dato il momento limite $M_o= Fl$, determinare il moltiplicatore di collasso. La struttura ha solo il meccanismo in fig.14.40.

$$\lambda = 0.9524.$$

Esempio 2

La struttura in fig.14.41 ha dimensioni $a=5l$, $b=4l$, $c=3l$. Dato il momento limite $M_o= Fl$, determinare il moltiplicatore di collasso. La struttura ha solo il meccanismo in fig.14.42.

$$\lambda = 0.9.$$

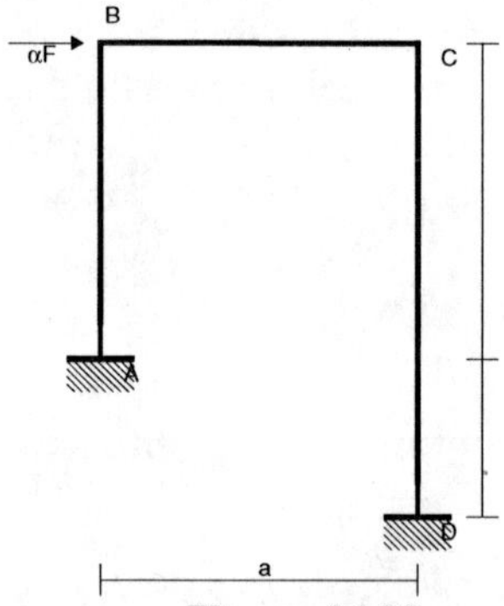

Figura 14.39

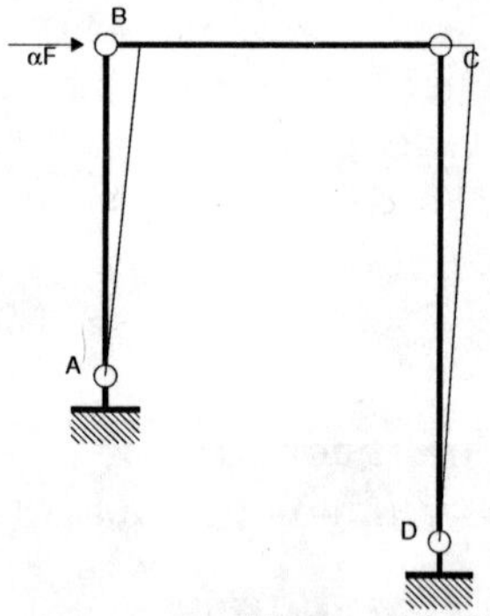

Figura 14.40

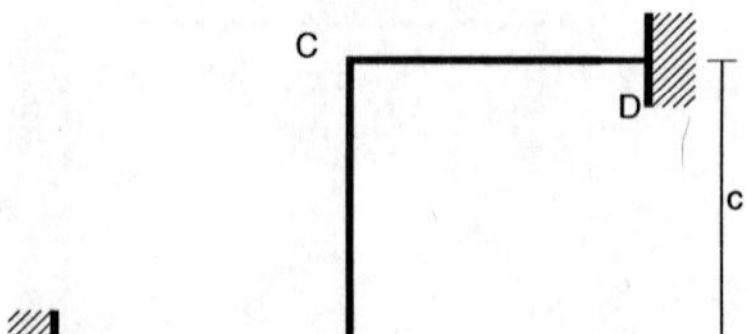

Figura 14.41

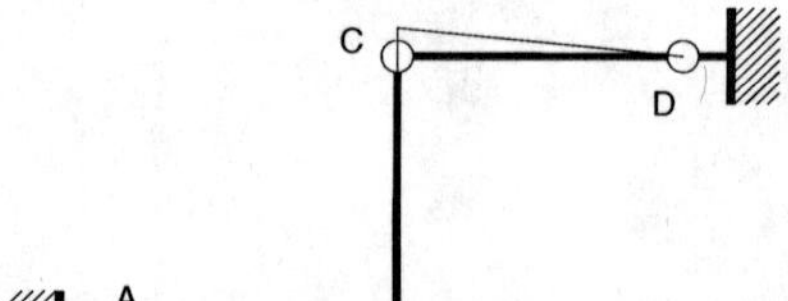

Figura 14.42

Esempio 3

La struttura in fig.14.43 ha dimensioni $a=5l$, $b=4l$, $c=3l$, $d=4l$, e forze applicate $E=-4F$, $G=2F$. Dato il momento limite $M_o=Fl$, determinare il moltiplicatore di collasso. La struttura ammette i meccanismi di trave di fig.14.44.

$\alpha_1 = 0.2250$ $\alpha_2 = 0.4583$ $\alpha_3 = 0.1977$ $\lambda = 0.1977$

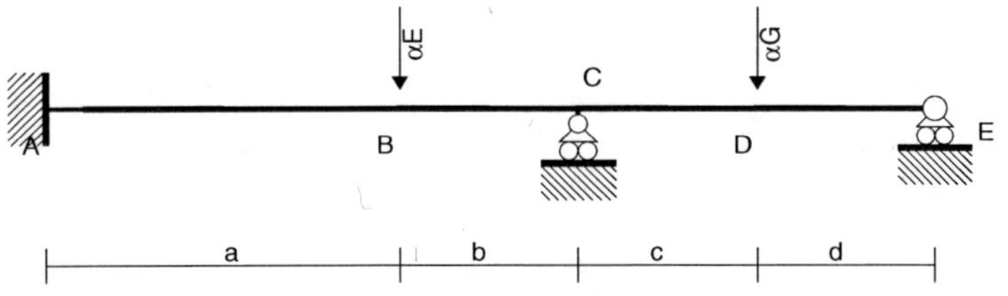

Figura 14.43

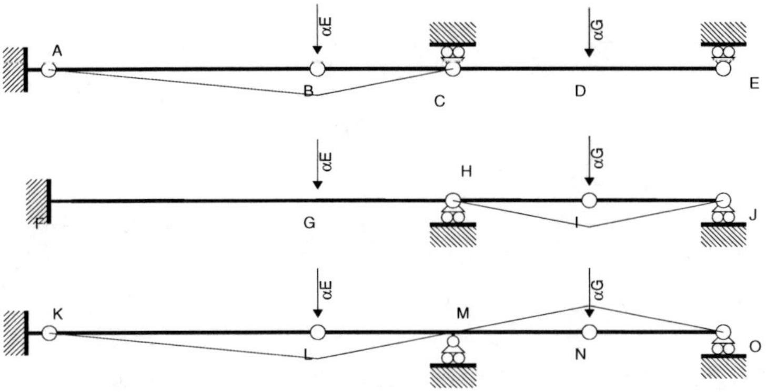

Figura 14.44

Esempio 4

La struttura in fig.14.45 ha dimensioni $a=5l$, $b=4l$, $c=3l$, $d=4l$, $e=4l$, e forze applicate $G=-2F$, $H=3F$. Dato il momento limite $M_o=Fl$, determinare il moltiplicatore di collasso. La struttura ammette i meccanismi di fig.14.46.

$\alpha_1 = 0.3500$ $\alpha_2 = 0.3056$ $\alpha_3 = 0.2676$ $\lambda = 0.2676$

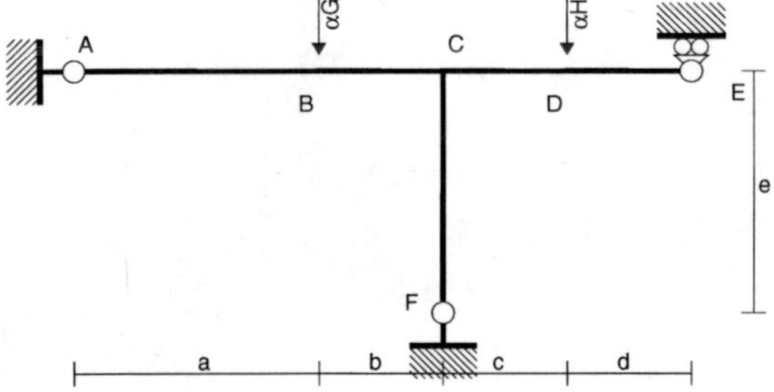

Figura 14.45

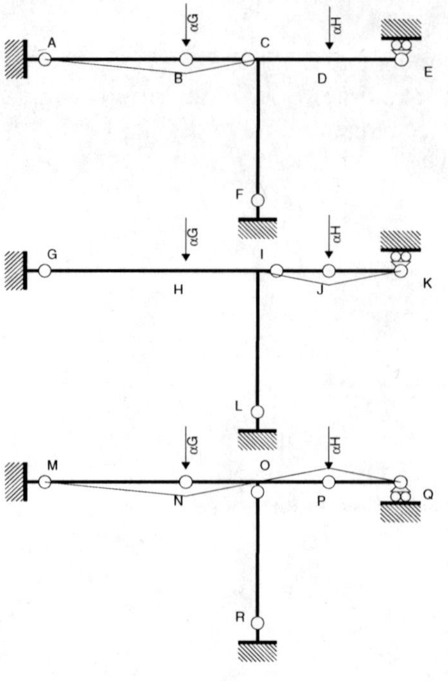

Figura 14.46

Esempio 5

La struttura in fig.14.47 ha dimensioni $a=4l$, $b=3l$, $c=3l$, $d=5l$, con carichi $H=-2F$ e $V=4F$. Dato il momento limite $M_o=5Fl$, calcolare il moltiplicatore di collasso. La struttura ammette i meccanismi di fig.14.48.

$\alpha_1 = 1.333$ $\alpha_2 = 3.024$ $\alpha_3 = 1.324$ $\alpha_4 = 2.024$ $\lambda = 1.324$

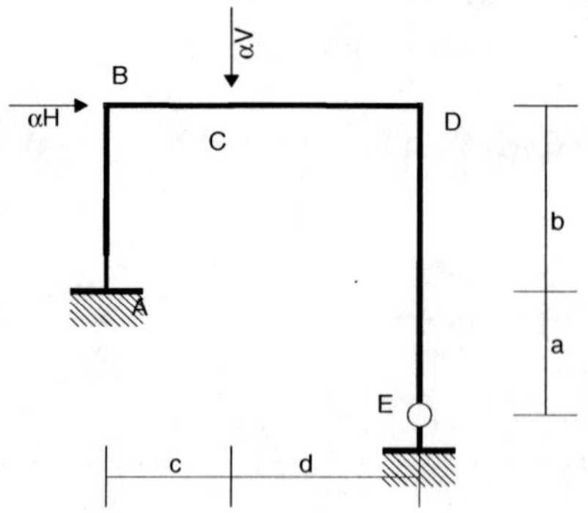

Figura 14.47

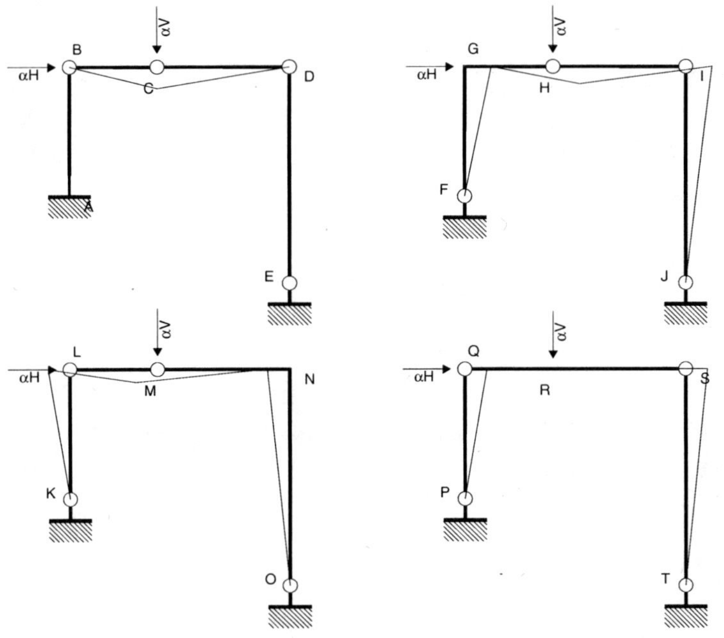

Figura 14.48

Esempio 6

La struttura in fig.14.49 ha dimensioni $a=4l$, $b=3l$, $c=5l$, e forze applicate $D=2F$, $E=-3F$. Dato il momento limite $M_o=Fl$, determinare il moltiplicatore di collasso. La struttura ammette i meccanismi di fig.14.50.

$\alpha_1 = 0.4583$ $\alpha_2 = 0.1310$ $\alpha_3 = 0.1333$ $\lambda = 0.1310$

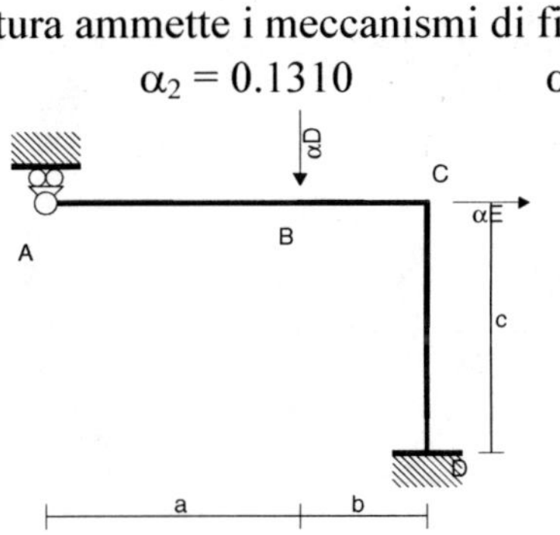

Figura 14.49

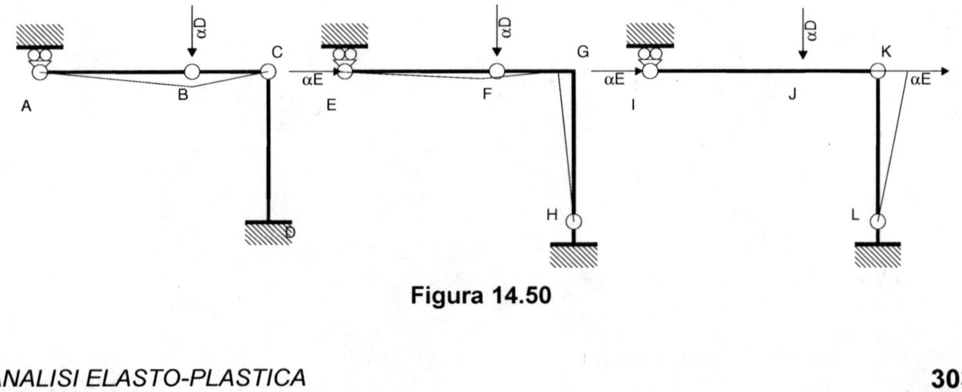

Figura 14.50

CAPITOLO 15

METODO DEGLI SPOSTAMENTI

15.1 - CONSIDERAZIONI INTRODUTTIVE

Il metodo degli spostamenti condensa l'analisi strutturale in equazioni di equilibrio dei nodi a cui sono connesse le aste. Le variabili utilizzate come incognite sono gli spostamenti nodali e, se si limita la discussione all'analisi nell'ambito dell'ipotesi di piccoli gradienti di spostamento, questo metodo risulta essere "duale" di quello discusso nel cap.14, in cui si scrivevano equazioni di congruenza e le incognite erano reazioni iperstatiche.

15.2 - ANALISI DI UN ELEMENTO DI TRAVE

Si consideri un'asta AB omogenea, di lunghezza *b* e composta di materiale elastico-lineare e isotropo, fig.15.1; siano *EA* la rigidezza assiale e *EJ* quella flessionale (si tralascino, in questo paragrafo, le deformazioni indotte dall'azione di taglio).

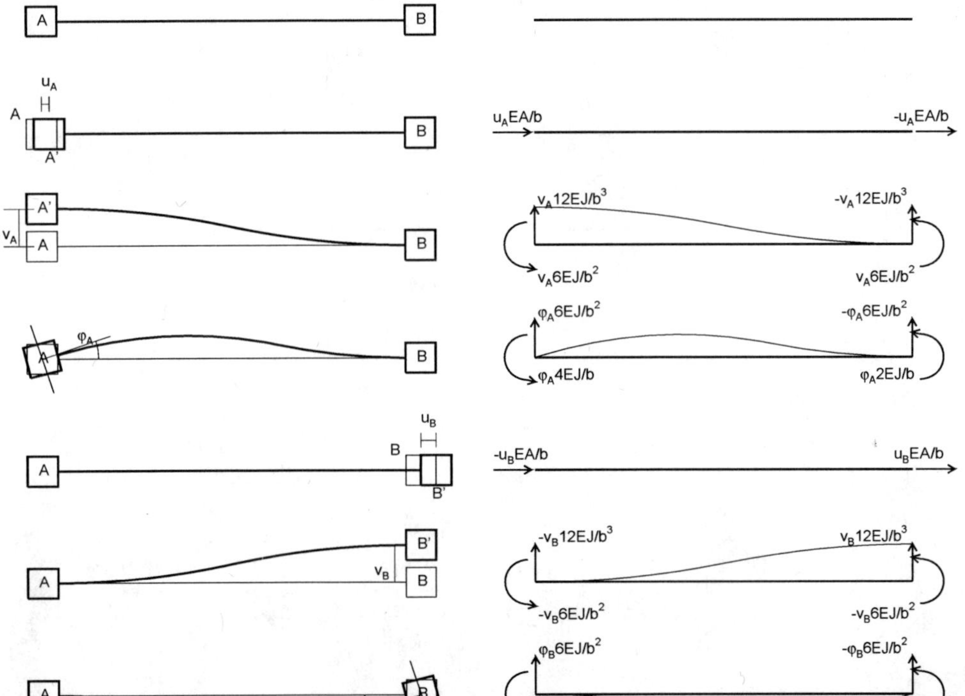

Figura 15.1

Si applichino alle estremità due incastri, in modo da poter assegnare sia spostamenti sia rotazioni (nel seguito le due estremità verranno chiamate "nodi"). Per una generica configurazione, cioè per generici valori di spostamento e rotazione assegnati ai nodi, le reazioni agenti sull'asta in prossimità degli estremi si assumono, per le applicazioni qui descritte, riferite alla configurazione indeformata; esse possono essere ottenute sovrapponendo quelle dei singoli casi di fig.15.1 (alcuni discussi nel capitolo 9). In generale, con riferimento alle figure 15.2 e 15.1 e utilizzando il principio di sovrapposizione degli effetti si può scrivere:

$$H_{AB} = (EA/b)\, u_A + (-EA/b)\, u_B$$
$$V_{AB} = (12EJ/b^3)\, v_A + (6EJ/b^2)\, \varphi_A + (-12EJ/b^3)\, v_B + (6EJ/b^2)\, \varphi_B$$
$$W_{AB} = (6EJ/b^2)\, v_A + (4EJ/b)\, \varphi_A + (-6EJ/b^2)\, v_B + (2EJ/b)\, \varphi_B$$
$$H_{BA} = (-EA/b)\, u_A + (EA/b)\, u_B$$
$$V_{BA} = (-12EJ/b^3)\, v_A + (-6EJ/b^2)\, \varphi_A + (12EJ/b^3)\, v_B + (-6EJ/b^2)\, \varphi_B$$
$$W_{BA} = (6EJ/b^2)\, v_A + (2EJ/b)\, \varphi_A + (-6EJ/b^2)\, v_B + (4EJ/b)\, \varphi_B$$

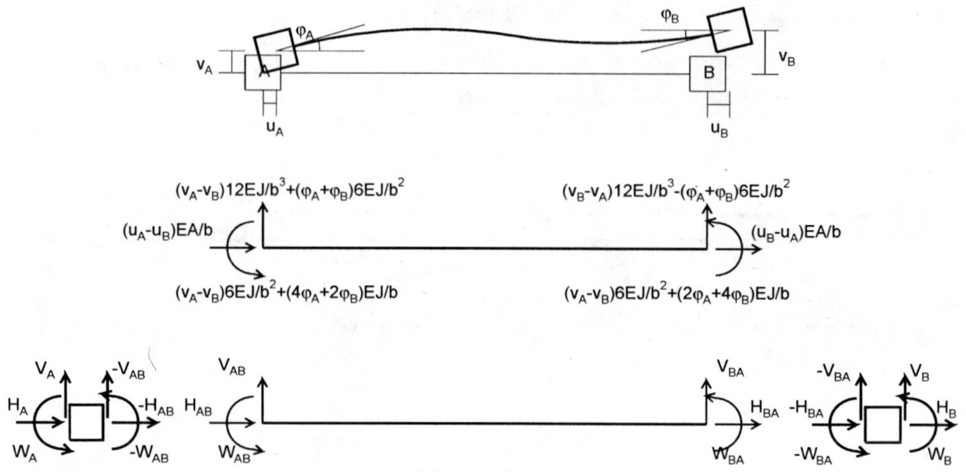

Figura 15.2

cioè, in forma matriciale:

$$\begin{bmatrix} H_{AB} \\ V_{AB} \\ W_{AB} \\ H_{BA} \\ V_{BA} \\ W_{BA} \end{bmatrix} = \begin{bmatrix} EA/b & 0 & 0 & -EA/b & 0 & 0 \\ 0 & 12EJ/b^3 & 6EJ/b^2 & 0 & -12EJ/b^3 & 6EJ/b^2 \\ 0 & 6EJ/b^2 & 4EJ/b & 0 & -6EJ/b^2 & 2EJ/b \\ -EA/b & 0 & 0 & EA/b & 0 & 0 \\ 0 & -12EJ/b^3 & -6EJ/b^2 & 0 & 12EJ/b^3 & -6EJ/b^2 \\ 0 & 6EJ/b^2 & 2EJ/b & 0 & -6EJ/b^2 & 4EJ/b \end{bmatrix} \begin{bmatrix} u_A \\ v_A \\ \varphi_A \\ u_B \\ v_B \\ \varphi_B \end{bmatrix}$$

$$\mathbf{H} = \mathbf{k}\,\mathbf{u}$$

Si noti che la “matrice di rigidezza” **k** risulta simmetrica; questo fatto è diretta conseguenza dell'esistenza dell'energia di deformazione (cioè dell'elasticità del legame costitutivo). Infatti, applicando il teorema di Betti ai due casi rappresentati nella quarta e sesta coppia di figure in fig.15.1 e considerando le reazioni fornite in termini generali dalla relazione **H** = **k u**, si possono scrivere i due lavori mutui come:

$$L_{35} = (V_B)_3\,(v_B)_5 = [k_{53}\,\varphi_A\,]\,v_B$$

$$L_{53} = (W_A)_5\,(\varphi_A)_3 = [k_{35}\,v_B\,]\,\varphi_A$$

Essendo il lavoro mutuo uguale nei due casi, $L_{35} = L_{53}$, ne risulta $k_{53} = k_{35}$. Ripetendo il ragionamento per tutte le combinazioni dei sei casi rappresentati in fig.15.1, se ne deduce la simmetria della matrice di rigidezza **k**.

E' inoltre utile evidenziare che, analogamente al teorema di Betti, questo risultato rimane valido anche se la matrice **k** rappresenta una diversa struttura, eventualmente non omogenea, purché caratterizzata da un materiale elastico lineare.

15.3 - ESEMPIO 1: ANALISI DI UNA STRUTTURA NEL PIANO

Si consideri la struttura rappresentata in fig.15.3, composta da due aste uguali di lunghezza b e caratterizzate da rigidezze assiale EA e flessionale EJ. Determinare gli spostamenti, le rotazioni e le reazioni vincolari.

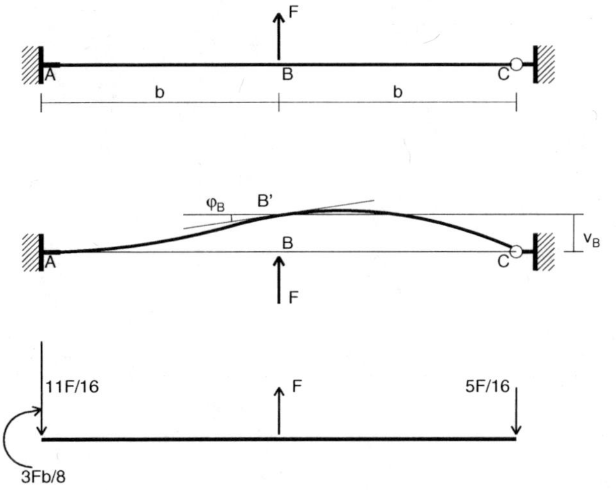

Figura 15.3

La struttura è caratterizzata da 4 gradi di libertà nodali: due spostamenti in B, una rotazione in B e una in C. Le reazioni che nascono a seguito del processo deformativo e dell'applicazione della forza F sono rappresentate in fig. 15.4 con riferimento sia alle aste sia ai tre nodi.

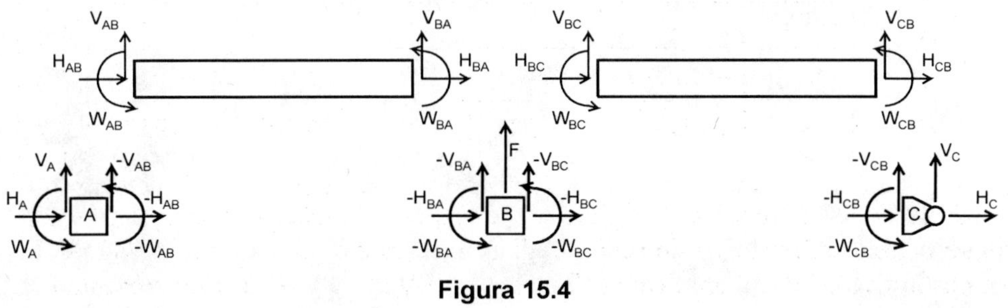

Figura 15.4

Le equazioni di equilibrio dei nodi secondo i gradi di libertà nodali della struttura permettono di determinare gli spostamenti e le rotazioni dei nodi nella configurazione equilibrata. Le restanti equazioni di equilibrio si possono poi utilizzare per determinare le reazioni vincolari.

Con riferimento ai 4 gradi di libertà nodali si ha:

$$\sum (F^B)_x = + (-H_{BA}) + (-H_{BC}) = 0$$
$$\sum (F^B)_y = + (-V_{BA}) + F + (-V_{BC}) = 0$$
$$\sum (M^B)_B = + (-W_{BA}) + (-W_{BC}) = 0$$
$$\sum (M^C)_C = + (-W_{CB}) = 0$$

Riordinando i termini si ricava il seguente sistema di equazioni di equilibrio:

$$H_{BA} + H_{BC} = 0$$
$$V_{BA} + V_{BC} = F$$
$$W_{BA} + W_{BC} = 0$$
$$W_{CB} = 0$$

Le azioni così evidenziate si possono esprimere in funzione di spostamenti e rotazioni mediante la matrice di rigidezza di ogni singola asta:

$$H_{BA} = (-EA/b)\, u_A + (EA/b)\, u_B = (EA/b)\, u_B$$
$$V_{BA} = (-12EJ/b^3)\, v_A + (-6EJ/b^2)\, \varphi_A + (12EJ/b^3)\, v_B + (-6EJ/b^2)\, \varphi_B =$$
$$= (12EJ/b^3)\, v_B + (-6EJ/b^2)\, \varphi_B$$
$$W_{BA} = (6EJ/b^2)\, v_A + (2EJ/b)\, \varphi_A + (-6EJ/b^2)\, v_B + (4EJ/b)\, \varphi_B =$$
$$= + (-6EJ/b^2)\, v_B + (4EJ/b)\, \varphi_B$$
$$H_{BC} = (EA/b)\, u_B + (-EA/b)\, u_C = (EA/b)\, u_B$$
$$V_{BC} = (12EJ/b^3)\, v_B + (6EJ/b^2)\, \varphi_B + (-12EJ/b^3)\, v_C + (6EJ/b^2)\, \varphi_C =$$
$$= (12EJ/b^3)\, v_B + (6EJ/b^2)\, \varphi_B + (6EJ/b^2)\, \varphi_C$$
$$W_{BC} = (6EJ/b^2)\, v_B + (4EJ/b)\, \varphi_B + (-6EJ/b^2)\, v_C + (2EJ/b)\, \varphi_C =$$
$$= (6EJ/b^2)\, v_B + (4EJ/b)\, \varphi_B + (2EJ/b)\, \varphi_C$$
$$W_{CB} = (6EJ/b^2)\, v_B + (2EJ/b)\, \varphi_B + (-6EJ/b^2)\, v_C + (4EJ/b)\, \varphi_C =$$
$$= (6EJ/b^2)\, v_B + (2EJ/b)\, \varphi_B + (4EJ/b)\, \varphi_C$$

Sostituendo nelle equazioni di equilibrio si ottiene il sistema risolvente:

$$(EA/b)\, u_B + (EA/b)\, u_B = 0$$
$$(12EJ/b^3)\, v_B + (-6EJ/b^2)\, \varphi_B + (12EJ/b^3)\, v_B + (6EJ/b^2)\, \varphi_B + (6EJ/b^2)\, \varphi_C = F$$
$$(-6EJ/b^2)\, v_B + (4EJ/b)\, \varphi_B + (6EJ/b^2)\, v_B + (4EJ/b)\, \varphi_B + (2EJ/b)\, \varphi_C = 0$$
$$(6EJ/b^2)\, v_B + (2EJ/b)\, \varphi_B + (4EJ/b)\, \varphi_C = 0$$

da cui si ricavano gli spostamenti e le rotazioni dei nodi:

$$u_B = 0$$
$$v_B = 7Fb^3/96EJ$$
$$\varphi_B = Fb^2/32EJ$$
$$\varphi_C = -Fb^2/8EJ$$

Le reazioni vincolari si ottengono dalle rimanenti equazioni di equilibrio dei nodi A e C:

$$\sum (F^A)_x = + H_A + (-H_{AB}) = 0$$
$$\sum (F^A)_y = + V_A + (-V_{AB}) = 0$$

$$\sum (M^A)_A = + W_A + (-W_{AB}) = 0$$
$$\sum (F^C)_x = + H_C + (-H_{CB}) = 0$$
$$\sum (F^C)_y = + V_C + (-V_{CB}) = 0$$

da cui, sostituendo la soluzione trovata, si ricava:

$H_A = H_{AB} = (EA/b)\, u_A + (-EA/b)\, u_B = 0$

$V_A = V_{AB} = (12EJ/b^3)\, v_A + (6EJ/b^2)\, \varphi_A + (-12EJ/b^3)\, v_B + (6EJ/b^2)\, \varphi_B = -11F/16$

$W_A = W_{AB} = (6EJ/b^2)\, v_A + (4EJ/b)\, \varphi_A + (-6EJ/b^2)\, v_B + (2EJ/b)\, \varphi_B = -3Fb/8$

$H_C = H_{CB} = (-EA/b)\, u_B + (EA/b)\, u_C = 0$

$V_C = V_{CB} = (-12EJ/b^3)\, v_B + (-6EJ/b^2)\, \varphi_B + (12EJ/b^3)\, v_C + (-6EJ/b^2)\, \varphi_C = -5F/16$

In ultimo, le reazioni non nulle sono rappresentate in fig.15.3.

15.4 - ESEMPIO 2: ANALISI DI UNA STRUTTURA NEL PIANO

Si consideri la struttura rappresentata in fig.15.5, composta da due aste di lunghezze *4b* e *5b*, entrambe caratterizzate da rigidezze assiale *EA* e flessionale *EJ*. Determinare gli spostamenti, le rotazioni e le reazioni vincolari nei nodi.

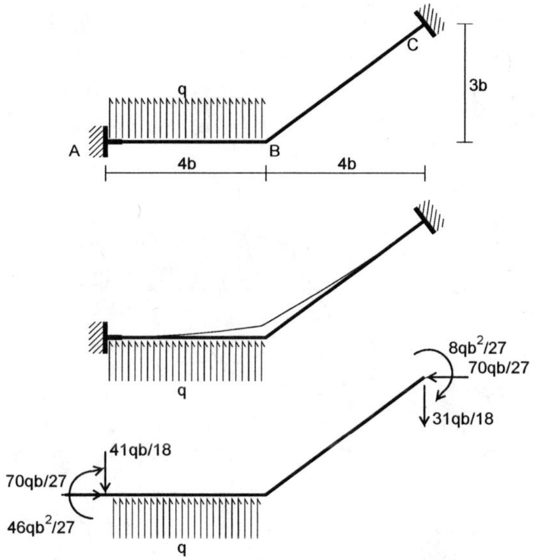

Figura 15.5

La struttura è caratterizzata da 3 gradi di libertà nodali: due spostamenti e una rotazione in B. Le azioni di estremità e sui nodi che nascono a seguito del processo deformativo e per l'applicazione del carico q sono rappresentate in fig. 15.6.

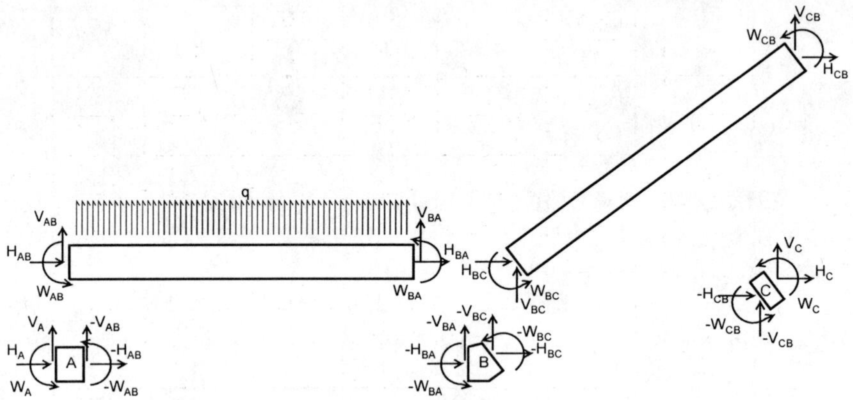

Figura 15.6

Le equazioni di equilibrio del nodo B permettono di determinare l'entità di spostamenti e rotazioni nodali in configurazione equilibrata. Le restanti equazioni di equilibrio forniscono le reazioni vincolari.

Le azioni che nascono alle estremità dell'asta AB sono dovute sia al processo deformativo sia al carico distribuito q, e le si possono determinare mediante la sovrapposizione degli effetti. In assenza di spostamenti dei nodi A e B, la trave AB è equivalente ad una vincolata con due incastri e le reazioni nodali sono rappresentate in fig.15.7 ($L = 4b$).

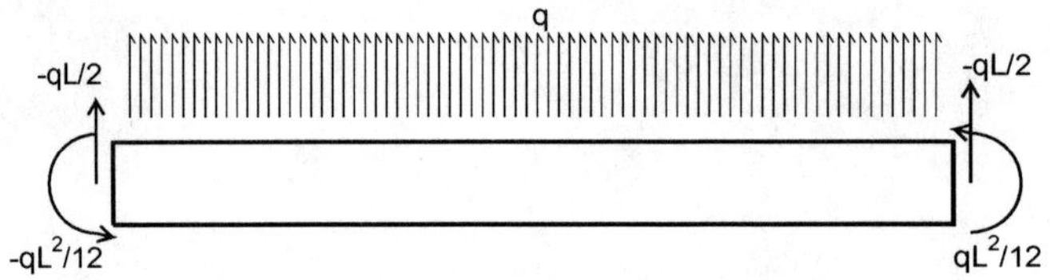

Figura 15.7

Se, in alternativa, si elimina il carico q e si spostano i nodi in una generica configurazione, le reazioni saranno quelle già ricavate mediante la matrice di rigidezza **k** ($L = 4b$):

$$\begin{bmatrix} H_{AB} \\ V_{AB} \\ W_{AB} \\ H_{BA} \\ V_{BA} \\ W_{BA} \end{bmatrix}_{q=0} = \begin{bmatrix} EA/L & 0 & 0 & -EA/L & 0 & 0 \\ 0 & 12EJ/L^3 & 6EJ/L^2 & 0 & -12EJ/L^3 & 6EJ/L^2 \\ 0 & 6EJ/L^2 & 4EJ/L & 0 & -6EJ/L^2 & 2EJ/L \\ -EA/L & 0 & 0 & EA/L & 0 & 0 \\ 0 & -12EJ/L^3 & -6EJ/L^2 & 0 & 12EJ/L^3 & -6EJ/L^2 \\ 0 & 6EJ/L^2 & 2EJ/L & 0 & -6EJ/L^2 & 4EJ/L \end{bmatrix} \begin{bmatrix} u_A \\ v_A \\ \varphi_A \\ u_B \\ v_B \\ \varphi_B \end{bmatrix}$$

Sovrapponendo gli effetti, per l'asta AB si ottiene ($L = 4b$):

$$
\begin{bmatrix} H_{AB} \\ V_{AB} \\ W_{AB} \\ H_{BA} \\ V_{BA} \\ W_{BA} \end{bmatrix} =
\begin{bmatrix} 0 \\ -\dfrac{qL}{2} \\ -\dfrac{qL^2}{12} \\ 0 \\ -\dfrac{qL}{2} \\ \dfrac{qL^2}{12} \end{bmatrix} +
\begin{bmatrix}
\dfrac{EA}{L} & 0 & 0 & -\dfrac{EA}{L} & 0 & 0 \\
0 & 12\dfrac{EJ}{L^3} & 6\dfrac{EJ}{L^2} & 0 & -12\dfrac{EJ}{L^3} & 6\dfrac{EJ}{L^2} \\
0 & 6\dfrac{EJ}{L^2} & 4\dfrac{EJ}{L} & 0 & -6\dfrac{EJ}{L^2} & 2\dfrac{EJ}{L} \\
-\dfrac{EA}{L} & 0 & 0 & \dfrac{EA}{L} & 0 & 0 \\
0 & -12\dfrac{EJ}{L^3} & -6\dfrac{EJ}{L^2} & 0 & 12\dfrac{EJ}{L^3} & -6\dfrac{EJ}{L^2} \\
0 & 6\dfrac{EJ}{L^2} & 2\dfrac{EJ}{L} & 0 & -6\dfrac{EJ}{L^2} & 4\dfrac{EJ}{L}
\end{bmatrix}
\begin{bmatrix} u_A \\ v_A \\ \varphi_A \\ u_B \\ v_B \\ \varphi_B \end{bmatrix}
$$

Per la trave BC si può osservare che, se si considerano le forze e gli spostamenti espressi nel riferimento locale *s–n* indicato in fig.15.8, la relazione tra reazioni e spostamenti è ancora governata dalla matrice di rigidezza **k** sopra ricavata (con $L = 5b$).

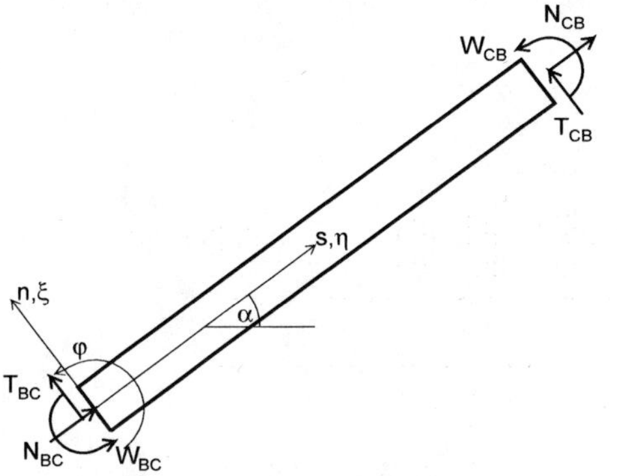

Figura 15.8

$$
\begin{bmatrix} N_{BC} \\ T_{BC} \\ W_{BC} \\ N_{CB} \\ T_{CB} \\ W_{CB} \end{bmatrix} =
\begin{bmatrix}
\dfrac{EA}{L} & 0 & 0 & -\dfrac{EA}{L} & 0 & 0 \\
0 & 12\dfrac{EJ}{L^3} & 6\dfrac{EJ}{L^2} & 0 & -12\dfrac{EJ}{L^3} & 6\dfrac{EJ}{L^2} \\
0 & 6\dfrac{EJ}{L^2} & 4\dfrac{EJ}{L} & 0 & -6\dfrac{EJ}{L^2} & 2\dfrac{EJ}{L} \\
-\dfrac{EA}{L} & 0 & 0 & \dfrac{EA}{L} & 0 & 0 \\
0 & -12\dfrac{EJ}{L^3} & -6\dfrac{EJ}{L^2} & 0 & 12\dfrac{EJ}{L^3} & -6\dfrac{EJ}{L^2} \\
0 & 6\dfrac{EJ}{L^2} & 2\dfrac{EJ}{L} & 0 & -6\dfrac{EJ}{L^2} & 4\dfrac{EJ}{L}
\end{bmatrix}
\begin{bmatrix} \eta_B \\ \zeta_B \\ \varphi_B \\ \eta_C \\ \zeta_C \\ \varphi_C \end{bmatrix} = \mathbf{k}
\begin{bmatrix} \eta_B \\ \zeta_B \\ \varphi_B \\ \eta_C \\ \zeta_C \\ \varphi_C \end{bmatrix}
$$

Le componenti delle forze di reazione rappresentate in fig.15.6 possono essere ottenute mediante proiezione di quelle indicate in fig.15.8:

$$H_{BC} = N_{BC}\cos(\alpha) - T_{BC}\sin(\alpha)$$
$$V_{BC} = N_{BC}\sin(\alpha) + T_{BC}\cos(\alpha)$$
$$H_{CB} = N_{CB}\cos(\alpha) - T_{CB}\sin(\alpha)$$
$$V_{CB} = N_{CB}\sin(\alpha) + T_{CB}\cos(\alpha)$$

In forma matriciale si può scrivere:

$$\begin{bmatrix} H_{BC} \\ V_{BC} \\ W_{BC} \\ H_{CB} \\ V_{CB} \\ W_{CB} \end{bmatrix} = \begin{bmatrix} \cos(\alpha) & -\sin(\alpha) & 0 & 0 & 0 & 0 \\ \sin(\alpha) & \cos(\alpha) & 0 & 0 & 0 & 0 \\ 0 & 0 & 1 & 0 & 0 & 0 \\ 0 & 0 & 0 & \cos(\alpha) & -\sin(\alpha) & 0 \\ 0 & 0 & 0 & \sin(\alpha) & \cos(\alpha) & 0 \\ 0 & 0 & 0 & 0 & 0 & 1 \end{bmatrix} \begin{bmatrix} N_{BC} \\ T_{BC} \\ W_{BC} \\ N_{CB} \\ T_{CB} \\ W_{CB} \end{bmatrix} = \underbrace{\begin{bmatrix} \mathbf{R}' & \mathbf{0} \\ \mathbf{0} & \mathbf{R}' \end{bmatrix}}_{\mathbf{R}} \begin{bmatrix} N_{BC} \\ T_{BC} \\ W_{BC} \\ N_{CB} \\ T_{CB} \\ W_{CB} \end{bmatrix}$$

con $\mathbf{R}$ matrice ortogonale ($\mathbf{R}^{-1} = \mathbf{R}^{T}$).

Una relazione analoga vale anche per gli spostamenti; indicate con "u" e "v" le componenti di spostamento rispettivamente orizzontale e verticale, si ha:

$$\begin{bmatrix} u_B \\ v_B \\ \varphi_B \\ u_C \\ v_C \\ \varphi_C \end{bmatrix} = \begin{bmatrix} \cos(\alpha) & -\sin(\alpha) & 0 & 0 & 0 & 0 \\ \sin(\alpha) & \cos(\alpha) & 0 & 0 & 0 & 0 \\ 0 & 0 & 1 & 0 & 0 & 0 \\ 0 & 0 & 0 & \cos(\alpha) & -\sin(\alpha) & 0 \\ 0 & 0 & 0 & \sin(\alpha) & \cos(\alpha) & 0 \\ 0 & 0 & 0 & 0 & 0 & 1 \end{bmatrix} \begin{bmatrix} \eta_B \\ \zeta_B \\ \varphi_B \\ \eta_C \\ \zeta_C \\ \varphi_C \end{bmatrix} = \mathbf{R} \begin{bmatrix} \eta_B \\ \zeta_B \\ \varphi_B \\ \eta_C \\ \zeta_C \\ \varphi_C \end{bmatrix}$$

per cui si ottiene:

$$\begin{bmatrix} H_{BC} \\ V_{BC} \\ W_{BC} \\ H_{CB} \\ V_{CB} \\ W_{CB} \end{bmatrix} = \mathbf{R} \begin{bmatrix} N_{BC} \\ T_{BC} \\ W_{BC} \\ N_{CB} \\ T_{CB} \\ W_{CB} \end{bmatrix} = \mathbf{R}\,\mathbf{k} \begin{bmatrix} \eta_B \\ \zeta_B \\ \varphi_B \\ \eta_C \\ \zeta_C \\ \varphi_C \end{bmatrix} = \mathbf{R}\,\mathbf{k}\,\mathbf{R}^{T} \begin{bmatrix} u_B \\ v_B \\ \varphi_B \\ u_C \\ v_C \\ \varphi_C \end{bmatrix} = \mathbf{k}' \begin{bmatrix} u_B \\ v_B \\ \varphi_B \\ u_C \\ v_C \\ \varphi_C \end{bmatrix}$$

La matrice $\mathbf{k}' = \mathbf{R}\,\mathbf{k}\,\mathbf{R}^{T}$ rappresenta la matrice di rigidezza dell'elemento BC inclinato. Con riferimento al nodo B rappresentato nella fig.15.6 si può scrivere:

$$\sum (F^{B})_x = +(-H_{BA}) + (-H_{BC}) = 0$$
$$\sum (F^{B})_y = +(-V_{BA}) + (-V_{BC}) = 0$$
$$\sum (M^{B})_B = +(-W_{BA}) + (-W_{BC}) = 0$$

Riordinando i termini si ricava il seguente sistema di equazioni di equilibrio:

$$H_{BA} + H_{BC} = 0$$
$$V_{BA} + V_{BC} = 0$$
$$W_{BA} + W_{BC} = 0$$

Le reazioni coinvolte nei tre equilibri del nodo B si possono esprimere in funzione dei gradi di libertà della struttura, ovvero degli spostamenti e della rotazione del nodo B, mediante le matrici di rigidezza delle due aste:

$H_{BA} = (EA/L)\, u_B = (EA/4b)\, u_B$

$V_{BA} = -qL/2 + (12EJ/L^3)\, v_B + (-6EJ/L^2)\, \varphi_B =$

$= -qL/2 + (3EJ/16b^3)\, v_B + (-3EJ/8b^2)\, \varphi_B$

$W_{BA} = qL^2/12 + (-6EJ/L^2)\, v_B + (4EJ/L)\, \varphi_B = qL^2/12 + (-3EJ/8b^2)\, v_B + (EJ/b)\, \varphi_B$

$H_{BC} = (EA\cos^2(\alpha)/L + 12EJ\sin^2(\alpha)/L^3)\, u_B +$

$+ \cos(\alpha)\sin(\alpha)\,(EA/L - 12EJ/L^3)\, v_B + (-\, 6EJ\sin(\alpha)/L^2)\, \varphi_B$

$= (16EA/125b + 108EJ/3125b^3)\, u_B +$

$+ (12/25)\,(EA/5b - 12EJ/125b^3)\, v_B + (-\, 18EJ/125b^2)\, \varphi_B$

$V_{BC} = \cos(\alpha)\sin(\alpha)\,(EA/L - 12EJ/L^3)\, u_B +$

$+ (EA\sin^2(\alpha)/L + 12EJ\cos^2(\alpha)/L^3)\, v_B + (6EJ\cos(\alpha)/L^2)\, \varphi_B$

$= (12/25)\,(EA/5b - 12EJ/125b^3)\, u_B +$

$+ (9EA/125b + 192EJ/3125b^3)\, v_B + (24EJ/125b^2)\, \varphi_B$

$W_{BC} = (-\, 6EJ\sin(\alpha)/L^2)\, u_B + (6EJ\cos(\alpha)/L^2)\, v_B + (4EJ/L)\, \varphi_B$

$= (-\, 18EJ/125b^2)\, u_B + (24EJ/125b^2)\, v_B + (4EJ/5b)\, \varphi_B$

Sostituendo le precedenti nelle equazioni di equilibrio si ottiene il sistema risolvente:

$(189EA/500b + 108EJ/3125b^3)\, u_B + (12/125)\,(EA/b - 12EJ/25b^3)\, v_B +$

$+ (-\, 18EJ/125b^2)\, \varphi_B = 0$

$(12/125)\,(EA/b - 12EJ/25b^3)\, u_B + (9EA/125b + 12447EJ/50000b^3)\, v_B +$

$+ (-183EJ/1000b^2)\, \varphi_B = 2qb$

$(-\, 18EJ/125b^2)\, u_B + (-183EJ/1000b^2)\, v_B + (9EJ/5b)\, \varphi_B = -4qb^2/3$

da cui, posto $EA = g\, EJ/b^2$, si ricavano gli spostamenti e la rotazione in B:

$u_B = -(qb^4/EJ)(256\,(1750g - 831))/(27(1600g^2 + 8923g + 144))$

$v_B = +(qb^4/EJ)(32(17875g + 912))/(9(1600g^2 + 8923g + 144))$

$\varphi_B = -(qb^3/EJ)(160(200g^2 + 249g - 144))/(27(1600g^2 + 8923g\ 144))$

Gli equilibri dei nodi A e C restituiscono le reazioni vincolari corrispondenti:

$$\Sigma\,(F^A)_x = +\, H_A + (-H_{AB}) = 0$$
$$\Sigma\,(F^A)_y = +\, V_A + (-V_{AB}) = 0$$
$$\Sigma\,(M^A)_A = +\, W_A + (-W_{AB}) = 0$$
$$\Sigma\,(F^C)_x = +\, H_C + (-H_{CB}) = 0$$
$$\Sigma\,(F^C)_y = +\, V_C + (-V_{CB}) = 0$$
$$\Sigma\,(M^C)_C = +\, W_C + (-W_{CB}) = 0$$

da cui, sostituendo le relazioni matriciali e la soluzione trovata, si ricava:

$H_A = qb(64g(1750g - 831))/(27(1600g^2 + 8923g + 144))$

$V_A = -qb(4(8200g^2 + 68211g + 1296))/(9(1600g^2 + 8923g + 144))$

$W_A = -qb^2(8(9200g^2 + 123081g + 3312))/(27(1600g^2 + 8923g + 144))$

$H_C = -qb(64g(1750g - 831))/(27(1600g^2 + 8923g + 144))$
$V_C = -qb(32g(775g + 1512))/(9(1600g^2 + 8923g + 144))$
$W_C = -qb^2(64(200g^2 - 5907g + 72))/(27(1600g^2 + 8923g + 144))$

Nel caso, molto frequente nelle applicazioni pratiche, in cui la rigidezza assiale sia tale da poter considerare ingegneristicamente ininfluenti gli effetti della deformabilità assiale sulla soluzione, si può specializzare quanto ottenuto al caso $g \to \infty$, ottenendo il seguente risultato:

$u''_B = 0$	$v''_B = 0$	$\varphi''_B = -(20/27)(qb^3/EJ)$
$H''_A = (70/27)qb$	$V''_A = -(41/18)qb$	$W''_A = -(46/27)qb^2$
$H''_C = -(70/27)qb$	$V''_C = -(31/18)qb$	$W''_C = -(8/27)qb^2$

Per confronto, si consideri il caso semplificato di travi con sezione rettangolare di altezza $h = b/10$, per le quali si ha $g = 1200$. La soluzione, espressa in termini di 4 cifre significative, è la seguente:

$u_B = -8.599\ 10^{-3}\ (qb^4/EJ)$	$v_B = 32.95\ 10^{-3}\ (qb^4/EJ)$	$\varphi_B = -0.7381\ (qb^3/EJ)$
$H_A = 2.580\ qb$	$V_A = -2.283\ qb$	$W_A = -1.715\ qb^2$
$H_C = -2.580\ qb$	$V_C = -1.717\ qb$	$W_C = -0.2877\ qb^2$

L'errore relativo commesso nell'utilizzo di $g \to \infty$ al posto del valore corretto è del 0.36% sulla rotazione ed è inferiore al 0.64% per le reazioni di massima intensità.

15.5 - CONTRIBUTO DELLA DEFORMABILITA' DA TAGLIO

La formulazione discussa in precedenza può includere anche il contributo della deformabilità da taglio senza sostanziali modifiche. Con riferimento alla fig.15.9, per l'asta di lunghezza *b*, rigidezze assiale *EA*, da taglio *GA*/μ e flessionale *EJ* si possono calcolare i coefficienti della matrice di rigidezza e i contributi dovuti ai carichi distribuiti utilizzando, ad esempio, il Principio dei Lavori Virtuali includendo gli effetti delle deformazioni da taglio. Nel caso di carichi assiale *p* e trasversale *q* uniformemente distribuiti si ottiene:

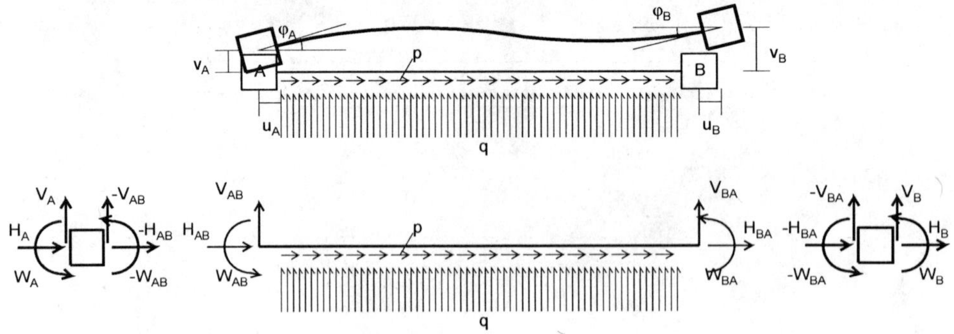

Figura 15.9

$$
\begin{bmatrix} H_{AB} \\ V_{AB} \\ W_{AB} \\ H_{BA} \\ V_{BA} \\ W_{BA} \end{bmatrix}
=
\begin{bmatrix} -\frac{pb}{2} \\ -\frac{qb}{2} \\ -\frac{qb^2}{12} \\ -\frac{pb}{2} \\ -\frac{qb}{2} \\ \frac{qb^2}{12} \end{bmatrix}
+
\begin{bmatrix}
\frac{EA}{b} & 0 & 0 & -\frac{EA}{b} & 0 & 0 \\
0 & 12f\frac{EJ}{b^3} & 6f\frac{EJ}{b^2} & 0 & -12f\frac{EJ}{b^3} & 6f\frac{EJ}{b^2} \\
0 & 6f\frac{EJ}{b^2} & 4r\frac{EJ}{b} & 0 & -6f\frac{EJ}{b^2} & 2s\frac{EJ}{b} \\
-\frac{EA}{b} & 0 & 0 & \frac{EA}{b} & 0 & 0 \\
0 & -12f\frac{EJ}{b^3} & -6f\frac{EJ}{b^2} & 0 & 12f\frac{EJ}{b^3} & -6f\frac{EJ}{b^2} \\
0 & 6f\frac{EJ}{b^2} & 2s\frac{EJ}{b} & 0 & -6f\frac{EJ}{b^2} & 4r\frac{EJ}{b}
\end{bmatrix}
\begin{bmatrix} u_A \\ v_A \\ \varphi_A \\ u_B \\ v_B \\ \varphi_B \end{bmatrix}
$$

con

$$\beta = GAb^2/\mu EJ, \qquad f = \beta/(12+\beta), \qquad r = (3+\beta)/(12+\beta), \qquad s = (-6+\beta)/(12+\beta)$$

15.6 - STRUTTURE RETICOLARI

Se la trave si riduce a un'asta rettilinea con due cerniere alle estremità, i momenti trasmessi ai nodi sono nulli e le rotazioni alle estremità possono essere eliminate a priori già dalla relazione matriciale dell'elemento. In questo modo gli equilibri dei nodi si possono limitare alle sole forze. Nel presente capitolo, questa particolare trave verrà definita "biella"; si noti che tale definizione è generalmente riservata alle aste prive di carichi applicati lungo il loro sviluppo, mentre la trattazione che segue include anche carichi distribuiti assiali e trasversali.

Si consideri un'asta caratterizzata dagli stessi parametri geometrici e meccanici utilizzati nel paragrafo 15.5; essa può essere vista come caso speciale di quanto discusso in tale paragrafo assumendo che sia $W_{AB} = W_{BA} = 0$, fig.15.10.

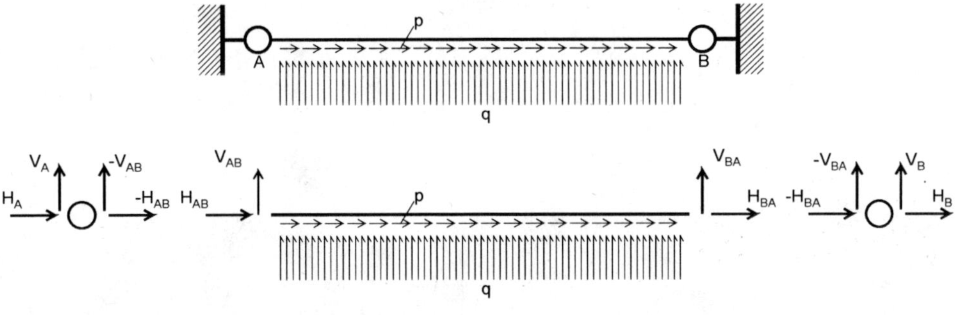

Figura 15.10

Estraendo dalla relazione matriciale le equazioni che forniscono le coppie di estremità si ottiene:

$$\begin{bmatrix} W_{AB}=0 \\ W_{BA}=0 \end{bmatrix} = \frac{qb^2}{12}\begin{bmatrix} -1 \\ \hline 1 \end{bmatrix} + \frac{2EJ}{b}\begin{bmatrix} 2r & s \\ s & 2r \end{bmatrix}\begin{bmatrix} \varphi_A \\ \varphi_B \end{bmatrix} + 6f\frac{EJ}{b^2}\begin{bmatrix} 0 & 1 & 0 & -1 \\ 0 & 1 & 0 & -1 \end{bmatrix}\begin{bmatrix} u_A \\ v_A \\ u_B \\ v_B \end{bmatrix}$$

Risolvendo rispetto alle rotazioni risulta:

$$\begin{bmatrix} \varphi_A \\ \varphi_B \end{bmatrix} = \frac{qb^3}{24EJ}\begin{bmatrix} 1 \\ \hline -1 \end{bmatrix} - \frac{1}{b}\begin{bmatrix} 0 & 1 & 0 & -1 \\ 0 & 1 & 0 & -1 \end{bmatrix}\begin{bmatrix} u_A \\ v_A \\ u_B \\ v_B \end{bmatrix}$$

e sostituendo nelle equazioni restanti si ricava la relazione cercata:

$$\begin{bmatrix} H_{AB} \\ V_{AB} \\ H_{BA} \\ V_{BA} \end{bmatrix} = -\begin{bmatrix} p \\ q \\ p \\ q \end{bmatrix}\frac{b}{2} + \frac{EA}{b}\begin{bmatrix} 1 & 0 & -1 & 0 \\ 0 & 0 & 0 & 0 \\ -1 & 0 & 1 & 0 \\ 0 & 0 & 0 & 0 \end{bmatrix}\begin{bmatrix} u_A \\ v_A \\ u_B \\ v_B \end{bmatrix}$$

Si noti che quest'ultima relazione si sarebbe potuta ottenere direttamente con considerazioni relative alla seconda coppia di immagini di fig.15.1; inoltre, come atteso, la rigidezza da taglio GA/μ e quella flessionale EJ non vi compaiono.

Se l'asta è inclinata di un angolo α rispetto all'orizzontale, è sufficiente considerare la relazione matriciale appena ricavata come valida nel riferimento locale η–ζ, fig.15.11, e proiettare forze e spostamenti nelle direzioni orizzontale e verticale, secondo quanto già discusso nel paragrafo 15.4.

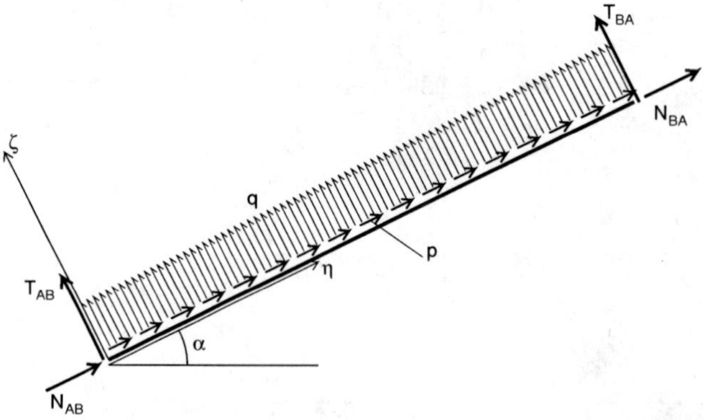

Figura 15.11

$$\begin{bmatrix} N_{AB} \\ T_{AB} \\ N_{BA} \\ T_{BA} \end{bmatrix} = -\begin{bmatrix} p \\ q \\ p \\ q \end{bmatrix}\frac{b}{2} + \frac{EA}{b}\begin{bmatrix} 1 & 0 & -1 & 0 \\ 0 & 0 & 0 & 0 \\ -1 & 0 & 1 & 0 \\ 0 & 0 & 0 & 0 \end{bmatrix}\begin{bmatrix} \eta_A \\ \zeta_A \\ \eta_B \\ \zeta_B \end{bmatrix}$$

Le proiezioni saranno governate dalla stessa matrice ortogonale sia per le forze:

$$\begin{bmatrix} H_{AB} \\ V_{AB} \\ H_{BA} \\ V_{BA} \end{bmatrix} = \begin{bmatrix} \cos(\alpha) & -\sin(\alpha) & 0 & 0 \\ \sin(\alpha) & \cos(\alpha) & 0 & 0 \\ 0 & 0 & \cos(\alpha) & -\sin(\alpha) \\ 0 & 0 & \sin(\alpha) & \cos(\alpha) \end{bmatrix} \begin{bmatrix} N_{AB} \\ T_{AB} \\ N_{BA} \\ T_{BA} \end{bmatrix}$$

sia per gli spostamenti:

$$\begin{bmatrix} \eta_A \\ \zeta_A \\ \eta_B \\ \zeta_B \end{bmatrix} = \begin{bmatrix} \cos(\alpha) & \sin(\alpha) & 0 & 0 \\ -\sin(\alpha) & \cos(\alpha) & 0 & 0 \\ 0 & 0 & \cos(\alpha) & \sin(\alpha) \\ 0 & 0 & -\sin(\alpha) & \cos(\alpha) \end{bmatrix} \begin{bmatrix} u_A \\ v_A \\ u_B \\ v_B \end{bmatrix}$$

Sostituendo in sequenza si ricavano la matrice di rigidezza e il vettore delle forze nodali equivalenti ai carichi uniformemente applicati:

$$\begin{bmatrix} H_{AB} \\ V_{AB} \\ H_{BA} \\ V_{BA} \end{bmatrix} = -\begin{bmatrix} q_x \\ q_y \\ q_x \\ q_y \end{bmatrix} \frac{b}{2} + \frac{EA}{b} \begin{bmatrix} ca^2 & ca\,sa & -ca^2 & -ca\,sa \\ ca\,sa & sa^2 & -ca\,sa & -sa^2 \\ -ca^2 & -ca\,sa & ca^2 & ca\,sa \\ -ca\,sa & -sa^2 & ca\,sa & sa^2 \end{bmatrix} \begin{bmatrix} u_A \\ v_A \\ u_B \\ v_B \end{bmatrix}$$

in cui si è definito:

$ca = \cos(\alpha)$, $sa = \sin(\alpha)$, $q_x = p\,ca - q\,sa$, $q_y = p\,sa + q\,ca$

Le rotazioni negli estremi dell'asta possono essere determinate con considerazioni analoghe:

$$\begin{bmatrix} \varphi_A \\ \varphi_B \end{bmatrix} = \frac{qb^3}{24EJ} \begin{bmatrix} 1 \\ -1 \end{bmatrix} - \frac{1}{b} \begin{bmatrix} 0 & 1 & 0 & -1 \\ 0 & 1 & 0 & -1 \end{bmatrix} \begin{bmatrix} \eta_A \\ \zeta_A \\ \eta_B \\ \zeta_B \end{bmatrix} =$$

$$= \frac{(-q_x\,sa + q_y\,ca)b^3}{24EJ} \begin{bmatrix} 1 \\ -1 \end{bmatrix} - \frac{1}{b} \begin{bmatrix} -sa & ca & sa & -ca \\ -sa & ca & sa & -ca \end{bmatrix} \begin{bmatrix} u_A \\ v_A \\ u_B \\ v_B \end{bmatrix}$$

15.7 - APPLICAZIONE A UNA STRUTTURA RETICOLARE

Si consideri la struttura rappresentata in fig.15.12, con bielle caratterizzate da rigidezze assiale *EA*, flessionale *EJ* e da peso proprio *r* per unità di lunghezza. Si assuma, per comodità operativa, $r = F/b$.

Determinare gli spostamenti del nodo A, le rotazioni delle sezioni di estremità delle aste e le azioni interne.

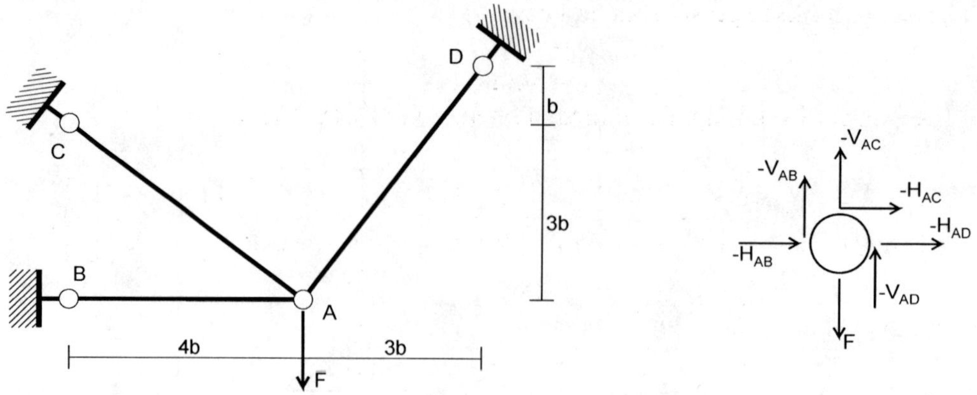

Figura 15.12

L'equilibrio del nodo A fornisce (fig.15.12):

$$\sum (F^A)_x = +(-H_{AB}) + (-H_{AC}) + (-H_{AD}) = 0$$

$$\sum (F^A)_y = +(-V_{AB}) + (-V_{AC}) + (-V_{AD}) - F = 0$$

Per l'asta BA ($\alpha = 0$, $q_x = p = 0$, $q_y = q = -r$) si può scrivere:

$$\begin{bmatrix} H_{BA} \\ V_{BA} \\ H_{AB} \\ V_{AB} \end{bmatrix} = 2rb \begin{bmatrix} 0 \\ 1 \\ 0 \\ 1 \end{bmatrix} + \frac{EA}{4b} \begin{bmatrix} 1 & 0 & -1 & 0 \\ 0 & 0 & 0 & 0 \\ -1 & 0 & 1 & 0 \\ 0 & 0 & 0 & 0 \end{bmatrix} \begin{bmatrix} u_B \\ v_B \\ u_A \\ v_A \end{bmatrix}$$

Per l'asta CA (ca = 4/5, sa = –3/5, $p = -r$ sa, $q = -r$ ca) si ottiene:

$q_x = -r \,\text{sa ca} + r \,\text{ca sa} = 0$, $\quad q_y = -r\,\text{sa}^2 - r\,\text{ca}^2 = -r$

$$\begin{bmatrix} H_{CA} \\ V_{CA} \\ H_{AC} \\ V_{AC} \end{bmatrix} = \begin{bmatrix} 0 \\ 1 \\ 0 \\ 1 \end{bmatrix} \frac{5rb}{2} + \frac{EA}{5b} \begin{bmatrix} 16/25 & -12/25 & -16/25 & 12/25 \\ -12/25 & 9/25 & 12/25 & -9/25 \\ -16/25 & 12/25 & 16/25 & -12/25 \\ 12/25 & -9/25 & -12/25 & 9/25 \end{bmatrix} \begin{bmatrix} u_C \\ v_C \\ u_A \\ v_A \end{bmatrix}$$

Per l'asta AD (ca = 3/5, sa = 4/5, p = –r sa, q = –r ca) si ha:

$q_x = -r \,\text{sa ca} + r \,\text{ca sa} = 0$, $\quad q_y = -r\,\text{sa}^2 - r\,\text{ca}^2 = -r$

$$\begin{bmatrix} H_{AD} \\ V_{AD} \\ H_{DA} \\ V_{DA} \end{bmatrix} = \begin{bmatrix} 0 \\ 1 \\ 0 \\ 1 \end{bmatrix} \frac{5rb}{2} + \frac{EA}{5b} \begin{bmatrix} 9/25 & 12/25 & -9/25 & -12/25 \\ 12/25 & 16/25 & -12/25 & -16/25 \\ -9/25 & -12/25 & 9/25 & 12/25 \\ -12/25 & -16/25 & 12/25 & 16/25 \end{bmatrix} \begin{bmatrix} u_A \\ v_A \\ u_D \\ v_D \end{bmatrix}$$

Sostituendo nelle equazioni di equilibrio del nodo A si ottiene il sistema:

$$H_{AB} + H_{AC} + H_{AD} = (EA/4b)\, u_A + (EA/5b)\,(16\, u_A - 12\, v_A)/25 +$$
$$+ (EA/5b)\,(9\, u_A + 12\, v_A)/25 = 0$$

$$V_{AB} + V_{AC} + V_{AD} = (2rb) + (5rb/2 + (EA/5b)\,(-12\, u_A + 9\, v_A)/25) +$$
$$+ (5rb/2 + (EA/5b)\,(12\, u_A + 16\, v_A)/25) = -F$$

che, risolto, fornisce gli spostamenti cercati:

$$u_A = 0$$

$$v_A = -40Fb/EA$$

Le rotazioni si ottengono immediatamente; per l'asta BA:

$$\begin{bmatrix} \varphi_B \\ \varphi_A \end{bmatrix} = \frac{-r(4b)^3}{24EJ}\begin{bmatrix} 1 \\ \hline -1 \end{bmatrix} - \frac{1}{4b}\left[\begin{array}{c|c|c|c} 0 & 1 & 0 & -1 \\ \hline 0 & 1 & 0 & -1 \end{array}\right]\begin{bmatrix} u_B \\ v_B \\ u_A \\ v_A \end{bmatrix} = \frac{8Fb^2}{3EJ}\begin{bmatrix} -1 \\ \hline 1 \end{bmatrix} - 10\frac{F}{EA}\begin{bmatrix} 1 \\ \hline 1 \end{bmatrix}$$

Per l'asta CA:

$$\begin{bmatrix} \varphi_C \\ \varphi_A \end{bmatrix} = \frac{-r\,ca(5b)^3}{24EJ}\begin{bmatrix} 1 \\ \hline -1 \end{bmatrix} - \frac{1}{5b}\left[\begin{array}{c|c|c|c} -sa & ca & sa & -ca \\ \hline -sa & ca & sa & -ca \end{array}\right]\begin{bmatrix} u_C \\ v_C \\ u_A \\ v_A \end{bmatrix} = \frac{25}{6}\frac{Fb^2}{EJ}\begin{bmatrix} -1 \\ \hline 1 \end{bmatrix} - \frac{32}{5}\frac{F}{EA}\begin{bmatrix} 1 \\ \hline 1 \end{bmatrix}$$

Per l'asta AD:

$$\begin{bmatrix} \varphi_A \\ \varphi_D \end{bmatrix} = \frac{-r\,ca(5b)^3}{24EJ}\begin{bmatrix} 1 \\ \hline -1 \end{bmatrix} - \frac{1}{5b}\left[\begin{array}{c|c|c|c} -sa & ca & sa & -ca \\ \hline -sa & ca & sa & -ca \end{array}\right]\begin{bmatrix} u_A \\ v_A \\ u_D \\ v_D \end{bmatrix} = \frac{25}{8}\frac{Fb^2}{EJ}\begin{bmatrix} -1 \\ \hline 1 \end{bmatrix} + \frac{24}{5}\frac{F}{EA}\begin{bmatrix} 1 \\ \hline 1 \end{bmatrix}$$

Le azioni di estremità delle aste si ricavano, per ogni asta, dalla relazione matriciale che lega tali azioni con i carichi applicati e gli spostamenti di estremità:

$H_{BA} = 0$ $\qquad$ $H_{AB} = 0$

$V_{BA} = 2F$ $\qquad$ $V_{AB} = 2F$

$H_{CA} = -(96/25)\,F$ $\qquad$ $H_{AC} = (96/25)\,F$

$V_{CA} = (269/50)\,F$ $\qquad$ $V_{AC} = -(19/50)\,F$

$H_{AD} = -(96/25)\,F$ $\qquad$ $H_{DA} = (96/25)\,F$

$V_{AD} = -(131/50)\,F$ $\qquad$ $V_{DA} = (381/50)\,F$

Con queste ultime si determinano le seguenti azioni interne, rappresentate in fig.15.13.

$N_{BA} = -H_{BA} = 0$ $\qquad$ $N_{AB} = H_{AB} = 0$

$T_{BA} = V_{BA} = 2F$ $\qquad$ $T_{AB} = -V_{AB} = -2F$

$W_{BA} = 0$ $\qquad$ $W_{AB} = 0$

$N_{CA} = -H_{CA}\,(4/5) + V_{CA}\,(3/5) = (63/10)\,F$ $\qquad$ $N_{AC} = H_{AC}\,(4/5) - V_{AC}\,(3/5) = (33/10)\,F$

$T_{CA} = H_{CA}\,(3/5) + V_{CA}\,(4/5) = 2F$ $\qquad$ $T_{AC} = -H_{AC}\,(3/5) - V_{AC}\,(4/5) = -2F$

$W_{CA} = 0$ $\qquad$ $W_{AC} = 0$

$N_{AD} = -H_{AD}\,(3/5) - V_{AD}\,(4/5) = (22/5)\,F$ $\qquad$ $N_{DA} = H_{DA}\,(3/5) + V_{DA}\,(4/5) = (42/5)\,F$

$T_{AD} = -H_{AD}\,(4/5) + V_{AD}\,(3/5) = (3/2)\,F$ $\qquad$ $T_{DA} = H_{DA}\,(4/5) - V_{DA}\,(3/5) = -(3/2)\,F$

$W_{AD} = 0$ $\qquad$ $W_{DA} = 0$

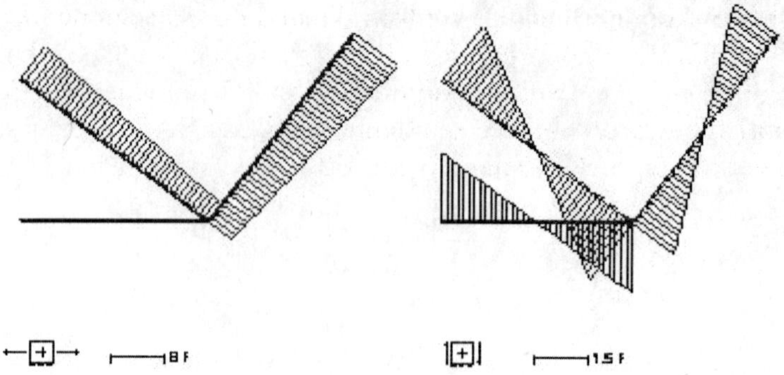

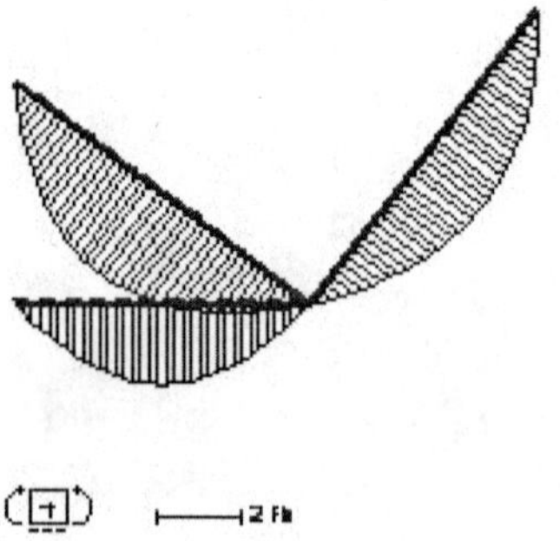

Figura 15.13

15.8 – STRUTTURE TRI-DIMENSIONALI

Una struttura tri-dimensionale può essere analizzata mediante la procedura discussa nei paragrafi precedenti. L'estensione non presenta difficoltà concettuali, ma necessita di una formulazione che, operativamente, possa facilmente inglobare gli effetti degli accoppiamenti tra le azioni interne.

Si consideri la mensola rappresentata in fig.15.14, di lunghezza *b*.

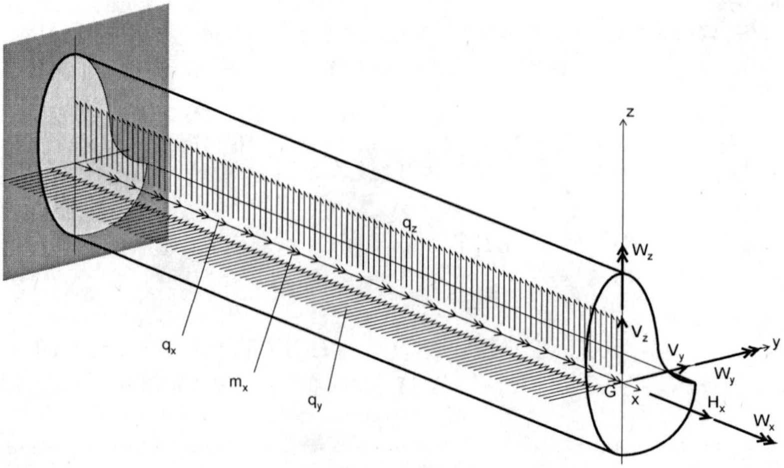

Figura 15.14

Siano y e z gli assi principali e centrali d'inerzia della sezione ($J_{yz} = 0$). Lungo la linea d'asse della trave sono applicati dei carichi distribuiti uniformi q_x, q_y, q_z e m_x. Le sollecitazioni agenti sulle sezioni di estremità (indicate con A e B) hanno come risultanti forze e coppie che si assumono riferite ai baricentri delle sezioni. Gli equilibri globali permettono di scrivere, fig.15.15:

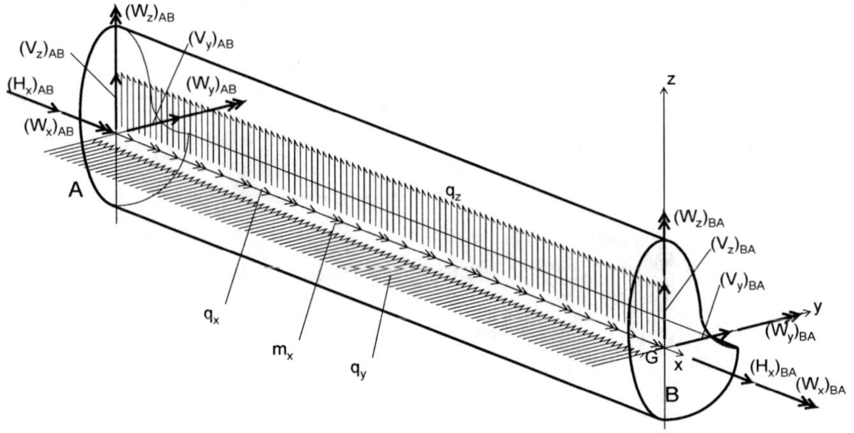

Figura 15.15

$$(H_x)_{AB} + (H_x)_{BA} + q_x\, b = 0$$
$$(V_y)_{AB} + (V_y)_{BA} + q_y\, b = 0$$
$$(V_z)_{AB} + (V_z)_{BA} + q_z\, b = 0$$
$$(W_x)_{AB} + (W_x)_{BA} + m_x\, b = 0$$
$$(W_y)_{AB} + (W_y)_{BA} - (V_z)_{BA}\, b - q_z\, b^2/2 = 0$$
$$(W_z)_{AB} + (W_z)_{BA} + (V_y)_{BA}\, b + q_y\, b^2/2 = 0$$

In forma matriciale si ha:

$$\mathbf{H}_{AB} + \mathbf{S}^T\, \mathbf{H}_{BA} + \mathbf{F} = \mathbf{0}$$

in cui si è posto:

$$\mathbf{H} = \begin{bmatrix} H_x \\ V_y \\ V_z \\ W_x \\ W_y \\ W_z \end{bmatrix}, \qquad \mathbf{S} = \begin{bmatrix} 1 & 0 & 0 & 0 & 0 & 0 \\ 0 & 1 & 0 & 0 & 0 & b \\ 0 & 0 & 1 & 0 & -b & 0 \\ 0 & 0 & 0 & 1 & 0 & 0 \\ 0 & 0 & 0 & 0 & 1 & 0 \\ 0 & 0 & 0 & 0 & 0 & 1 \end{bmatrix}, \qquad \mathbf{F} = \begin{bmatrix} q_x b \\ q_y b \\ q_z b \\ m_x b \\ -q_z\, b^2/2 \\ q_y\, b^2/2 \end{bmatrix}$$

Se si considera lo schema a mensola di fig.15.14, gli spostamenti e le rotazioni nell'estremo B sono dovuti alla sola deformazione della trave e si possono determinare, ad esempio, con il teorema di Castigliano sugli spostamenti. Dette (y_C, z_C) le coordinate del centro di taglio C della sezione e s l'ascissa lungo l'asse della trave con origine in B, le azioni interne, definite secondo le convenzioni rappresentate in fig.15.16, sono determinabili mediante equilibrio nel modo seguente:

$N = (H_x)_{BA} + q_x\, s$
$T_y = (V_y)_{BA} + q_y\, s$
$T_z = (V_z)_{BA} + q_z\, s$
$(M_x)_C = (W_x)_{BA} + m_x\, s + [(V_y)_{BA} + q_y\, s]\, z_C - [(V_z)_{BA} + q_z\, s]\, y_C$
$M_y = (W_y)_{BA} - (V_z)_{BA}\, s - q_z\, s^2/2$
$M_z = (W_z)_{BA} + (V_y)_{BA}\, s + q_y\, s^2/2$

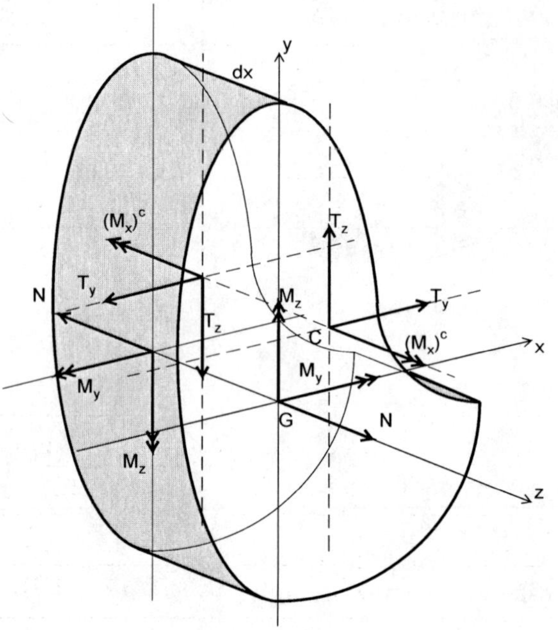

Figura 15.16

L'energia di deformazione della trave, includendo gli effetti indotti da torsione e taglio, si calcola come segue:

$$\pi^* = \frac{1}{2}\int_0^b \frac{N^2}{EA} + \frac{M_y^2}{EJ_y} + \frac{M_z^2}{EJ_y} + \frac{\left(M_x^C\right)^2}{GJ_t} + \frac{1}{GA}\left[T_y, T_z\right]\begin{bmatrix}\mu_y & \mu_{yz}\\ \mu_{zy} & \mu_z\end{bmatrix}\begin{bmatrix}T_y\\ T_z\end{bmatrix} ds$$

in cui μ_{jr} è il tensore (simmetrico) dei fattori di taglio della sezione.
Secondo il teorema di Castigliano, gli spostamenti nell'estremità B dovuti alla deformazione della trave si ottengono derivando l'energia di deformazione rispetto alle azioni applicate in B:

$$\Delta \mathbf{u}_{def} = \frac{\partial \pi^*}{\partial \mathbf{H}_{BA}} = \left[\frac{\partial \pi^*}{\partial H_x^{BA}}, \frac{\partial \pi^*}{\partial V_y^{BA}}, \frac{\partial \pi^*}{\partial V_z^{BA}}, \frac{\partial \pi^*}{\partial W_x^{BA}}, \frac{\partial \pi^*}{\partial W_y^{BA}}, \frac{\partial \pi^*}{\partial W_z^{BA}}\right]^T = \mathbf{C}\, \mathbf{H}_{BA} + \Delta \mathbf{u}_q$$

in cui la matrice di cedevolezza **C** e il vettore degli spostamenti nodali $\Delta \mathbf{u}_q$ (del nodo B) sono i seguenti:

$$
\mathbf{C}=\begin{bmatrix}
\frac{b}{EA} & 0 & 0 & 0 & 0 & 0\\
0 & \frac{b^3}{3EJ_z}+\frac{b\mu_y}{GA}+\frac{b z_C^2}{GJ_t} & \frac{b\mu_{yz}}{GA}-\frac{b\, y_C\, z_C}{GJ_t} & \frac{b z_C}{GJ_t} & 0 & \frac{b^2}{2EJ_z}\\
0 & \frac{b\mu_{yz}}{GA}-\frac{b\, y_C\, z_C}{GJ_t} & \frac{b^3}{3EJ_y}+\frac{b\mu_z}{GA}+\frac{b y_C^2}{GJ_t} & -\frac{b y_C}{GJ_t} & -\frac{b^2}{2EJ_y} & 0\\
0 & \frac{b z_C}{GJ_t} & -\frac{b y_C}{GJ_t} & \frac{b}{GJ_t} & 0 & 0\\
0 & 0 & -\frac{b^2}{2EJ_y} & 0 & \frac{b}{EJ_y} & 0\\
0 & \frac{b^2}{2EJ_z} & 0 & 0 & 0 & \frac{b}{EJ_z}
\end{bmatrix}
$$

$$
\Delta\mathbf{u}_q=\begin{bmatrix}
\frac{q_x b^2}{2EA}\\
\frac{m_x\, z_C b^2}{2GJ_t}+\left(\frac{b^2}{8EJ_z}+\frac{\mu_y}{2GA}+\frac{z_C^2}{2GJ_t}\right)q_y b^2+\left(\frac{\mu_{yz}}{2GA}-\frac{y_C\, z_C}{2GJ_t}\right)q_z b^2\\
-\frac{m_x\, y_C b^2}{2GJ_t}+\left(\frac{\mu_{yz}}{2GA}-\frac{y_C\, z_C}{2GJ_t}\right)q_y b^2+\left(\frac{b^2}{8EJ_y}+\frac{\mu_z}{2GA}+\frac{y_C^2}{2GJ_t}\right)q_z b^2\\
\left(m_x+q_y\, z_C-q_z\, y_C\right)\frac{b^2}{2GJ_t}\\
-\frac{q_z\, b^3}{6EJ_y}\\
\frac{q_y\, b^3}{6EJ_z}
\end{bmatrix}
$$

Tenendo conto degli spostamenti in A, gli spostamenti assoluti dell'estremo in B sono esprimibili mediante sovrapposizione dei moti rigidi e dei contributi deformativi appena determinati:

$$(u_x)_B=(u_x)_A+(\Delta u_x)_{def}$$
$$(u_y)_B=(u_y)_A+(\varphi_z)_A\, b+(\Delta u_y)_{def}$$
$$(u_z)_B=(u_z)_A-(\varphi_y)_A\, b+(\Delta u_z)_{def}$$
$$(\varphi_x)_B=(\varphi_x)_A+(\Delta\varphi_x)_{def}$$
$$(\varphi_y)_B=(\varphi_y)_A+(\Delta\varphi_y)_{def}$$
$$(\varphi_z)_B=(\varphi_z)_A+(\Delta\varphi_z)_{def}$$

ovvero, in forma matriciale:

$$\mathbf{u}_B = \mathbf{S}\,\mathbf{u}_A + \Delta\mathbf{u}_{def} = \mathbf{S}\,\mathbf{u}_A + \mathbf{C}\,\mathbf{H}_{BA} + \Delta\mathbf{u}_q$$

Risolvendo quest'ultima relazione rispetto a $\mathbf{H}_{BA}$ si ricava:

$$\mathbf{H}_{BA} = -\mathbf{C}^{-1}\,\mathbf{S}\,\mathbf{u}_A + \mathbf{C}^{-1}\,\mathbf{u}_B - \mathbf{C}^{-1}\,\Delta\mathbf{u}_q$$

e sostituendo quest'ultima nella relazione di equilibrio determinata in precedenza si ricavano anche le azioni $\mathbf{H}_{AB}$:

$$\mathbf{H}_{AB} = -\mathbf{S}^T\,\mathbf{H}_{BA} - \mathbf{F} = \mathbf{S}^T\,\mathbf{C}^{-1}\,\mathbf{S}\,\mathbf{u}_A - \mathbf{S}^T\,\mathbf{C}^{-1}\,\mathbf{u}_B + \mathbf{S}^T\,\mathbf{C}^{-1}\,\Delta\mathbf{u}_q - \mathbf{F}$$

In forma matriciale si può porre:

$$\begin{bmatrix}\mathbf{H}_{AB}\\ \mathbf{H}_{BA}\end{bmatrix} = \underbrace{\left[\begin{array}{c|c}\mathbf{S}^T\mathbf{C}^{-1}\mathbf{S} & -\mathbf{S}^T\mathbf{C}^{-1}\\ \hline -\mathbf{C}^{-1}\mathbf{S} & \mathbf{C}^{-1}\end{array}\right]}_{\mathbf{k}}\begin{bmatrix}\mathbf{u}_A\\ \mathbf{u}_B\end{bmatrix} + \underbrace{\begin{bmatrix}\mathbf{S}^T\mathbf{C}^{-1}\Delta\mathbf{u}_q - \mathbf{F}\\ -\mathbf{C}^{-1}\Delta\mathbf{u}_q\end{bmatrix}}_{\mathbf{T}} = \mathbf{k}\begin{bmatrix}\mathbf{u}_A\\ \mathbf{u}_B\end{bmatrix} + \left[\begin{array}{c}-q_x b/2\\ -q_y b/2\\ -q_z b/2\\ \hline -m_x b/2\\ q_z b^2/12\\ -q_y b^2/12\\ \hline -q_x b/2\\ -q_y b/2\\ -q_z b/2\\ \hline -m_x b/2\\ -q_z b^2/12\\ q_y b^2/12\end{array}\right]$$

in cui $\mathbf{k}$ è la matrice di rigidezza della trave e $\mathbf{T}$ il vettore delle reazioni ai carichi applicati nel caso di spostamenti nodali nulli. Si noti che azioni e spostamenti sono riferiti ai baricentri delle sezioni di estremità.

Nel caso particolare in cui è possibile trascurare la deformabilità da taglio (in questo caso si può assumere fittiziamente $\mu_y = \mu_z = \mu_{yz} = 0$) e il centro di taglio coincide con il baricentro ($y_C = z_C = 0$, ad esempio per sezioni doppiamente simmetriche), la matrice di rigidezza si semplifica nella seguente:

$$\mathbf{k} = \left[\begin{array}{cccccccccccc}
a & 0 & 0 & 0 & 0 & 0 & -a & 0 & 0 & 0 & 0 & 0 \\
0 & 12c & 0 & 0 & 0 & 6bc & 0 & -12c & 0 & 0 & 0 & 6bc \\
0 & 0 & 12d & 0 & -6bd & 0 & 0 & 0 & -12d & 0 & -6bd & 0 \\
0 & 0 & 0 & e & 0 & 0 & 0 & 0 & 0 & -e & 0 & 0 \\
0 & 0 & -6bd & 0 & 4b^2d & 0 & 0 & 0 & 6bd & 0 & 2b^2d & 0 \\
0 & 6bc & 0 & 0 & 0 & 4b^2c & 0 & -6bc & 0 & 0 & 0 & 2b^2c \\
-a & 0 & 0 & 0 & 0 & 0 & a & 0 & 0 & 0 & 0 & 0 \\
0 & -12c & 0 & 0 & 0 & -6bc & 0 & 12c & 0 & 0 & 0 & -6bc \\
0 & 0 & -12d & 0 & 6bd & 0 & 0 & 0 & 12d & 0 & 6bd & 0 \\
0 & 0 & 0 & -e & 0 & 0 & 0 & 0 & 0 & e & 0 & 0 \\
0 & 0 & -6bd & 0 & 2b^2d & 0 & 0 & 0 & 6bd & 0 & 4b^2d & 0 \\
0 & 6bc & 0 & 0 & 0 & 2b^2c & 0 & -6bc & 0 & 0 & 0 & 4b^2c
\end{array}\right]$$

in cui si è posto: $a = EA/b, \quad c = EJ_z/b^3, \quad d = EJ_y/b^3, \quad e = GJ_t/b$

15.9 - RIFERIMENTO A UN PUNTO DIVERSO DAL BARICENTRO

Nelle applicazioni capita spesso di dover utilizzare come riferimento un punto Q diverso dal baricentro della sezione G. Dette (Δx_Q, Δy_Q, Δz_Q) le sue coordinate relative rispetto a G, gli spostamenti e le rotazioni riferite al baricentro si possono esprimere in funzione di quelle riferite a Q mediante una relazione che esprime un atto di moto rigido:

$$\begin{aligned}
(u_x)_G &= (u_x)_Q - (\varphi_y)_Q\, \Delta z_Q + (\varphi_z)_Q\, \Delta y_Q \\
(u_y)_G &= (u_y)_Q + (\varphi_x)_Q\, \Delta z_Q - (\varphi_z)_Q\, \Delta x_Q \\
(u_z)_G &= (u_z)_Q - (\varphi_x)_Q\, \Delta y_Q + (\varphi_y)_Q\, \Delta x_Q \\
(\varphi_x)_G &= (\varphi_x)_Q \\
(\varphi_y)_G &= (\varphi_y)_Q \\
(\varphi_z)_G &= (\varphi_z)_Q
\end{aligned}$$

ovvero, in forma matriciale:

$$\mathbf{u} = \mathbf{Z}\,\mathbf{u}^Q, \qquad \mathbf{Z} = \left[\begin{array}{cccccc}
1 & 0 & 0 & 0 & -\Delta z_Q & \Delta y_Q \\
0 & 1 & 0 & \Delta z_Q & 0 & -\Delta x_Q \\
0 & 0 & 1 & -\Delta y_Q & \Delta x_Q & 0 \\
0 & 0 & 0 & 1 & 0 & 0 \\
0 & 0 & 0 & 0 & 1 & 0 \\
0 & 0 & 0 & 0 & 0 & 1
\end{array}\right]$$

Le azioni $\mathbf{H}$ e $\mathbf{H}^Q$ sono legate da relazioni che traducono l'equipollenza dei due sistemi:

$$(H_x)_Q = (H_x)_G$$
$$(V_y)_Q = (V_y)_G$$
$$(V_z)_Q = (V_z)_G$$
$$(W_x)_Q = (W_x)_G + (V_y)_G\,\Delta z_Q - (V_z)_G\,\Delta y_Q$$
$$(W_y)_Q = (W_y)_G - (H_x)_G\,\Delta z_Q + (V_z)_G\,\Delta x_Q$$
$$(W_z)_Q = (W_z)_G + (H_x)_G\,\Delta y_Q - (V_y)_G\,\Delta x_Q$$

In forma matriciale si scrive:

$$\mathbf{H}^Q = \mathbf{Z}^T\,\mathbf{H}$$

Dunque, detti A' e B' gli estremi della trave con riferimento ai punti Q (che possono anche differire per i due estremi A' e B'), si può scrivere:

$$\begin{bmatrix} \mathbf{H}_{A'B'} \\ \mathbf{H}_{B'A'} \end{bmatrix} = \left[\begin{array}{c|c} \mathbf{Z}_{A'}^T & \mathbf{0} \\ \hline \mathbf{0} & \mathbf{Z}_{B'}^T \end{array}\right] \begin{bmatrix} \mathbf{H}_{AB} \\ \mathbf{H}_{BA} \end{bmatrix} = \left[\begin{array}{c|c} \mathbf{Z}_{A'}^T & \mathbf{0} \\ \hline \mathbf{0} & \mathbf{Z}_{B'}^T \end{array}\right] \mathbf{k} \left[\begin{array}{c|c} \mathbf{Z}_{A'} & \mathbf{0} \\ \hline \mathbf{0} & \mathbf{Z}_{B'} \end{array}\right] \begin{bmatrix} \mathbf{u}_{A'} \\ \mathbf{u}_{B'} \end{bmatrix} + \left[\begin{array}{c|c} \mathbf{Z}_{A'}^T & \mathbf{0} \\ \hline \mathbf{0} & \mathbf{Z}_{B'}^T \end{array}\right] \mathbf{T}$$

ovvero:

$$\begin{bmatrix} \mathbf{H}_{A'B'} \\ \mathbf{H}_{B'A'} \end{bmatrix} = \mathbf{k}_Q \begin{bmatrix} \mathbf{u}_{A'} \\ \mathbf{u}_{B'} \end{bmatrix} + \mathbf{T}_Q$$

con la matrice di rigidezza $\mathbf{k}_Q$ e il vettore delle azioni ai nodi $\mathbf{T}_Q$ equivalenti ai carichi applicati espressi come segue:

$$\mathbf{k}_Q = \left[\begin{array}{c|c} \mathbf{Z}_{A'}^T\,\mathbf{S}^T\mathbf{C}^{-1}\mathbf{S}\mathbf{Z}_{A'} & -\mathbf{Z}_{A'}^T\,\mathbf{S}^T\mathbf{C}^{-1}\mathbf{Z}_{B'} \\ \hline -\mathbf{Z}_{B'}^T\,\mathbf{C}^{-1}\mathbf{S}\mathbf{Z}_{A'} & \mathbf{Z}_{B'}^T\,\mathbf{C}^{-1}\mathbf{Z}_{B'} \end{array}\right], \qquad \mathbf{T}_Q = \begin{bmatrix} \mathbf{Z}_{A'}^T\,\mathbf{S}^T\mathbf{C}^{-1}\Delta\mathbf{u}_q - \mathbf{Z}_{A'}^T\,\mathbf{F} \\ -\mathbf{Z}_{B'}^T\,\mathbf{C}^{-1}\Delta\mathbf{u}_q \end{bmatrix}$$

15.10 - TRAVI INCLINATE E/O RUOTATE

Se la trave non è orizzontale, o se gli assi locali principali e centrali d'inerzia *y* e *z* non sono paralleli ed equiversi a quelli del riferimento globale Y e Z, è necessario proiettare le azioni e gli spostamenti dell'elemento dal sistema locale di riferimento *x-y-z* a quello globale X-Y-Z, analogamente a quanto già discusso nel caso piano nel paragrafo 15.4. Siano $\mathbf{n}_x$, $\mathbf{n}_y$ e $\mathbf{n}_z$ i versori degli assi locali della trave espressi nel sistema di riferimento globale. Indicate con H'_X, H'_Y, H'_Z, W'_X, W'_Y e W'_Z le proiezioni delle azioni di estremità secondo il sistema di riferimento globale X-Y-Z, si ha:

$$H_x = (\mathbf{n}_x)^T[H'_X, H'_Y, H'_Z]$$
$$V_y = (\mathbf{n}_y)^T[H'_X, H'_Y, H'_Z]$$
$$V_z = (\mathbf{n}_z)^T[H'_X, H'_Y, H'_Z]$$
$$W_x = (\mathbf{n}_x)^T[W'_X, W'_Y, W'_Z]$$
$$W_y = (\mathbf{n}_y)^T[W'_X, W'_Y, W'_Z]$$
$$W_z = (\mathbf{n}_z)^T[W'_X, W'_Y, W'_Z]$$

In forma matriciale si scrive:

$$\begin{bmatrix} \mathbf{H}_{A'B'} \\ \mathbf{H}_{B'A'} \end{bmatrix} = \mathbf{R}^T \begin{bmatrix} \mathbf{H}'_{A'B'} \\ \mathbf{H}'_{B'A'} \end{bmatrix}$$

in cui si è assunto:

$$\mathbf{R} = \begin{bmatrix} \hat{\mathbf{R}} & \mathbf{0} & \mathbf{0} & \mathbf{0} \\ \mathbf{0} & \hat{\mathbf{R}} & \mathbf{0} & \mathbf{0} \\ \mathbf{0} & \mathbf{0} & \hat{\mathbf{R}} & \mathbf{0} \\ \mathbf{0} & \mathbf{0} & \mathbf{0} & \hat{\mathbf{R}} \end{bmatrix}, \qquad \hat{\mathbf{R}} = \left[\, \mathbf{n}_x, \mathbf{n}_y, \mathbf{n}_z \,\right]$$

con $\mathbf{R}$ matrice ortogonale ($\mathbf{R}^{-1} = \mathbf{R}^T$).

Una relazione analoga vale anche per gli spostamenti:

$$\begin{bmatrix} \mathbf{u}_{A'} \\ \mathbf{u}_{B'} \end{bmatrix} = \mathbf{R}^T \begin{bmatrix} \mathbf{u}'_{A'} \\ \mathbf{u}'_{B'} \end{bmatrix}$$

Utilizzando queste ultime relazioni e la definizione di matrice di rigidezza ottenuta nel precedente paragrafo, si ricava:

$$\begin{bmatrix} \mathbf{H}'_{A'B'} \\ \mathbf{H}'_{B'A'} \end{bmatrix} = \mathbf{R}\,\mathbf{k}_Q\,\mathbf{R}^T \begin{bmatrix} \mathbf{u}'_{A'} \\ \mathbf{u}'_{B'} \end{bmatrix} + \mathbf{R}\,\mathbf{T}_Q = \mathbf{k}'_Q \begin{bmatrix} \mathbf{u}'_{A'} \\ \mathbf{u}'_{B'} \end{bmatrix} + \mathbf{T}'_Q$$

in cui la matrice $\mathbf{k}'_Q = \mathbf{R}\,\mathbf{k}_Q\,\mathbf{R}^T$ e il vettore $\mathbf{T}'_Q = \mathbf{R}\,\mathbf{T}_Q$ sono, rispettivamente, la matrice di rigidezza della trave e il vettore delle reazioni d'estremità ai carichi distribuiti (per spostamenti nodali nulli), entrambi riferiti ai punti Q degli estremi A' e B' secondo il sistema di riferimento globale X-Y-Z.

15.11 - ESEMPIO: ANALISI DI UN PORTALE

Si consideri il portale rappresentato in fig.15.17 e si assuma, per semplicità operativa, che la trave (di lunghezza $2b$) e le colonne (di altezza b) siano tutte caratterizzate dalla sezione trasversale rappresentata in figura, di spessore uniforme $t<<a$. Sia γ il peso specifico del materiale, $a = b/10$ e $t = a/20$. Si determinino le reazioni vincolari, gli spostamenti e le rotazioni nei nodi A, B, D, E e nel punto medio M della trave.

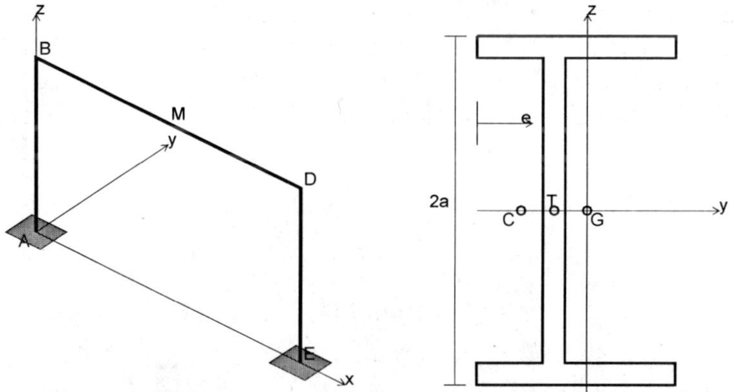

Figura 15.17

Le caratteristiche geometriche della sezione sono le seguenti; area:

$$A = 2at + (2a - 2t)\,t = 0.195\,a^2$$

posizione della linea media dell'anima (cioè del punto T, con $-1 \le \eta \le 1$):

$$e_T = a/2 + (a/2 - t/2)\,\eta = a/2 + 0.4750\ a\ \eta$$

posizione del baricentro G:

$$e_G = [2(at\ a/2) + (2a - 2t)\ t\ e_T\ ]/A = a/2 + \eta\ (a - t)^2/(4a - 2t) = a/2 + 0.2314\ a\ \eta$$

posizione del centro di taglio:

$$e_C = a/2 + \eta\ (a - t)(14a - t)/(8a - t)/2 = a/2 + 0.8335\ a\ \eta$$

$$y_C = e_C - e_G = \eta\ a\ (a - t)\ (20a - 7t)/(8a - t)/(2a - t)/2 = 0.6021\ a\ \eta$$

momenti d'inerzia rispetto agli assi *y* e *z*:

$$I_y = 2\ [\ a\ t^3/12 + a\ t\ (a - t/2)^2\ ] + t\ (2a - 2t)^3/12 = 0.1237\ a^4$$

$$I_z = 2\ [\ t\ a^3/12 + a\ t\ (a/2 - e_G)^2\ ] + (2a - 2t)\ t^3/12 + (2a - 2t)\ t\ (e_T - e_G)^2 =$$

$$= 8.353\ 10^{-3}\ a^4 + 1.099\ 10^{-2}\ a^4\ \eta^2$$

fattori di taglio:

$$\mu_y = 2.201 + 0.2735\ \eta^2$$

$$\mu_z = 2.329 + \eta^2\ (\ 6.158 - 2.303\ \eta^2\ )/(\ 0.7765 + 2.044\ \eta^2 + 1.345\ \eta^4\ )$$

$$\mu_{yz} = 0$$

momento d'inerzia torsionale:

$$J_t = (a + 2a + a)\ t^3/3 = 1.667\ 10^{-4}\ a^4$$

Si individuano quattro elementi di trave (le due colonne, AB e ED, e le due metà trave, BM e MD) in modo da poter identificare M con un nodo e ottenere anche per esso spostamenti e rotazioni.

I sistemi di riferimento locali sono rappresentati in fig.15.18.

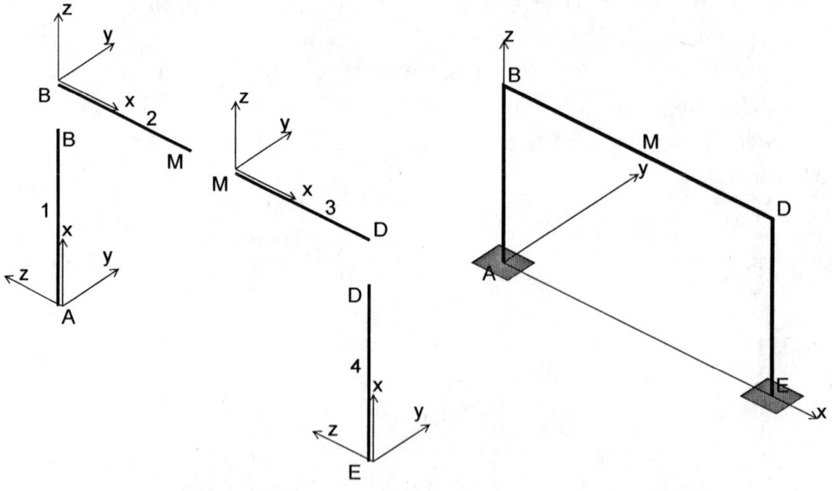

Figura 15.18

Si assumono come punti di riferimento i baricentri delle sezioni di estremità in corrispondenza dei nodi A, M ed E. Per i nodi B e D si tiene conto della presenza di un giunto di connessione che si assume infinitamente rigido, e si utilizzano come punti di riferimento le intersezioni delle linee d'assi (baricentriche) delle travi, come indicato in fig.15.19 per il nodo B.

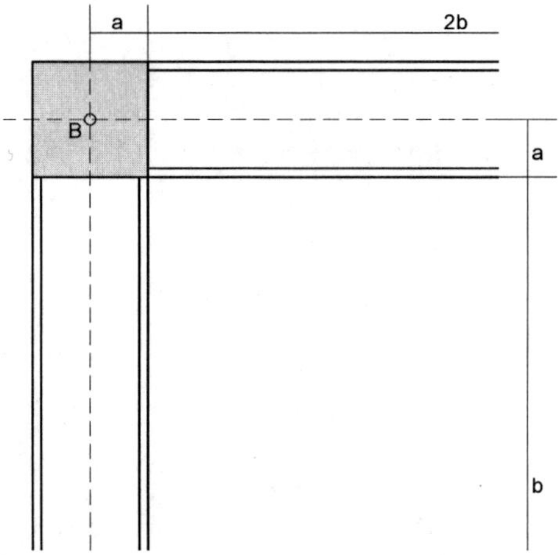

Figura 15.19

Per l'elemento n.1 si ha:

$$\mathbf{Z}_A^1=\begin{bmatrix}1&0&0&0&0&0\\0&1&0&0&0&0\\0&0&1&0&0&0\\0&0&0&1&0&0\\0&0&0&0&1&0\\0&0&0&0&0&1\end{bmatrix},\quad \mathbf{Z}_B^1=\begin{bmatrix}1&0&0&0&0&0\\0&1&0&0&0&-a\\0&0&1&0&a&0\\0&0&0&1&0&0\\0&0&0&0&1&0\\0&0&0&0&0&1\end{bmatrix},\quad \hat{\mathbf{R}}_1=\begin{bmatrix}0&0&-1\\0&1&0\\1&0&0\end{bmatrix}$$

con $q_x=-\gamma A$; $q_y=q_z=0$; $m_x=0$.

Per l'elemento n.2:

$$\mathbf{Z}_B^2=\begin{bmatrix}1&0&0&0&0&0\\0&1&0&0&0&a\\0&0&1&0&-a&0\\0&0&0&1&0&0\\0&0&0&0&1&0\\0&0&0&0&0&1\end{bmatrix},\quad \mathbf{Z}_M^2=\begin{bmatrix}1&0&0&0&0&0\\0&1&0&0&0&0\\0&0&1&0&0&0\\0&0&0&1&0&0\\0&0&0&0&1&0\\0&0&0&0&0&1\end{bmatrix},\quad \hat{\mathbf{R}}_2=\begin{bmatrix}1&0&0\\0&1&0\\0&0&1\end{bmatrix}$$

con $q_z=-\gamma A$; $q_x=q_y=0$; $m_x=0$.

Per l'elemento n.3:

$$\mathbf{Z}_M^3=\begin{bmatrix}1&0&0&0&0&0\\0&1&0&0&0&0\\0&0&1&0&0&0\\0&0&0&1&0&0\\0&0&0&0&1&0\\0&0&0&0&0&1\end{bmatrix},\quad \mathbf{Z}_D^3=\begin{bmatrix}1&0&0&0&0&0\\0&1&0&0&0&-a\\0&0&1&0&a&0\\0&0&0&1&0&0\\0&0&0&0&1&0\\0&0&0&0&0&1\end{bmatrix},\quad \hat{\mathbf{R}}_3=\begin{bmatrix}1&0&0\\0&1&0\\0&0&1\end{bmatrix}$$

con $q_z=-\gamma A$; $q_x=q_y=0$; $m_x=0$.

Per l'elemento n.4:

$$\mathbf{Z}_{E}^{4}=\left[\begin{array}{c|c|c|c|c|c}1&0&0&0&0&0\\ \hline 0&1&0&0&0&0\\ \hline 0&0&1&0&0&0\\ \hline 0&0&0&1&0&0\\ \hline 0&0&0&0&1&0\\ \hline 0&0&0&0&0&1\end{array}\right],\quad \mathbf{Z}_{D}^{4}=\left[\begin{array}{c|c|c|c|c|c}1&0&0&0&0&0\\ \hline 0&1&0&0&0&-a\\ \hline 0&0&1&0&a&0\\ \hline 0&0&0&1&0&0\\ \hline 0&0&0&0&1&0\\ \hline 0&0&0&0&0&1\end{array}\right],\quad \hat{\mathbf{R}}_{4}=\left[\begin{array}{c|c|c}0&0&-1\\ 0&1&0\\ 1&0&0\end{array}\right]$$

con $q_x = -\gamma A$; $q_y = q_z = 0$; $m_x = 0$.

Dopo aver determinato le matrici di rigidezza $\mathbf{k}'_Q$ e i vettori delle reazioni ai carichi $\mathbf{T}'_Q$ dei quattro elementi, si possono analizzare le azioni agenti sui singoli nodi e imporre l'equilibrio. Per i nodi B, M e D si ottiene un sistema lineare con 18 equazioni e 18 incognite (tre spostamenti e tre rotazioni di ogni nodo), la cui soluzione fornisce, nei casi $\eta = 0$, $\eta = -1$ e $\eta = +1$, i seguenti valori:

$[\gamma b^2/E]$	$\eta = 0$ (I)	$\eta = -1$ ($\subset$)	$\eta = 1$ ($\supset$)
$(u^X)_B$	0.4220	0.3753	0.3753
$(u^Y)_B$	0.000	0.000	0.000
$(u^Z)_B$	-1.500	-1.500	-1.500
$(\varphi^X)_B\, b$	0.000	0.000	0.000
$(\varphi^Y)_B\, b$	14.20	16.41	16.41
$(\varphi^Z)_B\, b$	0.000	22.70	-22.70
$(u^X)_M$	0.000	0.000	0.000
$(u^Y)_M$	0.000	13.62	-13.62
$(u^Z)_M$	-19.62	-573.5	-573.5
$(\varphi^X)_M\, b$	0.000	-9158	9158
$(\varphi^Y)_M\, b$	0.000	0.000	0.000
$(\varphi^Z)_M\, b$	0.000	0.000	0.000
$(u^X)_D$	-0.4220	-0.3753	-0.3753
$(u^Y)_D$	0.000	0.000	0.000
$(u^Z)_D$	-1.500	-1.500	-1.500
$(\varphi^X)_D\, b$	0.000	0.000	0.000
$(\varphi^Y)_D\, b$	-14.20	-16.41	-16.41
$(\varphi^Z)_D\, b$	0.000	-22.70	22.70

in cui si notano, in particolare, un significativo incremento dello spostamento verticale $(u^Z)_M$ e uno spostamento "fuori piano" $(u^Y)_M$ dovuti principalmente agli effetti torcenti nei casi di sezione non simmetrica rispetto all'asse locale z.

Dopo aver determinato gli spostamenti, le azioni agenti alle estremità degli elementi e, dunque, anche le reazioni vincolari e le azioni interne, si ottengono dagli equilibri dei nodi rimasti, A ed E, ovvero dalla relazione ricavata nel paragrafo 15.10:

$$\begin{bmatrix} \mathbf{H}'_{A'B'} \\ \mathbf{H}'_{B'A'} \end{bmatrix} = \mathbf{k}'_Q \begin{bmatrix} \mathbf{u}'_{A'} \\ \mathbf{u}'_{B'} \end{bmatrix} + \mathbf{T}'_Q$$

Per l'esempio in esame, detto $P = \gamma\, A\, b$ il peso di uno dei quattro elementi, con $\eta = 0$, $\eta = -1$ e $\eta = +1$ si ricava, rispettivamente:

Elemento n.1

[P]	$\eta = 0$ (I)	$\eta = -1$ ($\subset$)	$\eta = 1$ ($\supset$)
$(H^X)_A$	0.4220	0.3753	0.3753
$(H^Y)_A$	0.000	0.000	0.000
$(H^Z)_A$	2.000	2.000	2.000
$(W^X)_A/b$	0.000	0.000	0.000
$(W^Y)_A/b$	0.1209	0.08354	0.08354
$(W^Z)_A/b$	0.000	0.02252	−0.02252
$(H^X)_B$	−0.4220	−0.3753	−0.3753
$(H^Y)_B$	0.000	0.000	0.000
$(H^Z)_B$	−1.000	−1.000	−1.000
$(W^X)_B/b$	0.000	0.000	0.000
$(W^Y)_B/b$	0.3433	0.3292	0.3292
$(W^Z)_B/b$	0.000	−0.02252	0.02252

Elemento n.2

[P]	$\eta = 0$ (I)	$\eta = -1$ ($\subset$)	$\eta = 1$ ($\supset$)
$(H^X)_B$	0.4220	0.3753	0.3753
$(H^Y)_B$	0.000	0.000	0.000
$(H^Z)_B$	1.000	1.000	1.000
$(W^X)_B/b$	0.000	0.000	0.000
$(W^Y)_B/b$	−0.3433	−0.3292	−0.3292
$(W^Z)_B/b$	0.000	0.02252	−0.02252
$(H^X)_M$	−0.4220	−0.3753	−0.3753
$(H^Y)_M$	0.000	0.000	0.000
$(H^Z)_M$	0.000	0.000	0.000
$(W^X)_M/b$	0.000	0.000	0.000
$(W^Y)_M/b$	−0.2567	−0.2708	−0.2708
$(W^Z)_M/b$	0.000	−0.02252	0.02252

Elemento n.3

[P]	$\eta = 0$ (I)	$\eta = -1$ ($\subset$)	$\eta = 1$ ($\supset$)
$(H^X)_M$	0.4220	0.3753	0.3753
$(H^Y)_M$	0.000	0.000	0.000
$(H^Z)_M$	0.000	0.000	0.000
$(W^X)_M/b$	0.000	0.000	0.000
$(W^Y)_M/b$	0.2567	0.2708	0.2708

$(W^Z)_M/b$	0.000	0.02252	−0.02252
$(H^X)_D$	−0.4220	−0.3753	−0.3753
$(H^Y)_D$	0.000	0.000	0.000
$(H^Z)_D$	1.000	1.000	1.000
$(W^X)_D/b$	0.000	0.000	0.000
$(W^Y)_D/b$	0.3433	0.3292	0.3292
$(W^Z)_D/b$	0.000	−0.02252	0.02252

Elemento n.4

[P]	$\eta = 0$ (I)	$\eta = -1$ ($\subset$)	$\eta = 1$ ($\supset$)
$(H^X)_D$	−0.4220	−0.3753	−0.3753
$(H^Y)_D$	0.000	0.000	0.000
$(H^Z)_D$	2.000	2.000	2.000
$(W^X)_D/b$	0.000	0.000	0.000
$(W^Y)_D/b$	−0.1209	−0.08354	−0.08354
$(W^Z)_D/b$	0.000	−0.02252	0.02252
$(H^X)_E$	0.4220	0.3753	0.3753
$(H^Y)_E$	0.000	0.000	0.000
$(H^Z)_E$	−1.000	−1.000	−1.000
$(W^X)_E/b$	0.000	0.000	0.000
$(W^Y)_E/b$	−0.3433	−0.3292	−0.3292
$(W^Z)_E/b$	0.000	0.02252	−0.02252

Si noti come, nel caso di sezione non simmetrica rispetto all'asse locale z, le azioni possono variare anche del 10% rispetto al caso di sezione simmetrica. Tale effetto è principalmente dovuto agli effetti di torsione.

15.12 - STRUTTURE RETICOLARI

Come nel caso bi-dimensionale, discusso nel paragrafo 15.6, per una biella, cioè una trave con due cerniere sferiche alle estremità, le coppie di estremità sono nulle ed è possibile eliminare a priori le rotazioni dalla formulazione, utilizzando solo forze e spostamenti nei nodi. Si consideri, per semplicità operativa, il caso in cui:

$$\mathbf{Z} = \mathbf{Z}_A = \mathbf{Z}_B = \left[\begin{array}{ccc|ccc} 1 & 0 & 0 & 0 & -\Delta z_Q & \Delta y_Q \\ 0 & 1 & 0 & \Delta z_Q & 0 & -\Delta x_Q \\ 0 & 0 & 1 & -\Delta y_Q & \Delta x_Q & 0 \\ 0 & 0 & 0 & 1 & 0 & 0 \\ 0 & 0 & 0 & 0 & 1 & 0 \\ 0 & 0 & 0 & 0 & 0 & 1 \end{array}\right]$$

La relazione tra azioni d'estremità e spostamenti è la seguente:

$$
\begin{bmatrix} H_x^{A'B'} \\ V_y^{A'B'} \\ V_z^{A'B'} \\ \hdashline W_x^{A'B'} \\ W_y^{A'B'} \\ W_z^{A'B'} \\ \hdashline H_x^{B'A'} \\ V_y^{B'A'} \\ V_z^{B'A'} \\ \hdashline W_x^{B'A'} \\ W_y^{B'A'} \\ W_z^{B'A'} \end{bmatrix}
=
\left[\begin{array}{c|c} \mathbf{Z}^T\mathbf{S}^T\mathbf{C}^{-1}\mathbf{S}\mathbf{Z} & -\mathbf{Z}^T\mathbf{S}^T\mathbf{C}^{-1}\mathbf{Z} \\ \hdashline -\mathbf{Z}^T\mathbf{C}^{-1}\mathbf{S}\mathbf{Z} & \mathbf{Z}^T\mathbf{C}^{-1}\mathbf{Z} \end{array}\right]
\begin{bmatrix} u_x^{A'} \\ u_y^{A'} \\ u_z^{A'} \\ \hdashline \varphi_x^{A'} \\ \varphi_y^{A'} \\ \varphi_z^{A'} \\ \hdashline u_x^{B'} \\ u_y^{B'} \\ u_z^{B'} \\ \hdashline \varphi_x^{B'} \\ \varphi_y^{B'} \\ \varphi_z^{B'} \end{bmatrix}
+
\begin{bmatrix} \mathbf{Z}^T\mathbf{S}^T\mathbf{C}^{-1}\Delta\mathbf{u}_q - \mathbf{Z}^T\mathbf{F} \\ -\mathbf{Z}^T\mathbf{C}^{-1}\Delta\mathbf{u}_q \end{bmatrix}
$$

Le cerniere sferiche di estremità impongono l'annullarsi delle coppie:

$$(W_x)_{A'B'} = (W_y)_{A'B'} = (W_z)_{A'B'} = 0$$
$$(W_x)_{B'A'} = (W_y)_{B'A'} = (W_z)_{B'A'} = 0$$

Se dalla relazione matriciale si estrae il sistema formato dalle equazioni numero 5, 6, 10, 11 e 12, imponendo l'annullamento delle corrispondenti coppie d'estremità si possono ricavare alcune rotazioni in funzione dei carichi e dei restanti spostamenti:

$$
\begin{bmatrix} \varphi_y^{A'} \\ \varphi_z^{A'} \\ \varphi_x^{B'} \\ \varphi_y^{B'} \\ \varphi_z^{B'} \end{bmatrix}
=
\left[\begin{array}{c|c|c|c|c|c|c} \cdot & \cdot & \cdot & \cdot & \cdot & \cdot & \cdot \\ \hdashline \cdot & \cdot & \cdot & \cdot & \cdot & \cdot & \cdot \\ \hdashline \cdot & \cdot & \cdot & \cdot & \cdot & \cdot & \cdot \\ \hdashline \cdot & \cdot & \cdot & \cdot & \cdot & \cdot & \cdot \\ \hdashline \cdot & \cdot & \cdot & \cdot & \cdot & \cdot & \cdot \end{array}\right]
\begin{bmatrix} u_x^{A'} \\ u_y^{A'} \\ u_z^{A'} \\ \varphi_x^{A'} \\ u_x^{B'} \\ u_y^{B'} \\ u_z^{B'} \end{bmatrix}
+
\begin{bmatrix} \cdot \\ \cdot \\ \cdot \\ \cdot \\ \cdot \end{bmatrix}
$$

Sostituendo quanto ottenuto nelle equazioni restanti, cioè le numero 1, 2, 3, 4, 7, 8 e 9, si ricava:

$$\begin{bmatrix} H_x^{A'B'} \\ V_y^{A'B'} \\ V_z^{A'B'} \\ W_x^{A'B'} \\ H_x^{B'A'} \\ V_y^{B'A'} \\ V_z^{B'A'} \end{bmatrix} = \frac{EA/b}{1+A\left(\frac{(\Delta y_Q)^2}{J_z}+\frac{(\Delta z_Q)^2}{J_y}\right)} \begin{bmatrix} 1 & 0 & 0 & 0 & -1 & 0 & 0 \\ 0 & 0 & 0 & 0 & 0 & 0 & 0 \\ 0 & 0 & 0 & 0 & 0 & 0 & 0 \\ 0 & 0 & 0 & 0 & 0 & 0 & 0 \\ -1 & 0 & 0 & 0 & 1 & 0 & 0 \\ 0 & 0 & 0 & 0 & 0 & 0 & 0 \\ 0 & 0 & 0 & 0 & 0 & 0 & 0 \end{bmatrix} \begin{bmatrix} u_x^{A'} \\ u_y^{A'} \\ u_z^{A'} \\ \varphi_x^{A'} \\ u_x^{B'} \\ u_y^{B'} \\ u_z^{B'} \end{bmatrix} - \begin{bmatrix} q_x \\ q_y \\ q_z \\ 0 \\ q_x \\ q_y \\ q_z \end{bmatrix} \frac{b}{2} + \begin{bmatrix} a \\ c \\ e \\ g \\ -a \\ -c \\ -e \end{bmatrix}$$

in cui i parametri *a*, *c*, *e* e *g* sono i seguenti:

$$a = \frac{\left(\frac{(\Delta y_Q)^2}{J_z}+\frac{(\Delta z_Q)^2}{J_y}\right)\Delta x_Q\, q_x + \left(\frac{b^2}{12}-(\Delta x_Q)^2\right)\left(\frac{\Delta y_Q}{J_z}q_y+\frac{\Delta z_Q}{J_y}q_z\right)}{\frac{1}{A}+\frac{(\Delta y_Q)^2}{J_z}+\frac{(\Delta z_Q)^2}{J_y}}$$

$$c = \Delta y_Q\, q_x - \Delta x_Q\, q_y$$

$$e = \Delta z_Q\, q_x - \Delta x_Q\, q_z$$

$$g = -\left(m_x + \Delta z_Q\, q_y - \Delta y_Q\, q_z\right) b$$

Ricordando che deve essere $(W_x)_{A'B'} = 0$, dall'equazione numero 4 si deduce che i momenti torcenti totali applicati, riferiti all'asse dei punti Q, devono annullarsi:

$$g = 0 \quad \Rightarrow \quad (m_x)_Q = m_x + \Delta z_Q\, q_y - \Delta y_Q\, q_z = 0$$

e, come atteso, risulta che la rotazione $(\varphi_x)_{A'}$ è indeterminata e non influenza la soluzione: la corrispondente equazione diviene l'identità $0 = 0\,(\varphi_x)_{A'}$ e può essere eliminata.

Dunque, la relazione tra forze e spostamenti si riduce alla seguente:

$$\begin{bmatrix} H_x^{A'B'} \\ V_y^{A'B'} \\ V_z^{A'B'} \\ \hline H_x^{B'A'} \\ V_y^{B'A'} \\ V_z^{B'A'} \end{bmatrix} = \frac{EA/b}{1+A\left(\frac{(\Delta y_Q)^2}{J_z}+\frac{(\Delta z_Q)^2}{J_y}\right)} \begin{bmatrix} 1 & 0 & 0 & -1 & 0 & 0 \\ 0 & 0 & 0 & 0 & 0 & 0 \\ 0 & 0 & 0 & 0 & 0 & 0 \\ -1 & 0 & 0 & 1 & 0 & 0 \\ 0 & 0 & 0 & 0 & 0 & 0 \\ 0 & 0 & 0 & 0 & 0 & 0 \end{bmatrix} \begin{bmatrix} u_x^{A'} \\ u_y^{A'} \\ u_z^{A'} \\ \hline u_x^{B'} \\ u_y^{B'} \\ u_z^{B'} \end{bmatrix} - \begin{bmatrix} q_x \\ q_y \\ q_z \\ \hline q_x \\ q_y \\ q_z \end{bmatrix} \frac{b}{2} + \begin{bmatrix} a \\ c \\ e \\ \hline -a \\ -c \\ -e \end{bmatrix}$$

e da essa si desumono la matrice di rigidezza $\hat{\mathbf{k}}_Q$ e il vettore delle reazioni d'estremità ai carichi distribuiti $\hat{\mathbf{T}}_Q$:

$$\hat{\mathbf{k}}_Q = \frac{EA/b}{1 + A\left(\frac{(\Delta y_Q)^2}{J_z} + \frac{(\Delta z_Q)^2}{J_y}\right)} \left[\begin{array}{c|c|c|c|c|c} 1 & 0 & 0 & -1 & 0 & 0 \\ \hline 0 & 0 & 0 & 0 & 0 & 0 \\ \hline 0 & 0 & 0 & 0 & 0 & 0 \\ \hline -1 & 0 & 0 & 1 & 0 & 0 \\ \hline 0 & 0 & 0 & 0 & 0 & 0 \\ \hline 0 & 0 & 0 & 0 & 0 & 0 \end{array}\right], \qquad \hat{\mathbf{T}}_Q = -\left[\begin{array}{c} q_x \\ q_y \\ q_z \\ \hline q_x \\ q_y \\ q_z \end{array}\right]\frac{b}{2} + \left[\begin{array}{c} a \\ c \\ e \\ \hline -a \\ -c \\ -e \end{array}\right]$$

Aste inclinate

Se, come succede nella maggior parte dei casi, l'asta è inclinata rispetto all'orizzontale, cioè se l'asse x locale non è parallelo all'asse X del riferimento globale, è necessario proiettare secondo il sistema di riferimento globale le forze e gli spostamenti di estremità. Detti $\mathbf{n}_x$, $\mathbf{n}_y$ e $\mathbf{n}_z$ i versori degli assi del riferimento locale, se si pone:

$$\hat{\mathbf{R}} = \left[\ \mathbf{n}_x, \mathbf{n}_y, \mathbf{n}_z\ \right]$$

si ottiene la seguente matrice di rigidezza che lega le componenti delle forze e degli spostamenti parallele al riferimento globale:

$$\hat{\mathbf{k}}'_Q = \begin{bmatrix} \hat{\mathbf{R}} & \mathbf{0} \\ \mathbf{0} & \hat{\mathbf{R}} \end{bmatrix} \hat{\mathbf{k}}_Q \begin{bmatrix} \hat{\mathbf{R}} & \mathbf{0} \\ \mathbf{0} & \hat{\mathbf{R}} \end{bmatrix}^T = \frac{EA/b}{1 + A\left(\frac{(\Delta y_Q)^2}{J_z} + \frac{(\Delta z_Q)^2}{J_y}\right)} \left[\begin{array}{c|c} \mathbf{n}_x\mathbf{n}_x^T & -\mathbf{n}_x\mathbf{n}_x^T \\ \hline -\mathbf{n}_x\mathbf{n}_x^T & \mathbf{n}_x\mathbf{n}_x^T \end{array}\right]$$

Si noti che, come atteso, il risultato dipende solo dal versore $\mathbf{n}_x$, che identifica la direzione dell'asse dei punti Q, parallelo a quello della trave, mentre l'orientazione della sezione nel piano *y-z* non influenza forze e spostamenti alle estremità dell'asta.

Analogamente, il vettore delle forze nodali equivalenti ai carichi risulta:

$$\mathbf{T}'_Q = \begin{bmatrix} \hat{\mathbf{R}} & \mathbf{0} \\ \mathbf{0} & \hat{\mathbf{R}} \end{bmatrix} \mathbf{T}_Q$$

INDICE

21

19

Si può fare!

Finito di stampare
nel Luglio 2009 dalla
L.E.G.O S.p.A
Stabilimento di Lavis (TN)